园林植物病虫害图鉴与生态综合防治

傅新生　何　芬　李瑞清　主编

中国建筑工业出版社

图书在版编目（CIP）数据

园林植物病虫害图鉴与生态综合防治 / 傅新生，何芬，李瑞清主编 . —北京：中国建筑工业出版社，2022.3

ISBN 978-7-112-26618-0

Ⅰ.①园… Ⅱ.①傅… ②何… ③李… Ⅲ.①园林植物—病虫害防治—图集 Ⅳ.① S436.8-64

中国版本图书馆 CIP 数据核字（2021）第 192357 号

责任编辑：郑淮兵 陈小娟
责任校对：赵 菲

园林植物病虫害图鉴与生态综合防治
傅新生 何 芬 李瑞清 主编

*

中国建筑工业出版社出版、发行（北京海淀三里河路 9 号）
各地新华书店、建筑书店经销
北京雅盈中佳图文设计公司制版
天津图文方嘉印刷有限公司印刷

*

开本：880毫米×1230毫米 1/16 印张：$43\frac{1}{2}$ 字数：1199千字
2022年4月第一版 2022年4月第一次印刷
定价：**399.00**元
ISBN 978-7-112-26618-0
(38139)

编委会成员

作者简介

傅新生，男，1945 年出生。正高级工程师，天津市政府授衔专家，市府科技顾问，享受特贴，曾任国家科委、国家林业局、市科委、城环委、滨海新区等相应专业技术专家委成员。

1978 年调入天津市园林绿化研究所工作，先后担任研究室主任、副所长、所长、总工职务。期间重点研发工作如下：

1980 年代重点主持、参加了原农业部"全国及天津市园林植物病虫害普查"科研项目，承担全国北方地区园林植物病害的病原菌鉴定、病害认证、病理编辑工作。整理出病原菌切片镜检标本 900 余件，留照 700 余张，初步认定病原微生物 200 余个，鉴定病害 600 余项，培训专业技术人员 600 余名，多年应邀到外地现场开展专业技术指导 100 余次。圆满完成科研任务，该项目获国家科技进步二等奖。

80 年代中期至 90 年代，开展天津重点花卉的脱毒、育种（常规及转基因）、栽培、产业化生产项目的研发。培育出高档盆花仙客来 8 个系列的 25 个新品种，其中首推黄色仙客来为我国首创，创赢"天津仙客来"品牌，连续六届获中国花博会特等奖一项，金奖一项（新品种创新奖），一等奖五项。获天津市科技进步奖七项、香港国际花展冠军杯奖。

90 年代后期，参加了原国家科委、原天津市市科委关于环渤海地区重盐碱地、滩涂、围海造陆、吹填土改造的绿化技术、生态环境修复等攻关项目的研发。担当技术总顾问，完成了国家科技重大支撑项目"滨海盐碱地绿化的关键技术研究与集成示范"项目。该盐碱地绿化综合技术体系获国外同行普遍认可和应用，已在国内相关盐碱地区广泛规范化使用。

率领团队先后获部、市级科技进步奖 16 项，委级奖 12 项，国家级专业博览会一等奖 8 项。发表论文 40 余篇，主编、参与编辑专业技术丛书、图册 7 部 16 册。

退休后，应邀参与了社会科技活动，参加了科技部、原农业部、原国家林业局相关重大项目的立项评审、结题鉴定等工作；参与及指导了环渤海山东、河北、天津、辽宁、江苏等省市 20 余处沿海经济开发区涉及盐田、滩涂、围海造陆、重盐碱等地区的规划设计、生态修复、园林绿化建设及植物保护等工作，重点提供综合技术支撑体系，社会和经济效果显著。

应中国建筑工业出版社约稿，主持编写了"十一五"国家重点图书《园林绿化施工与养护手册》《园林绿化施工与养护知识 300 问》和《园林植物病虫害图鉴与生态综合防治》图书。

前 言

近年来，全国各地园林绿化建设取得了显著成就，大幅度提升了人们的满意度。但随着气候季相的异常、自然灾害的频发、境外品种的侵入、边缘植物的增加等因素，园林植物保护工作出现的问题不容乐观。为此我团队在长期从事植物保护工作基础上，开展了数年的现场普查、标本采集、镜检确认、查询考证、登记复查、重点项目立项研究等工作，积累了大量资料和数据，完成了本书的编辑。

本团队应邀参加了国家重点图书中《风景园林手册》的编辑工作，其中《园林绿化施工与养护手册》《园林绿化施工与养护知识300问》已出版发行，本书是其姊妹篇。

本书具有如下几个要点：

1. 园林植物病害部分：在现场调查和广泛采集病害标本基础上，室内开展病原微生物鉴定、病害认证、病理编辑工作，整理出病原菌切片镜检标本900余件，留照700余张，初步认定病原微生物（含变体）200余个，累积鉴定病害600余例，本书选用382例，彩照1000多幅。

2. 园林植物虫害部分：在现场调查和广泛采集虫害标本基础上，室内开展了重点害虫约100余例的人工饲养工作，掌握了70余种害虫生态世代、演绎形态特征，累积鉴定虫害400余例，本书选用283例，彩照1000多幅。

3. 本书所配照片全部来自作者自拍，采自我国新疆、宁夏、甘肃、陕西、内蒙古、山西、河北、山东、吉林、辽宁、黑龙江、安徽、北京、天津等广泛区域，历时16年之久，记载相关文字资料6000余条，拍摄照片30000余张，书中选用2000余张。

4. 照片选于自然环境下的生态照，真实地反映出病虫害发生的不同时期、不同世代症状特征。图片清晰，便于快速鉴定识别，有利于读者了解病虫的生态演绎。

5. 在综合防治中，不是简单的病虫药物防治，而是重点放在环境的改善、植物的配植、栽培技术的进步上，从而构架植物保护工作的生态治理模式。

6. 本书介绍了园林植物病虫害共计665种，其中加编了上百例尚未识别、未见报道的和潜在危害严重的新名录，意在引起业内同行们的重视。

本书强调图文可靠性、技术先进性、操作流程性、生态综防性。适用于业内科研工作者、专业学教人员、工程主管、规划设计、现场技术人员等参考使用，尤其可满足大专院校专业教学辅导、实践等应用。

虽历经数年，但限于水平有限，定有不少问题，望业内专家、学者、同行批评指正。

目　录

第一部分　园林植物病害

第二部分　园林植物虫害

第一部分　园林植物病害

001 松生理性流胶病

松树流胶病是雪松、油松、白皮松、华山松、樟子松等松树的一种主要病害之一。

1）发病诱因

土壤盐碱、黏重，透气性差；修剪时期不当，修剪过重、机械损伤、钻蛀害虫危害，伤口处理不及时、不到位；苗木栽植过深，遭受冻害、旱害、涝害等，易诱发此病。

2）表现症状

发生在主干和主枝上。病斑不明显，可见自树干或枝杈处流出透明胶液，逐渐风干硬化呈灰白色。发病严重时，枝梢干枯，大枝枯死，导致全株枯亡。

1 雪松树干流胶状

3）发生规律

生理性病害，多在 3 月树液开始流动时发病，4 ～ 6 月、9 ～ 10 月为发病高峰期，随着温度降低，发病逐渐减轻、中止。

4）综合防治

（1）发现干皮破损、大枝折损时，及时切去翘皮、死皮，将断枝茬口削平，伤口和截口及时涂抹涂补剂、涂膜剂等保护。

（2）树穴穴底必须高于全年最高水位，苗木宜浅栽 5cm。黏重土壤需掺拌腐熟有机肥、山皮砂，穴底设置淋水层，设置透气管等，提高土壤透水性。

（3）新植苗木树干涂白，防止日灼或冻害发生。

（4）树穴内严禁铺栽草块和摆放时令花卉，以免造成穴土过湿和透气性差。

（5）刮净胶液，用流胶定 500 倍液与生石灰拌成膏状涂抹，10 天后再涂一遍。

2 油松流胶状

3 白皮松树干流胶病

002 松溃疡病

溃疡病是雪松、白皮松、华山松等多种松科植物的主要病害之一。

1）发病诱因

雪松等喜疏松、排水良好的微酸性或中性土壤，怕涝。地势低洼，地下水位高，土壤盐碱，黏重、板结；栽植过深、灌水过勤、树穴铺栽草块等，易发病。

2）表现症状

发生在主干和主枝上。初现圆形或椭圆形疱状突起，破裂后有少量黏液溢出。病部皮层褐色腐烂，后硬化。发病严重时，病枝针叶枯黄脱落，病枝萎蔫干枯，甚至全株枯亡。

3）发生规律

细菌性病害，病菌在枝干病斑内越冬。京、津地区 4 月中旬开始发病，可重复再侵染。4 月下旬至 6 月上旬、8 月中旬至 9 月为病害高发期。多雨年份，持续降雨天气，病害发生严重。

4）传播途径

病菌借风雨传播，从皮孔和伤口侵染危害，随带菌苗木调运，异地传播。

5）综合防治

（1）黏重土壤中掺拌山皮砂或草炭土。大雨过后及时排水，树穴松土散湿。

（2）树穴内不铺栽草块，不摆放盆花，保持穴土见干见湿和良好的通透性。

（3）刮净病部腐烂组织，涂抹腐皮消 50 倍液或溃腐灵 5 倍液。普遍发生时，喷淋式喷洒 40% 代森铵乳油 800 倍液，或农用、兽用土霉素及链霉素粉剂 1000 倍液。

（4）锯除病枯枝，锯口涂抹保护剂。刨除失去观赏价值的重病株、病死株。

1 松主干上疱状斑

3 雪松小枝被害状

2 疱状斑内渗出菌液

4 病部皮层腐烂

5 病枝针叶萎黄

003 松干腐病

干腐病是白皮松、华山松、油松等多种松科植物的主要病害之一。

1）发病诱因

苗木土球过小，栽植过深，栽植后灌水不及时，或三遍水未灌透；遭受机械损伤、日灼伤害，剪口、截口处理不当；土壤盐碱、黏重，灌水过勤，雨后排水不及时等，造成生长势衰弱，易发病。

1 树干上病斑　　　　　　2 皮层褐色腐烂

2）表现症状

发生在主干和大、小枝上。初为不规则形暗褐色病斑，扩展为狭长条带状，病健组织界限清晰。病部皮层组织腐烂，失水略凹陷，病枝上针叶黄褐色干枯脱落。后期病部布满黑色小点（即分生孢子器，下同），枝干枯死，严重时导致整株死亡。

3）发生规律

真菌性病害，病菌在枝干病部越冬。北方地区5月开始初侵染，该病具潜伏侵染特性，树势衰弱时开始发病。高温、干旱季节，病害发生严重。

4）传播途径

病原菌借风雨传播，从皮孔和伤口侵染危害。随病株调运，异地传播。

5）综合防治

（1）加强苗木检疫，不采购、不栽植带病株。

（2）做好地下排盐工程。大树易浅栽，树穴设置透气管，提高透气性。

（3）及时剪去病枝，剪口涂抹愈伤剂保护。拔除重病株和病死株，集中销毁。

（4）用利刀刮净病斑坏死组织，至健康组织2cm处，伤口处仔细涂抹溃腐灵原液，或腐皮消50～80倍液，7～10天再涂1次。

3 发病中期　　　　　　　4 大枝枯死　　　　　　　5 小枝上黑色小粒点

004 松腐烂病

腐烂病是白皮松、华山松、雪松等松科树种的主要病害之一。

1）发病诱因

地势低洼，土壤盐碱，黏重；栽植过深，树穴铺栽草块，摆放时令花卉；苗木遭受旱害、涝害、冻害、日灼伤害、机械损伤等，易发病。

2）表现症状

发生在主干和主枝基部。干皮初为浅黄褐色或褐色，病健组织界限不明显，病皮湿腐状，质地松软，有酒糟味。皮层黄褐色腐烂。后期病皮上出现黑色小粒点，病枝上针叶褐色枯萎。随着病斑不断扩展，枝干枯萎，甚至全株枯亡。

3）发生规律

真菌性病害，病菌在病斑内越冬。4月开始侵染，生长期内可重复侵染，6月下旬至8月为病害高发期。高温季节多大雨，持续降雨天气，病害发生严重。

4）传播途径

病原菌借风雨传播，从皮孔和伤口处侵染发病。随带菌苗木调运，异地传播。

5）综合防治

（1）地下有黏土层的沿海地区，必须打透黏土层。土壤需掺拌适量山皮砂或草炭土，改善土壤通透性。大树树穴内设置透气管，提高透气性。

（2）树穴内严禁铺栽草块、摆放盆花，不可灌水过勤，大雨过后树穴及时排水，松土散湿，保持穴土良好的通透性。

（3）用利刀刮净病皮和坏死组织，伤口处仔细涂刷腐皮消50～100倍液，或溃腐灵原液，或12～18波美度石硫合剂，7～10天涂抹1次，连续2～3次。

1 病部皮层组织软腐

2 后期症状

005 松枯梢病

枯梢病是雪松、油松、黑松、樟子松、白皮松、云杉等松科树种的常见病害。

1）发病诱因

地势低洼，地下水位高，雨后排水不及时，不通畅；土壤盐碱、黏重、板结；栽植过深、遭受冻害、机械损伤、空气污染等，导致树势衰弱，易发病。

2）表现症状

发生在嫩梢上，病梢上叶尖发黄，逐渐转黄褐色枯萎下垂，但暂不脱落。病梢黄棕色枯萎，枝节处形成黑褐色溃疡斑。幼龄树常出现簇顶现象，影响树形培养。

3）发生规律

真菌性病害，病菌在病梢、病叶上越冬。山东、河北地区4月中旬开始侵染发病，生长期内可重复侵染。春、秋季梢抽生时，是侵染高峰期，5～6月发生严重。

4）传播途径

病原菌借风雨传播，从气孔、皮孔、伤口侵染危害。

1 雪松病梢发病状

5）综合防治

（1）冬季剪去病枯梢，彻底清除落叶，集中销毁，消灭越冬菌源。

（2）黏重土壤中需掺拌山皮砂及腐熟有机肥等进行穴土改良，树穴内严禁铺栽草块和摆放盆花，保持穴土良好的通透性。

（3）干旱时适时灌透水，大雨过后及时排水，树穴松土散湿。

（4）春、秋季抽生新梢时，是防治的关键时期，交替喷洒70%代森锰锌可湿性粉剂700倍液，或70%甲基托布津可湿性粉剂800倍液，或40%多菌灵胶悬剂1000倍液，或120倍等量式波尔多液，15天喷洒1次，连续2～3次。

2 油松病梢枯萎

3 病梢腐烂

006　松落针病

松落针病又叫松针落叶病、叶枯病，北方地区危害油松、日本黑松、樟子松、红松、赤松、华山松、华北落叶松、白皮松、五针松、云杉等。

1）发病诱因

地势低洼，排水不畅，土壤盐碱，黏重；土壤贫瘠、过于干旱、林木过密、栽植过深、树势较弱等，易发病。粉尘污染、煤污病危害严重，该病发生也重。

2）表现症状

多发生在2年生针叶上，后期侵染当年针叶。初为淡黄色至黄褐色针状斑点，逐渐扩展成褐色或红褐色、近圆形至椭圆形病斑，边缘黄色或浅褐色。有时为横段斑，多个横段斑将针叶分成若干病健段，病叶枯黄，晚秋陆续脱落。

3）发生规律

真菌性病害，病菌在病叶和病落叶上越冬。华北地区4月中旬开始初侵染，染病后约40～90天表现明显症状，6～7月为侵染高峰期，树冠下部针叶发病较重。

4）传播途径

病原菌借风雨传播，自气孔侵染危害，带菌苗木是远距离传播的重要途径。

5）综合防治

（1）黏重土壤掺拌山皮砂或腐质土。大苗木穴内设置透气管，提高通透性。

（2）冬季彻底清除枯枝落叶，集中销毁，树冠喷洒3～5波美度石硫合剂。

（3）树穴内禁止铺栽草块和摆放时令花卉，大雨过后及时排水，松土散湿。

（4）落尘严重地段，不定期用清水喷洒树冠，保证叶面正常光合作用的进行。

（5）发病后，交替喷洒50%退菌特可湿性粉剂500～800倍液，或100倍等量式波尔多液，或45%代森铵水剂300倍液，10～15天喷洒1次。

1 白皮松叶面病斑

2 油松叶面病斑

3 针叶被害状

007 松丛枝病

松丛枝病又叫松缩叶病、松小叶病，北方地区主要危害油松、日本黑松、樟子松、白皮松等。

1）发病诱因

栽植区域及附近存有松丛枝病病株，是该病扩展蔓延的主要病源。病虫害防治不及时，松大蚜、叶蝉等刺吸害虫危害严重时，随着带毒成虫迁飞，在病株持续发病的同时，又可侵染新枝，导致周边健株发病。

2）表现症状

先发生在个别小枝上，逐渐向全株扩展。因顶芽生长受阻，刺激侧芽、不定芽，大量反复萌发，使小枝成丛生状。病枝节间缩短，针叶短小，枝叶密集簇生成团，其形酷似鸟巢。病梢逐渐枯死，严重影响幼龄树株形培养。

3）发生规律

类菌质体病害，病原体存活在寄主活体上，可全年发病。刺吸害虫危害严重时，即是侵染高峰期。该病具潜伏侵染性，染病后约 40 ~ 300 天才表现出明显症状。

4）传播途径

一些刺吸害虫是重要的传播媒介，随昆虫迁移，通过刺吸传播、扩散。

5）综合防治

（1）加强养护管理，冬季剪除病枝，伤口处涂保护剂，修剪工具消毒处理。

（2）早春芽萌动前，树体及地面喷洒 3 ~ 5 波美度石硫合剂，消灭越冬害虫。

（3）注意防治松大蚜、叶蝉、蜡象类等刺吸害虫，消灭传播媒介，控制病害扩展蔓延。

1 油松发病症状

008 广玉兰褐斑病

褐斑病又叫斑点病，是广玉兰的一种常见病害。

1）发病诱因

广玉兰喜通风环境，适肥沃、湿润、排水良好的土壤。地势低洼，土壤盐碱、黏重，过于贫瘠；栽植过密、环境郁闭、树冠通透性差等，易发病。

2）表现症状

发生在叶片上，多在新叶上散生。叶面初为黄色或浅褐色斑点，扩展为近圆形至不规则形褐色病斑，边缘深褐色。中央逐渐转为黄褐色至灰白色，后期其上散生黑色小粒点。相邻病斑扩展融合成大斑，病斑干枯坏死，病叶大量脱落。

3）发生规律

真菌性病害，病菌在病叶及病落叶上越冬。4月开始发病，生长期内可重复再侵染。多雨年份，8～9月多大雨，持续阴雨，在高温、高湿环境条件下，病害发生严重。

4）传播途径

病原菌借风雨传播，自气孔侵染发病。随带菌苗木调运，异地传播。

5）综合防治

（1）冬季彻底清除落叶，集中销毁。

（2）发芽前，树冠喷洒160倍等量式波尔多液，减少初侵染源。

（3）合理修剪，疏去树冠内细弱枝、过密枝，改善通透性。

（4）及时摘除病叶，扫净落叶，集中销毁，减少再侵染。

（5）发病初期，交替喷洒100倍等量式波尔多液，或70%甲基托布津可湿性粉剂700倍液，或70%代森锰锌可湿性粉剂400倍液，或75%百菌清可湿性粉剂800倍液防治，7～10天喷洒1次，连续2～3次，兼治炭疽病、灰斑病等。

1 初期病斑

2 叶片被害状

009　广玉兰灰斑病

灰斑病是广玉兰的一种常见病害。

1）发病诱因

枝条过密，栽植环境郁闭、潮湿，通风不良，导致雨水、露水叶面滞留等，易发病。发病后防治不及时、冬季清园不彻底等，该病发生较重。

2）表现症状

叶面初为暗褐色近圆形斑点，扩展成不规则形病斑，病健组织界限清晰，边缘黑褐色，病斑中央逐渐转为灰白色。潮湿环境下，病斑上散生黑色粒点。

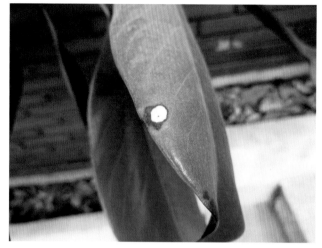

1 叶面病斑

3）发生规律

真菌性病害，病菌在病叶或病落叶上越冬。展叶后遇雨即可侵染，生长期内可重复再侵染，老叶病斑继续扩展。高温多雨，持续阴雨及多雾天气，发病严重。

4）传播途径

病原菌借风雨传播，自气孔或伤口侵染发病。随带菌苗木调运，异地传播。

5）综合防治

（1）冬季进行彻底清园，摘去病叶，清除枯枝落叶，集中销毁。

（2）发芽前，及时喷洒 3 波美度石硫合剂，消灭越冬菌源。

（3）合理控制栽植密度，及时疏去顶梢下的竞争枝，内膛过密枝、徒长枝，保持良好通透性。

（4）及时摘去病叶，扫净落叶，集中销毁。交替喷洒 120 倍等量式波尔多液，或 75% 百菌清可湿性粉剂 600 倍液，或 50% 多菌灵可湿性粉剂 500 倍液，或 70% 甲基托布津可湿性粉剂 800 ~ 1000 倍液，10 天喷洒 1 次，连续 2 ~ 4 次。

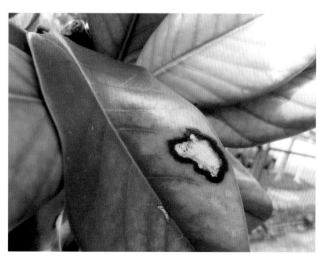

2 病斑上散生黑色小粒点

3 病斑后期症状

010 桂花叶枯病

叶枯病是金桂、银桂等树种的常见病害。

1）发病诱因

桂花喜中性、微酸性、排水良好的砂质壤土，忌水涝，耐寒性差。土壤黏重、盐碱，栽植环境郁闭等，易发病。遭受风害、冻害、日灼伤害，加重该病发生。

2）表现症状

发生在叶片上，从叶片先端和叶边缘开始发病。初为淡褐色斑点，扩展成半圆形至不规则形褐色病斑，边缘深褐色，有时外围有黄色晕圈。逐渐向内扩展蔓延可达叶片三分之一以上。病斑渐转灰褐色，后期出现黑色小点，叶片焦枯、脱落。

3）发生规律

真菌性病害，病菌在病叶和病落叶上越冬。北方地区 6 月开始发病，生长期内可重复再侵染，高温多雨的湿热天气，病害发生严重。

4）传播途径

病原菌借风雨传播，从气孔、伤口侵染发病。

5）综合防治

（1）黏重土壤需掺拌山皮砂、草炭土、腐熟有机肥等，提高土壤透气性。

（2）发芽前，及时清除枯枝、落叶，集中销毁。喷洒 100 倍等量式波尔多液，消灭越冬菌源。

（3）京、津及以北地区，冬季应搭建风障或防寒棚防寒越冬，防止冻害发生。新植苗木草绳缠干保护，以免遭受日灼伤害。大雨过后及时排水，松土排湿。

（4）病害发生时，交替喷洒 100 倍倍量式波尔多液，或 50% 多菌灵可湿性粉剂 600 倍液，或 50% 苯菌灵可湿性粉剂 1000 ~ 1500 倍液，7 ~ 10 天喷洒 1 次。

1 叶面病斑

2 病斑上出现黑色小粒点

011　山茶灰斑病

灰斑病是山茶的一种常见病害。

1）发病诱因

环境郁闭，栽植过密，通透性差；雨后排水不及时，环境过于潮湿，高温高湿条件下，易发病。刺吸害虫危害猖獗，病虫害防治不及时，该病发生严重。

1 叶面病斑

2）表现症状

主要危害叶片，有时也侵染嫩梢。多从叶先端和叶片边缘开始侵染，初为圆形褐色斑点，逐渐扩展成中央灰褐色、边缘暗褐色，圆形、椭圆形至不规则形病斑，病斑常扩展融合成大斑。病斑中央渐转灰白色，其上散生黑色小粒点，病斑干枯、破裂，有时形成穿孔，病叶脱落。

染病新梢初为褐色溃疡斑，后病部凹陷、破裂，逐渐萎蔫、干枯，从基部脱落，故又称之为"脱节病"。

3）发生规律

真菌性病害，病菌在病枯枝、病叶和病落叶上越冬。5月开始侵染发病，生长期内可重复再侵染，7～8月为病害高发期。夏季雨量大，持续阴雨，发病严重。

4）传播途径

病原菌借风雨、昆虫传播，从气孔、伤口侵染。随带菌苗木调运，异地传播。

5）综合防治

（1）栽植在通风的环境下，适时修剪无用枝。雨后及时排水，松土散湿。

（2）及时摘除病叶、扫净落叶，集中销毁。注意防治蚜虫、蚧虫、红蜘蛛等刺吸害虫，消灭传播媒介，减少病害发生。

（3）普遍发生时，交替喷洒160倍等量式波尔多液，或70％代森锰锌可湿性粉剂500倍液，或50％多菌灵可湿性粉剂600倍液防治，兼治炭疽病等。

2 病斑上出现黑色小粒点

3 后期病斑破裂

012 山茶藻斑病

藻斑病又叫白藻病，主要危害山茶、广玉兰、桂花等。

1）发病诱因

栽植环境郁闭，光照不足，通透性差；肥力不足、土壤过于干旱或过湿，造成生长势弱等，易发病。叶面滞水时间长，过量使用氮肥等，加重病害发生。

2）表现症状

叶面初为灰绿色圆形斑点，逐渐呈放射状向四周扩展，多为近圆形或半圆形，呈灰白色、浅褐色、黄绿色相间的环带状病斑，边缘黄绿色。病斑略隆起，表面有细条纹式平滑毛毡状物。后期病斑变暗褐色，失水干枯，病叶脱落，嫩梢枯死。

3）发生规律

真菌性病害，病菌在病芽、病叶和病落叶上越冬。春季雨后开始初侵染，生长期内可重复再侵染。夏季多雨、降雨量大、持续阴雨的湿热天气，为病害高发期。

4）传播途径

病原菌借风雨传播，从气孔、伤口侵染危害。随带菌苗木调运，异地传播。

5）综合防治

（1）严禁在阴天或无风傍晚喷水，尽量减少叶面持水。雨后排水，松土散湿。

（2）及时疏去病枯枝、过密枝，保持树冠良好的通透性。

（3）及时摘除病叶，扫净落叶，集中销毁。交替喷洒 160 倍半量式波尔多液，或 30％绿得保悬浮剂 400 倍液，或 1～2 波美度石硫合剂，10 天喷洒 1 次。

1 病斑初期症状

2 病斑上毛毡状物

3 病斑后期症状

4 病斑破裂穿孔

013 山茶炭疽病

炭疽病是山茶的主要病害之一。

1）发病诱因

土壤黏重、盐碱，栽植环境郁闭，通风不良，光照不足；喷水过勤、过量，在阴湿环境条件下，易发病。

2）表现症状

发生在叶片上。多从叶先端或叶边缘开始侵染，初为褐色斑点，扩展成圆形、半圆形至不规则形，中央浅褐色至灰白色，边缘黑褐色病斑，周边有时有淡褐色晕圈，病健组织界限欠清晰。相邻病斑常融合成不规则形大斑，斑内有时有明显或不明显轮纹，其上散生黑色小点，病叶易早落。

3）发生规律

真菌性病害，病菌在病芽、病叶、病落叶上越冬。5月开始侵染发病，6～7月为病害高发期。夏季多雨、持续阴雨、雨量大的湿热天气，有利于该病发生。干旱年份，发病较少。

1 炭疽病叶面病斑

4）传播途径

病原菌借风雨传播，从气孔侵染危害。随带菌苗木调运，异地传播。

5）综合防治

（1）冬季彻底清除枯枝落叶，集中销毁，减少越冬菌源。

（2）避免在无风傍晚及阴天喷水，减少叶面持水。雨后排水，松土散湿。

（3）及时摘除病叶，交替喷洒120倍等量式波尔多液，或70%甲基托布津可湿性粉剂800倍液，或50%苯菌灵可湿性粉剂1500倍液，或65%代森锌可湿性粉剂600倍液防治，7～10天喷洒1次，连续3～4次。

2 后期症状

014 山茶花叶病

花叶病是山茶的一种常见病害。

1）发病原因

土壤黏重、板结，过于干旱，肥力不足，造成树势衰弱；栽植带病苗木，病株清理不彻底，病虫害防治不到位，遭受冻害等，发病严重。

2）表现症状

发生在叶片上，常见有以下类型：

（1）黄斑花叶型：叶面为近圆形，或深或浅的黄绿色斑块，叶片呈黄绿相间花叶状。

（2）环斑花叶型：叶面为近圆形、椭圆形，大小不一，黄色或淡黄色，封闭或不完全封闭的环斑。环斑扩展后，斑内部分组织仍为绿色。

（3）混合花叶型：以上几种类型，在同株叶片上混合发生。

1 叶面褪绿斑块

3）发生规律

全株系统性病毒侵染病害，病毒在病株活体上，或随病残体在土壤中越冬。一旦感病，终生携带病毒。春季开始表现症状，生长期内可重复侵染发病，并逐年加重。

4）传播途径

病毒汁液借助昆虫、菟丝子、修剪工具、病健叶接触摩擦、带病植材嫁接繁殖等传播，从伤口侵染危害。随带菌苗木调运，异地传播。

5）综合防治

（1）不采购，不栽植带病苗木，不用病株苗木植材进行嫁接繁殖。

（2）及时刨除重病株，集中销毁，控制病毒扩展蔓延。

（3）注意防治叶蝉、蚜虫、粉虱等刺吸昆虫，消灭传播媒介。

（4）初发病时，交替喷洒1.5%植病灵乳剂800倍液，或20%氨基寡糖素水剂500～800倍液，或3.85%病毒必克乳剂500倍液，7～10天喷洒1次，减缓该病蔓延。

2 叶面黄色环斑

3 病斑相连

4 混合花叶型

015 山茶枝枯病

枝枯病是山茶的主要病害之一。

1）发病诱因

山茶喜排水良好的微酸性土壤。土壤盐碱、黏重，肥力不足，地势低洼，雨后排水不及时，环境郁闭，通风不良等，易发病。过量施用氮肥，加重病害发生。

2）表现症状

自当年生半木质化的小枝上开始发病，并向小枝基部扩展。初为浅褐色或褐色、椭圆形病斑，病枝上叶片由绿转黄。待病斑绕枝一周时，病枝自上向下逐渐萎蔫。病枝上叶片、芽、花蕾褐色萎缩，小枝干枯，其上散生黑色小粒点。

3）发生规律

真菌性病害，病菌在病残枝上越冬。华北地区5月新梢伸展时即侵染发病，生长期内可重复再侵染，7~8月受害枝开始出现干枯现象。

4）传播途径

病原菌借风雨、修剪工具等传播，从芽鳞和小枝皮孔及伤口侵染危害。

5）综合防治

（1）发芽前，剪去病枯枝，集中销毁。喷洒30%绿得保悬浮剂500倍液，或160倍半量式波尔多液，减少越冬菌源。

（2）大雨过后及时排水，松土散湿。

（3）抽生新枝时，喷洒50%福美双可湿性粉剂800倍液，或50%甲基托布津可湿性粉剂800倍液，或50%多菌灵可湿性粉剂600倍液，或65%代森锌可湿性粉剂500倍液，预防和控制该病发生。

（4）及时剪去病枝、枯死枝，减少再侵染。

1 枝梢染病状

2 病枝、叶、花蕾枯萎

016 枇杷枝枯病

枝枯病是枇杷的主要病害之一。

1）发病诱因

枇杷喜光，耐寒性稍差，喜湿润、排水良好土壤。环境郁闭、潮湿，光照不足；遭受风害、旱灾、雹灾，病虫危害，冬季清园不彻底，病枝修剪不及时等，易发该病。

2）表现症状

多发生在嫩梢、枝条、花枝上。初为圆形或不规则形褐色水渍状病斑，迅速向下扩展，病枝叶片黄化、萎蔫下垂。病斑扩展一周时，病枝变褐色或黑褐色枯萎，其上叶片干枯，幼果皱缩僵化，后期枝条、序轴、果柄上散布黑色粒点。发病严重时，枝条大量枯死，甚至幼树整株枯亡。

3）发生规律

真菌性病害，病菌在病枝、芽苞上越冬。生长期内均可发病，可重复多次侵染。多雨年份、高温季节雨量大、持续降雨，有利于病菌侵染蔓延，该病发生严重。

4）传播途径

病原菌借风雨、修剪工具等传播，从皮孔及伤口侵染危害。

5）综合防治

（1）冬季剪去枯死枝，彻底清除残枝、落叶、僵果，集中销毁。

（2）发芽前，温室大棚喷洒溃腐灵 60～100 倍液＋有机硅，进行全面消毒。

（3）及时剪去病枯枝，集中销毁，剪口处涂抹溃腐灵 50 倍液保护。

（4）普遍发生时，交替喷洒 25% 吡唑醚菌酯乳油2000～3000 倍液，或 50% 甲基托布津硫磺悬浮剂 800 倍液，或 50% 苯菌灵可湿性粉剂 1500 倍液。

（5）采果后，喷洒溃腐灵 200～300 倍液＋沃丰素600 倍液＋有机硅，封闭采果时留下的伤口，防止侵染。

1 花枝被害状

2 被害部出现黑色小粒点

017　枇杷灰斑病

灰斑病是枇杷的常见病害之一。

1）发病诱因

土壤黏重，板结，透水性差；雨后排水不及时、不通畅，灌水过勤，土壤过于潮湿；嫩梢抽生、展叶及幼果发育期，遭受风害、冻害、日灼伤害等，易发病。

2）表现症状

多发生在叶片上，有时也侵染果实或枝条，华北地区主要危害叶片。叶面初为淡褐色斑点，扩展成近圆形或不规则形病斑，中央渐为灰白色或淡黄褐色，边缘有较窄暗褐色环带，病健组织界限清晰。相邻病斑扩展融合成不规则形大斑，病斑失水干枯，易破裂，后期出现黑色小点。发病严重时，病叶焦枯脱落。

3）发生规律

真菌性病害，病菌在病枝、病叶、僵果、病落叶及芽苞上越冬。华北地区4月开始初侵染，有一定潜育期，生长期内可重复再侵染。全年以春季危害严重。

4）传播途径

病原菌借风雨、昆虫等传播，从气孔、皮孔、伤口侵染危害。

1 叶面病斑

5）综合防治

（1）冬季剪去病枝，彻底清除残枝、落叶、僵果等，集中销毁。

（2）开花前、花期、新梢抽生时，交替喷洒75%百菌清可湿性粉剂500～800倍液，或160倍等量式波尔多液，或70%甲基托布津可湿性粉剂800倍液防治。避免在有露水时、中午高温及傍晚喷水或喷药。

（3）及时剪去病枝，摘去病叶、病果，清除落叶，集中销毁，防止再侵染。

2 叶缘发病状

3 叶片危害状

018 枇杷日灼病

日灼病又叫日烧病，是枇杷果实的主要病害之一。

1）发病诱因

枇杷适温暖环境，喜排水良好、疏松肥沃土壤，果实忌暴晒。修剪过重、春梢稀少、在晴天阳光直射下，树冠外围裸露果实朝阳面的果皮和果肉组织易遭受日灼伤害。管理粗放、土壤贫瘠、水肥不足、病虫危害、生长势较弱等，该病发生严重。

2）表现症状

主要发生在果实和叶片上，也危害枝干。果面初为1个或数个，褐色斑点，扩展成近圆形或不规则形病斑，灼伤部位逐渐失水，病斑略凹陷，皮层和果肉组织成棕褐色或褐色坏死，硬化成干疤，后期病疤易发生龟裂。

枝干向阳面呈现褐色略凹陷，干腐状病斑，渐变为黑色。后期病部皮层干枯，龟裂翘起，病枝枯萎死亡。

1 果面病斑

3）发生规律

生理性病害，华北地区果实多在5月近转色期开始表现症状，5月中旬至6月为发病盛期，6～9月为叶片发病期。干旱年份、高温少雨季节、太阳暴晒，及低温阴雨后，突然晴天，该病发生严重。

4）综合防治

（1）合理整形修剪。疏果时，树冠外围果枝所留果实，适当留叶保护。

（2）秋施腐熟有机肥，增强树势，提高抗病能力，减少病害发生。

（3）果实近着色期，于晴天上午9时前，或下午4时后至傍晚前，树冠喷水降温增湿。

2 病部组织僵化凹陷

3 果实被害状

019　银杏褐斑病

褐斑病是银杏的一种常见病害。

1）发病诱因

银杏为深根性树种，喜排水良好深厚土壤，忌积水之地。地势低洼，土壤黏重，雨后排水不通畅，土壤过湿；环境郁闭、通风不良等，易发病。

2）表现症状

主要发生在叶片上，多从下部叶片开始发病，逐渐向上部扩展，有时也危害叶柄。初为红褐色圆形斑点，边缘有黄色晕圈。逐渐扩展成中央浅褐色、边缘褐色、近圆形或不规则形病斑，相邻病斑扩展融合成大斑。后期病斑干枯破裂，病斑上出现黑色小粒点，病叶提前脱落。

3）发生规律

真菌性病害，病菌在病落叶、芽苞上越冬。5月中下旬开始侵染发病，生长期内可重复再侵染。多雨年份、夏季多大雨，及连续降雨后的高温、高湿天气，病害发生严重。

4）传播途径

病原菌借风雨传播，从气孔、伤口处侵染危害。

5）综合防治

（1）冬季彻底清除枯枝落叶，集中销毁，减少越冬菌源。

（2）树穴内禁止摆放盆花，保持良好透气性。雨后及时排涝，松土散湿。

（3）病害普遍发生时，交替喷洒100倍等量式波尔多液，或75％百菌清可湿性粉剂800倍液，或65％代森锌可湿性粉剂600～800倍液，或70％代森锰锌可湿性粉剂500倍液，兼治灰斑病。

1 叶面病斑

2 病斑后期症状

020 银杏炭疽病

炭疽病在银杏上时有发生。

1）发病诱因

土壤黏重、板结，透气性差；地势低洼，雨后排水不及时，造成土壤积水或过湿；环境郁闭、光照不足、栽植过深、病虫危害、造成树势弱等，易发病。

2）表现症状

发生在叶片上。叶面初为褪绿黄色斑点，逐渐扩展成圆形或不规则形暗褐色病斑，边缘有黄色晕圈，病斑中央逐渐转为灰褐色，其上出现散生，或成轮纹状排列黑色小点。病害发生严重时，病叶焦枯，大量提前脱落，仅剩光腿枝。

1 发病初期症状

3）发生规律

真菌性病害，病菌在病落叶、芽苞上越冬。北方地区多于 6 月中下旬开始侵染发病，生长期内可重复再侵染，8 ~ 9 月为病害高发期，10 月停止侵染。高温季节多阴雨的闷热天气，该病发生严重。

4）传播途径

病原菌借风雨和昆虫传播，从气孔、伤口侵染危害。

5）综合防治

（1）落叶后进行彻底清园，清除枯枝落叶，集中销毁，减少越冬菌源。

（2）树穴内严禁铺栽草块或摆放盆花，保持良好的透气性，防止土壤长期潮湿。大雨过后及时排水，松土散湿。

（3）普遍发病时，交替喷洒 100 倍等量式波尔多液，或 70％代森锰锌可湿性粉剂 400 倍液，或 25％炭特灵可湿性粉剂 500 倍液，或 80％炭疽福美可湿性粉剂 500 倍液。

（4）及时防治茶黄蓟马。

2 叶面病斑

3 病斑上显黑色颗状物

021　银杏叶枯病

叶枯病是银杏、垂枝银杏、斑叶银杏的一种常见病害。

1）发病诱因

土壤黏重、板结，透气性差，地势低洼，排水不及时，造成土壤过湿；新植苗木缓苗期未及时灌透三遍水，导致树势衰弱；病虫危害、生长势弱、结实过多等，易发病。大气和土壤长期干旱，加剧该病发生。距水杉栽植较近，常发病较重。

2）表现症状

发生在叶片上。初期叶片先端或边缘退绿变黄，逐渐呈扇形或楔形向叶内和叶基部扩展蔓延，病斑呈褐色或红褐色，边缘有或宽或窄的鲜黄色晕带，病斑逐渐失水变褐色枯死。严重时病叶枯焦破裂，大量提前脱落，仅残留光腿枝。

3）发生规律

真菌性病害，病菌在病落叶、芽苞上越冬。北方地区多于6月开始初侵染，7～9月病斑迅速扩展蔓延，9月病叶开始大量脱落，10月逐渐停止发病。

4）传播途径

病原菌借风雨和昆虫传播，自气孔和伤口侵染发病。

5）综合防治

（1）避免与病原菌相近的松树及水杉相邻混栽，以免病害大量发生。

（2）发芽前，喷洒5波美度石硫合剂。

（3）生长势衰弱及已感病株，疏去部分果实，增施有机肥，提高树势。

（4）长期干旱时适时灌透水。大雨过后及时排水，树穴松土散湿。

（5）发病初期，交替喷洒50%退菌特可湿性粉剂800倍液，或200倍半量式波尔多液，或50%多菌灵可湿性粉剂500倍液，15天喷洒1次。

1 叶面病斑

2 叶片被害状

3 病斑干枯破裂

4 病斑上出现黑色霉点

022 白蜡褐斑病

褐斑病是多种白蜡的一种常见病害。

1）发病诱因

土壤黏重、板结，过湿或过于干旱；栽植过深、病虫危害、环境污染、树势衰弱等，易发病。

2）表现症状

发生在叶片上。叶面初为褐色斑点，扩展成圆形或多角形病斑，边缘褐色，中央淡褐色至灰褐色，病健组织界限清晰。相邻病斑扩展融合成不规则形斑块，叶面病斑密集时，病叶焦枯，提前脱落。

3）发生规律

真菌性病害，病菌在芽苞或落叶上越冬。京、津地区5月下旬开始侵染发病，生长期内可重复再侵染，6月中旬至8月为病害高发期。高温季节多雨、多雾霾天气，病害发生严重。

4）传播途径

病原菌借风雨传播，自气孔、伤口侵染危害。

5）综合防治

（1）冬季彻底清除枯枝落叶，集中销毁。

（2）土壤干旱时适时补水，大雨过后及时排水，降低田间湿度。

（3）粉尘污染严重区域，经常喷洒清水冲刷树冠。

（4）发病初期，交替喷洒75%百菌清可湿性粉剂800倍液，或70%代森锰锌可湿性粉剂400倍液，或50%多菌灵可湿性粉剂600倍液，或70%甲基托布津可湿性粉剂1000倍液防治。

1 叶面病斑

2 叶片被害状

023　白蜡黑斑病

黑斑病危害多种白蜡，以速生白蜡最为严重。

1）发病诱因

地势低洼，土壤盐碱，土质黏重、板结；雨后排水不及时、不通畅，冬季清园不彻等，易发病。苗期过量施用氮肥，该病发生严重。

2）表现症状

该病只侵染叶片，多从下部叶片开始发病。叶面初为圆形黑色斑点，中间有突起的乳白色小点。后扩展成黑褐色至暗褐色、近圆形或不规则形病斑，边缘有时有放射性线纹。病斑转黄褐色，有时略显轮纹，中央灰白色，病斑外缘有黄色晕圈。相邻病斑扩展融合成不规则大斑，后期病斑干枯、破裂。潮湿环境下，病斑上着生褐色小霉点，病叶提前脱落。

3）发生规律

真菌性病害，病菌在芽苞或落叶上越冬。京、津及河北地区 5 月中下旬开始侵染发病，生长期内可重复再侵染，7～8 月为发病高峰期。高温季节多雨，持续阴雨，多雾、多雾霾天气，病害发生严重。根际萌蘖枝和幼苗受害严重。

4）传播途径

病原菌借风雨传播，从气孔侵染危害。带菌苗木调运，是异地传播的重要途径。

5）综合防治

（1）冬季彻底清除枯枝落叶，集中销毁。

（2）及时疏去根际萌蘖枝，大雨过后及时排水，控制田间湿度。

（3）病害发生期，及时扫净落叶，集中深埋。交替喷洒 120 倍等量式波尔多液，或 75% 百菌清可湿性粉剂 500 倍液，或 70% 代森锰锌可湿性粉剂 400 倍液，或 65% 福美锌可湿性粉剂 300～500 倍液。7 天喷洒 1 次，连续 2～4 次。

1 叶面病斑

2 后期病斑干枯、破裂

024 白蜡病毒病

病毒病在绒毛白蜡、河北白蜡、美国白蜡等多种白蜡树上时有发生。

1）发病原因

栽植带病苗木是重要的传染源。土壤贫瘠、干旱，管理粗放，病虫危害等，易发病。圃地多年重茬连作，病虫害防治不及时，病株清除不彻底等，发病严重。

2）表现症状

1 不同类型病叶 1　　　　2 不同类型病叶 2

个别小枝顶端叶片先显现病毒症状，逐渐扩展到整个枝条至全株。常见类型有以下几种：

（1）斑驳花叶型：脉腋间为不规则细碎黄色斑，叶片呈黄绿相间斑驳花叶状。

（2）蕨叶型：小叶狭长增厚，绿色组织生长受抑制，除叶缘外，其他均为黄绿色。

（3）卷叶型：主侧脉黄化，叶面成网状，叶片扭曲、卷缩。

（4）主脉肿胀型：主脉黄绿色肿胀，扩宽增厚。叶先端截形，锯齿大而密集。

（5）混合花叶型：几种表现类型在同一叶片上混合发生。

3）发生规律

由几种病毒复合侵染引发的系统性病害。病原体存活在病株活体上，一旦感病，终生携带病毒。发芽后即显现病毒症状，7月上旬多停止发病，斑驳花叶型可全年发病。

4）传播途径

病毒汁液借助昆虫、菟丝子、根结线虫，通过带毒种子、病株植材进行繁殖，修剪工具交叉使用等进行传播，从伤口侵染危害。随病株调运异地传播。

5）综合防治

（1）不用病株植材进行繁殖。彻底清除重病株，土壤消毒处理。

（2）初发病时，喷洒1.5%植病灵乳剂800倍液，或3.85%病毒必克乳剂500倍液，或2%宁南霉素水剂200倍液，连喷3次。

（3）注意防治蚜虫、叶蝉等刺吸害虫。

3 不同类型病叶 3　　　4 不同类型病叶 4　　　5 不同类型病叶 5　　　6 不同类型病叶 6　　　7 不同类型病叶 7

025 鹅掌楸炭疽病

炭疽病是北美鹅掌楸、马褂木、杂交马褂木的主要病害之一。

1）发病诱因

地势低洼，土壤黏重，雨后排水不及时；栽植环境郁闭、栽植过深等，易发病。

2）表现症状

嫩叶上初为暗褐色斑点，扩展成近圆形至不规则形病斑，有时沿叶脉延伸成多角形。病斑中央黑褐色，外部黄褐色，边缘暗褐色，周围有黄色晕圈。相邻病斑扩展融合，病叶黑色焦枯脱落。有时病斑略显轮纹，后期病斑上出现黑色小粒点。

3）发生规律

真菌性病害，病菌在病落叶上越冬。6月开始侵染发病，生长期内可重复侵染，6月下旬至9月上旬为病害高发期。多雨年份、持续阴雨、多雾，发病严重。

4）传播途径

病原菌借风雨、昆虫传播，自气孔侵染危害。

5）综合防治

（1）落叶后，彻底清除枯枝落叶，集中销毁。喷洒3～5波美度石硫合剂。

（2）注意防治蚜虫，消灭传播媒介，控制病害传播蔓延。

（3）发病初期，交替喷洒200倍等量式波尔多液，或50%炭疽福美可湿性粉剂1000～1500倍液，或65%代森锌可湿性粉剂800倍液，10～15天喷洒1次。

1 发病初期症状

2 病斑叶背症状

3 中期表现症状

4 后期表现症状

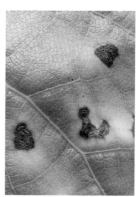

5 病斑略显轮纹

026　鹅掌楸褐斑病

褐斑病是北美鹅掌楸、马褂木、杂交马褂木的一种常见病害。

1）发病诱因

鹅掌楸适排水良好、肥沃疏松土壤，不耐干旱，怕涝。地势低洼，土壤黏重、板结；环境郁闭、栽植过密、通风透光不良等，易发病。

2）表现症状

多发生在幼嫩叶片的侧脉间。叶面初为淡褐色圆形斑点，后扩展为褐色、近圆形病斑，边缘暗褐色。相邻病斑扩展融合成大斑，病叶焦枯，提前脱落。

3）发生规律

真菌性病害，病菌在病枝芽、病落叶或土壤中越冬。京、津地区6月中下旬开始侵染发病，生长期内可重复再侵染，7月至8月为侵染高峰。高温季节多暴雨、持续阴雨的高温高湿环境条件下，该病发生严重。

4）传播途径

病原菌借风雨传播，自气孔、伤口处侵染危害。

5）综合防治

（1）落叶后彻底清除枯枝落叶，集中销毁。喷洒3～5波美度石硫合剂，消灭越冬菌源。

（2）及时清扫落叶，减少再侵染源。雨后及时排水，松土散湿。

（3）发病初期，交替喷洒200倍等量式波尔多液，或70%甲基托布津可湿性粉剂700～1500倍液，或70%代森锰锌可湿性粉剂400倍液，兼治炭疽病等，10天喷洒1次，连续2～4次。

1 叶片被害状

2 叶面病斑

3 病斑后期症状

027 杨树细菌性溃疡病

细菌性溃疡病是杨树的主要病害之一。

1）发病诱因

土壤黏重、贫瘠，过于干旱等，造成树势衰弱，有利于该病发生。苗木运输、栽植不及时，三遍水未及时灌透，是诱使潜伏病菌发病的重要原因。

2）表现症状

发生在主干和大枝上，在干皮较光滑的树干上，皮孔边缘出现灰褐色圆形或椭圆形泡状病斑，是该病的明显特征。病斑自行破裂，有褐色无味黏稠汁液流出。后期皮层腐烂，病斑干枯形成硬疤，常造成树势衰弱，甚至整株死亡。

3）发生规律

细菌性病害，病菌在病部皮层内越冬。京、津地区 4 月开始侵染形成新病斑，旧病斑陆续复发。病菌具很强的潜伏侵染性，生长期内可重复再侵染，4 月下旬至 6 月上旬为病害高发期，8 ~ 9 月又有所发展，11 月停止发病。

1 泡状病斑

4）传播途径

病原菌借风雨传播，从皮孔、伤口侵染。随带菌苗木调运，异地传播。

5）综合防治

（1）苗木随起随运，栽植后及时灌透三遍水。

（2）发芽前，树干喷洒 0.5 波美度石硫合剂，或 160 倍等量式波尔多液。

（3）初发病时，刮破水泡，涂刷溃腐灵 50 倍液。树干喷洒溃疡净 300 倍液 + 农用链霉素可湿性粉剂 3000 倍液，或 4% 春雷霉素可湿性粉剂 1000 倍液防治。

2 病斑破裂渗出黏液

3 黏夜渗出后的病斑

4 树干被害状

028 杨树真菌性溃疡病

真菌性溃疡病是多种杨树的一种常见病害。

1）发病诱因

地势低洼、土壤黏重、穴土过湿等，易发病。苗木移植不及时，三遍水未灌透，剪口、伤口处理不到位，导致缓苗期生长势弱，是诱使潜伏病菌发病的重要原因。

2）表现症状

多发生在主干上，初为圆形水渍状，或略呈泡状，周围湿润状，后有褐色酒糟味汁液流出。皮下组织褐色腐烂，病斑失水后形成干疤，严重时树势逐渐衰弱。

3）发生规律

真菌性病害，病菌在枝干病斑内越冬。京、津地区4月上旬发病，生长期内可重复侵染。4月下旬至6月上旬为病害高发期，8～9月又有所发展。

4）传播途径

病原菌借风雨传播，从剪口、伤口和皮孔侵染。随带菌苗木调运，异地传播。

5）综合防治

（1）苗木随起随运，栽植后及时灌透三遍水。

1 初为小泡状斑

（2）初发病时，交替喷洒0.8%菌立灭二号200～250倍液，或45%代森铵水剂400倍液，或10%食用盐水，7天喷洒1次，连续2～3次。

（3）病斑密集时，用钉板拍击树干病部，拍击部位仔细涂抹21%过氧乙酸水剂3～5倍液，或8波美度合硫合剂，或腐皮消50～100倍液，10天后再涂1次。

2 病斑水渍状

3 树干被害状

4 后期形成干疤

029 杨树干腐病

干腐病是毛白杨、速生杨等杨树的一种常见病害。

1）发病诱因

苗木运输、栽植不及时，三遍水未及时灌透；土球过小，栽植过深，造成缓苗期树势衰弱；苗木遭受冻害、旱害、涝害、病虫危害、机械损伤，伤口处理不及时、不到位等，易诱发该病。

2）表现症状

发生在树干、主枝上，和枝干剪口及截口处。病斑初为暗褐色湿润状，多成纵向迅速扩展，病健组织界限清晰。病部皮层褐色腐烂，逐渐干枯，病健处产生裂隙。病枝叶片黄色萎蔫，后期病部密布黑色小突起。病斑扩展至主枝、主干一周时，枝条枯死，树木死亡。

3）发生规律

真菌性病害，病菌在枝干病部、病死株上越冬。3月开始侵染发病，旧病斑复发继续扩展，生长期可重复再侵染，具潜伏侵染性，以4～5月发生严重。

4）传播途径

病原菌借风雨传播，自剪口、伤口、皮孔侵染扩展危害。随带菌苗木调运，异地传播。

5）综合防治

（1）早春树干喷洒5波美度石硫合剂，消灭越冬菌源，预防该病发生。

（2）及时拔除病死株，修剪病枝，集中销毁，减少再侵染源。

（3）苗木及时运输、栽植，保证三遍水及时灌透。枝干折损茬口修剪平滑，截口、剪口、伤口，及时涂抹腐烂净原液等杀菌剂保护。

（4）病斑处交替涂抹腐皮消50～100倍液，或腐烂净、新腐迪原液。

1 旧病斑复发扩展　　　　　2 病部密布黑色小突起

3 病部皮层腐烂

030 杨树腐烂病

腐烂病又叫烂皮病，是多种杨树、柳树、榆树等树种的毁灭性病害。

1）发病诱因

地势低洼，土壤黏重，遭受旱害、涝害、日灼、冻害、病虫危害；苗木起掘、运输不及时，栽植过深，未及时灌透三遍水，伤口未涂杀菌剂等，易发病。

2）表现症状

发生在主干和大枝上，初为暗褐色水渍状，病部皮层组织褐色软腐，边缘黑褐色，用手挤压有酒糟味浓液渗出。后期出现针头状黑色小突起，潮湿天气显现橘红色卷曲丝状物，或胶质圆堆状物。严重时枝干枯死，全株死亡。

3）发生规律

真菌性病害，病菌在病株及病残体上越冬。华北地区3月中下旬开始侵染，形成新病斑，旧病斑复发继续扩展，该病具潜伏性，生长期内可重复再侵染。4月下旬至6月上旬为病害高发期，8~9月又开始复发，11月停止发病。

4）传播途径

病原菌借助风雨、昆虫传播，自剪口、虫口、伤口、皮孔侵染危害。带菌苗木、带菌支撑杆是传播的重要途径。

5）综合防治

（1）及时拔除重病株和病死株，彻底清除残桩、病枝，集中销毁。

（2）发病初期，涂抹15~18波美度石硫合剂，或21%过氧乙酸水剂3~5倍液，或2%福永康可湿性粉剂20倍液，或15%络氨铜原液，7~10天涂刷1次，连续2~3次。

（3）在病斑外围健康组织1.5cm处，划破皮层，反复涂刷10波美度合硫合剂，或10%食用碱水。4~5天后，用50PPM赤霉素涂刷划伤处，促进伤口愈合。

| 1 树干病斑 | 2 病部溢出卷丝状分生孢子堆 | 3 病株枯亡 |

031 杨树破腹病

破腹病俗称破肚子病，是杨树的一种常见病害。

1）发病诱因

生理性病害，由不适宜的外界环境影响而发生。树木遭受冻害、日灼伤害、短期内土壤水分剧烈变化等，是诱发该病的重要原因。地势低洼，土壤黏重，前期干旱，秋季雨水过大；冬季气温骤降、昼夜温差变化过大等，易发该病。

2）表现症状

多发生在主干西南或南向的中下部。初期干皮为浅黄褐色纵向条状，后病皮略隆起，逐渐撕裂出一条细缝。裂缝不断扩展，深可达木质部，春天树液流动时，从裂

1 发病初期症状

缝中不断有清透树液流出，后变褐色黏稠状。病皮皱缩干枯，边缘翘起。病部停止扩展后，健部边缘产生愈伤组织，但多数不能将整个裂缝愈合。裸露木质部腐烂，造成树势衰弱。截干苗、速生杨易发该病。

3）综合防治

（1）北方地区宜栽植抗寒性品种。

（2）加强苗木防护。新植幼龄树及截干苗，树干2m以下涂白，南向和西南向涂刷2~3遍，防止日灼伤害。冬季树干涂白防寒，防止冻害发生。

（3）避免过量施用氮肥，秋季适当控水，防止苗木徒长，提高树木抗性。

（4）发病初期，伤口处反复涂抹15~20波美度石硫合剂，或福永康20倍液，或21%过氧乙酸水剂3~5倍液。

（5）4~5月，用利刀刮除病斑坏死部分，直至露出新鲜健康组织，刮伤处涂刷70%甲基托布津可湿性粉剂200倍液，或50%多菌灵可湿性粉剂200倍液，3~5天后，病部外缘涂刷赤霉素50~80倍液，促进伤口愈合。

2 从树皮裂缝流出大量褐色液体

032 毛白杨皱叶病

毛白杨皱叶病又叫绣球病，主要危害毛白杨、山杨等。

1）表现症状

多发生在雄株小枝的顶芽，或其下数芽上，每枝多为1芽，受害芽内叶片均受害。受瘿螨刺激危害的芽提前萌发，抽生叶密集呈鸦嘴状，幼叶逐渐肿胀增厚，边缘卷曲皱缩，不断增大呈瘿球状，病叶由绿色转为红褐色或紫红色。6月瘿球黑色干枯，随风雨脱落。

1 病芽萌发初期症状

2 形成瘿球状

2）发生规律

瘿螨危害性病害，华北地区该螨1年发生5代，以卵在受害芽内越冬。冬芽膨大时若螨开始孵化，皱叶初现时成螨出现。5月初产生第一代卵，以后世代不整齐，各代均在芽内繁殖、危害。5月中旬末代若螨陆续从瘿球内爬上新生枝条，转移到冬芽内蜕皮为成螨，继续危害、产卵，6月以卵在冬芽内越夏、越冬。

3）传播途径

若螨爬行转枝扩散，随苗木调运，异地传播。

4）综合防治

（1）病株发芽前，喷洒3~5波美度石硫合剂，防治1代若螨危害。

（2）及时摘除病芽，从病叶下10cm处剪除瘿球，集中深埋，消灭螨源。

（3）5月中旬至6月中旬，病株喷洒0.2波美度石硫合剂，或2.5%三氟氯氰菊酯乳油3000倍液，或1.8%阿维菌素乳油4000倍液，消灭枝条上脱叶爬行转移的若螨。

3 病叶转红褐色

4 病叶后期症状

033 杨树叶锈病

杨树叶锈病又叫杨树黄粉病，危害毛白杨、银白杨、新疆杨、速生杨等多种杨树。

1）发病诱因

栽植过密，通透性差，环境郁闭、潮湿等，易发病。

2）表现症状

发生在冬芽、幼叶及嫩梢上。叶面、叶柄上初为淡黄色斑点，扩展成多角形黄绿色病斑，叶背散生黄色孢子堆。病叶皱缩畸形，叶柄萎蔫下垂，病叶黑褐色干枯。

病芽数日后枯死。嫩梢黄色粉堆下形成溃疡斑，病部弯曲，嫩梢下垂枯萎。

3）发生规律

真菌性病害，病菌在病芽、病梢溃疡斑内越冬。芽萌动时开始发病，生长期内可重复侵染，5～6月、9月中旬分别为病害高发期，以5～6月发病严重。

4）传播途径

病原菌借风雨、昆虫、修剪工具等传播，自气孔、皮孔侵染危害。

5）综合防治

（1）冬季剪去病枝、枯死枝，彻底清除残枝、落叶，集中销毁。

（2）2月下旬，病区喷洒15％粉锈宁可湿性粉剂1000倍液，或0.5波美度石硫合剂，消灭冬芽上越冬菌。

（3）及时剪去病枝、病叶，集中销毁。交替喷洒25％粉锈宁可湿性粉剂1000～1500倍液，或50％敌锈纳200倍液，或50％退菌特可湿性粉剂600倍液。

（4）注意防治蚜虫、叶螨等刺吸式害虫，消灭传播媒介。

1 叶面病斑和孢子

2 叶背黄色孢子堆

3 病叶皱缩

4 嫩梢发病状

5 病叶后期症状

034 杨树黑斑病

杨树黑斑病又叫杨树褐斑病，危害毛白杨、小叶杨、银白杨、大青杨、沙兰杨等多种杨树。

1）发病诱因

土壤黏重、板结，地势低洼，地下水位高，雨后排水不通畅，土壤长期潮湿；环境郁闭、栽植过密、通透性差等，易发该病。

2）表现症状

发生在幼叶和嫩梢上。叶面散生黑色圆形斑点，扩展为近圆形，或多角形黑褐色病斑。多个病斑融合成不规则形黑色斑块，病叶焦枯，嫩梢枯死。

3）发生规律

真菌性病害，病菌在枝梢病斑和病落叶上越

1 初期症状

冬。5月上旬开始侵染，生长期内可重复侵染。7 ~ 8月降雨集中、雨量大的湿热天气，病害发生严重。幼苗、幼树、枝干上及树干基部萌蘖枝发病严重。

4）传播途径

病原菌借风雨、灌溉水飞溅传播，从气孔侵染危害。

5）综合防治

（1）及时剪去病枝、病叶，彻底清除病落叶，集中销毁，减少侵染源。

（2）大雨过后，圃地及时排水，松土散湿，降低田间湿度。

（3）发病期，交替喷洒160倍等量式波尔多液，或65%代森锌可湿性粉剂500倍液，或70%甲基托布津可湿性粉剂800倍液，或50%多菌灵可湿性粉剂600倍液，10天喷洒1次。雨季喷药时，药液中加入0.3%豆浆，提高防治效果。

2 叶面病斑

3 病叶后期症状

035　杨树灰斑病

灰斑病是箭杆杨、钻天杨、小青杨、银白杨、速生杨等多种杨树的常见病害。

1）发病诱因

地势低洼，大雨过后排水不及时；栽植过密，光照不足，通透性差，环境潮湿；管理粗放、土壤瘠薄、长期干旱、树势弱等，易发病。

2）表现症状

发生在幼叶和嫩梢上。叶面初显为圆形、绿褐色水渍状斑点，扩展成不规则褐色病斑，有时病斑中央转灰白色。病斑扩展融合，潮湿环境下，病斑上产生黑绿色霉状物。

嫩梢上出现梭形黑色病斑，病梢萎蔫下垂，枯死。幼苗易出现多梢现象，影响苗木成形。

3）发生规律

真菌性病害，病菌在病梢、病落叶上越冬。5月开始侵染，生长期内可重复侵染，春季低温，多雨雪，发病重。7～8月多大雨，持续阴雨天气，有利于病害流行，10月停止发病。幼苗、幼树及大树基部萌蘖枝发病较重。

4）传播途径

病原菌借风雨传播，从气孔侵染危害。

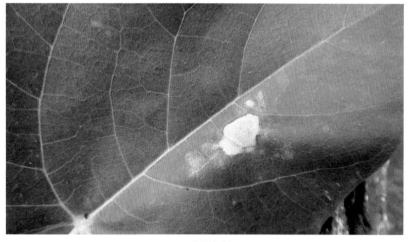

1 叶面病斑

2 斑内生出黑色小粒点

5）综合防治

（1）冬季剪除枯死枝、树干上冗枝、根际萌蘖枝，清除落叶，集中销毁。

（2）病害发生严重时，交替喷洒 160 倍等量式波尔多液，或 50% 多菌灵可湿性粉剂 500 倍液，或 50% 速克灵可湿性粉剂 1000 倍液，或 75% 百菌清可湿性粉剂 500 倍液，10～15 天喷洒 1 次，连续 3～4 次，兼治多种叶斑病。

036 杨树根头癌肿病

杨树根头癌肿病又叫根癌病、冠瘿病，是国家重要检疫对象，危害多种杨树。

1）发病诱因

该病菌是一种土传菌，栽植带菌苗木和使用带菌土壤，是该病发生的重要原因。土壤盐碱、黏重，地势低洼，苗木连作，根部伤口多等，发病率高。病株清除不彻底、土壤中残留病株残体、使用未经消毒处理的带菌土壤等，使病情加重。

2）表现症状

多发生在侧根和根颈部，或嫁接口及枝干上。病部出现淡黄色，近球形表面光滑，质地柔软的瘤状物。癌瘤逐渐增大，表面粗糙硬化、龟裂、腐烂破碎。病株生长势弱，个别枝条叶片萎黄，大枝逐渐干枯。随着病害不断发展，树木枯亡。

1 癌瘤腐烂、破碎

3）发生规律

细菌性病害，随病残体在土壤中越冬，病菌在土壤中可存活 1 年以上。生长期内均可侵染，数周后表现症状，8 月为病害高发期。速生杨发病最为严重。

4）传播途径

病原菌借雨水、灌溉水、地下害虫，及使用病株植材进行嫁接，或埋条繁殖等传播，自伤口侵染危害。随带菌苗木调运，异地传播。

5）综合防治

（1）严禁从疫区调运苗木。不使用带菌苗木进行嫁接，或埋条繁殖。

（2）用博士猫根癌宁 400 倍液，或 2% 福永康可湿性粉剂 500 倍液灌根。10 天后，浇灌生根粉，促进伤口愈合和新根生长。

（3）注意防治地下害虫。刨除重病株，穴土用硫黄粉 50 ~ 100g/m² 消毒。

2 根部癌瘤

3 根颈部癌瘤

037 柳树细菌性溃疡病

该病是垂柳、旱柳、馒头柳、龙爪柳、金丝垂柳、美国竹柳的一种常见病害。

1）发病诱因

苗木运输不及时，土球过小，机械损伤严重；栽植过深，栽后三遍水未及时灌透；苗木遭受冻害、日灼伤害、旱害等，造成树势衰弱，易发病。

2）表现症状

发生在树干或大枝上。干皮光滑生长阶段，皮孔处出现近圆形泡状斑，破裂后有液体流出，病斑周围呈黑褐色。泡状斑失水后成近圆形或椭圆形干疤，病部皮层黑褐色腐烂。干皮粗糙的树干上初期症状不明显，从干皮裂缝处流出黏液。随着病害逐年发展，病株生长势逐渐衰弱，多发育成小老树。

3）发生规律

细菌性病害，病菌在病斑上越冬。京、津地区4月上旬开始侵染，生长期内可重复侵染。5～6月为病害高发期，9月至10月上旬为又一发病小高峰。该病具潜伏侵染性，树势衰弱时表现病症，速生柳发病严重。

4）传播途径

病原菌借风雨、昆虫传播，从皮孔、伤口侵染。随带菌苗木调运，异地传播。

5）综合防治

（1）苗木及时运输、栽植，三遍水及时灌透。

（2）新植苗木树干及时涂白，防止日灼伤害，减少病害发生。

（3）早春树干涂白，或喷刷160倍等量式波尔多液，或0.5波美度石硫合剂。

（4）初发病时，刮破泡斑，交替涂刷800倍液农用土霉素或链霉素。

（5）用利刀刮除干疤至健康组织，碎屑集中销毁。伤口及时涂刷溃疡净300～400倍＋农用链霉素3000倍液，或14%络氨铜水剂200～300倍液。

1 金丝垂柳树干发病状

2 旱柳发病表现症状

038　柳树腐烂病

柳树腐烂病又叫烂皮病，是垂柳、旱柳、金丝垂柳等柳树的常见病害。

1）发病诱因

土壤盐碱、黏重、干旱、贫瘠；移植苗木土球过小，三遍水未及时灌透；树木遭受冻害、日灼伤害、病虫危害、机械损伤等，造成树势衰弱，均易发病。

2）表现症状

发生在主干和大枝上，老树初期症状不明显，幼树初为暗褐色略肿胀病斑，病部皮层软腐，按压时有黄褐色汁液渗出。病部皮层糟腐，失水萎蔫，其上出现黑色小突起，雨后出现橙黄色卷曲丝状物。常造成树势衰弱，枝干枯萎，全株死亡。

1 发病症状

3）发生规律

真菌性病害，病菌在枝干病斑内、枯死树上越冬。华北地区3月中下旬开始侵染，旧病斑复发继续扩展。4月下旬至6月上旬为病害高发期，8～9月又出现发病小高峰。该病具潜伏侵染性，树势旺盛时不发或发病轻，衰弱时发病严重。

4）传播途径

病原菌借风雨传播，从皮孔、伤口侵染危害。随带菌苗木调运，异地传播。

5）综合防治

（1）不采购带菌苗木，苗木做到及时运输、栽植，保证三遍水灌透。

（2）及时剪去病枯枝，伐除重病株，集中销毁，彻底清除侵染源。

（3）尽量减少机械损伤，剪口、截口、伤口反复涂刷腐皮消50倍液，或2%福永康可湿性粉剂20倍液，或21%过氧乙酸水剂3～5倍液保护，防止侵染发病。

（4）用利刀刮去病部组织，反复涂刷上述药液，控制病斑继续扩展。

2 病部孢子角

3 雨后症状

039　柳树叶锈病

锈病是垂柳、旱柳、龙爪柳、美国竹柳等柳树的主要病害之一。

1）发病诱因

栽植过密，环境郁闭、潮湿，清园不彻底等，易发病。多年重茬育苗，松科植物及紫堇为重要的转主寄主，距离越近，该病发生越严重。

2）表现症状

发生在叶片和嫩梢上，以叶背为多。叶面初为黄色斑点，扩展为橘黄色近圆形病斑，边缘颜色稍浅，中央略深。叶背病斑相应部位产生橙黄色扁平的粉状堆，后期粉堆上出现棕褐色小突起。危害严重时，病叶枯萎、脱落，病梢枯死。

3）发生规律

真菌性病害，病菌在病枝、病芽、病落叶上越冬。北方地区5月下旬开始发病，生长期内可重复侵染。8月下旬产生冬孢子越冬。多雨年份，高温季节多雨，秋雨连绵加重该病发生，以幼苗和幼树受害严重。

1 叶面病斑

4）传播途径

病原菌借风雨、昆虫传播，自气孔、伤口侵染危害，随带菌苗木异地传播。

5）综合防治

（1）冬季修剪病枯枝，彻底清除落叶，集中销毁。

（2）避免多年重茬育苗，适时进行间苗、定苗。雨后及时排水，控制田间湿度。

（3）及时剪除病枝、病叶，集中销毁。交替喷洒0.3～0.4波美度石硫合剂，或25%粉锈宁可湿性粉剂800倍液，或160倍半量式波尔多液，或65%代森锰锌可湿性粉剂400～600倍液，10天喷洒1次。

（4）注意防治蚜虫、红蜘蛛、膜肩网蝽、蟛象等刺吸式害虫，消灭传播媒介。

2 叶背夏孢子堆

3 危害状

040 柳丛枝病

丛枝病是柳树的主要病害之一。

1）发病原因

带病苗木、带病土壤，是主要的传染途径。土壤贫瘠、干旱，管理粗放，易发病。圃地多年重茬连作，病虫危害严重，病株未及时清除等，该病发生严重。

2）表现症状

先发生在个别小枝上，扩展到全株。顶芽受刺激抑制发育，侧芽不断萌发成枝。小枝密集成丛球形，节间缩短，叶片变细、皱缩，后黄化枯萎。病害逐年加重，病株死亡。

3）发生规律

类菌质体病害，病原体存活在病株活体上，或随病残体在土壤中越冬。春季发芽后即可发病，生长期内可重复侵染。干旱年份、干旱季节，刺吸式害虫危害猖獗，发病严重。速生柳、金丝垂柳，幼苗及幼龄树受害严重，常成片发生。

4）传播途径

携带病原体的汁液借助刺吸昆虫、菟丝子，或通过病株植材嫁接繁殖，或工具交叉使用等进行传播，从伤口侵染危害。随病株调运异地传播。

1 初发病状

2 病枝

3 病枝叶片黄化

4 病枝后期表现症状

5）综合防治

（1）严禁从疫区采购苗木，不用病株植材进行繁殖。

（2）重点防治蚜虫、网蝽、蚧虫、叶蝉、蜡象等刺吸害虫。彻底清除菟丝子。

（3）及时清除重病株，异地销毁，土壤消毒处理。

（4）初发病时，喷洒 0.3 波美度石硫合剂，或连续 4～5 天喷洒 200 国际单位盐酸四环素水溶液。

（5）病枝较多时，树干基部打孔，孔内注入 500 国际单位盐酸四环素水溶液，用泥封堵孔口，可在一定程度上控制病害发展。

041 榆树病毒病

病毒病是榆树、金叶榆、垂榆、大叶垂榆等多种榆树的毁灭性病害。

1）表现症状

发生在枝条和叶片上，先由带菌病毒接穗抽生枝开始发病，表现为节间缩短，托叶变宽，宿存时间较长。叶片变小，质地增厚，叶脉凹陷，有的自叶先端向叶背卷缩。发病严重的当年生枝叶全部显现症状，树冠不能成型。病毒随着树液流动逐渐扩散至全株，第二年病株上所有嫁接枝、树干上冗枝、根际萌蘖枝，全部表现病症，很快病枝枯萎，病株枯亡。

2）发生规律

病毒性病害，病毒在病株活体上越冬。一旦感病全株带毒，终生受害。发芽后即可在新梢上侵染发病，具潜伏侵染危害性。上一年发病者，继续扩展蔓延。虫害猖獗，病害蔓延迅速，可使周边健康株染病受害，常导致成片枯亡。

3）传播途径

病原菌借刺吸式昆虫、用带菌植材嫁接繁殖、修剪及嫁接工具等进行传播。

4）综合防治

（1）不采购和不栽植感病株。及时刨除病株，集中异地销毁，消灭传染源。

（2）严禁从病株上采集接穗，或用带菌苗木作砧木进行嫁接繁殖。修剪病枝后，修剪工具必须进行消毒处理。

（3）注意防治蚜虫、蚧虫、红蜘蛛、斑衣蜡蝉、蚱蝉等刺吸式害虫，消灭传播媒介，控制病害扩展蔓延。

1 垂榆嫁接当年生枝发病症状

2 垂榆 2 年生枝发病症状

3 树干冗枝上发病症状

4 病株枯亡

042　榆树褐斑穿孔病

褐斑穿孔病是榆树、春榆、椰榆、大叶垂榆、金叶榆等的一种常见病害。

1）发病诱因

土壤黏重，地势低洼，雨后排水不通畅或不及时，造成环境潮湿；栽植在池、湖岸边，空气湿度大，栽植过深等，易发病。

2）表现症状

发生在叶片上。叶面初为褐色斑点，扩展成近圆形病斑，边缘颜色略深，病健组织界限清晰，相邻病斑常融合成不规则形大斑。后期病斑焦枯，与健康组织产生裂缝，病斑完全脱落，形成边缘整齐的穿孔。严重时，常造成叶片大量脱落。

3）发生规律

真菌性病害，病菌在病芽、病落叶上越冬。展叶后即可进行初侵染，6月开始显示症状，生长期内可重复侵染。多雨年份，持续阴雨，雨量大，病害发生严重。

4）传播途径

病原菌借风雨、昆虫传播，从皮孔、伤口侵染危害。

5）综合防治

（1）落叶后，彻底清除枯枝落叶，集中销毁。

（2）发病较重的片林、苗圃，发芽前喷洒3～5波美度石硫合剂，消灭越冬菌源，控制病害发生。

（3）及时清扫落叶，减少再侵染源。

（4）普遍发生时，交替喷洒160倍等量式波尔多液，或80％代森锰锌可湿性粉剂800倍液，或50％多菌灵可湿性粉剂500～800倍液，或70％甲基托布津可湿性粉剂800～1000倍液，10天喷洒1次，连续2～3次。

1 发病初期症状

2 病斑脱落形成穿孔

043　榆树黑斑病

黑斑病是榆树、春榆、大叶垂榆、金叶榆、光叶榉等植物的常见病害。

1）发病诱因

土壤盐碱、黏重、贫瘠；环境郁闭、潮湿，栽植过密，光照不足，通风不良；管理粗放、苗木生长势弱等，易发病。

2）表现症状

发生在叶片上。叶面初为散生褐色斑点，逐渐扩展成近圆形或不规则形病斑，边缘黑褐色，病健组织界限欠清晰，相邻病斑扩展融合成不规则的大斑。后期病斑上出现黑色小粒点。发生严重时，病叶大量脱落，小枝枯死。

3）发生规律

真菌性病害，病菌在病芽、病落叶上越冬。京、津地区多于6月上旬开始侵染发病，生长期内可重复侵染，直至秋末，7～9月为病害高发期。高温季节多雨、雨量大，有利于病害发生。

4）传播途径

病原菌借风雨、昆虫传播，自气孔侵染危害。

5）综合防治

（1）冬季彻底清除落叶，集中销毁。

（2）发芽前，全株喷洒5波美度石硫合剂，减少初侵染源。

（3）及时清扫落叶，集中销毁。注意防治蚜虫，消灭传播媒介。

（4）发病初期，喷洒120倍等量式波尔多液，或65%代森锌可湿性粉剂500倍液，或50%多锰锌可湿性粉剂500倍液，或65%福美锌可湿性粉剂300～500倍液，7～10天喷洒1次，连续2～3次。

1 叶面病斑

2 叶片被害状

044 榆树细菌性溃疡病

细菌性溃疡病是白榆、金叶榆、大叶榆等多种榆树的常见病害。

1）发病诱因

该病菌多在树势衰弱树木上侵染发病，土壤黏重、板结，通透性差，雨后排水不通畅，环境郁闭、潮湿；遭受病虫危害、树势衰弱等，易发病。

2）表现症状

多发生在幼龄树主干皮孔处，大树初期病斑不明显。在幼树光滑的干皮上，病斑初期呈泡状鼓起，水泡自行破裂后，有褐色无味黏液流出，病部皮层组织呈褐色软腐、坏死。病斑失水干缩成圆形硬疤，树干上病斑和干疤密集时，生长势逐渐衰弱，多长成小老树。

1 泡状病斑及渗出液

3）发生规律

细菌性病害，病菌在枝干病部组织内越冬。京、津地区 3 月下旬开始侵染，4 月上旬发病，生长期内可重复侵染。4 月下旬至 6 月上旬为发病高峰期，8 ～ 9 月又有所发展，11 月停止侵染。

4）传播途径

病原菌借风雨传播，多从皮孔侵染危害。随带菌苗木异地传播。

5）综合防治

（1）加强苗木检疫，不采购带菌苗。

（2）初发病时，刮破泡状病斑或干疤，病斑密度大时，用木制钉板将水泡拍破，喷刷溃疡净 250 ～ 500 倍液，或 72% 农用链霉素可湿性粉剂 3000 倍液，或 14% 络氨铜水剂 200 ～ 300 倍液。钉板拍到之处仔细涂刷上述药液，不得有遗漏。

2 病斑失水

3 当年形成的干疤

045 榆树腐烂病

榆树腐烂病又叫榆树烂皮病，是榆树的常见病害。

1）发病诱因

土壤黏重、板结，通透性差；枝干损伤，伤口处理不及时、不到位；苗木栽植过深，遭受盐害、旱害、涝害、冻害、日灼伤害，病虫危害等，导致树势衰弱，易发该病。

2）表现症状

发生在枝干上。在树皮光滑的幼龄株上，多以皮孔为中心，初为不规则褐色或黑褐色水渍状病斑，按压时有松软感。在树皮粗糙的枝干上，病部呈不规则隆起。病部皮层组织褐色湿腐，略有酒精味，木质部边材成褐色腐烂。病部失水凹陷，干缩后出现裂缝，产生龟裂或纵裂。病皮翘起，易与木质部剥离，加速木质部腐烂，树势逐渐衰弱，严重时树木枯亡。

1 树干腐烂病斑

2 病皮产生裂缝

3）发生规律

真菌性病害，病菌在病斑皮层内越冬。发芽后旧病斑复发继续扩展，6 月出现新病斑。病菌具潜伏侵染特性，生长期内可重复侵染，7～8 月为发病高峰期。高温季节多雨，雨量大，该病发生严重。

4）传播途径

病原菌借风雨传播，从皮孔、虫口及伤口处侵染。随带菌苗木调运，异地传播。

5）综合防治

（1）尽量减少枝干损伤，剪口、截口、伤口及时涂刷杀菌剂保护。

（2）及时刨除重病株、病死株，集中销毁。

（3）干旱时适时补水，雨后及时排涝，松土散湿。

（4）刮去病部腐烂组织，反复涂刷腐皮消 50 倍液，或 8 波美度石硫合剂，或 2% 福永康可湿性粉剂 20 倍液，或 843 康复剂原液，药液必须涂刷到位，不留白茬。

046　国槐瘤锈病

瘤锈病是国槐、龙爪槐、金枝槐、金叶槐的主要病害之一。

1）发病原因

圃地多年重茬连作，管理粗放，病虫危害严重，病株清除不及时、不彻底等，易发病。

2）表现症状

发生在树干、干基、枝条及根部，可产生一至数个病瘤。初期病部略膨大隆起，逐渐增生成纺锤形病瘤，皮下组织呈淡黄色。病瘤逐渐扩展成不规则疙瘩状，表面粗糙，布满裂纹，露出褐色条状，或不规则块状堆积的半黏结粉状物。后期病瘤腐烂，零星块状脱落，木质部逐渐外露。严重时干皮多处开裂，破损残缺，生长势逐年衰弱，待根部、树干病瘤扩展一周，根枯、枝枯，树木死亡。

1 树干部病瘤

2 干基部病瘤

3 小枝上病瘤

4 主根病瘤

3）发生规律

真菌性病害，病菌在病部组织内越冬。华北地区3月中旬开始侵染发病，产生新的病瘤，旧病部复发，继续扩展。病原菌在病瘤活体内可存活多年，生长期内可重复侵染。夏季多风雨，有利于侵染发病，常成片发生。

4）传播途径

病原菌借风雨传播，从皮孔、伤口侵染危害。随病株调运异地传播。

5）综合防治

（1）严禁育苗地多年重茬连作。不采购、不栽植带病株。

（2）冬孢子扩散前，剪除病瘤小枝，彻底刨除重病株，异地销毁。

（3）该病应以预防为主，初发病株及周边健株，芽萌动时，树干喷刷5波美度石硫合剂，或20%粉锈宁乳油1000倍液，或50%退菌特可湿性粉剂500倍液。

（4）用利刀切除枝干上病瘤，伤口反复涂刷溃腐净3～5倍液，或福美砷50倍液，20～30天涂刷1次，连续2～3次。同时用23%松酯酸铜乳油800～1000倍液灌根。

5 侧根病瘤

6 根部病瘤

7 皮层、木质部受害状

047　国槐丛枝病

丛枝病在国槐、金叶槐、金枝槐上时有发生。

1）发病原因

园区内栽植病株，是重要的传染源。土壤干旱、贫瘠，管理粗放，易发病。圃地多年重茬连作，病虫危害严重，病株清除不彻底等，该病发生严重。

2）表现症状

多发生在幼苗嫩梢上。病梢局部变态，2个或多个小枝皮层相连，肿胀在一起，延伸成扁平略宽的带状，上部小枝分开或不分开，其上显现数条竖向棱脊，有时顶端小枝成密集丛生状。病枝先端扭曲，或向一侧蜷缩呈钩状。病部及根际不定芽多萌发成丛生小枝。秋季病部以上逐渐枯萎，严重影响苗木生长发育和株形培养。

3）发生规律

类菌质体病害，病原体存活在病株活体上，或随病残体在土壤中越冬，可存活数年。春季发芽后，病株新枝开始表现症状，被侵染健株开始发病，生长期内可重复侵染。干旱年份、干旱季节，刺吸昆虫危害猖獗，发病严重。平茬苗受害严重，常成片发生。

4）传播途径

携带病原体的汁液，借助刺吸昆虫、菟丝子，或通过修剪工具交叉使用等进行传播，从伤口侵染危害。

5）综合防治

（1）彻底清除病株，土壤、修剪工具消毒处理。

（2）春季芽萌动时，喷洒0.3波美度石硫合剂。

（3）零星发病时，连续4~5天喷洒200国际单位盐酸四环素，或土霉素水溶液。用四环素，或土霉素药液灌根，可在一定程度上控制病情发展。

（4）重点防治蟒象、叶蝉等刺吸式昆虫，消灭传播媒介。

1 小枝发病状　　　　2 病枝芽萌发状

3 新生丛生状小枝

4 病枝先端叶片丛生状　　　5 病枝枯萎状　　　6 病部以上部分枯萎

048 国槐溃疡病

溃疡病是国槐、金叶槐、金枝槐、龙爪槐、蝴蝶槐等树种的主要病害。

1）发病诱因

地势低洼，雨后排水不及时，土壤过湿。苗木起运、栽植不及时，根幅过小，栽植过深，三遍水未及时灌透，导致缓苗期树势衰弱，苗木遭受冻害等，易发病。

2）表现症状

多发生在幼树及新移植苗木主干和大枝上，病部有汁液渗出，有酒糟味，皮层组织坏死。显现黑色粒状物病斑密集时，大枝干枯，甚至树木枯亡。表现出两种症状：

（1）树干皮孔处初为圆形黄褐色水渍状斑，渐变黑褐色，失水后凹陷开裂。

（2）枝干上初为圆形水渍状，逐渐扩展成不规则形，汁液渗出呈湿腐状。

1 病斑处渗出汁液

3）发生规律

真菌性病害，病菌在枝干病组织内越冬。华北地区3月中下旬开始侵染，生长期内可重复侵染，6月上旬为发病盛期。7月发病渐缓，8～9月又有所发展。

4）传播途径

病原菌借风雨传播，自皮孔、伤口侵染危害。随带菌苗木调运，异地传播。

5）综合防治

（1）苗木随起运，随栽植，三遍水及时灌透。伤口及时涂抹5波美度石硫合剂保护。树干及时涂白，防止冻害和日灼发生。

（2）初发病时，涂刷10波美度石硫合剂，或溃腐灵50倍液。

（3）树干病斑较集中且密集处，用钉板拍打，拍打范围内反复涂刷上述药剂，5～7天后再涂一遍，同时用25%络氨铜水剂300倍液灌根。

2 渗液干枯

3 涂刷石硫合剂

4 金叶槐小枝上溃疡斑

049 国槐干腐病

干腐病是国槐、龙爪槐、金叶槐、金枝槐的常见病害。

1）发病诱因

土壤盐碱、黏重，苗木土球过小，运输、栽植不及时，未及时灌透三遍水，造成苗木失水、生长势弱等，最易发病。剪口、截口或伤口处理不及时，不到位，苗木遭受涝害、冻害、日灼伤害、机械损伤等，发病严重。

2）表现症状

发生在主干和大枝上，剪口、截口或伤口处。幼树上初为黄褐色水渍状斑，病部皮层软腐，黄褐色干枯，后期病斑上出现黑色粒状物。成年树上病部干皮略隆起，皮层组织腐烂，后期干皮开裂。有时病斑外缘产生愈伤组织，病斑停止扩展。

3）发生规律

真菌性病害，病菌在枝干病部组织内越冬。华北地区 3 月上旬开始初侵染，旧病斑继续向四周扩展蔓延，生长期内可重复侵染，3～5月为病害高发期。

1 从剪口侵染发病

4）传播途径

病原菌借风雨传播，自皮孔、伤口侵染危害。随带菌苗木调运，异地传播。

5）综合防治

（1）苗木栽植后，及时灌水保墒。尽量减少枝干损伤，截口、伤口及时涂抹腐皮消 50 倍液，或 2% 福永康可湿性粉剂 20 倍液。幼苗树干涂白，防止冻害、日灼发生。

（2）发芽前，喷洒 3～5 波美度石硫合剂。

（3）剪去病枯枝，刮除病斑，伤口处反复涂刷腐皮消 50 倍液，或 21% 过氧乙酸水剂 3～5 倍液，或溃腐灵 5 倍液，7 天后再涂刷一次。

2 枝干上病斑

3 病斑出现黑色粒状物

4 枝条被害状

050 国槐腐烂病

腐烂病是国槐、龙爪槐、金叶槐、金枝槐的主要病害之一。

1）发病诱因

地势低洼，土壤 pH 值偏大、黏重、板结，环境阴湿；苗木起掘运输、假植时间过长，栽植过深，栽植后未及时灌透三遍水，造成苗木失水，缓苗期树势衰弱；伤口处理不当，遭受冻害、日灼伤害，清园不彻底等，易发该病。

2）表现症状

表现有枯梢型和干腐型两种类型。枯梢型多发生在侧枝或顶梢的剪口处，干腐型发生在主干和大枝上。初为水渍状，皮层组织褐色软腐，有酒糟味。病斑绕枝干一周时，梢枯、大枝枯死，甚至整株枯亡。

1 病部皮层软腐

3）发生规律

真菌性病害，病菌在病部组织内越冬。华北地区 3 月上旬开始侵染，形成新的病斑，旧病斑继续扩展蔓延。生长期内可重复侵染，3 ~ 5 月为病害高发期。

4）传播途径

病原菌借风雨传播，自皮孔、伤口侵染危害。随带菌苗木调运，异地传播。

5）综合防治

（1）苗木装卸车时轻拿轻放，尽量减少机械损伤，剪口、截口、伤口及时涂抹络氨铜原液，或溃腐灵 5 倍液保护。苗木及时运输、栽植，灌透三遍水。

（2）发芽前，用菌速清 4 倍液，或溃腐灵 5 倍液涂抹病斑，控制旧斑复发。

（3）及时锯除枯死枝，伐去重病株、病死株，集中销毁，减少侵染源。

（4）刮净腐烂组织至 1.5cm 新鲜皮层处，伤口处反复涂刷 2% 福永康可湿性粉剂 20 倍液，或 12 ~ 18 波美度石硫合剂，或 21% 过氧乙酸水剂 5 倍液，或腐皮消 50 倍液。

2 皮层及木质部腐烂状

051 金枝槐黑杆病

黑杆病又叫黑腐病，在金枝槐上时有发生。

1）发病诱因

土壤盐碱、黏重，灌水过勤，雨后排水不及时，造成土壤过湿；环境郁闭，光照不足，通风不良；苗木运输不及时、根幅过小、栽植后未及时灌透水，剪口未处理等，造成缓苗期生长势弱，是发病的重要诱因。

2）表现症状

发生在枝条上。初为黑褐色斑点，扩展成不规则形深黑色病斑，病斑融合成片，病部逐渐失去光泽，其上布满黑色小点。病斑绕枝一周后，以上枝条枯死。

1 小枝上病斑

3）发生规律

真菌性病害，病菌在病部皮层内越冬。生长期内可重复侵染，高温季节多雨，病害发生严重。幼树及新移植苗木发病较重。

4）传播途径

病原菌借风雨、修剪工具等传播，自剪口、伤口及皮孔侵染危害。

5）综合防治

（1）土球苗、裸根苗根幅必须达标，不可栽植过深，栽后及时灌透三遍水。

（2）幼苗及新移植苗木，喷洒200倍等量式波尔多液，预防该病发生。

（3）初发病时，用23%络氨铜水剂10倍液，反复涂刷病斑处。枝干交替喷洒65%福美锌可湿性粉剂300倍液，或50%多菌灵可湿性粉剂700倍液。10天喷洒1次，连续3~4次。

（4）及时剪去病枝、病死枝，集中销毁。剪口涂抹杀菌剂保护剂。

（5）大雨过后及时排水，松土散湿。

2 枝条被害状

3 病部布满黑色小点

052 悬铃木白粉病

白粉病是悬铃木、速生法桐的一种常见病害。

1）发病诱因

土壤黏重、环境郁闭、通风不良等，易发病。

2）表现症状

多发生在嫩芽、新梢和幼叶上。初现白色圆形粉斑，病斑扩展融合，粉斑增厚，在叶两面形成白色粉层，渐转淡褐色坏死。被害嫩芽很快枯死，幼叶停止生长。病梢萎缩、枯死。叶片皱缩、畸形，枯萎脱落。

3）发生规律

真菌性病害，以菌丝体在病梢、病芽、病落叶上越冬。菌丝体附着在植物表层，以分泌、挥发物为营养来源。5月上旬抽生新梢时开始初侵染，生长期内可重复侵染，5～6月、9～10月为病害高发期，幼苗、幼龄树受害严重。

4）传播途径

病原菌借风雨、昆虫等传播，从气孔、伤口侵染危害。随苗木调运，异地传播。

5）综合防治

（1）发芽前，喷洒5波美度石硫合剂，消灭越冬菌源。

1 叶片上白色粉斑

2 嫩叶上白色霉层

3 幼叶停止生长

（2）初发病时，剪去病梢，喷洒200倍等量式波尔多液，或25%粉锈宁可湿性粉剂1000倍液，或70%百菌清可湿性粉剂1000倍液，10天喷洒1次。

（3）注意防治红蜘蛛、方翅网蝽等害虫，消灭传播媒介，控制病害蔓延。

4 被害叶片畸形

5 病部组织坏死

053　悬铃木角斑病

角斑病在悬铃木、速生法桐上时有发生。

1）**发病诱因**

土壤黏重、板结、贫瘠，过于干旱，造成生长势衰弱，易发病。树穴生长空间不足、根系生长受阻、粉尘污染严重、刺吸式昆虫危害猖獗等，病害发生严重。

2）**表现症状**

发生在叶片上，多由树冠下部开始发病，逐渐向上部扩展。叶面初为褐色斑点，受叶脉限制，多扩展成黄褐色，边缘有较窄暗褐色的多角形病斑，相邻病斑融合成片，病斑干枯、破裂，病叶焦枯，提前脱落。

1 叶片被害状

3）**发生规律**

真菌性病害，病菌在病枝、病落叶上越冬。多于6月开始发病，生长期内可重复侵染。春雨早，发病早，夏季多雨、雨量大，有利于病害传播蔓延，发病严重。

4）**传播途径**

病原菌借风雨、昆虫传播，从气孔、伤口侵染危害。

5）**综合防治**

（1）落叶后，彻底清除枯枝落叶，集中销毁。

（2）增施有机肥，干旱时适时补水，大雨过后及时排水。污染严重地段，清水冲刷叶面粉尘，提高树木生长势。

（3）注意防治红蜘蛛、方翅网蝽等害虫，消灭传播媒介，控制病害蔓延。

（4）发病初期，交替喷洒160倍等量式波尔多液，或50%苯菌灵可湿性粉剂1500倍液，或75%百菌清可湿性粉剂800倍液，或70%甲基托布津可湿性粉剂1000倍液防治，7～10天喷洒1次，连续2～3次。

2 病斑干枯破裂

054 悬铃木灰斑病

灰斑病在悬铃木、速生法桐上时有发生。

1）发病诱因

地势低洼，土壤黏重、板结，雨后排水不及时；环境郁闭、潮湿等，易发病。空气、粉尘污染地区，该病发生严重。

2）表现症状

发生在叶片上，先从下部叶片开始发病，逐渐向上部扩展蔓延。叶面或叶缘初为圆形褐色斑点，病健组织界限清晰。扩展成中央浅褐色、灰褐色，边缘暗褐色，近圆形或不规则形病斑，相邻病斑融合成斑块。后期病斑腐生霉层，干枯破裂。发病严重时，病叶大量提前脱落。

3）发生规律

真菌性病害，病菌在病落叶上越冬。5月下旬开始侵染发病，生长期内可重复侵染，7～9月为病害高发期。多雨年份，多雨季节、雨量大，发病严重。

4）传播途径

病原菌借风雨传播，从气孔、伤口侵染危害。

5）综合防治

（1）落叶后，彻底清除园内枯枝落叶，集中销毁。

（2）干旱时适时补水，大雨过后及时排水，树穴松土散湿。

（3）粉尘污染严重地段，定期喷洒清水，保持叶面清洁。

（4）普遍发生时，交替喷洒200倍等量式波尔多液，或75%百菌清可湿性粉剂1000倍液，或65%代森锌可湿性粉剂600倍液，或50%多菌灵可湿性粉剂500～800倍液，7～10天喷洒1次，连续2～4次。

1 叶面病斑

2 病斑上布满白色霉层

055 悬铃木黑斑病

黑斑病又叫黑点病，在悬铃木、速生法桐上偶有发生。

1）发病诱因

土壤盐碱、贫瘠，土质黏重、板结，树木生长势弱等，易发病。灌水过勤，雨后排水不通畅，环境郁闭、潮湿，病害发生严重。

2）表现症状

发生在叶片上。叶面初为散生黑褐色，圆形或近圆形斑点，逐渐扩展成黑褐色病斑，病健组织界限明显，病斑中央渐转为灰褐色，相邻病斑常融合成不规则形大斑，病叶干枯，提前脱落。

3）发生规律

真菌性病害，病菌在病落叶上越冬。北方地区多于6月上中旬开始发病，生长期内可重复再侵染，7～8月为病害高发期，9月下旬逐渐停止发病。多雨年份，高温季节持续阴雨、雨量大，病害发生严重。

4）传播途径

病原菌借风雨、昆虫传播，从气孔、伤口侵染危害。

5）综合防治

（1）落叶后彻底清除枯枝落叶，集中销毁，减少侵染源。

（2）注意防治红蜘蛛、悬铃木方翅网蝽等传播媒介，减少病害发生。

（3）幼苗避免栽植过密、重茬，减轻病害发生。

（4）发病初期，交替喷洒200倍等量式波尔多液，或75%百菌清可湿性粉剂800～1000倍液，或70%代森锰锌可湿性粉剂500倍液，或50%多菌灵可湿性粉剂600倍液，兼治灰斑病，10～15天喷洒1次，连续2～3次。

1 病斑症状

056 悬铃木炭疽病

炭疽病在悬铃木、速生法桐上时有发生。

1）发病诱因

土壤黏重，地势低洼，地下水位高，雨后排水不及时，栽植环境郁闭、潮湿；苗木遭受冻害、日灼伤害，病虫危害，造成树势弱；土球过小、苗木运输不及时、栽植后三遍水未及时灌透等，造成缓苗期生长势弱等，易发该病。

2）表现症状

发生在叶片上。叶面初为暗褐色斑点，扩展为近圆形或不规则形黑褐色病斑，中央渐转灰褐色，病健组织界限清晰，相邻病斑扩展融合成大斑。边缘多有不规则放射状

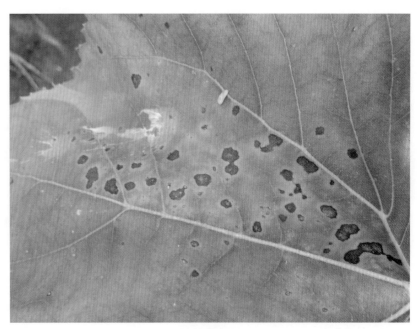

1 病斑症状

纹线，周边有黄色晕圈。病叶提前变黄，脱落。

3）发生规律

真菌性病害，病菌在病落叶上，或随病落叶在土壤中越冬。北方地区 7 月开始出现病斑，生长期内可重复再侵染，8 ~ 9 月为发病盛期。多雨年份，夏季多雨，雨量大，持续降雨，在高温高湿环境条件下，该病易于流行。

4）传播途径

病原菌借风雨、昆虫传播，从气孔、伤口侵染危害。

5）综合防治

（1）冬季彻底清除枯枝落叶，集中销毁。

（2）新植苗木土球规格必须达标，苗木起掘后及时运输、栽植，灌透三遍水。截干苗、幼树及速生法桐，树干涂白或草绳缠干，防止冻害或日灼发生。

（3）加强养护管理，干旱时适时补一遍透水，雨后及时排水，松土散湿。注意防治方翅网蝽、红蜘蛛等刺吸式害虫，消灭传播媒介，减少病害发生。

（4）发病初期，交替喷洒 80％炭疽福美可湿性粉剂 1500 ~ 2000 倍液，或 70％代森锰锌可湿性粉剂 500 倍液，或 160 倍等量式波尔多液，或 65％代森锌可湿性粉剂 800 倍液防治。

057　悬铃木干腐病

干腐病是悬铃木、速生法桐的常见病害。

1）发病诱因

地势低洼，土壤板结，通透性差；移植苗木土球过小、栽植不及时、三遍水未灌透、栽植过深或过浅，造成生长势弱等，易发病。苗木遭受冻伤、日灼伤害，病虫危害，土壤过于干旱，机械损伤严重，伤口处理不当等，该病发生严重。

2）表现症状

发生在主干及大枝上。多由一侧开始发病，初为褐色斑，扩展成条状。病部皮层成暗褐色腐烂，并逐渐向木质部扩展，失水后病健交界处常出现裂缝。后期病斑上产生黑色小点，待病斑扩展一周时，大枝枯死，甚至全株枯亡。速生法桐发病快，受害严重。

3）发生规律

真菌性病害，病菌在病部组织内越冬。病菌具潜伏侵染特性，生长期内可重复侵染。4月中下旬至6月上旬为病害侵染和旧病斑复发高发期，7月渐缓，8～9月又有所发展。

4）传播途径

病原菌借风雨、昆虫传播，从气孔、伤口侵染。随带菌苗木调运，异地传播。

5）综合防治

（1）及时锯除病枝，刨除重病株、病死株，集中销毁，减少侵染源。

（2）苗木及时起运、栽植。尽量减少机械损伤，伤口、剪口、截口及时涂刷25%络氨铜水剂10倍液，或树腐康原液，或梳理剂原液保护。剪口、锯口在5cm以上，待药液略干时，用绿色油漆封堵。

（3）苗木不可栽植过深或过浅，栽后三遍水必须及时灌透。树干涂白，或喷洒杀菌剂后草绳缠干，防止日灼和冻害发生。秋植苗木，树干缠草绳防寒越冬。

（4）土壤干旱时适时补透水，雨后及时排涝，松土散湿。

（5）发病初期，及时涂刷腐皮消50～100倍液，或3～5波美度石硫合剂。

1 发病症状　　　　　　　　2 旧病复发状　　　　　　　　3 发病后期症状

058 悬铃木白纹羽病

该病在悬铃木、泡桐、雪松、油松、杨树、柳树、樱花、苹果树、海棠果、梨树、枣树、杏树、李树、栗树、桑树、葡萄、牡丹、芍药等植物上多有发生。

1）发病诱因

地势低洼，土壤黏重、板结；栽植过深、灌水过勤、雨后积水等，易发病。病株残体清理不干净、穴土未经消毒处理等，病害发生严重。

2）表现症状

多发生在根部。须根上初现灰白色羽纹状菌丝，并向侧根、主根、根颈部皮层扩展蔓延，严重时可至树干地表以上，发病一侧叶片发黄。病株树势逐渐衰弱，根部、根颈部腐烂，病株死亡。

3）发生规律

土传真菌性病害，病菌在土壤病残体上和穴土中越冬，在土壤中可存活数年。华北地区 4 月开始侵染蔓延，生长期内可重复侵染，7 ~ 8 月为病害高发期。高温季节多雨的湿热天气，病害扩展迅速，发病严重。

4）传播途径

病原菌借灌溉水、雨水、土壤害虫、病健根接触和带菌土壤等进行传播，随水从幼嫩根部皮孔及伤口侵染危害。随带菌苗木调运，异地传播。

5）综合防治

（1）土壤黏重地区，穴土掺山皮砂、腐熟有机肥，提高土壤通透性。

（2）大雨过后，及时排水，防止积水和土壤过湿。

（3）及时清除病根，沿树干缓慢浇灌 70% 甲基托布津可湿性粉剂 1000 倍，或 50% 代森铵水剂 200 倍液，或 30% 恶霉灵水剂 600 ~ 800 倍液。

（4）刨除重病株，捡净烂根、根皮，集中烧毁。穴土中掺拌 40% 五氯硝基苯 10 ~ 20g/m²，或用 20% 石灰水消毒处理。

| 1 根部危害状 | 2 根颈部危害状 |

059 梧桐溃疡病

溃疡病是梧桐的常见病害。

1）发病诱因

梧桐耐寒性稍差，适排水良好土壤，怕涝。土壤黏重、板结，透水性差；管理粗放，土壤干旱、贫瘠；苗木徒长，遭受日灼、冻害等，易发病。

2）表现症状

多发生在主干上。初为圆形或椭圆形，略隆起的黑褐色疱状突起，破裂后有黑褐色黏稠汁液渗出，皮层和木质部成黑褐色腐烂，后期病部干枯硬化、开裂，形成粗糙干疤。

1 发病初期症状　　　　　　2 发病中期症状

3）发生规律

真菌性病害，病菌在枝干病斑内越冬。京、津地区 4 月上旬开始初侵染，旧病斑继续向外扩展，4 月下旬至 5 月上旬为病害高发期，5 月下旬逐渐停止侵染。树木生长势增强，病斑停止扩展。遭受寒冬、倒春寒，该病发生严重。

4）传播途径

病原菌借风雨传播，多从皮孔侵染危害。

5）综合防治

（1）发芽前，枝干涂刷 5 波美度石硫合剂，控制病斑扩展。

（2）初发病时，交替喷洒 2% 福永康可湿性粉剂 800 倍液，或 70% 代森锰锌可湿性粉剂 400 倍液防治，7～10 天喷洒 1 次，连续 3～4 次。

（3）刮除斑块至健康组织处，伤口反复涂刷 50% 退菌特可湿性粉剂 100 倍液，或 21% 过氧乙酸水剂 3～5 倍液，或腐皮消 50～100 倍液，或溃腐灵原液或 5 倍液。

3 树干被害状　　　　　　　4 当年病斑结成干疤　　　　　　　5 后期病部形成干疤

060　梧桐溃疡型干腐病

溃疡型干腐病是梧桐的一种常见病害。

1）发病原因

土壤黏重、板结，干旱、贫瘠；苗木土球过小，栽植不及时，栽植过深，栽植后三遍水未及时灌透，苗木失水；锯口、剪口、伤口未处理，或处理不到位；苗木遭受旱害、冻害、日灼伤害，抢救不及时，措施不当，造成树势弱等，易发病。

2）表现症状

发生在树干、大枝，或大枝枝杈处。初为不规则褐色病斑，沿树干一侧向上下扩展蔓延，边缘色深。初发病时，病部皮下组织松软，按压时干皮有湿润印迹。后期病部皮层腐烂，失水干枯，病健交界处及病斑上产生不连贯的纵向裂纹，裂纹向内直达木质部，严重时枝枯、树亡，潮湿环境时，病区上显现黑色粒状物。

3）发生规律

真菌性病害，病菌在病斑内越冬。春季树液流动时开始发病，形成新的病斑，旧病斑复发，继续扩展蔓延。生长期内可重复侵染，冬春低温，春季发病严重。

1 树干病斑

4）传播途径

病原菌借风雨、钻蛀害虫、修剪工具交叉使用传播，从气孔、伤口侵染危害。

5）综合防治

（1）苗木起掘后及时运输、栽植、灌透三遍水。避免深栽，吊装运输时，尽量减少机械损伤。

（2）不在有露水、雨后枝干有水时进行修剪，锯口、剪口、伤口及时涂抹杀菌剂保护。

（3）发芽前，喷洒溃腐灵 300 倍液，或 50%甲基托布津可湿性粉剂 500 倍液。

（4）初发病时，喷洒溃疡净 400 ~ 500 倍液，或 10%苯醚甲环唑可湿性粉剂 1500 倍液，或 14%络氨铜水剂 200 ~ 300 倍液。用溃腐灵原液，或灭腐新 5 ~ 10 倍液涂干。

2 病部干枯

3 病部有汁液渗出

4 皮层组织腐烂

5 病健处及病斑上产生裂纹

061 泡桐丛枝病

丛枝病俗称扫帚病、凤凰窝，是泡桐、毛泡桐、楸叶泡桐的主要病害之一。

1）表现症状

发生在主、侧枝上。个别枝条发病，逐渐向全株扩展。病枝腋芽、不定芽、小叶和花变态，年内多次萌发抽生成枝，造成节间缩短、枝条纤细、簇生成丛，酷似鸟窝。病枝上叶片黄化、变小、变薄、卷缩。大枝发病影响树干加粗和高生长。病枝干枯，数年不脱落。随着病枝年年增多，树势逐渐衰弱，病株死亡。

2）发生规律

类菌质体病害，系全株性发生，一旦感病终生受害，病菌在病组织内越冬。4月开始初侵染，潜育期长，7~8月发病严重。

3）传播途径

病毒汁液通过修剪工具、刺吸昆虫等进行传播。用带菌苗木进行埋根繁殖，采购带菌苗木，是重要的传播途径。

4）综合防治

（1）采用播种育苗，不使用病株植材进行繁殖。

（2）加强苗木检疫，不从疫区采购苗木。

（3）秋季树液回流前锯除病枝，截口涂抹防腐剂保护。及时刨除重病株、病死株，集中销毁。注意防治蝽象类、蚜虫、叶蝉、网蝽等刺吸害虫。

（4）6~8月向树干髓心注射500国际单位盐酸四环素，或土霉素水溶液，用泥封堵孔口，连续3年，每年注射2~3次，可在一定程度上控制病情发展。

1 病枝表现症状

2 幼树全株发病状

3 病枝干枯

4 病株被害状

062 泡桐褐斑病

褐斑病是泡桐和毛泡桐的一种常见病害。

1）发病诱因

泡桐耐旱、怕涝，喜排水良好疏松土壤。地势低洼，土壤黏重，雨后排水不及时，土壤过湿；行道树受粉尘、汽车尾气污染严重等，易发病。

2）表现症状

发生在叶片上，幼苗受害严重。多从下部叶片开始发病，叶面初为圆形或椭圆形褐色病斑，边缘暗褐色，病健组织界限清晰。病斑中央转灰褐色，相邻病斑扩展融合成片，病斑干枯破裂。发病严重时，病叶焦枯，提前脱落。

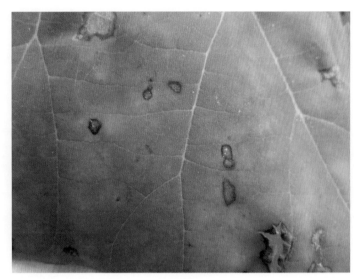

1 叶面病斑

3）发生规律

真菌性病害，病菌在病落叶上越冬。华北地区6月中旬开始发病，8～9月为病害高发期。夏秋多雨、持续阴雨、多雾霾，病害发生严重。

4）传播途径

病原菌借风雨、灌溉水喷溅等传播，从气孔侵染危害。

5）综合防治

（1）落叶后，彻底清除枯枝落叶，集中销毁。

（2）大雨过后及时排水，锄草，松土散湿，控制田间湿度。剪去幼苗贴近地面叶片，减少病害发生。

（3）初发病时，交替喷洒75%百菌清可湿性粉剂800～1000倍液，或70%代森锰锌可湿性粉剂400倍液，或50%多菌灵可湿性粉剂800倍液，或70%甲基托布津可湿性粉剂1000～1200倍液，7天喷洒1次，连续2～3次。

2 叶片危害状

3 后期症状

063　泡桐黑痘病

黑痘病是泡桐、毛泡桐等多种泡桐的主要病害之一。

1）发病诱因

地势低洼，土壤黏重，雨后排水不及时；环境郁闭、栽植过密、通透性差等，易发病。管理粗放、苗床地多年重茬连作、病害防治不及时等，该病发生严重。

2）表现症状

多发生在叶片上，也侵染嫩梢和幼苗主干。主、侧叶脉间初为褐色或黑褐色斑点，扩展成近圆形或不规则形黑褐色病斑，边缘色深，病健组织界限不清晰。后期病斑略有突起，中央干枯破裂，形成不规则穿孔状。

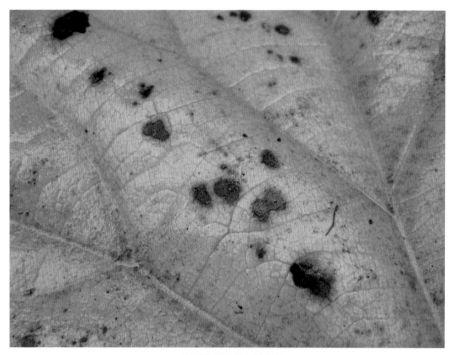

1 叶面病斑及老叶被害状

叶柄、嫩梢上病斑黑褐色，突起呈疮痂状。潮湿天气，病斑上产生灰白色霉层。

3）发生规律

真菌性病害，病菌在病组织内、病落叶上越冬。展叶后开始初侵染，生长期内可重复侵染，5～6月新梢旺盛生长期为侵染高峰期，7～8月病斑迅速扩展，10月停止发病。幼苗、根际萌蘖枝及树冠下部叶片，发病严重。

4）传播途径

病原菌借风雨、露水、灌溉水等传播，从气孔或皮孔侵染危害。

5）综合防治

（1）冬季彻底清除枯枝落叶，集中销毁。

（2）避免苗床地多年重茬连作，适时间苗，保持良好通透性。避免在无风傍晚灌水，雨后及时排水，锄地散湿。及时清理病枝、病叶，集中销毁。

（3）发芽前，喷洒5波美度石硫合剂，消灭越冬菌源。

（4）发病初期，交替喷洒50%退菌特可湿性粉剂800倍液，或200倍等量式波尔多液，或65%代森锌可湿性粉剂500倍液，10天喷洒1次，连续2～4次。

064 泡桐角斑病

角斑病是泡桐、毛泡桐的一种常见病害。

1）发病诱因

土壤黏重、贫瘠，过于干旱，易发病。重盐碱土壤、地势低洼、环境污染、管理粗放、树势衰弱等，病害发生严重。

2）表现症状

发生在叶片上，多由树冠下部叶片开始发病，向上部扩展蔓延。病斑初为淡黄褐色斑点，受叶脉限制，扩展成多角形或不规则形褐色病斑，边缘色深，病健组织界限清晰，病斑中央逐渐转为灰褐色。病斑扩展融合成不规则形大斑，后期病斑干枯、破裂，病叶焦枯，提前脱落。

1 病斑初期症状

3）发生规律

真菌性病害，病菌在病落叶上越冬。北方地区 5～7 月开始侵染，8 月上旬前表现症状，10 月中下旬病叶开始陆续脱落。生长期内可再侵染，后期侵染对树木造成危害严重。雨量多的年份，降雨早、持续降雨、雨量大，病害发生早。

4）传播途径

病原菌借风雨传播，从气孔、伤口侵染发病。

5）综合防治

（1）冬季彻底清除枯枝落叶，集中销毁，减少越冬菌源。

（2）粉尘污染严重地段，定期喷洒清水，保持叶面清洁。

（3）夏秋时节，避开中午，交替喷洒 0.1% 硫酸铜溶液，或 200 倍等量式波尔多液，或 45% 代森锌可湿性粉剂 800 倍液，或 70% 甲基托布津可湿性粉剂 1000 倍液等，15 天喷洒 1 次。

2 叶面病斑

3 病斑破裂

065　三角枫毛毡病

毛毡病是三角枫、元宝枫、五角枫等槭树科植物的常见病害。

1）发病诱因

栽植过密，环境郁闭、潮湿，通风不良；土壤贫瘠，管理粗放，清园不彻底，病虫害防治不及时、不到位等，易发病。

2）表现症状

该病是由瘿螨危害所致，该螨喜阴畏光，多发生在树冠中下部和内膛的叶片上。卵孵化后转移到叶背吸食汁液，刺激叶片产生毛毡状隆起，成、若螨潜藏在毛毡状病斑内繁殖，吸食汁液危害，有转移繁殖危害习性。叶背初为圆形、椭圆形苍白色小斑，扩展成不规则形凹陷病斑。凹陷处长出稀疏绒毛，随着虫口密度增加，病部绒毛开始增多、增厚，隆起呈毛毡状，由灰白色转为褐色或暗褐色。病叶卷缩，提前脱落。

3）发生规律

华北地区每年发生多代，以成螨在被害株枝条芽苞、干皮缝隙间、病落叶上越冬。展叶后开始活动危害，该螨世代重叠，7～8月为危害盛期。高温干燥天气有利于瘿螨繁殖，该病发生较重。

4）传播途径

瘿螨借助风雨、病健叶接触、随带病苗木调运等传播。

5）综合防治

（1）冬季彻底清除枯枝落叶，集中销毁。

（2）发芽前，是防治的关键时期，喷洒5波美度石硫合剂，或45%晶体石硫合剂30倍液，消灭越冬成螨。

（3）及时摘去病叶，集中销毁。喷洒15%哒螨灵可湿性粉剂2000～3000倍液，或1.8%阿维菌素乳油3000倍液，或73%克螨特乳油2000倍液，重点喷洒树冠中下部叶片的背面，7～10天喷洒1次，连续2～3次。

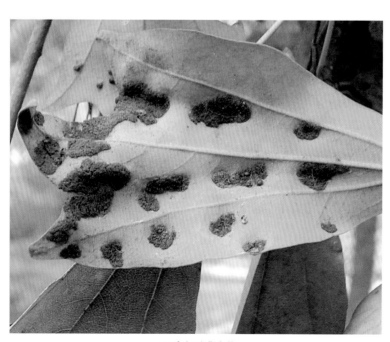

1 三角枫叶背症状

066　三角枫灰霉病

灰霉病主要危害三角枫、元宝枫、五角枫、青枫、红枫等多种槭树科植物。

1）发病诱因

栽植环境郁闭、潮湿，通透性差；过量施用氮肥，苗木徒长，叶片持水、持露；育苗地多年重茬连作、病虫害防治不及时、冬季清园不彻底等，易发病。

2）表现症状

多发生在叶缘及主脉间，初为褐色斑点，后扩展成不规则形大斑，病健组织边界清晰。潮湿环境下，病斑上着生灰色霉状物，霉状物增厚成鼠灰色霉层。霉层下组织坏死，质脆易破裂，病叶提前枯萎脱落。以幼苗及幼树下部叶片受害严重。

1 初发病状

3）发生规律

真菌性病害，病菌在病芽或随病落叶在土壤中越冬。春季展叶时即可侵染发病，生长期内可重复侵染。干旱年份发病轻，春雨早，多雨、多露，持续阴雨天气，有利于病害传播流行。

4）传播途径

病原菌借助风雨、露水、灌溉水飞溅、病健叶片接触摩擦、昆虫、菟丝子等传播。从气孔、伤口侵染危害。

5）综合防治

（1）合理控制栽植密度，保持株丛良好的通透性，忌育苗地多年连作。

（2）发病初期，及时剪去病叶，发病较重的病枝，集中销毁。交替喷洒200倍等量式波尔多液，或65%代森锌可湿性粉剂500～600倍液，或50%速克灵可湿性粉剂1000～1500倍液，或50%扑海因可湿性粉剂1000～1500倍液，7～10天喷洒1次，可起到一定防控效果。

（3）注意防治蚜虫。避免无风傍晚喷水，减少叶面持水，防止湿气滞留。雨后及时排水，降低田间湿度。

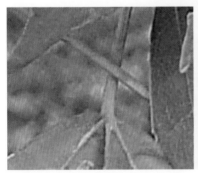

2 叶脉发病状

3 病斑霉层上密布黑色霉点

4 发病后期症状

067　五角枫白粉病

　　白粉病是元宝枫、五角枫、三角枫、红枫等多种槭树科植物的常见病害。

　　1）发病诱因

　　地势低洼，土壤黏重；栽植过密、环境郁闭、通透性差等，易发病。管理粗放、肥力不足、土壤干旱、生长势弱、病害防治不及时等，该病发生严重。

　　2）表现症状

　　多发生在叶片上，也侵染嫩芽和幼梢。多从下部叶片开始侵染，逐渐向上部扩展。叶面初为散生，边界欠清晰的褪绿黄斑，病斑上出现近圆形、稀疏白色霉斑，病斑扩展融合。后期霉斑增厚，逐渐成灰白色毡状，其上产生黑色粒状物，霉层下叶片呈褐色花斑。发病严重时，叶两面布满粉层，病叶枯黄，早落，新梢枯死。

　　3）发生规律

　　真菌性病害，病菌在病枝、芽、病落叶上越冬。病菌以菌丝态附着在植物叶片表层，以植物的分泌物、挥发物为营养来源，迅速扩展。生长期内可重复侵染，华北地区5月开始初侵染，6～8月为发病高峰期，9月下旬逐渐暂缓发病。幼苗及幼龄树发病严重。

　　4）传播途径

　　病原菌借风雨、昆虫等传播，从气孔、伤口侵染危害。随带菌苗木异地传播。

　　5）综合防治

　　（1）冬季剪去枯死梢，彻底清除枯枝落叶，集中销毁。

　　（2）发病初期，及时剪去病梢，摘除病叶，集中销毁。交替喷洒160倍等量式波尔多液，或25%粉锈宁可湿性粉剂1000倍液，或50%多菌灵可湿性粉剂600倍液，或70%甲基托布津可湿性粉剂800～1000倍液防治，10天喷洒1次，连续2～3次。

　　（3）注意防治蚜虫，消灭传播媒介。雨后及时排水，松土散湿。

1 叶面粉斑

2 后期症状

068 元宝枫叶枯病

叶枯病是北方地区元宝枫、五角枫、日本红枫、青枫、鸡爪槭等槭树科树种的一种常见病害。

1）发病诱因

元宝枫、日本红枫等均为弱阳性树种，略耐阴或耐半阴，喜空气湿润、排水良好土壤，不耐干旱和强光照射。土壤盐碱、板结等，易发病，尤以水肥催生苗木发病严重。北方地区春季干旱，多大风，盛夏大气干旱，强光暴晒，或阴雨后突然晴天，叶片遭受风害或日灼伤害，使病害加重。该病多与生理性病害同时发生。

2）表现症状

多发生在嫩叶上，也侵染成叶。先从叶片先端或边缘侵染危害，初为褪绿色水渍状斑点，病斑不断向叶片中央和基部扩展蔓延，导致上半部分呈灰白色坏死，仅叶片基部仍为绿色。病健交界处呈赤褐色，叶先端枯萎卷曲。发生严重时，整株叶片焦枯，失去观赏价值。常造成树势衰弱，幼苗枝枯、树亡。

3）发生规律

真菌性病害，病菌在病落叶上越冬。多于6月上旬开始发病，生长期内可重复侵染，7~9月为发病高峰期。高温多雨，有利于病菌侵染和扩展蔓延。

4）传播途径

病原菌借风雨、灌溉水传播，自气孔及伤口侵染危害。

5）综合防治

（1）冬季彻底清除枯枝落叶，集中销毁，减少越冬菌源。

（2）北方地区尽量避免栽植在风口和光照充足之处。

（3）6月开始，避开中午，树冠交替喷洒0.1%硫酸铜溶液，或200倍等量式波尔多液，或45%代森锌可湿性粉剂800倍液等杀菌剂，15天喷洒1次，预防和控制该病发生。及时清除树上和落地病叶，防止再侵染。

1 元宝枫病叶症状

2 鸡爪槭叶片被害状

069 金叶复叶槭黑斑病

黑斑病又叫褐斑病，在金叶复叶槭、复叶槭上时有发生。

1）发病诱因

栽植过密、光照不足、雨后排水不及时、环境潮湿等，易发病；管理粗放、圃地多年重茬连作、病虫害防治不及时、清园不彻底等，该病发生严重。

2）表现症状

发生在幼嫩叶片上，有时也侵染叶柄，多从小枝开始发病，逐渐扩展蔓延。初为散生黑褐色斑点，扩展成近圆形、半圆形，或不规则形病斑，有时略显轮纹，病健组织界限清晰。病斑融合成不规则形大斑，病斑干枯破裂，或不完全脱落形成穿孔，病叶枯萎，大量叶片提前脱落。发病严重时，幼苗枝端秃裸，易发生枯梢现象。

3）发生规律

真菌性病害，病菌在病芽、病落叶上越冬。展叶后即可侵染发病，生长期内可重复侵染，7月中旬至9月为病害高发期。春雨多、高温季节降雨频繁、持续阴雨，幼苗发病严重。

1 叶面初发病状

4）传播途径

病原菌借雨水、昆虫、灌溉水溅射等传播，从气孔、伤口侵染危害。

5）综合防治

（1）冬季剪去病枯枝，彻底清除残枝、落叶，集中销毁。

（2）合理控制栽植密度，疏去枯死枝、根际无用萌蘗枝，保持良好的通透性。

（3）避免在阴天和无风傍晚喷灌水，尽量减少叶面持水，控制夜间环境湿度。大雨过后及时排水，锄地散湿。

（4）及时摘去病叶，交替喷洒70%甲基托布津可湿性粉剂1000倍液，或75%百菌清可湿性粉剂800倍液，或50%福美双可湿性粉剂600～800倍液。

（5）注意防治蚜虫、金龟子等，消灭传播媒介，防止该病大面积发生。

2 叶面病斑

3 病斑后期症状

4 叶片被害状

070　香椿褐斑病

褐斑病是香椿的一种常见病害。

1）发病诱因

香椿喜阳光充足环境，适疏松、排水良好土壤。栽植过密，光照不足，雨后排水不及时，环境郁闭、潮湿；春秋季节昼夜温差大，叶面持水、持露时间长；管理粗放，病虫危害，土壤过湿、过旱等，易发病。

2）表现症状

多发生在幼苗、根际萌蘖枝及

1 幼叶叶面病斑　　　　　　　　2 老叶叶面病斑

树冠下部叶片上。叶面初为散生黑褐色至褐色斑点，周边有浅黄绿色晕圈，扩展成边缘暗褐色、中央浅褐色、近圆形、不规则形坏死斑，有时略显轮纹。潮湿条件下，病斑上散布灰白色霉状物。

3）发生规律

真菌性病害，病菌在病落叶，或随病残体在土壤中越冬。5月中下旬开始侵染，生长期内可重复侵染，7~9月为病害高发期。潮湿天气，有利于病菌侵染。

4）传播途径

病原菌借风雨、灌溉水、露水、昆虫等传播，自气孔及伤口侵染危害。

5）综合防治

（1）冬季修剪枯死枝、无用枝，改善通透性。彻底清除枯枝落叶，集中销毁。

（2）及时摘除病叶，交替喷洒70%代森锰锌可湿性粉剂500倍液，或50%多菌灵可湿性粉剂500倍液，或80%大生M-45可湿性粉剂600倍液。

（3）雨后及时排水散湿。注意防治斑衣蜡蝉，消灭传播媒介，减少病害发生。

3 病斑上散布灰白色霉状物　　　　　　　　　　　4 叶片被害状

071 香椿炭疽病

炭疽病是香椿的一种常见病害。

1）发病诱因

地势低洼，土壤黏重，雨后排水不及时，环境郁闭、潮湿等，易发病。

2）表现症状

多发生在叶片上，也侵染叶柄和嫩梢。叶面初为水渍状暗绿色斑点，扩展成近圆形或不规则形褐色、红褐色病斑，中央渐变浅褐色。环境湿度大时，病斑周边形成灰绿色晕圈。病斑扩展融合成坏死枯斑，后期病斑上出现黑色粒点。干燥天气病斑易破裂。发病严重时，病叶脱落，小枝枯死。

3）发生规律

真菌性病害，病菌在病落叶上，或随病残体在土壤中越冬。多于5月下旬开始发病，生长期内可重复侵染，6～8月为病害高发期。多雨年份，高温季节多雨，雨量大，持续阴雨，该病发生严重。幼苗和根际萌蘖枝发病较重。

4）传播途径

病原菌借风雨、灌溉水飞溅、昆虫等传播，自气孔及伤口侵染危害。

5）综合防治

（1）落叶后剪去病枯枝，清除残枝落叶，集中销毁。

（2）发芽前，喷洒5波美度石硫合剂。

（3）大棚栽植，高温季节注意通风、散湿、降温。露地栽植，雨后及时排水。

（4）发病初期，交替喷洒25%炭特灵可湿性粉剂600倍液，或70%甲基托布津可湿性粉剂1000倍液，或50%敌菌灵可湿性粉剂400倍液，15天喷洒1次。

（5）注意防治斑衣蜡蝉等刺吸式害虫。

1 叶面病斑

2 叶面被害状

3 病斑破裂

072 香椿病毒病

病毒病在各种香椿上时有发生。

1）发病诱因

园区内的病株，是重要的传染源。土壤干旱、贫瘠，圃地多年重茬连作；管理粗放，病虫危害，病株清除不及时、不彻底等，易发病。

2）表现症状

多发生在叶片上，复叶中部分小叶退化缺失，或变色、畸形。常见表现类型：

（1）花叶型：叶脉间为近圆形、不规则形黄绿色斑块，叶片成黄绿相间的花叶状。

（2）蕨叶型：小叶狭长，先端长尾尖，形似蕨叶状。

（3）线叶型：小叶变态成狭窄、长短不一的线形。

（4）混合型：以上几种表现类型在同一复叶上混合发生，有时病叶扭曲皱缩。

3）发生规律

病毒侵染引发的系统性病害，病原体存活在病株活体上，或随病残体在土壤中越冬。病株终生携带病毒，春季发芽后即显现病毒症状。生长期内可重复侵染。干旱年份，刺吸式昆虫危害猖獗，发病严重，尤以幼苗嫩梢小叶症状明显。

4）传播途径

携带病原体的病毒汁液，借助昆虫、菟丝子，或通过带菌土壤、病健根接触、病株植材繁殖、修剪工具交叉使用等进行传播，从伤口侵染危害。随病株调运异地传播。

5）综合防治

（1）避免多年重茬繁殖。不用病株根蘗进行分株繁殖。

（2）以预防为主，注意防治斑衣蜡蝉、地下害虫。及时刨除重病株，周边土壤消毒处理。

1 病叶类型 1   2 病叶类型 2   3 病叶类型 3

4 病叶类型 4   5 病叶类型 5   6 病叶扭曲卷缩

073　核桃真菌性溃疡病

溃疡病是核桃、核桃楸、山核桃等树种的常见病害。

1）发病诱因

土壤黏重，地势低洼，环境郁闭、潮湿；苗木土球过小、未及时灌透三遍水，导致缓苗期树势弱，易发病；苗木遭受风害、涝害、冻害、日灼伤害，发病严重。

2）表现症状

发生在主干中下部或大枝基部。初为黄褐色水渍状斑点，扩展成椭圆形、中央黑褐色、周边呈浅褐色水渍状溃疡斑。幼树及树皮光滑的品种上，病斑成泡状，破裂后有黑褐色黏液渗出。病部皮层黑褐色腐烂，潮湿环境下显现黑色粒状物，严重时造成大树早衰，幼树枯亡。

3）发生规律

真菌性病害，病菌在枝干病斑皮层内越冬。华北地区 4 月中旬开始侵染，以老病斑复发为多，生长期内可重复侵染。5 月下旬至 6 月上旬、8 月为病害高发期。春雨早，发病早。持续阴雨天气，有利于病害流行。

4）传播途径

病原菌借风雨传播，从皮孔、伤口侵染危害。随带菌苗木调运，异地传播。

1 发病初期症状

5）综合防治

（1）苗木栽植后及时灌透三遍水，树干涂白，预防病害、冻害或日灼发生。

（2）及时刨除重病株、病死株，集中销毁，减少侵染源。芽萌动时，发病严重果园，喷洒溃腐灵 60～100 倍液 + 有机硅，消灭越冬菌源。

（3）刮净病斑及周边 2cm 健康皮层，伤口涂抹腐皮消 50 倍液、溃腐灵原液，或 10％碱水，或 5 波美度石硫合剂，7 天后再涂 1 次，控制病斑扩展。

2 病斑处渗出黏液

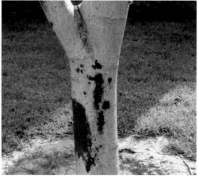

3 幼树树干危害状

4 病斑处残留褐色胶状物

074　核桃小斑病

小斑病是核桃树、山核桃、核桃楸、美国黑核桃的一种常见病害。

1）发病诱因

土壤贫瘠、盐碱、黏重，过于干旱，造成树势衰弱；栽植过密、环境郁闭、潮湿，通透性差等，易发病。管理粗放，病虫危害、清园不彻底，该病发生较重。

2）表现症状

多发生在叶片主、侧脉腋间，病斑小，数量可达数十个。初为褪绿色斑点，扩展成圆形至椭圆形褐色病斑，边缘深褐色微隆起，外围有黄色晕圈，中央逐渐转为灰白色。病害发生严重时，叶面布满病斑，病叶焦枯，大量脱落。

1 叶面斑病

3）发生规律

真菌性病害，病菌在病芽内、病落叶上越冬。北方地区5月开始侵染发病，生长期内可重复侵染，7～8月为病害高发期，10月停止侵染。春雨早、降雨多的年份，发病早。夏季降雨多、雨量大，该病发生严重。

4）传播途径

病原菌借助风雨、昆虫传播，自气孔、伤口侵染危害。

5）综合防治

（1）采果后至全株落叶前，疏去枯死枝、无用枝，保持良好的通透性。清除枯枝落叶，集中销毁。

（2）发芽前，喷洒3～5波美度石硫合剂，兼治白粉病、炭疽病、黑斑病等。

（3）普遍发生时，交替喷洒160倍等量式波尔多液，或65%代森锌可湿性粉剂600倍液，或40%百菌清悬浮剂600倍液，或70%甲基托布津可湿性粉剂1000倍液，10～15天再喷一次。

2 病斑叶背症状

3 后期症状

075　核桃黑斑病

核桃黑斑病俗称"核桃黑"，是核桃、核桃楸、山核桃的常见病害。

1）发病诱因

土壤黏重、板结，栽植过密，环境潮湿，通透性差等，易发病。遭受雹灾、日灼、病虫危害，与杏树、李树、樱桃等易感病果树混植等，病害发生严重。

2）表现症状

多发生在果实上，也危害叶片和嫩梢。幼果果面初为褐色油渍状斑点，扩展成圆形或不规则形黑褐色病斑，外缘有油渍状晕圈。病部果皮成黑褐色腐烂，核仁黑瘪。近成熟果病皮腐烂，果核裸露，但核仁仍可食用。

叶面病斑为圆形或多角形黑褐色，外缘有油渍状晕圈。病叶皱缩焦枯、早落。

嫩梢初为黑褐色条形斑，扩展一周时，病斑以上枝叶干枯。

3）发生规律

细菌性病害，病菌在枝条病斑、病芽、病果皮上越冬。5月开始侵染果实，生长期内可重复侵染，7～8月为病害高发期。夏季多雨，病害发生严重。

4）传播途径

病原菌借风雨、昆虫、病健果、叶接触等传播，从气孔、皮孔及伤口侵染危害。

5）综合防治

（1）避免与杏树、李树、樱桃等果树混植。落叶前剪除病枝，清除残枝落叶、落地病僵果、脱果果皮。发病较重果园，全园喷洒溃腐灵60倍液＋有机硅。

（2）发芽前，喷洒5波美度石硫合剂，或0.8%波尔多液。

（3）展叶期，喷洒200倍等量式波尔多液，或72%农用链霉素可湿性粉剂4000倍液。落花后7～10天及果实膨大期，喷洒70%甲基托布津可湿性粉剂1000倍液＋72%硫酸链霉素可湿性粉剂50mg/L，预防该病发生。

（4）发病严重时，喷洒靓果安300＋沃丰素600倍液＋有机硅，10天喷1次。

1 幼叶叶面病斑

2 果面病斑

3 果皮黑腐

076　核桃褐斑病

褐斑病是核桃树、山核桃、核桃楸、美国黑核桃的常见病害。

1）发病诱因

地势低洼，雨后排水不通畅，栽植过密，环境郁闭、潮湿等，易发病；树木遭受冻害、机械损伤、虫害等，加剧病菌侵染流行。

2）表现症状

多发生在中、幼龄树的叶片上，也侵染嫩梢和果实。嫩梢、果柄上初为黑褐色、长椭圆形或不规则形略凹陷病斑，后期病斑上散生黑色小点，常引起枯梢。

叶面初为灰褐色，近圆形、不规则形病斑，边缘褐色，有时周边有黄色晕圈。

果面为灰黑色斑点，扩展成圆形、略凹陷病斑，边缘水渍状，果皮黑色腐烂。

3）发生规律

真菌性病害，病菌在病枝、病果皮和病落叶上越冬。京、津及西北地区多在5月中下旬开始发病，生长期内可重复侵染，7月下旬至8月为病害高发期。晚春、初夏多雨，持续阴雨，有利于病菌传播侵染，病害发生严重。

4）传播途径

病原菌借风雨、昆虫传播，从皮孔、气孔、柱头、伤口等处侵染发病。

5）综合防治

（1）果实采收后，结合修剪进行彻底清园，剪去病枯枝，拾净落地果及残留果皮，清除枯枝落叶，集中销毁。

（2）开花前后，交替喷洒200倍半量式波尔多液，或70%甲基托布津可湿性粉剂800倍液，或75%百菌清可湿性粉剂800倍液，控制该病发生。

（3）发病初期，交替喷洒160等倍量式波尔多液，或50%甲基托布津可湿性粉剂800倍液，或75%百菌清可湿性粉剂800倍液。

（4）摘除病果、病叶，集中深埋。注意防治蚜虫，消灭传播媒介，减少病害发生。

1 叶面被害状

2 果梗及嫩梢上病斑

3 果面病斑

077　核桃灰斑病

核桃灰斑病又叫核桃圆斑病，是核桃树、山核桃、核桃楸、美国黑核桃等的一种常见病害。

1）发病诱因

土壤盐碱、黏重、板结，雨后排水不通畅，环境潮湿；苗木徒长、修剪不到位、通透性差、树势衰弱等，易发病。

2）表现症状

主要危害叶片。叶面初为暗褐色斑点，扩展成圆形至椭圆形、边缘深褐色病斑，中央逐渐变为灰白色，病斑上常产生黑色小粒点。病斑干枯破裂，不完全脱落形成穿孔，病叶焦枯，提前脱落。

3）发生规律

真菌性病害，病菌在病落叶上越冬。5月开始初侵染，春季降雨早、降雨多的年份，发病早。生长期内可重复侵染，8～9月为该病高发期，10月停止再侵染。

4）传播途径

病原菌借风雨传播，自气孔、伤口侵染危害。

5）综合防治

（1）采果后至全株落叶前，剪去枯死枝、无用枝，提高通透性。彻底清除枯枝、落叶，集中销毁。

（2）发芽前，全株喷洒3～5波美度石硫合剂，或45%晶体石硫合剂80倍液，减少白粉病、毛毡病、炭疽病、黑斑病等病害发生。

（3）控制栽植密度，保持良好的通透性。雨后及时排水，控制田间湿度。

（4）发病初期，交替喷洒200倍等量式波尔多液，或80%锰锌·多菌灵可湿性粉剂1000倍液，或65%代森锌可湿性粉剂800倍液，或50%苯菌灵可湿性粉剂800倍液，10～15天喷洒1次。

1 叶面病斑

2 病斑后期症状

078 核桃轮斑病

轮斑病在核桃、核桃楸、山核桃、美国黑核桃上时有发生。

1）发病诱因

环境郁闭，栽植过密，苗木失剪，通透性差；地势低洼、雨后排水不及时，造成环境潮湿等，易发病。管理粗放、清园不彻底、病虫害防治不及时等，该病发生严重。

2）表现症状

发生在叶片上，常由叶先端或叶片边缘开始侵染。病斑多散生，初为褐色斑点，扩展成浅褐色、椭圆形或半圆形、无光泽病斑，边缘颜色略深。病斑上常现深浅交错的褐色同心轮纹，相邻病斑扩展融合成不规则形大斑。潮湿环境下，叶背病斑上产生黑色霉状物。发病严重时，病叶枯焦，大量脱落，造成果实减产。

3）发生规律

真菌性病害，病菌在病株芽鳞、病落叶上越冬。北方地区5月中下旬开始发病，生长期内可重复侵染，8~10月为病害高发期。高温季节多雨、持续阴雨，雨量大，病害发生严重。

4）传播途径

病原菌借风雨、昆虫传播扩散，自气孔侵染危害。

5）综合防治

（1）采果后结合修剪，彻底清除枯枝落叶、落地果，集中销毁。

（2）发芽前喷洒3~5波美度石硫合剂，消灭越冬菌源。

（3）发病初期，交替喷洒40%百菌清悬浮剂600倍液，或50%苯菌灵可湿性粉剂1000倍液，或40%百菌清悬浮剂600倍液，或50%扑海因可湿性粉剂1000~1500倍液，10天喷洒1次，连续2~3次。

（4）注意防治黑斑蚜。及时清扫落叶，集中销毁。大雨后及时排水，松土散湿，控制田间湿度。

1 叶面病斑

2 病斑略显轮纹状

3 叶面病斑及叶片被害状

079　核桃角斑病

角斑病是核桃树、山核桃、核桃楸、美国黑核桃等树种的一种常见病害。

1）发病诱因

栽植过密，苗木徒长，环境郁闭，通风透光不良；雨后排水不及时造成环境潮湿等，易发病。管理粗放、土壤肥力不足、过于干旱、清园不彻底等，该病发生较重。

2）表现症状

主要发生在幼嫩叶片的主侧脉间。叶面初为褐色至黑褐色圆形斑点，受叶脉限制逐渐扩展成不规则多角形，病健组织界限清晰，边缘暗褐色。后期病斑中央转为褐色，有时病斑呈斑纹状。病叶枯黄，提前脱落。

1 叶面病斑

3）发生规律

真菌性病害，病菌在病落叶上越冬。展叶后开始初侵染，生长期内可重复再侵染，7～8月为病害高发期。春季降雨早，发病早。多雨年份，高温季节多雨、雨量大，病害发生严重。

4）传播途径

病原菌借风雨、昆虫传播，自气孔侵染危害。

5）综合防治

（1）采果后，结合修剪进行清园，疏去无用枝，改善树冠通透性。彻底清除残枝、枯枝落叶，集中销毁。

（2）及时防治黑斑蚜，消灭传播媒介。大雨过后及时排水，松土散湿。

（3）发病初期，交替喷洒200倍等量式波尔多液，或70%代森锰锌可湿性粉剂500倍液，或70%硫黄·甲硫灵可湿性粉剂1000倍液，或50%多菌灵悬浮剂600倍液，兼治炭疽病等。

2 病斑叶背症状

080　核桃白粉病

白粉病是核桃、山核桃、核桃楸的一种常见病害。

1）发病诱因

土壤干旱、贫瘠，病虫危害，造成树势衰弱等，易发病。地势低洼、栽植环境郁闭、光照不足、病害防治不及时、秋季清园不彻底等，病害发生严重。

2）表现症状

主要发生在叶片上，也侵染嫩梢。叶片出现灰白色圆形粉斑，或沿侧脉出现白色粉状物，粉斑扩大相连，形成薄片状粉层。严重时，叶片两面被灰白色粉层覆盖，秋季在粉层上产生褐色小粒点。病叶失绿、皱缩，提前脱落。

嫩梢上出现灰白色粉斑，随着病斑增多、霉层增厚，病梢逐渐枯死。

3）发生规律

真菌性病害，病菌在病梢、落叶上越冬。5月开始侵染发病，生长期内可重复再侵染，7～8月为病害高发期。早春干旱，新叶及幼苗发生严重。

4）传播途径

病原菌附着在植物表层，以分泌物、挥发物为营养来源，借风雨和昆虫传播，扩展危害。带菌苗木调运，是远距离传播的重要途径。

5）综合防治

（1）果实采收后，剪去枯梢，疏去无用枝，提高树冠通透性。彻底清除枯枝落叶，集中销毁，减少越冬菌源。

（2）发病初期，喷洒50%多菌灵可湿性粉剂600倍液，或25%粉锈宁可湿性粉剂2000倍液，或50%甲基托布津可湿性粉剂1000倍液，或10%苯醚甲环唑水分散粒剂2000倍液，10天喷洒1次，连续2～3次。

（3）注意防治黑斑蚜，消灭传播媒介，控制病害扩展。

1 发病初期症状

2 后期症状

081　核桃缺锌症

核桃缺锌症又称小叶病、簇叶病，在核桃树、山核桃、核桃楸、美国黑核桃等树上时有发生。

1）发病诱因

因土壤中不能满足植物正常生长发育所需的锌元素而发生的缺素症状。土壤中缺锌，或锌元素处于不能被植物吸收状态，或过量施用磷肥，造成树体内锌和磷的营养比例失调；连年使用除草剂等，都会造成植物出现明显的缺锌现象。管理粗放、苗木修剪过重、树势衰弱、遭受冻害等，也会导致该病发生。

2）表现症状

生理性病害，多发生在根际萌蘖枝，及中下部的嫩梢和叶片上。植物缺锌，常对生长发育产生抑制作用，有的早春生长表现正常，夏季出现症状。初期仅个别嫩梢发病，表现为节间缩短，叶片簇生，叶片小、狭长，不能正常展开，后期脉间叶肉组织呈黄绿色或白化状。

病枝上花瘦小，多不能结实，或果小、畸形。发病严重时，病株矮化，病枝增多，导致树木生长缓慢，发芽较晚。病枝易枯死，常造成果实减产。

1 徒长枝表现症状

3）综合防治

（1）萌芽前，喷洒3％～5％硫酸锌液，或涂刷1年生枝。

（2）病区幼叶长至正常叶片四分之三大小时，喷洒0.3％～0.5％硫酸锌液，或0.2％硫酸锌＋0.3％～0.5尿素混合液，促进锌元素吸收，15天喷洒1次，连续2～3次。

（3）适当减少磷肥的使用量。深秋或发芽前，结合灌水，在距病株树干70～100cm处，挖深15～20cm的放射沟，沟内施入硫酸锌粉，也可使用高效颗粒锌肥，覆土后灌水，2～3年施用1次。

2 病枝叶片小叶化

082 核桃枝枯病

枝枯病是核桃树、核桃楸、山核桃、枫杨等树种的一种常见病害。

1）发病诱因

土壤黏重、贫瘠，环境郁闭、潮湿；病虫害防治不及时、清园不彻底等，易发病。遭受春旱、涝害、日灼、冻害、雹灾、虫害等，造成树势衰弱，发病严重。

2）表现症状

多发生在1、2年生小枝和短枝上，并向下蔓延至大枝。被害处皮层灰褐色至深灰色坏死。病枝叶片变黄，萎蔫干枯。短枝上顶芽枯萎，丧失结实能力。后期病皮下出现稀疏的灰黑色小粒点，后突破皮层露出密集黑色粒状突起，枝条枯死。

3）发生规律

真菌性病害，病菌在枝条病斑内、病芽上越冬。京、津地区5月中下旬开始发病，生长期内可重复侵染，7～8月为病害高发期。高温季节多雨，发病严重。

4）传播途径

病原菌借风雨、昆虫传播，从皮孔、虫口、剪口、干皮破损处侵染危害。

1 嫩枝发病状

2 病部皮层发病症状

5）综合防治

（1）采果后至落叶前，剪去病枯枝、无用枝，清除残枝落叶，集中销毁。剪口处涂抹8～10波美度石硫合剂。刨除重病株、枯死株，集中销毁。

（2）发病初期，交替喷洒200倍半量式波尔多液，或70%甲基托布津可湿性粉剂800倍液，或70%代森锰锌可湿性粉剂400倍液。

（3）发病较重果园，采果后或发芽前，喷洒5波美度石硫合剂。

（4）苗木栽植后及时涂白，防止日灼或冻害发生，同时起到杀菌防虫作用。

3 短枝上花芽、叶芽枯萎

4 病部散生粒状小突起

083　核桃腐烂病

核桃腐烂病又叫核桃烂皮病、黑水病，是核桃、核桃楸、山核桃的常见病害。

1）发病诱因

地势低洼，土壤黏重，雨后排水不及时；苗木遭受雹灾、冻害、日灼伤害，病虫危害，机械损伤，伤口处理不及时，导致生长势衰弱等，易发病。管理粗放、清园不彻底、病虫害防治不及时，该病发生严重。

2）表现症状

多发生在幼树上，主要危害主干和大枝。初为水渍状暗灰色病斑，按压有松软感，病部干皮和皮层均黑色软腐，有酒糟味。黑水流出后，失水凹陷形成干疤，病部似刷了一层发亮的黑漆，病皮上散生黑色小点。病枝上叶片发黄，萎蔫下垂。待病斑绕干一周时，其上枝干枯死，后期病皮纵向开裂，常导致幼树死亡。

3）发生规律

真菌性病害，病菌在枝条病斑内越冬。4月开始初侵染，旧病斑继续扩展蔓延。生长期内均可侵染发病，4月中下旬至5月，7～9月为病害高发期。

4）传播途径

病原菌借风雨、昆虫传播，从皮孔、虫口、剪口、干皮破损处侵染危害。

5）综合防治

（1）苗木栽植后，枝干喷洒2～3波美度石硫合剂，预防该病发生。树干涂白，防止日灼和冻害。

（2）避免休眠期修剪，以免造成伤流。采果后至落叶前，剪去病枝，清除重病株、病死株，集中销毁，清除病源。

（3）及时防治病虫害。雨后及时排涝，松土散湿。

（4）刮除病斑腐烂组织到新鲜皮层处，伤口反复涂刷腐皮消50～100倍液，或腐必清50倍液，或2%福永康可湿性粉剂20倍液，或8～10波美度石硫合剂。

1 病部皮层腐烂

2 病皮上散生黑色小点

084　核桃炭疽病

炭疽病是核桃、核桃楸、山核桃的常见病害。

1）发病诱因

栽植过密，环境郁闭、潮湿，通透性差，果实遭受雹灾或日灼伤害等，易发病。管理粗放、清园不彻底、与苹果树混植等，病害发生严重。

2）表现症状

多发生在果实上，也侵染嫩梢、芽和叶片。幼果果面初为褐色至黑褐色斑点，扩展成近圆形至椭圆形病斑，病部果皮腐烂凹陷，其上出现粉红色小点，有时成轮纹状排列。被害果实果仁空瘪。严重时，常导致全果果皮黑色腐烂，影响果实产量。

3）发生规律

真菌性病害，病菌在病枝、病芽、脱果病果皮上越冬。幼果期即可侵染发病，生长期内可重复侵染，7月下旬至8月中旬为发病高峰期。雨水多的年份，夏季多雨，雨量大，持续阴雨的高湿天气，该病发生严重。

4）传播途径

病原菌借风雨、昆虫传播，从气孔、皮孔及伤口侵染危害。

5）综合防治

（1）采果后，打净挂树僵果，清除枯枝落叶、落果和果皮，集中销毁。

（2）发芽前，喷洒5波美度石硫合剂，或200倍半量式波尔多液。发病严重的果园，全园喷洒溃腐灵60～100倍液+有机硅。

（3）注意防治蚜虫、长足象、举肢蛾等。随时摘除病叶、病果，集中深埋。

（4）落花后、幼果期、果实膨大期、发病初期，喷洒200倍倍量式波尔多液，或50％炭疽福美可湿性粉剂600～800倍液，或10％苯醚甲环唑水分散粒剂1500倍液。

1 叶面病斑

2 病果

3 病部产生黑色小粒点

085 板栗斑点落叶病

斑点落叶病是板栗、油栗、栓皮栗等壳斗科树种的一种常见病害。

1）发病诱因

板栗喜光照充足、通风环境，适微酸性或中性，深厚、排水良好土壤。土壤盐碱，瘠薄，黏重；栽植过密、苗木失剪或修剪不到位，导致树冠郁闭、通风透光不良；雨后排水不及时，造成土壤过湿；管理粗放、病虫危害、树势衰弱等，易发病。

2）表现症状

发生在叶片上，幼树及幼叶发病严重。脉腋间散生多个褐色斑点，扩展成近圆形褐色小斑，边缘色深。病斑常融合成不规则形大斑，病斑上散生黑色小点。发病严重时，叶片病斑密集，病叶焦枯，叶、果提前脱落，造成果实减产。

3）发生规律

真菌性病害，病菌在芽、病落叶上越冬。展叶后侵染发病，生长期内可重复侵染，6～7月为病害高发期。多雨年份，持续阴雨的湿热天气，病害发生严重。

4）传播途径

病原菌借风雨、昆虫传播，从气孔侵染危害。

5）综合防治

（1）采果后，剪去无用枝、枯死枝，清除枯枝落叶，集中销毁。

1 初发病状

2 叶片被害状

（2）增施有机肥，增强树势，提高抗病能力。大雨过后及时排水，松土散湿。

（3）发芽前，喷洒 5 波美度石硫合剂，消灭越冬菌。

（4）发病初期，交替喷洒 160 倍等量式波尔多液，或 50% 扑海因可湿性粉剂 1000～1500 倍液，或 10% 多抗霉素水剂 1000～1500 倍液，或 40% 多锰锌可湿性粉剂 400 倍液，7～10 天喷洒 1 次，连续 2～3 次。

086 柿灰斑病

灰斑病是各种柿树和君迁子的常见病害。

1）发病诱因

柿树为深根性树种，适深厚肥沃、排水良好土壤，喜光照充足通风环境。土壤黏重、板结，透水、透气性差，雨后排水不及时；环境郁闭、光照不足、通风不良、树势衰弱等，易发病。

2）表现症状

多发生在树冠下部叶片、幼苗和幼龄树上。初为暗褐色圆形斑点，扩展成椭圆形或不规则形褐色病斑，中央逐渐转为灰白色，边缘深褐色，周边常有浅黄色晕圈。病斑干枯破裂，潮湿天气其上产生黑色小点，病叶提前转色，脱落。

3）发生规律

真菌性病害，病菌在病落叶芽苞内上越冬。5月下旬开始初侵染，生长期内可重复再侵染，8～9月为病害高发期，10月停止侵染。降雨早、降雨多的年份发病早。降雨多、雨量大的高温、高湿天气，发病严重。

4）传播途径

病原菌借风雨、昆虫传播，自气孔、伤口侵染发病。

5）综合防治

（1）落叶后，剪去枯死枝、无用枝。彻底清除枯枝落叶、落地果，集中销毁。

1 叶先端病斑

2 叶缘发病状

（2）发芽前，喷洒3～5波美度石硫合剂，或45%晶体石硫合剂80倍液，兼治白粉病、毛毡病、炭疽病、黑斑病等。

（3）发病初期，交替喷洒160倍等量式波尔多液，或75%百菌清可湿性粉剂600倍液，或65%代森锌可湿性粉剂600～800倍液，或50%多菌灵可湿性粉剂500～800倍液，10～15天喷洒1次。

（4）雨后及时排水，松土散湿。注意防治柿斑叶蝉等，消灭传播媒介。

087　柿圆斑病

圆斑病是各种柿树和君迁子的主要病害之一。

1）发病诱因

土壤黏重、贫瘠，过于干旱，易发病。管理粗放、病虫危害、树势衰弱、清园不彻底等，发病较重。

2）表现症状

主要发生在叶片上，也侵染柿蒂。叶面初为浅褐色斑点，扩展成近圆形褐色病斑，病斑直径多为 2 ~ 3mm，边缘深褐色，相邻病斑扩展融合成不规则形斑块。病叶提前变红，发病严重时，病叶大量脱落，仅剩柿果。柿果提前变红、软化、脱落。

1 病叶提前变为红色

3）发生规律

真菌性病害，病菌在挂树残留病柿蒂、病落叶上越冬。京、津及河北地区 6 月中旬至 7 月上旬开始侵染，年内没有再侵染。该病潜育期长达 2 ~ 3 个月，染病后暂不表现症状，8 月中下旬陆续出现病斑。9 月病斑迅速增多，10 月上中旬病叶开始大量脱落。病菌侵染期遇大雨、持续阴雨天气，该病发生严重。

4）传播途径

病原菌借风雨、昆虫传播，从气孔、伤口侵染发病。

5）综合防治

（1）落叶后结合冬季修剪，进行彻底清园，打掉树上残留柿蒂，清除枯枝落叶、落地残果和柿蒂，集中销毁，减少越冬菌源。

2 柿圆斑病

（2）君迁子果实多、蒂多，病蒂是重要侵染源，柿树应避免与君迁子混植。

（3）该病潜育期长，待表现出病症再喷药则为时已晚，侵染期是防治的关键时期。落花后，交替喷洒 1：5：500 倍波尔多液，或 65% 代森锌可湿性粉剂 500 倍液，或 70% 甲基托布津可湿性粉剂 800 ~ 1000 倍液，或 50% 多菌灵可湿性粉剂 500 倍液，15 天喷洒 1 次，连续 2 ~ 3 次。

088　柿角斑病

角斑病是各种柿树和君迁子的主要病害之一。

1 柿树叶面病斑　　　　　　　　2 君迁子叶面病斑

1）发病诱因

土壤黏重、贫瘠，管理粗放，水肥严重不足，树势衰弱等，易发病。

2）表现症状

发生在叶片和柿蒂上，多由树冠下部开始发病。叶面初为黄绿色晕斑，边缘不清晰。受叶脉限制，扩展成中央褐色、边缘黑色的多角形病斑。后期病斑变为红褐色至灰褐色。外缘有黄绿色晕圈。

柿蒂先端为深褐色圆形或不定形病斑，向内扩展后病果脱落，柿蒂残留在枝上。

3）发生规律

真菌性病害，病菌在挂树及落地病柿蒂，或落叶上越冬，病柿蒂是重要的初侵染源。华北地区 6～7 月开始侵染，生长期内可再侵染，8 月上旬表现症状，9 月中下旬病叶陆续脱落。雨量多的年份，降雨早、持续阴雨，病害发生的早，发病也重。

4）传播途径

病原菌借风雨、昆虫传播，从气孔、伤口侵染危害。

5）综合防治

（1）结合冬季修剪进行彻底清园，打净树上残留柿蒂，清除枯枝落叶、落地残果和柿蒂，集中销毁。喷洒 3～5 波美度石硫合剂，消灭越冬菌源。

（2）避免与君迁子混植。注意防治柿斑叶蝉、柿绒蚧等刺吸害虫。

（3）落花后，交替喷洒 70％代森锰锌可湿性粉剂 500 倍液，或 70％甲基托布津可湿性粉剂 800 倍液，或 64％杀毒矾可湿性粉剂 500 倍液，10 天喷洒 1 次。

3 柿树叶面后期症状　　　　　　　　4 病斑叶背症状

089 柿炭疽病

炭疽病是柿树和君迁子的主要病害之一。

1）发病诱因

地势低洼，环境郁闭、潮湿，通风不良，树势衰弱等，易发病。管理粗放，病虫害防治不及时，病果、病柿蒂清理不及时、不彻底，该病发生严重。

2）表现症状

多发生在果实上，也侵染枝梢。果面初现黑褐色斑点，扩展成近圆形、黑色略凹陷病斑。后期病斑上密生黑色小粒点，或排列成同心轮纹状。病果提前变黄，软化脱落。新梢上黑色斑点扩展成椭圆形病斑，木质部腐烂后枝梢易折断。

3）发生规律

真菌性病害，病菌在病梢、落地病果、残留病柿蒂、冬芽上越冬。京、津及河北地区6月上旬开始侵染嫩梢，6月下旬侵染果实。生长期内可重复再侵染，7月下旬病果开始脱落，直至采收。潮湿环境、高温多雨天气，病害发生严重。

4）传播途径

病原菌借风雨、昆虫传播，从皮孔或伤口侵染危害。

5）综合防治

（1）冬季剪去病枯枝，打净挂树柿蒂，捡拾落地残果、柿蒂，集中销毁。

（2）发芽前，全株喷洒5波美度石硫合剂，消灭越冬菌源。

（3）及时连同柿蒂摘除病果，捡净落地果，剪去病枝、病叶，集中销毁。

（4）6月上旬、7月中旬、8月上旬，各喷洒1次80%大生M-45可湿性粉剂600倍液，或1∶4∶400倍波尔多液，或50%苯菌灵可湿性粉剂1500倍液，或50%咪鲜胺乳油1500倍液。

（5）重病株果实采摘后，加喷1次80%炭疽福美可湿性粉剂500倍液。

1 果面病斑　　　　　　　　　2 果实被害状　　　　　　　　　3 残留的病柿蒂

090　柿黑斑病

黑斑病是多种柿树和君迁子的一种常见病害。

1）发病诱因

栽植过密，苗木徒长，通透性差，栽植环境郁闭、潮湿等，易发病。病虫害防治不及时，不到位；病残体清理不彻底，该病发生严重。

2）表现症状

主要发生在果实和枝梢上，也侵染叶片。果面初为黑色斑点，扩展为圆形或近圆形略凹陷病斑。病果提前转色，软化脱落，柿蒂多残留在枝上。

叶面初为黑褐色斑点，扩展为近圆形病斑。严重时，病叶提前脱落，病梢枯死。

1 病斑叶背症状

3）发生规律

真菌性病害，病菌在冬芽、枝梢病部、落地病果、挂树病柿蒂等处越冬。京、津及河北地区6月上旬开始侵染发病，7月下旬病果开始陆续脱落，生长期内可重复侵染，果实膨大着色期为发病高峰期，9月病果大量脱落。高温高湿有利于病害传播侵染，持续阴雨后的酷热高温天气，发病严重。

4）传播途径

病原菌借风雨、昆虫传播，从皮孔或伤口侵染危害。

5）综合防治

（1）冬季剪去无用枝、病枝，改善通透条件。打净挂树柿蒂，清除落地残果、柿蒂、落叶，集中销毁。喷洒福永康粉剂800倍液，或恶霉灵，进行彻底清园。

（2）及时摘除病果，注意防治柿斑叶蝉、柿绒蚧等。大雨后及时排涝散湿。

（3）6月上中旬，7月中下旬和8月上旬，喷洒160倍等量式波尔多液，或75%百菌清可湿性粉剂600倍液，或65%福美锌可湿性粉剂300～500倍液，或50%速克灵可湿性粉剂1000倍液，7～10天喷洒1次。

2 柿果面病斑

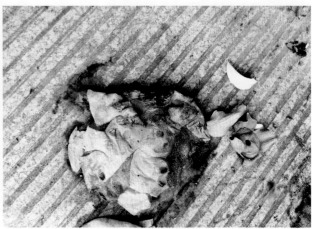

3 病果软腐脱落

091 君迁子圆斑病

圆斑病是君迁子的常见病害之一。

1）发病诱因

君迁子喜光照充足、通风环境，耐干旱，怕涝。地势低洼、雨后排水不通畅，生长势衰弱；栽植过密，环境郁闭、潮湿，通风透光不良等，易发病。

2）表现症状

多发生在叶片和果蒂上。叶面初为浅褐色圆形斑点，周边有黄色晕圈，扩展为近圆形病斑，边缘黑褐色。病斑渐转深褐色，多个病斑融合成不规则大斑。发病严重时，病叶变红色大量脱落，仅剩果实。病果变色，脱落。

果蒂上病斑较小，圆形，褐色。

1 幼叶被害状

3）发生规律

真菌性病害，病菌在残留果蒂、病落叶上越冬。多在 6 月开始发病，生长期内可重复侵染，7～8 月为病害高发期。高温、高湿环境，有利于侵染发病。

4）传播途径

病原菌借风雨、昆虫传播，从皮孔、气孔、伤口等处侵染发病。

5）综合防治

（1）冬季结合修剪，打净挂树残果和果蒂，清除枯枝落叶，集中销毁。

（2）尽量避免君迁子与柿树混植。注意防治蚜虫、柿斑叶蝉等刺吸害虫。

（3）发病初期，交替喷洒 65％代森锌可湿性粉剂 600 倍液，或 160 倍等量式波尔多液，或 50％多菌灵可湿性粉剂 500 倍液，或 64％杀毒矾可湿性粉剂 1000 倍液，兼治叶斑病等。

2 叶面病斑

3 老叶被害状

092 桑花叶病

花叶病在桑树、龙桑、鲁桑、辽桑、山桑、鸡桑等多种桑树上时有发生。

1）发病诱因

早春低温、持续阴雨，秋季过度采叶等，易发病。桑园、桑树育苗地病虫害防治不及时，用病株植材进行无性繁殖，工具交叉使用，冬根刈等，常造成大面积发病。

2）表现症状

品种不同，其表现症状也有差异，常见以下类型：

（1）花叶型：局部叶肉组织褪绿，叶面出现不规则的黄色、黄绿、浅绿、深绿相间的斑块，叶片呈斑驳花叶状。

（2）环斑花叶型：病叶呈现大小不一、中间绿色、周边为黄绿色圆形环状斑。

（3）网状花叶型：所有叶脉保持绿色，脉间叶肉组织褪绿为黄绿色，病叶呈网状。

3）发生规律

由多种病毒侵染引起的全株性病毒性病害，病毒在病株活体内越冬。芽萌动时即可侵染，展叶后开始出现症状，生长期内可重复侵染，5月中旬为病害高发期。6月开始出现隐症现象，症状逐渐消失，新叶很少再出现发病现象。

4）传播途径

病毒汁液通过昆虫刺吸，使用带毒植材进行繁殖，修剪工具交叉使用传播，从剪口、伤口侵染危害。带毒苗木调运，是远距离传播的重要途径。

5）综合防治

（1）加强苗木检疫，不采购疫区苗木。桑树种子不携带病毒，可进行播种繁殖，或选用无病植材进行嫁接、插条繁殖。

（2）刨除重病株，集中销毁。不在病害高发期进行修剪，桑根刈、病枝修剪后，修剪工具经消毒后使用，防止交叉传播。

（3）大雨过后及时排涝。注意防治蚜虫、白粉虱、桑木虱、大青叶蝉、菱纹叶蝉、红蜘蛛等刺吸害虫，消灭传播媒介，减少病害发生。

1 病叶表现症状

2 病叶表现症状

093　桑褐斑病

褐斑病是桑树、龙桑、鲁桑、辽桑、山桑、鸡桑等多种桑树的常见病害。

1）发病诱因

桑树喜光，耐干旱。地势低洼，环境郁闭、潮湿，栽植过密，光照不足，通风不良，易发病。冬季清园不彻底、病虫害防治不及时，病害发生严重。

2）表现症状

多发生在嫩叶上。初为水渍状褐色斑点，扩展成近圆形或不规则形，或受叶脉限制成多角形、边缘暗褐色、中央转淡褐色小病斑。相邻病斑常融合成大斑，病斑干枯破裂，或形成穿孔。发病严重时，病叶焦枯，早落。

3）发生规律

真菌性病害，病菌在病落叶上越冬。京、津地区5月上旬开始初侵染，生长期内可重复侵染，7～8月为病害高发期，高温多湿，有利于该病发生。雨水多的年份，雨量大，持续阴雨，病害发生严重。

4）传播途径

病原菌借风雨、昆虫、病健叶接触等传播，从气孔、伤口侵染危害。

5）综合防治

（1）冬季剪去病枯枝，彻底清除枯枝落叶，集中销毁。

（2）发芽前，喷洒5波美度石硫合剂，消灭越冬菌源。

（3）雨后及时排水，锄草散湿，防止穴土、桑园田间湿度过大。

（4）发病初期，交替喷洒50%多菌灵可湿性粉剂800倍液，或70%甲基托布津可湿性粉剂1000倍液，或50%苯菌灵可湿性粉剂1500倍液，或75%百菌清可湿性粉剂800倍液防治，10天喷洒1次，连续2～3次。

1 幼叶叶面病斑

2 病斑脱落形成穿孔

094　桑灰斑病

桑树灰斑病又叫斑点病，是桑树、龙桑、山桑、鸡桑的一种常见病害。

1）发病诱因

土壤黏重、板结，透气性差，病虫危害等，造成生长势较弱，易发病。环境郁闭、潮湿，光照不足；清园不彻底、病虫害防治不及时等，病害发生严重。

2）表现症状

主要发生在叶片上，病斑小而多。叶面初为散生深褐色斑点，扩展成大小相近、近圆形或不规则形灰黑色病斑，边缘暗褐色，中央渐转灰白色，病健组织界限欠清晰，周边有黄色晕圈。后期病斑上出现黑色小点，干旱天气，病斑干枯破裂。病害发生严重时，病叶焦枯，提前脱落。

3）发生规律

真菌性病害，病菌在病落叶上越冬。6月开始侵染发病，生长期内可重复再侵染，7～8月为病害高发期，9月病叶萎黄，开始大量脱落。多雨年份，高温季节雨量大，降雨持续时间长，病害发生严重。

4）传播途径

病原菌借风雨、昆虫传播，从气孔、伤口侵染危害。

5）综合防治

（1）冬季彻底清除枯枝落叶，集中销毁，减少侵染源。

（2）发病严重的桑园及重病株，发芽前喷洒5波美度石硫合剂。

（3）发病初期，交替喷洒120倍等量式波尔多液，或50％多菌灵可湿性粉剂600倍液，或75％百菌清可湿性粉剂600倍液，或50％退菌特可湿性粉剂600～800倍液防治，10天喷洒1次，连续2～4次。桑叶采摘前15天，禁止喷洒农药。

（4）注意防治桑木虱、大青叶蝉、菱纹叶蝉等刺吸害虫，消灭传播媒介。

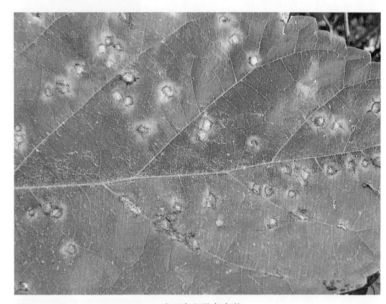

1 叶面病斑及危害状

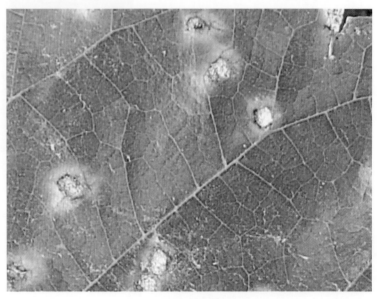

2 后期病斑上散生黑色小点

095 桑萎缩病

桑萎缩病又叫桑缩叶病，是多种桑树的常见病害。

1）表现症状

主要发生在叶片上。先从个别枝条侵染发病，逐渐扩展到全株。常见类型：

（1）萎缩型：病叶近圆形，皱缩变小，先端焦枯。有时叶片不皱缩，但质地硬脆。病枝上或全株不结果，病株多逐渐枯死。

（2）黄化型：小枝顶端叶片变小，病叶略向叶背卷缩，早落。侧枝多而细弱，严重时侧枝丛生呈扫帚状，病枝上不再结果。

（3）花叶型：同一病枝上有的不表现症状。叶脉间出现大小相近、淡绿至黄绿色、近圆形色斑，病健组织无明显界限。病叶呈花叶状，常向上、向内卷缩，质地粗糙，有的病叶半边叶缘无缺刻。

2）发生规律

全株病毒性病害，病毒在病残活体内越冬。展叶后即可侵染，花叶型春季和初夏表现症状，夏、秋季症状消失。黄化型和萎缩型，夏、秋季节症状明显。

3）传播途径

病毒通过病株接穗、带病毒砧木进行嫁接繁殖，嫁接工具、刺吸式媒介昆虫传播危害。带病毒苗木调运，是远距离传播的重要途径。

4）综合防治

（1）不采购疫区苗木。不用疫区植材和不用病株植材进行繁殖。

（2）及时刨除病株，适时进行夏伐。修剪工具经消毒后，方可使用。

（3）加强养护管理，大雨过后及时排涝。注意防治白粉虱、桑木虱、大青叶蝉、菱纹叶蝉、红蜘蛛等刺吸害虫，消灭传播媒介，减少病害发生。

（4）初发病株，在根茎部打孔，注入 500 国际单位土霉素药液，控制发展。

1 萎缩型病叶

2 花叶型病叶

3 花叶型病叶卷缩状

096 桑赤锈病

桑赤锈病又叫桑赤粉病，北方地区多危害桑树、鲁桑、辽桑、龙桑等多种桑树。

1）发病诱因

栽植过密，通透性差，环境郁闭、潮湿等，易发病。病害防治不及时，发病重。

2）表现症状

发生在芽、嫩梢和幼叶上，以嫩梢、叶柄、叶背受害严重。叶面初为散生黄色病斑，叶背多沿叶脉蔓延。

嫩梢、叶柄、叶背病部组织肿胀增粗，幼嫩组织上散布橙黄色粉状物（锈孢子）。危害严重时，新芽枯萎、病叶卷曲皱缩、焦枯脱落。病梢弯曲畸形，枯死。

3）发生规律

真菌性病害，病菌在病芽或枝条病斑处越冬。芽开放时开始侵染，展叶后散出锈孢子，成为当年初侵染源，生长期内可重复侵染，10月停止发病。高温季节多雨、持续阴雨、多雾天气，为该病高发期。

4）传播途径

病原菌借风雨、昆虫、病健枝叶接触等传播，从气孔、皮孔、伤口侵染危害。

5）综合防治

（1）及时剪除病枝、病叶，集中销毁。交替喷洒 0.4 ~ 0.5 波美度石硫合剂，或 70% 代森锰锌可湿性粉剂 500 倍液，或 25% 粉锈宁可湿性粉剂 1000 倍液。

（2）注意防治桑木虱、红蜘蛛、叶蝉等害虫。雨后及时排涝，松土散湿。

1 叶面散生的夏孢子堆

2 叶背初期危害状

3 叶柄危害状

4 嫩枝病部肿胀

5 被害嫩梢后期症状

097 桑圆斑病

圆斑病是桑树的一种常见病害。

1）发病诱因

土壤盐碱、黏重，环境郁闭、潮湿，通风透光不良等，易发病。管理粗放，土壤过于干旱、贫瘠，病虫危害，树势衰弱等，发病较重。

2）表现症状

多发生在叶片上，也侵染嫩梢。叶面初为暗褐色斑点，扩展成褐色近圆形、中央浅褐色至红褐色、边缘深褐色病斑，病斑扩展不受叶脉限制。病健组织界限清晰，相邻病斑常融合成不规则形斑块。发病严重时，叶面布满病斑，病斑干枯破裂，病叶焦枯、早落。

1 叶面病斑

3）发生规律

真菌性病害，病菌在病梢、挂树病残枯叶和病落叶上越冬。京、津及以北地区6月中旬开始侵染。染病后暂不表现症状，潜育期长达2～3个月，7月上旬陆续显现症状，10月上旬病叶大量脱落。病害侵染期遇大雨、持续阴雨，有利于病害传播流行。

4）传播途径

病原菌借风雨传播，从气孔、伤口侵染危害。

5）综合防治

（1）冬季剪去病枯枝，彻底清除树上枯叶、落叶，集中销毁，减少越冬菌源。

（2）病害侵染期是防治的关键时期，6月中旬，交替喷洒160倍等量式波尔多液，或65%代森锌可湿性粉剂500倍液，或50%多菌灵可湿性粉剂800倍液，或50%速克灵可湿性粉剂1500倍液防治。桑叶采摘前15天，禁止喷洒农药。

（3）注意防治桑木虱等刺吸害虫，控制病害扩展蔓延。

2 叶片被害状

3 叶片后期症状

098 桑黑点病

黑点病在桑树上时有发生。

1）发病诱因

土壤盐碱、贫瘠，黏重、板结，树势衰弱；苗木徒长，栽植环境郁闭、潮湿，通透性差等，易发病。

2）表现症状

发生在近地面幼嫩叶片上，散生在叶面和叶片边缘。病斑小，数量可多达数十个。初为黑褐色斑点，扩展成圆形、椭圆形至不规则形略凹陷病斑，边缘有时有放射状纹线。发病严重时，叶面病斑密集，病叶萎黄，提前脱落。

3）发生规律

真菌性病害，病菌在病枝芽苞、病落叶上越冬。5月开始侵染发病，6～8月为病害高发期，10月停止侵染。降雨早、降雨多的年份发病早。高温季节多雨，雨量大，持续阴雨的湿热天气，该病发生严重。幼苗、根际萌蘖枝及枝条下部叶片发病严重。

4）传播途径

病原菌借风雨、昆虫传播，自气孔、伤口侵染危害。

5）综合防治

（1）冬季疏去枯死枝、无用枝，改善通透性。彻底清除枯枝落叶，集中销毁。

（2）发芽前，全株喷洒3～5波美度石硫合剂，或45%晶体石硫合剂80倍液，消灭多种越冬菌源。

（3）发病初期，及时摘除病叶，集中销毁。树冠喷洒200倍等量式波尔多液，或65%代森锌可湿性粉剂600倍液，10～15天再喷洒1次。

（4）桑园和桑树育苗圃地，大雨后及时排除积水，锄草、松土散湿。注意防治叶蝉、桑木虱等刺吸害虫。

1 叶面病斑初期症状　　　　　　　　　　　　2 叶片被害状

099　玉兰灰斑病

灰斑病是玉兰、木兰、二乔玉兰、山玉兰、杂交玉兰等木兰科树种的常见病害。

1）发病诱因

大气和土壤长期干旱，肥力不足，造成生长势衰弱等，易发病。管理粗放，病虫害防治不及时、不彻底，遭受冻害、日灼伤害等，该病发生严重。

2）表现症状

发生在叶片上。叶面初为黑色斑点，周边有黄色晕圈。逐渐扩展成近圆形或不规则形病斑，外缘黑褐色，中央渐转灰白色。相邻病斑扩展融合成大斑块，病斑干枯，其上出现黑色粒状物。病害发生严重时，叶片焦枯，提前脱落。

3）发生规律

真菌性病害，病菌在病落叶上越冬。华北地区6月开始发病，生长期内可重复侵染，7～9月为病害高发期。干旱年份，持续高温干燥天气，该病发生严重。

4）传播途径

病原菌借风雨、昆虫等传播，从气孔或伤口侵染危害。

5）综合防治

（1）及时清除病落叶，集中销毁，减少侵染源。

（2）北方地区不宜在晚秋和冬季移植，以免遭受冻害，秋植苗木需草绳缠干防寒越冬。苗木栽植后，树干及时涂白，防止日灼伤害。

（3）及时灌透返青水和封冻水，高温久旱不雨天气，适时补透水，叶面、地面喷水，改善小环境空气湿度，有利于抑制该病扩展蔓延。

（4）发病初期，喷洒50%退菌特可湿性粉剂800倍液，或50%多菌灵可湿性粉剂500倍液，或160倍等量式波尔多液，或75%百菌清可湿性粉剂600倍液。

（5）注意防治蚧壳虫、红蜘蛛等，消灭传播媒介。

1 叶先端病斑　　　　　　　　　　　　　　　　　　2 叶边缘病斑

100　玉兰斑点病

玉兰斑点病又叫褐斑病、叶斑病，是玉兰、木兰、二乔玉兰、山玉兰、杂交玉兰、娇红玉兰等木兰科树种的常见病害。

1）发病诱因

土壤盐碱，黏重、板结，透气性差；肥力不足、病虫危害、生长势弱等，易发病。排水不及时、树穴内铺栽草块或摆放盆花等，病害发生严重。

2）表现症状

多发生在叶片侧脉间。初为散生暗褐色斑点，扩展成近圆形、不规则形病斑，中央灰褐色，边缘黑褐色，具线纹，病斑中央逐渐转为灰白色。相邻病斑扩展融合成不规则形斑块，病斑上散生黑色小粒点。病害发生严重时，叶片焦枯，早落。

3）发生规律

真菌性病害，病菌在病落叶上越冬。京、津地区6月开始发病，生长期内可重复侵染。8～9月为病害高发期，多雨、雨量大、持续阴雨，病害发生严重。

4）传播途径

病原菌借风雨传播，从气孔、伤口侵染危害。

5）综合防治

（1）冬季彻底清除枯枝落叶，集中销毁，消灭越冬菌源。

（2）树穴内严禁铺栽草块和摆放盆花，保持土壤良好的透气性。大雨过后及时排水，松土散湿。

（3）普遍发病时，交替喷洒160倍等量式波尔多液，或50%苯菌灵可湿性粉剂800倍液，或65%代森锌可湿性粉剂600～800倍液，或75%百菌清可湿性粉剂800倍液，兼治黑斑病、灰斑病等，10～15天喷洒1次，连续2～3次。

1 叶面病斑

2 叶片被害状

101　玉兰黑斑病

黑斑病在玉兰、木兰、二乔玉兰、山玉兰、杂交玉兰等树种上时有发生。

1）发病诱因

土壤黏重，地势低洼，雨后排水不及时，土壤过湿。环境郁闭、苗木徒长、通风透光不良、遭受冻害等，易发病。

2）表现症状

主要发生在叶片上，病斑较小，多而密集，有时可达数十个。病斑初为黑色或暗紫褐色斑点，扩展成圆形至不规则形，后期病斑中央灰褐色，边缘黑褐色。病斑扩展融合成大斑，潮湿环境下，病斑上散布灰色霉层，病叶早落。

3）发生规律

真菌性病害，病菌在病落叶上越冬。北方地区多于5月下旬开始发病，生长期内可重复侵染，6～8为发病高峰期，10月停止侵染。多雨、多雾天气发病严重，幼苗及幼树受害较重。

4）传播途径

病原菌借风雨传播，自气孔、伤口侵染危害。

5）综合防治

（1）冬季彻底清除枯枝落叶，集中销毁。

（2）发芽前，喷洒5波美度石硫合剂。

（3）大雨过后，及时排水，树穴松土散湿。

（4）及时摘除病叶，交替喷洒160倍等量式波尔多液，或25％络氨铜水剂800倍液，或75％百菌清可湿性粉剂800倍液，或70％代森锰锌可湿性粉剂500倍液，10～15天喷洒1次，连续2～3次。

1 幼叶上病斑

2 幼叶叶面病斑

3 老叶病斑初期症状

4 病斑后期症状

102 玉兰轮纹病

轮纹病在玉兰、木兰、二乔玉兰、山玉兰、杂交玉兰等树种上时有发生。

1）发病诱因

栽植过密，移剪不当，造成苗木徒长、通透性差、光照不足等，易发病。栽植环境郁闭、潮湿，清园不彻底，该病发生严重。

2）表现症状

多发生在幼嫩叶片的叶面或叶片边缘。叶面初为褐色斑点，逐渐扩展成近圆形、椭圆形、褐色或暗褐色病斑，病健组织界限清晰，病斑上具深、浅褐色交替相间的同心轮纹。病斑逐渐转为黑褐色，相邻病斑常融合成不规则形大斑。潮湿环境下，病斑上滋生灰色霉层。

3）发生规律

真菌性病害，病菌在病落叶上越冬。华北地区6月开始侵染发病，生长期内可重复侵染，7～8月为病害高发期。高温季节多大暴雨，持续阴雨天气，病害发生严重。

4）传播途径

病原菌借风雨传播，自气孔、伤口侵染危害。

5）综合防治

（1）冬季彻底清除枯枝落叶，集中销毁，消灭越冬菌源。

（2）发芽前，喷洒5波美度石硫合剂。

1 叶面病斑

2 病斑相融合

（3）合理控制栽植密度，疏除根际萌蘖枝，冠内徒长枝，保持良好通透性。

（4）大雨过后及时排涝，松土散湿，控制田间湿度。

（5）发病初期，及时摘除病叶，集中销毁。交替喷洒160倍等量式波尔多液，或14%络氨铜水剂300倍液，或50%多菌灵可湿性粉剂1000倍液。

103　玉兰炭疽病

危害玉兰、木兰、二乔玉兰、山玉兰、娇红玉兰等木兰科树种。

1）发病诱因

玉兰喜光照充足、通风环境、适肥沃、疏松、排水良好土壤。环境郁闭，栽植过密，苗木徒长，通透性差；树穴铺植草块、摆放或栽植时令花卉，造成穴土透气性差，或土壤过于干旱等，导致树势衰弱，易发病。

2）表现症状

发生在叶片上，以幼树及幼叶发生较多。叶面初现褐色水渍状斑点，扩展为半圆形、圆形或不规则形病斑，边缘暗褐色，中央逐渐转为浅褐色或灰白色。病健组织界限清晰，外围有淡黄色晕圈，后期病斑上散生黑色小粒点。

3）发生规律

真菌性病害，病菌在病落叶上越冬。华北地区6月开始初侵染，生长期内可重复侵染，7～8月为病害高发期。高温季节多雨，雨量大，病害发生严重。

4）传播途径

病原菌借风雨传播，从气孔或伤口侵染危害。

5）综合防治

（1）冬季彻底清除枯枝落叶，集中销毁。

（2）发芽前，喷洒5波美度石硫合剂，消灭越冬菌源。

（3）干旱时及时补水，灌则灌透。

1 病斑初期症状

2 叶面病斑

雨后及时排水，树穴松土散湿。穴内不得摆放时令花卉或铺植草块，保持穴土良好的透气性。

（4）初发病时，交替喷洒160倍等量式波尔多液，或50%退菌特可湿性粉剂500倍液，或70%甲基托布津可湿性粉剂1000倍液，或70%炭疽福美可湿性粉剂600倍液，10天喷洒1次，连续2～4次。

104 玉兰叶枯病

叶枯病是玉兰、杂交玉兰、山玉兰、木兰等木兰科树种的一种常见病害。

1）发病诱因

土壤黏重、板结，树势衰弱；树木遭受风灾、冻害、日灼伤害等，导致叶片受伤，易发病。偏施或过量施用氮肥、病虫危害等，病害发生严重。

2）表现症状

多发生在叶片上，有时也侵染叶柄。多由叶片先端或叶片边缘开始发病，初为浅褐色、圆形、半圆形病斑，病斑扩展相连，呈扇形向叶内扩展。中央逐渐转浅灰褐色，外缘黑褐色，病斑失水坏死。在潮湿环境下，病斑上出现灰色霉斑或霉层。发生严重时，病斑可蔓延至整个叶片，叶片褐色焦枯，早落。

3）发生规律

真菌性病害，病菌在病株芽内和病落叶上越冬。北方地区多于6月上旬开始发病，生长期内可重复侵染，7～9月为病害高发期。高温干燥环境下，或持续阴雨后突然晴天，病害发生严重。该病与生理性叶枯病可同时发生。

4）传播途径

病原菌借风雨传播，从气孔、伤口侵染危害。

5）综合防治

（1）落叶后，剪去病枯枝，彻底清除枯枝落叶，集中销毁。

（2）发芽前，喷洒3～5波美度石硫合剂，杀灭越冬菌源。

（3）发病初期，交替喷洒160倍等量式波尔多液，或50％多菌灵可湿性粉剂500倍液，或70％代森锰锌可湿性粉剂500倍液，或70％甲基托布津可湿性粉剂1000倍液，10天喷洒1次，连续2～3次。

1 染病初期状态　　　　　2 病斑扩展

3 后期叶片被害状

105　玉兰真菌性花腐病

真菌性花腐病在玉兰、山玉兰、二乔玉兰、杂交玉兰、辛夷等树种上时有发生。

1）发病诱因

土壤黏重、板结，栽植过密，环境郁闭、潮湿，通透性差等，易发病。

2）表现症状

该病常造成芽枯和花腐。冬芽托叶上初为浅灰褐色、不规则形病斑，剥开托叶可见花蕾黑褐色干枯。花开放时，感病重的整朵花成褐色枯萎。花开放后，个别花瓣先端呈黑褐色，逐渐扩展至花瓣、花蕊及柱头，均黑褐色腐烂干枯。

3）发生规律

真菌性病害，病菌在感病冬芽内越冬。芽膨大时病芽开始发病，冬芽开始初侵染。蕾期、花期多雨，持续阴雨，多大雾天气，该病发生严重。

4）传播途径

病原菌借风雨、露水、蜜蜂等昆虫传播，从花的气孔、柱头侵染危害。

5）综合防治

（1）发芽前，喷洒 5 波美度石硫合剂，或 45% 晶体石硫合剂 100倍液。

（2）初发病时，剪去病花蕾和病花。交替喷洒 70% 甲基托布津可湿性粉剂 800 倍液，或 50% 多菌灵可湿性粉剂 500 倍液，或 50% 速克灵可湿性粉剂 1500 倍液。

1 芽鳞状托叶外部发病症状

2 花蕾干枯

3 萼片发病状

4 花瓣干腐

5 花蕊干腐状

6 病花干腐状

106 玉兰细菌性花腐病

细菌性花腐病在玉兰、二乔玉兰、辛夷、山玉兰、杂交玉兰等树种上偶有发生。

1）发病诱因

玉兰喜光，喜排水良好的疏松土壤，根肉质，怕涝。土壤盐碱，土质黏重、板结，雨后排水不及时；栽植环境郁闭、潮湿，光照不足，生长衰弱等，易发病。

2）表现症状

该病常造成花腐、果腐。冬芽托叶先端初为浅灰褐色水渍状，花蕾上显现水渍状斑点，扩展呈灰褐色油状斑。花开放时，花瓣上端或边缘病斑灰褐色，外缘油渍状。后期花瓣、花蕊及柱头油渍状湿腐，其上滋生灰白色霉层，花失水干枯。

果柄和果实黑色腐烂，干缩成僵果或提前脱落。

1 花蕾染病初期症状

3）发生规律

细菌性病害，病菌在病株芽苞内及土壤病残体上越冬。芽膨大时，病芽开始发病，冬芽开始初侵染，生长期内可重复侵染。花期多雨，持续阴雨，多雾、多露，花持水时间长，病害发生严重。

4）传播途径

病原菌借风雨、露水、昆虫等传播，从花的气孔、柱头侵染危害。

5）综合防治

（1）落叶后，彻底清除挂树残留果皮、枯枝落叶，集中销毁。

（2）发芽前，喷洒 5 波美度石硫合剂，或 45% 晶体石硫合剂 100 倍液。

（3）大雨过后，及时排除积水，松土散湿。

（4）初发病时，及时摘除病花蕾、病花，喷洒 47% 加瑞农可湿性粉剂 800 ~ 1000 倍液，或 72% 农用链霉素 4000 倍液，或 2% 春雷霉素水剂 600 倍液，每隔 10 天喷洒 1 次，连续 2 ~ 3 次。

2 花瓣染病初期症状

3 花软腐

107 合欢非侵染性流胶病

非侵染性流胶病是合欢、金合欢、银合欢、山槐等树种的一种常见病害。

1）发病诱因

合欢为浅根性树种，喜疏松、排水良好土壤，怕涝。土壤贫瘠、黏重，树龄过大，修剪过重；苗木土球过小，栽植过深，三遍水未及时灌透，造成生长势弱等，易发病。遭受冻害、旱害、涝害、日灼伤害，病虫危害，机械损伤等，发病严重。

2）表现症状

发生在主干和大枝上。病部皮层肿胀，渗出柔软半透明胶液，接触空气后，干缩成茶褐色或红褐色硬胶块，病部皮层和木质部成褐色腐烂、坏死。随着流胶点和流胶量的不断增多，树势逐渐衰弱。受害严重时，大枝枯死，病株逐渐死亡。

3）发生规律

生理性病害，4～9月均可发病，特别是土壤持续干旱后突降大雨，流胶病发生尤为严重。5月下旬至6月、8月至9月中旬为发病高峰，以雨后为重。

非侵染性流胶病，树木生长旺盛时可生成愈伤组织，伤口自愈。生长势弱，发病加重，可致树木死亡。该病在群体间不传播。

4）综合防治

（1）苗木及时起运、栽植，灌透三遍水。伤口、剪口、截口涂刷树腐康原液，或福永康20倍液，或8波美度石硫合剂保护。

（2）新植苗木树干涂白或草绳缠干，防止日灼和冻害发生。

（3）刮去胶块，刮净皮层坏死组织，用流胶定500倍液与生石灰拌成膏状，或10波美度石硫合剂，或溃腐灵原液，反复涂刷伤口，10天后再涂一遍。

（4）注意防治合欢吉丁、四点象天牛等钻蛀害虫。

1 病部渗出半透明柔软胶液　　　　　2 树干被害状　　　　　3 胶液干缩成硬胶块

108 合欢溃疡病

溃疡病是合欢、金合欢、银合欢、山槐等树种的常见病害之一。

1）发病诱因

土壤黏重、板结，透水透气性差，地势低洼，排水不及时，灌水过勤，土壤长期潮湿；苗木遭受冻害、日灼伤害、病虫危害，导致生长势衰弱等，易发病。新植苗木栽植过深，三遍水未灌透；苗木装车、运输时造成干皮损伤，伤口未及时处理，或处理不到位等，最易感病。

2）表现症状

发生在树干和大枝上，常造成枝枯和大树死亡。初为散生黄褐色、淡褐色病斑，扩展为不规则

1 树干发病症状

形。病部有黏液流出，皮层和木质部成褐色腐烂、坏死，后期病皮上出现黑色小点。病斑停止扩展时，自健康组织边缘产生隆起的愈伤组织。

3）发生规律

真菌性病害，病菌在枝干病组织内越冬。华北地区 4 月中下旬开始侵染发病，旧病斑复发，继续扩展蔓延。生长期内可重复侵染，5 月至 8 月上旬为该病高发期。

4）传播途径

病原菌借风雨、昆虫传播，自剪口、伤口侵染危害。

5）综合防治

（1）苗木及时起运栽植，避免深栽，栽后及时浇透三遍水。剪口、伤口、截口，及时涂刷杀菌剂保护。

（2）树干涂白，防止日灼和冻害发生。雨后及时排水，松土散湿。

（3）刮除病斑，伤口反复涂刷溃腐灵原液，或 50% 福美双可湿性粉剂 100 倍液，或 2% 福永康可湿性粉剂 20 倍液。重病株树穴浇灌 30% 甲霜恶霉灵水剂 500 倍液，或 23% 络氨铜水剂 300 倍液，10 天浇灌 1 次，连续 2 ~ 3 次。

（4）注意防治合欢吉丁、四点象天牛等钻蛀害虫。伤口及时涂刷杀菌剂保护。

109　合欢枯萎病

枯萎病又叫干枯病，是合欢的一种毁灭性病害。

1）发病诱因

地势低洼，土壤黏重、板结，过湿或过于干旱；栽植过深，苗木遭受冻害、日灼伤害、病害虫危害，造成树势衰弱等，易发病。育苗地连作，发病严重。

2）表现症状

全株性病害。先由个别枝条发病，病部干皮淡黄褐色，病枝叶片发黄，萎蔫下垂，部分青枯脱落。病部皮层组织和木质部边材水渍状腐烂，常有汁液流出，后成黄褐色坏死，失水略凹陷。后期病皮上出现黑色粒点，病枝枯萎，很快扩展至半个至整个树冠。根部皮层腐烂，全株逐渐枯亡，树干横截面边材成褐色坏死环斑。

3）发生规律

土传真菌性病害，病菌在病部皮层，或随病株残体在土壤中越冬。初春随雨水、灌溉水的吸收，输送到植株各器官，并开始表现症状，生长期内可重复侵染，6～8月为病害高发期。高温季节多雨，持续降雨，雨量大，该病快速侵染蔓延，常造成相邻健株陆续发病，枯萎死亡。

4）传播途径

病原菌借雨水、灌溉水、带菌土壤、带菌种子等传播，从伤口侵染。随带菌苗木异地传播。

5）综合防治

（1）苗木栽植后，剪口、伤口及时涂刷杀菌剂保护。树干涂白或用草绳缠干，防止日灼和冻害发生。干旱时适时补水，大雨后及时排水，松土散湿。

（2）发病初期，喷洒14%络氨铜水剂200～300倍液，或50%多菌灵可湿性粉剂800倍液。同时用30%恶霉灵水剂600～800倍液，或50%代森铵水溶液300倍液，或25%络氨铜水剂250～300倍液交替灌根，10天浇灌1次。

（3）全株叶片近三分之一黄萎时，立即刨除病株，彻底清除残根。病株及周边健株树穴用40%福美砷50倍液，或50%多菌灵500倍液消毒处理。

（4）避免重茬栽植。

1 从病部流出汁液

2 皮层及木质部边材水渍状腐烂

110 黄栌枯萎病

黄栌枯萎病又叫黄萎病，是黄栌、毛黄栌、金叶黄栌的毁灭性病害。

1）发病诱因

黄栌喜排水良好的沙质壤土，不耐湿。土壤黏重、板结，雨后排水不及时等，易发病。病株清理不及时、不彻底，育苗地多年连作，该病发生严重。

2）表现症状

发生在全株上，圃地苗木多从根系开始发病，根系湿腐，输导组织变褐色，丧失功能。枝条发病，表现为病枝叶片萎蔫，失水枯萎，皮下边材有褐色条纹，枝干横断面皮层组织出现完整或不完整的褐色坏死环斑，髓心由黄色变为褐色。病枝逐渐枯死。发病严重时，常造成病株及周边健株逐年枯亡。

病枝叶片表现有两种类型：

（1）黄色萎蔫型：自叶缘逐渐扩展至整个叶片，病叶黄褐色卷曲、枯焦。

（2）绿色萎蔫型：病叶失水萎蔫，自叶缘开始向内卷曲，青枯，但不脱落。

3）发生规律

土传真菌性病害，病菌在病枝或随病残体在土壤中越冬。5月下旬显现病症，6～8月为病害高发期，多雨发病严重。幼树发病后，当年可致大枝或全株枯亡。

4）传播途径

病原菌借雨水、灌溉水、地下害虫传播，从伤口侵染。随带菌苗木异地传播。

5）综合防治

参照合欢枯萎病防治方法。

1 绿色萎蔫型病枝表现症状

2 黄色萎蔫型病枝表现症状

3 病枝木质部边材变为褐色

4 未感病枝横断面

5 病枝横切面边材坏死环斑

111　黄栌丛枝病

丛枝病是黄栌、毛黄栌、金叶黄栌、美国红栌的常见病害。

1）发病诱因

土壤黏重、板结，贫瘠，管理粗放，易发病。重病株清除不及时、不彻底，育苗地多年连作，刺吸昆虫、菟丝子危害等，该病发生严重。

2）表现症状

发生在小枝上，先从个别枝条、根际萌蘖枝先端开始发病，逐渐扩展到全株。因病枝顶芽受到抑制不能萌发，由侧芽及不定芽大量萌发，枝上芽密集状簇生，芽抽生新梢丛生成扫帚状。枝丛内枝条近直立伸展，无明显主枝，节间缩短，生长缓慢。病枝上叶片变窄、变小，边缘皱缩。数年后，病枝干枯，全株枯亡。

3）发生规律

类菌质体病害，病原体在病株活体内越冬。春季树液流动时开始初侵染，病枝继续发病，病原体侵染后有一定潜伏期。该病扩展速度快，感病后 3 ～ 5 年全株枯萎死亡，常导致周边健株陆续侵染发病，成片枯亡，目前该病呈逐年加重趋势。

4）传播途径

病株汁液通过刺吸昆虫、菟丝子，用带病接穗和砧木嫁接繁殖，嫁接及修剪工具交叉使用等进行传播，从伤口侵染危害。随病株调运，异地传播。

1 冬芽密集状

2 初发枝状

5）综合防治

（1）加强苗木检疫，严禁从疫区调运带病苗木，发现病株就地销毁。选用健株植材进行嫁接繁殖。

（2）初发病株，及时剪去病枝，剪口涂抹 1 : 9 土霉素液保护。修剪工具经消毒处理后再使用。树干茎部打孔，孔内注入 500 国际单位盐酸四环素水溶液，用泥封堵孔口，可在一定程度上控制病害发展。

（3）注意防治蚜虫、叶蝉，彻底清除菟丝子，消灭传播媒介，减少病害发生。

3 枝丛生状

4 病枝与未发病枝对比

5 病枝叶片变形

112 黄栌白粉病

白粉病是黄栌、毛黄栌、金叶黄栌、美国红栌的一种常见病害。

1）发病诱因

黄栌喜光照充足、通风环境。环境郁闭、窝风，栽植过密，光照不足，通透性差等，易发病；环境阴湿、树势衰弱等，该病发生严重。

2）表现症状

主要发生在叶片上，也侵染嫩梢，多从树冠下部向上部蔓延。叶面初为白色粉点，逐渐扩展成周边呈放射状圆形晕斑，多个病斑融合成片。粉斑扩展、增厚成污白色霉层，后期病斑上出现黑色粒点。发病严重时，叶面、叶柄上布满白色粉层，病叶大量脱落，病梢枯死，造成树势衰弱，秋叶不变红色，影响景观效果。

3）发生规律

真菌性病害，病菌在病梢、病落叶上越冬。京、津地区多于5月下旬雨后开始初侵染，生长期内可重复侵染，6月、8～9月为发病高峰期。高温季节雨量大、持续阴雨，病害发生严重。

4）传播途径

病原菌借风雨传播，自气孔、皮孔侵染危害，随带菌苗木调运，异地传播。

5）综合防治

（1）冬季彻底清除枯枝落叶，集中销毁。

（2）发芽前，喷洒3～5波美度石硫合剂，或45％晶体石硫合剂100倍液。

（3）发病初期，交替喷洒120倍等量式波尔多液，或70％甲基托布津可湿性粉剂1000倍液，或15％粉锈宁可湿性粉剂800～1000倍液，10天喷洒1次。

（4）避免在无风傍晚浇水，防止夜间湿度过大。雨后及时排水，松土散湿。

1 叶面白色粉斑

2 叶背症状

3 叶片被害状

113 黄栌角斑病

角斑病在黄栌、毛黄栌、金叶黄栌上偶有发生。

1）发病诱因

黄栌耐干旱，不耐水湿。地势低洼，土壤黏重，环境郁闭，通透性差；灌水过勤、雨后排水不及时、土壤及环境潮湿等，易发病。

2）表现症状

发生在叶片侧脉间。叶面初为黄褐色斑点，受叶脉限制，扩展成多角形或不规则形深褐色至黑色病斑，边缘偶有芒状纹线，外围有黄色晕圈。空气湿度大时，病斑上出现灰黑色霉状物。发病严重时，病叶焦枯、脱落。

1 幼叶发病状

3）发生规律

真菌性病害，病菌在病落叶上越冬。展叶后开始初侵染，生长期内可重复侵染，7～8月为病害高发期，持续阴雨、雨量大，发病严重。幼树、幼苗受害重。

4）传播途径

病原菌借风雨传播，自气孔、伤口侵染危害。

5）综合防治

（1）冬季彻底清除落叶，集中销毁。

（2）发芽前，喷洒3～5波美度石硫合剂，消灭越冬菌源。

（3）发病初期，交替喷洒120倍等量式波尔多液，或70%代森锰锌可湿性粉剂500倍液，或64%杀毒矾可湿性粉剂800～1000倍液防治。

（4）不可灌水过勤，避免土壤过湿。大雨过后及时排涝，松土散湿。

2 病斑叶背症状

3 病斑上霉状物

114 黄栌褐斑病

褐斑病是黄栌、毛黄栌、金叶黄栌的一种常见病害。

1）发病诱因

地势低洼，土壤黏重，灌水过勤，雨后排水不通畅、不及时，环境长期潮湿；栽植环境郁闭、光照不足等，易发病。

2）表现症状

发生在叶片上，幼苗及嫩叶受害严重。多从下部叶片开始发病，逐渐向上部扩展蔓延。叶面初为褐色斑点，扩展成近圆形、椭圆形或不规则形，中央褐色至红褐色、边缘深褐色病斑，有延伸出去的纹线，略有晕圈病健组织界限清晰，有时病斑上略显轮纹。发病严重时，病叶枯焦，提前脱落，影响景观效果。

1 病斑初期症状

3）发生规律

真菌性病害，病菌在病落叶上越冬。华北地区 6 月中下旬开始发病，8 ~ 9 月为病害高发期。夏秋多雨，雨量大，持续阴雨，病害发生严重。

4）传播途径

病原菌借风雨传播，从气孔、伤口侵染危害。

5）综合防治

（1）落叶后，彻底清除枯枝落叶，集中销毁。

（2）病株和病区苗木，发芽前喷洒 3 波美度石硫合剂。

（3）大雨过后及时排水，松土散湿，控制田间湿度。

（4）初发病时，交替喷洒 120 倍等量式波尔多液，或 75％百菌清可湿性粉剂 800 倍液，或 80％代森锰锌可湿性粉剂 500 倍液，或 50％多菌灵可湿性粉剂 500 倍液，7 天喷洒 1 次，连续 2 ~ 3 次。

2 叶面病斑

3 病斑略显轮纹状

115　黄栌病毒病

病毒病是黄栌、毛黄栌、金叶黄栌、美国红栌的常见病害。

1）发病诱因

栽植病株是发病的直接原因。病虫害防治不及时、病株清理不到位等，易发病。用病株植材进行繁殖，修剪工具、嫁接工具交叉使用等，有利于发病和病害快速扩展蔓延。

2）表现症状

发生在叶片上，从个别枝条先端开始发病，扩展到全株。常见两种类型：

（1）叶片萎缩型：病叶小、微黄，主脉微红，肿胀扭曲，叶缘向叶背反卷，皱缩畸形。

（2）叶脉畸形型：主脉肿胀、扭曲畸形，或主、侧脉及次脉数量增多，扭曲，密集交叉成斑驳状。

（3）花叶型：脉叶间出现不规则黄色斑块，叶面呈黄绿相间的花叶。

3）发生规律

病毒性病害，病毒在病株活体内越冬。展叶后即可侵染发病，幼树及萌蘖枝发病严重。春季和初夏为病害高发期，发病严重时，常造成在圃苗木成片死亡。

4）传播途径

病毒通过昆虫，用病株植材进行嫁接繁殖、修剪工具及嫁接工具交叉使用等进行传播。带毒苗木调运，是远距离传播的重要途径。

5）综合防治

（1）加强苗木检疫，不采购疫区苗木。不用病株植材进行嫁接繁殖。

（2）加强养护管理，及时刨除病株，集中销毁。注意防治黄栌胫跳甲、叶蝉等刺吸害虫，消灭传播媒介，控制病毒扩展。大雨过后及时排水，松土散湿。

（3）初发病株，喷洒 2% 宁南霉素水剂 200 倍液，或病毒克星 800 倍液，或用 1000 倍液土霉素灌根。

1 叶脉密集畸形

2 主脉扭曲畸形

3 病叶萎缩形

4 叶片畸形 1

5 叶片畸形 2

6 花叶型

116 栾树细菌性溃疡病

细菌性溃疡病是栾树、黄山栾的主要病害之一。

1) 发病诱因

病菌具潜伏侵染性，树势衰弱时易发病。地势低洼，土壤盐碱、黏重、板结，穴土过湿或积水，导致根系生长不良，易发病。新植苗木起掘、运输不及时，三遍水未及时灌透，导致树体严重失水，是诱使潜伏病菌发病的重要原因。

2) 表现症状

发生在主干和大枝上、干皮较光滑的树干上，皮孔边缘出现灰褐色圆形或椭圆形泡状病斑，是该病的明显特征。初为米粒状，扩展成半球型。泡状斑破裂，有褐色无味黏液流出。皮层褐色腐烂，失水凹陷形成硬疤。严重时造成枝枯、树亡。

3) 发生规律

细菌性病害，病菌在枝干病斑内越冬。华北地区 4 月上旬开始侵染发病，旧病斑复发继续扩展。生长期内可重复侵染。4 月下旬至 6 月上旬为发病高峰期，8 ~ 9 月又有所发展，11 月病斑停止扩展。

4) 传播途径

病原菌借风雨、昆虫传播，从伤口和皮孔侵染危害。随带菌苗木异地传播。

5) 综合防治

（1）苗木及时起运、栽植，三遍水及时灌透。起运时尽量减少机械损伤，伤口、剪口及时涂抹腐皮消 50 倍液，或络氨铜等杀菌剂保护。

（2）严格控制灌水量和灌水次数，大雨过后及时排水，防止土壤过湿。

（3）刮破水泡，刮除病疤腐烂组织，反复涂刷溃疡净 250 ~ 500 倍液 +72% 农用链霉素可湿性粉剂 3000 倍液，或 10% 苯醚甲环唑可湿性粉剂 1500 倍液，或溃腐灵原液，或轮腐净 5 倍液，10 天后再涂刷 1 次。

（4）注意防治双齿长蠹、六星黑点豹蠹蛾、桃红颈天牛等钻蛀害虫，减少伤口侵染。及时拔除病死株和重病株，集中销毁。

1 树干溃疡病斑

2 病部皮层及木质部被害状

117　火炬树腐烂病

腐烂病是火炬树的常见病害。

1）发病诱因

火炬树耐干旱，怕涝。土壤黏重，过于潮湿，遭受冻害；苗木栽植不及时，三遍水未灌透，剪口、伤口处理不到位等，易发病。病虫害防治不及时，病枝、重病株清除不彻底等，发病严重。

2）表现症状

发生在主干和大枝上。局部干皮初为暗褐色，不十分明显，病斑呈不规则形。中期病部皮层组织软腐，用手按压时有汁液流出，失水后干缩下陷。后期病皮上密布小突起，常在雨后由小突起中溢出橘黄色胶质丝状物。病株叶片变黄，萎蔫下垂，枝条枯死。病害发病严重时，病部皮层与木质部分离，造成枝枯、树亡。

3）发生规律

真菌性病害，病菌在枝干病斑内越冬。苗木发芽时开始初侵染，旧病斑复发继续扩展，生长期内可重复侵染，至10月下旬均可发病。衰老树、幼树，易感病。

4）传播途径

病原菌借风雨、昆虫传播，从剪口、伤口和皮孔侵染危害。

5）综合防治

（1）及时剪去病枝，拔除重病株、病死株，集中销毁，消灭越冬菌源。

（2）发芽前，喷洒3～5波美度石硫合剂。

（3）新植苗木灌透三遍水，剪口、伤口涂抹梳理剂或25%络氨铜水剂原液保护。干旱时适时补水，雨后排水散湿。注意防治云斑天牛等钻蛀害虫，减少伤口侵染。

（4）发病初期，病部交替喷刷21%过氧乙酸水剂3～5倍液，或腐皮消100倍液，或2%福永康可湿性粉剂20倍液，或8～10波美度石硫合剂。

（5）刮去病斑坏死组织至外围2cm健康组织处，伤口反复涂刷上述药剂。

1 枝干上病斑及嫩枝被害状　　　2 病皮上密布点状突起　　　3 突起中溢出橘黄色丝状物

118 沙枣褐斑病

褐斑病是沙枣、牛奶头沙枣、八封沙枣、大白沙枣、沙棘等树种的常见病害。

1）发病诱因

沙枣喜光照充足、通风良好环境，喜疏松土壤，耐干旱、怕水涝。栽植过密，通风透光不良；土壤黏重、板结，透水、透气性差，灌水过勤等，易发病。

2）表现症状

发生在叶片上，多从下部叶片开始侵染危害。初为黄色至黄绿色斑点，扩展成近圆形褐色病斑，中央灰褐色，逐渐转为灰色，病健组织界限清晰，外缘有黄绿色晕圈。后期病斑上散生黄褐色或黑褐色小点，病叶干枯，提前脱落。发病严重时，病叶大量脱落，影响果实品质和产量，常造成幼苗死亡。

3）发生规律

真菌性病害，病菌在病落叶上越冬。展叶后开始初侵染，生长期内可重复侵染。干旱年份、干燥天气不易发病。持续降雨及暴雨过后，常会出现一次侵染高峰，造成该病快速流行。

4）传播途径

病原菌借风雨、昆虫传播，从气孔、伤口侵染危害。

5）综合防治

（1）冬季彻底清除枝枯落叶，集中销毁。

（2）合理控制栽植密度，适时整形修剪，雨后及时排涝。

（3）注意防治沙枣木虱、大青叶蝉等，防止病害蔓延。

（4）发芽前，喷洒5波美度石硫合剂，或100倍等量式波尔多液。

（5）发病初期，交替喷洒120倍液等量式波尔多液，或65%代森锌可湿性粉剂600倍液，或50%退菌特可湿性粉剂500～800倍液，或75%百菌清可湿性粉剂600～800倍液，10～15天喷洒1次，连续2～4次。

1 叶面病斑

2 叶面病斑及危害状

3 老叶被害状

119　沙枣炭疽病

炭疽病是沙枣、牛奶头沙枣、八封沙枣、大白沙枣、沙棘等树种的常见病害。

1）发病诱因

土壤黏重、板结，透气性差；栽植过密、环境郁闭、光照不足、通风不良等，易发病。管理粗放、清园不彻底、病虫危害等，该病发生严重。

2）表现症状

主要发生在果实上，也侵染叶片。果面初为淡黄褐色斑点，扩展成褐色近圆形略凹陷病斑，边缘淡褐色。病部果肉组织呈漏斗状向内褐色腐烂，直达果核。后期病斑上出现黄褐色转黑色斑点状突起。病部失水形成灰褐色干疤，病果味苦，不可食用。发病严重的年份，常造成果实大量减产。

3）发生规律

真菌性病害，病菌在病落果、落叶上越冬。坐果后即可侵染幼果，生长期内可重复侵染。转色期至近成熟期遇大雨、持续降雨、有利于该病传播流行。多雨年份，病害发生严重。

4）传播途径

病原菌借风雨、昆虫传播，从气孔、伤口侵染危害。

5）综合防治

（1）冬季疏除病虫枝、无用徒长枝，保持树冠通风透光。彻底清除落叶、落果，集中销毁，消灭越冬菌源。

（2）雨季到来前，疏通排水沟渠，大雨后及时排涝，松土散湿，降低圃地和沙枣种植园内田间湿度。注意防治绿盲蝽等，减少伤口侵染。

（3）发病初期，交替喷洒100倍等量式波尔多液，或50%炭疽福美可湿性粉剂500倍液，或65%代森锌可湿性粉剂600倍液，或50%多菌灵可湿性粉剂800倍液，10～15天喷洒1次，连续2～4次。

1 病斑初期症状　　　　　　　　　　　　2 果面病斑

120　枣软腐病

软腐病是枣树、酸枣树的一种常见病害。

1）发病诱因

地势低洼，雨后排水不及时，土壤过湿；栽植过密、苗木修剪不到位、枝叶稠密、通透性差、栽植环境郁闭、遭受害虫危害等，易发病。

2）表现症状

发生在果实上。果面初现水渍状褐色斑点，扩展成近圆形病斑，被害处果肉组织软腐，有霉酸味，很快扩展至整个果实。发病严重时，病果大量腐烂脱落。

3）发生规律

细菌性病害，病菌在枯枝落叶、病落果上越冬。多于7月开始侵染，潜伏期长，生长期内可重复侵染，果实着色期至贮藏期均可发病，近成熟时为发病高峰期。8～9月降雨量大、持续阴雨的高湿天气，发病严重。

1 枣果染病初期症状

4）传播途径

病原菌借风雨、刺吸害虫、病健果接触等传播，自皮孔、伤口侵入发病。

5）综合防治

（1）冬季剪去病枯枝、无用枝，保持良好的通透性。彻底清除枯枝落叶、落地病残果，集中销毁。

（2）发芽前，喷洒3～5波美度石硫合剂，或45%晶体石硫合剂30倍液。

（3）加强养护管理，适时合理进行修剪，保持树冠良好的通透性。注意防治蝽象、绿盲蝽等刺吸害虫。雨后及时排水，锄地散湿，控制田间湿度。

（4）果实着色期，交替喷洒200倍等量式波尔多液，或20%多抗霉素＋农用链霉素，或10%农用链霉素500～1000倍液，10天喷洒1次。

2 病部提前转色、软腐

3 病果果肉组织软腐状

121 枣缩果病

枣缩果病又叫束腰病，是枣树常见病害之一。

1）发病诱因

土壤黏重、盐碱、贫瘠，长期干旱，害虫危害等，易发病。地势低洼、栽植过密、管理粗放，发病较重。

2）表现症状

发生在果实上，多在枣果梗洼开始着色时显现症状。果面出现淡黄褐色晕斑，横向扩展成环状，病健组织边界不清晰，边缘呈浸润状。病部果皮失去光泽，渐转暗红色，有的果实一侧出现淡褐色纵向收缩纹。病部果肉组织成海绵状坏死，收缩凹陷，或成束腰状，病果提前脱落。

1 发病初期症状

3）发生规律

病原菌为细菌性病害，重点只危害成熟枣果。病菌在挂树僵果、落地病果上越冬。北方地区 7 月上旬，果面变白色时开始侵染，梗洼变红至果实三分之一转红是发病高峰期，持续阴雨或久雨突晴、持续大雾或雾霾天气，发病严重。

4）传播途径

病原菌借雨水、露水、昆虫传播，通过病健果摩擦或害虫危害造成的伤口侵染危害。

5）综合防治

（1）结合冬季修剪，彻底清除残枝、僵果、落地残果，集中销毁。

（2）注意防治蜡象、绿盲蝽、叶蝉、枣瘿纹等，减少虫口，防止侵染。

（3）枣果近着色期，交替喷洒 50％枣缩果宁 1 号粉剂 600 倍液 + 有机硅 3000 倍液，或 75％百菌清可湿性粉剂 600 倍液。近成熟期喷洒 72％农用链霉素可湿性粉剂 2000 倍液。

2 病部开始收缩凹陷　　　3 病果后期　　　4 束腰形病果

122 枣黑腐病

枣黑腐病又叫枣铁皮病、枣褐斑病，是多种枣树及酸枣的常见病害。

1）发病诱因

枣树喜光照充足、通风良好环境。栽植过密，环境郁闭，树木失剪，通透性差；管理粗放、杂草丛生、清园不彻底、病虫危害严重、环境过湿等，易发病。

2）表现症状

发生在果实上。果面发白时初为浅黄褐色，不规则形病斑，逐渐转为红褐色至暗黑褐色，病皮失去光泽、僵化、皱缩。近成熟期果面为褐色斑点，扩展成近椭圆形病斑，病部果肉组织褐色腐烂，病果很快脱落。

3）发生规律

真菌性病害，病菌在挂树及落地的病僵果上越冬。幼果期即开始侵染，侵染后处于潜伏状态，生长期内可多次危害。果实着色期至成熟期，多雨，持续阴雨，病害发生严重。

4）传播途径

病原菌借风雨、昆虫传播，从皮孔或伤口侵染危害。

5）综合防治

（1）冬季进行整形修剪，保持冠内通风透光。扫净落地残果、落叶，集中销毁。发病较重枣园，喷洒溃腐灵 60 ~ 100 倍液 + 有机硅，进行清园。

（2）发芽前，喷洒 5 波美度石硫合剂，消灭越冬菌源。

（3）7月中旬开始，交替喷洒 50％退菌特可湿性粉剂 800 倍液，或 200 倍等量式波尔多液，或 50％枣黑腐宁 1 号可湿性粉剂 600 倍液，15 天喷洒 1 次。重病株喷洒 50％枣黑腐宁 1 号可湿性粉剂 600 倍液。

（4）注意防治蟓象、叶蝉等害虫，大雨过后及时排涝，锄草，松土散湿。

1 幼果果面病斑

2 转色期枣果发病症状

3 果实被害状

123 枣炭疽病

炭疽病是多种枣树及酸枣树的一种常见病害。

1）发病诱因

地势低洼、环境郁闭、土壤过湿、树势衰弱等，易发病。管理粗放，清园不彻底，病虫害防治不及时、不到位，遭受风害等，该病发生严重。

2）表现症状

以果实受害严重，也侵染叶片。果面初为淡黄色水渍状斑点，扩展成圆形或不规则形黄褐色斑块，中央略凹陷。病部渐转红褐色，中央果肉组织褐色软腐，直达果核。边缘有时有断续褐色环斑，病果着色早，提前脱落或干缩成僵果。

3）发生规律

真菌性病害，病菌在病枝、病僵果上越冬。幼果期遇雨开始初侵染，具潜伏侵染性，多在果实近着色期开始表现症状。生长期内可重复侵染，7月中旬至8月中旬为病害高发期。雨季来得早，发病早。降雨量大，持续阴雨，病害发生严重。

4）传播途径

病原菌借风雨、露水、昆虫传播，从皮孔、气孔和伤口侵染危害。

5）综合防治

（1）结合修剪打净挂树僵果，彻底清除枯枝落叶、落地果，集中销毁。全园喷洒溃腐灵200倍液＋有机硅，或福永康800～1000倍液，进行清园。

（2）花期及幼果期，交替喷洒200倍倍量式波尔多液，或70％代森锰锌可湿性粉剂500倍液，或50％多菌灵可湿性粉剂800倍液，预防和控制该病发生。

（3）加强养护管理，注意防治蜡象、绿盲蝽、叶螨、叶蝉等刺吸害虫。大雨过后及时排水，松土散湿。随时捡拾落地病果，集中销毁，减少再侵染。

1 酸枣果实病斑初期症状

2 病果后期症状

3 果肉病组织外缘有褐色环斑

124 枣轮纹病

轮纹病是多种枣树的主要病害之一。

1）发病诱因

环境郁闭、潮湿，通透性差；结实过多、肥力不足、生长势弱等，易发病。管理粗放、病虫危害严重、防治不及时、清园不彻底、偏施氮肥等，发病严重。

2）表现症状

主要发生在果实上，也侵染枝干。枝干皮孔处出现近圆形，质地坚硬的褐色病疤，边缘略凹陷，第二年病疤边缘翘起。

果面初为水渍状浅褐色斑点，扩展成红棕色圆形大斑，具红、黄白相间的同心轮纹。病部果肉组织软腐，很快全果浆腐有酸臭味，失水干缩后成黑色僵果，仅剩果皮和果核。

3）发生规律

真菌性病害，病菌在病枝、病僵果上越冬。4月下旬至5月上旬遇雨侵染嫩枝，形成新的病斑，旧病斑再次复发，生长期内可重复侵染。具潜伏侵染性，坐果后侵染幼果，在果实转白色时开始发病，着色期达到发病高峰期，枝干8月为发病高峰。降雨多且早的年份，高温季节雨量大，持续阴雨，病害易流行。

4）传播途径

病原菌借风雨、昆虫传播，从皮孔、气孔和伤口侵染危害。

5）综合防治

（1）结合修剪进行彻底清园，清除枯枝落叶、落地果，集中销毁。

（2）增施有机肥和复合肥，增强树势，提高抗病能力。

（3）11月下旬、3月下旬，各喷洒1次5波美度石硫合剂，或45%晶体石硫合剂30倍液，消灭多种越冬病菌。

（4）及时摘除病果，扫净落果，集中销毁。交替喷洒200倍等量式波尔多液，或40%福星乳油8000倍液，或40%大生M-45水剂600～800倍液。

（5）注意防治蜡象、绿盲蝽、叶蝉等刺吸害虫，减少病害发生。

1 果面病斑初期症状

2 病斑中期症状

3 后期症状

125 枣灰斑病

危害酸枣树、枣树。

1）发病诱因

地势低洼，雨后排水不畅；环境郁闭、栽植过密、通透性差等，易发病。病虫危害防治不及时、清园不彻底等，发病严重。

2）表现症状

发生在叶片上，叶面病斑较小。初为暗褐色斑点，边缘有淡黄绿色晕圈，逐渐扩展成圆形、近圆形或半圆形病斑。病斑中央转为灰褐色或灰白色，外缘黑褐色。潮湿天气，病斑上密布黑色小点。天气干燥时，病斑干枯破裂，或不完全脱落形成穿孔。病斑密集的叶片提前脱落。

3）发生规律

真菌性病害，病菌在病落叶上越冬。生长期内可重复侵染发病，7~8月为病害高发期。多雨年份、多雨季节病害发生严重。

4）传播途径

病原菌借风雨、露水、昆虫等传播，从气孔侵染危害。随带菌苗木异地传播。

5）综合防治

（1）果实采收后，彻底清除枯枝落叶，集中销毁，减少越冬菌源。

（2）发病初期，交替喷洒50%苯菌灵可湿性粉剂1500~2000倍液，或70%甲基托布津可湿性粉剂800~1000倍液，或50%退菌特可湿性粉剂600~800倍液，或50%多菌灵可湿性粉剂800倍液防治。

（3）及时清扫落叶，集中深埋。注意防治绿盲蝽、红蜘蛛、枣壁虱等传播媒介。

1 叶面病斑

2 病斑上密布黑色小点

3 病斑破裂形成穿孔

126 枣斑点落叶病

枣斑点落叶病又叫枣叶斑点病、褐斑病，是多种枣树和酸枣树的常见病害。

1）发病诱因

栽植环境郁闭，树木徒长，树冠通透性差；地势低洼，土壤过湿、过旱等，易发病。管理粗放，肥力不足，病虫危害严重，清园不彻底；树干开甲过宽、甲口愈合较慢、生长势衰弱等，该病发生严重。

2）表现症状

多发生在叶片上，也侵染嫩梢和果实。叶面初为黄色斑点，斑点中央出现褐色小点，逐渐扩大成大小相近、圆形至椭圆形病斑，中央渐转淡褐色，外缘有宽窄较均匀的黄色晕圈。病斑较小，数量多时可达数十个，病叶早期脱落。

1 叶面病斑

3）发生规律

真菌性病害，病菌在病芽、病落叶、落地病残果上越冬。多于6月上旬侵染发病，生长期内可重复侵染，7～8月为病害高发期。多雨年份、春雨多、夏季雨量大、持续阴雨，该病发生严重。

4）传播途径

病原菌借风雨、昆虫传播，从叶片气孔、嫩梢和果实皮孔侵染危害。

5）综合防治

（1）合理修剪，改善树冠通透性。冬季彻底清除园内杂草、枯枝落叶、病僵果，集中销毁。

（2）发芽前，喷洒5波美度石硫合剂，消灭越冬菌源。

（3）注意防治绿盲蝽、蝽象、蓟马、叶螨等刺吸害虫，消灭传播媒介。

（4）发病初期，交替喷洒200倍等量式波尔多液，或40％福星乳油8000倍液，或70％代森锰锌可湿性粉剂500倍液，或70％甲基托布津可湿性粉剂800～1000倍液，10～15天喷洒1次，连续2～3次。

2 叶片被害状

127　枣丛枝病

枣丛枝病又叫枣疯病，是多种枣树、酸枣树的毁灭性病害。

1）发病诱因

土壤干旱、瘠薄，病株清除不及时，刺吸害虫危害，虫口密度大，发病严重。

2）表现症状

被害株地上、地下组织均可染病。年内病枝的花芽、叶芽、不定芽多次萌发，连续抽生大量纤细小枝，枝叶密集成丛生状。病枝节间缩短，着生黄绿相间斑驳状花叶、黄化叶，或出现明脉，叶狭小、萎黄。病枝不结果，秋季枯死，很快蔓延至全株，病株死亡。

病株根部长出一丛丛簇生短根，后期根部皮层腐烂，树木死亡。

3）发生规律

类菌质体病害，先从根蘖或个别枝条开始发病，侵染后有一定潜伏期，幼树多在枣树开花后表现症状，大树多在第二年发病。该病扩展速度快，感病幼龄树可当年枯死，大树 3～5 年枯萎死亡，常造成周边大片枣树在几年内全部毁灭。

4）传播途径

通过带菌苗木嫁接、根蘖繁殖，嫁接工具、刺吸害虫等传播蔓延。

5）综合防治

（1）选用健株作砧木和接穗，进行嫁接繁殖，避免用病株根蘖分根繁殖。

（2）清除枯枝落叶和杂草，减少虫媒滋生场所，控制病害扩展蔓延。

（3）及时刨除重病株，残根必须捡拾干净，集中销毁，彻底清除病源。

（4）初发病时，8月树液向根部回流之前剪除病枝。开花前树干滴注"祛风1号"，或"祛风2号"，或根茎部钻孔，滴注0.1%四环素药液500ml，可起到一定缓解作用。

（5）注意防治蝽象、叶蝉等害虫，消灭传播媒介，控制病害传播蔓延。

1 病芽萌发成丛生小枝

2 病枝发病状

3 病枝枯死

128 苹果溃疡病

苹果溃疡病又叫苹果发疱性干腐病，主要危害苹果树、沙果、海棠果、杏树、李树等。

1）发病诱因

树势衰弱是诱发该病的重要原因。地势低洼，土壤黏重，排水不及时，土壤过湿或过旱；苗木土球过小、栽植不及时、修剪过重、栽植过深、三遍水未及时灌透等，易发该病。病虫害防治不到位，发病严重。

2）表现症状

发生在主干、主枝和侧枝上。初为褐色圆形斑点，病部表皮逐渐呈泡状突起，破裂后有褐色酸腐味液体流出，病斑周围呈湿润状。皮层坏死，病部干缩凹陷，边缘开裂，形成环状疤痕。严重时，造成树势衰弱，病枝枯死，甚至全株枯亡。

3）发生规律

细菌性病害，病菌在枝干病斑皮层内越冬。4月开始初侵染，旧病斑可痊愈，或继续复发。该病具潜伏侵染特性，生长期内可重复侵染，6～8月、10月为病害高发期。高温季节多雨，雨量大，持续阴雨，病害发生严重。

1 病斑初期症状

4）传播途径

病原菌借风雨、昆虫传播，从皮孔及伤口侵染危害。

5）综合防治

（1）苗木不可深栽，及时灌透三遍水，树干涂5波美度石硫合剂保护。

（2）及时伐除重病株、病死株。干旱时适时灌水，雨后及时排水，松土散湿。

（3）初发病时，拍破水泡，用溃腐灵30倍液，或10波美度石硫合剂、15%络氨铜原液涂抹。

（4）利刀刮去病疤坏死组织至新鲜组织2cm处，伤口反复涂刷10波美度石硫合剂，或溃腐灵5倍液，3～5天再涂刷1次。

2 树干上泡状突起及渗出液

3 树干被害状

4 病斑失水形成干疤

129 苹果干腐病

干腐病是苹果树、海棠果、木瓜海棠、海棠花、梨树、山里红等树种的毁灭性病害。

1）发病诱因

为弱寄生菌。土壤黏重、过湿或过于干旱；苗木栽植过深，三遍水未灌透；伤口、截口、剪口处理不到位，树木遭受冻害、日灼、虫害等，易发该病。

2）表现症状

多发生在生长势较弱的老树、幼树，及新苗木的主干或主枝上，也侵染果实。沿枝干一侧纵向扩展，初为紫褐色至黑褐色病斑，病部皮层组织干腐，后期病皮上密布黑色小点。病健组织交界处产生裂缝，病皮易剥离。常造成病枝叶片萎黄、树势衰弱。严重时大枝枯死，整株枯亡。果面初为黄褐色斑点，扩展为同心轮纹状病斑，病果腐烂。

1 主干发病状

3）发生规律

真菌性病害，病菌在枝干病部越冬。华北地区 3 月开始侵染，旧病斑复发继续扩展。生长期内可重复侵染，具潜伏侵染特性，6 ~ 8 月、10 月为病害高发期。

4）传播途径

病原菌借风雨传播，从皮孔及伤口侵染危害。

5）综合防治

（1）苗木栽植后及时灌透三遍水。树干涂白，防止日灼伤害。伤口、剪口、截口涂抹杀菌剂保护。

（2）芽萌动前，树干喷涂 5 波美度石硫合剂，或 45％代森铵水剂 200 倍液。

（3）刮净病皮，涂抹 10 波美度石硫合剂，或腐皮消 50 倍液，或果树康原液。

2 病部干缩

3 病皮上显现黑色小点

130　苹果腐烂病

腐烂病又叫烂皮病、臭皮病，是苹果树、桃树、梨树、沙果、木瓜海棠、八棱海棠、海棠果、山里红等树种的毁灭性病害。

1）发病诱因

弱寄生菌。土壤黏重，苗木栽植过深，三遍水未及时灌透；伤口、截口、剪口处理不到位；树木遭受冻害、日灼、病虫危害等，造成生长势弱，易发该病。

2）表现症状

多发生在主干和大枝上，常造成干皮腐烂，枝枯、树亡。①溃疡型：主干上初为红褐色至黑褐色、略湿润病斑，病部组织褐色软腐，按压时有黄褐色汁液流出，有酒糟味。病部失水下陷，边缘开裂。后期病皮上散布黑色小突起，潮湿环境下，溢出橘黄色卷须状物。②枝枯型：小枝上叶片变黄、萎蔫、微垂，是初发病的明显特征。病斑不明显，病部萎蔫，待扩展一周时，小枝枯死，后期病枝上出现黑色小粒点。

3）发生规律

真菌性病害，病菌在枝干病部皮层内越冬。华北地区3月开始初侵染，旧病斑继续扩展。具潜伏侵染特性，树势弱时开始发病，生长旺盛时，病斑扩展缓慢或停止扩展。3月下旬至5月中旬、9~10月，为病害高发期，春季危害严重。

4）传播途径

病原菌借风雨、昆虫传播，从皮孔或伤口侵染危害。随病株调运，异地传播。

5）综合防治

（1）冬季清除病死株、重病株，剪去病枝、枯死枝，剪口涂抹杀菌剂保护。

（2）发芽前，树干喷涂3~5波美度石硫合剂，或腐烂净100~200倍液。

（3）苗木不可深栽，栽植后及时灌透水。树干涂白，防止日灼和冻害发生。

（4）用利刀刮去病皮至外围健康组织2cm处，伤口反复涂刷腐烂净30倍液，或腐皮消50倍液，或40%苹腐灵2倍液，或灭腐灵原液，7天后再涂1次。

1 病部腐烂　　　　　　　　2 枝杈处发病症状　　　　　　　　3 枝叶干枯

131　苹果花腐病

花腐病是各种苹果树、沙果、海棠类树种的一种常见病害。

1）发病诱因

土壤黏重、地势低洼、大雨过后排水不及时，易发病；栽植过密，通风不良，环境郁闭、潮湿，光照不足，花期持水、持露，清园不彻底等，该病发生较重。

2）症状

主要发生在花和幼果上，也危害叶和嫩梢。先从花梗侵染，染病花蕾、花瓣、柱头和花梗腐烂，失水后干缩成黄褐色僵蕾、僵花，悬挂在枝上，造成花腐。

病菌从柱头侵入，幼果果面初现褐色斑点，并有褐色黏液溢出。果实停止发育，很快整个果实腐烂，失水后干缩成褐色或黑褐色僵果，造成果腐。

新梢上出现褐色溃疡斑，病斑扩展一周时，枝梢枯死。

1 花器被害状

3）发生规律

真菌性病害，病菌在病枝、病落叶、病僵果上越冬。展叶至开花期开始侵染发病，萌芽至展叶期低温多雨，易引发叶腐。花期低温多雨，造成花腐、果腐。

4）传播途径

病原菌借风雨、昆虫等传播，自叶片气孔、嫩梢皮孔、花的柱头侵染危害。

5）综合防治

（1）冬季剪去枯枝，摘去树上僵果，清除枯枝落叶、落地残果，集中销毁。

（2）重病株和发病较重果园，秋后或早春结合施肥进行深翻。发芽前，树冠和地面同时喷洒 5 波美度石硫合剂，或 45％晶体石硫合剂 300 倍液。

（3）展叶期、初花期和盛花期，喷洒 50％苯菌灵可湿性粉 1000 倍液，或 50％多菌灵可湿性粉剂 500 倍液，或 70％代森锰锌可湿性粉剂 500 倍液。

（4）及时摘去病花、病叶、病果，集中深埋，同时喷洒上述杀菌剂。

2 花序被害状

3 幼果发病初期症状

132 苹桧锈病

苹桧锈病又叫苹果锈病，是苹果树、沙果、海棠类树种的常见病害之一。

1）发病诱因

该病是一种转主寄生性病害，桧柏、龙柏等是中间寄主，栽植在 5km 范围内的苹果树等，均易感染此病。中间寄主上越冬病菌基数大，冬孢子萌发时防治不及时，距离桧柏、龙柏病株近，该病发生严重。

2）表现症状

主要发生在叶片上，也侵染嫩枝或幼果。叶面初现橙黄色油状斑点，扩展为边缘红色的圆形病斑，后期中央出现黑色小粒点。叶背病斑丛生淡黄色细管状物。幼果萼洼附近、果柄上出现近圆形橙黄色病斑，病斑上产生细管状物，病部硬化。

1 春季冬孢子萌动

3）发生规律

真菌性病害，病菌以菌丝体在桧柏等中间寄主小枝菌瘿内越冬。4月雨后菌瘿膨胀成橙黄色胶状物，产生孢子侵染发病，年内无再侵染过程。8月孢子随气流传播到桧柏、龙柏上，在小枝上形成菌瘿越冬。春暖多雨，病害发生严重。

4）传播途径

病菌借助风雨、昆虫等传播，自气孔、皮孔、伤口侵染危害。

5）综合防治

（1）早春剪去桧柏树上的冬孢子角，集中销毁，或冬孢子堆成熟前，喷洒5波美度石硫合剂，或15％粉锈宁可湿性粉剂1000倍液，抑制冬孢子萌发、传播。

（2）萌芽25天内，交替喷洒25％粉锈宁可湿性粉剂2000倍液，或25％丙环唑乳油3000倍液，或65％代森锌可湿性粉剂600倍液，10天再喷洒1次。

2 叶面病斑初期症状   3 叶面病斑后期症状   4 叶背锈孢子器

133 苹果锈果病

锈果病俗称花脸病，是苹果树、沙果、海棠果、八棱海棠的常见病害之一。

1）发病诱因

梨树是该病的带毒寄主，与梨树混植果园，距离梨树越近，越易发病。用病株植材进行嫁接繁殖，病株清理不及时，病虫害防治不及时，该病发生严重。

2）表现症状

发生在果实上，常造成果实品质下降。多见以下症状类型：

（1）锈果型：多自梗洼开始发病，向果肩纵向延伸，呈放射状扩展为 4～5 条茶褐色斑纹，逐渐木栓化形成锈斑。

（2）花脸型：近着色期，果面散生近圆形至不规则形黄绿色斑块，着色后果面呈深浅不同，或红、黄、绿相间的花脸状，有的着色部分突起，果面凹凸不平。

（3）复合型：在同一果面上，出现花脸和锈斑的复合症状。

3）发生规律

病毒性病害，病毒存活在病株活体组织内，先个别枝发病，后逐年加重，约 2～3 年全株表现病症。幼果期即可染病，5 月中旬至 7 月上旬为侵染高峰期，潜育期长，多在近着色期开始表现症状。

4）传播途径

病毒通过修剪工具、刺吸式口器、昆虫、菟丝子及与相邻病株根系接触，用带病毒植材进行嫁接繁殖等进行传播。随带菌苗木调运，异地传播。

5）综合防治

（1）不用病株植材进行嫁接繁殖。嫁接及病株修剪后，工具需消毒处理。

（2）250m 内避免与梨树混植。注意防治刺吸式害虫、地下害虫，消灭传播媒介。及时刨除重病株，集中销毁，穴土用病毒特 500 倍液消毒。

（3）初发病时，用宁南霉素＋链霉素 150 国际单位＋硼酸 300 倍液灌根。干皮切口涂刷 50 万国际单位四环素，用薄膜裹严。

1 病部提前着色变红

2 着色部分隆起

3 花脸型病果

134　苹果果锈病

苹果果锈病又叫水锈病，是多种苹果树、沙果及海棠类等果树的常见病害。

1）发病诱因

大风造成幼果间、果实与枝叶间摩擦，果实遭受风害、霜冻等，使果面蜡质角质层受到损伤；大雾及重雾霾天气，或幼果期农药选用不当，造成大气环境有害物质，或药物对果面产生不良刺激；地势低洼，树势弱；果袋质量差、袋口绑扎不紧等，均易造成虫锈、水锈、冻锈、药锈发生。

2）表现症状

多发生在幼果上。初期果面散布不规则黄褐色锈斑。锈斑不断扩展，表皮细胞组织逐渐木栓化，果面粗糙失去光泽，锈斑影响果实品质。

3）发生规律

生理性病害。多发生在坐果后，此时幼果果面蜡质角质层尚未完全形成，最易受害。幼果期遇低温阴雨天气，7～8月高温干旱，发病严重。

4）综合防治

（1）合理剪枝，适时疏花、疏果，尽量避免果实间、果枝间相互摩擦损伤。

（2）使用优质果袋适时套袋，袋口绑紧、绑牢，避免雨水侵入。

（3）落花后10天，喷洒1.5%聚糖果乐水剂600～800倍液，7天再喷洒1次。或喷洒27%高脂膜乳剂80～100倍液，降低发病率。

（4）坐果后至7月中旬是幼果敏感时期，禁止喷洒石硫合剂、波尔多液、代森锰锌等敏感农药。喷药时避免喷嘴近距离直冲果面，药液要喷成雾状，尽量减少对果面蜡质角质层损伤。

（5）发病初期，喷洒75%代森锰锌可湿性粉剂500～600倍液，或75%百菌清可湿性粉剂800倍液。

1 果面放射状锈斑

2 锈斑斑驳状

3 锈斑网斑状

135 苹果疫腐病

疫腐病又叫实腐病、颈腐病，是苹果树、沙果、海棠果等果树的常见病害。

1）发病诱因

果园地势低洼，通透性差，雨后排水不通畅，环境郁闭、潮湿；锄草时根颈部损伤等，易发病。清园不彻底、病虫害防治不到位、树势衰弱等，该病发生严重。

2）表现症状

主要发生在果实和根颈部。果面初为不规则褐色、浅褐色，或暗红褐色病斑，病健组织界限不明显，边缘似水渍状，果肉组织腐烂深达果心。病果不变形，果面似有蜡质，有黏稠汁液渗出，伤口处可见白色绵毛状菌丝体，病果脱落或干缩。

根颈部呈环状割裂，病部皮层褐色腐烂，潮湿环境下产生白色菌丝体。

1 病斑初期症状

3）发生规律

真菌性病害，病菌在病株组织内，或随落地病残果在土壤中越冬。北方地区多于 6 月中下旬开始发病，7 ~ 8 月雨后常出现侵染和发病高峰。多雨年份、夏季多雨、雨量大、持续阴雨的高温高湿天气，该病发生严重。

4）传播途径

病原菌借风雨传播，从皮孔、气孔及伤口侵染危害。

5）综合防治

（1）结合冬季修剪进行彻底清园，清除落地残果、落叶，集中深埋。

（2）6 月病害发生前，果园地面喷洒 100 倍硫酸铜液，消灭土壤中越冬菌。

（3）病害发生时，及时摘除病果、病叶，集中深埋。交替喷洒 80% 大生 M-45 可湿性粉剂 800 倍液，或 90% 疫霜灵可湿性粉剂 600 ~ 800 倍液。

（4）刮净根颈部腐烂组织，伤口涂刷石硫合剂 10 ~ 15 倍液，或 843 康复剂。

（5）果实适时套袋。大雨过后及时排涝，松土散湿，控制田间湿度。

2 苹果果实发病状

3 伤口处着生白色菌丝体

136 苹果炭疽病

苹果炭疽病又叫苦腐病、晚腐病，是苹果树、沙果、海棠果的主要病害。

1）发病诱因

地势低洼，土壤黏重，雨后排水不及时，环境郁闭、潮湿；栽植过密，通透性差；遭受雹灾、病虫危害，结实过多，水肥不足，树势衰弱，清园不彻底等，易发病。刺槐是炭疽病菌的重要寄主，果园周边栽植刺槐，加重该病发生。

2）表现症状

主要发生在果实上，也侵染叶片。果面初为淡褐色水浸状斑点，扩展成深褐色、近圆形病斑，病部果肉组织呈圆锥状向内腐烂。病斑略凹陷，中心出现数圈同心轮纹排列的黑色小点，病果多脱落，或失水干缩成黑色僵果。

1 海棠果病果

叶面上为不规则状的黑色病斑，扩展后多个病斑融合成黑灰色较大斑，在潮湿条件下病斑上显现黑色小粒点。

3）发生规律

真菌性病害，病菌在挂树僵果及落地病残果上越冬。幼果期至果实成熟均可侵染，侵染后呈潜伏状态，近着色期开始发病，7～8月为病害高发期。

4）传播途径

病原菌借风雨、昆虫等传播，从皮孔、气孔及伤口侵染危害。

5）综合防治

（1）清除50m以内刺槐，或喷洒45%代森铵水剂200倍液。

（2）冬季清除挂树及落地僵果。生长期摘除病果，拾净落地果，集中深埋。

（3）发芽前，喷洒5波美度石硫合剂。

（4）花前及落花后7～10天，各喷1次50%克菌丹可湿性粉剂800倍液，或80%炭疽福美可湿性粉剂600倍液，或80%大生M-45可湿性粉剂800倍液。

2 苹果果实发病后期症状

3 病果干缩成僵果

4 叶面病斑及被害状

137　苹果轮纹病

轮纹病又叫粗皮病、轮纹烂果病，是苹果树、梨树、山里红等果树的常见病害。

1）发病诱因

地势低洼、土壤黏重、贫瘠，环境郁闭、潮湿，光照不足，通风不良等，易发病。管理粗放、病虫危害防治不及时、清园不彻底、树势衰弱等，发病严重。

2）表现症状

主要发生在枝干和果实上，有时也侵染叶片。枝干上初为褐色溃疡斑，隆起成瘤状突起，质地坚硬。第二年病斑干缩，边缘开裂翘起。逐年发病，新旧病斑密集成片，干皮粗糙。

1 苹果树干病斑次年症状　　　　2 后期症状

果面为浅褐色、圆形水渍状病斑，病部扩展褐色腐烂，但不凹陷，具深浅褐色相间的同心轮纹。后期散生黑色小粒点，全果腐烂脱落。叶片上初显灰褐圆形病斑，多在叶缘处扩展呈半圆形，边缘黑褐色，内灰褐色，后期病斑上显现轮纹状，其上着生黑色小粒点。

3）发生规律

真菌性病害，病菌在病枝、病残果上越冬。4月侵染枝干，旧病斑复发继续扩展。5月下旬侵染果实，6～7月雨后形成侵染高峰，果实上色至贮藏期陆续表现病症。

4）传播途径

病原菌随风雨传播，从皮孔、伤口处侵染危害。

5）综合防治

（1）发芽前，喷洒35%轮纹铲除剂100倍液，或5%菌毒清水剂50倍液。

（2）落花后10天、套袋前，喷洒40%核菌净可湿性粉剂600倍液，或70%甲基托布津可湿性粉剂1000倍液。不套袋的，7月喷洒70%代森锰锌可湿性粉剂1000倍液，或50%克菌灵可湿性粉剂400倍液。

（3）摘除病果，捡拾落地病残果，集中深埋。刮净树干上病疤，露出新鲜组织。伤口喷刷溃腐灵原液，或35%轮纹铲除剂100倍液，也可直接涂抹轮腐净20倍液。

3 叶缘病斑　　　　　　　　4 苹果病果　　　　　　　　5 海棠果病果

138 苹果黑星病

黑星病又叫黑点病，是多种苹果树的主要病害之一，在梨树上也时有发生。

1）发病诱因

地势低洼，雨后排水不及时，环境潮湿；土壤黏重、盐碱、板结，通透性差；栽植过密，树冠郁闭，光照不足，通风不良；清园不彻底、树势衰弱等，易发病。

2）表现症状

多发生在果实和叶片上。果面初为散生淡黄绿色斑点，扩展为圆形或椭圆形、褐色至黑褐色病斑。果肉组织腐烂，病皮凹陷、硬化成干疤，常呈星状龟裂。叶面初为淡黄褐色，后转黑褐色近圆形病斑，有绒状霉层，边缘或成放射状。

3）发生规律

真菌性病害，病菌在病枝、病落果上越冬。落花后至果实采摘均可发病，华北地区 6 ~ 7 月为侵染高峰期。春季低温多雨，夏季雨量大，持续阴雨，发病较重。

1 果面病斑

4）传播途径

病原菌借风雨、昆虫传播，从伤口、皮孔侵染危害。

5）综合防治

（1）冬季剪去病枝、枯死枝，彻底清除枯枝落叶、落果，集中销毁。

（2）发芽前，喷洒 5 波美度石硫合剂，消灭越冬菌源。

（3）花铃铛期、落花 70%、5 月中旬、6 月中旬、7 月上旬、8 月上旬，各交替喷洒 1 次 40% 福星乳油 8000 倍液，或 40% 腈菌唑可湿性粉剂 8000 倍液，或 10% 苯醚甲环唑水分散粒剂 3000 倍液，或 50% 苯菌灵可湿性粉剂 800 倍液。

（4）及时摘除病叶、病果，捡拾落果，集中深埋。雨后及时排水，松土散湿。

2 病斑呈星状龟裂

3 叶面病斑及被害状

4 果实失去商品价值

139　苹果霉心病

苹果霉心病又叫心腐病、果腐病，是苹果树、梨树、桃树等果树的常见病害。

1）发病诱因

果园郁闭，树冠通透性差；地势低洼，雨后排水不及时，环境潮湿，花期持水、持露时间较长；管理粗放、清园不彻底、结实过多、树势衰弱等，易发病。

2）表现症状

发生在果实上，花期从柱头侵染，由心室向外扩展霉烂，造成心腐。表现类型：

（1）霉心型：果面症状不明显，病果多可正常成熟。发病仅限于心室。果核褐色腐烂，并产生灰白、灰绿、粉红、灰黑色霉状物，果实不可食用。

（2）心腐型：果肉组织由心室开始霉烂，直达果面。果面出现褐色湿腐状斑块，很快整个果实烂透，病果提前脱落。

3）发生规律

真菌性病害，病菌在病株芽鳞、落地病果上越冬。开花时即开始侵染，6月下旬陆续发病，多在近成熟期至采果后表现病症。花期低温多雨、多露，有利于侵染发病。

4）传播途径

病原菌借风雨、露水、昆虫等传播，自花的柱头侵染危害。

5）综合防治

（1）冬季清除挂树僵果、落地残果，集中深埋。喷洒3～5波美度石硫合剂。

（2）初花期、盛花期及落花70%～80%时，分别喷洒3%多抗霉素可湿性粉剂600倍液，或70%甲基托布津可湿性粉剂800倍液，或80%太盛可湿性粉剂600～800倍液＋10%多氧霉素可湿性粉剂1000～1500倍液，控制该病发生。

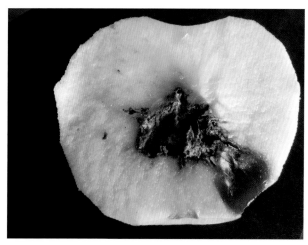

1 心腐型病果

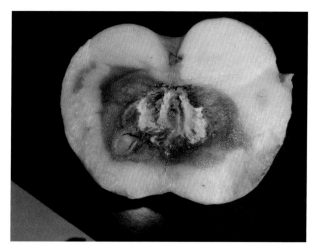

2 霉心型病果

3 后期症状

140 苹果果柄基腐病

主要危害苹果树、沙果、梨树等。

1）发病诱因

土壤干旱、土壤水分急剧变化、结实过多等，易发病。生长后期突遇大风天气，果实摇晃、碰撞，或采摘时造成梗洼处受伤等，加剧该病发生。

2）表现症状

发生在果柄基部。初为褐色或浅褐色斑点，以梗洼为中心，不断向周边和深层组织扩展，形成近圆形至不规则形褐色或黑褐色病斑，病部腐烂凹陷，干燥天气失水形成干疤，常开裂。后期病斑上现灰白色至灰黑色霉状物，加速果实腐烂。

3）发生规律

真菌性病害，病菌在病果枝、病芽、落地病残果上越冬。果实近着色期开始侵染，生长期内可重复侵染，果实近成熟期发病较多。

4）传播途径

病原菌借风雨、昆虫等传播，从皮孔及伤口侵染危害。

5）综合防治

（1）结合冬季修剪进行清园，彻底清除枯枝落叶、落地残果，深埋处理。

（2）发芽前，喷洒 5 波美度石硫合剂，消灭越冬菌。

（3）土壤干旱时适时补水，大雨过后及时排水，松土散湿保墒，防止因土壤水分急剧变化造成梗洼处果面开裂。及时摘除树上和捡拾落地病果，集中销毁。

（4）病害侵染期、果实采摘后，及时喷洒 50%多菌灵可湿性粉剂 1000 倍液，或 10%多抗霉素可湿性粉剂 1000 倍液。

（5）果实采摘时要轻摘轻放，减少果实伤害。

1 果柄基部初发病状

2 果柄基部褐色腐烂

3 后期病部附生杂菌

141　苹果花叶病

花叶病是苹果树、沙果、海棠果、八棱海棠等果树的一种常见病害。

1）表现症状

发生在叶片上，有时表现一种症状或几种症状类型混合发生。常见类型：

（1）花叶型：叶面出现绿色深浅相间、外缘欠清晰、不规则形变色斑。

（2）条斑型：叶肉组织沿主、侧脉失绿黄化，并逐渐向各级叶脉两侧扩展，形成或窄或宽的黄色网纹状，但大部分叶肉组织仍保持绿色。

1　苹果环斑型病叶症状

（3）环斑型：叶面出现大小不一、鲜黄色或黄白色，圆形、椭圆形或近环状斑纹，斑纹内部分叶肉组织仍为绿色。

（4）斑驳型：叶面出现大小不一、不规则状鲜黄色病斑，后期病斑转白色。

2）发生规律

病毒性病害，病毒存活在病株活体上。冬春干旱，症状表现明显。有隐症现象，树势旺盛时不显症，高温时症状暂时隐退，秋季凉爽时，症状重新显现。

3）传播途径

病毒通过昆虫、菟丝子、修剪工具、带病植材嫁接繁殖传播，从伤口侵染危害。

4）综合防治

（1）避免果树混植。不用带病毒苗木植材进行嫁接繁殖，工具消毒处理。

（2）病株芽萌动、花蕾露红、谢花 7～10 天、秋梢旺盛生长期，及初发病时，喷洒 1.5% 植病灵乳剂 1000 倍液，或 2% 氨基寡糖素水剂 800 倍液。同时用 25% 铬氨铜水剂 250～300 倍液，或病毒 2 号 500 倍液灌根。

（3）注意防治蚜虫、梨冠网蝽、绿盲蝽、红蜘蛛等害虫，彻底清除菟丝子，消灭传播媒介。

（4）增施有机肥，提高树势。病株用 5% 菌毒清可湿性粉剂 300 倍液灌根。

2　斑驳型病叶后期症状

3　混合型病叶症状

4　病株叶片被害状

142 苹果黄化病

黄化病又叫缺铁性黄化症，是苹果树、海棠果、沙果等多种果树的常见病害。

1）发病诱因

偏碱性土壤中，缺少可被植物吸收的铁元素；土壤黏重、板结，雨后排水不及时，土壤过湿或过于干旱，使根系吸收能力减弱，植物体内因缺少铁元素，而发生的一种生理性病害。

2）表现症状

发生在新梢叶片上，造成叶片失绿、黄化、早落。叶脉间出现黄绿色或黄白色失绿，但叶脉仍保持绿色，病叶呈绿色网纹状。后期叶缘变褐枯焦，严重时嫩梢叶片全部黄化坏

1 病叶叶肉组织褪绿

死、早落，嫩梢先端枯萎，影响果实正常发育。用山荆子做砧木嫁接的苹果树、海棠果等，黄化病发生较重。

3）综合防治

（1）控制氮肥施用量，防止土壤板结。黏重土壤中增施有机肥，改良土壤结构及理化性质，有利于根系对铁元素的吸收利用。移栽时，可在树穴中撒些烂铁。

（2）发病初期，叶面及时喷洒黄叶灵 300 倍液，或铁多多 600 倍液，或 0.3 ~ 0.5% 硫酸亚铁 + 0.05% 柠檬酸 + 0，2% 尿素混合液，10 ~ 15 天喷洒 1 次，至叶片恢复绿色为止，避免高温时喷洒液肥。

（3）加强养护管理，萌芽前结合施肥，混施硫酸亚铁 50 ~ 80g/ 株，施肥后灌一遍透水。

（4）合理修剪，保持良好的通透性，适时疏花、疏果。土壤干旱时，适时补水。雨后及时排水，锄草，松土散湿。

2 病叶黄化

3 病叶焦枯

143 苹果斑点落叶病

苹果斑点落叶病又叫苹果褐纹病、褐色斑点病，危害苹果树、海棠果、沙果等。

1）发病诱因

土壤肥力不足、过于干旱、病虫危害、结实过多，导致树势衰弱等，易发病。土壤黏重，地势低洼，栽植过密，环境郁闭、潮湿，清园不彻底等，发病严重。

2）表现症状

多发生在叶片上，也危害一年生枝和果实。叶面初为散生褐色斑点，扩展成圆形至不规则形病斑，边缘清晰。相邻病斑融合，病叶焦枯破裂，脱落。

多在近着色期，果面出现褐色斑点，周边有红色晕圈，后期病斑呈疮痂状。

3）发生规律

真菌性病害，病菌在病枝、病落叶上越冬。展叶后开始初侵染，京、津地区 5 月上旬至 6 月中旬、8 中旬至 9 月为全年两个侵染高峰期。春梢、秋梢生长期，多雨，雨量大，特别是久雨后晴天高温暴晒，发病严重。

4）传播途径

病原菌借风雨传播，从气孔、皮孔侵染危害。

5）综合防治

（1）冬季彻底清除枯枝落叶，集中销毁。发芽前喷洒 5 波美度石硫合剂。

（2）加强养护管理，适时进行修剪，保持树冠通透。树势较弱株及重病株，适当进行疏果，减少留果量，有利于恢复树势。大雨过后及时排水，锄草散湿。

（3）落花后 15 天、病叶率达 10% 时，交替喷洒 1.5% 多抗霉素可湿性粉剂 300 ~ 500 倍液，或 80% 太盛可湿性粉剂 800 倍液，或 50% 扑海因可湿性粉剂 1000 ~ 1500 倍液，10 ~ 15 天喷洒 1 次。

1 叶面病斑

2 叶片被害状

3 果面病斑

144 苹果圆斑病

圆斑病是苹果树、沙果、海棠果、八棱海棠、贴梗海棠的一种常见病害。

1）发病诱因

土壤黏重、树冠郁闭、通透性差、环境潮湿等，易发病。管理粗放，水肥不足，苗木徒长，杂草丛生，生长势衰弱株及老龄树，该病发生严重。

2）表现症状

发生在叶片上，有时也侵染嫩梢和果实，病斑中央有一黑色小点，是该病最明显的特征。叶面初为黄褐色斑点，扩展成近圆形或长圆形褐色病斑，病健组织界限清晰，边缘暗紫褐色，中央渐转灰褐色。发病严重时，病叶焦枯，大量脱落，造成树势衰弱。

果面出现不规则或放射状、略突起暗褐色污斑，病部果肉组织硬化，有时发生龟裂，果不可食用。

3）发生规律

真菌性病害，病菌在病枝芽和病落叶上越冬。京、津及以北地区5月中旬开始发病，春雨早、降雨多的年份，病害发生较重。生长期内可重复侵染，7～8月为病害高发期，多雨、持续阴雨、多雾天气，有利于病害发生。

4）传播途径

病原菌借风雨、昆虫传播，从气孔、皮孔侵染危害。

5）综合防治

（1）冬季进行修剪，保持通风透光。清除落叶、落地病残果，集中销毁。

（2）加强养护管理，秋施腐熟有机肥，适时疏花、疏果，提高树势。干旱时适时补水，雨后及时排涝，松土散湿。注意防治山楂叶螨、苹果全爪螨等。

（3）及时清除病叶、病果，集中销毁。交替喷洒200倍倍量式波尔多液，或64%杀毒矾可湿性粉剂600倍液，或50%甲基托布津可湿性粉剂1000倍液。

1 叶面病斑

2 叶片被害状

145 苹果灰斑病

灰斑病是苹果树、沙果、海棠果、八棱海棠的一种常见病害。

1）发病诱因

地势低洼，雨后排水不通畅、不及时，环境潮湿；栽植过密、环境郁闭、苗木徒长、通风透光性差等，易发病。

2）表现症状

多发生在叶片上，也侵染嫩梢和果实。叶面初为红褐色斑点，扩展成近圆形、边缘褐色、中央淡褐色渐转为灰色病斑，病健组织界限清晰。后期相邻病斑扩展融合成不规则形大斑，其上散布黑色小点，病叶焦枯，提前脱落。

染病果面初为黄褐色斑点，扩展成近圆形、略凹陷灰褐色病斑，中央散布黑色小点。

3）发生规律

真菌性病害，病菌在病枝或病落叶上越冬。京、津地区多于6月上旬开始发病，生长期内可重复侵染，7～8月为病害高发期。多雨年份，夏秋季节雨量大，持续阴雨，有利于病害传播流行。

4）传播途径

病原菌借风雨传播，从气孔、皮孔侵染危害。

5）综合防治

（1）落叶后进行彻底清园，清除枯枝落叶，集中销毁。

（2）适时修剪，保持良好的通透性。发芽前，喷洒5波美度石硫合剂。

（3）雨后及时排涝、锄草、松土散湿，降低田间湿度。

（4）发病初期，交替喷洒200倍倍量式波尔多液，或50%扑海因可湿性粉剂1000倍液，或50%多菌灵可湿性粉剂800～1000倍液，或70%甲基托布津可湿性粉剂800倍液，7～10天喷洒1次，连续2～3次。

1 病斑初期症状

2 病斑后期症状

146　梨桧锈病

梨桧锈病又叫赤星病，主要危害杜梨及各种梨树。

1）发病诱因

该病为转主寄生性病害，栽植在中间寄主桧柏或龙柏病株 5km 范围内，易感病。中间寄主越冬病菌基数大，冬孢子萌发时防治不及时，该病发生严重。

2）表现症状

主要发生在叶片上，也侵染叶柄和幼果。叶面初为有光泽的橙黄色斑点，有黏液涌出。扩展成近圆形、边缘红褐色的病斑，后残留黑色粒状物。叶背病斑相应处肿胀隆起，其上着生黄白色毛状物（锈孢子器），病叶枯萎脱落。

1 龙柏上越冬的冬孢子堆

3）发生规律

真菌性病害，病菌在松柏枝梢的菌瘿内越冬。春雨后，菌瘿呈橘黄色花瓣状胶质物，冬孢子萌发产生孢子，随风雨传播，年内只侵染 1 次。8 ~ 9 月成熟锈孢子随风传播到中间寄主上，产生菌瘿越冬。萌芽至展叶期，温暖、多雨，病害发生严重。

4）传播途径

病原菌借风雨、昆虫等传播，从气孔侵染危害。

5）综合防治

（1）春雨前，剪去中间寄主上的菌瘿，集中销毁。雨后喷洒 2 ~ 3 波美度石硫合剂，或 20% 粉锈宁乳油 1500 倍液，10 天后再喷洒 1 次，抑制冬孢子萌发。

（2）展叶开始 25 天内，交替喷洒 15% 粉锈宁可湿性粉剂 1000 倍液，或 70% 代森锰锌可湿性粉剂 400 倍液，或 160 倍等量式波尔多液，10 天喷洒 1 次，连续 3 次。

（3）8 ~ 10 月，梨树病株 5km 范围内的桧柏、龙柏，喷洒 15% 粉锈宁可湿性粉剂 1000 倍液，或 100 倍等量式波尔多液。

2 叶面病斑初期症状

3 叶背锈孢子器

4 叶两面被害状

147　梨果果锈病

果锈病又叫水锈病，是鸭梨、水晶梨、酥梨、黄冠梨等多种梨树的常见病害。

1）发病诱因

幼果期遇低温多雨天气，影响果面角质层形成；枝叶稠密或结实过多，遭受风害，导致枝叶与果实、果实与果实之间摩擦；农药使用不当，幼果期喷洒敏感农药，喷头距离果实太近，水压过大；果面潮湿或药液未干时套袋，袋口绑扎不严；幼果期遭受雹伤、梨木虱危害等，造成幼果果面角质层损伤，都会增加该病发病率。易发生果锈、药锈、水锈、虫锈等各种形态的锈斑。

1 果面初期锈色斑点

2）表现症状

发生在果实上。幼果果面散生黄褐色、褐色针头状麻点，扩展成不规则、集中连片锈斑。病部皮层增厚，木栓化，果面粗糙，失去光泽，常出现龟裂。

3）发生规律

生理性病害，幼果期是发病敏感时期。幼果期遇低温多雨、高温干旱、多大风天气，发病严重。结实过多的幼龄树，果锈病发生较重。

4）综合防治

（1）休眠期和生长期进行合理修剪，适时进行疏花、疏果，保持树冠通透性。

（2）落花后 10 天，喷洒 80% 代森锌可湿性粉剂 600 倍液，或 27% 高脂膜乳 100 倍液。幼果期，避免喷洒石硫合剂、波尔多液等对梨果敏感农药。避免喷头距离果面过近，药液应喷成雾状。

（3）避免晴天的中午喷药，待果面干爽时适时套袋。袋口扎严，避免雨水、昆虫进入。

2 果面病斑 1

3 果面病斑 2

4 病皮龟裂

148 梨褐斑病

梨褐斑病又叫梨叶斑病，是多种梨树、杜梨的一种常见病害。

1）发病诱因

土壤黏重，透气性差，雨后排水不及时，环境潮湿；树冠郁闭、通透性差等，易发病。管理粗放、土壤瘠薄、肥力不足、结实过多、生长势弱等，发病严重。

2）表现症状

多发生在叶片上，有时也侵染果实。叶面初为褐色斑点，扩展成圆形或近圆形褐色病斑，边缘暗褐色，病健组织界限清晰。病斑扩展融合成不规则形大斑，后期中央转灰褐色至灰白色，其上出现黑色小粒点。发病严重时，病叶大量提前脱落，常出现二次开花现象。

3）发生规律

真菌性病害，病菌在病落叶上越冬。京、津及以北地区6月开始发病，生长期内可重复侵染，7～8月为病害高发期。降雨多的年份，夏季降雨集中，雨量大伴高温、高湿天气，病害发生严重。

4）传播途径

病原菌借风雨、昆虫等传播，从气孔、伤口侵染危害。

5）综合防治

（1）冬季进行合理修剪，保持通风透光。彻底清除枯枝落叶，集中销毁。

（2）发芽前，喷洒5波美度石硫合剂，消灭越冬菌源。

（3）增施有机肥和磷钾复合肥，提高树体抗病能力。雨后及时排涝，锄草松土，降低田间湿度。及时摘除病叶，扫净病落叶，集中深埋，减少再侵染。

（4）普遍发病时，交替喷洒50％多菌灵可湿性粉剂800倍液，或50％苯菌灵可湿性粉剂1500倍液，10～15天喷洒1次，连续2～3次。

1 嫩叶上病斑　　　　　　　　　　2 老叶上病斑　　　　　　　　　　3 叶片被害状

149　梨黑斑病

黑斑病是多种梨树和杜梨的一种常见病害。

1）发病诱因

土壤黏重，地势低洼，环境潮湿；栽植过密、通透性差等，易发病；病虫危害、幼树结实过多，导致树势衰弱，发病严重。

2）表现症状

发生在叶片上，也侵染嫩梢和果实。叶面初为黑色斑点，扩展成近圆形、中央褐色、边缘黑褐色病斑，干枯、破裂。潮湿条件下，病斑上产生黑色霉层，病叶提前脱落。

果柄、果面初为黑色斑点，扩大成漆黑色圆形病斑，果肉组织腐烂，果面略凹陷。后期病部生出黑霉，果面易龟裂，病果脱落。

1 叶面病斑

3）发生规律

真菌性病害，病菌在病梢、病落叶上越冬。北方地区6月开始侵染发病，7～8月为病害高发期。夏季多雨、持续阴雨，刺吸式害虫大发生，加重该病流行。

4）传播途径

病原菌借风雨、昆虫传播，自气孔、皮孔、伤口侵染危害。

5）综合防治

（1）冬季结合修剪，彻底清除枯枝落叶、落果，集中销毁。

（2）发芽前，喷洒5波美度石硫合剂，减少越冬菌源。

（3）发病较重果园，5月中旬喷洒50%扑海因可湿性粉剂1500倍液，或10%苯菌灵可湿性粉剂1500倍液，或1.5%多抗霉素可湿性粉剂300倍液。

（4）及时修剪病梢，摘除病叶、病果，扫净落叶、病果，集中销毁。

（5）果实适时套袋。注意防治蚜虫、梨木虱、梨冠网蝽、茶翅蝽等害虫。

2 果柄上病斑

3 嫩梢上病斑

4 病斑上产生黑色霉层

150 梨轮纹病

梨轮纹病又叫梨瘤皮病、粗皮病，是梨树的常见病害。

1）发病诱因

地势低洼，土壤黏重，雨后排水不及时，环境潮湿；栽植过密、光照不足、通风不良等，易发病。病虫危害、肥力不足、树势衰弱等，发病严重。

2）表现症状

多发生在枝干和果实上。枝干皮孔处初为暗褐色突起斑点，扩展为圆形、椭圆形病斑。病部组织凹陷坏死，形成质地坚硬干疤，病健处产生裂缝。新旧病斑年年不断融合，皮层逐年增厚，形成轮纹，造成枝干粗糙，被害株生长势逐年衰弱。

果面初为褐色水渍状斑，扩展成大的圆斑。病部组织很快软腐，但不凹陷，有深浅相间的同心轮纹，有时有酸臭味茶褐色黏液溢出。病果腐烂脱落或干缩。

3）发生规律

真菌性病害，病菌在枝干病斑处、病残果上越冬。老病斑是重要的侵染源，京、津地区4月下旬开始初侵染，老病斑复发继续扩展。6月中旬至8月上旬为侵染高峰期，果实近成熟期表现症状。持续阴雨、雨量大，有利于病害传播流行。

1 病斑具轮纹状

2 枝干病斑后期症状

3 树干被害状

4）传播途径

病原菌借风雨传播，从皮孔、气孔侵染危害。随带菌苗木调运，异地传播。

5）综合防治

（1）结合冬季整形修剪，彻底清除残枝、落叶、落地及挂树僵果。

（2）发芽前，全株喷洒5波美度石硫合剂，减少越冬菌源。

（3）早春用利刀刮净病皮至新鲜皮层组织处，伤口涂刷溃腐灵30倍液，或40%苹腐速克灵3～5倍液，或35%轮纹铲除剂40倍液，2～3天再涂1次。

（4）及时摘除病果，集中深埋。5～8月，交替喷洒80%代森锰锌可湿性粉剂800～1000倍液，或50%甲基托布津可湿性粉剂800倍液，或30%绿得保胶悬剂400倍液，10～15天喷洒1次。

151 梨褐腐病

梨褐腐病是各种梨树的常见病害。

1）发病诱因

低势低洼，环境潮湿；遭受虫害、风害、雹灾，采摘时造成损伤等，易发该病。管理粗放、病虫害防治不及时、病残果清理不彻底，该病发生严重。

2）表现症状

发生在果实上。初为褐色水渍状斑点，扩展成近圆形大斑，果肉组织成淡褐色软腐。全果很快腐烂，病果大部分脱落，少数残留在果枝上，干缩成黑褐色僵果。

1 初发病状

3）发生规律

真菌性病害，病菌在挂树僵果及落地病残果上越冬。该病有潜伏侵染特性，生长期内可重复侵染，多在果实近着色期开始发病，至贮藏期、近成熟期为发病盛期。果实发育后期多雨、持续阴雨天气，病害发生严重。

4）传播途径

病原菌借风雨、昆虫、病健果接触等传播，从皮孔或伤口侵染危害。

5）综合防治

（1）结合冬季修剪，彻底清除病枯枝落叶、落果和挂树僵果，集中销毁。

（2）发芽前，喷洒 3 ~ 5 波美度石硫合剂，或45%晶体石硫合剂 30 倍液。

（3）落花后，喷洒50%多菌灵可湿性粉剂 600 倍液。雨后及时排水散湿。

（4）果实适时套袋。不套袋的，及时清除树上和落地病果。8月中旬，交替喷洒200 倍倍量式波尔多液，或2%宁南霉素水剂 400 ~ 800 倍液，或50%克菌丹可湿性粉剂 600 倍液。

2 果实褐色软腐

3 病果干缩成僵果

152 梨青霉病

青霉病又叫水烂病，是鸭梨、雪花梨、酥梨、皇冠梨等多种梨树、苹果树的主要病害之一。

1）发病诱因

果实遭受冻害、风害、雹灾，病虫危害；树冠通透性差、生长后期土壤过湿等，易发病。管理粗放、清园不彻底、病虫害防治不及时、人为损伤等，发病严重。

2）表现症状

发生在果实上，多从萼洼或梗洼侵染发病。初为近圆形、淡褐色湿腐状病斑，边缘暗褐色，病健组织界限清晰。病部果肉组织淡褐色软腐、凹陷，向下可烂至果核。潮湿环境下，病斑上出现白色，后转青绿色霉状物、密集成层，或

1 初发病状

成堆状霉丛，散发出刺鼻霉味。病部迅速扩展，很快烂及整个果实，病果脱落。

3）发生规律

真菌性病害，病菌在落地病残果或土壤中越冬。多在果实生长后期侵染感病，果实近成熟期表现症状，至贮藏期间仍可发病。高温高湿环境，病害发生严重。

4）传播途径

病原菌借风雨、昆虫、病健果接触等传播，从皮孔或伤口侵染危害。

5）综合防治

（1）及时摘除树上病果、虫果，清除落地病残果，集中销毁。

（2）注意防治斑须蝽、茶翅蝽等刺吸式害虫，减少伤口侵染。

（3）果实生长后期及采摘前 15 天，喷洒 200 倍等量式波尔多液，或 50% 多菌灵可湿性粉剂 600 倍液，或 50% 苯菌灵可湿性粉剂 500 倍液，或 70% 甲基托布津可湿性粉剂 800 倍液，减少该病发生。

（4）果实采摘及装箱时，要轻摘、轻放，尽量减少伤口，选择无伤口的果实装箱贮藏。

2 病部生出白色霉状物

3 病部后期症状

153　梨红粉病

梨红粉病又叫梨红腐病，是多种梨树的常见病害。

1）发病诱因

地势低洼，雨后排水不及时，后期灌水过勤，环境郁闭、潮湿；管理粗放、清园不彻底等，易发病；遭受风灾、雹灾，病虫危害，伤口过多等，发病严重。

2）表现症状

发生在果实上。初为黑色斑点，扩展成近圆形，黑色或黑褐色病斑，病健组织界限清晰，病斑迅速扩展，果肉组织变黑褐色软腐。后期病部失水塌陷，其上出现白色霉状物，渐转为淡红色霉层，病果提前脱落，或干缩成黑色僵果。

3）发生规律

真菌性病害，病菌在落地病残果上或土壤中越冬。果实近着色期开始侵染，8月病果陆续脱落。果实生长后期降雨量大、持续阴雨、伤口多，病害发生严重。

1 果实发病状

2 病部初现白色霉状物

3 病斑上出现粉红色霉层

4 病果后期表现症状

4）传播途径

病原菌借风雨、昆虫传播，从气孔、伤口、萼洼、病疤处侵染危害。

5）综合防治

（1）结合冬季修剪进行彻底清园，清除枯枝落叶、落地残果，集中销毁。

（2）发芽前，树穴地面喷洒5波美度石硫合剂，消灭土表越冬菌。

（3）及时防治病虫害，减少伤口侵染。雨后及时排水，松土散湿。

（4）果实近着色期，交替喷洒50%苯菌灵可湿性粉剂1500倍液，或50%扑海因可湿性粉剂1000倍液，或70%甲基托布津可湿性粉剂1000倍液。

（5）及时摘除病果，拾净落地病残果，集中深埋，减少再侵染。

154 梨炭疽病

梨炭疽病又叫梨苦腐病、梨晚腐病，是多种梨树的主要病害之一。

1）发病诱因

地势低洼，雨后排水不及时，环境郁闭、潮湿，病害防治不及时等，易发病。

2）表现症状

发生在果实上，也侵染叶片和枝条。果面初为淡褐色水渍状斑点，扩展成深褐色圆形病斑，果肉组织软腐，果面凹陷，常出现深浅相间的同心轮纹。病皮下出现稍隆起的黑色小粒点，有时排成同心轮纹状，果实腐烂脱落或干缩成僵果。叶面初为褐色斑点，扩展成近圆形、不规则形，边缘暗褐色，中央渐转灰白色病斑，有时略显轮纹。潮湿环境下，病斑上出现黑色小点。

3）发生规律

真菌性病害，病菌在病枝、挂树僵果、落地病残果、病落叶上越冬。僵果是重要初侵染源，北方地区6月上旬开始侵染，侵染后呈潜伏状态，至果实生长后期、果实采收期、贮藏期均可发病，7～8月为盛发期。高温季节多雨，雨量大，有利于病害发生。

4）传播途径

病原菌借风雨、昆虫传播，从皮孔或伤口侵染危害。

5）综合防治

（1）结合冬季修剪，疏去病枯枝，摘除树上僵果，拾净落地果，集中销毁。

（2）发芽前，喷洒5波美度石硫合剂，减少越冬菌源。

（3）大雨过后及时排水，锄草，松土散湿，降低田间湿度。

（4）落花后交替喷洒80%大生M-45可湿性粉剂800倍液，或50%克菌丹可湿性粉剂700倍液，或65%代森锌可湿性粉剂600倍液。5月上中旬果实套袋。

1 叶面病斑

2 病斑后期症状

3 果实发病状

155　梨叶脉黄化病

叶脉黄化病是梨树的一种常见病害。

1）发病诱因

环境郁闭，通透性差；管理粗放，病株清理不及时、不彻底，病虫害防治不及时、不到位等，是发生该病的主要诱因。

2）表现症状

多发生在幼龄树叶片上。个别枝条侵染发病，逐渐向周边扩展。嫩叶期即显示病症，沿主脉或局部叶脉开始发病，初为黄绿色不规则形，后转米黄色。病部向外扩延似短羽毛状，黄化部分不断扩展至全叶及叶柄。病叶增厚，质脆，提前脱落。

3）发生规律

病毒性病害，病毒在病株活体内越冬。5月上旬开始发病，春季和初夏发病严重，秋后出现早期落叶。

1 沿叶脉发病状　　　　　　　2 向叶脉间叶肉组织扩展

3 不同发病阶段表现症状　　　　　　　4 后期症状

4）传播途径

病毒通过病株芽、接穗，或用带毒砧木进行嫁接繁殖，嫁接及修剪工具，刺吸式媒介昆虫等传播，从伤口侵染危害。随带毒苗木调运，异地传播。

5）综合防治

（1）不采购疫区苗木。不用病株作植材进行嫁接繁殖，工具消毒后使用。

（2）加强养护管理，及时刨除重病株，集中销毁。雨后及时排水除涝。注意防治叶蝉、蚜虫、梨木虱、梨冠网蝽、红蜘蛛等刺吸式昆虫，消灭传播媒介。

（3）初发病时，树干注射 10000 单位 /ml 土霉素，药液量 20 ~ 40ml/ 株，或用 1000 单位 /ml 土霉素灌根，有一定抑制作用。

156　梨缺硼症

缺硼症又叫梨缩果病，是白梨、鸭梨等多种梨树的一种主要病害之一。

1）发病诱因

因植物体内缺少硼元素而引起的病害。石灰质土壤，盐碱地、沙滩地、土壤瘠薄的山地，及钾肥、氮肥施用过量，造成土壤中缺少可被植物吸收的硼元素；土壤黏重、过于干旱或过湿，导致根系吸收能力差，影响对硼元素的吸收等，都会出现缺硼症。管理粗放的果园，该病发生严重。

2）表现症状

生理性病害。主要发生在果实上，也危害枝梢。多从果实膨大期开始，果面出现数个不规则凹陷斑，凹陷部位逐渐皱缩加深。果肉组织成褐色木栓化坏死，病果停止发育，僵化，质硬、味苦，不可食用。该病常造成果实大量变质脱落。

3）发生规律

北方地区多于 6 月开始发病，至果实成熟前均可发生。干旱年份，果实着色期发病严重。

1 病果初期症状

4）综合防治

（1）土壤中掺拌适量山皮砂、草炭土，增施有机肥，改良盐碱土和黏重土壤。

（2）花期及落花后，叶面喷洒 0.3% ~ 0.5% 硼砂，或 0.15% 硼酸液肥，10 天喷洒 1 次，连续 2 ~ 3 次，预防和减少该病发生。

（3）发病较重果园，施基肥时掺入 100 ~ 200g/ 株硼砂，或 50 ~ 100g/ 株硼酸混合肥，施肥后及时灌透水，有利于缓解病症。但不可过量施用，以免造成肥害。

（4）土壤干旱时适时补浇透水，雨后及时排涝，防止土壤过旱或过湿，提高根系对肥液的吸收能力。

2 病果皱缩畸形

3 病果脱落

157　梨树腐烂病

梨腐烂病又叫烂皮病、臭皮病，是梨树的主要病害之一。

1）发病诱因

地势低洼，土壤黏重、潮湿；栽植过深，土壤过于干旱，肥力不足，结果过多，苗木遭受冻害、日灼伤害等，造成树势衰弱，易发病。

2）表现症状

发生在主干、主侧枝和小枝上，表现有两种类型。

（1）溃疡型：发生在主干或主侧枝上，初为椭圆形或不规则形褐色至红褐色水渍状，用手按压有松软感。皮层呈黑褐色腐烂，有酒糟味。病斑逐渐干枯、凹陷，其上密布黑色粒点，潮湿天气，溢出橘黄色黏稠汁液。

1 初发病症状

2 树干发病状

3 病斑上橘黄色丝状物

4 病部皮层腐烂

病斑绕主干或大枝一周时，枝干枯死。

（2）枝枯型：衰弱树的小枝上，枝条萎蔫干枯，其上密生黑色小粒点。

3）发生规律

真菌性病害，病菌在病部皮层组织内越冬。3月下旬开始初侵染，形成新病斑，旧病斑继续扩展。具潜伏侵染特性，树势健壮时症状表现不明显，树势衰弱时扩展迅速。生长期内可重复侵染，春秋两季为发病高峰期，以春季发生严重。

4）传播途径

病原菌借风雨传播，自皮孔、伤口侵染危害。随带菌苗木调运，异地传播。

5）综合防治

（1）结合冬季修剪，彻底刨除重病株、病死株，剪去病枯枝，集中销毁。全株喷洒 3～5 波美度石硫合剂。

（2）夏季枝干全面喷洒 43% 戊唑醇 500 倍液，控制和预防该病发生。

（3）在大于病斑范围内，反复涂刷 10% 果康保 20 倍液或腐皮消原液。

（4）6月刮净病疤上腐烂皮层至新鲜组织处，伤口处反复涂抹腐皮消 50 倍液，或溃腐灵原液，或灭腐灵 30 倍液，或 843 康复剂原液。

158 桃细菌性穿孔病

细菌性穿孔病是桃树、杏树、李树、紫叶李、樱花、樱桃等树种的常见病害。

1）发病诱因

地势低洼、雨后排水不及时，病虫危害，树木生长势衰弱等，易发病。

2）表现症状

多发生在叶片上，也侵染果实和嫩梢。叶面初为水渍状淡紫褐色斑点，扩展成大小不一，近圆形、紫褐色病斑，病健组织边界清晰，外缘有黄绿色晕圈。病斑融合成不规则形大斑，干枯与健康组织产生裂隙，病斑脱落形成穿孔。

果面出现黑色斑点，扩展成暗紫色、中央微凹的圆形病斑，后期果面易龟裂。

枝梢上出现褐色至紫褐色、微凹的圆形病斑，感病1、2年生枝冬季多枯死。

3）发生规律

细菌性病害，病菌在枝条病斑、病芽上、芽苞的越冬。5月叶片开始发病，7～8月为病害高发期。多雨年份，高温季节多雨、多雾，持续阴雨天气，加重病害发生。

4）传播途径

病原菌借风雨、昆虫等传播，由气孔、皮孔或伤口侵染危害。

5）综合防治

（1）落叶后剪去病枝、无用枝，彻底清除残枝、落叶，集中销毁。

（2）发芽前，喷洒5波美度石硫合剂，或100倍等量式波尔多液。

（3）注意防治蚜虫、叶蝉、螨类等害虫，消灭传播媒介，减少病害发生。

（4）花后交替喷洒2％春雷霉素水剂500倍液，或72％福美锌可湿性粉剂800倍液，或65％代森锌可湿性粉剂600倍液，7～10天喷洒1次。

（5）大雨过后，及时排水防涝，松土散湿，控制田间湿度。

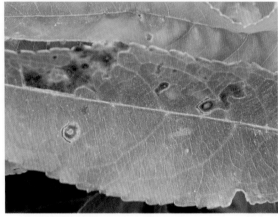 

1 叶面病斑　　　　　　　　2 后期病斑穿孔状

3 叶片被害状

159 桃真菌性穿孔病

真菌性穿孔病是桃树、杏树、李树、紫叶李、樱花、樱桃等树种的常见病害。

1）发病诱因

土壤黏重、贫瘠，管理粗放，土壤过于干旱，病虫危害，树势衰弱等，易发病。

2）表现症状

多发生在叶片上，也侵染果实和嫩梢。叶面初为近圆形、褐色病斑，病斑较细菌性病斑略大，病健组织边界清晰，外缘无黄绿色晕圈。病斑干缩与健康组织产生离层，完全脱落形成穿孔，或有少量坏死组织残留。潮湿天气，病斑上可见褐色霉状物。叶面穿孔多时，常连成大的孔洞，病叶残缺、早落。

3）发生规律

真菌性病害，病菌在枝条病斑、病芽上越冬。5月下旬开始初侵染，雨后有利于病害传播。生长期内可重复侵染，多雨年份，加重病害发生。

4）传播途径

病原菌借风雨、昆虫等传播，由气孔、皮孔或伤口侵染危害。

5）综合防治

（1）发芽前，喷洒5波美度石硫合剂，或100倍等量式波尔多液。

（2）谢花至果实套袋前遇雨，及初发病时，在叶片干爽时，交替喷洒120倍等量式波尔多液，或50%苯菌灵可湿性粉剂1500倍液，或70%甲基托布津可湿性粉剂800～1000倍液，或65%代森锌可湿性粉剂600倍液，7～10天喷洒1次。

（3）大雨过后，及时排水防涝，松土散湿，控制田间湿度。

（4）注意防治蚜虫、叶蝉、螨类等害虫，减少病害发生。

1 叶面病斑

2 病斑干缩产生裂隙

160 桃缩叶病

主要危害各种桃树、碧桃等。

1）发病诱因

地势低洼，栽植环境郁闭，通透性较差的环境条件下，易发病。

2）表现症状

病害局部发生，主要发生在新梢先端叶片上，有时也危害嫩梢和幼果。幼叶从芽鳞中抽出时，叶片边缘局部肿胀呈红色扭曲状。展叶后病部组织增厚，叶缘呈波纹状凹凸，卷曲皱缩，逐渐转为淡黄白色或红褐色。后期病叶上显现灰白色粉状物，病组织质地松脆，后变褐色干枯脱落。

1 初发病状

3 病叶肿胀扭曲

2 叶片被害状

4 病组织干枯破裂

3）发生规律

真菌性病害，病菌在芽鳞缝隙、嫩梢病斑内越夏、越冬。越冬期气候变化剧烈时、发病严重。桃芽萌动时开始侵染，展叶时即开始显示症状。京、津地区4月下旬至5月上旬为侵染高峰期，年内抽生新叶不再侵染。早春低温多雨，多大雾天气，发病严重。

4）传播途径

病原菌可借助刺吸昆虫传播，从伤口侵染危害。

5）综合防治

（1）冬季结合修剪进行彻底清园，清除残枝、落叶，集中销毁。

（2）花芽露红，露白时，是预防该病的关键时期，及时喷洒2～3波美度石硫合剂。落花后，喷洒5%井冈霉素水剂500倍液，或70%代森锰锌可湿性粉剂500倍液，或50%多菌灵胶悬剂1000倍液，消灭初侵染源。7天再喷洒1次，连续3次。

（3）早春注意防治桃蚜、桃瘤蚜、桃粉大尾蚜等刺吸式害虫，消灭传播媒介。

161　桃疮痂病

桃疮痂病又叫桃黑星病、黑痣病，主要危害各种桃树、杏树、李树、杏梅等。

1）发病诱因

栽植过密，苗木修剪不到位，树冠郁闭，通风透光性差；地势低洼，雨后排水不及时、不通畅，杂草丛生，环境潮湿等，易发病。

2）表现症状

主要发生在果实上，也危害新梢和叶片。多从向阳面果肩部发病，果面初现十多个至数十个暗绿色斑点，扩展为大小基本一致的紫黑色或黑色痣状病斑，其上着生黑霉，雨水冲刷后易脱落。病斑处果皮逐渐木栓化，但不深入果肉组织，病斑密集处常发生疮痂状浅裂纹。病果可食用，但果实品质欠佳。

1 果面上病斑

3）发生规律

真菌性病害，病菌在枝梢病斑内、芽鳞处越冬。京津地区 4 月开始侵染，具潜伏性，果实于 6 月开始发病，生长期内可重复侵染，7 ~ 8 月为发病高峰期。气候干旱，发病较轻。春季和初夏多雨则后期发病严重，中晚熟品种受害较重。

4）传播途径

病原菌借风雨传播，从皮孔、气孔侵染发病。

5）综合防治

（1）冬季剪去病枯梢，集中销毁。发芽前，喷洒 3 ~ 5 波美度石硫合剂。

（2）落花后 15 天至 6 月下旬，交替喷洒 80％代森锰锌可湿性粉剂 600 ~ 800 倍液，或 80％太盛可湿性粉剂 800 倍液，或 70％品润悬浮剂 1000 倍液，或 80％大生 M-45 可湿性粉剂 800 倍液 + 助杀 1000 倍液，15 天喷洒 1 次。

（3）果实适时套袋。摘除和捡拾病果，集中销毁。大雨过后及时排涝散湿。

2 果面病斑上着生黑霉

3 后期症状

162 桃褐腐病

桃褐腐病又叫果腐病、菌核病，是多种桃树、杏树、李树的主要病害之一。

1）发病诱因

地势低洼，雨后排水不及时，近果实成熟期环境潮湿；树冠郁闭、通风透光性差等，易发病。遭受雹伤、病虫危害、清园不彻底等，该病发生严重。

2）表现症状

发生在果实上，也侵染枝条和花。果面初为浅褐色斑点，快速扩展成近圆形病斑，病部果肉组织变褐色软腐，有特殊香味。很快蔓延至整个果

1 病果褐色腐烂

2 成熟期桃果发病状

3 李果发病状

4 桃果后期表现症状

面，其上布满褐色绒球状物，有时呈同心轮纹状。病果脱落，或干缩成褐色僵果，挂树当年不落。

3）发生规律

真菌性病害，病菌在枝条病斑上、落地病残果、挂树僵果上越冬。花期开始侵染，生长期内可重复侵染，花期低温多雨天气，易引起花腐。果实近着色期至成熟期为病害高发期，高温多雨、多大雾、持续阴雨天气，果实受害最为严重。

4）传播途径

病原菌借风雨、昆虫、病健果接触传播，从皮孔、气孔和花器侵染发病。

5）综合防治

（1）落叶后，剪除病枯枝，摘除挂树僵果，清除枯枝落叶、落果，集中销毁。

（2）芽膨大期，喷洒 5 波美度石硫合剂，或 100 倍等量式波尔多液。

（3）初花期和落花后 7 天，喷洒 50% 速克灵可湿性粉剂 2000 倍液，或 50% 苯菌灵可湿性粉剂 1500 倍液，或 65% 代森锌可湿性粉剂 500 倍液，10 天喷洒 1 次。

（4）及时摘去病果，捡拾落地果，集中深埋。注意防治蝽象、桃蛀螟、桃小食心虫等，减少伤口侵染。雨后及时排水，松土散湿。5 月上旬果实适时套袋。

163　桃根霉软腐病

桃根霉软腐病是多种桃树及苹果树、梨树的常见病害。

1）发病诱因

环境郁闭，栽植过密，通透性差，田间湿度大；短期内土壤水分变化过大、套袋果实去袋后遇雨等，易发病。清园不彻底、病虫害防治不及时等，发病严重。

2）表现症状

发生在果实上。果面初为水渍状浅褐色、近圆形病斑，果肉组织软腐，其上滋生疏松的白色棉絮状霉层，不久产生黑色菌丝，病果腐烂脱落或失水干缩成僵果，悬挂在枝上，经冬不落。

3）发生规律

真菌性病害，病菌在挂树僵果、落地病残果或表层土越冬。病斑扩展迅速，可重复侵染，多发生在果实近成熟期和贮藏期，7～8月为发病高峰期。高温多雨、雨量大的湿热天气，病害发生严重。

4）传播途径

病原菌借风雨、昆虫、病健果接触等传播，从伤口处侵染危害。

5）综合防治

（1）冬季结合修剪，摘除挂树僵果，清除枯枝落叶、落地残果，集中销毁。

（2）果实适时套袋。土壤干旱时适时补水，雨后及时排水，松土散湿，防止土壤水分变化过大。及时摘除病果，捡拾落地残果，集中销毁，减少再侵染。

（3）重点防治果蝇、桃小、梨小、李小、桃蛀螟等蛀果害虫，减少伤口侵染。

（4）发病初期及果实解袋后1～2周内，喷洒50%苯菌灵可湿性粉剂2000倍液，或25%凯润乳油4000倍液，或25%嘧菌脂悬浮剂2000倍液，或50%多霉灵可湿性粉剂1500倍液。

1 病部滋生霉状物

2 果实被害状

3 干缩成僵果

164 桃灰霉病

灰霉病是多种桃树的常见病害。

1）发病诱因

环境郁闭，栽植过密，通透性差；地势低洼、土壤黏重、雨后排水不及时等，易发病。遭受风害、雹灾、机械损伤、虫伤，清园不彻底等，发病重。

2）表现症状

发生在花和果实上。花瓣变褐色软腐，长出灰色霉层，病花枯萎脱落或残留。

幼果果面初为淡绿色圆斑，果实停止发育，提前脱落，或失水干缩成深褐色僵果。近成熟期果实染病，果实顶部果肉组织褐色软腐，出现病斑，并很快扩展至整个果实，但果形不变，病部生出鼠灰色霉层，病果脱落。

3）发生规律

真菌性病害，病菌在挂树僵果或随落地病残果在土壤中越冬。桃树开花时开始侵染，花期和果实近成熟是发病的高峰期。花期春雨连绵，该病易普遍发生。果实近成熟期多雨、多雾，环境湿度大，病害发生严重。

4）传播途径

病原菌借风雨传播，从皮孔、伤口处侵染危害。

5）综合防治

（1）结合冬季修剪摘除僵果，彻底清除枯枝落叶、落地残果，集中销毁。

（2）加强养护管理，大雨过后及时排涝，锄地散湿。合理整形修剪，保持良好通透性。及时摘除病花、病果，清除落地烂果，集中销毁。

（3）花芽萌动前，喷洒 3～5 波美度石硫合剂。

（4）开花始期、末期和落花后 10 天，交替喷洒 50%苯菌灵可湿性粉剂 1500 倍液，或 50%扑海因可湿性粉剂 800 倍液，或 50%灰霉利水分散粒剂 1000 倍液。

1 果实发病初期症状

2 果实发病中期症状

3 桃果发病后期症状

165 桃炭疽病

炭疽病是多种桃树的常见病害。

1）发病诱因

土壤黏重，地势低洼，雨后排水不及时，环境潮湿；栽植过密、留枝过多、枝条徒长，导致树冠郁闭、通风透光性差、结实多等，易发病。

2）表现症状

发生在果实上，也侵染叶片和嫩梢，造成落花、落果，果枝枯死。幼果果面为暗褐色斑点，病果停止发育，萎缩成僵果。果实膨大期，果面为淡褐色水渍状斑点，扩展为近圆形病斑，病部腐烂褐色凹陷。近成熟果实，病部有环状同心轮纹，并显现黑色粒状物。

1 果面发病症状

叶面为圆形或不规则形淡褐色病斑，叶片向叶面纵向卷成筒状，萎蔫下垂。

嫩梢上为暗绿色、长椭圆形病斑，渐转灰褐色，病部略凹陷，病梢先端枯萎。

3）发生规律

真菌性病害，病菌在病梢、挂树僵果或落地病果上越冬。山东、河北地区 5 月开始发病，坐果后至套袋前为主要侵染期。具潜伏性，5 月低温多雨，早、中熟品种发病重。8 月多阴雨、雨量大的高湿天气，晚熟品种发病严重。

4）传播途径

病原菌借风雨、昆虫、病健果接触等传播，自皮孔、伤口侵染危害。

5）综合防治

（1）落叶后剪去病枯枝，摘除树上僵果，集中销毁。全株喷洒 5 波美度石硫合剂 + 0.3％五氯酚钠 100 倍液，减少越冬菌源。

（2）合理修剪，雨后及时排水，松土散湿。增施磷钾肥，提高抗病能力。

（3）花芽露红、露白，落花后至套袋前，交替喷洒 80％代森锰锌可湿性粉剂 600 倍液，或 70％甲基托布津可湿性粉剂 800 倍液，或 10％苯醚甲环唑水分散粒剂 1000 ~ 1500 倍液，10 天喷洒 1 次，连续 3 ~ 4 次，预防和控制该病发生。

（4）发病时，及时摘除病叶、病果，集中销毁，交替喷洒上述药剂。

166 桃实腐病

桃实腐病又叫腐败病，是多种桃树的一种常见病害。

1）发病诱因

环境郁闭，栽植过密，通透性差；地势低洼、雨后排水不及时、环境潮湿等，易发病。管理粗放、结实过多、肥力不足、树势衰弱、清园不彻底等，发病严重。

2）表现症状

主要发生在果实上，多自果实顶端或腹缝处开始发病。初为淡褐色水渍状斑点，扩展成褐色病斑，腹缝处常出现裂

1 发病初期症状

2 病部失水皱缩

3 潮湿环境下表现症状

4 果肉腐烂直达果心

缝。很快蔓延至整个果实，果肉组织软腐直达果核，病果脱落或干缩成中央略隆起的僵果。潮湿环境下，病部出现灰白色菌丝。

3）发生规律

真菌性病害，病菌在挂树僵果或病落果上越冬。花期、幼果期、果实膨大后期遇大暴雨、持续降雨、多雾天气，发病严重，果实近成熟期病情加重。

4）传播途径

病原菌借风雨、昆虫、病健果接触等传播，从皮孔或伤口侵染危害。

5）综合防治

（1）落叶后彻底清除枯枝落叶、挂树僵果和落果，集中销毁。

（2）发芽前，喷洒5波美度石硫合剂，或100倍等量式波尔多液。

（3）大雨后及时排水，松土散湿。注意防治象甲、蟓象等，减少伤口侵染。

（4）5月上旬桃果开始进行套袋。不套袋的发病初期，及时清理病果，交替喷洒50%苯菌灵可湿性粉剂1500倍液，或50%速克灵可湿性粉剂倍液2000倍液，或50%多菌灵可湿性粉剂800倍液，果实采摘前一个月停止喷药。

167　桃真菌性流胶病

流胶病又叫疣皮病，是桃树、山桃、山杏、杏树、紫叶李、太阳李、稠李、紫叶稠李、李树、梅树、榆叶梅、樱桃、樱花等核果类树种的一种常见病害。

1）发病诱因

土壤贫瘠，长期干旱，遭受冻害、日灼，病虫危害，树势衰弱等，易发病。

2）表现症状

发生在枝干上，也侵染果实，主干、枝干分杈处发病严重。初为疣状突起，肿胀处溢出黄白色透明、柔软胶状物，硬化成茶褐色胶块。随着流胶点增多，病皮粗糙、龟裂，病部皮层和木质部褐色坏死并显现黑色粒状物。严重时，树势衰弱，枝干枯死。

感病果面初显水渍状病斑、无规则状，随着黄白色胶质物溢出，病斑褐色硬化常龟裂。

3）发生规律

真菌性病害，病菌在枝干病斑内越冬。4月上旬开始初侵染，形成新的病斑，旧病斑复发继续扩展。5～6月、8～9月分别为发病高峰期，遇暴雨后病情加重。

4）传播途径

病原菌借风雨、昆虫等传播，从伤口及皮孔侵染发病。

1 发病初期症状　　　　　2 病部皮层腐烂

3 桃果流胶状

5）综合防治

（1）树干涂白，防止冻害或日灼发生。

（2）芽萌动时，利刀刮净胶块和腐烂病皮，用流胶定500倍液与生石灰拌成膏状，或溃腐灵原液，或腐烂净原液，或灭腐新黏稠悬浮剂原液，反复涂刷伤口。

（3）发病高峰期，枝干喷洒1.5%菌立灭水剂1000倍液，或50%退菌特可湿性粉剂800倍液，预防和减少病害发生。

（4）注意防治桃红颈天牛等害虫，减少伤口侵染发病。

168 桃非侵染性流胶病

非侵染性流胶病是桃树、碧桃、山桃、山杏、杏树、李树、紫叶李、稠李、紫叶稠李、太阳李、紫叶矮樱、梅树、樱桃树、樱花等树种的一种常见病害。

1）发病诱因

生长势衰弱是诱发该病的主要原因。土壤盐碱、黏重，新植苗木三遍水未及时灌透，机械损伤，栽植过深；苗木修剪过重，遭受冻害、雹灾，病虫危害；管理粗放、土壤过湿或过于干旱、肥力不足、结实过多等，易发该病。

2）表现症状

发生在主干和主枝上。病部略肿胀，溢出柔软半透明胶质物，渐硬化成琥珀状胶块，病部皮层和木质部褐色腐烂。病情持续发展，造成树势衰弱、枝枯树亡。

1 桃树发病初期症状　　　　　2 后期流胶状

3 新植樱花发病状　　　　　4 紫叶李树干发病状

3）发生规律

生理性病害。展叶后至 10 月均可发病，5 月下旬至 6 月、8 ~ 9 月分别为全年两个发病高峰期。土壤长期干旱，大雨后流胶现象发生尤为严重。

4）综合防治

（1）发芽前，喷洒 3 ~ 5 波美度石硫合剂。

（2）苗木嫁接口必须在栽植面以上，栽植后树干涂白，防止冻害或日灼发生。避免雨天修剪，剪口、伤口及时涂抹杀菌剂保护。

（3）注意防治桃红颈天牛、桑天牛等。雨后及时排水，锄地散湿。

（4）刮净胶块和坏死组织，伤口反复涂刷 5 ~ 8 波美度石硫合剂，或 5% 菌毒清水剂 30 倍液保护。同时在距树干外围 1m 处，深挖 30cm 的穴坑，浇灌硫酸铜 200 倍液，1 月 1 次，连续 2 ~ 3 次。

169 桃树根头癌肿病

根头癌肿病又叫根癌病、冠瘿病，是桃树、碧桃、山桃、樱桃、樱花、苹果树、海棠、杏树、李树、紫叶李、榆叶梅、梅花、月季等树种的毁灭性病害。

1）发病诱因

栽植带菌苗木和使用带菌土壤，病株残体清除不彻底，带菌土壤未消毒处理，是该病迅速蔓延的重要原因。圃地重茬栽植、土壤害虫危害等，易发病。

2）表现症状

多发生在根部及根颈部，枝干及嫁接口也时有发生。初现黄白色、表面光滑的球形或扁球形瘤状物。瘤体不断增生，表面粗糙，逐渐木栓化。病株侧根少，生长势衰弱，叶片萎黄，提前脱落。很快枝条枯萎，整株死亡。

3）发生规律

细菌性病害，根瘤菌是一种土壤习居细菌性病害，病菌在癌瘤组织上和土壤植物残体中越冬，在土壤中可存活数月以上。生长期内均可侵染发病，刺激植物产生瘤状物。8月为病害高发期。

4）传播途径

病原菌借风雨、灌溉水、地下害虫、带菌土壤、用带菌植材进行嫁接繁殖、修剪工具交叉使用等传播，从伤口侵染危害。随带菌苗木调运，异地传播。

5）综合防治

（1）雨后及时排涝，松土散湿。注意防治蛴螬和线虫，避免伤口侵染。

1 紫叶矮樱根部癌瘤

2 桃树嫁接口处癌瘤

3 樱花根茎处癌瘤

4 榆叶梅根际癌瘤

5 梅花嫁接口癌瘤

（2）利刀切除癌瘤及周边组织，将碎屑集中深埋。用15%络氨铜水剂200倍液，或1.5%菌立灭水剂300倍液＋细菌灵6000倍液灌根。也可直接用博士猫根癌灵400倍液灌根，20天灌根1次，连续2～4次，灌根后用地膜覆盖。

（3）拔除重病株，彻底清除残根，集中销毁，土壤消毒处理使用。

170 桃树白色膏药病

白色膏药病在多种桃树、山桃和碧桃上时有发生。

1）发病诱因

病菌为弱寄生菌，树势衰弱是发病的重要原因。地势低洼，土壤黏重、环境郁闭等，易发病。土壤过于干旱，肥力不足，病虫危害，清园不彻底的老果园、老龄树，生长势衰弱株，发病严重。

2）表现症状

发生在主干或主干枝杈下方背阴面。初为外缘较整齐的圆形或不规则形，中间淡褐色、边缘白色绵绒状物（菌膜），似膏药状贴伏在病皮上，扩展增厚呈丝绒状。后期质地变硬干缩。病皮脱落，大枝干枯，全株死亡。

1 初发病状

3）发生规律

该病是生理病因与真菌病原共同诱发的结果，病菌在枝干病部越冬。春季开始侵染危害，生长期内可重复侵染。高温季节遇雨，有利于孢子迅速传播侵染。

4）传播途径

病原菌借风雨、昆虫等传播，从伤口侵染危害。

5）综合防治

（1）芽萌动时，用溃腐灵 30 ~ 60 倍液涂刷树干和大枝，抑制病部继续扩展。

（2）用利刀将枝干上菌膜及病皮彻底刮除干净，碎屑集中深埋。从病部外缘向内反复涂刷溃腐灵原液，或 20% 石灰乳，或 2 ~ 3 波美度石硫合剂，3 天后再涂 1 次。用青枯立克 200 ~ 300 倍液灌根。

（3）加强养护管理，及时刨除重病株、病死株，锯除重病枝，集中销毁。干旱时适时补水，雨后及时排水，松土散湿。

2 菌膜连接成片

3 菌膜边缘翘起

171 杏灰斑病

灰斑病在多种杏树和山杏上时有发生。

1）发病诱因

地势低洼，栽植环境郁闭、潮湿、苗木失剪，树冠通透性差等，易发病；管理粗放，雨后排水不及时，清园不彻底的果园，该病发生严重。

2）表现症状

主要发生在叶片上，也侵染嫩梢。多从叶片边缘、叶先端发病，初为褐色斑点，扩展成不规则形病斑，病健组织界线清晰，边缘黑褐色，中央逐渐转为灰色。相邻病斑扩展融合，干枯坏死，其上散生黑色小点，病叶焦枯、破裂。

3）发生规律

真菌性病害，病菌在病枝、病落叶上越冬。华北及以北地区，5月中下旬开始侵染，生长期内可重复侵染。7～8月多雨，持续阴雨的高湿环境，发病严重。降雨早、降雨多的年份，该病发生严重。

4）传播途径

病原菌借风雨传播，从气孔侵染危害。

5）综合防治

（1）结合冬季修剪进行清园，剪去病枯枝，彻底清除残枝落叶，集中销毁。

1 叶先端发病状

2 叶缘病斑

3 发病后期症状

（2）加强养护管理，合理进行整形修剪，保持良好的通透性。大雨过后及时排水，降低田间湿度。

（3）病害发生期，及时摘除病叶、扫净落叶。交替喷洒 100 倍等量式波尔多液，或 75% 百菌清可湿性粉剂 600～800 倍液，或 50% 多菌灵可湿性粉剂 800 倍液，或 40% 退菌特可湿性粉剂 600 倍液，15 天喷洒 1 次。

172 杏疮痂病

疮痂病是香白杏、大红袍、串枝红、垂枝杏等多种杏树的常见病害。

1）发病诱因

地势低洼、雨后排水不及时、环境潮湿等，易发病。栽植过密、环境郁闭、苗木失剪，造成光照不足、通风不良等，加重病害发生。

2）表现症状

多发生在向阳面果实肩部，也危害嫩梢。果面出现淡褐色斑点，扩展成紫红色、近圆形小斑，病斑密集。病部果皮木栓化，但不深入果肉组织，病皮易龟裂。

嫩梢上初为淡褐色圆形病斑，后成黑褐色隆起，有胶液流出，常造成枯梢。

3）发生规律

真菌性病害，病菌在枝梢病斑上越冬。华北地区5～6月为重要侵染期，潜育期长，果实近成熟期发病，6～8月为病害高发期。侵染期多雨、持续降雨，后期病害发生严重。

4）传播途径

病原菌借风雨传播，从皮孔侵染危害。

5）综合防治

（1）冬季剪去病枝，彻底清除落地病残果、枯枝落叶，集中销毁。

（2）发芽前，喷洒3～5波美度石硫合剂，或500倍五氯酚钠，消灭越冬菌源。

（3）落花后，交替喷洒80%大生M-45可湿性粉剂600～800倍液，或40%氟硅唑乳油8000倍液，或70%代森锰锌可湿性粉剂800倍液，10～15天喷洒1次。果实适时套袋，减少病害发生。

（4）采果后进行整形修剪，提高通透性。大雨过后及时排水，锄草散湿。

1 果实膨大期发病状

2 果面病斑

3 果实被害状

173　杏褐腐病

杏褐腐病又叫果腐病、杏灰腐病，是多种杏树、李树等果树的主要病害之一。

1）发病诱因

地势低洼、雨后排水不及时、环境潮湿等，易发病。管理粗放，结实过多，遭受雹伤、虫伤等，发病严重。

2）表现症状

发生在果实上，也危害花和嫩叶。幼果初为淡褐色斑点，发展成圆形、不规则形，并扩展至整个果实。果肉组织软腐，有特殊香味，病果干缩成僵果。近成熟果面为近圆形褐色病

1 果面病斑

2 果实褐色软腐

3 病部出现灰色霉丛

4 病果后期表现状

斑，病部软腐，出现黄褐色或灰色绒球状霉丛，病果脱落。

3）发生规律

真菌性病害，病菌在病枝、挂树僵果、落地病残果上越冬。开花时开始初侵染，生长期内可重复侵染，花期和果实近成熟期是发病的高峰时期。花期春雨连绵，花易发病。果实近成熟期多雨、多雾，发病严重。

4）传播途径

病原菌借风雨、昆虫、病健果接触等传播，从气孔、皮孔、伤口侵染危害。

5）综合防治

（1）冬季剪去病枯枝，摘除树上僵果，清除地面残果及枯枝落叶，集中销毁。

（2）及时摘除病果，捡净落地残果，集中深埋。注意防治桃小、桃蛀螟等。

（3）发芽前，喷洒 3 ~ 5 波美度石硫合剂，或 100 倍等量式波尔多液。

（4）开花始期、落花后 10 天，交替喷洒 50% 苯菌灵可湿性粉剂 1500 倍液，或 70% 代森锰锌可湿性粉剂 500 倍液，或 50% 速克灵可湿性粉剂 1500 倍液。

174　杏疗病

杏疗病又叫红肿病、杏叶肿病，是多种杏树及山杏的主要病害之一。

1）发病诱因

管理粗放，水肥供应不足，病虫害防治不及时，有利病害发生和扩展蔓延。

2）表现症状

发生在嫩梢和幼叶上，也危害花和果实。嫩梢成黄绿色，生长缓慢，节间缩短，病梢上多不结果。

病梢上叶片近簇生状，叶柄变短、变粗。病叶赤黄色肿胀，增厚近革质，

1 叶初发病状

2 叶背症状

3 嫩梢被害状

4 病枝后期症状

质硬，叶缘卷缩，两面散生红褐色粒点。病叶黑褐色焦枯，残留在枝上，经久不落。

3）发生规律

真菌性病害，病菌在病枝、病芽、病落叶上越冬。芽萌动时开始侵染，年内只侵染1次。北方地区5月上中旬开始表现症状，7月下旬病叶逐渐焦枯，10月病枝及叶片变黑色枯萎。

4）传播途径

病原菌借风雨、昆虫传播，自幼芽侵入，随新梢生长在枝叶上蔓延危害。

5）综合防治

（1）冬季剪去病梢，打净僵果，彻底清除枯枝落叶、落果，集中销毁。

（2）发芽前，喷洒3～5波美度石硫合剂，或5%菌毒清水剂1000倍液。

（3）早春抽生新梢时，交替喷洒200倍等量式波尔多液，或75%百菌清可湿性粉剂800倍液，或14%络氨铜水剂300倍液，或70%代森锰锌可湿性粉剂600倍液。

（4）注意防治蚜虫。春季连续数年修剪病枝，是控制该病最有效的防治措施。

175 樱花黑斑病

黑斑病是多种樱花、樱桃树叶部主要病害之一。

1）发病诱因

地势低洼，土壤黏重，雨后排水不及时，环境潮湿，易发病；栽植过深、病虫危害、病虫害防治不及时、清园不彻底等，病害发生严重。

2）表现症状

发生在叶片上。初为褐色或黑褐色斑点，扩展成圆形或近圆形黑色病斑。病健组织界限清晰，相邻病斑扩展融合成大斑块，其上略显轮纹。病斑从中心向外逐渐干枯，产生裂纹，病组织不完全脱落，形成穿孔。病叶提前变黄，枯萎脱落。

3）发生规律

真菌性病害，病菌在病残叶上越冬。6月中下旬开始初侵染，7～8月为病害高发期，9月病叶变为黄色，10月开始大量脱落。多雨年份、高温季节多雨、雨量大的湿热环境，病害发生严重。

4）传播途径

病原菌借风雨、露水、昆虫传播，从气孔、伤口侵染危害。

5）综合防治

（1）落叶后，彻底清除残枝落叶，集中销毁。

（2）发芽前，喷洒5波美度石硫合剂，或100倍等量式波尔多液。

（3）发病初期，交替喷洒120倍等量式波尔多液，或70%代森锰锌可湿性粉剂600倍液，或75%百菌清可湿性粉剂800倍液。

（4）雨后及时排涝，松土散湿。注意防治蚜虫、红蜘蛛、梨冠网蝽等。

1 叶面病斑

2 病斑中期症状

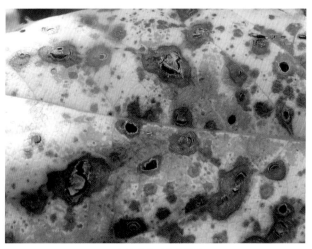

3 病斑破裂不完全脱落

176 樱花褐斑穿孔病

褐斑穿孔病是樱花、樱桃树、桃树、碧桃、杏树、李树、紫叶李、紫叶矮樱、榆叶梅、杏梅、梅花等核果类观赏树种的一种常见病害。

1）发病诱因

地势低洼，土壤黏重，灌水过勤，雨后排水不及时，环境郁闭、潮湿；管理粗放、土壤肥力不足、过于干旱，造成树势衰弱等，易发该病。

2）表现症状

主要危害叶片。侧脉间初为散生紫褐色斑点，扩展成圆形或近圆形病斑。病健组织界限清晰，边缘紫褐色，干缩后与健康组织产生裂纹，完全脱落形成穿孔。

3）发生规律

真菌性病害，病菌在病梢、病落叶上越冬。华北地区多于5月下旬开始侵染，生长期内可重复侵染，7月中旬至9月中旬为该病高发期。高温季节多风雨、持续降雨、雨量大，有利于病害发生和蔓延。

4）传播途径

病原菌借风雨传播，从气孔、伤口侵染危害。

1 叶面病斑

2 病斑后期症状

3 叶片被害状

5）综合防治

（1）落叶后进行彻底清园，剪去枯死枝，清除残枝落叶，集中销毁。

（2）发芽前，喷洒5波美度石硫合剂，或100倍等量式波尔多液。

（3）加强养护管理，干旱时适时补水，雨后及时排涝，松土散湿保墒。增施磷、钾肥，提高树势。适时修剪，改善通透条件。

（4）发病初期，交替喷洒50%加瑞农可湿性粉剂800倍液，或70%代森锰锌可湿性粉剂800倍液，或58%瑞毒霉锰锌可湿性粉剂500倍液，10天喷洒1次。

177　樱花炭疽病

炭疽病是多种樱花、樱桃树的主要病害之一。

1）发病诱因

樱桃喜光照充足、通风良好环境，适排水良好疏松土壤，忌土壤过于干旱和水涝。栽植环境郁闭，枝条徒长，通透性差；土壤黏重、地势低洼、雨后排水不通畅、环境阴湿等，易发病。病虫害防治不及时、清园不彻底等，发病严重。

2）表现症状

发生在果实上，也侵染叶片，以嫩叶为多。多发生在果实着色期至近成熟期，果面出现红褐色斑点，扩展成近圆形凹陷病斑，果实腐烂，或果皮开裂后腐烂。

叶面初为茶褐色斑点，扩展成近圆形黑褐色病斑，边缘有黄绿色晕圈，中央具同心轮纹。病斑干枯破裂或脱落形成穿孔。叶面病斑多时，病叶焦枯脱落。

3）发生规律

真菌性病害，病菌在病芽、病落叶和病僵果上越冬。5月上旬展叶后开始侵染，生长期内可重复侵染，7~8月为病害高发期。多雨年份、多雨季节、雨量大，病害发生严重。

4）传播途径

病原菌借风雨传播，从气孔或皮孔侵染危害。随带菌苗木调运，异地传播。

1 叶面病斑

2 病斑干枯破裂

5）综合防治

（1）冬季剪去病枝、无用枝，保持树冠通风透光。摘除僵果，扫净残枝落叶、病落果，集中销毁。

（2）发芽前，喷洒5波美度石硫合剂，消灭越冬菌源。

（3）发病初期，交替喷洒120倍等量式波尔多液，或70%代森锰锌可湿性粉剂600倍液+50%多菌灵可湿性粉剂500倍液，或50%退菌特可湿性粉剂1000倍液。果园采果后，再喷洒1次。

（4）不在无风傍晚灌水，防止夜间湿气滞留。雨后及时排涝，松土散湿。

178 樱花干腐病

干腐病是多种樱花、日本樱花、樱桃树的常见病害。

1）发病诱因

苗木土球过小，运输、栽植不及时，三遍水未及时灌透，造成缓苗期生长势弱；土壤黏重、透气性差、雨后排水不及时，造成土壤过湿等，易发病。土壤干旱、贫瘠，遭受冻害，栽植过深，修剪过重，伤口处理不及时等，该病发生严重。

2）表现症状

发生在主干和大枝上。初期干皮呈暗褐色，病部皮层褐色软腐，有时有茶褐色黏液溢出。病部失水干缩、硬化，病健处出现裂缝。病枝上叶片转黄萎蔫，枝干逐渐枯死，秋天出现突起的黑色小粒点。常造成大枝枯死，甚至整株枯亡。

3）发生规律

真菌性病害，病菌在枝干病部越冬。5月开始侵染，旧病斑继续发病扩展，生长期内可重复侵染，6～8月、10月为发病高峰期。病菌为弱寄生菌，具潜伏侵染特性，树木生长势衰弱时，病害发生严重。生长势旺盛时，病斑停止扩展。

4）传播途径

病原菌借风雨传播，从皮孔或伤口侵染危害。

5）综合防治

（1）苗木不可深栽，及时起运、栽植，保证灌透三遍水。

（2）刨除病死株，剪去重病枝，集中销毁。剪口、锯口及时涂抹10波美度石硫合剂，或福永康20倍液，或14%络氨铜水剂10倍液。雨后及时排涝散湿。

（3）用利刀刮除病部组织，至露出新茬，碎屑集中销毁。伤口反复涂刷40%福美砷可湿性粉剂50倍液，或康必清乳剂3倍液。药必须涂刷到位，不留白茬。

| 1 病枝上叶片表现症状 | 2 病部皮层腐烂 | 3 发病后期症状 |

179 樱花腐烂病

腐烂病又叫烂皮病，是多种樱花、樱桃树的主要病害之一。

1）发病诱因

土壤盐碱、黏重，透气性差，雨后排水不及时，土壤过湿；苗木栽植过深，伤口、剪口处理不及时等，易发病。遭受冻害、日灼伤害、机械损伤，发病严重。

2）表现症状

发生在主干、主枝和侧枝上。初为暗褐色湿润病斑，病部松软，按压有汁液渗出，皮层褐色糟腐，有酒糟味。后期出现黑色小粒点，雨后溢出橘黄色丝状物。

病枝上叶片黄萎、下垂。待病斑扩展枝干一周时，病枝枯死，大树枯亡。

3）发生规律

真菌性病害，病菌在病斑内越冬。3月开始初侵染，出现新病斑，旧病斑复发继续扩展。生长期内可重复侵染，3月下旬至5月下旬为侵染高峰期。具潜伏侵染特性，树势旺盛时病斑扩展缓慢，生长势弱时，有利于病菌侵染和迅速扩展。

4）传播途径

病原菌借风雨、修剪工具等传播，从皮孔或伤口侵染。随带菌苗木异地传播。

5）综合防治

（1）冬春树干涂白，防止冻害发生。

（2）发芽前，全株喷洒5波美度石硫合剂，杀灭越冬菌源。

（3）樱花伤口愈合较慢，不可修剪过重，伤口、剪口及时涂抹8波美度石硫合剂，或14%络氨铜水剂10倍液，或腐皮消50倍液，或腐烂尽原液保护。

（4）利刀刮净病部坏死组织，至露出新茬，新茬处涂抹愈合剂，促使产生愈伤组织，控制病斑继续扩展。伤口反复涂刷灭腐新原液，或腐烂尽原液，或溃腐灵5倍液。锯除病枯枝，刨除重病株、病死株，集中销毁。

1 树干病斑

2 病枝上枝叶枯死

3 枝干被害状

180 樱花根头癌肿病

根头癌肿病又叫根癌病，是多种樱花树、樱桃树、桃树、苹果树、榆叶梅、梅树、美人梅、紫叶李、稠李、紫叶矮樱、太阳李、海棠类等观赏树木的常见病害。

1 病瘤初期症状   2 根部癌瘤

1）发病原因

病株是重要的传染途径。环境郁闭潮湿，通透性差；育苗地多年重茬连作、病虫危害，造成生长势弱等，易发病。病虫害防治不及时、病株清除不彻底，发病严重。

2）表现症状

多发生在根上、根茎部，有时也发生在嫁接口和枝干上。初为白色或浅褐色，表面光滑的圆形瘤状物，病部细胞不断产生裂变，增生扩展为不规则形。随着瘤体肿大，表面粗糙，颜色加深，质地变得坚硬。后期龟裂，块状脱落。病株个别枝叶片萎黄下垂，小枝枯死，生长势衰弱，病株逐渐枯死。

3）发生规律

土传细菌性病害，病菌存活在瘤体表皮上，或随病残体在土壤中越冬。病株终生携带病菌，低温时处潜伏状态。生长期内均可侵染产生新瘤体，老瘤体继续发展。

4）传播途径

病原菌借助雨水、灌溉水、地下害虫，通过修剪工具、病株植材嫁接繁殖等传播，自伤口侵染危害。随带菌苗木调运，异地传播。

5）综合防治

（1）不采购疫区苗木，不用病株植材进行嫁接繁殖。

（2）及时刨除重病株，彻底清除病残体，集中销毁。土壤消毒处理。

（3）初发病株，用药前一天树穴浇一遍水，次日浇灌博士猫根癌灵 400 倍液，或 30 倍 K84 菌剂，或用 20% 龙克菌悬浮剂 500 ~ 800 倍液灌根，待液药渗下后覆黑色薄膜，每 20 天灌 1 次，连续 2 ~ 3 次，以后每年春天灌药 1 次。

3 主根上处癌瘤   4 根瘤腐烂   5 樱花根颈处癌瘤

181 樱花花叶病

花叶病是多种樱花树及樱桃树的主要病害之一。

1）发病原因

园区内病株是重要的传染途径。环境郁闭，通透性差；育苗地多年重茬连作、病虫危害，造成生长势弱等，易发病。病虫害防治不及时、病株清除不彻底，发病严重。

2）表现症状

主要发生在叶片上，也侵染果实。常见类型有：褪绿花叶型、黄斑花叶型、环斑花叶型等多种类型。常造成生长势弱、病枝开花少，或病株只开花不结实等。

3）发生规律

由病毒侵染引发的系统性病害，病原体存活在病株活体上，或随病残体在土壤中越冬。病株终生携带病毒，春季发芽后即显现病毒症状。病毒具潜隐性，潜伏期可长达数周至数月，侵染后可在当年或第二年显现症状。春季、9～10月症状表现明显，干旱年份、干旱季节、刺吸昆虫危害猖獗，发病严重。

4）传播途径

携带病原体的病毒汁液，借助昆虫、菟丝子、地下害虫，或通过病株植材繁殖、工具交叉使用、带毒土壤等传播，从伤口侵染危害，以花粉传毒最快。随病株调运异地传播。

5）综合防治

（1）用健株植材进行繁殖，栽植脱毒苗。彻底清除重病株，土壤消毒处理。

（2）初发病时，喷洒20％氨基寡糖素水剂500～800倍液，或20％盐酸吗啉胍可湿性粉剂500倍液，7～10天喷洒1次，同时用25％络氨铜水剂250～300倍液灌根。连续防治2～3年，有一定防控效果。

（3）重点防治叶螨、蚜虫、线虫等。叶面喷洒0.03％腐殖酸水溶液，提高抗病性。

1 病叶类型1　　　　　　　　　2 病叶类型2　　　　　　　　　3 病叶类型3

182　樱花丛枝病

丛枝病在多种樱花树、樱桃树上均有发生。

1）发病诱因

病株是区内重要的传染途径。病虫危害，防治不及时，生长势弱，病枝、病株清除不彻底等，易发病。

2）表现症状

发生在个别小枝顶端，逐渐向全株扩展。顶芽受刺激生长停滞，侧芽萌发，引起病梢畸形，常 2～3 小枝并生，皮层相连，发育成扁平状。其上侧芽和不定芽不断萌发，节间极度缩短，成疙瘩状。病枝不开花，叶序混乱，在顶端成簇生状，或病枝先端萌发成丛生小枝。病枝逐年增多，病株生长势衰弱。

3）发生规律

类菌质体病害，植株一旦感病，终生发病。病原体在病株活体内越冬，可存活数年。春季发枝时表现症状，生长期内可重复侵染。干旱年份、干旱季节、刺吸式昆虫危害猖獗，有利该病发生。

4）传播途径

携带病原体的病毒汁液，借助刺吸式昆虫，或通过病株植材繁殖、工具交叉使用等进行传播，从伤口侵染危害。随病株调运异地传播。

5）综合防治

（1）不采购带病苗木，不用病株植材进行嫁接繁殖。

1 病枝　　　　　　　　　　2 小枝叶片丛生状

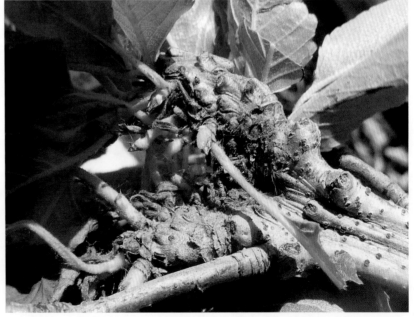

3 病枝先端发病状

（2）及时刨除重病株，捡净残根，集中销毁，切断传染源，土壤消毒处理。注意防治蚜虫、叶螨、叶蝉、绿盲蝽、蚱蝉等。

（3）发芽前，喷洒 5 波美度石硫合剂。

（4）发病初期，交替喷洒 200 国际单位盐酸四环素，或土霉素水溶液。树干基部打孔，孔内注入 500 国际单位盐酸四环素水溶液，用泥封堵孔口，可在一定程度上控制病害发展。

183　紫叶李褐斑穿孔病

褐斑穿孔病是紫叶李、太阳李、李树、紫叶稠李、紫叶矮樱、桃树、碧桃、杏树、樱花、樱桃树、榆叶梅等核果类观赏树种的一种常见病害。

1）发病诱因

土壤盐碱、黏重、板结，通气性差；地势低洼，雨后排水不畅，环境郁闭、潮湿，易发病。土壤干旱、肥力不足、树木生长势弱等，发病严重。

2）表现症状

主要发生在叶片上，也侵染新梢。叶面初现紫褐色斑点，扩展成大小不一的圆形或近圆形褐色病斑，中央转黄白色。病斑坏死，病健部产生裂纹，脱落后形成穿孔，或局部与健康组织相连，不完全脱离。潮湿环境下病斑上出现褐色霉状物，严重时病叶呈焦糊状，大量提前脱落。

3）发生规律

真菌性病害，病菌在枝梢病斑内和病落叶上越冬。多于6月开始侵染，生长期内可重复侵染，8～9月为发病高峰期，多雨、多雾的高温高湿环境，有利于病害侵染和蔓延。

4）传播途径

病原菌借风雨传播，从皮孔、气孔侵染危害。

5）综合防治

（1）落叶后，剪去枯死枝、无用枝，彻底清除枯枝落叶，集中销毁。

1 叶面病斑

2 病叶焦枯

（2）发芽前，喷洒 3 ～ 5 波美度石硫合剂，或 120 倍等量式波尔多液。

（3）发病初期，交替喷洒 50％苯菌灵可湿性粉剂 1500 倍液，或 75％百菌清可湿性粉剂 800 倍液，或 80％代森锰锌可湿性粉剂 800 倍液，15 天喷洒 1 次。

（4）大雨过后及时排水，松土散湿。

184 李果果锈病

果锈病是多种李树、欧洲李、杏梅、西梅等核果类果树的一种常见病害。

1）发病诱因

幼果期遭受雹灾、风灾，蝽象类、斑衣蜡蝉等害虫危害，或喷药时强力冲刷果面；树木修剪不到位，结实过多，遭受风害导致果与果、果与叶间反复摩擦等，造成果皮角质层受损；喷洒对幼果敏感农药，使幼嫩果皮产生药害等，易发该病。灾害性天气发生之年，灾害性天气频发地区，该病发生严重。

2）表现症状

多发生在幼果上。果面初为褐色斑点，扩展成不规则形似金属锈状斑、锈斑融合成片，并随果实发育而不断扩展。病皮增厚、粗糙，失去光泽，皮层和浅层果肉组织逐渐木栓化。该病严重影响果实品质，但果仍可食用。

3）发生规律

生理性病害，坐果后遇低温阴雨天气、灾害性天气及药害，即可造成病害发生，5月为病害高发期。

4）综合防治

（1）合理修剪，保持树冠良好的通透性。第二次生理性落果后，疏去过密果、病果、虫果、畸形果、雹伤果、小果，尽量减少果间、果叶间摩擦。

1 果面锈斑

2 果皮危害状

（2）落花后，交替喷洒40%多菌灵胶悬剂800倍液，或70%代森锰锌可溶性粉剂500倍液，10天喷洒1次，连续2～3次。或喷洒27%高脂膜乳100倍液

（3）幼果期禁止使用石硫合剂、波尔多液和有机磷等农药，以免产生药害。喷药时喷头不可近距离对准果实，直接冲刷果面，药液应喷成雾状。

（4）注意防治蝽象、斑衣蜡蝉等刺吸害虫。

185 李非侵染性流胶病

流胶病又叫树脂病，是李树、西梅、美人梅、紫叶李等树种的常见病害。

1）发病诱因

李树耐寒性稍差，喜排水良好疏松土壤，怕涝。土壤黏重、干旱，肥力不足，修剪过重，幼树结实过多，雨后排水不及时，造成树势衰弱，易发病。地势低洼，苗木遭受霜害、日灼、冻害、病虫危害、机械损伤等，该病发生较重。

2）表现症状

主要发生在主干上，大枝及幼果上也时有发生。皮孔处略肿胀，陆续溢出柔软、透明胶液，逐渐变茶褐色，硬化成块。病部皮层和木质部褐色腐烂。随着流胶点和流液量增多，叶片萎黄，树势衰弱。严重时造成大枝枯死，甚至全株死亡。

果面溢出透明无色胶液，病果发生龟裂。流胶自行停止，多不影响发育和成熟。

3）发生规律

生理性病害，多发生在春季。河北及以北地区 3 月下旬树液流动时开始流胶，雨后流胶更为严重，6 月停止流胶。冬季及开花前低温、多雨，有利该病发生。

4）综合防治

（1）树干涂白，防止冻害或日灼发生。

（2）芽萌动期，枝干喷洒 5 波美度石硫合剂。

（3）增施有机肥，提高抗病能力。合理修剪，适时疏花、疏果。注意防治蛀干害虫，减少伤口侵染。土壤干旱时适时补水，雨后排水，松土散湿。

（4）初发病时，及时喷洒 50% 苯菌灵可湿性粉剂 1500 倍液，或 50% 退菌特可湿性粉剂 800 倍液，或 50% 甲基托布津可湿性粉剂 1500 倍液，控制病害扩展。

（5）利刀刮净枝干上胶块和腐烂组织，用流胶定 500 倍液与生石灰拌成膏状，或溃腐灵、腐烂净、灭腐新黏稠悬浮剂原液，反复涂刷伤口。发病严重时，同时用青立枯 200 ~ 300 倍液 + 地力旺 300 ~ 500 倍液 + 沃丰素 600 倍液灌根。

1 树干溢出的胶液

2 果内溢出的胶液

3 李果被害状

186 海棠腐烂病

腐烂病又叫烂皮病，是海棠花、海棠果、八棱海棠、苹果树、沙果的常见病害。

1）发病诱因

苗木起掘、运输、栽植不及时，栽植过深，易发病。土壤黏重，雨后排水不及时；树木遭受冻害、机械损伤，防治不到位等，该病发生严重。

2）表现症状

发生在主干和大枝上，也侵染侧枝和小枝。初为淡黄褐色水渍状溃疡斑，迅速扩展成暗褐色至黑褐色不规则形病斑。病部皮层组织褐色软腐，按压有松软感，有黄褐色黏液渗出，后期病皮上出现黑色粒状突起，严重时枝枯树亡。

3）发生规律

真菌性病害，病菌在病部皮层内越冬。北方地区3月开始侵染，老病斑复发，继续向周边扩展蔓延。生长期内可重复侵染，4～5月为侵染高峰期，6月病势渐缓。8～9月又出现一次侵染小高峰。春雨多，发病重。

4）传播途径

病原菌借风雨、修剪工具等传播，从皮孔或伤口侵染危害。

5）综合防治

（1）落叶后、早春发芽前，各喷洒1次3～5波美度石硫合剂。

（2）及时剪去病枝、枯死枝，刨除重病株、病死株及残桩，集中销毁。

（3）利刀刮净腐烂部分，露出新鲜组织，伤口反复涂刷腐烂尽原液，或40%苹腐速克灵5倍液，或腐必清乳油3～5倍液，或10～15波美度石硫合剂，或5%菌毒清水剂50～100倍液。

（4）增施有机肥，提高树势。雨后及时排涝，松土散湿，控制田间湿度。

1 病斑及渗出的液体

2 皮层组织及木质部褐色腐烂

3 后期危害状

187 海棠桧锈病

桧锈病是海棠花、海棠果、沙果、八棱海棠、木瓜海棠等树种的主要病害之一。

1 桧柏上的冬孢子角

2 叶面病斑及被害状

1）发病诱因

该病是一种转主寄生性病害，桧柏、龙柏、砂地柏、翠柏等是中间冬季寄主，栽植在桧柏等病株 5km 有效传播范围内的海棠等果树，易发病。中间寄主上的冬孢子基数越大，春季冬孢子萌发时防治不及时，该病发生越重。

2）表现症状

多发生在叶片上，也侵染幼果。叶面初为橙黄色油状斑点，扩展为近圆形褐色病斑，边缘有黄绿色晕圈。病斑外缘渐转紫红色，中央现黑色粒点。

3 病斑后期症状

4 叶背锈孢子器

叶背病部黄白色隆起，其上丛生淡黄色细管状物（锈孢子器），后期病叶焦枯、脱落。

3）发生规律

真菌性病害，病菌以菌瘿状态在中间寄主上越冬。京、津地区 4 月中下旬春雨后开始侵染，幼叶易感病，该病年内只侵染 1 次。8 ～ 9 月锈孢子成熟，随气流飘落到中间寄主上，产生菌瘿越冬。春雨多，该病发生严重。

4）传播途径

病原菌借风雨、昆虫传播，从气孔、皮孔、伤口侵染危害。

5）综合防治

（1）早春剪去桧柏等树上菌瘿，集中销毁。4 月雨后立即喷洒 1 ～ 2 波美度石硫合剂，10 天后再喷 1 次，抑制冬孢子萌发，减少发病。

（2）前一年感病株，芽萌动时及花后，交替喷洒 15％粉锈宁可湿性粉剂 1500 倍液，或 20％萎锈灵乳油 600 倍液，或 97％敌锈钠可湿性粉剂 250 倍液，或 65％代森锰锌可湿性粉剂 400 ～ 600 倍液。

188 海棠果糖蜜型缺钙病

糖蜜型缺钙病又叫水心病、蜜果病，是海棠果、沙果、八棱海棠、苹果树、梨树、桃树、杏树等果树的常见病害。

1）发病诱因

钙是果树生长发育的重要元素之一，该病是因果实严重缺钙而引起的病害。

土壤偏酸性、河滩地、土壤肥力不足等，易造成土壤严重缺钙；长期施用化肥或过量施用氮肥，造成营养物质失调，影响钙的吸收；土壤黏重、板结，土壤过湿或过于干旱，影响根系对钙的吸收；枝干和根部遭受病虫危害，影响植物养分输送；苗木徒长、树势衰弱、结实过多等，都会造成果实缺钙，导致该病发生。

2）表现症状

生理性病害，缺钙不严重时，仅个别果实发病。果面初期症状不明显，着色期逐渐出现不规则形水印状斑，无明显边界，病部果皮呈半透明似蜡状。很快扩展至整个果实，果肉呈半透明水渍状。果肉松软，口感较同期正常果略甜，但果味不正。后期病果脱落，常导致果实大量减产。

3）综合防治

（1）合理施肥，提高土壤肥力，适当控制氮肥、钾肥的施用量。黏重土壤秋季增施腐熟有机肥，改善土壤理化性状，防止土壤板结，减轻缺钙症的发生。

（2）结合秋季施肥，腐熟有机肥中，每穴施入硝酸钙 1 ~ 2kg。3月穴施磷酸钙 0.25kg，施肥后及时灌水。

1 果面水印状病斑

2 果肉呈半透明水渍状

（3）落花后 20 ~ 30 天，喷洒 0.3% ~ 0.4%氯化钙，或 0.3% ~ 0.4%氨基酸钙等速效钙肥，果实膨大期，喷洒 0.2% ~ 0.3%氯化钙等速效钙肥，每10天喷洒1次，连续3次，重点喷洒果实。

（4）合理修剪，适时疏花、疏果。土壤宜见干见湿，干旱时适时补水，大雨后及时排水，锄草散湿，有利于根系对钙的吸收。

189 石榴干腐病

干腐病是各种果石榴和花石榴的常见病害。

1）发病诱因

土壤黏重，环境郁闭、潮湿；遭受灼伤、冻害、涝害、旱害、钻蛀害虫危害，环剥不当等，造成生长势衰弱，易发病。

2）表现症状

发生在枝干上，也侵染果实。枝干出现黄褐色病斑，后呈暗褐色条形。皮层组织褐色干腐，可至木质部。后期病皮开裂，易与木质部剥离，常造成枝枯树亡。

果实上由萼筒开始发病，初为豆粒大浅褐色病斑，很快扩至萼筒下方，至全果褐色软腐，常有褐色黏液，但果形不变。病果脱落或干缩成褐色僵果，经冬不落。

1 树干病斑

2 病部皮层及木质部干腐

3 病皮开裂

4 病果干缩成僵果

3）发生规律

真菌性病害，病菌在病枝、挂树僵果、病残果上越冬。4月中下旬开始侵染枝干，花期开始侵染，果实幼果期至贮藏期均可发病。7～8月为发病高峰期。高温高湿天气，果实受害严重。

4）传播途径

病原菌借风雨、昆虫、病健果接触摩擦等传播，从皮孔或伤口侵染危害。

5）综合防治

（1）落叶后拔除病死株，摘除挂树僵果，清除残枝落叶、落地果，集中深埋。

（2）发芽前，喷洒40%福美砷可湿性粉剂400倍液，或5波美度石硫合剂。

（3）花前、花后，各喷洒1次160倍等量式波尔多液，或50%多菌灵可湿性粉剂800倍液，或25%戊唑醇水乳剂3000倍液，15天喷洒1次，至8月下旬。果实适时套袋。

（4）利刀刮除枝干病部坏死组织，伤口涂刷45%代森铵水剂100倍液，或溃腐灵原液，或腐必清乳剂3～5倍液。

190 石榴轮纹病

轮纹病是各种果石榴的常见病害。

1）发病诱因

地势低洼、土壤黏重、栽植过密、苗木徒长、通透性差、环境潮湿等，易发病。遭受冻害、霉灾，病虫害防治不及时，清园不彻底等，该病发生严重。

2）表现症状

主要发生在果实和枝干上。生长后期，果面初为水渍状斑点，扩展成黄褐色、近圆形或不规则形大斑。病部果皮及籽粒褐色腐烂，病斑上出现同心轮纹。

枝干上出现扁圆形略凸起病斑，病斑融合，病皮粗糙、翘裂，枝干枯死。

1 病斑初期症状

3）发生规律

真菌性病害，病菌在病疤、挂树僵果、落地病残果上越冬。北方地区果实多于 7 下旬开始发病，生长期内可重复侵染，8 月为病害高发期。干旱年份，该病发生较少。多雨年份、果实膨大后期多大雨、持续阴雨的潮湿天气，该病发生严重。

4）传播途径

病原菌借风雨、昆虫、病健果接触等传播，从皮孔或伤口侵染危害。

5）综合防治

（1）落叶后结合修剪，摘除挂树僵果，彻底清除落地残果，集中深埋。

（2）早春喷洒 5 波美度石硫合剂。用利刀刮去树干上病皮，伤口涂抹 5 ~ 8 波美度石硫合剂，或轮纹一号 5 倍液，或树乐 5 倍液，或 50% 退菌特可湿性粉剂 100 倍液。

（3）及时摘除病果，喷洒 200 倍等量式波尔多液，或 40% 氟硅唑乳油 8000 倍液，15 天喷洒 1 次。

（4）北方地区，新植苗木冬季树干涂白或草绳缠干，防止冻害发生。

2 病斑期症状

3 病果后期症状

191 石榴真菌性花腐病

花腐病是花石榴和各种果石榴的常见病害。

1）发病诱因

土壤干旱、瘠薄，肥力不足，生长势弱；环境郁闭、光照不足、环境阴湿等，易发病。病虫害防治不及时、清园不彻底等，该病发生较重。

2）表现症状

发生在花上，多从花萼、柱头侵染。花萼初为棕褐色斑点，扩展后花蕾不能正常开放。多从花外侧基部或花的中心发病，初为浅褐色斑点，扩展后花瓣呈褐色至红褐色腐烂，枯萎，暂不脱落，其上可见稀疏灰白色毛状物。

3）发生规律

真菌性病害，病菌在挂枝僵花或落地病残花上越冬。华北地区6月上旬开始初侵染，生长期内可重复侵染，7月至8月上旬为病害高发期。生长前期干旱少雨，突遇大雨，持续阴雨后阳光暴晒，病害迅速扩展，发病严重。

4）传播途径

病原菌借风雨、昆虫等传播，自气孔、皮孔侵染危害。

5）综合防治

（1）落叶后，剪去树上僵花，扫净残枝落叶、落地干花，集中深埋。

（2）发芽前，喷洒3～5波美度石硫合剂，消灭越冬菌源。

（3）生长期及时抹芽、疏枝，保持树冠通透。雨后及时排水，松土散湿。

（4）及时摘除病花，集中深埋。交替喷洒50%苯菌灵可湿性粉剂1000倍液，或50%多菌灵可湿性粉剂800倍液，或75%代森锰锌水分散粒剂500倍液防治。

（5）注意防治绿盲蝽、棉蚜、蝽象等刺吸害虫，控制病害传播蔓延。

1 病花

2 花萼、花瓣干腐状

3 病花后期症状

192 石榴细菌性花腐病

细菌性花腐病是花石榴和各种果石榴的常见病害。

1）发病诱因

土壤黏重，雨后排水不及时，环境郁闭、潮湿，花部滞水等，易发病。

2）表现症状

发生在花器上。花蕾、花萼初为水渍状，无明显边界，病蕾腐烂脱落。个别花瓣呈水渍状软腐，很快向周边扩展，花瓣、花丝、柱头变暗色湿腐，很快整朵花软腐脱落。

病菌可由腐花扩展至紧贴果实的叶柄上，并向叶基蔓延，引起叶片水渍状腐烂。

3）发生规律

细菌性病害，病菌在芽和叶痕处越冬。6月开始侵染，生长期内可重复侵染，7～8月为病害高发期。花期低温多雨、持续阴雨，多雾、多露，发病严重。

4）传播途径

病原菌借风雨、昆虫传播，从伤口侵染危害。

1 花萼水渍状软腐　　　　　2 花瓣湿腐状

3 整朵花湿腐

5）综合防治

（1）落叶后结合修剪，彻底清除残枝落叶、落地残花，集中销毁。

（2）发芽前，喷洒3～5波美度石硫合剂，消灭越冬菌源。

（3）花蕾露白时，交替喷洒2%春雷霉素可湿性粉剂400倍液，或72%农用硫酸链霉素可湿性粉剂4000倍液，或47%加瑞农可湿性粉剂800倍液。

（4）加强养护管理，及时摘去病花，捡拾落地残花，集中销毁。雨后及时排水，松土散湿。注意防治绿盲蝽、棉蚜等刺吸害虫。

193 石榴炭疽病

炭疽病是果石榴和花石榴的主要病害之一。

1）发病诱因

环境郁闭，栽植过密，树木失剪或修剪不到位，通透性差；地势低洼，排水不通畅，环境湿度大；果实绑扎不严，病害防治不及时、清园不彻底等，有利于该病发生。

2）表现症状

主要发生在果实上，也侵染新梢和叶片。果面或萼筒上出现不规则水渍状斑点，逐渐扩展成近圆形褐色病斑，病斑外缘发红色，果肉组织腐烂坏死，有时病斑略凹陷，可见粉红色点状黏液。病斑中央渐转黑褐色，后期现黑色粒点。

3）发生规律

真菌性病害，病菌在病梢、病残果上越冬。4～5月风雨后开始初侵染，具潜伏侵染特性，幼果染病后，近着色期表现明显症状，贮藏期仍可发病。7～8月为病害高发期，多雨、雨量大、持续阴雨的高湿天气，发病严重。

4）传播途径

病原菌借风雨、昆虫、病健果、果实与病叶接触等传播，从气孔、伤口侵染。

1 萼筒及果面上病斑

2 果面病斑　　　　　　3 病害后期症状

5）综合防治

（1）落叶后结合修剪，清除挂树僵果、残枝落叶、落地果，集中销毁。

（2）发芽前，喷洒3～5波美度石硫合剂，或100倍等量式液，消灭越冬菌源。

（3）盛花期、坐果后、发病初期，交替喷洒160倍等量式波尔多液，或25%炭特灵可湿性粉剂600倍液，或10%苯醚甲环唑水分散粒剂1500倍液防治，10～20天喷洒1次，连续2～4次，预防和控制该病发生。

（4）果实适时套袋，套袋前果面喷洒杀菌剂，待果面干爽时及时套袋。

（5）摘去病果深埋。注意防治蚧虫、蚜虫等。雨后及时排水，松土散湿。

194 石榴麻皮病

麻皮病是多种果石榴的一种常见病害。

1）发病诱因

栽植过密，环境郁闭，通风不良，花、幼果上滞水等，易发病。管理粗放，遭受日灼、雹灾伤害，病虫危害等，加重该病发生。

2）表现症状

主要发生在果实上，也侵染枝条和叶片。多发生在果实向阳面的果面及萼筒上，初为散生褐色斑点，随果实膨大，扩展融合成不规则状黑褐色病斑。病部表皮增厚，粗糙硬化，失去光泽。并密布黑色粒状物病皮易开裂，严重影响果实品质。

3）发生规律

真菌性病害，病菌在病株残体、病僵果及病果残留果皮上越冬。初花时开始侵染花萼，坐果后侵染幼果，生长期内可重复侵染，至果实成熟。花期、高温季节多雨，持续阴雨天气，有利于该病侵染蔓延。

4）传播途径

病原菌借风雨、昆虫传播，从皮孔、伤口侵染危害。

5）综合防治

（1）落叶后，剪去枯枝、挂树僵果，清除落叶、落地残果、果皮，集中销毁。

（2）发芽前，喷洒 5 波美度石硫合剂 1～2 次。展叶后，喷洒 80% 代森锌可湿性粉剂 600 倍液，可减少当年病害发生。

（3）始花时、幼果期，喷洒 80% 大生 M-45 可湿性粉剂 800 倍液，或 10% 苯醚甲环唑水分散性颗粒剂 3000 倍液，或 75% 百菌清可湿性粉剂 600～800 倍液。

（4）果实适时套袋。幼果期注意防治茶黄蓟马等刺吸害虫，及疮痂病等。

1 初期病症

2 中期病症

3 花萼、果面后期病症

195 石榴疣痂病

石榴疣痂病又叫石榴黑疣病，在多种果石榴上时有发生。

1）发病诱因

栽植环境郁闭、潮湿，树冠浓密，通透性差等，易发病。蚧虫、棉蚜等虫口密度大，该病发生严重。

2）表现症状

多发生在果实上，有时也侵染枝干。该病仅侵染果皮，果面散生略突起黑褐色斑点，扩展成大小不一、近圆形或不规则形黑褐色有光泽的疣状突起。病斑小，在果面成疮痂状。病斑扩展增厚，木栓化坏死，后期病斑上散生黑色粒点。

枝干病皮粗糙、翘裂。该病造成树势衰弱，果实品质下降，产量降低。

3）发生规律

真菌性病害，病菌在枝干病斑、落地病残果及残留果皮上越冬。春雨后开始侵染，6 ~ 7月为病害高发期，生长期内可重复侵染。盛夏高温季节病害发生缓慢，秋季阴雨连绵，病害再次流行。

4）传播途径

病原菌借风雨、昆虫传播，从皮孔或伤口侵染危害。

5）综合防治

（1）落叶后，剪去病枝、无用枝，彻底清除病果、落叶，集中销毁。

（2）发芽前，全株喷洒5波美度石硫合剂，消灭越冬菌源。

（3）发病初期，用利刀刮除枝干上的病疤，碎屑集中销毁，伤口处涂抹1.8%辛菌胺醋酸盐水剂50 ~ 100倍液等广谱性杀菌剂。

（4）6月中旬开始，交替喷洒160倍等量式波尔多液，或10%苯醚甲环唑水分散粒剂2000倍液，或50%苯菌灵可湿性粉剂1500倍液，预防病害发生。

1 果面发病初期症状　　　　　　　　　　　　　　2 后期病症

196 石榴疮痂病

石榴疮痂病又叫石榴黑星病，是多种果石榴和花石榴的主要病害之一。

1）发病诱因

栽植过密，通风透光性差，环境潮湿；管理粗放，杂草丛生，病虫防治不及时，病枝、病果处理不及时，冬季清园不彻底等，易发病。

2）表现症状

主要发生在果实和枝干上。果面初为暗褐色斑点，扩展为黑色、近圆形略凹陷病斑，多密集成疮痂状，略凹陷。病斑渐转为黑色，木栓化，病部果皮粗糙，常开裂，后期病斑上散生黑色粒状物。

枝干上初为圆形或椭圆形突起，干皮粗糙坚硬、龟裂，造成生长势弱，甚至小枝枯死。

3）发生规律

真菌性病害，病菌在枝干病斑内、落地残留果皮上越冬。京、津地区4月开始侵染，旧病斑复发继续扩展，生长期内可重复侵染，7～8月为发病高峰期。花期多雨，夏季多大雨、持续阴雨的多湿天气，发病严重。

4）传播途径

病原菌借风雨、昆虫、病健果接触等传播，从皮孔、气孔侵染发病。

5）综合防治

（1）冬季剪去病枯梢，彻底清除枯枝落叶、残留果皮。

（2）发芽前，喷洒3～5波美度石硫合剂，或45%石硫合剂30倍液。

（3）花期及果实膨期大，交替喷洒70%代森锰锌可湿性粉剂600倍液，或50%苯菌灵可湿性粉剂1500～1800倍液。发病严重的果园和重病株，喷洒16%氟硅唑水剂2000～3000倍液，或25%吡唑醚菌酯乳油2000倍液。

（4）4月上旬，刮掉枝干病疤坏死皮至露药新鲜皮层，伤口反复涂刷1.8%辛菌胺醋酸盐水剂50倍液。

1 果面病斑　　　　　　　　　　　　　　　　2 病皮硬化坏死

197　山楂桧锈病

山楂桧锈病也叫山楂锈病，是山楂、山里红的一种常见病害。

1）发病诱因

在有效传播范围内与中间寄主桧柏、龙柏混植，易发病。距离中间寄主越近，越冬冬孢子数量越多，中间寄主及寄主植物病害防治不及时，该病发生严重。

2）症状

主要发生在嫩叶和幼果上，也侵染花梗和叶柄。叶面初为橘黄色斑点，扩展成近圆形略凹陷病斑，其上散生鲜黄色或黑色小粒点，并有黏液涌出。叶背、花梗、叶柄病斑隆起，丛生灰色至灰褐色毛状物。幼果萼洼初现丛生毛状物，扩展到整个果面，果实停止发育。病斑干枯、变黑色、病叶、病果提前枯萎、脱落。

3）发生规律

转主寄生真菌性病害，病菌在中间寄主针叶或小枝上越冬。山楂展叶、开花时，越冬菌瘿遇雨膨胀开裂，陆续散出孢子随风侵染。该病只有初侵染，秋季病菌随风传播至中间寄主上越冬。春季低温，多风雨，有利于该病传播。

4）传播途径

病原菌借风雨传播，自皮孔、气孔侵染危害。

5）综合防治

（1）冬季剪去桧柏等树上的菌瘿。春季冬孢子堆萌发前、7～9月，分别对附近的桧柏喷洒15%粉锈宁可湿性粉剂1000倍液，或100倍等量式波尔多液。

（2）山楂展叶时，雨后及时喷洒15%粉锈宁可湿性粉剂1000倍液，或65%代森锌可湿性粉剂500倍液，或10%苯醚甲环唑水分散粒剂2000倍液，10天喷洒1次，连续3次。

1 叶面病斑

2 叶背锈孢子器

3 叶背后期症状

4 果实发病状

5 果序被害状

6 树体被害状

198 山楂花腐病

花腐病是山楂和山里红的主要病害之一。

1）发病诱因

环境郁闭，通风透光不良；地势低洼，雨后排水不及时，环境潮湿；显蕾至开花期遭遇低温天气，花器持水、持露等，易发病。

2）表现症状

多发生在花和幼果上，有时也侵染嫩梢和叶片。花初放时整个花器成褐色枯萎，腐花挂在花序轴上不脱落。

病菌由花的柱头侵入，自果心发病并向外扩展。感病幼果多在落花 10 天后表现症状，果面初现暗褐色斑点，扩展后幼果腐烂，失水干缩成僵果。

3）发生规律

真菌性病害，病菌在病梢、挂树僵果上越冬。4 月中下旬开始初侵染，蕾期、花期、展叶期低温多雨，多大雾天气，空气湿度大，为侵染高峰期，常导致花腐、果腐和叶腐发生。

1 花被害状

4）传播途径

病原菌借风雨、昆虫传播。由皮孔、气孔或花的柱头侵染危害。

5）综合防治

（1）冬季摘去树上僵果，彻底清除枯枝落叶、落地果等，集中销毁。

（2）发芽前，树穴喷洒五氯酚钠 1000 倍液。

（3）初花期和盛花期，各喷 1 次 25% 粉锈宁可湿性粉剂 1000 倍液，或 70% 甲基托布津可湿性粉剂 1000 倍液，或 50% 多菌灵可湿性粉剂 600 倍液，预防花腐和果腐。

（4）展叶期，喷洒 65% 代森锌可湿性粉剂 500 倍液，或 75% 百菌清可湿性粉剂 800 倍液，5 天后再喷 1 次，预防叶腐。

2 幼果发病状

3 病果干缩成僵果

199 山楂僵果病

僵果病是山楂和山里红的主要病害之一。

1）发病诱因

栽植过密，通风不良；地势低洼，雨后排水不及时，环境郁闭、潮湿；显蕾至开花期，遇低温天气，花蕾、花朵持水、持露等，易发病。管理粗放、清园不彻底、春季病害防治不及时等，该病发生严重。

2）表现症状

多发生在果实上。染病幼果果面显现褐色斑点，扩展成不规则形褐色至红褐色略凹陷病斑，病健组织界限清晰。病斑先表皮后果肉组织成黑褐色坏死、僵化，不可食用。病斑扩展至整个果实，幼果干缩成僵果。

3）发生规律

真菌性病害，病菌在病梢、挂树及落地僵果上越冬。展叶时遇雨或低温开始初侵染，叶片易发病。花期为侵染高峰期，花期和幼果期多阴雨、多露、持续雾霾的高湿天气，幼果发病严重，5月下旬停止侵染果实。

4）传播途径

病原菌借风雨、昆虫传播。由皮孔、气孔或花的柱头侵染危害。

5）综合防治

（1）冬季摘除僵果，彻底清除枯枝落叶、落地果，全株喷洒5波美度石硫合剂，消灭越冬菌源。

（2）初花期、盛花期、展叶期是防治的关键时期，各喷1次70%甲基托布津可湿性粉剂800倍液，或50%速克灵可湿性粉剂1000倍液，或50%多菌灵可湿性粉剂500倍液，预防叶腐、花腐和果腐。

（3）显蕾后至花期，避免阴天或无风傍晚灌水，减少湿气滞留。

（4）发病初期，及时摘除病花、病果、病叶，集中销毁。交替喷洒上述药剂。

1 幼果发病状

2 病部硬化、坏死

3 果实被害状

200　山楂炭疽病

山楂炭疽病又叫山楂苦腐病，是山楂、山里红的常见病害。

1）发病诱因

地势低洼，土壤黏重、板结；栽植过密、通透性差、环境潮湿、清园不彻底等，易发病。刺槐是山楂炭疽病菌的中间寄主，果树附近栽植刺槐，该病发生严重。

2）表现症状

主要发生在果实上，也侵染枝条和叶片。叶面初为近圆形褐色斑点，扩大为中央褐色、边缘暗褐色不规则形病斑，有时略显轮纹，后期病斑上散生黑色小粒点。

果面初为淡褐色斑点，扩展成近圆形褐色病斑，果肉组织淡褐色腐烂，果面略凹陷，其上具同心轮纹状排列的黑色小粒点。病果脱落或干缩成僵果。

3）发生规律

真菌性病害，病菌在病枝、挂树僵果、落地病残果上越冬。华北及以北地区 6 月开始发病，生长期内可重复侵染，7 ~ 8 月为病害高发期。夏季多雨、雨量大、持续阴雨的高湿天气，有利于病害侵染和蔓延，果实成熟期发病严重。

4）传播途径

病原菌借风雨传播，由气孔、皮孔侵染危害。

5）综合防治

（1）果树附近不得栽植刺槐。

（2）落叶后，摘去僵果，彻底清除残枝落叶、落果，集中销毁。

（3）发芽前，全株喷洒 5 波美度石硫合剂，消灭越冬菌源。

（4）发病初期，交替喷洒 100 倍等量式波尔多液，或 80% 代森锰锌可湿性粉剂 800 倍液，或 80% 炭疽福美可湿性粉剂 600 倍液，10 ~ 15 天喷洒 1 次。

（5）大雨过后及时排涝，松土散湿，降低环境湿度。

1 叶面病斑及危害状

2 山楂果面病斑

3 病斑上轮纹状排列的黑色小粒点

201　山楂轮纹病

轮纹病又叫轮纹烂果病、粗皮病，是山楂、山里红的常见病害。

1）发病诱因

地势低洼，土壤黏重、板结；管理粗放、水肥不足、结实过多、病虫危害、树势弱等，易发病。

2）表现症状

主要发生在果实上，也危害枝干。果面初为褐色水渍状斑点，扩大成褐色或淡褐色圆形病斑，具深浅相间的同心轮纹。病部果肉组织软腐，但果形不变，很快全果腐烂，病果脱落。

枝干上以皮孔为中心，形成近圆形至椭圆形瘤状突起，失水变硬，病健交界处开裂，病皮翘起成马鞍形。病株新旧病斑逐年扩展叠加，形成粗糙干皮。

3）发生规律

真菌性病害，病菌在枝干病斑内越冬。5月枝干旧病斑继续扩展，是重要的侵染源。落花后侵染幼果，具潜伏性，多在着色期至近成熟期发病，8月枝条上出现新的病斑。6月中旬至9月中旬，高温多阴雨天气，雨量大，发病严重。

4）传播途径

病原菌借风雨、病健果接触等传播，自皮孔、伤口侵染危害。

5）综合防治

（1）落叶后，彻底清除残枝落叶、树上僵果及落地残果，集中销毁。

（2）发芽前，喷洒5波美度石硫合剂，或40%代森铵水剂400倍液。

（3）落花后10天，交替喷洒50%苯菌灵可湿性粉剂800倍液，或70%代森锰锌可湿性粉剂600倍液，或50%多菌灵可湿性粉剂600倍液，预防病害发生。

（4）及时摘除病果、捡拾落地残果，集中深埋，减少重复侵染。

（5）刮去枝干上翘皮、病疤，皮屑集中销毁。伤口反复涂刷溃腐灵原液，或30%轮纹铲除剂40倍液，或50%多菌灵可湿性粉剂100倍液。

1 病斑初期症状

2 病斑扩展后表现症状

3 成熟期病果症状

202　山楂褐腐病

褐腐病是山楂和山里红的主要病害。

1）发病诱因

地势低洼，果园郁闭，栽植过密，通透性差；雨后排水不及时，造成环境潮湿等，易发病。管理粗放，树势衰弱，病害防治不及时，清园不彻底，发病严重。

2）表现症状

主要发生在果实上，也侵染果柄。果面初为褐色斑点，迅速扩展至整个果面，果肉组织淡褐色软腐，有酒糟味，但果面不凹陷，果实不变形。病果逐渐失水，干缩成暗褐色僵果，不脱落。

3）发生规律

真菌性病害，病菌在挂树僵果、落地病残果上越冬。落花后即可侵染，生长期内可重复侵染，着色期至贮藏期为病害高发期，多雨、雨量大，发病严重。

4）传播途径

病原菌借风雨、病健果接触等传播，自皮孔、伤口侵染危害。

5）综合防治

（1）冬季摘除挂树僵果，清除枯枝落叶、落地残果，集中销毁。

（2）发芽前，全株喷洒5波美度石硫合剂。

（3）花铃铛期和落花后，各喷洒1次60%代森锌可湿性粉剂400倍液，或50%苯菌灵可湿性粉剂1500倍液，或50%速可灵可湿性粉剂2000倍液。

（4）病害发生期，及时摘除树上和捡拾落地病果，集中深埋。交替喷洒25%腐霉·福美双可湿性粉剂1000～1500倍液，或75%百菌清可湿性粉剂600～800倍液。

1 病部果实腐烂

2 病果果肉组织腐烂状

3 果实被害状

4 病果僵化

203 山楂角斑病

角斑病是山楂和山里红的主要病害之一。

1) 发病诱因

地势低洼，土壤黏重，灌水过勤，雨后排水不及时，造成环境过于潮湿；苗木徒长，环境郁闭，通透性差；苗木栽植过深、修剪过重、生长势衰弱等，易发病。

2) 表现症状

主要发生在叶片侧脉间，也侵染叶柄。该病病斑较小，数量可多达十数个至数十个。叶面初为散生暗褐色斑点，受叶脉限制，扩展成多角形病斑，病健组织界限清晰，边缘整齐，后期病斑上密生黑色小粒点。相邻病斑逐渐扩展融合成不规则形大斑，病叶提前转黄，黑褐色焦枯，提前脱落，落叶上显现黑色粒状物。

3) 发生规律

真菌性病害，病菌在病落叶上越冬。北方地区多于6月开始侵染发病，7～8月为病害高发期。多雨年份、夏季多雨、持续阴雨的高湿天气，该病发生严重。

1 叶面病斑

4) 传播途径

病原菌借风雨传播，从气孔侵染危害。

5) 综合防治

（1）结合冬季修剪进行彻底清园，清除枯枝落叶，集中销毁，消灭越冬菌源。

（2）改良黏重土壤，增施腐熟有机肥，改善通透性，提高树木生长势。

（3）发芽前，喷洒5波美度石硫合剂，或45%晶体石硫合剂30倍液。

（4）发病初期，交替喷洒70%代森锰锌可湿性粉剂500倍液，或160倍等量式波尔多液，或50%多菌灵可湿性粉剂800倍液，10天喷洒1次，连续2～4次，兼治黑斑病、褐斑病等。

（5）穴土宜见干见湿，土壤干旱时适时补水。雨后及时排涝，松土散湿。

2 叶柄及叶片被害状

3 病斑上着生黑色小粒点

4 发病后期症状

204　山楂黄化病

黄化病又叫缺铁性黄叶病，是山楂树、山里红的一种常见病害。

1）发病诱因

铁离子是叶绿素形成的重要元素，因在碱性土壤中，铁元素被固定为不溶状态，而造成土壤中缺少可被植物吸收利用的铁元素；土壤黏重、板结，导致根系发育不良，吸收能力弱；栽植过深、土壤过于干旱，影响根系吸收等，造成植物体内铁元素供应不足而引起的一种生理性病害。

2）表现症状

主要发生在叶片上，也影响枝梢发育。多发生在新梢快速生长时，新梢先端的叶片先表现病症，叶脉间部分叶肉组织开始褪绿变黄，并逐渐扩展至整个叶片，但叶脉及老叶仍为绿色，病叶呈黄绿相间的网状。严重时，新梢叶片全部变为黄色或黄白色，叶片边缘焦枯，提前脱落。

病枝发育不充实，表现枝条细弱，不易抽生花枝，不易成花。

3）综合防治

（1）碱性土、黏重土壤中掺入适量山皮砂，增施腐熟有机肥，促进土壤中铁元素向可溶态转化，有利于根系对铁元素的吸收。

（2）结合秋季施肥，重病株树穴掺入硫酸亚铁，50～80g/株，施肥后及时灌一遍透水。

（3）穴土宜见干见湿，干旱时适时补水。雨后及时排涝，松土散湿，降低环境湿度，提高土壤透气性。

（4）叶脉间初现黄色时，叶面及时喷洒0.3%～0.5%硫酸亚铁，或黄叶灵300～500倍液，7天喷洒1次，至叶片恢复绿色为止。

1 绿色网纹型病叶

2 叶片黄化

205 山楂干腐病

干腐病是山楂、山里红的主要病害之一。

1）发病诱因

地势低洼，土壤黏重、干旱，肥力不足；新植苗木栽植不及时、三遍水未灌透、栽植过深、生长势衰弱等，易发病。修剪过重，伤口、剪口处理不到位，病害防治不及时，遭受日灼或冻害等，该病发生严重。

2）表现症状

发生在主干、主枝和小枝上。枝干一侧出现红褐色至紫红色，不规则病斑，边缘色深。病部皮层组织褐色腐烂，病枝上叶片萎黄，干枯下垂。后期病皮上密生黑色小粒点，严重时，枝枯、树亡。

3）发生规律

真菌性病害，病菌在病部皮层内越冬。3月下旬开始初侵染，旧病斑复发继续扩展。生长期内可重复侵染，5～6月病斑扩展迅速。病菌具潜伏侵染特性，干旱之年、高温干旱季节，生长势衰弱株发病严重。

4）传播途径

病原菌借风雨传播，从皮孔、伤口侵染危害。

5）综合防治

（1）及时剪去病枯枝，刨除重病株、病死株，剪口涂抹杀菌剂保护。

（2）发芽前喷洒5波美度石硫合剂。新植苗木树干涂白，防日灼、冻害发生。

（3）伤口、剪口、截口，及时涂抹杀菌剂保护，防治病菌从伤口侵染。

（4）初发病时，涂刷腐皮消50倍液，或40%福美砷可湿性粉剂50倍液，或溃腐灵原液，或5%菌毒清水剂50倍液。

（5）用利刀在病斑外1.5cm处划破树皮，将病斑圈住，划痕处反复涂刷上述药剂，使药液渗透到皮层，10天再涂刷1遍。

1 自剪口侵染发病状

2 枝干病症

3 树体被害状

4 枝病枯症状

206　山楂腐烂病

腐烂病也叫烂皮病，是山楂和山里红的主要病害之一。

1）发病诱因

土壤黏重、板结，透水性差；栽植过深，栽植后三遍水未及时灌透，或灌水过勤、穴土过湿，造成缓苗期生长势弱；遭受日灼、雹伤、冻害、机械损伤、病虫危害等，易发病。伤口、剪口处理不当，病害防治不及时、不到位，发病严重。

1 树干发病状

2）表现症状

（1）枝枯型：发生在小枝上，叶片发黄，病枝枯萎，其上散生黑色粒点。

（2）溃疡型：发生在主干、大枝及枝杈处。初为红褐色不规则形湿斑，病部皮层糟腐，颜色加深，易剥离。潮湿天气涌出橙红色卷须状丝状物。

3）发生规律

真菌性病害，病菌在病部皮层内越冬。3月开始初侵染，旧病斑继续扩展，4～5月为发病高峰期、9～10月又出现一次发病小高峰。病菌为弱寄生菌，树势旺盛时呈潜伏状态。衰弱时迅速发病，快速扩展蔓延，降雨有利于病菌传播侵染。

4）传播途径

病原菌借风雨、修剪工具等传播，从皮孔、伤口侵染危害。随病株异地传播。

5）综合防治

（1）冬季结合修剪，刨除重病株、病死株，剪去病枯枝，集中销毁。

（2）发芽前，全株喷洒5%菌毒清水剂300倍液。

（3）剪口、截口修剪平滑，涂抹腐皮消50倍液，或福永康20倍液。

（4）早春，自病斑外2cm处刮除腐烂组织，伤口反复涂刷溃腐灵5倍液，或腐皮消50倍，或5%菌毒清水剂50倍液，或15波美度石硫合剂。

（5）土壤干旱时适时补水，大雨后及时排水，松土散湿、保墒。

2 发生在枝干分叉处

3 皮层组织变褐色糟腐

207　花椒锈病

花椒锈病又叫花椒粉锈病、花椒鞘锈病，是多种花椒树的主要病害之一。

1）发病诱因

栽植过密、苗木徒长、通风透光性差，易发病。地势低洼，雨后排水不通畅，环境郁闭、潮湿；病害防治不及时、清园不彻底等，该病发生严重。

2）表现症状

发生在叶片上，有时也侵染叶柄，病斑小而密集。叶面初为散生水浸状褪绿斑点，叶背相应部位出现黄褐色圆形粉状小点，扩展成圆形或椭圆形、枯黄色或褐色突起呈深褐色坏死。果实生长后期，病叶大量枯萎脱落，导致果实成熟度差，叶片出现二次萌发现象。

3）发生规律

真菌性病害，病菌在病芽、病落叶上越冬。华北地区 6 月中下旬开始侵染发病，生长期内可重复侵染，7～9 月为病害高发期，多雨、雨量大、持续阴雨的高湿天气，该病发生严重。

4）传播途径

病原菌借风雨、昆虫等传播，从皮孔、伤口侵染危害。

1 叶背孢子堆

5）综合防治

（1）落叶后，剪除病枯枝、徒长枝、细弱枝、交叉枝、短截秋梢，提高通透性。清除残枝、落叶，集中销毁。

（2）发芽前，喷洒 100 倍等量式波尔多液，减少病害发生。

（3）发病初期，及时摘除病叶，集中深埋。交替喷洒 120 倍等量式波尔多液，或 20％粉锈宁可湿性粉剂 1500～2000 倍液，或 65％代森锌可湿性粉剂 600～800 倍液，或 20％萎锈灵乳油 300 倍液，10～15 天喷洒 1 次，连续 2～3 次。

（4）大雨过后及时排水，锄地散湿，降低田间湿度。注意防治蚜虫等。

208 夹竹桃黑斑病

黑斑病是白花夹竹桃、桃红夹竹桃、黄花夹竹桃等夹竹桃的主要病害之一。

1）发病诱因

夹竹桃喜光、略耐阴，耐干旱，怕涝。栽植过密，光照不足，环境郁闭、潮湿等，易发病。

2）表现症状

多发生在株丛中下部及根际萌蘖枝的越冬叶片上。初为散生圆形黑褐色斑点，扩展成圆形或半圆形褐色病斑，边缘黑褐色，中央渐转灰褐色或灰白色，病健组织界限清晰，相邻病斑扩展融合成不规则形大斑，后期病斑上覆盖黑色粉状霉层。

3）发生规律

真菌性病害，病菌在病叶、病落叶上越冬。多于6月中下旬开始发病，生长期内可重复侵染。高温季节多大雨、持续阴雨的高湿环境，有利于该病侵染蔓延。

4）传播途径

病原菌借风雨、灌溉水喷溅、昆虫等传播，从皮孔、伤口侵染危害。随带菌苗木调运，异地传播。

5）综合防治

（1）及时疏除过密枝、根际无用萌蘖枝，保持良好的通透性。

（2）冬季彻底清除枯枝落叶，集中销毁，减少初侵染源。

（3）加强养护管理，注意防治蚜虫、蚧虫等刺吸式害虫，清除传播媒介。及时清扫落叶，集中销毁。雨后及时排涝，松土散湿。

（4）发病初期，交替喷洒100倍等量式波尔多液，或75%百菌清可湿性粉剂800倍液，或50%多菌灵可湿性粉剂500倍液。

1 叶面病斑   2 叶片危害状   3 后期症状

209 夹竹桃圆斑病

圆斑病是白花夹竹桃、桃红夹竹桃、黄花夹竹桃等夹竹桃的一种常见病害。

1）发病诱因

土壤黏重、板结，地势低洼，雨后排水不及时，土壤过湿；栽植过密，通透性差，环境郁闭、阴湿等，易发病。

2）表现症状

多发生在中下部叶片上。叶面、叶片边缘初为散生黑褐色圆形斑点，扩展成近圆形、半圆形、椭圆形病斑，病健组织界限清晰，边缘暗褐色，周边有黄绿色晕圈，中央渐转灰褐色至灰白色，相邻病斑扩展融合成大斑。后期病叶萎黄脱落。

3）发生规律

真菌性病害，病菌在病叶、病落叶上越冬。华北地区多于6月下旬开始侵染发病，生长期内可重复侵染，7～8月为病害高发期。多雨年份，多雨季节，持续阴雨后，病害发生严重。

4）传播途径

病原菌借风雨、昆虫、灌溉水等传播，从皮孔、伤口侵染危害。随带菌苗木调运，异地传播。

5）综合防治

（1）冬季彻底清除残枝落叶，集中销毁。

（2）合理控制栽植密度。春季疏除无用枝，保持良好的通透性。

（3）雨后及时排水，松土散湿。避免无风傍晚喷水，防止夜间湿气滞留。

（4）发病初期，交替喷洒100倍等量式波尔多液，或75%百菌清可湿性粉剂800倍液，或50%多菌灵可湿性粉剂800倍液，或50%苯菌灵可湿性粉剂1000倍液，7天喷洒1次，连续2～3次，兼治黑斑病等。

（5）注意防治蚜虫、粉虱等刺吸害虫，消灭传播媒介。

1 叶面病斑

2 危害状

210 法国冬青炭疽病

炭疽病是法国冬青的一种主要病害。

1）发病诱因

法国冬青喜通风良好环境，适微酸性或中性、排水良好疏松土壤。土壤盐碱、黏重，栽植过密，通风不良，雨后积水等，易发病。栽植过深、环境郁闭、苗木遭受冻害、病害防治不及时、清园不彻底等，该病发生严重。

2）表现症状

主要发生在叶片上，也侵染叶柄。多从下部叶片开始发病，初为黑色斑点，扩展成近圆形病斑，病健组织界限清晰，边缘暗褐色，中央渐转灰褐色至灰白色，病斑扩展融合成不规则形大斑。后期病斑上出现黑色粒状物，病叶枯萎脱落。

3）发生规律

真菌性病害，病菌在病叶、病落叶上越冬。北方地区6月下旬开始侵染发病，生长期内可重复侵染，7～9月为病害高发期。多雨年份、高温季节多大雨、持续阴雨的高湿天气，有利于病菌传播蔓延，病害发生严重。

4）传播途径

病原菌借风雨、灌溉水喷溅、修剪工具等传播，从皮孔、伤口侵染危害。

5）综合防治

（1）冬季彻底清除落叶，集中销毁，减少侵染源。

（2）病害发生时，交替喷洒100倍等量式波尔多液，或80％炭疽福美可湿性粉剂800倍液，或50％多菌灵可湿性粉剂500倍液，或70％代森锰锌可湿性粉剂400倍液，或4％农抗120水剂600～800倍液，10天喷洒1次，连续2～3次。

（3）不在叶片有露或雨水未干爽时进行修剪。禁止叶面喷水，不在阴天或无风傍晚灌水，防止叶面持水，夜间湿气滞留。雨后及时排涝散湿。

1 叶面病斑

2 病斑上现黑色粒状体

211 法国冬青黑斑病

黑斑病是法国冬青的一种常见病害。

1）发病诱因

土壤盐碱、黏重，透气性差；地势低洼，雨后排水不及时，灌水过勤，环境郁闭、高湿；管理粗放、土壤长期干旱、肥力不足，造成生长势衰弱等，易发病。

2）表现症状

主要发生在叶片上，有时也侵染叶柄，以下部叶片受害重。初为黑色斑点，扩展成圆形或不规则形暗黑色病斑，病健组织界限清晰，病斑中央由褐色渐转灰黑色。后期病叶枯黄，早期脱落。多与炭疽病伴生。

3）发生规律

真菌性病害，病菌在病株芽鳞、病叶、病落叶上越冬。北方地区6月中下旬开始侵染发病，生长期内可重复侵染，7～8月为病害高发期，9月病叶开始大量脱落。多雨年份、高温季节多雨、雨量大、持续阴雨天气，该病发生严重。

4）传播途径

病原菌借雨水、灌溉水飞溅传播，从皮孔、伤口侵入危害。

5）综合防治

（1）合理控制栽植密度，及时修剪病枯枝、衰老枝，提高通透性。

（2）病害高发期，禁止叶面喷水，避免在阴天或无风傍晚灌水，尽量减少叶面持水，防止夜间湿气滞留。

（3）不在叶片有露或雨水未干爽时进行修剪。

（4）大雨过后及时排涝，松土散湿，降低环境湿度。

（5）及时扫净病落叶，集中深埋。交替喷洒100倍等量式波尔多液，或75%百菌清可湿性粉剂800倍液，或65%代森锌可湿性粉剂600～800倍液。

（6）病害发生期，法国冬青绿篱修剪后，及时喷洒上述杀菌剂，防止伤口侵染危害。

1 病斑初、中期症状　　　　　　　　　　　　　　2 病斑后期症状

212 无花果疫霉果腐病

疫霉果腐病是多种无花果的毁灭性病害。

1）发病诱因

地势低洼，土壤黏重、过湿；苗木徒长、丛生枝过多、通透性差等，易发病。环境郁闭、阴湿，分枝过低，病虫害防治不及时等，该病发生严重。

2）表现症状

主要发生在果实上，多从内壁开始发病，向外扩展霉烂。果面初为暗绿色水浸状斑，扩展成湿腐状斑块。果肉组织褐色腐烂，其上附着灰白色绵毛状菌丝，很快果实软腐。潮湿环境下，果面布满白色绵毛状霉层，病果脱落或干缩成僵果。

1 果实病部腐烂

3）发生规律

真菌性病害，病菌在挂树僵果、随落地病残果在土壤中越冬。京、津及西北地区 6 月中旬开始侵染果实，生长期内可重复侵染，7 ~ 8 月为病害高发期。多雨年份、高温季节多大雨、持续阴雨的湿热天气，病害发生严重。

4）传播途径

病原菌借雨水、灌溉水飞溅等传播，从皮孔、伤口侵染危害。

5）综合防治

（1）落叶后，摘除树上僵果，彻底清除地面落叶、病残果，集中深埋。

2 整个果实软腐

（2）根际不可留枝过多、留枝过低。雨后及时排涝，锄草，松土散湿。

（3）发病较重果园，及时摘除病果，交替喷洒 80% 大生 M-45 可湿性粉剂 600 ~ 800 倍液，或 90% 疫霜灵可湿性粉剂 600 倍液，或 58% 甲霜灵锰锌可湿性粉剂 600 倍液，或 25% 瑞毒霉可湿性粉剂 800 倍液，土壤定期消毒。

3 病果果肉组织表现症状

4 病部布满白色菌丝

213　无花果炭疽病

炭疽病是新疆早黄、波姬红、青皮、日本紫果等多种无花果的常见病害。

1）发病诱因

栽植过密，苗木徒长，通透性差；留枝过多，留枝过低，雨后排水不及时，环境郁闭、潮湿等，易发病。病虫害防治不及时、清园不彻底等，该病发生严重。

2）表现症状

主要发生在果实上。果面初为淡褐色斑点，扩展成近圆形褐色病斑，边缘水浸状。病部果肉组织软腐，果面凹陷，病斑上出现或深或浅的褐色同心轮纹。后期病斑中央产生黑色小粒点，成同心轮纹状排列。病果易脱落，或干缩成僵果。

3）发生规律

真菌性病害，病菌在挂树僵果及落地病残果上越冬。6月开始侵染发病，生长期内可重复侵染，直至晚秋。有潜伏侵染特性，果实近成熟期为病害高发期。高温多雨、持续阴雨天气，病斑扩展迅速，发病严重。

4）传播途径

病原菌借雨水或灌溉水飞溅等传播，从皮孔、伤口侵染危害。

5）综合防治

（1）萌芽前，彻底清除树上僵果、落叶和地面残果，集中销毁。全园喷洒了波美度石硫合剂。

（2）萌芽后，及时抹芽、疏枝，保持冠内良好的通透性。

（3）雨后及时排水，松土散湿，控制田间湿度，提高土壤通透性。

（4）病害发生时，及时摘、拾病果，集中深埋。交替喷洒 200 倍等量式波尔多液，或 80% 炭疽福美可湿性粉剂 800 倍液，或 50% 多菌灵可湿性粉剂 800 倍液，或 50% 退菌特可湿性粉剂 600 倍液，10 ~ 15 天喷洒 1 次，连续 3 ~ 4 次，采果前 10 天停止喷药。

1 果面初发病症状

2 病斑中期症状

3 后期病斑上出现黑色小粒点

214　锦带花炭疽病

是锦带花、海仙花、红王子锦带、金叶锦带、花叶锦带等锦带花的常见病害。

1）发病诱因

栽植过密，修剪不到位，通透性差；肥力不足、土壤过于干旱、生长势弱等，易发病。雨后排水不及时，环境郁闭、阴湿，病害防治不及时，清园不彻底等，该病发生严重。

2）表现症状

主要发生在叶片上，有时也侵染嫩梢。下部叶片先发病，多从叶先端或叶片边缘侵染危害，叶面初为红褐色斑点，扩展成近圆形、半圆形或不规则形病斑，边缘黑褐色，中央褐色转为灰褐色。相邻病斑扩展融合成黑色枯死斑块，斑块易破裂，或不完全脱落。后期病斑上着生黑色粒状物，病叶焦枯、脱落。

3）发生规律

真菌性病害，病菌在病株残体、病落叶上越冬。6月中下旬开始发病，生长期内可重复侵染，7月至9月上旬为病害高发期。夏季多雨、持续阴雨、雨量大，病害发生严重，花篱下部叶片发病重。

4）传播途径

病原菌借雨水、灌溉水飞溅传播，从皮孔、伤口侵染危害。

5）综合防治

（1）落叶后，彻底清除地面落叶，集中销毁。

1 叶面病斑

2 病斑后期症状

（2）合理控制栽植密度，及时疏除根际无用萌蘖枝、徒长枝，改善通透性。

（3）发病初期，交替喷洒120倍等量式波尔多液，或70%甲基托布津可湿性粉剂800倍液，或75%代森锰锌可湿性粉剂400倍液，7~10天喷洒1次。

（4）病害发生期、花篱修剪后，及时喷洒上述杀菌剂，防治伤口侵染。

（5）干旱时适时补水，尽量避免叶面喷水。雨后及时排涝，松土散湿。

215 丁香褐斑病

褐斑病是丁香、紫丁香、北京丁香、四季丁香、辽宁丁香、暴马丁香等树种的一种常见病害。

1）发病诱因

丁香喜光、稍耐阴，耐干旱，忌阴湿，适排水良好疏松土壤。栽植过密，通风透光不良，雨后排水不及时，环境郁闭、潮湿等，易发病。多年重茬连作育苗地、清园不彻底、病害防治不及时等，该病发生较重。

2）表现症状

发生在叶片上。叶面初为褐色斑点，扩展成近圆形至不规则形病斑，中央浅褐色至灰褐色，边缘有褐色细纹线，相邻病斑扩展融合，中央略显轮纹。潮湿环境下，病斑上出现黑褐色霉点。干燥天气，病斑干枯破裂。发病严重时，病叶焦枯脱落。

3）发生规律

真菌性病害，病菌在病落叶上越冬。华北及以北地区 5 月上旬开始侵染，生长期内可重复侵染。春秋多雨、多雾、多露，病害发生严重。

4）传播途径

病原菌借风雨、灌溉水、露水等传播，从气孔或伤口侵染危害。

5）综合防治

（1）落叶后，彻底清除枯枝落叶，集中销毁。

（2）避免叶面喷水，不在无风傍晚灌水。大雨过后及时排涝，松土散湿。尽量减少叶面持水，降低田间湿度。

1 叶面病斑

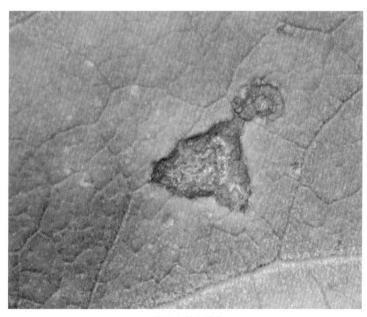

2 病斑上散生霉点

（3）花后进行整形修剪，剪去残花花序、无用枝，改善通透性。

（4）发病初期，交替喷洒 160 倍半量式波尔多液，或 50％多菌灵可湿性粉剂 600 倍液，或 75％百菌清可湿性粉剂 600 倍液，或 65％代森锌可湿性粉剂 600 倍液防治，10 天喷洒 1 次，连续 2～3 次。

216 丁香细菌性疫病

丁香细菌性疫病又叫丁香叶枯病、丁香花斑病，是多种丁香的毁灭性病害。

1）发病诱因

栽植过密，通风不良，光照不足，雨后排水不畅，环境郁闭、阴湿，易发病。

2）表现症状

多发生在叶片上，常形成大的枯斑，有时也侵染嫩茎。常见病叶类型：

（1）点斑型：初为褪绿油状斑点，扩展成近圆形病斑，中央转灰白色。

（2）花斑型：初为褐色斑点，扩展成

1 油渍状病斑

2 花斑型叶面病斑

3 花斑型病叶后期症状

4 枯焦型病叶

近圆形灰褐色大斑，具深浅褐色或灰褐色相间的同心波状轮纹，外缘有波状纹线，病斑形似花朵状。

（3）枯焦型：病斑褐色，病叶卷曲、枯焦，挂在枝上不易脱落，似火烧状。

3）发生规律

细菌性病害，病菌在病枝、病芽、病落叶上越冬。北方地区多于 6 月开始侵染，生长期内可重复侵染。多雨年份、多雨季节的潮湿环境下，病害发生严重。

4）传播途径

病原菌借风雨、灌溉水、昆虫等传播，从气孔、伤口侵染危害。

5）综合防治

（1）落叶后，剪去枯死枝，清除落叶，集中销毁。喷洒 5 波美度石硫合剂。

（2）发病初期，交替喷洒 120 倍等量式波尔多液，或 50% 消菌灵可湿性粉剂 1000 倍液，或 95% 细菌灵原粉 500 倍液，7 ~ 10 天喷洒 1 次，连续 3 ~ 4 次。

（3）剪去病枝、病叶，拔除重病株，根际拌土撒施硫黄粉 5 ~ 10g/ 株。重茬地拌土普撒五氯硝基苯 + 脱硫石膏，地表进行土壤消毒，控制病害重发感染。

217 丁香枯萎病

丁香枯萎病又叫青枯病，是紫丁香、白丁香、北京丁香等丁香的毁灭性病害。

1）发病诱因

土壤黏重、灌水过勤、雨后排水不及时、土壤积水或过湿，易发病。圃地多年重茬连作、病株清理不及时、防治不到位、地下害虫危害等，该病发生严重。

2）表现症状

主要发生在根部和枝条上。个别枝条发病，逐渐扩展至全株。病枝上叶片边缘初为淡绿色，叶柄下垂，逐渐枯萎，挂在枝条上。病枝基部皮层组织呈水渍状褐色腐烂，病枝很快枯死，根部褐色坏死。发病严重时，整株甚至周边苗木成片枯亡。

1 病枝韧皮层呈褐色腐烂

3）发生规律

土传真菌性病害，病菌随病株残体在土壤中越冬。发芽后开始初侵染，上一年病部继续扩展。生长期内可重复侵染，6~7月发生严重。夏季暴雨、持续降雨后突然转晴的湿热天气，有利于病害快速传播蔓延。该病近年呈快速蔓延趋势。

4）传播途径

病原菌借雨水、灌溉水、地下害虫等传播，自根部伤口或枝条皮孔侵入。随带菌苗木调运，异地传播。

5）综合防治

（1）彻底刨除重病株、病死株，集中销毁，穴土用70%五氯硝基苯消毒。

（2）忌圃地多年重茬连作，雨后及时排水，锄草散湿。注意防治地下害虫。

（3）及时剪去病枝，交替喷洒30%恶霉灵可湿性粉剂1200~1500倍液，或50%多菌灵可湿性粉剂1200倍液，7~10天喷洒1次，连续2~4次。同时用30%恶霉灵可湿性粉剂800倍液，或25%络氨铜水剂250~300倍液灌根。

2 全株叶片青枯

3 发病时叶片表现症状

218 紫薇白粉病

白粉病是紫薇、银薇、翠薇、美国紫薇的一种常见病害。

1）发病诱因

栽植过密、苗木徒长、修剪不到位，导致通透性差；雨后排水不及时、环境湿度大等，易发病。郁闭、湿热环境条件下，该病发生严重。

2）表现症状

发生在幼叶和嫩梢上，也侵染花序。幼嫩组织上初为白色粉点，逐渐成圆形粉斑，很快扩展成白色粉状霉层。发病严重时，病叶皱缩扭曲、枯萎。花序轴和花蕾停止发育，不能正常开放，嫩梢枯亡。

3）发生规律

真菌性病害，病菌在病芽、病梢、病落叶上越冬。6月上旬开始侵染，生长期内可重复侵染，6月、8~9月为病害高发期。高温季节多雨、雨量大、持续阴雨、多雾或雾霾天气，该病发生严重。

4）传播途径

病原菌借风雨传播，自气孔、皮孔侵染危害。

5）综合防治

（1）落叶后结合整形修剪，剪去病枝、无用枝。清除残枝、落叶，集中销毁。

（2）发芽前，喷洒3~5波美度石硫合剂，消灭越冬菌源。

（3）合理控制栽植密度。生长期适时抹芽、疏枝，保持良好的通透性。

（4）病害发生期，及时剪去病枝梢和花序，集中销毁。交替喷洒200倍等量式波尔多液，或15％粉锈宁可湿性粉剂1000倍液，或50％苯菌灵可湿性粉剂1500倍液，或70％甲基托布津可湿性粉剂1000倍液，10天喷洒1次，连续2~4次。

（5）大雨过后及时排水，锄草，松土散湿。

1 初发病状

2 病叶皱缩

3 花蕾、花梗被害状

219　紫荆黑斑病

黑斑病在紫荆、白花紫荆、加拿大紫荆上时有发生。

1）发病诱因

栽植过密，根际萌蘖枝过多，通风透光性差；灌水过勤，雨后排水不及时，环境郁闭、阴湿等，易发病。

2）表现症状

多发生在叶片的侧脉间，有时也侵染枝梢。下部叶片先发病，逐渐向上部扩展蔓延。叶面初为暗褐色圆形斑点，扩展成近圆形、椭圆形，中央褐色、边缘黑褐色病斑。病健组织界限清晰，周边有较窄的黄色晕圈。发病严重时，病叶焦枯，大量脱落，在潮湿环境，落叶上显现黑色粒状物，导致生长势衰弱，甚至枝梢枯死。

3）发生规律

真菌性病害，病菌在病枝和病落叶上越冬。华北地区 6 月开始侵染发病，生长期内可重复侵染。7 ~ 9 月为病害高发期，多雨、雨量大、持续阴雨的高湿环境，有利于该病侵染蔓延。

4）传播途径

病原菌借风雨、灌溉水喷溅等传播，从气孔、伤口侵染危害。

5）综合防治

（1）冬季彻底清除枯枝落叶，集中销毁。

（2）展叶后，剪去病枝、枯死枝、根际无用枝，保持株丛通风透光。

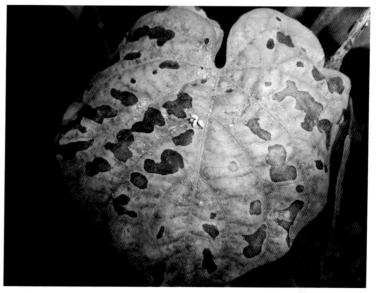

1 叶面病斑及危害状

2 叶背病斑症状

（3）发病初期，及时摘除病叶，集中销毁。交替喷洒 160 倍等量式波尔多液，或 75% 百菌清可湿性粉剂 800 倍液，或 65% 福美锌可湿性粉剂 400 ~ 500 倍液。

（4）避免叶面喷水，减少叶面持水。不在无风傍晚灌水，尽量降低田间湿度。

大雨过后及时排水，松土散湿。

220 紫荆褐斑病

褐斑病是紫荆、白花紫荆、加拿大紫荆的一种常见病害。

1）发病诱因

栽植过密，通透性差；管理粗放、土壤长期过湿或过于干旱、生长势衰弱，易发病。幼苗、徒长苗木，发病严重。

2）表现症状

发生在叶片上，多从下部叶片开始发病。脉腋间初为暗褐色圆形斑点，扩展成中央褐色或浅褐色、边缘暗褐色、近圆形病斑，相邻病斑扩展融合成不规则形大斑，后期病斑干枯破裂，病叶枯焦，提前脱落。

3）发生规律

真菌性病害，病菌在病落叶上或随病残体在土壤中越冬。6月开始初侵染，生长期内可重复侵染。7～8月为病害高发期，多降雨、雨量大、持续阴雨的高温高湿天气，有利于病菌侵染蔓延。

4）传播途径

病原菌借风雨、灌溉水喷溅等传播，从气孔、伤口侵染危害。

5）综合防治

（1）冬季彻底清除落叶，集中销毁，减少越冬菌源。

（2）春季展叶后，疏去根际枯死枝、无用萌蘖枝，提高通透性。

（3）不可灌水过勤，干旱时适时补水。大雨过后及时排水，松土散湿、保墒。避免叶面喷水，不在傍晚时灌水，尽量减少叶面持水，防止夜间湿度滞留。

（4）及时摘除病叶，交替喷洒200倍等量式波尔多液，或75%百菌清可湿性粉剂1000倍液，或50%多菌灵可湿性粉剂600～1000倍液，或65%代森锌可湿性粉剂600～800倍液防治，10天喷洒1次，连续2～3次，兼治黑斑病等。

1 病斑初期症状

2 病叶后期症状

3 叶片被害状

221　紫荆角斑病

角斑病是紫荆、白花紫荆的一种常见病害。

1）发病诱因

栽植过密、根际萌蘖枝留枝过多、苗木徒长等，通透性差，易发病。管理粗放，水肥不足，生长势弱；雨后排水不及时，环境郁闭、潮湿，冬季清园不彻底等，该病发生严重。

2）表现症状

发生在叶片上。多从下部叶片开始侵染，初为褐色斑点，受叶脉限制逐渐扩展成黄褐色或灰褐色多角形病斑，边缘黑褐色，病健组织界限清晰，后期病斑上着生黑褐色小粒状物。发病严重时，叶面布满病斑，病叶焦枯，大量脱落。

3）发生规律

真菌性病害，病菌在病芽、病落叶上越冬。北方地区 7 月开始侵染，生长期内可重复侵染，8 ～ 9 月为病害高发期。降雨有利于该病传播蔓延，多雨年份、多雨季节、持续阴雨天气，病害发生严重。

4）传播途径

病原菌借风雨、灌溉水喷溅等传播，从气孔、伤口侵染危害。

5）综合防治

（1）落叶后，彻底清除枯枝落叶，集中销毁。

（2）控制栽植密度，合理留枝，保持株丛良好通透性。

（3）土壤干旱时适时补水，大雨过后及时排水，松土散湿、保墒。

（4）发病初期，摘除病叶，交替喷洒 75％百菌清可湿性粉剂 800 倍液，或 10％多抗霉素可湿性粉剂 800 倍液，或 70％代森锰锌可湿性粉剂 800 倍液，或 50％多菌灵可湿性粉剂 800 倍液，或 200 倍等量式波尔多液，10 天喷洒 1 次，连续 3 ～ 4 次。

（5）避免在无风的傍晚喷灌水，减少叶面持水，防止夜间湿气滞留。

1 叶面病斑　　　　　　　　　　　　　　　2 叶片被害状

222 紫荆枯萎病

枯萎病是紫荆、白花紫荆的一种毁灭性病害。

1）发病诱因

土壤长期干旱或过湿、树势较弱等，易发病。圃地多年重茬连作，病株清理不彻底，该病发生严重。

2）表现症状

个别枝条顶端叶片萎蔫，木质部呈黄褐色坏死，枝横断面出现不完整或完整的黄褐色坏死环斑。病枝干枯，很快扩展至全株，整株死亡，或连片枯死。常见两种类型：

（1）绿色枯萎型（青枯型）：病枝上绿叶失去光泽，卷曲枯萎，但不脱落。

（2）黄色萎蔫型（黄枯型）：自叶缘开始枯萎，全叶呈黄褐色卷曲、枯焦。

1 病枝输导组织黄褐色坏死　　　　2 病枝横切面坏死环斑

3 绿色枯萎型病状　　　　4 黄色枯萎型病状

3）发生规律

土传真菌性病害，病菌在病株残体上和土壤中越冬。在土壤中可长期存活，随水的吸收进入植物体内，在输导组织内发病。6～7月高温多雨天气发生严重。

4）传播途径

病原菌借雨水、灌溉水、修剪工具、地下害虫等传播扩散，由根系伤口侵染危害。带菌苗木调运，是异地传播的重要途径。近年该病呈现快速发展趋势。

5）综合防治

（1）初发病时，剪去病枝，喷洒23%络氨铜水剂200～300倍液。同时用30%恶霉灵水剂600～800倍液，或25%络氨铜水剂300倍液灌根，7天再灌1次。

（2）及时刨除重病株、病死株，重茬圃地树穴用70%五氯硝基苯粉剂拌土进行消毒。

（3）加强养护管理，土壤干旱时适时补水，大雨过后及时排水，松土排湿。

223　蜡梅灰斑病

灰斑病是素心蜡梅、磬口蜡梅、狗牙蜡梅等多种蜡梅的一种常见病害。

1）发病诱因

蜡梅喜温暖、排水良好疏松土壤，耐干旱，素有"旱不死的蜡梅"之说，忌水湿。土壤盐碱、黏重，透气性差，灌水过勤，雨后排水不及时，造成土壤及环境湿度较大；栽植环境郁闭、徒长枝过多、树冠通透性差等，易发病。

2）表现症状

多发生在叶片上。叶面初为褐色圆形斑点，扩展成半圆形、近圆形病斑，边缘暗褐色，外缘有黄色晕圈，病健组织界限清晰，中央逐渐转为灰白色。相邻病斑扩展融合成片，潮湿环境下，病斑上出现灰黑色霉状物，后期病斑干枯，易破裂。发病严重时，病叶焦枯、早落。

3）发生规律

真菌性病害，病菌在病落叶上越冬。北方地区 6 月中下旬开始侵染，生长期内可重复侵染。7 月至 9 月上旬为病害高发期，多雨、雨量大、持续阴雨天气，病害发生严重。

4）传播途径

病原菌借风雨、灌溉水、昆虫等传播，从气孔、伤口侵染危害。

5）综合防治

（1）结合冬季修剪，彻底清除枯枝落叶，集中销毁。

（2）适当控制灌水次数，土壤不旱不灌水。雨后及时排水，松土散湿。

（3）合理控制栽植密度，及时疏去无用的徒长枝，保持冠丛良好的通透性。

（4）及时摘除病叶，交替喷洒 120 倍等量式波尔多液，或 75% 百菌清可湿性粉剂 800 倍液，或 70% 代森锰锌可湿性粉剂 500 倍液，或 50% 多菌灵可湿性粉剂 800 倍液防治，10 天喷洒 1 次，连续 2 ~ 3 次。

1 叶面病斑及被害状

2 病斑上霉状物

224 蜡梅叶枯病

叶枯病是北方地区素心蜡梅、罄口蜡梅、狗牙蜡梅等蜡梅的一种常见病害。

1）发病诱因

栽植环境郁闭、光照不足、通风不良、雨后排水不及时等，易发病。持续高温干燥天气，遭受强光暴晒，造成叶片灼伤，该病发生严重。

2）表现症状

发生在叶片上，多从叶先端或叶两侧边缘开始侵染发病。初为褐色斑点，向内、向叶片基部扩展成中央浅褐色、边缘褐色病斑，病健组织界限清晰，外缘有黄色晕带。病斑扩展融合成大斑，有时可达叶面二分之一以上，中央逐渐转为灰褐色坏死。潮湿环境下，病斑上散生黑色小粒点。后期病叶焦枯、脱落。

3）发生规律

真菌性病害，病菌在病落叶上越冬。北方地区6月开始发病，生长期内可重复侵染，7～8月为病害高发期。夏季大气长期干旱、光照充足，或降雨量大、持续阴雨后，病害发生严重。

4）传播途径

病原菌借风雨、灌溉水传播，从气孔侵染危害。

5）综合防治

（1）冬季彻底清除枯枝落叶，集中销毁。

（2）发芽前，喷洒3～5波美度石硫合剂。

（3）高温干旱天气，适时补水。大雨过后及时排水，松土散湿。

（4）发病初期，叶面交替喷洒100倍等量式波尔多液，或70%甲基托布津可湿性粉剂1000倍液，或50%福美双可湿性粉剂600倍液，或65%代森锌可湿性粉剂500倍液防治，10～15天喷洒1次，连续2～3次。

1 病斑上散生黑色小点　　　　　　　　　　2 叶片被害状

225 贴梗海棠灰斑病

灰斑病是贴梗海棠、日本贴梗海棠、木瓜等树种的主要病害之一。

1）发病诱因

贴梗海棠喜光照充足、通风良好环境，适疏松、排水良好土壤，不耐湿。栽植过密，光照不足，通风不良，环境郁闭、潮湿等，易发病。管理粗放的花篱，清园不彻底，发病尤为严重。

2）表现症状

主要发生在叶片上。叶面及叶缘初为圆形黑褐色斑点，扩展成半圆形、近圆形至不规则形，中央灰白色、边缘褐色病斑，病健组织界限清晰，相邻病斑扩展融合成不规则形大斑。后期病斑中央着生黑色霉点，病斑易破裂。发病严重时，病叶枯焦，大量提前脱落，仅残留枝端稀疏叶片。

3）发生规律

真菌性病害，病菌在病落叶上越冬。6月中下旬开始侵染发病，生长期内可重复侵染，7～9月为病害高发期。多雨年份和高温多雨季节，病害发生严重。

4）传播途径

病原菌借风雨和灌溉水喷溅传播扩散，从气孔、伤口侵染危害。

5）综合防治

（1）冬季疏去枯死枝、无用枝，提高通透性。彻底清除地面落叶，集中销毁。

（2）阴天或无风傍晚不灌水，大雨过后及时排涝，降低田间湿度。病害高发期，及时清除落叶，减少再侵染。

（3）发病初期，交替喷洒120倍等量式波尔多液，或70％百菌清可湿性粉剂800倍液，或50％多菌灵可湿性粉剂600倍液，兼治白粉病、褐斑病等。

（4）病害发生期，花篱修剪后，及时喷洒上述药剂，减少伤口侵染。

1 叶面病斑

2 病斑叶肉组织黑褐色坏死

3 病斑破裂

226　连翘灰霉病

灰霉病是连翘、金钟连翘、金叶连翘、金脉连翘、朝鲜连翘的常见病害之一。

1）发病诱因

连翘耐干旱、瘠薄，怕涝。栽植过密，枝条拥挤，通风不良；灌水过勤、雨后排水不及时，造成土壤潮湿或积水，冬季清园不彻底等，易发病。

2）表现症状

发生在叶片上，多从下面叶片开始侵染，新、老叶片均可发病。叶面初为黄褐色斑点，扩展成近圆形或不规则形褐色病斑，边缘暗褐色，中央褐色或灰褐色，外缘有黄色晕带。相邻病斑融合成不规则形大斑，有时具或宽或窄的褐色同心轮纹。后期病斑上滋生灰色霉层，病斑干枯破裂或穿孔，病叶提前脱落。

3）发生规律

真菌性病害，病菌在病落叶上越冬。6月上旬开始侵染发病，生长期内可重复侵染，7～8月为病害高发期。多雨年份、夏季多大雨、持续阴雨的高温高湿环境下，该病发生严重。

4）传播途径

病原菌借雨水和灌溉水飞溅传播扩散，从气孔、伤口侵染危害。

5）综合防治

（1）冬季彻底清除落叶，集中深埋，减少越冬菌源。

1 老叶叶面病斑

2 病斑后期表现症状

（2）发病严重时，及时摘除病叶，集中深埋。交替喷洒160倍等量式波尔多液，或70%百菌清可湿性粉剂600倍液，或50%多菌灵可湿性粉剂800倍液，或70%甲基托布津可湿性粉剂800倍液，7～10天喷洒1次，连续2～3次。

（3）阴天或无风傍晚不灌水，防止夜间湿气滞留。连翘中有些品种，如垂枝连翘等，枝条下垂，易生不定根。雨季多次挑动枝梢，防止生根，尽量减少雨水和灌溉水喷溅到叶面上，减少病害发生。

227　结香病毒病

病毒病是结香的主要病害之一。

1）发病诱因

环境郁闭、土壤过于干旱、肥力不足、生长势衰弱等，易发病。病害防治不及时、病株清除不彻底，发病严重。

2）表现症状

多发生在枝端幼叶上，也侵染嫩梢。常见有下列表现类型：

（1）花叶型：叶面出现不规则或深或浅的斑驳状黄色斑，叶片成花叶状。

（2）狭叶明脉型：病叶变小、变窄，近成蕨叶状。叶脉隆起，扭曲畸形。

（3）缩叶型：叶缘向叶面卷曲，叶片皱缩、畸形，枯萎早落。

（4）坏死型：被害枝端萎蔫枯死，病株生长缓慢，向下扩展导致整株枯亡。

3）发生规律

病毒性病害，病毒在病株活体中存活。病株终生带毒，生长期内可重复侵染发病并逐年加重。

1 花叶型

2 明脉型

3 叶片皱缩混合型

4 顶梢枯萎坏死型

夏秋季节高温干旱少雨，刺吸式昆虫危害严重，该病发生也重。

4）传播途径

病毒由昆虫、修剪工具携带病毒汁液、带毒植材进行繁殖等传播，从气孔、伤口侵染危害。

5）综合防治

（1）及时剪去病梢，交替喷洒8%宁南霉素水剂800～1000倍液，或0.5%香菇多糖水剂500～600倍液，或20%病毒宁水溶性粉剂500倍液。同时用5%菌毒清可湿性粉剂200倍液灌根。

（2）彻底清除重病株，集中销毁。穴土用70%五氯硝基苯粉剂消毒。

（3）注意防治蚜虫、红蜘蛛等刺吸式昆虫。雨后及时排涝，松土散湿。

228 红瑞木黑斑病

黑斑病又叫褐斑病，是红瑞木的一种常见病害。

1）发病诱因

红瑞木喜通风良好、阳光充足环境，适略湿润土壤，怕涝。栽植过密、光照不足、雨后排水不及时、环境阴湿、叶面持水时间长等，易发病。管理粗放、病虫害防治不及时、清园不彻底等，该病发生严重。

2）表现症状

发生在叶片和叶柄上，多从近地面叶片开始发病，逐渐向上部扩展蔓延。初为散生黑褐色斑点，扩展成圆形、近圆形，或不规则形病斑，病健组织界限清晰。相邻病斑融合成不规则形大斑，后期病斑上产生黑色小点。发病严重时，叶片上布满病斑，病叶枯萎，大量提前脱落，仅残留枝杆，失去观赏价值。

3）发生规律

真菌性病害，病菌在病芽、病落叶上，或随病残体在土壤中越冬。生长期内可重复侵染，7月中旬至9月为病害高发期。高温季节降雨频繁，持续阴雨，发病严重。

4）传播途径

病原菌借雨水、昆虫、灌溉水溅射等传播，从气孔、伤口侵染危害。

5）综合防治

（1）冬季剪去病枯枝，彻底清除残枝、落叶，集中销毁。

（2）合理控制栽植密度，疏去枯死枝、根际无用萌蘖枝，保持良好的通透性。

（3）避免在阴天和无风傍晚喷灌水，尽量减少叶面持水，控制夜间环境湿度。

（4）发病初期，交替喷洒160倍等量式波尔多液，或70%甲基托布津可湿性粉剂1000倍液，或75%百菌清可湿性粉剂800倍液，或50%福美双可湿性粉剂600～800倍液，10天喷洒1次，连续2～4次，兼治白粉病等。

（5）及时剪去病叶，注意防治蚜虫，消灭传播媒介，防止该病大面积发生。

1 叶面病斑

2 病斑后期表现症状

3 叶片被害状

229 红瑞木角斑病

角斑病在红瑞木上时有发生。

1）发病诱因

栽植过密，光照不足，环境郁闭、潮湿，叶面持水时间长等，易发病。土壤黏重、板结，透水透气性差，肥力不足，生长势弱等，易发病。刺吸式昆虫危害严重、清园不彻底，该病发生较重。

2）表现症状

发生在叶片上，多从下部叶片开始发病，逐渐向上部扩展蔓延。初为散生黑色斑点，受叶脉限制，扩展成中央褐色、边缘黑褐色的多角形病斑，病健组织界限清晰。相邻病斑融合成不规则形大斑块，斑块坏死，破裂残缺。病害发生严重时，叶片大量提前脱落，失去观赏价值。

3）发生规律

真菌性病害，病菌在病芽、病落叶上，或随病落叶在土壤中越冬。4月春雨后开始侵染发病，生长期内可重复侵染，7～9月为病害高发期。多雨年份、高温季节多雨、雨量大、持续阴雨，该病发生严重。

4）传播途径

病原菌借风雨、昆虫、菟丝子、灌溉水飞溅等传播，从气孔、伤口侵染危害。

5）综合防治

（1）冬季剪去病枝、枯死枝，彻底清除残枝、落叶，集中销毁。

（2）发病初期，交替喷洒200倍等量式波尔多液，或75%百菌清可湿性粉剂800倍液，或50%多抗霉素可湿性粉剂800倍液，或65%代森锌可湿性粉剂600～800倍液，10天喷洒1次，连续2～4次。

（3）注意防治蚜虫，彻底清除菟丝子，消灭传播媒介。避免在无风阴天或傍晚喷灌水，减少叶面持水和湿气滞留。

1 病斑前期症状

2 后期症状

230 红瑞木叶斑病

叶斑病是红瑞木、加拿大红瑞木、金叶红瑞木等树种的主要病害之一。

1）发病诱因

土壤黏重、板结，透水性差，雨后排水不及时，环境潮湿；栽植过密、通风透光不良等，易发病。灌水不当、叶面持水、湿气滞留、病虫害防治不及时、清园不彻底、育苗地多年重茬连作等，该病发生严重。

2）表现症状

发生在叶片上。多从下部叶片开始发病，叶面初为暗紫褐色斑点，扩展成圆形或不规则形、大小相近的紫褐色病斑，周边有淡紫色晕。中央出现圆形或不规则形灰白色小斑。病害发生严重时，病叶焦枯，提前脱落，仅剩茎秆。

3）发生规律

真菌性病害，病菌在病芽、病落叶上越冬。华北地区多于6月中旬开始发病，生长期内可重复侵染，7～9月为病害高发期。高温季节持续阴雨天气，病害发生严重。

4）传播途径

病原菌借雨水、灌溉水飞溅、昆虫、菟丝子等传播，从气孔、伤口侵染危害。

5）综合防治

（1）冬季剪去枯死枝，彻底清除落叶，集中深埋。

（2）重病区及重茬育苗地，发芽前喷洒3～5波美度石硫合剂。

（3）初发病时，交替喷洒200倍等量式波尔多液，或75%百菌清可湿性粉剂800倍液，或65%代森锌可湿性粉剂600～800倍液，或50%多菌灵可湿性粉剂500倍液，10天喷洒1次，连续2～3次，控制病害扩展蔓延，兼治角斑病等。

（4）雨后及时排涝，松土散湿，降低田间湿度。阴天或无风的傍晚不灌水，防止叶面持水和湿气滞留。

（5）及时清除株丛上的菟丝子，清除传播媒介，保持良好通透性。

1 叶面病斑

2 株丛被害状

231 红瑞木黑腐病

红瑞木黑腐病又叫红瑞木黑杆病，是红瑞木的常见病害。

1）发病诱因

苗木栽植不及时，栽后三遍水未及时灌透，造成生长势弱；雨后排水不及时、灌水过勤、田间湿度大等，易发病。土壤盐碱、黏重、板结，剪口未涂抹杀菌剂保护；枝干有水滴时进行修剪，修剪工具交叉使用等，病害发生严重。

2）表现症状

发生在枝干上。初为黑色斑点，迅速扩展、融合成大的黑色斑块，病部皮层黑褐色腐烂。病枝上叶片由绿转黄枯萎。发病严重时，整个枝条变为黑色，并向其他枝条扩展蔓延，病枝萎蔫干枯，其上着生黑色小粒点，很快整株死亡，严重时周围连片死亡。

1 枝干上病斑

3）发生规律

真菌性病害，病菌在病枝上越冬。4月开始初侵染，老病斑复发扩展，生长期内可重复侵染，7～8月为病害高发期。高温季节大雨或阴雨后，发病严重。

4）传播途径

病原菌借助雨水、灌溉水、菟丝子、修剪工具等传播，随带菌苗木调运，异地传播。

5）综合防治

（1）不采购、不栽植带病苗木。

（2）苗木栽植后及时灌透水，喷洒200倍等量式波尔多液，预防病害发生。

（3）不在雨天或有露水时进行修剪，防止伤口侵染。雨后及时排涝。

（4）自病斑下1cm健部剪去病枝，残枝集中销毁，剪口涂抹果腐康原液或2%福永康可湿性粉剂20倍液。全株喷洒200倍等量式波尔多液，或64%杀毒矾可湿性粉剂800倍液，或58%甲霜灵可湿性粉剂500倍液。发病严重时，同时用2%福永康可湿性粉剂500倍液或50%多菌灵300～500倍液灌根，7天1次，连续2～3次。

2 病斑扩展

3 后期病枝上着生黑色小粒点

232 枸杞叶肿病

枸杞叶肿病又叫瘿螨病，是枸杞的一种常见病害。

1）表现症状

多发生在叶片上，也侵染幼芽、嫩梢和花。叶面及叶柄初现淡黄色圆形斑点。在螨虫及病菌的作用下，叶背被害组织增生、肿胀，逐渐隆起成淡绿色球形瘿瘤，瘿瘤渐转为紫黑色。发病严重时，幼嫩组织上瘿瘤多达十数个，花蕾不能开放，嫩梢扭曲，叶片皱缩畸形，大量脱落，或仅残留秃杆，造成果实减产。

2）发生规律

真菌性病害，该病是外担子菌与瘿螨共同危害所致。瘿螨在京、津地区1年发生10多代，以老熟雌成螨在病株芽鳞内越冬。枸杞芽开放时，越冬雌成螨开始活动，5月陆续产卵。若螨孵化后爬行蛀入叶肉组织内危害，5月中旬叶片上初见瘿瘤。该螨世代重叠，5～6月、8～9月为高发期，11月成螨开始越冬。

3）传播途径

病菌借风雨，随携带外担子菌菌丝、孢子的瘿螨，吸食幼嫩组织汁液时传播。蚜虫、木虱等刺吸式昆虫是重要传播媒介，苗木调运是远距离传播的重要途径。

4）综合防治

（1）发芽前，全株喷洒3～5波美度石硫合剂，消灭越冬螨。

（2）及时修剪病叶、病梢，集中销毁。注意防治蚜虫、木虱、枸杞负泥虫等。

（3）成螨出瘿瘤高峰期，及时喷洒75%克螨特乳油1000倍液，或20%三氯杀螨醇乳油2000倍液，或20%哒螨灵可湿性粉剂2500～3000倍液，或64%杀毒矾可湿性粉剂600倍液，10天喷洒1次，连续2～3次。

1 叶面危害状

2 叶面瘿瘤后期症状

3 叶背瘿瘤及危害状

233 枸杞白粉病

白粉病是枸杞的一种常见病害。

1）发病诱因

栽植环境郁闭、苗木失剪或修剪不到位、光照不足、通风不良等，易发病。土壤肥力严重不足、病害防治不及时、清园不彻底等，该病发生严重。

2）表现症状

主要危害叶片，也侵染嫩梢和叶柄。菌丝体附着在植物组织表面，在叶两面、叶柄、花萼、嫩梢上形成近圆形白色粉斑，并不断扩展蔓延。粉层增厚，逐渐形成白色粉状霉层，渐转淡灰色，后期粉层上产生许多褐色至黑褐色小颗粒。危害严重时，花、叶片枯萎，大量提前脱落，仅剩枝杆。果实停止发育，影响果实品质和产量。

3）发生规律

真菌性病害，病菌在病株芽内和随病残体在土壤中越冬。多于花期或幼果期开始发病，生长期内可重复侵染，6月为病害高发期。干旱天气发病较重。

4）传播途径

病原菌借风雨传播，从表皮侵染附着危害。

5）综合防治

（1）冬季剪去枯死枝、过密枝，保持株丛良好的通透性。彻底清除落叶、落果，集中销毁，减少初侵染源。

（2）发芽前，喷洒1波美度石硫合剂，杀灭越冬菌。

（3）发病时，交替喷洒200倍等量式波尔多液，或15%粉锈宁可湿性粉剂1000倍液，或75%百菌清可湿性粉剂600倍液，或50%苯菌灵可湿性粉剂1500倍液，7～10天喷洒1次，连续2～3次，采果前20天停止喷药。

1 叶面粉斑

2 叶面白色霉层

3 危害状

4 花萼及花被害状

234 枸杞炭疽病

枸杞炭疽病又叫枸杞黑果病，是枸杞的常见病害。

1）发病诱因

地势低洼、雨后排水不及时、灌水过勤、近水栽植，环境潮湿等，易发病。管理粗放，清园不彻底，病虫害防治不及时，持水、持露时间长，发病严重。

2）表现症状

发生在叶片、花蕾、花及青果上，以果实受害严重。幼果初为黑褐色针头状斑点，扩展为轮纹状褐色病斑。病部呈湿腐状，后凹陷失水缢缩，但健部仍可正常发育成红色。潮湿天气病斑迅速扩展，病果变黑干缩。发病严重时，病花、病果大量枯萎脱落。叶片上初为灰褐色斑点，扩大后呈圆形至椭圆形斑，边缘褐色内灰褐色，外有淡黄色晕圈。后期病斑中心部显灰白色，易破裂。

1 病果发病状

3）发生规律

真菌性病害，病菌在挂枝僵果和病落果上越冬。5 月中下旬开始侵染，7 ~ 8 月为病害高发期。持续阴雨后的高湿天气，病害发生严重。

4）传播途径

病原菌借助风雨、灌溉水飞溅和昆虫传播，从气孔、伤口侵染危害。

5）综合防治

（1）冬季结合修剪进行彻底清园，剪去病枝、过密枝，改善通透性。清除落叶、落果，集中销毁，减少初侵染源。

（2）注意防治蚜虫、蛴象、螨类等。摘除病果、病叶，扫净落果，集中深埋。

（3）避免阴天或无风傍晚喷灌水，尽量减少持水。雨后及时排水，松土散湿。

（4）发病初期，交替喷洒 160 倍等量式波尔多液，或 80%炭疽福美可湿性粉剂 800 倍液，或 50%苯菌灵可湿性粉剂 1500 倍液，或 25%炭特灵可湿性粉剂 500 倍液。10 天喷洒 1 次，连续 2 ~ 3 次，采果前 20 天停止喷药。

2 后期病果黑色干枯

3 叶面病斑

235 玫瑰黑斑病

黑斑病是玫瑰、月季、野蔷薇、黄刺玫等蔷薇科观赏植物的常见病害。

1）发病诱因

栽植过密，环境郁闭、潮湿，光照不足，通风不良等，易发病。管理粗放、刺吸害虫危害、叶面持水时间长、清园不彻底等，该病发生严重。

2）表现症状

发生在叶片、叶柄上，也侵染嫩梢、花蕾、花梗和果实。叶面初为黑褐色斑点，扩展成近圆形、不规则形病斑，病斑扩展融合，干枯破裂或不完全脱落。

花蕾、果柄、花萼、果面出现黑色近圆形病斑，病部腐烂略凹陷，黑色干缩。

发病严重时，花稀少，叶片大量脱落，仅残留枝杆。

3）发生规律

真菌性病害，病菌在病僵果、病梢、芽鳞和病落叶上越冬。华北及以北地区6月中下旬开始侵染，生长期内可重复侵染，7~8月为病害高发期。多雨年份，高温季节多雨、持续阴雨，多雾、多露，该病发生严重。

4）传播途径

病原菌借风雨、灌水飞溅和昆虫传播，从气孔、伤口侵染发病。

5）综合防治

（1）合理控制栽植密度，疏去根际过密枝、衰老枝、无用徒长枝，保持良好的通透性。

（2）冬季剪去病枝、僵果，彻底清除残枝、落叶，集中销毁。

（3）加强养护管理，及时剪去病花、病果，清除落叶。注意防治蚜虫、红蜘蛛等刺吸害虫，避免阴天或无风傍晚喷灌水。雨后及时排涝，松土散湿。

（4）病害发生时，交替喷洒160倍等量式波尔多液，或75％百菌清可湿性粉剂600倍液，或65％福美锌可湿性粉剂400倍液，7~10天喷洒1次。

1 叶面病斑

2 病斑后期症状

3 果实、果柄和小枝被害状

236 月季黑星病

黑星病是月季、野蔷薇、玫瑰、黄刺玫等蔷薇科观赏植物的一种常见病害。

1）发病诱因

土壤黏重、板结，栽植过密，环境郁闭、潮湿，光照不足，通风不良等，易发病。管理粗放、雨后排水不及时、病虫害防治不到位、清园不彻底等，该病发生严重。

2）表现症状

主要发生在叶片上，也危害花梗、果实和嫩枝。多自下部叶片开始侵染，初为黑褐色星状斑点，发展成近圆形至不规则形黑褐色病斑，边缘呈放射状，病斑扩展融合成斑块。发病严重时，病枝、花梗、果实黑色枯萎，病叶大量脱落，仅剩光腿枝。

3）发生规律

真菌性病害，病菌在病枝或病落叶上越冬。华北地区 6 月开始侵染，生长期内可重复侵染。7 ~ 9 月为病害高发期，多雨、持续大雨后的湿热天气，发病严重。

4）传播途径

病原菌借风雨，灌溉水传播，从气孔、皮孔侵染危害。随带菌苗木异地传播。

5）综合防治

（1）冬季剪去病枯枝、无用枝，彻底清除残枝、落叶，集中销毁。

（2）发芽前，病区喷洒 3 ~ 5 波美度石硫合剂，或 45% 晶体石硫合剂 50 倍液。

（3）避免阴天或无风傍晚灌水，保持叶片干爽。雨后及时排水，松土散湿。

（4）及时摘去病叶，扫净落叶，集中销毁。交替喷洒 100 倍等量式波尔多液，或 70% 代森锰锌可湿性粉剂 400 倍液，或 75% 百菌清可湿性粉剂 800 倍液，7 ~ 10 天喷洒 1 次，连续 2 ~ 3 次。

1 叶面病斑

2 病叶后期症状

3 叶片被害状

237 月季圆斑病

圆斑病是月季、野蔷薇、玫瑰的一种常见病害。

1）发病诱因

环境郁闭，栽植过密，光照不足，通风不良；管理粗放、土壤过于干旱、肥力不足，导致生长势弱等，易发病。土壤黏重、板结，雨后排水不及时，灌水过勤，环境潮湿，病害发生严重。

2）表现症状

多发生在中下部叶片上。叶面初为散生黑褐色斑点，扩展成近圆形褐色病斑，边缘暗褐色，周边有淡黑褐色油渍状晕圈。相邻病斑扩展融合成不规则大斑。发病严重时，病叶大量黄枯、脱落，仅剩光腿枝，失去观赏性。

3）发生规律

真菌性病害，病菌在病枝、病落叶上越冬。生长期内均可侵染发病，5～6月、7～10月为病害高发期。多雨、多雾的高湿天气，病害发生严重。

4）传播途径

病原菌借风雨、灌溉水喷溅传播，自气孔侵染危害。

5）综合防治

（1）结合冬季修剪进行彻底清园，清除残枝、落叶，集中销毁。

（2）发芽前，喷洒3～5波美度石硫合剂。

1 病斑初期症状

2 病叶后期症状

3 叶片被害状

（3）避免土壤过旱或过湿，干旱时适时补水，避免在阴天或无风傍晚喷灌水。大雨过后及时排水，松土散湿。及时清除病叶和病落叶，集中销毁。

（4）合理控制栽植密度，适时进行整形修剪，保持通风透光。

（5）发病初期，交替喷洒75%百菌清可湿性粉剂800倍液，或120倍等量式波尔多液，或70%甲基托布津可湿性粉剂1000倍液，10天喷洒1次。

238 月季花萎缩症

月季花萎缩症是一种罕见病害，在月季上偶有发生。

1）发病诱因

用病株植材进行扦插、嫁接繁殖，或带毒种子繁殖种苗，是发病的重要原因。栽植过密、管理粗放、病株清理不及时、病害虫防治不到位等，该病发生严重。

2）表现症状

发生在花器上，多从单枝、单花开始发病，逐渐向整枝、全株扩展蔓延。

该病表现为花器发育不正常，花瓣、花蕊多次增生萌发，密集成簇。花蕾开放时，花瓣数量增多，多数或全部萎缩退化，边缘增厚，颜色变深，并向内卷缩，硬化成紧密丛球状。雌雄蕊完全变态成绿色小叶状，密集丛生，沿中脉向变态小叶叶背纵向反折。病花不结实，花瓣、叶状雌雄蕊萎枯不脱落。

1 病健花对照

3）发生规律

类菌质体病害，该病专化性很强，单株系统性发病，病毒存活在病株活体内。花蕾显现时开始发病，花期显现病症。该病潜伏性强，可多年持续发病。

4）传播途径

用病株植材、带病种子进行繁殖，携带病毒枝叶的刺吸昆虫、菟丝子、工具等，是该病扩散的重要途径。可随带病苗木调运，异地传播。

2 退化花瓣和变态雌雄蕊表现症状

5）综合防治

（1）不从疫区调运苗木。不用病株植材进行繁殖，不用病株种子繁殖种苗。

（2）初发病时，及时剪去病花，枝剪经消毒后使用。病株及周边健株喷洒2%氨基寡糖素300～400倍液，或1.5%植病灵乳剂1000倍液，或3.85%病毒必克可湿性粉剂700倍液，7天喷洒1次，连续3～4次。用0.5%氨基寡糖素400～600倍液灌根，10～15天1次，连续2～3次。

（3）注意防治蚜虫、蚧虫、绿盲蝽，及时清除菟丝子，刨除重病株，集中销毁。

239　月季花叶病

花叶病是月季、玫瑰、黄刺玫、野蔷薇等观赏植物的主要病害之一。

1）表现症状

表现在叶片上，从局部侵染，扩展至整个枝条或全株。常见类型有：

（1）花叶型：叶面为不规则黄色斑块，呈黄绿相间的花叶状。

（2）黄色网纹型：主脉褪绿变黄，并沿主脉向侧脉延伸，继续向叶脉两侧扩展。叶脉及叶脉附近部分叶肉组织变为黄色。

（3）斑驳型：叶面不平整，呈现深浅不一、不规则的斑驳状，边缘不清晰。

1 花叶型花叶病

（4）环斑型：主脉两侧初为黄色斑点，扩展成大小不一、近圆形或不规则形、封闭或不完全封闭的黄色环斑，环斑中央仍为绿色。

2）发生规律

病毒性病害，病毒在病株活体组织内越冬。全株携带病毒，终生受害。生长期内均可发病，有时处于隐症状态或出现轻度症状，条件适宜时即显示明显病症。

3）传播途径

病毒通过带毒植材进行扦插或嫁接繁殖，通过病健叶片接触摩擦、园林工具、刺吸害虫、菟丝子等进行传播，自伤口侵染危害。

4）综合防治

（1）初发病时，及时喷洒20%病毒灵可湿性粉剂500倍液，或20%氨基寡糖素水剂500~800倍液，或2%宁南霉素水剂200倍液防治。

（2）及时清除重病株，集中销毁。注意防治蚜虫、蚧虫、粉虱、红蜘蛛等，彻底清除菟丝子，消灭传播媒介。

2 网纹型花叶病

3 斑驳型花叶病

4 环斑型花叶病斑

240 月季白粉病

白粉病是月季、野蔷薇、黄刺玫、玫瑰、木香等蔷薇科植物的一种常见病害。

1）发病诱因

过量施用氮肥，造成苗木徒长；栽植过密、环境郁闭、土壤干旱、肥力不足、雨后排水不及时等，易发病。

2）表现症状

主要发生在幼芽、嫩梢、叶片、花蕾和花梗上。叶面初为近圆形黄绿色斑点，逐渐产生较稀薄的白色粉状物，随着病情发展，粉斑不断增加，并向周边扩展、增厚。发病严重时，幼嫩组织上布满白色粉状物，花蕾停止发育，叶片皱缩，嫩梢弯曲，逐渐枯萎，不仅影响观赏，还造成鲜切花品质下降，产量降低。

3）发生规律

真菌性病害，病菌在病梢、病芽及病落叶上越冬。5月上旬开始侵染，生长期内可重复侵染。温暖、潮湿天气发病迅速，以5~6月、9~10月发病严重。

4）传播途径

病原菌借风雨、病健枝叶接触摩擦等传播蔓延，由气孔、皮孔侵染危害。

5）综合防治

（1）不偏施氮肥，增施有机肥和磷钾肥，提高树体抗病性。

（2）控制栽植密度，合理进行整形修剪，保持良好的通透性。

（3）发芽前，喷洒3~5波美度石硫合剂，消灭在病枝和芽内的越冬菌。

（4）发病初期，及时剪去病花序、病叶、病梢，集中销毁。交替喷洒25%粉锈宁可湿性粉剂800倍液，或70%甲基托布津可湿性粉剂1000倍液，或50%多菌灵可湿性粉剂1000倍液，或75%百菌清可湿性粉剂600~800倍液防治。

（5）避免无风傍晚喷水，减少叶面持水，防止湿气滞留。雨后及时排水散湿。

1 月季叶面白色粉斑

2 月季花蕾、花梗被害状

3 野蔷薇嫩梢及叶片被害状

241 月季花腐病

花腐病是月季、玫瑰、野蔷薇等观赏植物的主要病害之一。

1）发病诱因

栽植过密，环境郁闭，通风不良，光照不足，无风傍晚喷水，花、叶持水时间长等，易发病。雨后排水不及时、灌水过勤、环境潮湿，发病严重。

2）表现症状

发生在花上。花萼初现褐色斑点，扩展后花蕾枯萎。花瓣上初为圆形褐色

1 发病初期症状　　　　2 发病中期症状

斑点，很快向周边扩展至整个花瓣及整朵花，向下蔓延至花梗。花瓣、花蕊、花梗成褐色枯萎。严重时，整朵花、整个花序干枯，失去观赏性。

3）发生规律

真菌性病害，病菌在病残体上越冬。5月花蕾期开始侵染，生长期内可重复侵染。蕾期、花期多雨、高温季节持续阴雨，病花加速腐烂，发病严重。

4）传播途径

病原菌借风雨、昆虫等传播，从气孔、伤口侵染危害。

5）综合防治

（1）结合休眠期修剪，彻底清除残枝、腐花、落叶，集中销毁。

（2）合理控制栽植密度，保持通风透光。干旱时及时补水，雨后松土排湿。

（3）发病初期，及时摘除病花蕾，自花梗基部剪去病残花，集中销毁。交替喷洒50%敌菌灵可湿性粉剂500倍液，或50%速克灵可湿性粉剂1000～1500倍液，或64%杀毒矾可湿性粉剂400～500倍液，7天喷洒1次，连续2～3次。

（4）注意防治蚜虫等，消灭传播媒介，减少病害发生。

3 病花干腐　　　　　　4 玫瑰花蕾被害状　　　　　　5 花序被害状

242 月季黑杆病

黑杆病又叫黑腐病，是月季、野蔷薇、黄刺玫、玫瑰等树种的常见病害。

1）发病诱因

土壤黏重、环境郁闭、光照不足、灌水过勤、水量过大、雨后排水不及时，造成土壤和环境潮湿；新植苗木栽植不及时、灌水不到位、缓苗期生长势弱等，易发病。剪口、伤口处理不及时、不到位，病虫害防治不及时，该病发生严重。

2）表现症状

发生在枝干上。初为黑色斑，很快向周边扩展蔓延，病部皮层组织呈黑色腐烂。病枝上叶片萎黄、下垂，干枯脱落。病斑横向环枝一周时，病部以上黑色枯死。病斑迅速扩展，很快整株死亡。

3）发生规律

真菌性病害，病菌在病枝上越冬。5月下旬开始发病，生长期内可重复侵染，7～9月多雨、持续阴雨的闷热潮湿天气，发病严重。扦插苗、幼龄株发病重。

4）传播途径

病原菌借风雨、灌溉水喷溅、昆虫、修剪工具等传播，从皮孔、伤口侵染危害。

5）综合防治

（1）结合修剪进行彻底清园，拔去重病株，剪除病枝，集中销毁。

（2）合理控制栽植密度，适时进行整形修剪，保持良好的通透环境。

（3）黏重土壤中，灌水及雨后需松土锄划，保持土壤疏松，散湿、保墒。

（4）发病严重地区，发芽前喷洒3～5波美度石硫合剂。

（5）初发病时，全株喷洒100倍等量式波尔多液，或50%多菌灵可湿性粉剂500倍液，或50%福美双可湿性粉剂500～800倍液防治，10天喷洒1次。

（6）及时剪去病枝，集中销毁。剪口涂抹杀菌剂保护，修剪工具消毒处理。

（7）病株用25%多菌灵可湿性粉剂500倍液，或70%代森锰锌可湿性粉剂500倍液灌根。

1 从剪口侵染发病

2 皮孔侵染发病状

3 病株后期症状

243 月季根头癌肿病

根头癌肿病又叫根癌病，是月季、野蔷薇、玫瑰、榆叶梅的常见病害。

1）发病诱因

栽植带菌苗木和使用带菌土壤，是发生该病的重要原因。病害防治不到位，土壤中病株残体清除不彻底，带菌土壤未消毒处理，重茬栽植；土壤黏重、雨后排水不及时、灌水过勤、土壤过于潮湿、树势衰弱等，易发病。

2）表现症状

被害株个别枝条上叶片萎黄下垂，枝条逐渐枯死。根部、根颈部或嫁接口长出近圆形、表面光滑、淡黄褐色瘤状物。瘤体逐渐增大，渐呈深褐色，木栓化，表面粗糙坚硬。病株生长缓慢，生长势衰弱，很快扩展至全株，整株死亡。

3）发生规律

土传细菌性病害，病菌在病株残体上和土壤中越冬，在土壤中可存活一年以上，病菌随水向周边土壤蔓延，生长期内均可重复侵染、发病。病株、原土栽植，发病快，病害发生严重。

4）传播途径

病原菌借风雨、灌溉水、土壤害虫，带菌植材进行扦插或嫁接繁殖，嫁接工具、修剪工具交叉使用等传播，从伤口侵染。随带菌苗木调运，异地传播。

5）综合防治

（1）加强苗木检疫，不从疫区采购苗木，病株及时销毁处理。

（2）不用带菌苗木作砧木或接穗，进行扦插或嫁接繁殖。

（3）大雨过后及时排水，松土散湿。注意防治土壤害虫等。

（4）初发病时，用利刀切除瘤状物，集中销毁。伤口涂抹 K84 菌剂 5 倍液，或 5 波美度石硫合剂，或 400 国际单位链霉素，工具用 75% 酒精消毒。用 15% 络氨铜水剂 200 倍液，或硫酸铜液 100 倍液，或博士猫根癌灵 400 倍液灌根，20 天灌根 1 次，连续 2 ~ 4 次。

（5）拔除重病株，集中销毁。穴土用硫黄粉 5 ~ 10g/m² 拌土消毒处理。

1 月季枝干上的癌瘤

2 榆叶梅根部癌瘤

244 天目琼花灰斑病

灰斑病是天目琼花的一种常见病害。

1）发病诱因

天目琼花喜光、耐半阴，喜通风良好环境，适疏松土壤，怕水涝。土壤黏重、盐碱，环境郁闭，生长势弱等，易发病。土壤过于干旱、持续阴雨后、阳光暴晒，该病发生较重。

1 叶面病斑初期症状　　　　　　　　2 病斑中期症状

2）表现症状

发生在叶片上，多从叶片边缘或脉腋间发病。初为黑褐色斑点，扩展成圆形、中央灰白色、边缘黑褐色病斑，外围有黄色晕圈。病斑扩展融合成不规则形大斑，易干枯破裂。潮湿环境下，病斑上产生灰黑色霉状物，病叶焦枯、提前脱落。

3）发生规律

真菌性病害，病菌在病落叶上越冬。5月上旬开始初侵染，生长期内可重复侵染，6～9月为病害高发期。高温多雨、环境潮湿条件下，有利于病害发生。

4）传播途径

病原菌借风雨传播，从气孔、伤口处侵染危害。

5）综合防治

（1）冬季彻底清除落叶，减少初侵染源。

（2）发病初期，及时摘除病叶，集中销毁。交替喷洒75%百菌清可湿性粉剂800倍液，或100倍等量式波尔多液，或50%多菌灵可湿性粉剂600倍液。

（3）土壤干旱时适时补水。雨后及时排水，锄地散湿。

3 病斑干枯破裂　　　　　　　　　　4 叶片被害状

245 绣球黑斑病

黑斑病是大花绣球、圆锥绣球、麻叶绣球、八仙花等植物的常见病害。

1）发病诱因

绣球喜光、耐阴，适疏松、排水良好的微酸性土壤，怕涝。土壤黏重、栽植过密、环境郁闭、通风较差、叶面持水等，易发病。

2）表现症状

发生在叶片上，多从近地面叶片开始发病。叶面初为黑褐色斑点，扩展为近圆形、角形至不规则形黑色大斑，中央逐渐转为灰黑色，病健组织界限清晰，相邻病斑扩展融合成大斑块。后期病斑干枯破裂，病叶提前枯萎脱落。

3）发生规律

真菌性病害，病菌在病落叶上越冬。6 月开始侵染发病，生长期内可重复侵染。7 ~ 8 月为病害高发期，多雨、持续阴雨的湿热天气，病害发生严重。

4）传播途径

病原菌借风雨、灌溉水喷溅、露水等传播，从气孔侵染危害。随带菌苗木调运，异地传播。

1 叶面病斑

5）综合防治

（1）落叶后，彻底清除枯枝、落叶，集中销毁。

（2）合理控制栽植密度，防止株丛拥挤。春季疏去枯死枝、无用枝，保持株丛良好通透性。

（3）避免阴天或无风傍晚灌水，防止叶面持水和夜间湿气滞留。

（4）发病初期，交替喷洒 120 倍等量式波尔多液，或 75％百菌清可湿性粉剂 800 倍液，或 80％代森锰锌可湿性粉剂 600 倍液，10 天喷洒 1 次，连续 2 ~ 3 次。

2 中期症状

3 后期病斑破裂

246　绣球褐斑病

褐斑病是大花绣球、圆锥绣球、麻叶绣球、八仙花等植物的常见病害。

1）发病诱因

土壤盐碱、黏重，灌水过勤，雨后排水不及时，环境过湿等，易发病。偏施氮肥，苗木徒长，栽植过密，环境郁闭，通风不良，叶面持水、持露等，发病重。

2）表现症状

多从下部叶片开始发病。初为暗绿色水渍状斑点，扩展为紫褐色近圆形或不规则形病斑，周边有淡紫褐色晕，中央转灰白色，多伴生炭疽病。后期病斑上出现黑色小粒点，病叶萎黄，提前脱落。

3）发生规律

真菌性病害，病菌在病落叶上越冬。展叶时开始初侵染，6月下旬至8月为病害高发期。春雨早，发病早。多雨年份、高温季节多大雨、持续阴雨，后太阳暴晒，发病较重。

4）传播途径

病原菌借风雨、灌溉水喷溅、露水、叶面淋水等传播，从气孔侵染危害。随带菌苗木调运，异地传播。

5）综合防治

（1）落叶后，彻底清除枯枝、落叶，集中深埋，减少越冬菌源。

（2）合理控制栽植密度，盆花不可摆放过密，保持良好通透性。

（3）避免喷灌，防止泥水溅射到叶片上。不在阴天及无风傍晚灌水，防止叶面持水和夜间湿气滞留。大雨过后及时排水，锄草，松土散湿。

（4）发病初期，交替喷洒200倍等量式波尔多液，或75%百菌清可湿性粉剂600倍液，或65%代森锌可湿性粉剂600倍液，或70%炭疽福美可湿性粉剂500倍液，10天喷洒1次，连续2～3次。

1 叶面病斑初期症状

2 病斑中期症状

3 后期叶片被害状

247 绣球斑点落叶病

斑点落叶病在大花绣球、圆锥绣球、麻叶绣球、八仙花等植物上时有发生。

1）发病诱因

栽植过密、盆花摆放过于拥挤，造成通风透光不良等，易发病。雨后排水不及时，环境郁闭、潮湿，叶面持水、持露等，该病发生严重。

2）表现症状

发生在叶片上，病斑较小，数量较多，是该病的重要特征。叶面散生褐色圆形斑点，扩展为近圆形至不规则形病斑，病健组织界限清晰，外缘有淡褐色晕，病斑中央转为灰褐色至灰白色。相邻病斑扩展融合成不规则形，后期病斑上出现黑色小点。发病严重时，病叶萎黄，大量脱落，导致枝条下部秃裸，花序变小，花色变浅。

3）发生规律

真菌性病害，病菌在病落叶上或随病落叶在土壤中越冬。6月开始初侵染，生长期内可重复侵染，7～9月为病害高发期。多雨年份、高温季节多大暴雨的高湿天气，该病发生较重。久雨后突晴的高温天气，病害发展迅速。

4）传播途径

病原菌借风雨、灌溉水喷溅等传播，从气孔侵染危害。

5）综合防治

（1）落叶后，彻底清除枯枝落叶，集中销毁。

（2）避免在阴天或无风傍晚喷灌水，尽量不要喷溅到叶片上。

（3）发病初期，交替喷洒8％宁南霉素水剂2000～3000倍液，或43％戊唑醇悬浮剂6000倍液，或70％代森锰锌可湿性粉剂600倍液，10～15天喷洒1次，连续2～3次。

（4）及时摘去病叶，集中深埋。雨后及时排水，锄草松土，散湿、保墒。

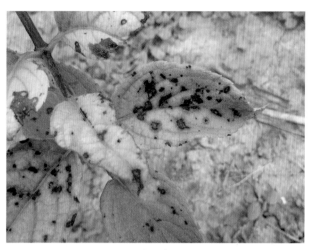

1 叶面病斑

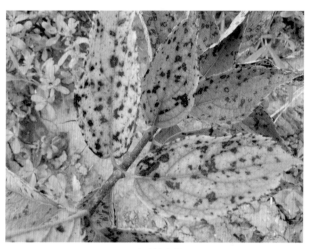

2 叶片被害状

3 后期症状

248 绣球叶枯病

叶枯病是大花绣球、圆锥绣球、麻叶绣球、八仙花等植物的常见病害。

1）发病诱因

土壤盐碱、黏重、板结，灌水、喷水过勤，雨后排水不及时，造成环境过于潮湿；苗木徒长、栽植过密等，易发病。

2）表现症状

发生在幼嫩叶片上，多从下部叶片的叶缘和叶先端开始发病。初为紫褐色圆形斑点，外围有黄色晕圈，扩展成褐色、边缘紫褐色不规则形大斑，病斑干枯破裂或脱落。遇潮湿天气，病斑上产生黑灰色霉状物。发病严重时，病叶焦枯似火烧状，干枯脱落。

3）发生规律

真菌性病害，病菌在病落叶上越冬。5月下开始初侵染，生长期内可重复侵染。7~9月为病害高发期，多雨、持续阴雨的湿热环境下，有利于病害侵染蔓延。

4）传播途径

病原菌借风雨、灌溉水飞溅等传播，从气孔、伤口侵染危害。

5）综合防治

（1）冬季彻底清除落叶，集中销毁，消灭越冬菌源。

（2）防止土壤过湿或过于干旱，干旱时适时补水，雨后及时排水，松土散湿。

（3）避免阴天或无风傍晚灌水，禁止叶面喷水，尽量减少叶面持水。

（4）发病初期，摘除病叶，集中深埋。交替喷洒200倍等量式波尔多液，或75%百菌清可湿性粉剂800倍液，或70%代森锰锌可湿性粉剂500~600倍液。

（5）非正常栽植季节，苗木移植后，应架设遮阳网保护。

1 叶片边缘侵染状

2 病健交界处产生裂缝

3 病斑上黑灰色霉菌

249 金叶风香果角斑病

角斑病在金叶风香果、风香果、紫叶风香果上时有发生。

1）发病诱因

金叶风香果喜光，稍耐阴，喜通风良好环境，耐旱、不耐水湿。土壤黏重、板结，透水性差，栽植过密，环境郁闭、潮湿等，易发病。

2）表现症状

发生在叶片上。初为散生黑褐色斑点，受叶脉限制，扩展成黑褐色多角形或不规则形病斑，病健组织界限清晰，周边有较窄的黄色晕圈。叶片易枯萎、脱落。

3）发生规律

真菌性病害，病菌在病落叶上或随病落叶在土壤中越冬。5月开始侵染发病，生长期内可重复侵染，7~9月为病害高发期。春雨早，发病早。多雨年份、高温季节多雨、雨量大、持续阴雨，该病发生严重。

4）传播途径

病原菌借风雨、灌溉水飞溅、菟丝子等传播，从气孔、伤口侵染危害。

5）综合防治

（1）冬季剪去病枯枝、无用枝，彻底清除残枝、落叶，集中销毁。

（2）合理控制栽植密度，适时修剪，保持良好的通透性和旺盛的生长势。

（3）发病初期，交替喷洒 200 倍等量式波尔多液，或75%百菌清可湿性粉剂 800 倍液，或50%多菌灵可湿性粉剂 800 倍液，或65%代森锌可湿性粉剂 600~800 倍液，10 天喷洒 1 次，连续 2~4 次。

（4）加强养护管理，彻底清除菟丝子，消灭传播媒介。干旱时适时补水，避免在无风阴天或傍晚喷灌水，减少叶面持水和湿气滞留。雨后及时排水散湿。

1 病斑初期症状

2 病斑扩展后

250 大叶黄杨炭疽病

炭疽病是大叶黄杨、金边黄杨、金心黄杨、胶东卫矛的主要病害之一。

1）发病诱因

地势低洼，土壤过于黏重，通透性差；栽植过密，栽植环境郁闭，疏于修剪的色块、绿篱，易发病。病害防治不及时、多年重茬扦插育苗地，病害发生严重。

2）表现症状

主要发生在叶片上，也侵染叶柄和枝条。叶面、叶柄上初为黄褐色水渍状斑点，扩展成圆形或椭圆形、中央灰褐色病斑。后期病斑上出现排列呈明显或不明显轮纹状小黑点，病斑干枯、破裂。严重时病叶大量脱落，仅剩茎秆。

枝条上初为黄褐色斑点，扩展成略隆起、近圆形边缘暗褐色、中央灰白色病斑。病斑表皮干枯脱落，在枝条上残留疮痂状褐色干疤，病枝逐渐枯死。

3）发生规律

真菌性病害，病菌在枝条病斑、病芽、病叶上，或随病落叶在土壤中越冬。5月开始初侵染，形成新的病斑，旧病斑复发，继续扩展蔓延，生长期内可重复侵染。多雨年份，夏、秋季节多雨的高湿天气，有利于病害发生，幼苗受害严重。

4）传播途径

病原菌借风雨、灌溉水喷溅、昆虫、修剪工具，及带菌苗木扦插繁殖等进行传播，从气孔、伤口侵染危害。随带菌苗木调运，异地传播。

5）综合防治

（1）不用病株植材进行扦插繁殖。避免育苗地多年连作，土壤经消毒后使用。

（2）及时防治蚜虫、蚧虫等刺吸害虫，消灭传播媒介，控制病害蔓延。

（3）发病初期，交替喷洒120倍等量式波尔多液，或65%代森锌可湿性粉剂600倍液，或50%退菌特可湿性粉剂800倍液，或80%炭疽福美可湿性粉剂600倍液，7～10天喷洒1次，连续2～3次。

（4）及时剪去病枝，摘除病叶，集中销毁。

1 病斑不同时期表现症状

2 病斑后期症状

3 嫩茎被害状

251 大叶黄杨灰斑病

灰斑病是大叶黄杨、金边黄杨、金心黄杨、小叶黄杨、胶东卫矛的常见病害。

1) 发病诱因

环境郁闭，栽植过密，通透性差；苗木失剪或修剪不到位，修剪后残枝、落叶清除不彻底，病虫害防治不及时等，易发病。

2) 表现症状

发生在叶片上。叶面初为褐色斑点，扩展成圆形或半圆形，边缘深褐色、中央灰白色略凹陷的病斑，病健组织界限清晰。相邻病斑扩展融合成不规则形灰白色大斑，其上散生黑色小粒点。发病严重时，叶片大量脱落，失去观赏价值。

3) 发生规律

真菌性病害，病菌在病叶和病落叶上越冬。4月开始初侵染，生长期内可重复侵染，7～10月为病害高发期。高温多雨的潮湿环境条件下，有利于该病发生。

4) 传播途径

病原菌借风雨、灌溉水喷溅、昆虫等传播，自气孔、伤口侵染危害。随带菌苗木调运，异地传播蔓延。

5) 综合防治

（1）发芽前，彻底清除枯枝落叶，喷洒120倍等量式波尔多液，消灭越冬菌源。

（2）病害发生时，交替喷洒120倍等量式波尔多液，或75%百菌清可湿性粉剂800倍液，或50%多菌灵可湿性粉剂500倍液，10天喷洒1次，连续3～4次。

（3）不在树叶有露、有水时进行修剪，夏秋病害高发期修剪后，彻底清除篱面和地面的残枝、落叶，集中销毁。及时喷洒上述杀菌剂，防止伤口侵染发病。

（4）注意防治蚜虫、红蜘蛛、蚧虫等传播媒介，控制病害大面积发生。

1 叶面病斑及危害状

2 叶缘病斑及分生孢子器

3 后期症状

252 大叶黄杨褐斑病

褐斑病是大叶黄杨、金边黄杨、金心黄杨、胶东卫矛等树种的常见病害。

1）发病诱因

管理粗放，肥水不足，遭受冻害，蚧虫、螨虫危害，造成生长势弱等，易发病。栽植过密，环境郁闭、潮湿，光照不足，圃地多年连作等，该病发生严重。

2）表现症状

多发生在新叶上。叶面初为黄褐色小点，扩展成圆形或不规则形黄褐色病斑，边缘为褐色，后中央转为浅灰色或灰褐色。病斑扩展融合。发生严重时，病叶大量非正常脱落，仅剩秃腿枝。

3）发生规律

真菌性病害，病菌在病叶和病落叶上

1 叶面病斑

越冬。京、津及以北地区，6月中下旬开始侵染，生长季节可重复侵染，8～10月为发病高发期。高温季节多雨、持续阴雨，发病严重。

4）传播途径

病原菌借风雨、灌溉水喷溅、昆虫等传播，从气孔、剪口、伤口侵染危害。带菌苗木调运，是异地传播的重要途径。

5）综合防治

（1）不从病区采购苗木，不栽植病苗。

（2）芽萌动前，彻底清除落叶，集中销毁，树冠喷洒3～5波美度石硫合剂。

（3）病害发生严重区域，展叶后喷洒120倍等量式波尔多液，预防该病发生。

（4）不在叶片有露、有水时进行修剪。修剪后，彻底清除残枝及落叶，减少再侵染，及时喷洒杀菌剂。注意防治蚧虫、蚜虫等传播媒介。

（5）发病初期，交替喷洒120倍等量式波尔多液，或75%百菌清可湿性粉剂600倍液，或50%代森锰锌可湿性粉剂600倍液，7～10天喷洒1次。

2 后期症状

253 大叶黄杨叶斑病

叶斑病是大叶黄杨、金心大叶黄杨、胶冬卫矛等树种的主要病害之一。

1）发病诱因

环境郁闭，栽植过密，通风透光不良；雨后排水不及时、环境阴湿等，易发病。苗木遭受冻害、病虫危害，病残茎叶清理不彻底等，发病严重。

2）表现症状

多发生在当年生嫩叶上。叶面初为黄色斑点，扩展成近圆形或不规则形黄褐色病斑，病健组织界限不清晰，外缘有黄色晕圈，病斑上有褐色斑点聚集，中央渐转灰白色。发病严重时，病叶脱落，仅剩光腿枝。

3）发生规律

真菌性病害，病菌在病叶和病落叶上越冬。河北、山东地区6月中下旬开始侵染发病，生长期内可重复侵染，7～8月为病害高发期，9月病叶开始大量脱落。多雨年份、高温季节多雨、持续阴雨、雨量大，该病发生严重。

1 叶面病斑

2 病斑叶背症状

3 病斑中期症状

4 后期症状

4）传播途径

病原菌借风雨、灌溉水、昆虫、修剪工具等传播，从气孔、剪口、伤口侵染。

5）综合防治

（1）加强苗木检疫，不从病区采购苗木，不栽植病株。

（2）发芽前，喷洒3～5波美度石硫合剂，预防和控制病害发生。

（3）发病初期，交替喷洒100倍等量式波尔多液，或50%多菌灵可湿性粉剂500倍液，或65%代森锌可湿性粉剂600倍液，兼治白粉病、炭疽病等。

（4）不在树叶有露、有水时进行修剪。修剪后，彻底清除残枝、落叶，集中销毁。及时喷洒杀菌剂，修剪工具经消毒处理后使用。注意防治蚜虫、蚧虫等。

254　大叶黄杨白粉病

白粉病是大叶黄杨、金边黄杨、银边黄杨、胶东卫矛等植物的一种常见病害。

1）发病诱因

栽植过密，管理粗放，修剪不到位的绿篱，最易发病。病害防治不及时，修剪后残枝、残叶清除不彻底，在郁闭、潮湿、通风条件差的环境下，发病严重。

2）表现症状

发生在叶片和嫩梢上，以幼叶为多。叶面初为黄色斑点，扩展成圆形、边缘呈放射状白色粉斑。病斑扩展融合，粉层加厚，逐渐发展成边界欠清晰的白色粉层。发病严重时，树体上布满灰白色粉状霉层，嫩梢萎缩、扭曲，病叶卷曲枯萎。

1 叶面粉斑

2 叶背霉层

3 嫩梢枯死

4 绿篱被害状

3）发生规律

真菌性病害，病菌在病梢、病芽、病叶上越冬。5月开始侵染，老病斑继续蔓延，生长期内可重复侵染。6～7月为发病高峰期，9～10月又会出现一个小高峰。

4）传播途径

病原菌借风雨、灌溉水、昆虫、修剪工具传播，从气孔、皮孔、伤口侵染危害。

5）综合防治

（1）春季芽萌动前，喷洒3～5波美度石硫合剂，杀灭越冬菌源。

（2）发病初期，交替喷洒120倍等量式波尔多液，或70%百菌清可湿性粉剂800倍液，或25%粉锈宁可湿性粉剂1000倍液。7天喷洒1次，连续3～4次。

（3）不在树叶有露、有水时进行修剪。发病严重时，及时进行修剪。修剪后彻底清除残枝、残叶，集中销毁。及时喷洒上述杀菌剂，防止修剪后侵染危害。

255 大叶黄杨茎腐枯萎病

茎腐枯萎病又叫立枯病，是大叶黄杨、胶东卫矛的毁灭性病害。

1）发病诱因

扦插育苗地多年重茬连作，基质消毒不彻底，病虫害防治不及时。栽植带菌苗木、在病死株原土上栽植等，是发生该病的重要原因。

2）表现症状

由个别枝条根茎部开始发病。叶片先表现症状，褪绿转黄绿色，失去原有光泽，逐渐萎蔫青枯，但不脱落。病枝根茎部皮层和木质部变褐色腐烂坏死，逐渐失水枯萎，很快蔓延至全株，导致整株或相邻苗木成片死亡。

3）发生规律

土传真菌性病害，病菌在病株残体和土壤中越冬。5月中旬开始发病，生长期内可重复侵染，7～8月为发病高峰期。高温、高湿有利于该病传播和侵染。

4）传播途径

病原菌借风雨、灌溉水、修剪工具、带菌土壤等传播，由伤口侵染危害。随带菌苗木调运，异地传播。

5）综合防治

（1）不从病区采购苗木。禁止扦插育苗地多年连作，基质必须进行消毒处理。

（2）苗木及时起运、栽植，栽植后三遍水必须及时灌透。高温季节栽植后需架设遮阳网，防止日光暴晒。冬季采取防寒措施，避免遭受冻害。

（3）初发病时，交替喷洒30％恶霉灵水剂1200倍液，或23％络氨铜水剂400倍液。同时用30％恶霉灵水剂600倍液，或25％络氨铜水剂300倍液灌根。

（4）及时拔除病株，集中销毁。土壤浇灌杀菌剂，经消毒后再行补植。

1 病枝叶片初期症状

2 枝叶青枯

3 根茎部变褐色坏死

256 胶东卫矛白斑病

白斑病在胶冬卫矛、大叶黄杨、金心大叶黄杨上时有发生。

1）发病诱因

土壤黏重，栽植过密；管理粗放、土壤干旱时未及时补水、肥力不足等，易发该病。苗木遭受冻害、日灼伤害，生长势弱等，该病发生严重。

2）表现症状

发生在叶片上，多从下部叶片开始发病。叶面初为淡褐色斑点，扩展成圆形、半圆形，边缘褐色、中央白色病斑，病健组织界限清晰，中央由白色转为灰白色，叶背病斑凹陷。病斑坏死，其上密生黑色小粒点。病斑干缩，病健组织间产生裂隙，病斑不完全脱落，形成穿孔。发病严重时，病叶大量脱落，造成枝干下部秃裸。

1 叶面病斑

2 病斑叶背症状

3 病斑后期表现症状

4 叶片被害状

3）发生规律

真菌性病害，病菌在病叶和病落叶上越冬。5月下旬开始发病，生长期内可重复侵染，春末和秋后发生严重。干旱年份、高温干燥环境下，有利于该病发生。

4）传播途径

病原菌借风雨、灌溉水喷溅等传播，从气孔、剪口侵染危害。

5）综合防治

（1）发芽前，喷洒 3 ~ 5 波美度石硫合剂。

（2）高温季节苗木移植后，应架设遮阳网保护，避免幼苗遭受日灼伤害。北方地区新植苗木，冬季搭建防寒棚或风障防寒越冬。

（3）加强养护管理，适时灌透返青水和封冻水，干旱时适时补水。雨后及时排水散湿。

（4）病害发生时，交替喷洒 100 倍等量式波尔多液，或 50％多菌灵可湿性粉剂 500 倍液，或 75％百菌清可湿性粉剂 500 倍液，或 65％代森锌可湿性粉剂 600 ~ 800 倍液，10 天喷洒 1 次，连续 3 ~ 4 次，兼治叶斑病、白粉病等。

257　红叶石楠圆斑病

圆斑病是石楠、红叶石楠的一种常见病害。

1）发病诱因

栽植过密，通透性差，环境郁闭、潮湿；土壤黏重、贫瘠，过于干旱等，造成生长势弱，易发病。清园不彻底、病虫害防治不及时等，发病严重。

2）表现症状

发生在叶片上。多从叶片先端或叶片边缘侵染发病，初为褐色斑点，扩展成圆形、半圆形或不规则形，中央褐色、边缘暗褐色病斑。相邻病斑扩展融合成大的枯斑，后期病斑上出现黑色粒状物，常造成叶片焦枯，非正常脱落。

1 叶缘病斑

3）发生规律

真菌性病害，病菌在病叶或病落叶上越冬。华北地区新叶多于 6 月开始侵染发病，老叶上病斑继续扩展。生长期内可重复侵染，8 ~ 9 月为病害高发期。春雨早，发病早。多雨年份、高温季节多大雨、持续阴雨天气，有利于该病发生。

4）传播途径

病原菌借助风雨、灌溉水喷溅、昆虫、菟丝子等传播，从气孔、伤口侵染危害。

5）综合防治

（1）冬季彻底清除枯枝、落叶，集中销毁。

（2）高温久旱不雨时，适时灌水，提高抗病能力。雨后及时排水，控制田间湿度。注意防治蚜虫、蚧虫、红蜘蛛、菟丝子等，消灭传播媒介。

（3）发病初期，交替喷洒 160 倍等量式波尔多液，或 65% 代森锌可湿性粉剂 600 ~ 800 倍液，或 75% 百菌清可湿性粉剂 800 倍液，兼治褐斑病、炭疽病等。

（4）避免在叶面有露和有水滴时进行修剪。修剪后，及时喷洒杀菌剂。

2 叶面病斑后期症状

3 叶背病斑上散生黑色小粒点

258 红叶石楠霉斑病

霉斑病是石楠、红叶石楠的常见病害。

1）发病诱因

石楠喜光照充足的通风环境，适排水良好土壤，不耐盐碱，怕水湿。灌水过勤、过量，雨后排水不及时，造成环境过湿等，易发病。环境郁闭、栽植过密、病虫害防治不及时等，病害发生严重。

2）表现症状

发生在叶片上，也侵染嫩梢和花。多从下部叶片开始侵染，初为水渍状灰色斑点，扩展成灰白色、近圆形、半圆形、不规则形病斑，病健组织界限清晰。病部叶肉组织腐烂，干枯坏死，上表皮易剥离。潮湿天气，病斑上布满灰色霉层。

3）发生规律

真菌性病害，病菌在枝条病斑、病叶、病落叶上越冬。华北地区 6 月中旬开始发病，7 ~ 9 月为病害高发期。多雨、雨量大、持续阴雨天气，病害发生严重。

4）传播途径

病原菌借助风雨、灌溉水喷溅、修剪工具等传播，从气孔、伤口侵染危害。随带菌苗木调运，异地传播。

5）综合防治

（1）落叶后或发芽前，拔除死株，彻底清除落叶，集中销毁。

（2）避免阴天或无风傍晚喷水，大雨过后及时排涝，锄草，松土散湿。

（3）发病初期，交替喷洒 120 倍等量式波尔多液，或 50% 速克灵可湿性粉剂 1000 ~ 2000 倍液，或 75% 百菌清可湿性粉剂 800 倍液，或 50% 多菌灵可湿性粉剂 800 倍液，10 天喷洒 1 次，连续 2 ~ 3 次。

（4）病害发生期，避免在叶面有露和有水滴时进行修剪。绿篱修剪后，清除篱面、地面残枝残叶，集中销毁。及时喷洒上述药剂，防止伤口侵染。

1 病斑上覆盖灰色霉层　　　　　　　　　　　2 病斑后期表现症状

259　红叶石楠炭疽病

炭疽病是石楠、红叶石楠的常见病害。

1）发病诱因

土壤盐碱、黏重，环境郁闭，通风不良；雨后排水不及时，或灌水过勤、过量，造成环境和土壤潮湿，叶片持水、持露等，易发病。清园不彻底等，发病严重。

2）表现症状

多发生在嫩叶上。初为淡红褐色斑点，扩展成近圆形或半圆形病斑，边缘暗褐色，中央浅褐色，周边有暗红色晕。后期病斑上出现黑色小粒点，病叶易脱落。该病常造成扦插苗只发芽、不生根现象。

3）发生规律

真菌性病害，病菌在病叶和病落叶上越冬。苗期可常年发病，7～9月为病害高发期。高温季节多大雨、持续阴雨的湿热环境下，发病严重。

4）传播途径

病原菌借风雨、灌溉水、昆虫等传播，从气孔、伤口侵染危害。随带菌苗木调运，异地传播。

5）综合防治

（1）霜降后进行彻底清园，清除枯枝落叶，集中销毁。

（2）禁止向叶面喷水，雨后及时排水，降低田间湿度，减少幼苗病害发生。

（3）发病时，交替喷洒65%代森锌可湿性粉剂600倍液，或120倍等量式波尔多液，或50%炭疽福美可湿性粉剂500倍液，兼治黑斑病等，7天喷洒1次。

（4）及时防治蚜虫、蚧虫、红蜘蛛、菟丝子等，消灭传播媒介。

（5）不在叶片有水滴、有露时进行修剪。苗木修剪后，及时清除残枝、落叶，集中销毁。喷洒上述药液，防止从伤口侵染发病。

1 叶面病斑

2 病斑叶背表现症伏

3 病斑后期症状

260 红叶石楠叶枯病

叶枯病是石楠、红叶石楠的一种常见病害。

1）发病诱因

土壤盐碱、黏重，渗透性差，雨后排水不及时，土壤过湿等，易发病。环境郁闭、通风透光不良、遭受冻害、清园不彻底等，该病发生严重。

2）表现症状

发生在叶片上，多从叶片先端或叶片边缘开始侵染。初为褐色斑点，扩展成半圆形或不规则形病斑，病健组织界限清晰，边缘暗褐色。相邻病斑扩展融合成片，有时可达叶片三分之一至二分之一，中央渐转灰褐色，失水后干枯坏死。潮湿环境下，病斑上散生黑色小粒点，病斑焦枯易破裂。

1 初期症状

3）发生规律

真菌性病害，病菌在病叶和病落叶上越冬。北方地区 5 月老叶上病斑继续扩展，6 月中下旬开始侵染新叶，生长期内可重复侵染，7 ~ 9 月为病害高发期。高温季节多雨、雨量大、持续阴雨的湿热环境下，该病发生较重。

4）传播途径

病原菌借风雨、灌溉水喷溅等传播，从气孔、伤口侵染。随带菌苗木异地传播。

5）综合防治

（1）冬季彻底清除枯枝落叶，集中销毁，减少越冬菌源。

（2）发芽前，喷洒 100 倍等量式波尔多液，控制和减少该病发生。

（3）发病初期，及时摘除病叶，交替喷洒 160 倍等量式波尔多液，或 50%福美双可湿性粉剂 600 ~ 800 倍液，或 70%甲基托布津可湿性粉剂 800 倍液。

（4）避免在阴天或傍晚叶面喷水。雨后及时排水，松土散湿、保墒。

2 叶枯中期

3 叶枯后期

261 荆条丛枝病

丛枝病在荆条上多有发生，是荆条毁灭性病害。

1）发病诱因

病株是区内重要的传染源，管理粗放，病株清理不及时、不彻底，易发病。

2）表现症状

先由被侵染小枝开始发病，很快扩展到全株。受刺激小枝顶芽生长停滞，侧芽和根茎不定芽不断萌发，密集成疙瘩状，初发小枝簇生成绿色丛球形。小枝伸展后几等长，纤细，无主侧枝之分，叶片变小。病株节间缩短，株形矮小，病枝当年或第二年枯死。病枝上花器退化，变态成叶，病枝花少甚至不开花，严重影响北方蜜源地区蜂蜜产量。

3）发生规律

类菌质体病害，可全株系统性侵染，一旦感病终生危害。病原体存活在病株活体内，可存活数年。芽萌动时即显现病症，6～8月为侵染高峰期。

4）传播途径

借助携带病原体的病毒汁液，昆虫、菟丝子，或通过病健株枝叶、根系接触，修剪工具交叉使用等进行传播，从伤口侵染危害。

5）综合防治

（1）不栽植带病株，不用病株植材进行繁殖。及时刨除重病株，异地销毁，彻底清除侵染源。

（2）加强养护管理。初发病时，及时剪去病芽、病枝，剪枝或平茬后，修剪工具进行消毒处理。

（3）注意防治蝽象、叶蝉等刺吸式昆虫及土壤害虫，消灭传播媒介，控制病害扩展蔓延。

1 侧芽多次萌发成疙瘩状

2 芽萌发初始症状

3 小枝初发症状

4 侧芽萌发的丛生枝

5 病枝

262 金叶女贞轮纹病

轮纹病是金叶女贞、女贞的主要病害之一。

1）发病诱因

栽植过密，通透性差，环境郁闭、潮湿等，易发病。管理粗放，苗木修剪后，残枝、残叶清理不彻底等，该病发生严重。

2）表现症状

发生在叶片上。叶面初为黑褐色斑点，扩展成半圆形或近圆形、灰褐色无光泽病斑，边缘暗褐色，具深浅交错的褐色同心轮纹。潮湿环境下，叶背病斑上产生黑色霉状物。发病严重时，病叶干枯卷缩，大量脱落，仅剩光腿枝。

3）发生规律

真菌性病害，病菌在病株芽鳞、病落叶上越冬。北方地区5月下旬开始发病，生长期内可重复侵染。6~8月为病害高发期，高温高湿环境下，病害发生严重。

4）传播途径

病原菌借风雨、灌溉水、修剪工具等传播，自气孔侵染危害。

5）综合防治

（1）冬季彻底清除枯枝落叶，集中销毁。

（2）发芽前，喷洒5波美度石硫合剂，消灭越冬菌源。

（3）发病初期，交替喷洒160倍等量式波尔多液，或50%多菌灵可湿性粉剂800倍液，或14%络氨铜水剂1000倍液，或50%苯菌灵可湿性粉剂600~800倍液，10天喷洒1次，连续2~3次。

（4）避免叶面有露、有水滴时进行修剪。病害发生期、苗木修剪后，及时喷洒上述杀菌剂，防止伤口侵染发病。

1 病斑具同心轮纹 1

2 病斑具同心轮纹 2

3 叶片被害状

263 金叶女贞褐斑病

褐斑病是金叶女贞、小叶女贞常见病害之一。

1）发病诱因

土壤黏重，透水性差，雨后排水不及时；栽植过密、通风不良、环境潮湿等，易发病。夏季叶面持水、持露时进行修剪，修剪后未采取防护措施，残枝、残叶清理不彻底，菟丝子危害等，该病发生严重。

2）表现症状

主要发生在叶片上，也危害嫩梢。多从下部叶片开始发病，初为褐色斑点，扩展成半圆形、近圆形或不规则形病斑，边缘紫色，中央黄褐色，有时有明显轮纹。发病严重时，叶片大量脱落，仅剩茎秆，被害嫩梢黄褐色枯萎。

3）发生规律

真菌性病害，病菌在病梢或病落叶上越冬。华北地区6月开始发病，生长期内可重复侵染，7 ~ 8月为该病高发期。高温季节多雨、持续阴雨的高湿环境下，有利于该病大面积发生。色块、绿篱发病尤为严重。

4）传播途径

病原菌借风雨、灌溉水喷溅、修剪工具交叉使用、菟丝子等传播，自气孔、伤口侵染危害。

5）综合防治

（1）休眠期彻底清除枯枝落叶，集中销毁。

（2）雨季尽量减少修剪次数，严禁雾天或叶面有露水时进行修剪。病害发生期，修剪后搂净残枝落叶，及时喷洒杀菌剂。雨后及时排水，降低田间湿度。彻底清除菟丝子。

（3）重病区，6 ~ 9月，交替喷洒160倍等量式波尔多液，或70%代森锰锌可湿性粉剂400倍液，或75%百菌清可湿性粉剂800倍液，或70%甲基托布津可湿性粉剂800 ~ 1000倍液。

1 嫩叶上病斑

2 老叶上病斑

3 色块被害状

264 迎春炭疽病

炭疽病是迎春的主要病害之一。

1）发病诱因

迎春喜光照充足、通风良好环境，耐旱，怕涝。株丛过密，环境郁闭，通透性差；土壤黏重、雨后排水不及时、灌水过勤，造成环境湿度过大等，易发病。

2）表现症状

主要危害叶片，也侵染嫩梢。叶面初为黄褐色斑点，扩展成近圆形或椭圆形褐色病斑，边缘暗褐色，外缘有褐色晕。潮湿环境下，病斑上出现黑褐色粒点。发病严重时，病叶焦枯，提前脱落，病梢枯死。

3）发生规律

真菌性病害，病菌在病梢、病芽、随病残体在土壤表层越冬。6月开始侵染，7～8月为病害高发期。干旱天气和干燥环境，发病较轻；湿热天气，发病严重。

4）传播途径

病原菌借风雨、灌溉水喷溅、昆虫、病健叶摩擦接触等传播，自气孔、伤口侵染危害。随带菌苗木调运，异地传播。

5）综合防治

（1）冬季彻底清除残枝、落叶，集中销毁。

（2）重病株、重病区域，发芽前喷洒5波美度石硫合剂，消灭越冬菌源。

（3）生长季节用竹竿挑动着地枝梢，避免生根，减少近地面叶片病害发生。

（4）发病时，交替喷洒160倍等量式波尔多液，或70%代森锰锌可湿性粉剂400倍液，或25%炭特灵可湿性粉剂600倍液，7～10天喷洒1次。

（5）注意防治蚜虫等传播媒介。避免在阴天或无风傍晚喷灌水。

1 叶面病斑

2 病斑后期症状

3 叶面被害状

265 牡丹白粉病

白粉病是牡丹、芍药、荷包牡丹的一种常见病害。

1）发病诱因

牡丹、芍药喜凉爽、通风之处。肉质根，喜燥恶湿，适疏松排水良好土壤。土壤黏重、偏施氮肥、苗木徒长、栽植过密、留枝过多，导致通风不良等，易发病。环境郁闭、潮湿，光照不足，叶片持水、持露，病害防治不及时等，发病严重。

2）表现症状

主要发生在叶片上，也危害叶柄和嫩梢。叶面初为散生、大小不一、边缘不清晰、近圆形白色粉状斑。随着粉斑扩展和粉状物逐渐增厚，叶片、嫩梢被粉层覆盖，粉层转为淡灰白色，后期粉层上产生黑色小点。病叶皱缩，黄化枯萎，严重时常引起病株早衰，甚至枝枯、株亡。

3）发生规律

真菌性病害，病菌在病芽内或病株残体上越冬。北方地区6月中下旬开始侵染，8～9月为病害高发期。高温高湿环境，发病严重。

4）传播途径

病原菌借雨水、灌溉水飞溅传播，自皮孔、气孔侵染危害。

5）综合防治

（1）冬季剪去病枯枝，彻底清除残枝、落叶，集中销毁。

（2）发芽前，喷洒3～5波美度石硫合剂。

（3）避免喷淋方式灌水，尽量保持株丛干爽。雨后及时排涝，浅锄散湿。

（4）发病初期，交替喷洒15%粉锈宁可湿性粉剂1000倍液，或25%腈菌唑乳油3000～5000倍液，或70%甲基托布津可湿性粉剂1000倍液，或75%百菌清可湿性粉剂600～800倍液。

1 叶面粉斑

2 叶面白色粉层

3 嫩茎、叶柄被害状

266 牡丹黑斑病

黑斑病是牡丹、芍药、荷包牡丹的一种常见病害。

1）发病诱因

土壤盐碱、黏重，透气性差；土壤过湿或过于干旱，肥力不足，生长势弱；栽植过密，环境郁闭、潮湿，通透性差等，易发病。

2）表现症状

多发生在株丛下部叶片上，也侵染叶柄。叶先端或叶边缘开始发病，初为散生暗褐色斑点，扩展成近圆形或不规则形灰黑色病斑，有时显现轮纹。病斑扩展融合，潮湿环境下，其上出现黑色霉状物。干燥天气，病部干枯破裂或形成穿孔。病害发生严重时，叶片成黑色枯萎，提前脱落。

3）发生规律

真菌性病害，病菌在病芽、病落叶上越冬。北方地区多于 6 月中下旬开始发病，8～9 月为病害高发期。高温季节多雨、多雾、持续阴雨天气，发病严重。

4）传播途径

病原菌借雨水、灌溉水飞溅、昆虫等传播，自气孔、伤口侵染危害。

5）综合防治

（1）秋末结合修剪进行彻底清园，刨除病死株，扫净残枝落叶，集中销毁。

（2）春季及时掰去根际无用土芽。适时抹芽、疏叶，保持良好的通透性。

（3）尽量不用喷淋方式灌水，防止灌溉水飞溅。避免无风傍晚灌水，以免造成夜间湿气长时间滞留。大雨过后及时排水，锄草松土，降低田间湿度。

（4）发病初期，摘除病叶。交替喷洒 50% 扑海因可湿性粉剂 1000 倍液，或 70% 代森锰锌可湿性粉剂 500～800 倍液，或 40% 百菌清悬浮剂 600 倍液。

1 病斑初期症状

2 病斑后期症状

3 叶片被害状

267 牡丹炭疽病

炭疽病是牡丹、荷苞牡丹、芍药的主要病害之一。

1）发病诱因

土壤黏重、灌水过勤、雨后排水不及时等，易发病。栽植过密，环境郁闭、潮湿；病害防治不及时、清园不彻底等，该病发生严重。

2）表现症状

发生在叶片上，也侵染叶柄和嫩枝。叶面初为褐色圆形斑点，扩展成近圆形、半圆形或椭圆形病斑，边缘褐色，中央渐转浅褐色或灰白色。潮湿环境下，病斑上出现轮纹状排列的黑色小粒点。病斑扩展融合，失水干枯、破裂形成穿孔。

3）发生规律

真菌性病害，病菌在病落叶或病茎上越冬。北方地区6月中下旬开始发病，7月至9月中旬为病害高发期。多雨、多雾、雨量大的湿热天气，发病严重。

4）传播途径

病原菌借风雨、灌溉水传播，从气孔、皮孔或伤口侵染危害。

5）综合防治

（1）结合秋末修剪进行清园，拔除重病株及病死株，彻底清除残枝、落叶。

（2）芽萌动前，喷洒5波美度石硫合剂，消灭越冬菌。

（3）合理控制栽植密度。早春掰除根际无用蘖芽，保持株丛良好通透性。

（4）宜采用漫灌方式，避免喷灌和无风的傍晚灌水，以免造成水花飞溅、夜间湿气长时间滞留等不利因素。

（5）发病初期，摘除病叶，集中销毁。交替喷洒70％炭疽福美可湿性粉剂500倍液，或120倍等量式波尔多液，或65％代森锌可湿性粉剂500倍液。

1 叶面病斑症状

2 病斑上轮纹状排列的黑色小点

3 后期病斑破裂

268 牡丹灰霉病

灰霉病是牡丹、芍药、荷包牡丹的一种常见病害。

1）发病诱因

栽植过密，通透性差；土壤黏重、板结，灌水过勤，雨后排水不及时等，易发病。多年重茬连作、病害防治不及时、清园不彻底等，该病发生严重。

2）表现症状

主要发生在叶片上，常造成叶枯、花腐、茎腐，甚至全株枯亡。叶先端和叶片边缘初为近圆形水渍状斑点，扩展成褐色或紫褐色，圆形、不规则形病斑，常显现不规则轮纹。潮湿环境下，病斑上覆盖灰色霉层。花器软腐，有灰色霉层。

嫩梢、叶柄上为暗绿色、水渍状条斑，褐色软腐，茎枝易折损。

3）发生规律

真菌性病害，病菌在病枝、病落叶或土壤中越冬。花芽开放时，遇雨开始初侵染，6月中下旬至7月为病害高发期。多雨、多雾、持续阴雨天气，发病重。

4）传播途径

病原菌借雨水、浇灌水、露水等传播，从气孔、皮孔侵染危害。

5）综合防治

（1）早春抹去根际无用蘖芽，合理留枝，保持株丛通透。

（2）避免喷灌，或在无风的傍晚灌水。雨后及时排水，浅锄散湿。

（3）发病时，交替喷洒50%扑海因可湿性粉剂1000倍液，或65%甲霉灵可湿性粉剂1000倍液，或70%甲基托布津可湿性粉剂1000倍液，10～15天喷洒1次，连续2～3次，预防该病发生。

（4）及时剪去病枝、病叶、病蕾、病花、病果，刨除重病株，集中销毁。

1 牡丹叶面病斑及危害状

2 芍药叶面病斑及危害状

3 发病后期症状

269　牡丹黄化病

　　黄化病又叫黄叶病、缺绿病，是牡丹、荷包牡丹、芍药的一种常见病害。

1）发病诱因

　　铁离子是叶绿素形成的重要物质，盐碱土壤中缺少可被植物吸收利用的铁元素；多年原地栽植或重茬连作，未适时补肥；土壤黏重、板结，通透性差，过于潮湿或过于干旱，使根系吸收能力减弱等，均可造成植物体内铁元素供应不足，导致植物生理性缺铁，使叶绿素形成受阻，从而出现黄化现象。

2）表现症状

　　生理性病害，多发生在叶片上。先由新梢个别嫩叶开始发病，叶脉间局部叶肉组织褪绿变为黄色，逐渐向整个叶片扩展，但叶脉仍为绿色，叶面呈黄绿相间的网纹状。随着黄化程度的不断加重，主脉失绿，病叶变为黄白色，叶先端及叶片边缘呈褐色焦枯、卷缩。病株生长势衰弱，植株矮小，枝条细弱，不易成花。严重时，周边株丛相继发病，嫩梢枯萎，甚至整株死亡。

1 初发病状　　　　　　　　2 仅叶脉保留绿色

3 重病株表现症状

3）综合防治

　　（1）碱性土壤及黏重土壤中增施腐熟有机肥，施肥时加入适量磷酸二铵、过磷酸钙等酸性肥，改善土壤理化性质，提高土壤中铁的有效含量。

　　（2）土壤过于干旱时，适时补水。大雨过后及时排涝，浅锄散湿。保持土壤见干见湿，有利于根系对微量元素的吸收利用。

　　（3）出现黄化现象时，及时喷洒黄叶灵300倍液，或铁多多1000～1500倍液，叶片喷洒0.2%硫酸亚铁或灌根，肥液现配现用，7～10天1次，至变绿为止。

　　（4）早春抹去根际无用蘖芽，防止主枝过多。控制花蕾数量，每枝保持1个饱满蕾。花后剪去残花，防止结实，减少养分大量消耗。

270 牡丹花叶病

花叶病是牡丹、芍药、荷包牡丹的一种常见病害。

1）发病诱因

栽植过密，留枝过多，通透性差。圃地多年连作，病虫害防治不及时，菟丝子泛滥等，发病严重。栽植病株是重要传染源。

2）表现症状

发生在叶片上，引起系统性或轻或重的花叶型变色。个别叶片先表现症状，逐渐扩展蔓延至全株。叶面局部初为淡黄色褪绿斑点，扩展为大小不一、不规则状的黄色斑块，相邻病斑融合成片。黄色部分逐渐加深，叶面成深绿、浅绿及鲜黄色相间的斑驳状花叶。

病株逐渐矮化，枝条节间缩短，花少而小，失去观赏价值。

3）发生规律

病毒性病害，病毒在病株活体内越冬。被侵染株终生受害，生长期内均可发病。树势衰弱时，症状易于显现，但季节性显症不明显。刺吸害虫发生高峰期，就是该病毒传播侵染的高峰期。

4）传播途径

病毒通过病株种子或用病株植材进行繁殖，及修剪工具携带病毒汁液等传播危害。昆虫和菟丝子是重要的传播媒介，随着带毒刺吸害虫迁飞，向周边植物大面积扩散。带毒苗木是远距离传播的重要途径。

5）综合防治

（1）不用病株种子播种繁殖，不用病株植材嫁接或分株繁殖，不采购带病株。

（2）发病初期，喷洒 1.5% 植病灵乳剂 1000 倍液，或 5% 菌毒清水剂 200 倍液，或 20% 病毒灵可溶性粉剂 500 倍液，10 天喷洒 1 次，连续 3 次。同时用 5% 菌毒清水剂 250 倍液，或 0.5% 氨基寡糖素水剂 400 ~ 600 倍液灌根。

（3）重点防治线虫、蚜虫、叶蝉等害虫。彻底清除菟丝子，集中销毁。

（4）彻底清除重病株，及时销毁。用 50% 克菌丹 800 倍液，进行土壤消毒。

1 牡丹叶片表现症状

2 芍药叶片表现症状

271 杜鹃花灰霉病

灰霉病是北方地区迎红杜鹃、照山白、蓝荆子等杜鹃花科植物的常见病害。

1）发病诱因

土壤黏重、灌水过勤、雨后排水不及时、土壤过湿等，易发病。环境郁闭、通风透光性差、苗木滞水时间长、遭受冻害等，该病发生严重。

2）表现症状

主要发生在花器和嫩梢上。多从花的萼片上部开始侵染，逐渐向下、向内扩展。初为褐色斑点，扩展后萼片褪绿成褐色。潮湿环境下，病部产生灰白色霉点。花蕾内花瓣、花蕊等褐色软腐，后产生灰白色霉状物，病蕾不能开放，失水干缩成僵蕾。

病蕾逐渐扩展到花梗基部，向下蔓延至嫩梢，病梢褐色枯萎。

1 花蕾、腋芽及枝条被害状

3）发生规律

真菌性病害，病菌在病梢、僵蕾上越冬。展叶后即可侵染发病，生长期内可多次侵染。早春低温，持续阴雨。夏季多雨、多雾，秋雨绵绵，花芽受害严重。

4）传播途径

病原菌借风雨、灌溉水飞溅传播，从气孔、皮孔侵染危害。

5）综合防治

（1）落叶后，剪去病枝、枯死枝、过密枝，彻底清除落叶，集中销毁。

（2）发芽前，全株喷洒120倍等量式波尔多液，消灭越冬菌源。

（3）避免无风阴天或傍晚喷水，大雨后及时排涝，松土散湿，降低环境湿度。

（4）发病时，及时摘除病蕾、病花，集中深埋。全株交替喷洒50%速克灵可湿性粉剂1500倍液，或50%灰霉宁可湿性粉剂600倍液，或50%多菌灵可湿性粉剂1000倍液，7～10天喷洒1次。

2 病花蕾上产生黑色粒点

3 花瓣、花蕊、柱头软腐状

272 狭叶十大功劳灰斑病

灰斑病是狭叶十大功劳的一种常见病害。

1）发病诱因

狭叶十大功劳喜温暖气候和半阴环境，适排水良好肥沃土壤。土壤盐碱、板结、贫瘠，环境郁闭、潮湿；雨后排水不及时、土壤和环境湿度过大等，易发病。北方地区冬季寒冷，易遭受冻害。夏季少雨干燥天气，强光直射下，易遭受日灼伤害，均可加重该病发生。

2）表现症状

发生在叶片上，新老叶片均可发病。多从下部叶片先端或叶片边缘开始侵染，初为黑褐色斑点，扩展成近圆形、椭圆形或不规则形病斑，病健组织界限清晰，边缘有较窄的黑褐色环带，中央逐渐变为灰色或灰白色。潮湿环境下，病斑上散布黑色小粒点。病斑扩展融合成斑块，干枯易破裂，病叶脱落。

3）发生规律

真菌性病害，病菌在病落叶上或随病落叶在土壤中越冬。北方地区6月开始侵染，生长期内可重复侵染发病，7～8月为该病盛发期。多雨年份，高温干旱、多雨，该病发生较重。

4）传播途径

病原菌借风雨、灌溉水飞溅传播，从气孔侵染危害。

5）综合防治

（1）冬季彻底清除残枝、落叶，集中销毁。

（2）土壤干旱时适时补水，雨后及时排水，锄草、松土散湿。

（3）病害发生时，及时摘除病叶，交替喷洒120倍等量式波尔多液，或70%甲基托布津可湿性粉剂800倍液，或50%多菌灵可湿性粉剂800倍液，或75%百菌清可湿性粉剂600倍液，10天喷洒1次，连续2～3次。

1 叶面病斑

2 病斑上出现黑色小粒点

273 金银花黑斑病

黑斑病是金银花、紫脉金银花、金红久忍冬等忍冬科观赏植物的常见病害。

1）发病诱因

环境郁闭、栽植过密、多年失剪、枯死枝多，导致叶幕层严重外移，造成通透性差；地势低洼、雨后排水不及时、环境阴湿、清园不彻底等，易发病。

2）表现症状

主要发生在叶片上，多由下部叶片逐渐向上部蔓延。叶面初为黑褐色斑点，扩展成近圆形或不规则形黑色病斑，病健组织界限清晰，有时略显同心轮纹。中央渐转灰褐色。后期病斑干枯、破裂，潮湿环境下，病斑上出现黑色霉状物，病叶提前脱落。

3）发生规律

真菌性病害，病菌在病落叶、病株残体上越冬。6月中下旬开始侵染，生长期内可多次再侵染，8～9月为病害高发期。夏季多大雨、持续阴雨的湿热天气，病害发生严重。

4）传播途径

病原菌借风雨传播，从气孔侵染危害。

5）综合防治

（1）冬季剪去枯死枝、无用枝，保持良好通透性。彻底清除落叶，集中销毁。

（2）病株发芽前，喷洒3～5波美度石硫合剂。

（3）发病初期，摘除病叶，交替喷洒160倍等量式波尔多液，或75％百菌清可湿性粉剂600倍液，或70％代森锰锌可湿性粉剂500倍液，10天喷洒1次。

（4）大雨过后及时排水，锄草，松土散湿，控制病害发生和蔓延。

1 叶面病斑

2 病斑上略显轮纹状

3 病斑上出现黑色霉状物

274　金银花褐斑病

褐斑病是金银花、金红久忍冬、台尔曼忍冬等忍冬科观赏植物的常见病害。

1）发病诱因

栽植环境郁闭、潮湿，通透性差等，易发病。管理粗放，苗木失剪，冬季清园不彻底，蚜虫、白粉虱危害等，病害发生严重。

2）表现症状

主要发生在叶片上，多由下部叶片开始发病。叶面初为褐色斑点，周围有黄色晕圈。扩展成圆形或不规则形黄褐色病斑，边缘褐色，病健组织界限清晰。病斑扩展融合成大斑，干枯破裂，或形成穿孔。潮湿环境下，叶背病斑上出现灰色霉状物，发病严重时，大量提前脱落，造成花蕾减产。

3）发生规律

真菌性病害，病菌在病落叶、病株残体上越冬。北方地区 6 月上中旬开始初侵染，生长期内可多次再侵染，7 月至 9 月上旬为病害高发期。高温季节多大雨、持续阴雨，有利于病菌侵染蔓延，病害发生严重。

4）传播途径

病原菌借风雨、灌溉水、昆虫等传播，从气孔侵染危害。

5）综合防治

（1）落叶后，剪去病枯枝、无用枝，短截生长枝，扫除落叶、残枝，集中销毁。生长期注意抹芽和花后剪梢，保持良好通透性。

（2）发病初期，摘除病叶，交替喷洒 160 倍等量式波尔多液，或 50% 多菌灵可湿性粉剂 600 倍液，或 65% 代森锌可湿性粉剂 600 ~ 800 倍液，兼治黑斑病等。

（3）注意防治蚜虫、白粉虱等刺吸害虫。雨后及时排水，松土散湿。

1 叶片危害状

2 叶面病斑

3 病叶后期症状

275　金银花炭疽病

炭疽病是金银花、金红久忍冬、台尔曼忍冬等植物的常见病害。

1）发病诱因

环境郁闭，栽植过密，通风不良；地势低洼、土壤黏重、雨后排水不及时、环境过湿等，易发病。病虫害防治不及时、冬季清园不彻底等，该病发生严重。

2）表现症状

多发生在成叶叶片上，也危害嫩茎。叶面初为褐色斑点，扩展成近圆形或半圆形暗褐色病斑，边缘有黑褐色晕圈，病健组织界限清晰，有时中央有明显的同心轮纹，空气干燥时轮纹不明显或消失。潮湿环境下，病斑上散生黑色小点。后期病斑干枯破裂，病叶提前脱落。

3）发生规律

真菌性病害，病菌在病茎、病芽、病落叶上越冬。北方地区多于6月开始侵染发病，生长期内可多次再侵染，7月下旬至9月为病害高发期。高温季节多大雨、持续阴雨的湿热环境下，病害扩展迅速。

4）传播途径

病原菌借风雨、昆虫等传播，从气孔、伤口侵染危害。

5）综合防治

（1）病株发芽前，彻底清除落叶，喷洒3波美度石硫合剂，减少初侵染源。

（2）休眠期和夏季进行合理修剪，保持良好的通透性。尽量减少叶部喷水，避免阴天或无风傍晚灌水。大雨过后及时排水，清除杂草，松土散湿。

（3）发病初期，及时摘除病叶，交替喷洒160倍等量式波尔多液，或50%多菌灵可湿性粉剂500倍液，或65%代森锌可湿性粉剂500倍液，或50%退菌特可湿性粉剂1000倍液，7～10天喷洒1次，连续2～4次。

（4）注意防治蚜虫、白粉虱等刺吸害虫，消灭传播媒介，控制病害扩展。

1叶面病斑　　　　　　　　　　　　　　　　2后期病斑干枯破裂

276 紫藤叶斑病

叶斑病在紫藤、白花紫藤上时有发生。

1）发病诱因

土壤黏重、板结，透水性差；栽植过密，苗木失剪，通风不良，环境郁闭、潮湿等，易发病。土壤过湿或过于干旱、肥力不足、生长势弱、病害防治不及时、清园不彻底等，该病发生严重。

2）表现症状

主要发生在幼嫩叶片上，有时也侵染叶柄。多从下部叶片开始发病，初为散生黑色斑点，外缘有黄色晕圈。扩展成圆形、半圆形或不规则形病斑，病健组织界限清晰，边缘黑褐色，中央逐渐转为灰白色。病斑扩展融合，造成叶片焦枯。

3）发生规律

真菌性病害，病菌在病芽、病落叶上越冬。北方地区多于6月开始侵染发病，生长期内可重复侵染，7月下旬至9月为病害高发期。多雾、多露、暴雨、持续阴雨后，天气突然转晴，病害呈暴发式流行。

4）传播途径

病原菌借风雨、昆虫等传播，从气孔、伤口侵染危害。

5）综合防治

（1）结合冬季修剪，彻底清除落叶，集中销毁。

（2）发芽前，喷洒3～5波美度石硫合剂，消灭越冬菌源。

（3）病害发生时，及时扫净落叶，集中深埋。交替喷洒160倍等量式波尔多液，或50％多菌灵可湿性粉剂800倍液，或70％甲基托布津可湿性粉剂1000倍液，或65％代森锌可湿性粉剂800倍液，7天喷洒1次，连续2～3次。

（4）干旱时适时补透水，雨后及时排涝，松土散湿、保墒。注意防治蚜虫等。

1 叶面病斑   2 叶片被害状

277 紫藤叶枯病

叶枯病是紫藤的一种常见病害。

1）发病诱因

紫藤喜疏松、排水良好的土壤，怕水涝。土壤黏重、盐碱，透气性差，排水不及时等，易发病。环境郁闭、通风不良、土壤过于干旱、病虫害防治不及时等，该病发生严重。

2）表现症状

发生在幼嫩叶片上，多从叶先端或叶片边缘开始侵染。初为褪绿黄斑，扩展成淡褐色至灰褐色，圆形、半圆形或椭圆形病斑，边缘黑褐色，病健组织界限清晰，外缘有黄色晕圈。病斑向内扩展，形成不规则形大斑，边缘波状。后期叶缘向叶面卷缩、焦枯，潮湿环境下，其上散布黑灰色粒状物。

3）发生规律

真菌性病害，病菌在病芽、病落叶上越冬。北方地区多于6月下旬开始发病，生长期内可重复再侵染，7月中旬至9月为病害高发期。高温季节多雨，雨量大，病害易流行。持续阴雨后强光暴晒，加重病害发生。

4）传播途径

病原菌借风雨、昆虫传播，从气孔侵入危害。

5）综合防治

（1）结合冬春修剪进行彻底清园，清除枯枝落叶，集中销毁。

（2）久旱不雨时，适时补水。雨后及时排涝，松土散湿。

（3）病害发生时，交替喷洒120倍等量式波尔多液，或65%代森锌可湿性粉剂600倍液，或50%甲基托布津可湿性粉剂600倍液，或40%福美双可湿性粉剂600倍液，7～10天喷洒1次，连续3～4次。

1 叶面病斑

2 叶片危害状

278 五叶地锦黑斑病

黑斑病是五叶地锦、爬山虎的一种常见病害。

1）发病诱因

土壤盐碱、黏重，透气性差，地势低洼，雨后排水不及时，不通畅；栽植过密，环境郁闭、潮湿，通风透光不良等，易发病。

2）表现症状

发生在叶片上，通常病斑较小，数量多达十数个至数十个。叶面或叶柄上初为黑色圆形斑点，扩展成近圆形、不规则形或多角形黑褐色病斑。潮湿环境下，其上出现黑色霉状物，后期病斑周边逐渐转为红色，扩展至整个叶片。发病严重时，病叶提前变红、枯萎脱落。

3）发生规律

真菌性病害，病菌在病落叶上或随病落叶在土壤中越冬。北方地区6月开始零星发病，生长期内可重复侵染，8～9月为病害高发期。高温季节多雨、多雾、持续阴雨的湿热天气，近地面叶片，发病严重。

4）传播途径

病原菌借风雨、灌溉水飞溅等传播，自气孔、伤口处侵染危害。

5）综合防治

（1）落叶后，彻底清除落叶，集中销毁。

1 叶面病斑及危害状

2 病叶提前变红

（2）自然式栽植或做地被植物栽植时，尽量不用喷淋方式灌水，避免傍晚灌水。减少叶面持水，避免夜间湿气滞留。大雨过后及时排水。

（3）病害发生时，及时摘除病叶，集中销毁。交替喷洒100倍等量式波尔多液，或75%百菌清可湿性粉剂800倍液，或65%代森锌可湿性粉剂500倍液，或70%甲基托布津可湿性粉剂800～1000倍液，7～10天喷洒1次，兼治炭疽病、褐斑病、白粉病等。

279 五叶地锦褐斑病

褐斑病在五叶地锦、爬山虎上时有发生。

1）发病诱因

五叶地锦和爬山虎喜凉爽、通风环境，耐干旱、怕涝。栽植过密、环境郁闭、雨后排水不及时、清园不彻底等，易发病。

2）表现症状

发生在叶片上，多由近地面叶片开始发病，逐渐向上扩展蔓延。叶面初为黄褐色斑点，扩展成圆形、近圆形、褐色病斑，中央渐转浅褐色，边缘色深，病健界限清晰。相邻病斑扩展融合成片，后期病斑焦枯破裂。病害发生严重时，叶片大量提前脱落。

3）发生规律

真菌性病害，病菌在病芽、病落叶上或随病落叶在土壤中越冬。北方地区 5 月开始发病，生长期内可重复侵染。7～9 月为病害高发期，多雨、持续阴雨的高温高湿环境下，近地面叶片，发病严重。

4）传播途径

病原菌借风雨、灌溉水飞溅、昆虫等传播，自气孔、伤口侵染危害。

5）综合防治

（1）冬季彻底清除枯死枝、扫净落叶，集中销毁。

（2）病区发芽前，喷洒 3～5 波美度石硫合剂，或 100 倍等量式波尔多液。

（3）发病初期，及时摘除病叶，集中销毁。交替喷洒 120 倍等量式波尔多液，或 50％甲基托布津可湿性粉剂 800～1000 倍液，或 65％代森锌可湿性粉剂 600～800 倍液，或 75％百菌清可湿性粉剂 800 倍液。

（4）注意防治蚜虫、斑衣蜡蝉等刺吸式昆虫，减少病害发生。

1 叶面病斑

2 病斑后期症状

3 下叶片被害状

280 五叶地锦病毒病

病毒病在五叶地锦、爬山虎上偶有发生。

1）发病诱因

园区内病株是重要的传染途径。土壤干旱、贫瘠，生长势弱，病虫害防治不及时，病株清除不彻底等，易发病。

2）表现症状

1 病叶类型 1　　　　　2 病叶类型 2

主要发生在叶片上，常见类型有：

（1）明脉型：小叶狭长，色深，中上部弯曲，叶缘略向叶背反卷。主叶脉隆起，"之"字形扭曲，幼叶主侧脉上密布白色线毛。

（2）皱缩型：脉间组织微鼓起，叶面凹凸不平，先端皱缩，复叶柄增粗。

（3）畸形型：退化为三小叶，幼叶叶脉黄绿色，叶基狭长，叶片窄小、皱缩。

3）发生规律

病毒性病害，多发系统性侵染危害。一旦感病，全株发病，终生携带病毒。病原体存活在病株活体上，或随病残体在土壤中越冬。春季幼叶初展时即表现明显症状，5 月为该病高发期。京、津地区 6 月出现隐症现象，症状逐渐消失，新叶很少再表现发病症状。干旱年份，距离臭椿、香椿、珍珠梅、葡萄等植物越近，发病越严重。

4）传播途径

借助携带病原体的病毒汁液、菟丝子，或通过病株植材扦插繁殖、带毒土壤等进行传播，从伤口侵染危害，昆虫是重要的传播媒介。随病株调运异地传播。

5）综合防治

（1）用健株植材进行繁殖。彻底清除重病株，土壤消毒处理。

（2）注意防治五叶地锦及周边臭椿、香椿等树木及杂草上斑衣蜡蝉等。

（3）初发病时，喷洒 1.5% 植病灵乳剂 1000 倍液，或 2% 宁南霉素水剂 1000 倍液，或 5% 菌毒清水剂 300 倍液，7 ~ 10 天喷洒 1 次，连续 3 ~ 4 次。

3 病叶类型 3　　　　　　　　4 病叶类型 4　　　　　　　　5 病叶类型 5

281 葡萄瘿螨病

　　该病又叫葡萄瘿螨、葡萄潜叶壁虱、葡萄毛毡病，是多种葡萄的常见病害。

1）生活习性

　　成、若螨虫群集危害，吸食幼嫩组织汁液时，携带外担子菌的菌丝、孢子传播。将卵产于叶背病斑毛毡下，潜藏其内繁殖危害。若螨随新梢生长，爬行向先端转移扩散。

2）表现症状

　　发生在幼叶上，也取食嫩梢、花梗、卷须及幼果。叶背表皮组织形成圆形、椭圆形至不规则形凹陷病斑，凹陷处可见白色绒毛状物。随着虫口密度增加，毛状物增厚呈毛毡状，由灰白色转为锈褐色。

1 叶面病斑上白色绒毛状物

　　叶面为苍白色斑点，渐成大小不一的绿色疱状突起，渐转铁锈色，病叶凹凸卷缩，枯萎早落。

3）发生规律

　　真菌性病害，是外担子菌与瘿螨共同危害所致，多以雌成螨群集在芽鳞内，枝蔓粗皮缝隙处越冬。年内发生 2 ~ 3 代，芽萌动时，雌成螨开始繁殖危害。该螨世代重叠，5 ~ 6 月、9 月为该病高发期。

4）传播途径

　　该螨借助风雨、病健叶接触，随病株种条繁殖、苗木调运等传播。

5）综合防治

　　（1）秋末结合修剪进行彻底清园，清除主蔓上粗皮，扫净残枝落叶，集中销毁。

　　（2）冬芽膨大时，枝蔓喷洒 3 ~ 5 波美度石硫合剂，是防治该病的重要手段。

　　（3）初发病时，摘去病叶、病卷须、穗轴。交替喷洒 20% 哒螨灵可湿性粉剂 1500 倍液或 1.8% 阿维菌素乳油 2000 ~ 3000 倍液，或 73% 克螨特乳油 3000 倍液，或 10% 联苯菊酯乳油 3000 倍液，重点喷洒叶背。

2 叶背病斑中期症状

3 病斑上毛毡状物

4 叶面后期表现症状

282 葡萄穗轴褐枯病

葡萄穗轴褐枯病又叫轴枯病，是多种葡萄的主要病害之一。

1）发病诱因

地势低洼、果园封闭、架面通风透光性差、环境潮湿、偏施氮肥等，易发病。肥力不足，留枝过低、病果穗修剪不及时、果园清理不彻底等，病害发生严重。

2）表现症状

多发生在穗轴、花蕾、花和幼果上。花梗、分穗轴上，初为褐色水浸状斑点，扩展成略凹陷褐色病斑。很快蔓延至分枝穗轴上，病部腐烂，先端穗轴及其上花蕾、花、幼果失水干枯。导致果粒稀疏，严重影响果穗整齐度和果实产量。

3）发生规律

真菌性病害，病菌在病株芽鳞、枝蔓，或落地病残体上越冬。抽生花序时开始侵染，具潜伏性。5月上中旬至6月中旬是侵染高峰期，穗轴半木质化后病菌停止侵染。春季开花前后遇低温多雨、持续阴雨天气，病害发生严重。

4）传播途径

病原菌借风雨、灌溉水飞溅传播，从气孔、皮孔处侵入危害。

5）综合防治

（1）秋剪后，彻底清除残枝、落叶、病枯穗轴、病落果，集中销毁。

（2）发芽前，喷洒3～5波美度石硫合剂，或0.3%五氯酚钠200倍液。

（3）抽生花序及落花70%～80%时，交替喷洒10%苯醚甲环唑水分散粒剂1500～2000倍液，或25%嘧菌脂悬浮剂1500～2000倍液，或80%代森锰锌可湿性粉剂600～800倍液。

（4）及时剪除病穗轴。雨后及时排涝，松土散湿。

1 穗轴水渍状病斑

2 花穗褐色坏死

3 穗轴及幼果发病状

4 穗轴病部失水干枯

283 葡萄炭疽病

葡萄炭疽病又叫晚腐病，是葡萄的主要病害之一。

1）发病诱因

土壤黏重，地势低洼，田间湿度大；枝蔓过密，通透性差；基部枝蔓、果穗留的过低等，易发病。病害防治、病果清理不及时，清园不彻底等，该病发生严重。

2）表现症状

发生在果粒上，也侵染叶片、果柄和穗轴。果面初为褐色斑点，扩大成褐色圆形病斑，果肉组织软腐，果面略凹陷，病斑上具同心轮纹状排列的黑色小点。潮湿环境下，溢出绯红色黏质物，果粒脱落或干缩成黑色僵果，造成果实减产。

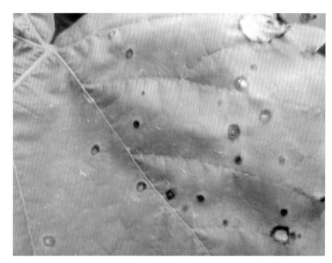

1 叶面病斑

叶面褐色斑点扩展成近圆形暗褐色病斑，边缘黑褐色，有时中央有同心轮纹。

3）发生规律

真菌性病害，病菌在病枝蔓、挂枝和落地病僵果上越冬。坐果后半个月至果实采收前均可发病，7 ~ 8 月为侵染高峰期。该病具潜伏性，多在果实开始着色及近成熟时才表现症状。生长中后期高温多雨、多雾的高湿天气，该病大量发生。

4）传播途径

病原菌借风雨、灌溉水飞溅、昆虫等传播，自皮孔、气孔、伤口侵染危害。

5）综合防治

（1）结合修剪进行清园，清除落叶、僵果果穗、落地残果，集中销毁。

（2）芽萌动时，喷洒 3 波美度石硫合剂 + 0.3% 五氯酚钠 200 倍液。

（3）注意防治绿盲蝽、斑衣蜡蝉。及时摘心、剪梢，剪除病果、病果穗深埋。

（4）果实适时套袋，不套袋的 6 月上旬开始，交替喷洒 25% 苯醚甲环唑水分散粒剂 3000 倍液，或 80% 炭疽福美可湿性粉剂 600 倍液，或 65% 代森锌可湿性粉剂 600 ~ 800 倍液。

2 病斑显现轮纹

3 果粒中后期症状

4 果穗后期症状

284 葡萄水罐子病

葡萄水罐子病又叫葡萄转色病，是葡萄常见病害之一。

1）发病诱因

土壤黏重、瘠薄，水肥不足，果穗过多，留叶过少，导致生长势衰弱；修剪缺失、不到位，枝叶郁闭，光照不足，通风不良等，易发病；地势低洼，地下水位高，雨后排水不及时、不通畅，导致田间湿度过大，近成熟期土壤湿度过大；过量施用氮肥、留穗过低等，病害发生严重。

2）表现症状

主要表现在果穗上，多在果粒转色期表现症状。从果穗先端数粒开始发病，逐渐向果穗基部扩展蔓延。病果粒失去光泽，果皮变薄，果粒变软成水泡状，果皮与果肉组织易分离，压捏时汁液成串流出，故称"水罐子病"，病果酸而不可食用。发生严重时，果柄产生离层，果穗整个脱落，常造成果实大量减产。

3）发生规律

生理性病害，可常年发病。着色期多雨，雨量大，持续阴雨的高温高湿环境，该病发生严重，近地面果穗受害最为严重。

4）综合防治

（1）增施有机肥和磷钾肥，提高生长势。

（2）防止土壤过旱和过湿，干旱时适时补水。大雨过后及时划锄松土，散湿、保墒。近成熟期适当控制灌水量。

（3）合理修剪，保持良好的通透性。果穗不可留得过多，尽量少留二次果。幼龄株、生长势较弱株，适当减少留穗数量。

（4）幼果期，避开中午高湿时期，喷洒 0.1% ~ 0.3% 磷酸二氢钾，增加叶、果磷钾含量，有效减少该病发生。

1 果粒发病状

2 果穗发病状

285 葡萄黑痘病

葡萄黑痘病又叫疮痂病，俗称乌眼病、蛤蟆眼，是葡萄的主要病害之一。

1）发病诱因

偏施氮肥、枝蔓徒长、光照不足、通风不良等，易发病。地势低洼，排水不通畅，环境郁闭、潮湿；清园不彻底、遗留病残体多、重茬育苗等，发病严重。

2）表现症状

主要发生在果实上，也侵染新梢、叶片等幼嫩组织。幼果果面初为暗褐色斑点，扩展成近圆形略凹陷病斑，边缘黑褐色，中央转灰白色，酷似鸟眼状，病斑扩展融合。后期病斑果皮硬化，易龟裂。病果粒小而酸，不可食用。

叶面为褐色斑点，外有黄色晕圈，扩展成近圆形病斑，边缘暗褐色，中央转灰色。

3）发生规律

真菌性病害，病菌在病枝蔓、病落叶、病残果上越冬。华北地区5月中下旬开始侵染，可重复再侵染，6月中旬开始发病，7月为病害高发期。花期、幼果期多雨，果实发病严重。

4）传播途径

病原菌借风雨、昆虫等传播，自气孔、皮孔侵染危害。随带菌苗木异地传播。

5）综合防治

（1）结合秋后修剪，清除地面枯枝落叶、残果，集中深埋。

（2）发芽前，喷洒5波美度石硫合剂+0.3%五氯酚钠200倍混合液。

（3）穗期、花前1~2天、落花70~80%、果粒长至黄豆粒大时，交替喷洒200倍等量式波尔多液，或40%氟硅唑乳油8000倍液，或75%百菌清可湿性粉剂800倍液。

（4）果穗适时套袋，不套袋的喷洒25%嘧菌酯悬浮剂1200倍液，或10%苯醚甲环唑水分散粒剂2000倍液。及时剪去病叶、病果穗、病枝蔓，捡拾落地病果粒、果穗，集中深埋。雨后及时松土散湿，注意防治斑衣蜡蝉、斑叶蝉等。

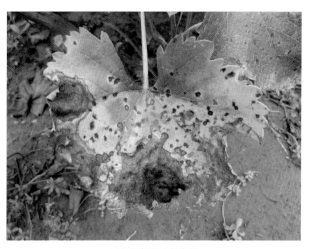

1 叶面病斑及危害状

2 果粒上"乌眼"状病斑

3 病斑后期症状

286　葡萄霜霉病

霜霉病是多种葡萄的一种常见病害。

1）发病诱因

土壤黏重，雨后排水不及时；枝叶稠密、通透性差、枝蔓留得过低等，易发病。环境郁闭、潮湿，管理粗放，清园不彻底，遗留病残体多，该病发生严重。

2）表现症状

多发生在叶片、幼果上，也侵染嫩枝蔓。叶面初为黄绿色斑点，扩展成黄褐色多角形病斑。潮湿环境下，叶背沿脉两侧产生毛绒状白色状霜霉。病叶焦枯、脱落。枝蔓幼嫩组织上出现白色霜霉状物，病部凹陷，病梢枯死。幼果上布满白色霜霉状物，病果停止发育，褐色干枯脱落。

3）发生规律

真菌性病害，病菌在病枝、病落叶或土壤中越冬。春季花序出现时开始发病，夏末秋初为病害高发期。多雨、多露、多雾的高湿天气，发病严重。

4）传播途径

病原菌借风雨、灌溉水喷溅传播，自气孔侵染危害。

5）综合防治

（1）晚秋清除残枝、落叶。喷洒58％瑞毒霉・锰锌可湿性粉剂500倍液清园。

1 叶背初期症状

2 沿脉白色霜霉状物

（2）葡萄上架后，喷洒5波美度石硫合剂，消灭越冬菌，兼治白粉病等。

（3）开花前3～5天、落花70％～80％、果粒长至黄豆粒大时，交替喷洒25％嘧菌酯悬浮剂1200倍液，或50％克菌丹可湿性粉剂300～500倍液，预防该病发生。发病初期，交替喷洒64％杀毒矾可湿性粉剂600倍液，或40％霉疫净可湿性粉剂300倍液。及时剪去病叶、病果穗，集中深埋。雨后及时排水，松土散湿。

3 后期出现灰白色霉斑

4 叶面后期症状

287 葡萄黑腐病

黑腐病是多种葡萄的主要病害之一。

1）发病诱因

环境郁闭，枝蔓和叶片过密，通透性差；雨后排水不及时、环境潮湿等，易发病。病虫害防治不及时，病果、病残体清理不彻底的老株及果园，发病严重。

2）表现症状

主要危害果粒，也侵染叶片或嫩枝蔓。果面初为褐色至紫褐色斑点，扩展成褐色、黑褐色、近圆形病斑，病部果肉组织腐烂，表面凹陷、皱缩，其上散布黑色粒点。很快整个果粒腐烂，失水干缩成有棱角、坚硬的黑色僵果，不易脱落。

3）发生规律

真菌性病害，病菌在挂树僵果、落地病残果、病枝蔓上，或土壤中越冬。果粒膨大后期至采摘期，多雨、持续阴雨的高温高湿天气，有利于该病快速侵染蔓延。

4）传播途径

病原菌借风雨、灌溉水飞溅、昆虫、病健果接触传播，从皮孔、伤口侵染危害。

5）综合防治

（1）结合秋末修剪，彻底清除挂枝僵果、落叶、落地残果，集中深埋。

（2）发芽前，喷洒 3 ~ 5 波美度石硫合剂，或 45% 晶体石硫合剂 30 倍液。

（3）果实适时套袋。注意防治斑衣蜡蝉、斑叶蝉等刺吸式害虫。生长期及时抹芽、摘心、剪梢，提高通透性。雨后及时排水，松土散湿，降低田间湿度。

（4）开花前、落花后和果实膨大期，交替喷洒 25% 嘧菌酯悬浮剂 2000 倍液，或 10% 苯醚甲环唑水分散粒剂 2000 ~ 3000 倍液，或 80% 代森锰锌可湿性粉剂 600 倍液。果实生长中后期，10 ~ 15 天喷洒 1 次，至采摘前 15 天停止喷药。

（5）及时剪去病叶、病果粒、病果粒较多的果穗，捡拾落地病残果，集中深埋。

1 果面病斑初期症状　　　　　　　　2 果穗被害状　　　3 病果粒干缩成黑色僵果

288　葡萄酸腐病

酸腐病是葡萄的主要病害之一。

1）发病诱因

环境郁闭，通风透光性差；短期内土壤水分变化过大，套袋时袋口绑扎不严，易发病。清园不彻底，发病后防治不及时，遭受雹灾、虫害、鸟伤等，该病发生严重。

2）表现症状

发生在果粒上。果面初为褐色或红褐色斑点，扩展后病部软腐，果皮开裂。从缝隙流出黏稠汁液，散发醋酸味。待汁液流尽，果粒空瘪，仅残留一层果皮和种子。果实汁液引诱果蝇吸食、产卵危害，在果实上可见白色果蝇虫蛆。

1 果皮开裂

3）发生规律

该病由生理性、真菌性和细菌性病原菌混合侵染发生，病菌在挂树僵果果穗、落地病残果上，或随病组织在土壤中越冬。7月中旬果实快速膨大期开始发病，可重复侵染，近着色期至采摘前为发病高峰期。高温季节多雨、雨量大，该病发生严重。

4）传播途径

病原菌借风雨、灌溉水飞溅、昆虫、病健果接触等传播，从皮孔、伤口侵染。

5）综合防治

（1）结合秋末修剪，彻底清除棚架上僵果果穗、落地病残果和落叶。

（2）避免土壤水分剧烈变化，干旱时适时补水，雨后及时排水。后期适当控水，防止裂果发生。注意防治白星花金龟、烟蓟马、绿盲蝽、醋蝇等，减少伤口发生。

（3）果实适时套袋。发病初期，剪去病果粒或果穗，集中深埋。用4%春雷霉素可湿性粉剂400～600倍液，或400倍波尔多液与杀虫剂混配，冲刷病果穗，10～15天喷洒1次，采摘前10天停止喷药。

2 果实腐烂　　　　　　　　　　　　3 仅残留果皮　　　　　　　　　　　4 果穗被害状

289 葡萄日灼病

日灼病在多种葡萄上多有零星发生。

1）发病诱因

生理性病害。枝叶修剪过重，新梢摘心过早，枝蔓、叶片稀疏，导致果穗裸露；温室无遮光设施，或遮光不及时，导致高温时阳光暴晒，或阴雨天后突然转晴，造成温差和光照强度变化过大，使幼果果皮遭受灼伤；大气干旱时，土壤水分供应不足；肥力不足、结穗过多、生长势弱等，该病均可发生。

2）表现症状

发生在阳面的果穗轴、果柄和果粒上。个别果实、果柄、穗轴局部先发病，逐渐向周边扩展。果面初为浅褐色斑点，扩展成红褐色、圆形、椭圆形

1 果粒初期症状

病斑，病部紫褐色坏死，皱缩凹陷。很快扩展至整个果实，病果干缩成紫褐色坚硬僵果。

果柄、小穗轴上出现紫褐色病斑，病部坏死枯萎，果穗上果粒干缩成僵果。

3）综合防治

（1）严格控制果穗量，适时疏花疏果、摘心。保持一定的叶幕层，果穗附近适当留叶，避免果穗充分裸露。

（2）温室适时架设遮阳网，降低阳光直射，减少对幼果造成伤害。

（3）果穗适时套袋，避免遭受强光照射，是防止日灼病发生的最有效措施。避开高温套袋，套袋前喷1遍杀菌剂，待药液干爽时套袋。

（4）高温干旱天气及时灌水，保证土壤水分供应，降低树体和环境温度。持续阴雨后突然转晴时，及时喷洒5%草木灰浸出液或新高脂膜，有效减少日灼病发生。

2 果粒、果柄、穗轴被害状

3 后期病状

4 穗轴被害状

290 葡萄轮纹病

轮纹病在多种葡萄上时有发生。

1）发病诱因

地势低洼，雨后排水不及时，田间湿气大；环境郁闭、留枝过低、叶面长时间持水等，易发病。管理粗放、清园不彻底、病害防治不及时等，发病较重。

2）表现症状

主要发生在叶片上。叶面散生黄色斑点，扩展成近圆形、半圆形赤褐色病斑，边缘有黄色晕圈，病斑渐转赤褐色，其上显现明显或不明显、深浅交替的同心细轮纹。病斑扩展融合，潮湿环境下，病斑上产生灰褐色霉层。

3）发生规律

真菌性病害，病菌在病枝蔓、病落叶上越冬。北方地区 6 月开始侵染，8～9 月为发病高峰期。多雨年份、夏秋多雨、雨量大、持续阴雨天气，该病发生严重。

4）传播途径

病原菌借风雨、灌溉水喷溅、昆虫等传播，自气孔侵染危害。

5）综合防治

（1）结合秋末修剪，彻底清除残枝、落叶，集中销毁。枝蔓喷洒 200 倍等量式波尔多液，铲除越冬菌源。

（2）初发病时，及时摘去病叶和贴近地面叶片。交替喷洒 160 倍等量式波尔多液，或 70％甲基托布津可湿性粉剂 1000 倍液，或 10％苯醚甲环唑水分散粒剂 2000 倍液，10～15 天喷洒 1 次，连续 3～4 次，重点喷洒下部叶片。

（3）雨后及时排涝散湿。避免阴天或无风傍晚灌水，减少夜间湿气滞留。

（4）注意防治斑叶蝉、斑衣蜡蝉、小叶蝉、蚜虫、绿盲蝽等刺吸害虫，减少病害传播蔓延。

1 叶面病斑

2 病斑干枯破裂

3 病斑上灰褐色霉层

291 葡萄褐斑病

褐斑病又叫葡萄斑点病、葡萄角斑病、葡萄叶斑病，是多种葡萄的常见病害。

1）发病诱因

地势低洼，雨后排水不及时，灌水过勤，环境郁闭、潮湿；水肥不足、结实过多、生长势较弱等，易发病；清园不彻底，加重该病发生。

2）表现症状

发生在叶片上，多从中下部叶片开始侵染，常见下列两种类型：

（1）大褐斑病。病斑直径大于 3mm，近圆形或多角形，中央褐色，边缘暗褐色或红褐色，外围有黄绿色晕圈。病斑干枯易破裂，病叶变黄提前脱落。

（2）小褐斑病。叶面散生数个或数十个黄绿色斑点，扩展成圆形、大小相近、直径小于 3mm 病斑。中央灰褐色，边缘暗褐色。有时叶背出现暗褐色霉层。

3）发生规律

真菌性病害，病菌在病枝蔓、病落叶上越冬。北方地区 6 月中旬开始侵染发病，7 月中旬至 9 月为病害高发期。高温多雨的湿热天气，有利于该病发生。

4）传播途径

病原菌借风雨、喷灌水、昆虫等传播，自气孔侵染危害。

5）综合防治

（1）结合下架修剪，清除残枝叶、残果，集中深埋。喷洒 5 波美度石硫合剂。

（2）发芽前，喷洒 200 倍等量式波尔多液。

（3）及时摘去病叶，扫净落叶，集中销毁。适时进行夏剪，及时清除杂草，保持良好的通透性。大雨过后及时排水，松土散湿。

（4）发病时，交替喷洒 200 倍等量式波尔多液，或 75% 百菌清可湿性粉剂 800 倍液，或 10% 苯醚甲环唑水分散粒剂 2000 倍液，10 天喷洒 1 次，连续3～4 次。

1 叶面病斑

2 病斑干枯破裂

3 叶片被害状

292 葡萄扇叶病

扇叶病又叫葡萄扇叶病毒病、传染性退化病，是葡萄最严重的病害之一。

1）表现症状

发生在幼叶、果穗上。病株果穗松散，果粒大小不一。叶片表现三种类型：

（1）镶脉型：新叶较小，叶基楔形，多呈窄扇形，无明显掌状裂。裂片锐长、平展。侧脉扭曲，向中间聚近，褪绿黄化，形成黄色条网状。

（2）扇叶型：病叶呈阔扇形，掌状裂不明显，叶缘锯齿增多，长短不一。侧脉黄化，交叉扭曲，成网状。有的掌状裂较深，叶缘锯齿集中在裂片顶端。

（3）花叶型：叶面散生不规则褪绿斑块，呈黄绿相间的斑驳状。发病严重时，花大量脱落，常造成生长势弱，甚至死亡。

2）发生规律

病毒性病害，系统性侵染危害。病毒在病株活体或随带毒线虫在土壤中越冬，一旦染病终生带毒。具潜隐特性，展叶至初夏症状表现明显，高温季节症状减弱或消失。

3）传播途径

病毒随带毒汁液，通过刺吸式昆虫、菟丝子、土壤中线虫、修剪工具、带毒接穗、砧木进行插条或嫁接繁殖等传播。随带菌苗木调运，异地传播。

4）综合防治

（1）不用病株植材进行嫁接、插条繁殖，不从疫区采购苗木。

（2）及时拔除病株，彻底清除病株残体，穴土及周边土壤消毒处理。注意防治蚜虫、斑叶蝉、烟蓟马、斑衣蜡蝉、土壤线虫等，彻底清除菟丝子，减少病毒传播蔓延。

1 叶片发病症状 1

2 叶片发病症状 2

3 叶片发病症状 3

4 病叶夏季表现症状

5 果穗扇型发病症状

293 葡萄黄化病

黄化病又叫黄叶病、缺铁症，是葡萄的一种常见病害。

1）发病诱因

铁是影响植物叶绿素形成的重要元素，在碱性土壤中，铁离子不能被植物直接吸收利用，而在养护中又未能及时补充铁元素；土壤黏重、板结，过于干旱或过湿，导致根系吸收能力减弱，造成植物体内铁元素缺失。土壤贫瘠、幼株或老龄株留穗过多等，也会引起黄化病发生。

2）表现症状

生理性病害，多发生在嫩梢和幼叶上。幼叶局部叶脉间褪绿变黄，叶肉组织沿叶脉两侧向外延伸，褪绿黄化，但各级叶脉仍保持绿色，叶面呈黄绿相间的网状。随着病情加重，黄化

1 发病初期症状

部分不断扩展，叶肉组织全部成淡黄色，后转为黄白色至乳白色。后期叶片边缘或先端，出现褐色坏死斑，病叶焦枯早落。

重病株花穗黄化，花蕾易脱落。新梢长势弱，生长量小，结实量少。

3）综合防治

（1）穴土中掺拌山皮砂，改善黏重土壤通气性。增施腐熟有机肥，促进土壤中铁元素向可溶态转化，有利于根系吸收利用。

（2）叶片喷洒0.2%～0.3%硫酸亚铁＋0.3%尿素液，7天喷1次，至恢复绿色为止。重病株树穴浇灌2%～3%硫酸亚铁发酵液，或撒施硫酸亚铁，施肥后及时灌透水。

（3）控制结穗数量，保持合理的叶果比例，以一枝留一穗果为宜，尽量少留二次果。幼龄株、生长势较弱株，适当减少留果量。

2 叶脉间叶肉组织黄化

3 后期叶缘干枯

4 危害状

294 葡萄花叶病

花叶病是多种葡萄的主要病害之一。

1）发病诱因

土壤干旱，肥力不足，生长势弱；园内与黄瓜、番茄等蔬菜混植，易发病。病虫害防治不及时、病株清理不到位等，发病严重。

2）表现症状

发生在幼叶上，表现为或轻或重的花叶型变色。局部初为淡黄色褪绿斑点，扩展成大小不一、多角形或不规则状黄绿色、黄色斑块。叶片呈绿、黄绿、鲜黄色相间的斑驳状，数年后扩展至全株。重病株花序少，着花稀疏，果粒小，花、果粒易脱落。

3）发生规律

病毒性病害，病毒存活在病株活体内、随病株在土壤中越冬。染病株终生受害。生长期内均可发病。具潜隐特性，季节性显症明显，春秋季节表现明显花叶症状。高温时病症逐渐减退，呈隐蔽状态。

4）传播途径

用病株种子、植材进行繁殖，修剪工具携带病毒汁液交叉使用，病健枝叶摩擦等传播危害。携带病毒汁液的昆虫，是重要的传播媒介，随迁飞移动，向周边健株扩散。

5）综合防治

（1）选用脱毒种苗，用健株植材进行嫁接、扦插繁殖，不采购、不栽植病株。病株修剪后，工具经酒精消毒处理后，方可使用。

（2）发病初期，喷洒 1.5% 植病灵乳剂 1000倍液，或 8% 宁南霉素水剂 800～1000 倍液，或20% 病毒宁水溶性粉剂 500 倍液，10 天喷洒 1 次，连续 3 次。

（3）重点防治蚜虫、白粉虱、蓟马、叶螨、斑叶蝉、斑衣蜡蝉、绿盲蝽、土壤线虫等。发生严重时，周边植物要同时喷药，消灭外迁害虫，提高防治效果。

1 叶片呈黄绿斑驳状

2 叶面黄色斑块状

3 叶片被害状

295 猕猴桃枝干溃疡病

溃疡病是猕猴桃的主要病害之一。

1）发病诱因

猕猴桃根系肉质，适排水良好湿润土壤，既怕干旱，又怕水涝。地势低洼、土壤黏重、灌水过勤、雨后排水不及时、土壤过湿、栽植过深等，易发病。遭受日灼、雹灾、冻害、涝害，不适宜的修剪时期，造成伤口和伤流，该病发生严重。

2）表现症状

主要危害主蔓、侧枝及分叉处，也侵染叶片、花蕾。枝蔓初为棕褐色斑，后皮层软腐，开裂。潮湿天气病部出现红褐色黏质菌液，病部失水后下陷，木质部腐烂，形成溃疡斑。待环绕茎蔓一周时，病部以上枝条枯死。该病常造成枝枯、叶枯、花枯。

3）发生规律

细菌性病害，病菌在病枝蔓上越冬。抽生新梢时开始侵染，具潜伏性，5 月气温升高时症状减轻，9 ~ 10 月又出现一侵染高峰期。发病轻时伤口可以自愈，具备发病条件时，可再次复发。初春和秋季多雨、多雾、雾霾天气，幼嫩组织发病较重。

4）传播途径

病原菌借风雨、修剪工具等传播，自皮孔、叶柄、果柄痕、伤口等处侵染危害。

5）综合防治

（1）冬季及早春不宜剪枝，以免造成伤流，影响伤口愈合。秋季采果后剪去病枯枝、无用枝，扫净落叶，集中深埋。喷洒 5% 菌毒清水剂 300 倍液，或 20% 噻霉铜 600 ~ 800 倍液，或 3% 中生菌素可湿性粉剂 600 ~ 800 倍液，10 天喷洒 1 次，连续 2 ~ 3 次。

（2）早春用利刀刮除病斑，伤口反复涂抹溃腐灵原液，或 5% 菌毒清水剂 50 倍液，或 20% 噻菌铜悬浮剂 20 倍液，10 天涂抹 1 次，连续 3 ~ 4 次。用溃腐灵 300 倍液，或青立枯 200 ~ 300 倍液 + 沃丰素 600 倍液灌根。

1 病皮、黏质菌液及溃疡斑

2 病枝枯死

3 病部新梢被害状

296　猕猴桃花腐病

花腐病是猕猴桃的主要病害之一。

1）发病诱因

地势低洼、环境郁闭、架面叶幕层厚、通风透光性差、田间湿度大等，易发病。花蕾、花持水时间长，疏蕾造成伤口，遭受雹灾，伤口未处理等，发病较重。

2）表现症状

主要发生在花蕾和花上，也危害幼果。感病花蕾不能膨大，褐色软腐，枯萎脱落。花萼、花梗、花瓣呈黄褐色腐烂，柱头、雄蕊黑褐色软腐。病花失水干缩成僵花，暂时不脱落。发病较轻的花虽能开放，但幼果发育受阻，多为小果或畸形果，易早落。该病常造成大量落花、落果，影响果实产量。

1 病花蕾干枯

3）发生规律

细菌性病害，病菌在冬芽内、落地病残果上越冬。展叶后即可侵染，显蕾至花期为病害高发期，蕾期、花期低温多阴雨，多露、多雾，病害发生严重。

4）传播途径

病原菌借风雨、昆虫、人工授粉传播，由气孔、柱头、花丝侵染危害。

5）综合防治

（1）落叶后彻底清除落叶、落地病残果，集中销毁。

（2）采果后至小雪前，喷洒5波美度石硫合剂，或100倍等量式波尔多液，进行全园消毒。

（3）花蕾膨大期，新梢捏尖及疏蕾后，地面与叶片同时喷洒2%春雷霉素可湿性粉剂400～600倍液，或20%叶枯唑可湿性粉剂800～1000倍液，或2%中生霉素可湿性粉剂600～800倍液，10～15天喷洒1次，连续2～3次，控制病害发生。

（4）摘去病花、病果，集中深埋。雨后及时排水，锄草松土，降低果园湿度。

2 花瓣被侵染状

3 病株被害状

297 猕猴桃日灼病

猕猴桃日灼病又叫日烧病，是猕猴桃的一种常见病害。

1）发病诱因

修剪过重、枝叶稀疏、病虫危害造成大量落叶等，使果实充分裸露，在持续高温强光照射下，或阴雨后突然晴天暴晒，对幼果果面造成灼伤。土壤保水性差，高温天气土壤过于干旱、肥力不足、结实过多等，该病发生严重。

2）表现症状

发生在向阳面叶片和果实上。先由嫩梢上幼叶发病，逐渐向老叶蔓延，受害叶缘焦枯，向叶面卷缩，病叶提前脱落。

果面初现红褐色斑点，扩展成近圆形或椭圆形棕褐色大斑，病部停止发育，呈水平状凹陷，果毛向一侧倒伏。后期病部皮层硬化，形成坏死斑，果肉组织逐渐木栓化。

3）发生规律

生理性病害。干旱年份，多于6月下旬开始发病，7～8月少雨的干燥天气，强光暴晒，果实受害严重。

4）综合防治

（1）高温干旱天气，每隔2～3天喷水1次，有效降低环境温度，保持土壤湿度适宜。雨后及时排水，松土散湿、保墒。

（2）秋季和夏季修剪时，合理留枝。坐果后适当疏果，以叶果比6：1～7：1为宜。果实上方适当留叶，避免强光照射。

（3）果实适时套袋，不套袋的避开高温时段，喷洒0.2～0.3%磷酸二氢钾，或果友氨基酸400倍液叶面肥，预防该病发生。10天喷洒1次，连续2～3次，可起到很好的防护作用。

1 叶片被害状

2 果面病斑凹陷

3 病部果毛向一侧倒伏

298 猕猴桃褐斑病

猕猴桃褐斑病又叫猕猴桃叶枯病，是猕猴桃的一种常见病害。

1）发病诱因

地势低洼，地下水位高，雨后排水不及时、不通畅；栽植过密，留枝过多，通风不良，环境郁闭、潮湿等，易发病。

2）表现症状

多发生在嫩叶上，也危害果实。初为暗绿色水渍状斑点，在叶脉间逐渐扩展成中央褐色、边缘深褐色、近圆形或不规则形病斑。潮湿环境下，病斑上产生黑色小点。病斑扩展融合成大的枯斑，病斑易破裂。病叶向内卷曲，干枯脱落。

果面初为淡褐色斑点，扩展成不规则褐色病斑，果肉腐烂，病果脱落。

3）发生规律

真菌性病害，病菌在病落叶、落地残果上越冬。抽生新梢开始侵染叶片，6月为侵染高峰期。生长期内可重复侵染，具潜伏特性，7～8月为发病高峰期。高温高湿条件下迅速传播蔓延，持续阴雨后，发病严重。

4）传播途径

病原菌借风雨传播，自气孔、伤口处侵染发病。

5）综合防治

（1）冬季结合修剪，进行彻底清园，将剪下枝蔓、落叶和病残果集中销毁。发病较重果园，全园喷洒溃腐灵60～100倍液＋有机硅，消灭越冬病菌。

（2）大雨过后及时排涝，松土散湿、保墒，降低环境湿度，减少病害发生。

（3）花后喷洒70%代森锰锌可湿性粉剂500倍液，或70%甲基托布津可湿性粉剂1000倍液，10～15天喷洒1次，连续2次，预防病害发生。

（4）发病初期，及时摘除病叶、病果，集中深埋。喷洒10%苯醚甲环唑水分散粒剂1500～2000倍液，或10%多抗霉素可湿性粉剂1000～1500倍液，兼治黑斑病、灰霉病等。

1 幼叶上病斑　　　　　　　　　　　　　　　2 后期病斑焦枯

299　猕猴桃黑斑病

黑斑病又叫黑疤病，是猕猴桃的主要病害之一。

1）发病诱因

环境郁闭，栽植过密，通风透光性差；雨后排水不及时、环境潮湿，易发病。

2）表现症状

发生在叶片、枝蔓和果实上。叶面初为黄绿色斑，逐渐扩展成近圆形、不规则形暗褐色至黑色病斑，中央由褐色渐转灰褐色坏死，后期叶背病斑现暗灰色或黑色绒霉，病叶提前脱落。

枝蔓上初为黄褐色水渍状，扩展后病斑略凹陷，皮层纵向开裂，出现黑色粒点。

果面初为灰色霉点，发展成近圆形、黑色或黑褐色病斑，皮下果肉组织呈锥形坏死，病部凹陷，形成黑褐色硬疤，果实失去商品价值。

3）发生规律

真菌性病害，病菌在病枝蔓上，或随病落叶、病落果在土壤中越冬。华北地区5月中旬开始侵染叶片，坐果后侵染幼果，至采果止，6～7月、8～9月分别为叶、果发病高峰期。多雨年份、高温季节多雨、持续阴雨，病害发生严重。

4）传播途径

病原菌借风雨传播，自气孔、皮孔侵染。随带菌苗木调运，异地传播。

5）综合防治

（1）结合修剪进行彻底清园，剪去病枝，清除落叶、落地果，集中销毁。

（2）发芽前，喷洒3～5波美度石硫合剂，消灭越冬菌源。

（3）花芽膨大至套袋前，交替喷洒70%甲基托布津可湿性粉剂1000倍液，或10%苯醚甲环唑水分散粒剂1500～2000倍液，15天喷洒1次。

（4）及时剪去病枝、病叶、病果，集中销毁。果实适时套袋。雨后及时排涝。

1 幼叶叶面病斑

2 老叶上病斑

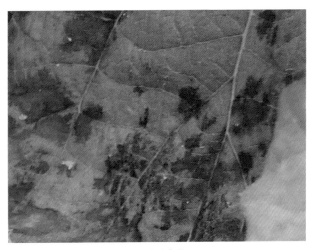

3 叶片被害状

300 剑麻轴腐病

轴腐病又称心腐病，是剑麻、丝兰的毁灭性病害。

1）发病诱因

剑麻、丝兰耐干旱、瘠薄，怕涝。土壤黏重、地势低洼、雨后排水不及时，导致土壤和环境过湿、叶基滞水等，易发病。苗木遭受冻害、虫害、机械损伤，该病发生严重。

2）表现症状

发生在叶轴及叶片上，多从个别叶基开始发病，向叶轴和心叶侵染扩展。初为黄褐色不规则病斑，后呈黑褐色腐烂，伴有恶臭，叶轴干枯倒状，脱离母体。

3）发生规律

真菌性病害，病菌在病株残体上越冬。北方地区 6 月开始发病，7 ~ 8 月为病害高发期。多雨年份、高温季节多雨、持续阴雨，病斑扩展迅速，发病严重。

4）传播途径

病原菌借风雨、灌溉水飞溅、露水、修剪工具等传播，从气孔、伤口侵染发病。

5）综合防治

（1）对生长拥挤的多年株丛，适当进行间伐，保持株间良好的通透性。

（2）及时割去病叶、病茎，彻底清除重病株，集中销毁。交替喷洒 30% 恶霉灵水剂 1200 ~ 1500 倍液，或 50% 苯菌灵可湿性粉剂 1500 倍液。同时用 30% 恶霉灵水剂 800 ~ 1000 倍液灌根。雨后及时排水，松土散湿。

1 初期叶基病斑

2 叶基腐烂状

3 茎轴上病斑

4 心叶黑色腐烂

5 后期症状

301　剑麻炭疽病

炭疽病是剑麻、丝兰的主要病害之一。

1）发病诱因

栽植过密，株丛拥挤，通风不良；土壤黏重、地势低洼、雨后排水不及时、环境潮湿等，易发病。苗木遭受冻害，病株、病叶清理不及时等，该病发生严重。

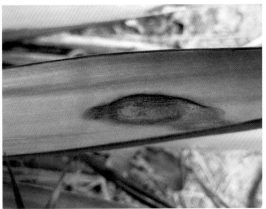

1 叶面病斑

2 病斑中期症状

2）表现症状

多发生在下部老叶上。叶面初为暗褐色斑点，扩展成圆形、椭圆形病斑，相邻病斑融合成不规则形大斑，黑褐色坏死，失水干缩微凹陷。后期病斑上出现黑色粒状物，多排列成轮纹状。发病严重时，叶片上布满病斑，病叶萎蔫下垂，皱缩干枯。

3）发生规律

真菌性病害，病菌在叶片病部组织内越冬。6月开始侵染，生长期内可多次侵染。高温季节多雨、雨量大、持续阴雨、叶面持水时间长，发病严重。

4）传播途径

病原菌借风雨、灌溉水飞溅、露水、昆虫传播，自气孔、伤口侵染危害。

5）综合防治

（1）发病初期，交替喷洒100倍等量式波尔多液，或80%炭疽福美可湿性粉剂600倍液，或70%代森锰锌可湿性粉剂400倍液，7～10天喷洒1次，连续2～3次。

（2）及时剪去病枯叶、重病叶，伐除重病株，集中销毁，彻底清除侵染源。

（3）严禁阴天或无风傍晚叶面喷水，大雨过后及时排水，松土散湿、保墒。

3 病斑上出现黑色粒状物

4 病株被害状

302 剑麻叶斑病

叶斑病是剑麻、丝兰的一种常见病害。

1）发病诱因

管理粗放、土壤长期干旱、刺吸害虫危害等，易发病。土壤黏重，环境潮湿，叶面持水、持露，有利于该病侵染蔓延。病害防治不及时、病叶清理不彻底等，该病发生严重。

2）表现症状

发生在叶片上，多从中下部叶片开始发病。病斑小，多而密集为该病特点。叶面初为散生黑褐色斑点，扩展为半圆形、圆形、椭圆形病斑，病健组织界限清晰，边缘色暗，外缘具淡黄色晕圈。发病严重时，相邻病斑扩展融合形成不规则形大斑。病部叶肉组织褐色腐烂，失水干枯，中央表皮破裂。潮湿环境下，病斑上散生黑色小点。

3）发生规律

真菌性病害，病菌在叶片病斑上越冬。发芽后，老叶上病斑复发，继续向外扩展，遇雨、遇水开始初侵染，形成新病斑。生长期内可重复侵染，常年发病。高温季节多雨、雨量大、持续阴雨的高湿环境，该病发生严重。

4）传播途径

病原菌借风雨、喷灌水飞溅、露水、昆虫等传播，从气孔、伤口侵染危害。随带菌木调运，远距离传播。

5）综合防治

（1）早春病株叶面喷洒3波美度石硫合剂，消灭越冬菌源。

（2）尽量减少叶面喷水，保持叶面适当干爽。雨后及时排涝散湿。

（3）发病初期，交替喷洒100倍等量式波尔多液，或70%代森锰锌可湿性粉剂400倍液，或50%多菌灵可湿性粉剂500～800倍液。

（4）及时剪去重病叶，集中销毁。

1 叶面密布病斑

2 叶面被害状

303　剑麻黑斑病

黑斑病是剑麻、丝兰的主要病害之一。

1）发病诱因

栽植过密，株丛拥挤，通风不良；土壤黏重、透水性差、雨后排水不及时、环境阴湿等，易发该病。管理粗放、病害防治不及时、病叶不清理，发病严重。

2）表现症状

多发生在中下部叶片上。叶面初为散生漆黑色斑点，扩展成圆形

1 叶面初发病状

2 发病中期症状

3 叶片被害状

或近圆形漆黑色病斑，病健组织界限清晰。后期病斑干枯、坏死，病斑上散布黑色霉斑。

3）发生规律

真菌性病害，病菌在病叶上越冬。北方地区多于 6 月中旬开始侵染发病，7～9 月为该病高发期。多雨年份，高温季节多大雨，持续阴雨天气，叶面持水、持露时间长，有利于侵染发病。少雨季节病情发展缓慢。

4）传播途径

病原菌借风雨、露水传播，从气孔侵染危害。随带菌木调运，异地传播。

5）综合防治

（1）冬季结合清园，砍伐枯死株、下部叶片严重秃裸，及生长势弱的老株。

（2）雨后及时排水，松土散湿。避免在无风傍晚喷灌水，防止夜间湿气滞留。

（3）割去病斑较多叶片，集中销毁。交替喷洒 75％百菌清可湿性粉剂 600～800 倍液，或 100 倍等量式波尔多液，或 50％多菌灵可湿性粉剂 600 倍液，或 65％代森锌可湿性粉剂 600～800 倍液，10 天喷洒 1 次，连续 3～4 次。

4 后期症状

5 病叶枯死

304 剑麻叶软腐病

叶软腐病是剑麻、丝兰的主要病害之一。

1）发病诱因

土壤黏重、板结，透气性差，地势低洼，雨后排水不及时，造成土壤过湿等，易发病。株丛拥挤、通风不良、环境潮湿、叶片持水时间长等，发病严重。

2）表现症状

发生在叶片上，新叶、老叶均可侵染发病。多从叶缘开始侵染，初为暗绿色至暗灰色水渍状斑点，在适宜的环境条件下，很快纵向扩展成不规则大形斑块，并向叶基蔓延。病健组织边界清晰，病部很快呈水浸状软腐，有恶臭味，后期病部呈浅褐色干枯。该病扩展迅速，短期内可造成整个叶片及相邻叶片，甚至全株叶片腐烂，干枯下垂，失去观赏价值。

3）发生规律

细菌性病害，病菌在叶片病斑内越冬。5月开始侵染，生长期内可重复侵染，7～8月为该病高发期。春季多雨、多雾的冷湿天气，及夏季多雨、阴雨连绵的高温高湿天气，有利于病害传播侵染，该病发生严重。

4）传播途径

病原菌借风雨、露水、昆虫、病健叶片接触等传播，从气孔、伤口侵染发病。

5）综合防治

（1）尽量避免栽植在空间狭小、通风透光性差的郁闭环境里，合理控制栽植密度。对生长拥挤的多年生株丛进行间伐，保持良好的通透性。

（2）及时修剪病叶、枯叶，拔除重病株、病死株，集中销毁，消灭侵染源。交替喷洒72%农用硫酸链霉素可溶性粉剂800倍液，或14%络氨铜水剂200～400倍液，或90%新植霉素可溶性粉剂3000倍液，10天喷洒1次。

（3）注意防治蚜虫、切叶象甲等媒介害虫，减少伤口侵染。

1 病部软腐状

2 叶片被害状

305 竹丛枝病

竹丛枝病又叫竹扫帚病、雀巢病，是早园竹、刚竹、淡竹等竹类的常见病害。

1）发病诱因

环境郁闭，竹丛过密，通透性差；土壤过湿或过旱、肥力不足、生长势衰弱等，易发病。老株多年未更新，病株清除不及时，蚜虫、蚧虫危害等，发病严重。

2）表现症状

发生在小枝先端。个别枝条发芽后不断抽生出多节、细弱、无明显主侧之分的小枝。小枝上的芽不断萌发，枝条密集簇生，酷似扫帚或鸟巢状。病枝节间短，叶小而窄，病芽、病枝逐渐干枯，但不脱落。数年后，常造成竹林成片枯亡。

3）发生规律

类菌质体病害，病原体存活在枝叶鞘活体内越冬。春季抽生新梢时开始发病，当年可发出丛生枝，生长期内可重复侵染，5～7月为侵染高峰期。

1 病枝发病状

4）传播途径

病菌借风雨、昆虫、病健枝叶摩擦等传播，从芽、伤口等处侵染危害。随带菌苗木调运，远距离传播。

5）综合防治

（1）加强苗木检疫，不从病竹林挖取竹苗，不栽植病苗。

（2）早春喷洒1～2波美度石硫合剂，侵染期喷洒100倍等量式波尔多液。

（3）将病株连同竹兜、老鞭彻底刨除，集中销毁。逐年对6年生以上老龄株、细弱幼竹、过密竹进行间阀或间移，保持竹林通风透光。

（4）注意防治蚜虫、蚧虫等，消灭传播媒介。

2 病芽枯死

3 病枝丛生成团状

306 竹黑斑病

黑斑病在早园竹、刚竹、金镶玉竹等竹类植物上时有发生。

1）发病诱因

多年未进行间阀的竹林，大雨后排水不及时，环境郁闭、潮湿；移植苗兜坨太小、栽植后灌水不到位等，易发病。病株、死株清理不及时，该病发生严重。

2）表现症状

主要发生在茎秆上，也侵染侧枝基部。初为大小不一、黑褐色斑点，扩展为长椭圆形黑褐色病斑，边缘有浅褐色晕环，病斑扩展融合成不规则形大斑。发病严重时，茎秆、侧枝上布满病斑，叶片萎蔫，茎秆、侧枝萎黄干枯，失去观赏价值。

3）发生规律

真菌性病害，病菌在病株病斑内越冬。春季萌芽时开始侵染，形成新病斑，旧病斑继续向外扩展。7～8月为发病高峰期。高温高湿环境，该病发生严重。

4）传播途径

病原菌借风雨、灌溉水传播，从皮孔侵染危害。随带菌苗木调运，异地传播。

5）综合防治

（1）加强苗木检疫，不栽植带病母竹。

（2）起掘土坨不可过小，栽植后及时浇灌三遍水。大风天或高温季节，新植竹苗注意喷水保湿，有利于缓苗。

（3）连同竹兜、老鞭，彻底清除重病竹、老竹，消灭侵染源，保持竹林通透。

（4）土壤干旱时适时灌透水，大雨过后及时排水散湿。

（5）发病初期，交替喷洒120倍等量式波尔多液，或75%百菌清可湿性粉剂600倍液，或65%福美锌可湿性粉剂400倍液，或50%扑海因可湿性粉剂1000倍液，10天喷洒1次，连续3～4次。

1 茎秆上黑色大斑

2 茎秆被害状

3 茎秆变黄

307 竹炭疽病

炭疽病是早园竹、金镶玉竹、刚竹、淡竹等竹类植物的常见病害。

1）发病诱因

土壤黏重、栽植过密、灌水过勤、环境郁闭、湿气滞留等，易发病。管理粗放、肥力不足、土壤过于干旱、长势衰弱，该病发生严重。

2）表现症状

多发生在叶片上，也侵染茎秆。叶面初为褐色斑点，扩展成近圆形至不规则形病斑，边缘深褐色，中央转淡褐色，周边有黄色晕圈。

茎秆上散生黑色斑点，扩展成不规则形大斑，外缘黑褐色，中央逐渐转灰褐色，潮湿环境下，病斑上出现灰黑色小粒点。

3）发生规律

真菌性病害，病菌在茎秆病斑内、病叶上越冬。生长期内均可侵染发病，早春老病斑继续复发扩展。高温季节多雨、持续阴雨、雨量大的高湿环境，发病严重。

4）传播途径

病原菌借风雨、昆虫传播，自皮孔侵染危害。随带菌苗木调运，异地传播。

5）综合防治

（1）对多年生竹林进行疏伐，伐除病株、枯死株、老株，保持良好通透性。

（2）发病初期，交替喷洒 50% 炭疽福美可湿性粉剂 500 倍液，或 25% 炭特灵可湿性粉剂 500 倍液，或 50% 苯菌灵可湿性粉剂 1500 倍液，7～10 天喷洒 1 次。

（3）及时砍伐病株，扫净落叶，集中销毁。土壤干旱时及时补水，大雨后注意排水。竹笋发育期、拔节期、育笋期，分别增施磷钾肥，增强抗病能力。

（4）注意防治蚜虫、蚧虫等。

1 叶面病斑初期症状

2 病斑后期症状

3 茎秆危害状

308 芭蕉灰斑病

灰斑病是芭蕉的一种常见病害。

1）发病诱因

芭蕉喜疏松、排水良好土壤，怕涝。土壤黏重，透气性差，雨后排水不及时；土壤过于干旱或过湿、栽植过密、株丛拥挤、环境郁闭、通风不良等，易发病。

2）表现症状

发生在叶片上，多从下边叶片开始侵染。初为暗褐色斑点，发展成与叶脉平行的条斑，病健组织界限清晰，边缘黑褐色，周边有黄色晕圈。后扩展成长椭圆形、中央渐转灰白色的枯死大斑，易碎裂，其上疏生细黑点霉状物。

3）发生规律

真菌性病害，病菌随病残体在土壤中越冬。北方地区多于6月开始初侵染，生长期内可重复再侵染，7~8月为病害高发期。夏季多大雨、持续阴雨的高湿天气，该病发生严重。

4）传播途径

病原菌借风雨、露水传播，从气孔侵染危害，随带菌苗木调运，异地传播。

5）综合防治

（1）株丛枯萎后，彻底清除地上茎叶，集中销毁。

（2）芭蕉根状匍匐茎分生能力强，对栽植多年生老株进行分株更新。控制合理的栽植密度，保持株间一定的生长空间和良好的通透性。

（3）苗木出土前，地面喷洒0.6波美度石硫合剂，消灭土壤中越冬菌。

（4）干旱天气，注意喷水保湿，土壤适时补水。雨后及时排水，松土散湿。

（5）发病初期，喷洒75%百菌清可湿性粉剂800倍液，或80%大生M-45可湿性粉剂800倍液，或65%代森锌可湿性粉剂600倍液，10天喷洒1次。

1 叶面病斑　　　　　　　　　　　　　　　　　　　2 病斑后期症状

309 芍药细菌性花腐病

细菌性花腐病是芍药、牡丹、荷包牡丹的主要病害之一。

1）发病诱因

用病株进行分株繁殖的幼苗及已染病株，是病害再发生的主要原因。芍药喜通风良好之处，忌涝。土壤黏重、过湿；环境郁闭，栽植过密，通风不良，花持水、持露时间长等，易发病。病虫害防治不及时、清园不彻底等，发病严重。

2）表现症状

发生在花器上，花蕾初放时，花萼局部呈水渍状，逐渐向周边扩展成软腐状。染病轻者花蕾可开放，但部分花瓣及花蕊呈褐色腐烂。染病重者花蕾油渍状软腐。

花开放后，个别萼片、花瓣现褐色油渍状病斑。潮湿环境条件下，病斑迅速扩展，相邻花瓣相继发病，后期整个花器呈褐色湿腐状，脱落或失水干枯。

3）发生规律

细菌性病害，病菌在病残体上越冬。芽萌动时开始侵染，花蕾露红、露白时陆续发病，生长期内可重复再侵染。蕾期、花期多雨，多雾，持续阴雨，发病严重。

4）传播途径

病原菌借风雨、灌溉水飞溅、昆虫等传播，从气孔、伤口侵染危害。

5）综合防治

（1）严禁使用病株分株繁殖。彻底清除病残体，集中销毁。

（2）发芽前，地面喷洒 3～5 波美度石硫合剂，消灭越冬菌源。

（3）显蕾至花开放时，交替喷洒 160 倍半量式波尔多液，或 2% 春霉素可湿性粉剂 400 倍液，或 72% 农用链霉素可湿性粉剂 3000～4000 倍液。

（4）严禁叶片及花部喷水，尽量减少持水，保持干爽。雨后及时排涝。及时剪去病花、病花蕾，集中深埋。注意防治蚜虫等。

1 花蕾湿腐状

2 从基部侵染

3 花瓣湿腐状

310 芍药真菌性花腐病

真菌性花腐病是芍药、牡丹、荷包牡丹的主要病害之一。

1）发病诱因

已染病株是病害再发生的主要原因。栽植过密、环境郁闭、潮湿，花蕾、花、叶片持水、持露时间长，病虫危害，防治不及时，清园不彻底等，易发病。

2）表现症状

主要发生在花器上，也侵染茎和叶片。花瓣上初为褐色、圆形、椭圆形斑点，不断扩展，呈不规则、大型浅褐色病斑，很快扩展至整个花瓣。花瓣褐色枯萎、脱落，花蕊呈黑褐色坏死。潮湿环境下，出现灰色霉状物。

茎上病斑多为梭形，紫褐色，后褐色腐烂，病部易折损。

3）发生规律

真菌性病害，病菌随病残体在土壤中越冬。芽萌动时，病菌开始侵染，花蕾露红、露白时陆续发病，低温多雨、多露，花受害严重。6～7月多雨，茎叶发病严重。

4）传播途径

病原菌借风雨、灌溉水飞溅、昆虫，修剪工具等传播，从气孔、伤口侵染危害。

5）综合防治

（1）种苗、种子在800倍液广谱性杀菌剂中浸泡20分钟，清水冲洗后使用。

（2）显蕾至花开放时，喷洒50%苯菌灵可湿性粉剂1000倍液，或75%代森锰锌可湿性粉剂600倍液，或75%百菌清可湿性粉剂600倍液，预防该病发生。

（3）及时剪去病花和病花蕾，集中深埋。雨后及时排涝，锄地散湿。

1 花瓣上病斑及危害状

2 花瓣条状病斑

3 病花干缩

311 芍药根腐病

根腐病是芍药、牡丹、荷包牡丹的毁灭性病害。

1）发病诱因

芍药、牡丹为肉质根，喜燥恶湿，怕涝。地势低洼、土壤黏重、灌水过勤、雨后排水不及时，导致土壤过湿等，易发病。环境郁闭、光照不足、栽植过深、施用未腐熟有机肥；重茬连作、地下害虫危害病株残根清理不彻底等，发病严重。

2）表现症状

发生在根和根茎部。个别须根呈褐色水渍状，逐渐向侧根、主根和根茎部扩展，出现不规则黑褐色斑。根部黑褐色腐烂，皮层与髓部分离，失水后黑色干枯，潮湿时出现少量白色丝毛状物。地上茎褐色湿腐，萎蔫倒伏，常造成整株枯亡。

1 芍药地上部分表现症状

3）发生规律

土传真菌性病害，病菌在病株残体上和土壤中越冬。北方地区4月下旬开始侵染，6～8月为病害高发期。多雨季节、持续阴雨，病害发生严重。

4）传播途径

病原菌借雨水、灌溉水飞溅、地下害虫等传播，从伤口侵染。随带菌苗木异地传播。

5）综合防治

（1）土壤黏重地区，增施腐熟有机肥，改良土壤，提高透水透气性。

（2）雨后及时排水，锄草、松土散湿。注意防治蛴螬、根结线虫等地下害虫。

（3）及时清除烂根，用50%根腐灵600倍液，或30%恶霉灵水剂800倍液，或50%退菌特可湿性粉剂700倍液灌根，药液需渗透到根部，7天灌1次。

（4）彻底清除重病株、病死株，扫净残根，穴土用杀菌剂消毒。

2 牡丹地上茎发病状

3 部分须根及根茎部黑色腐烂

4 根系被害后期症状

312 大花萱草炭疽病

炭疽病是大花萱草、黄花萱草、金娃娃等萱草类植物的主要病害之一。

1）发病诱因

大花萱草喜光照充足、通风良好环境，适疏松、排水良好土壤。栽植过密，多年生株丛过于拥挤，通风不良；地势低洼、土壤黏重、灌水过勤、雨后排水不及时，导致土壤和环境长期处于潮湿状态等，均易发病。

2）表现症状

发生在叶片上，也侵染花茎。叶面初为圆形黄褐色斑点，四周有淡黄色晕圈。沿叶脉扩展成长圆形或梭形褐色病斑，中央逐渐变为灰白色。相邻病斑融合呈不规则状大型枯斑，病斑处叶片易折裂。发生严重时，病叶枯萎，花茎枯死。落地病叶斑上，常见黑色粒状物。

3）发生规律

真菌性病害，病菌随病残体在土壤中越冬。华北地区 5 月下旬开始发病，年内可重复侵染，6 月中下旬至 8 月为病害高发期。多雨年份、高温季节多雨、降雨量大的湿热环境，该病发生严重。

4）传播途径

病原菌借风雨和灌溉水喷溅等传播，从气孔侵染危害。

5）综合防治

（1）落叶后，彻底搂净地面枯萎茎叶，集中深埋。

（2）合理控制栽植密度，对生长空间拥挤的多年老株，早春进行分栽更新。

（3）发病初期，交替喷洒 50% 多锰锌可湿性粉剂 600 倍液，或 100 倍等量式波尔多液，或 65% 代森锌可湿性粉剂 600 倍液，兼治叶斑病、锈病等。

（4）及时清理病枯叶，清除重病株、病死株，集中销毁，减少侵染源。

（5）避免阴天或无风傍晚浇水，减少叶片持水。雨后及时排水，松土散湿。

1 病斑初期症状　　　　　　　　　　　　　　　　2 病斑中央转灰白色

313 大花萱草茎基腐病

茎基腐病又称心腐病，是大花萱草、金娃娃的毁灭性病害。

1）发病诱因

地势低洼，土壤黏重，渗透性差；栽植过密，多年生株丛过于拥挤，通风不良；雨后排水不及时、灌水过勤、无风傍晚喷灌，导致夜间湿气滞留、环境潮湿等，易发病。

2）表现症状

发生在茎基部，也侵染叶片和花轴。从茎基外围叶片或心叶开始侵染。初为褐色或黄褐色、不规则形水渍状病斑，逐渐扩展成褐色软腐，有腥臭味。病叶萎蔫下垂，感病花梗淡褐色枯亡。严重时，地上茎叶倒伏、枯萎，并向周边健株蔓延。

1 茎基部初发病状

3）发生规律

细菌性病害，病菌在病株残体上越冬。北方地区 6 月中下旬开始发病，生长期内可重复侵染，7 ~ 9 月为病害高发期。多雨年份、高温季节多大雨、持续阴雨的高湿环境、久雨后突然晴天，该病发生严重。

4）传播途径

病原菌借风雨、灌溉水喷溅传播，从气孔、伤口处侵染危害。随带菌苗木异地传播。

5）综合防治

（1）加强养护管理，生长拥挤的多年生株丛，适时进行分株更新。彻底刨除重病株，集中销毁。干旱时适时补水，雨后及时排水，松土散湿。

（2）及时剪去病茎、病叶，集中销毁。交替喷洒 90% 新植霉素可溶性粉剂 3000 倍液，或 14% 络氨铜水剂 300 倍液，7 ~ 10 天喷洒 1 次。同时用 25% 络氨铜水剂 300 倍液，或 2% 春雷霉素水剂 50 ~ 100 倍液灌根。

2 叶基腐烂

3 花茎腐烂

4 全株初发病状

314 鸢尾炭疽病

炭疽病是鸢尾、德国鸢尾、西班牙鸢尾、射干等花卉的常见病害。

1）发病诱因

环境郁闭，栽植过密，通透性差；雨后排水不及时、灌水过勤、土壤及环境潮湿等，易发病。管理粗放、病虫害防治不及时、清园不彻底，发病严重。

2）表现症状

主要发生在叶片上。多从叶先端或叶片边缘开始发病，叶面初为圆形褐色斑点，扩展成圆形或长圆形褐色病斑，边缘有黄色晕圈，中央逐渐转为灰白色，有时具不明显轮纹，病斑上产生多呈轮纹排列的黑色小点，叶片焦枯。

3）发生规律

真菌性病害，病菌在病株残体或土壤中越冬。5 月下旬开始侵染发病，生长期内可重复再侵染，7～9月为病害高发期。多雨年份有利于病害传播流行，高温季节多雨、雨量大的高湿环境下，发病严重。

4）传播途径

病原菌借风雨和水流喷溅传播，从气孔、伤口侵染危害。

5）综合防治

（1）茎叶枯萎后，拔除病死株彻底清除地面枯萎茎叶，集中销毁。

（2）控制栽植密度，春季对株丛拥挤的老株进行分株更新，改善通透性。

1 叶面病斑

2 病部枯萎

（3）及时清除病叶，交替喷洒 100 倍等量式波尔多液，或 25％炭特灵可湿性粉剂 500 倍液，或 70％代森锰锌可湿性粉剂 400 倍液，10 天喷洒 1 次。

（4）避免阴天或无风的傍晚灌水，防止夜间湿气滞留。

（5）栽植穴、地面应全面清理及消毒处理。

315 鸢尾花叶病

花叶病是鸢尾、澳大利亚鸢尾、以色列鸢尾、射干等花卉的常见病害。

1）发病诱因

土壤黏重、板结，栽植过密，株丛拥挤，通透性差等，易发病。管理粗放，土壤过于干旱，病虫害防治不及时，病株清理不及时、不彻底等，该病发生严重。

2）表现症状

发生在叶片上，由黄色或白色斑点逐渐发展成系统性花叶，常见类型有三种：

（1）环斑型：叶面呈现大小不一，近圆形、菱形、长条形或不规则形，外缘封闭或不完全封闭，浅黄色或黄色环斑，病斑中央仍为绿色，褪色斑上布满透明斑点。

1 白色环斑型病叶

（2）条斑型：沿叶脉两侧叶肉组织失绿，叶脉仍为绿色，成条纹状。

（3）花叶型：叶面为黄白色至鲜黄色斑块，扩展呈黄、绿相间的花叶状。

3）发生规律

全株病毒性病害，病毒在病株活体、带毒种子上越冬，终生危害。5月下旬开始陆续发病，生长季节可重复侵染，并逐年加重。蚜虫猖獗，该病成片发生。

4）传播途径

病毒通过汁液，经昆虫、修剪工具、病健叶接触摩擦、带毒种子播种，或用病株进行分株繁殖等传播，从伤口侵染危害。随带毒苗木调运，异地扩散。

5）综合防治

（1）初发病时，交替喷洒1.5%植病灵水乳剂800~1000倍液，或5%菌毒清水剂200倍液。同时用5%菌毒清水剂200倍液灌根。

（2）清除重病株，集中销毁。注意防治蚜虫、根结线虫等，消灭传播媒介。

（3）选无病株进行分株繁殖。

2 黄色环斑型病叶

3 黄斑花叶型病叶

4 条斑型病叶

5 叶片被害状

316 鸢尾细菌性软腐病

细菌性软腐病是鸢尾、德国鸢尾、巴西鸢尾、射干等花卉的毁灭性病害。

1）发病诱因

鸢尾喜疏松、排水良好土壤，忌土壤过湿或水涝。地势低洼，土壤黏重，雨后排水不通畅，环境潮湿；栽植过密、株丛拥挤、通风不良、栽植过深等，易发病。重茬繁殖，病株清理不及时、不彻底，根部损伤等，该病发生严重。

2）表现症状

由根或根茎处侵染发病，逐渐蔓延至叶片。根茎部初为水渍状斑点群，扩展、融合呈黑褐色水渍状软腐。叶基部黑褐色水渍状腐烂，失水浅褐色干枯。发病严重时，根茎呈黑褐色糊状腐烂，有恶臭，茎、叶倒伏，易拔起，全株枯亡。

3）发生规律

土传细菌性病害，病菌在病株残体上越冬，在土壤中可长年存活。6～9月为病害发生期，生长期内可重复侵染。高温、高湿环境下，病害发生严重。

4）传播途径

病原菌借风雨、灌溉水喷溅、昆虫和园林机具传播，从伤口侵染危害。

1 由根颈部发病

2 被害茎、叶水渍状软腐

5）综合防治

（1）避免多年重茬繁殖，发芽前地面喷洒120倍等量式波尔多液。

（2）注意防治金针虫、蚀夜蛾等。雨后及时排水，防止土壤和环境过湿。

（3）初发病时，清除病叶，喷洒72%农用链霉素3500～6000倍液，或2%春雷霉素水剂400～600倍液。用72%农用链霉素1000倍液，或2%春雷霉素水剂60倍液，或30%恶霉灵水剂1000倍液灌根。

（4）彻底清除重病株残体，集中销毁。土壤用农用链霉素或春雷霉素消毒。

3 茎叶腐烂倒伏

4 根茎部腐烂状

317 马蔺锈病

锈病是马蔺的一种常见病害。

1）发病诱因

马蔺耐干旱，喜阳光充足、通风环境。环境郁闭、潮湿，栽植过密，株丛拥挤，通风不良；多露、叶面持水时间长等，易发病。

2）表现症状

主要发生在叶片上。叶两面散生黄褐色斑点，后病斑表皮略凸起，逐渐显露黄褐色锈孢子堆，表皮破裂后散出锈色粉状物（夏孢子）。发病严重时，叶两面布满粉状物，病叶撕裂，很快枯萎，株丛成片枯亡。

3）发生规律

真菌性病害，病菌以冬孢子在病落叶及病残组织上越冬。北方地区6月开始初侵染，夏孢子堆散出的夏孢子可重复再侵染。夏、秋季节为病害高发期，多雨、持续阴雨、昼夜温差大、多露等湿热环境，病害发生严重。

4）传播途径

病原菌借风雨、露水、灌溉水喷溅、修剪机具、人类触动等传播。

5）综合防治

（1）冬季彻底清除地上枯萎茎叶，集中销毁。病区喷洒3～5波美度石硫合剂。

（2）合理密植，过于拥挤的株丛进行分株或移植，保持良好的通风环境。

（3）严禁阴天和无风傍晚喷灌水，雨后及时排水散湿，降低田间湿度。

（4）及时剪去病叶，清除重病株。交替喷洒100倍等量式波尔多液，或15％粉锈宁可湿性粉剂1000～1500倍液，或70％代森锰锌可湿性粉剂400倍液。

1 发病初期症状

2 叶面黄褐色锈孢子堆

3 全株发病状

318 马蔺黑斑病

黑斑病在马蔺、黑麦草上时有发生。

1）发病诱因

土壤黏重、板结，株丛拥挤，通风不良，环境郁闭、潮湿，生长势弱等，易发病。管理粗放、冬季清园不彻底，该病发生严重。

2）表现症状

多发生在个别叶片中上部，逐渐向叶基部和全株蔓延。初为散生黑色斑点，扩展成大小不一、圆形或椭圆形病斑，中央转浅褐色至灰色。病叶萎黄干枯，严重时整株枯亡。

3）发生规律

真菌性病害，病菌在病芽、病叶上越冬。北方地区 7 ~ 9 月为病害高发期，可重复侵染。多雨年份，夏、秋季节降水量大，持续阴雨天气，病害发生严重。

4）传播途径

病原菌借风雨、露水和灌溉水传播，从气孔侵染。随带菌苗木调运，异地传播。

5）综合防治

（1）茎叶枯萎后，剪去地上部分，彻底搂净，集中销毁，消灭越冬菌源。

（2）早春对过于拥挤的株丛进行分株或移植，不得用病株进行分株繁殖。

（3）发病初期，及时剪去病叶，集中销毁。

（4）发病严重时，彻底清除重病株、病死株，交替喷洒 120 倍等量式波尔多液，或 75%百菌清可湿性粉剂 800 倍液，或 70%代森锰锌可湿性粉剂 400 倍液，或 70%甲基托布津可湿性粉剂 800 倍液，10 天喷洒 1 次，连续 2 ~ 3 次。

| 1 叶面病斑 | 2 叶片被害状 | 3 病斑后期症状 |

319 千屈菜圆斑病

圆斑病是千屈菜的一种常见病害。

1）发病诱因

千屈菜喜阳光充足、水湿和湿润环境。土壤黏重、板结，环境郁闭，栽植过密，通透性差；管理粗放、土壤过于干旱等，易发病。

2）表现症状

发生在叶片上，也侵染芽和嫩茎，多从下部叶片开始发病，逐渐向上部蔓延。叶面初为黑色或紫黑色斑点，扩展成大小不一的圆形或近圆形病斑，边缘暗褐色，中央逐渐变为淡褐色，外缘常有淡黄色晕圈。病斑失水干枯，病健组织间产生离层，常完全脱落，形成穿孔。感病芽黑色枯萎，不能抽生二次枝，造成花量减少。

3）发生规律

真菌性病害，病菌在病落叶和病株残体上越冬。北方地区 6 月中下旬开始侵染发病，生长期内可重复侵染，8 ～ 9 为病害高发期。干旱少雨年份，高温季节叶面持露或大雨后，病害发生严重。

1 腋芽被害状

4）传播途径

病原菌借风雨和水滴喷溅传播，从气孔侵染危害。

5）综合防治

（1）冬季彻底清除落叶，集中销毁，减少越冬菌源。

（2）土壤干旱时适时补水，保持土壤湿润，避免叶面喷水。

（3）发病初期，交替喷洒 75%百菌清可湿性粉剂 600 倍液，或 50%多菌灵可湿性粉剂 500 倍液，或 70%甲基托布津可湿性粉剂 800 倍液，或 65%代森锌可湿性粉剂 800 倍液，7 ～ 10 天喷洒 1 次，连续 2 ～ 3 次。

2 病斑不同发病时期症状

3 病株被害状

320 黑心菊丛枝病

丛枝病是黑心菊、菊花等菊科植物的主要病害之一。

1）发病诱因

丛枝病具系统侵染性，刺吸式口器害虫是重要的传播媒介，一旦接种，可终生传播。虫口密度大、防治不及时、传播速度快，病害发生严重。

2）表现症状

先从个别枝条开始发病，逐渐扩展至全株。被害顶芽停止生长，刺激腋芽大量萌发，使枝条数量不断增多。病株主侧枝不明显，直立成丛生状，节间缩短，小枝细弱，几等长。叶片变窄、变短。

病株，花萼变态为绿色小叶，雄蕊变态为小枝，成丛生状。病株明显矮化，生长势减弱，待养分耗尽，全株枯亡。

3）发生规律

类菌质体病害，病原体在病残株或随病残株在土壤中越冬。生长期内均可侵染发病。

4）传播途径

病原菌通过汁液传播，借刺吸式昆虫、修剪工具等传播，从伤口侵染危害。

5）综合防治

（1）加强苗木检疫，不采购带菌苗木，发现病苗及时销毁。

（2）注意防治菊小长管蚜、叶螨、叶蝉等害虫，消灭传播媒介。及时拔除杂草，破坏害虫滋生地，减少病害发生。

（3）及时拔除病株，集中销毁，减少侵染病源。病株周边健株喷洒四环素或土霉素4000倍液，同时用药液灌根。

1 病枝发病症状

2 全株发病状

321 八宝景天花腐病

花腐病是景天、八宝景天等景天类观赏植物的主要病害之一。

1）发病诱因

八宝景天喜强光、干燥、通风环境，怕湿。栽植过密，通风不良；土壤黏重、板结，湿度偏大等，易发病。花序持水、持露，病花清理不及时等，发病严重。

2）表现症状

主要危害花蕾、花瓣。先从个别花序局部的花蕾、花萼和花瓣发病，很快向周边蔓延。感病花蕾和花瓣水渍状黑色腐烂，花萼、花梗灰黑色软腐，失水后枯萎，但不脱落。严重时，整株花序、花梗枯亡。

1 花序局部发病状

3）发生规律

细菌性病害，病菌在病残体上越冬。花蕾显现时侵染发病，盛花期为病害高发期。花期多雨，持续阴雨的低温高湿、高温高湿天气，病害扩展迅速。

4）传播途径

病原菌借风雨、灌溉水喷溅、昆虫传播，自气孔、伤口侵染危害。

5）综合防治

（1）合理控制栽植密度。对生长空间拥挤的株丛，春季进行分株或移植。

（2）初发病时，及时剪去染病花序，交替喷洒 160 倍等量式波尔多液，或 75% 百菌清可湿性粉剂 + 链霉素 4000 倍液，7 ~ 10 天喷洒 1 次，连续 2 ~ 3 次。

（3）彻底清除重病株，集中销毁。

（4）注意防治点玄灰蝶。避免在阴天或无风傍晚喷灌水，雨后及时排水散湿。

2 病花腐烂状

3 后期腐花上附生霉菌

4 整个花序腐烂干枯

322　八宝景天炭疽病

炭疽病是八宝景天、胭脂红景天、费菜等景天类观赏植物的常见病害。

1）发病诱因

栽植过密、多年生株丛过于拥挤、环境郁闭、苗木徒长等，造成通透性差；土壤黏重、灌水过勤、雨后排水不及时、环境潮湿等，易发病。

2）表现症状

发生在叶片上。初为淡褐色圆形斑点，扩展成圆形或半圆形、边缘褐色、中央灰褐色病斑，有时周边有浅褐色水晕。病斑中部可见轮纹状排列的黑色小粒点，病斑干枯后易破裂，或脱落形成孔洞。严重时病叶大量脱落，仅剩茎秆，失去观赏性。

3）发生规律

真菌性病害，病菌随病残体在土壤中越冬。多于6月中下旬侵染发病，生长期内可重复侵染，7～9月为发病盛期。高温多雨、持续降雨的湿热天气，病害发生严重，下部叶片较上部叶片发病重。

4）传播途径

病原菌借风雨、灌溉水喷溅、昆虫、病健叶接触摩擦等传播，从气孔、伤口侵染发病。随带菌苗木调运，异地传播。

5）综合防治

（1）秋末彻底清除地上枯萎组织，搂净地面残叶，集中销毁。

（2）发芽前，地面喷洒3～5波美度石硫合剂，消灭越冬菌源。

（3）合理控制栽植密度，4月上旬对过于拥挤的株丛进行分栽。

（4）及时摘除病叶，集中销毁。交替喷洒80%炭疽福美可湿性粉剂600倍液，或70%代森锰锌可湿性粉剂400倍液，或25%炭特灵可湿性粉剂500倍液。

（5）不在叶片有露、有水时修剪。注意防治蚜虫、白粉虱等传播媒介，减少该病发生。

1 叶面病斑　　　　　　　　　　　　　　　　　　　2 不同阶段发病症状

323 八宝景天细菌性叶腐病

细菌性叶腐病又叫细菌性叶软腐病，是八宝景天等景天类植物的常见病害。

1）发病诱因

栽植过密，老株多年来分株更新，株丛拥挤，通风不良；土壤黏重、地势低洼、灌水过勤、环境潮湿、叶面持水等，易发病。病叶、病茎清理不及时，清园不彻底，叶片有露、有水时修剪等，病害发生严重。

1 初发病状

2 油渍状腐烂

2）表现症状

多发生在中下部叶片上，也侵染芽、叶柄和嫩茎。自叶先端、叶缘，或叶柄基部沿主脉开始侵染，向内逐渐扩展。初为暗绿色油渍状斑点，扩展成不规则形病斑，病部组织水渍状软腐，病叶下垂，深绿色坏死，浅褐色干枯。

病斑由叶基蔓延至嫩茎，病部油渍状腐烂，淡褐色干枯、凹陷，易折损。

3）发生规律

细菌性病害，病菌在病残体上越冬。6月下旬开始发病，生长期内可重复侵染，7～8月为病害高发期。多雨、多露天气，病斑扩展迅速，发病严重。

4）传播途径

病原菌借风雨、灌溉水喷溅传播，从气孔侵染危害。

5）综合防治

（1）避免阴天和无风傍晚灌水。灌水时防止水花飞溅，保持茎叶干爽。

（2）及时清除病叶、病残株，交替喷洒72%农用霉素可湿性粉剂4000倍液，或47%加瑞农可湿性粉剂800倍液，或3%中生霉素可湿性粉剂800～1000倍液，或2%农抗120水剂200倍液。

3 沿叶柄、主脉侵染状

4 叶片被害状

5 病茎上形成斑痕

324　八宝景天茎腐病

茎腐病是八宝景天、德国红景天等景天类观赏植物的常见病害。

1）发病诱因

土壤黏重、板结，透水透气性差；喷水过勤、水肥过量、苗木徒长，造成环境潮湿、通透性差等，易发病。病害防治不及时、清园不彻底等，发病严重。

2）表现症状

发生在茎上。初为褐色圆形病斑，向周边扩展呈褐色椭圆形或不规规形条状斑。病部皮层组织腐烂，深可达髓部，失水后溢缩，形成暗褐色凹陷干疤。病茎上叶片变黄，逐渐枯萎，茎易从干疤处折断。病斑向下蔓延至根部，整株地上茎叶死亡。

1 病斑初期症状

3）发生规律

真菌性病害，病菌在病残体上和土壤中越冬。6月开始发病，生长期内可重复侵染。7～8月为病害高发期，多雨、雨量大、持续阴雨的湿热天气，病斑扩展迅速，发病严重。

4）传播途径

病原菌借雨水、露水，及灌溉水喷溅传播，从皮孔侵染危害。

5）综合防治

（1）茎叶枯萎后，及时清除地上残株，集中销毁，消灭越冬菌源。

（2）严格控制灌水次数，避免阴天和无风傍晚灌水。雨后及时排水。

（3）及时修剪病枝，彻底清除重病株、病死株，集中销毁，减少再侵染。

（4）发病初期，喷洒50%苯菌灵可湿性粉剂1000倍液，或30%恶霉灵水剂1000倍液，或50%福美双可湿性粉剂500倍液，或2%农抗120水剂200倍液，7天喷洒1次。

2 病部皮层腐烂

3 病斑以上嫩茎枯死

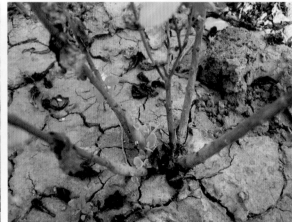

4 病茎上部枯死

325 玉簪炭疽病

炭疽病是白玉簪、紫萼、金杯、希望、皇家、金塔娜等多种玉簪的常见病害。

1）发病诱因

栽植过密，株丛拥挤，通透性差；雨后排水不及时、湿度过大等，易发病。管理粗放、冬季清园不彻底、病害防治不及时、遭受日灼伤害等，该病发生严重。

2）表现症状

多发生在叶片、叶柄上。初为散生半圆形或长圆形褐色病斑，边缘红褐色或暗褐色，中央渐转灰白色至灰褐色，外缘有黄色晕圈，有时略显褐色深浅轮纹。病斑中央质地变薄，或脱落形成穿孔。相邻病斑扩展融合，病斑干枯破裂。潮湿环境下，斑面上散生黑色小点。

3）发生规律

真菌性病害，病菌在病株残体或病落叶上越冬。生长期内可重复侵染，6～8月为病害高发期。干旱年份，该病发生较少。多雨、持续阴雨的高温高湿天气，病害发生严重。

4）传播途径

病原菌借风雨、灌溉水飞溅、病健叶接触等传播，从气孔、伤口侵染危害。

5）综合防治

（1）落叶后，及时清除地上枯萎茎叶，集中销毁。

（2）早春，对多年生株丛进行分株更新，保持株丛通风透光。

（3）病害发生期，剪除病茎叶，集中销毁。交替喷洒200倍等量式波尔多液，或25%炭特灵可湿性粉剂500倍液，或50%炭疽福美可湿性粉剂500倍液，或65%代森锌可湿性粉剂600～800倍液，7～10天喷洒1次，连续3～4次。

（4）避免阴天或无风傍晚灌水，禁止喷灌，尽量保持茎叶干爽。

1 叶面病斑

2 叶片危害状

326 玉簪褐斑病

褐斑病是多种玉簪的常见病害之一。

1）发病诱因

土壤盐碱、黏重，栽植过密，灌水过勤，雨后排水不及时，在管理粗放、郁闭、潮湿环境条件下，易发该病。

2）表现症状

主要发生在叶片上，也侵染叶柄和茎。叶面初为褐色圆形斑点，扩展成近圆形至不规则形病斑，边缘呈紫褐色，中央渐转灰白色，质地变薄，周边有黄褐色晕。潮湿环境下，病斑上出现灰黑色霉状物。空气干燥时，病斑干枯破裂，或形成穿孔。

3）发生规律

真菌性病害，病菌在病落叶上或随病残体在土壤中越冬。北方地区多于6月开始侵染发病，生长期内可重复侵染，7～8月为侵染发病高峰期。高温多雨、多雾、持续阴雨天气，下部叶片发病严重。

4）传播途径

病原菌借风雨、灌溉水飞溅传播，从气孔、伤口侵染危害。

1 叶柄病斑症状

2 叶面病斑

5）综合防治

（1）秋末拔除重病株及病死株，剪去地上枯萎茎叶，集中销毁。

（2）早春根际蘖芽长至5cm时，用手掰除无用蘖芽，或进行分株，防止株丛拥挤，保持良好的通透性。

（3）芽萌动时，喷洒120倍等量式波尔多液，消灭越冬菌源。

（4）尽量避免喷灌和傍晚灌水，以免造成水花飞溅、叶面夜间持水、环境湿度大等不利因素。雨后及时排水，避免环境过湿。

（5）摘除病叶，集中销毁。交替喷洒300倍等量式波尔多液，或75%百菌清可湿性粉剂1000倍液，或65%代森锌可湿性粉剂800倍液。

327 玉簪细菌性软腐病

细菌性软腐病是白玉簪、紫萼、金塔娜等多种玉簪的毁灭性病害。

1）发病诱因

栽植过密，多年生株丛过于拥挤，通风不良；土壤黏重、雨后排水不及时，积水或土壤过湿等，易发病。叶面长时间持水、持露，病叶清理不及时等，该病发生严重。

2）表现症状

发生在叶片和叶柄上。初为油渍状、圆形褐色斑点，扩展成近圆形或不规则形病斑，边缘褐色，周边有较窄的黄色晕圈，中央转灰白色。相邻病斑扩展融合成片，病斑呈黏滑软腐状，质地变薄，白色近透明状坏死，但病斑上无霉状物。

3）发生规律

细菌性病害，病菌在病株残体上或随病残体在土壤中越冬。生长期内均可侵染发病，7~9月多雨、多雾、多露、持续阴雨的高湿环境下，该病发生严重。

4）传播途径

病原菌借风雨、灌溉水飞溅、昆虫及病健叶接触摩擦等传播，从气孔、皮孔和伤口侵染危害。

5）综合防治

（1）秋末清除重病株及病死株，剪去地上枯萎茎叶，彻底清除，集中销毁。

1 初期病斑及发病状

2 后期病斑软腐

（2）过于拥挤的株丛，早春进行分株更新。雨后及时排水，降低环境湿度。

（3）病害发生时，及时剪去病叶，彻底清除重病株，集中销毁。交替喷洒72%农用链霉素可湿性粉剂4000倍液，或14%络氨铜水剂400倍液，或47%加瑞农可湿性粉剂800倍液，10天喷洒1次，连续2~3次。

（4）注意防治蜗牛等害虫，减少伤口侵染。

328 玉簪日灼病

日灼病是白玉簪、紫萼、金色欲滴、金塔娜、皇家等玉簪的一种常见病害。

1）发病诱因

玉簪喜散射光，忌强光直射，不适宜的栽植环境是发病的主要原因。干燥高温天气，在强光直射下，叶片会发生灼伤现象。管理粗放，土壤过于干旱，日灼伤害尤为严重。

2）表现症状

多发生在嫩叶上，先从质地较薄的叶先端和叶边缘开始发病，逐渐向内扩展。初为褪绿斑点，边缘有黄色晕圈，相邻病斑扩展融合成片。病部叶肉组织失绿、坏死，局部质地变薄。病叶叶缘卷曲、枯焦、破损，严重时成片病叶大量枯萎，失去观赏价值。

日灼病有时与侵染性病害同时发生，与侵染性病害不同的是，日灼病不传播，在同一栽植环境条件下，常成片发生。病斑较大，病健组织无明显界限，短时间内病斑上不附生霉层。

3）发生规律

生理性病害。北方地区6月开始发病，至9月上旬均可发生，盛夏持续干旱高温天气，为该病高发期。连续阴雨过后突遇晴天，烈日暴晒，新生叶发病严重。

4）综合防治

（1）尽量栽植在有散射光的林下或建筑物背阴处，避免强光直射。

（2）避免土壤过于干旱，干旱时适时补水。避免高温时叶片喷水，以免加重该病发生。

（3）病害发生时，及时摘除病叶，避免引起其他侵染性病害发生。高温季节叶面喷洒抗蒸腾剂，增强植物抗高温能力，减少日灼伤害。

1 叶片初期危害状

2 叶肉组织坏死

3 叶片成片枯焦

329 二月兰轮斑病

轮斑病是二月兰的常见病害。

1）发病诱因

土壤黏重，地势低洼，雨后排水不及时，栽植过密，环境郁闭、潮湿等，易发病。管理粗放、光照严重不足、病虫危害、落叶后清园不彻底等，该病发生严重。

2）表现症状

发生在叶片上。叶面初为灰褐色斑点，扩展成圆形或椭圆形病斑，边缘有淡黄色晕圈，病斑上具黑褐色或灰褐色、深浅交替的同心轮纹。后期病斑坏死、干枯、破裂。潮湿环境条件下，病斑附着黑色霉状物，病斑周边逐渐黄化，病叶枯萎脱落。

1 发病初期症状

3）发生规律

真菌性病害，病菌在病落叶上或随病残体在土壤中越冬。苗期即可发病，生长期内可重复侵染。多雨、多露年份，该病发生严重。夏季多雨、持续阴雨的高温高湿环境，病害流行。贴近地面叶片，受害严重。

4）传播途径

病原菌借风雨、露水、灌溉水、昆虫、病健叶接触传播，从气孔、伤口侵染。

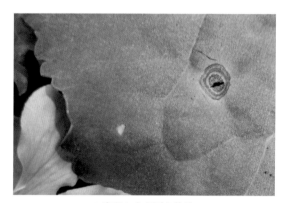

2 病斑上出现同心轮纹

5）综合防治

（1）落叶后，彻底清除地面枯萎茎叶、落叶，集中销毁，减少初侵染源。

（2）发芽前，地面喷洒 3 ~ 5 波美度石硫合剂，消灭越冬病菌。

（3）及时摘除病叶，集中销毁。交替喷洒 200 等量式波尔多液，或 14% 络氨铜水剂 400 倍液，或 75% 百菌清可湿性粉剂 600 倍液，10 天喷洒 1 次。

3 病叶枯黄

4 病斑上附着黑色霉状物

330 旋覆花黑斑病

黑斑病是旋覆花、紫菀、宿根福禄考等花卉的常见病害。

1）发病诱因

地势低洼，土壤黏重，雨后排水不及时，环境郁闭、潮湿；栽植过密、通透性差等，易发病。管理粗放、清园不彻底、病虫害防治不及时，该病发生严重。

2）表现症状

主要发生在叶片上，通常病斑较小，数量多。叶面初为黑褐色斑点，扩展成圆形或椭圆形病斑，边缘黑色，中央渐转灰褐色至灰白色，相邻病斑扩展融合。有时病斑略显轮纹，干枯不完全脱落形成穿孔。严重时，病叶大量脱落，仅剩茎秆。

1 旋覆花叶面病斑

3）发生规律

真菌性病害，病菌随病株残体和病落叶在土壤中越冬。北方地区 6 月开始侵染，至 9 月均可发病，7 ~ 9 月为病害高发期。春雨多，发病早。高温季节多大雨、持续阴雨，病害快速传播蔓延，发病严重。

4）传播途径

病原菌借风雨、灌溉水传播，从气孔、伤口处侵染危害。随带菌苗木调运，异地传播。

5）综合防治

（1）观赏期过后，及时清除地上枯萎茎叶、地面落叶，集中销毁。

（2）合理密植，株间留有一定生长空间，保持良好的通透性。

（3）土壤宜见干见湿，避免阴天或无风傍晚灌水。雨后及时排水，松土散湿。

（4）及时摘掉病叶，集中销毁。交替喷洒 160 倍等量式波尔多液，或 50% 退菌特可湿性粉剂 800 倍液，或 65% 福美锌可湿性粉剂 300 ~ 500 倍液，或 80% 代森锌可湿性粉剂 600 倍液，发生严重时，连续喷洒 3 ~ 4 次。

2 旋覆花病叶后期症状

3 宿根福禄考叶面病斑及被害状

331 大花楸葵黑霉病

黑霉病是大花楸葵、黄楸葵的主要病害之一。

1）发病诱因

大花楸葵喜光照充足、通风良好环境。适疏松、排水良好土壤，耐旱，怕涝。栽植过密，光照不足，通风不良，环境郁闭、潮湿等，易发病。土壤黏重、板结，雨后排水不及时、病虫害防治不及时，清园不彻底等，该病发生严重。

2）表现症状

主要发生在叶片上，也侵染嫩梢。多从下部叶片先端或叶片边缘开始侵染，初为黑色圆形斑点，扩展成近圆形或不规则形病斑，病健组织界限清晰，外缘有较窄的淡黄色晕圈，相邻病斑扩展融合成片，潮湿环境下病斑上滋生黑色霉丛。发生严重时，叶缘向叶面卷缩，病叶黑色霉枯，提前脱落。

3）发生规律

真菌性病害，病菌随病株残体和病落叶在土壤中越冬。北方地区多于6月中下旬开始侵染，7～8月为病害高发期，多雨、持续阴雨，病害发生严重。

4）传播途径

病原菌借风雨、灌溉水喷溅、昆虫等传播，从气孔侵染危害。随带菌苗木调运，异地传播。

5）综合防治

（1）霜降后，剪去地上枯萎茎叶，彻底清除落叶，集中销毁。

（2）发芽前，喷洒3波美度石硫合剂，消灭越冬菌源。

（3）避免阴天或无风傍晚喷水，尽量减少叶片持水。雨后及时排水散湿。

（4）及时摘除病叶，剪去病梢，集中销毁。交替喷洒200倍半量式波尔多液，或50%苯菌灵可湿性粉剂1500倍液，或58%甲霜灵锰锌可湿性粉剂500倍液，或75%百菌清可湿性粉剂600倍液。

1 叶面发病状

2 病斑上滋生黑霉

332 蜀葵黑斑病

黑斑病是蜀葵的一种常见病害。

1）发病诱因

栽植过密，或因种子自播自繁，导致株丛拥挤，造成通风不良等，易发病。管理粗放，雨后排水不通畅，环境郁闭、潮湿等，病害发生严重。

2）表现症状

发生在叶片上，多从下部叶片开始发病，逐渐向上部蔓延。叶脉间初为黑色圆形斑点，扩展为近圆形病斑，边缘黑褐色，周边有黄绿色晕圈，中央转为浅褐色，相邻病斑常融合成大斑。后期病斑上出现黑色霉斑。严重时病斑相连成片，病叶焦枯，提前脱落。

3）发生规律

真菌性病害，病菌在病落叶及病株残体上越冬。京、津地区多于5月下旬开始侵染发病，生长期内可重复侵染，6~8月为病害高发期。高温季节多雨，持续阴雨的湿热天气，病害发生严重。

4）传播途径

病原菌借风雨、灌溉水飞溅等传播，自气孔侵染危害。

5）综合防治

（1）落叶后，彻底清理地上枯萎茎叶，集中销毁，减少越冬菌源。

（2）合理控制栽植密度，过密老株早春及时分栽，保持良好的通透环境。

1 叶面病斑

2 叶片被害状

（3）雨后及时排水，松土散湿。

（4）发病初期，交替喷洒50%多菌灵可湿性粉剂800倍液，或120倍液等量式波尔多液，或75%百菌清可湿性粉剂600~800倍液，或65%代森锌可湿性粉剂600倍液。10天喷洒1次，连续2~3次。

（5）及时摘除病斑较多的叶片，交替喷洒上述杀菌剂，连续3~4次。

333 蜀葵花叶病

花叶病主要危害蜀葵、大花楸葵等。

1）发病诱因

园区病株是重要的传染途径。土壤黏重、板结，干旱、贫瘠；管理粗放，多年老株丛生拥挤，通透性差；病虫危害，病株清理不及时、不彻底等，易发病。

2）表现症状

发生在叶片上，多由新叶局部开始发病，逐渐向全叶、全株蔓延，常见类型有：

（1）黄脉花叶型：叶脉褪绿黄化、叶片成黄绿相间的网纹状。

（2）黄斑花叶型：叶面散生鲜黄色或浅黄色、不规则形斑块，叶片呈黄绿相间的斑驳花叶状。

（3）褪绿碎色花叶型：受叶脉限制，叶面出现多角形或不规则形、大小相近的褪绿斑，叶片呈深浅绿色相间的斑驳花叶状。

3）发生规律

病毒性病害，由几种病毒复合侵染引发的系统性病害，病株终生携带病毒。病原体在病株活体上，或随病残体在土壤中越冬。春季发芽后即显现病毒症状，生长期内可重复侵染，该病多成片发生。

4）传播途径

病毒汁液借助昆虫、菟丝子、地下害虫，通过病健叶接触摩擦、用病株分株繁殖、修剪工具交叉使用、带毒土壤等传播，从伤口侵染危害。随病株调运异地传播。

5）综合防治

（1）不用病株分株繁殖。及时刨除病株，彻底清除病残体，土壤消毒处理。

（2）发病初期，病株及周边健株同时喷洒5%菌毒清水剂400倍液，或1.5植病灵乳剂800～1000倍液，或8%宁南霉素水剂1400倍液。用25%络氨铜水剂250～300倍液灌根。

（3）注意防治蚜虫、叶螨、白粉虱等。

1 叶脉黄化型初发症状

2 黄斑花叶型

3 混合花叶型

4 碎色花叶型

5 缩叶型

334 蜀葵叶枯病

叶枯病是蜀葵、黄蜀葵、大花秋葵等观赏草本花卉的一种常见病害。

1）发病诱因

蜀葵喜光照充足、通风良好环境，也耐半阴。耐旱，耐瘠薄，适见干见湿，疏松、排水良好的土壤，忌土壤过于干旱和水涝。栽植过密，通风不良；土壤黏重、盐碱，透气性差，土壤长期干旱，雨后排水不及时等，易发病。

2）表现症状

发生在叶片上，多从叶先端或叶片边缘开始侵染发病。初为黄绿色斑点，扩展成半圆形至扇面形褐色病斑，不断向内扩延成不规则大斑，有时可达叶片三分之一至二分之一。后期病斑焦枯、破裂。潮湿环境条件下，其上散布黑色小粒点。

3）发生规律

真菌性病害，病菌在病落叶上越冬。北方地区6月开始发病，生长期内可重复侵染，7月至9月上旬为病害高发期。

4）传播途径

病原菌借风雨、昆虫、灌溉水飞溅等传播，从气孔、伤口侵染危害。

5）综合防治

（1）落叶后，彻底清除地上枯萎茎叶，集中销毁。

（2）合理密植，及时移除过密株丛，保持株间良好的通透性。

（3）及时剪除病斑较多的叶片，集中销毁。

（4）发病初期，交替喷洒160倍等量式波尔多液，或65%代森锌可湿性粉剂600倍液，或50%甲基托布津可湿性粉剂1000倍液，或50%多菌灵可湿性粉剂600倍液，兼治灰斑病、炭疽病等，7～10天喷洒1次，连续2～4次。

（5）注意防治蚜虫、红蜘蛛等刺吸害虫，减少伤口侵染危害。

1 叶先端发病

2 蜀葵叶片被害状

335 美人蕉叶枯病

叶枯病是美人蕉、花叶美人蕉、紫叶美人蕉等多种美人蕉的常见病害。

1）发病诱因

土壤黏重，栽植过密，通风不良；灌水过勤、雨后排水不及时、环境潮湿等，易发病。土壤过于干旱、肥力不足、生长势衰弱，病害发生严重。

2）表现症状

发生在片叶上。多从叶先端或叶边缘开始侵染，叶片上初为淡褐色斑点，扩展成近圆形或不规则、中央淡褐色、边缘深褐色大型斑块，病斑外缘有较窄的黄色晕圈，感病老叶多沿主脉两侧形成褐色条状病斑。病斑相连成片，干枯破裂形成大的枯斑。潮湿环境下，病斑上出现黑色霉斑。病叶枯焦，失去观赏性。

1 叶缘病斑

3）发生规律

真菌性病害，病菌在土壤中和病残体上越冬。6月开始发病，生长期内可重复再侵染，7～8月为病害高发期。夏季多雨、湿热环境条件下，病害发生较重。

4）传播途径

病菌借风雨、露水、灌溉水喷溅、昆虫等传播，从气孔、伤口侵染危害。带菌种苗是异地传播的重要途径。

5）综合防治

（1）秋末彻底清除地上枯萎茎叶，集中销毁。

（2）根状茎用500倍五氯硝基苯液浸泡5分钟后，再行栽植，合理控制栽植密度，保持株丛通透性。

（3）发病初期，交替喷洒200倍半量式波尔多液，或65%代森锌可湿性粉剂500倍液，或50%退菌特可湿性粉剂1000倍液，或70%甲基托布津可湿性粉剂1000倍液，10天喷洒1次，连续2～3次。

（4）干旱时适时灌水，雨后及时排涝，松土散湿，避免土壤过于干旱或过湿。

（5）及时剪除焦枯叶片，拔除病残株，集中销毁，减少再侵染。

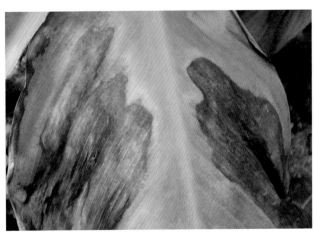

2 老叶发病状

3 病斑焦枯、破裂

336 美人蕉褐斑病

褐斑病是美人蕉、大花美人蕉、花叶美人蕉等多种美人蕉的常见病害。

1）发病诱因

美人蕉根状茎肉质，喜光照充足，疏松、排水良好的土壤，忌土壤过于潮湿和水涝。栽植过密，通风不良；灌水过勤，雨后排水不通畅、不及时，环境潮湿，栽植过深等，易发病。

2）表现症状

主要发生在叶片上。多从叶缘或叶先端发病，叶面初为褪绿黄色斑点，发展成浅褐色圆形小斑，后扩展为圆形或不规则形褐色大斑，边缘色较深，周边有较窄的黄色晕圈。相邻病斑扩展融合成片，病斑干枯破裂。潮湿环境下，病斑上出现黑色霉状物，病叶枯黄、早落。

3）发生规律

真菌性病害，病菌在病株残体上越冬。6月开始侵染发病，生长期内可重复再侵染，7～8月为病害高发期。多雨年份、高温季节多雨、雨量大、多大雾的湿热环境下，该病发生严重。

4）传播途径

病原菌借风雨、灌溉水喷溅等传播，从气孔侵染危害。

5）综合防治

（1）尽量避免在病害发生区进行重茬栽植，预防病菌侵染。

（2）选无病根茎做繁殖植材，挖出的根茎经晾晒，或在50%甲基托布津可湿性粉剂800倍液中浸泡10分钟，用清水冲洗，水晾干后放置在凉爽通风处贮藏。

（3）发病初期，交替喷洒75%百菌清可湿性粉剂800倍液，或50%退菌特可湿性粉剂1500倍液，或70%代森锰锌可湿性粉剂400倍液，或64%杀毒矾可湿性粉剂1000倍液。每10天喷洒1次，连续2～3次。

（4）及时剪去重病叶，集中销毁，减少再侵染。

1 叶面病斑初期症状

2 老叶上病斑

3 叶片被害状

337 美人蕉黑斑病

黑斑病是美人蕉、花叶美人蕉、双色美人蕉等多种美人蕉的一种常见病害。

1）发病诱因

栽植环境郁闭，栽植过密，通风透光不良；灌水过勤、雨后排水不及时、环境潮湿、叶面持水等，易发病。

2）表现症状

发生在叶片上，也侵染花及苞片。多从下部叶片的叶先端、叶片边缘开始侵染，初为黄色斑点，发展成黑褐色圆形小斑，后扩展为近圆形或不规则形黑褐色或暗褐色病斑，病健组织界限清晰，边缘有黄色晕圈。相邻病斑扩展融合成片，病斑干缩，潮湿环境下，叶背病斑上出现黑色霉状物。病叶焦枯、下垂、早落。

3）发生规律

真菌性病害，病菌在病株残体上或随病叶在土壤中越冬。北方地区多于6月开始侵染发病，生长期内可重复再侵染，7～8月为病害高发期。多雨年份，高温季节多雨、多大雾的湿热天气，该病发生严重。

4）传播途径

病原菌借风雨、灌溉水喷溅传播，从气孔、伤口处侵染危害。随带菌苗木异地传播。

1 叶面病斑

2 叶片危害状

5）综合防治

（1）种植前，根茎用50%甲基托布津可湿性粉剂800倍液，或500倍高锰酸钾溶液浸泡5～10分钟，晾干水分后再行种植。

（2）建议采取大水漫灌方式浇水，防止灌溉水喷溅到叶片上。避免在阴天或无风傍晚喷灌水，尽量减少叶面持水，防止夜间湿气滞留。

（3）发病初期，交替喷洒200倍等量式波尔多液，或75%百菌清可湿性粉剂800～1000倍液，或65%代森锌可湿性粉剂600～800倍液，或50%甲基托布津可湿性粉剂600～800倍液，7～10天喷洒1次，发病严重时，连续3～4次。

338 美人蕉灰斑病

灰斑病是多种美人蕉的一种常见病害。

1）发病诱因

栽植过密，株丛拥挤，环境郁闭，通风透光不良；土壤过于干旱，或过于潮湿等，易发病。

2）表现症状

发生在叶片上，初为灰褐色斑点，扩展成近圆形或纺锤形病斑，周边有黄色晕圈。相邻病斑扩展融合成大斑块，病斑中央逐渐由灰褐色转为灰白色，病斑干枯，易碎裂。潮湿环境条件下，病斑上散生黑色小点。

3）发生规律

真菌性病害，病菌在土壤病残体上越冬。多于5月中旬开始初侵染，生长期内可重复侵染，6~8月为病害高发期，高温潮湿天气发病严重。

1 叶面病斑

4）传播途径

病原菌借风雨、灌溉水喷溅传播，从气孔、伤口处侵染危害。带菌苗木是远距离传播的重要途径。

5）综合防治

（1）秋季地上部分枯萎后，彻底清除地上残体，集中销毁。

（2）合理控制栽植密度，保持株丛间通风透光。对过密株丛，适时进行分株或移植。

（3）发病严重地块，幼苗出土时，地面喷洒0.6波美度石硫合剂，10天喷洒1次，连续2~3次。

（4）干旱时适时补水，大雨过后及时排水，锄草松土，散湿、保墒。

（5）发病初期，交替喷洒200倍等量式波尔多液，或75%百菌清可湿性粉剂600~1000倍液，或50%多菌灵可湿性粉剂800倍液，或65%代森锌可湿性粉剂600~800倍液，10天喷洒1次，连续3~4次，兼治炭疽病等。

（6）及时清除基部老叶、病叶、重病株残体，集中销毁，减少再侵染源。

339 美人蕉炭疽病

炭疽病是美人蕉、大花美人蕉、双色美人蕉、紫叶美人蕉、花叶美人蕉等的常见病害。

1）发病诱因

土壤黏重、板结，透水性差，栽植过密，通风不良；灌水过勤，雨后排水不及时；管理粗放、清园不彻底等，易发病。环境郁闭、潮湿，病虫害防治不及时等，该病发生严重。

2）表现症状

发生在叶片上，多从下部叶片开始发病。叶面初为椭圆形至梭形褐色病斑，病健组织界限清晰，外缘有黄色晕圈，逐渐扩展成不规则形大斑。斑内由灰褐色渐转为灰白色，有时出现明显或不明显的深浅褐色相间的同心轮纹。相邻病斑扩展融合成大斑块，后期病斑干枯破裂，病叶残缺、枯萎。病斑上无明显黑色小点，也不产生霉层，在落地的病叶上显现黑色粒状物。

3）发生规律

真菌性病害，病菌在病株残体或病落叶上越冬。生长期内可重复侵染，高温季节多雨、持续阴雨、雨量大的闷湿天气，病害发生严重。

4）传播途径

病原菌借风雨、灌溉水喷溅、昆虫、病健叶接触传播，从气孔、伤口侵染危害。

5）综合防治

（1）落叶后，及时清除地上枯萎茎叶，集中销毁，消灭越冬菌源。

（2）合理控制栽植密度，株丛间留有一定的生长空间，保持良好的通透环境。

（3）发病初期，及时剪除病叶，集中深埋。交替喷洒25%炭特灵可湿性粉剂500倍液，或50%炭疽福美可湿性粉剂500倍液，或160倍等量式波尔多液，或70%甲基托布津可湿性粉剂1000倍液，10天喷洒1次，连续3～4次。

（4）注意防治蚜虫、白粉虱等刺吸害虫。大雨过后及时排水，松土散湿。

1 病斑初期症状

2 病斑破裂

3 病斑后期症状

340 美人蕉花叶病

花叶病是美人蕉、大花美人蕉、双色美人蕉、紫叶美人蕉等植物的常见病害。

1）发病诱因

土壤黏重、板结，栽植过密；刺吸害虫危害、防治不及时等，易发病。

2）表现症状

发生在叶片上，也侵染花瓣。个别叶片的部分主、侧脉，褪绿成断续的黄色条纹，扩展延伸直达叶缘。有的病叶侧脉畸形、弯曲，侧脉间距宽窄不一。严重时，扩展至数个叶片呈黄绿相间的条纹状花叶，叶缘卷缩，病叶破裂，干枯脱落。

花瓣上出现黄色斑块或杂色条纹，成碎花状。

3）发生规律

病毒性病害，病毒存活在块茎内。展叶后即可发病，生长期内可重复侵染。干旱年份，蚜虫、绿盲蝽等危害猖獗，有利于病害扩展蔓延。

4）传播途径

带毒根状茎及种苗是重要传播病源，连续用病株繁殖幼苗，使病毒代代相传，逐年加重。病毒汁液通过蚜虫、绿盲蝽等昆虫，及挖掘修剪工具传播。

5）综合防治

（1）秋季将起掘的病株根茎集中销毁。起掘工具及时进行消毒处理。

（2）发病初期，交替喷洒10%病毒灵可溶性水剂500倍液，或3.85%病毒必克可湿性粉剂500~700倍液，或1.5%植病灵乳剂800倍液，或2%宁南霉素水剂500倍液。

（3）注意防治蚜虫、绿盲蝽等。及时拔除重病株，集中销毁，减少侵染源。

1 病叶主侧脉黄化

2 病叶叶脉扭曲

3 叶脉黄化部分呈褐色坏死

4 病花花瓣显现杂色

341 美人蕉花腐病

花腐病是多种美人蕉的主要病害之一。

1）发病诱因

栽植过密，通透性差；病虫害防治不及时，花期持水、持露等，易发病。

2）表现症状

由花序上单花的花萼、花瓣开始发病，初为褐色斑点，扩展成近圆形褐色病斑，病斑扩展逐渐腐烂枯萎，很快蔓延至整朵花或整个花序，皱缩呈干腐状。

叶面初为灰白色斑点，扩展成黑色枯斑，由叶柄向下扩展至茎部，导致茎枯。

3）发生规律

真菌性病害，病菌在病残体上越冬。展叶及花芽出现时，开始分别侵染幼叶和花芽，生长期内可重复再侵染。芽期、花期多雨、多雾、多露，病害发生严重。

4）传播途径

病原菌借风雨、露水、昆虫及修剪工具等传播，从气孔、伤口侵染危害。随带菌种苗调运，异地传播。

5）综合防治

（1）秋季起掘根茎后，彻底清除残茎、落叶，集中销毁。

（2）雨后及时排水，松土散湿。不在阴雨或无风傍晚喷灌水，尽量减少叶片和花部持水和湿气滞留。

（3）及时剪去病残花，集中深埋。交替喷洒50％苯菌灵可湿性粉剂1000倍液，或50％速克灵可湿性粉剂1000～1500倍液，或65％代森锌可湿性粉剂800倍液，7～10天喷洒1次，连续2～3次。

（4）注意防治蚜虫、绿盲蝽等，消灭传播媒介，减少发病。

1 发病初期症状

2 病花瓣腐烂

3 后期症状

342 美人蕉芽腐病

芽腐病是美人蕉、水生美人蕉、大花美人蕉等多种美人蕉的主要病害之一。

1）发病诱因

绿地病株是重要侵染源。株丛过密，通风不良；雨后排水不及时，环境郁闭、潮湿等，易发病。病虫害防治不及时，芽、叶持水时间长等，病害发生严重。

2）表现症状

主要发生在芽上。病花芽伸出的花序轴通常较短，多低于叶片，且着花少。花芽上初为水渍状褐色腐烂斑，很快整个花芽和花腐烂，常有恶臭，失水后干缩成黑色僵蕾或僵花。发病轻的开花后，花序轴、花瓣上呈水渍状褐色软腐，向下扩展蔓延，导致花序轴褐色软腐，后呈黑褐色干枯。

3）发生规律

细菌性病害，病菌在植物病残体上越冬。叶芽、花芽萌生时即可侵染，生长期内可重复再侵染。多雨天气、降雨量大、空气潮湿时，发病严重。

4）传播途径

病原菌借风雨、露水、昆虫传播，从气孔、伤口处侵染危害。随带病种苗远距离传播。

5）综合防治

（1）采购经药物处理的根茎，可有效控制该病发生。

（2）初发病时，交替喷洒72%农用链霉素可湿性粉剂4000倍液，或200倍等量式波尔多液，或14%络氨铜水剂400倍液，或77%可杀得可湿性粉剂500倍液。

（3）避免在阴天和无风傍晚喷水，尽量减少叶、芽持水和环境湿气滞留。

（4）注意防治蚜虫、绿盲蝽等。及时剪去感病花茎，集中销毁。修剪工具消毒后使用。

1 发病初期症状

2 初期病症

3 干缩成黑褐色僵花

4 花序轴侵染状

343　大丽花花叶病

花叶病是大丽花、小丽花的常见病害，在百日草、金鸡菊等植物上时有发生。

1）发病诱因

大丽花喜光和通风之处，块根肉质，怕涝。地势低洼，栽植过密，病虫危害，修剪工具交叉使用，连茬种植；块根筛选不精细、未进行杀菌处理等，易发病。

2）表现症状

个别叶片开始发病，逐渐扩展至全株。初为褪绿圆形黄色斑点，扩展呈黄绿色、淡黄色、黄白色、近圆形、椭圆形斑块；或呈环斑的花叶状；或沿脉褪绿，呈明脉的花叶状。随着病斑增多，病叶枯萎、提前早落。重病株株丛矮小，节间缩短。

3）发生规律

全株病毒性病害，病毒存活在块根内或随病残体在土壤中越冬。有明显的隐症现象，生长势弱时，症状明显。近开花期侵染的，当年多不显示症状，第二年才显现花叶和矮化病状。连续使用病株植材繁殖的幼苗，可使病情逐年加重。

4）传播途径

用带毒植材进行繁殖、栽植带毒苗木，是重要的传播途径。刺吸害虫，修剪工具等，携带病毒汁液传播，从伤口侵染危害。

5）综合防治传播

（1）不用病株植材进行繁殖。上年发病的连茬种植地，土壤必须进行消毒处理，减少该病发生。

（2）发病初期，交替喷洒20%病毒灵可湿性粉剂400～600倍液，或8%宁南霉素水剂800～1000倍液，在一定程度上，使病情起到缓解作用。

（3）彻底刨除病株，集中销毁。选无病毒块根栽植，病株块根不得留作种根。

（4）注意防治蚜虫、绿盲蝽、叶蝉、叶螨等刺吸害虫，消灭传毒媒介。

1 叶面初期症状

2 叶面病斑

3 叶片危害状

344 向日葵黑斑病

黑斑病是多种食用、药用和观赏向日葵的常见病害。

1）发病诱因

过量施用氮肥，苗木徒长，栽植过密，通透性差；土壤黏重、田间湿度过大，或土壤过于干旱等，易发病。低洼地、管理粗放连作的葵田，该病发生严重。

2）表现症状

多发生在叶片上，也侵染叶柄、花托、花瓣和葵盘。从下部叶片开始侵染发病。叶面初为散生暗褐色斑点，外缘有黄色晕圈，逐渐扩大为近圆形或不规则形黑褐色病斑，病斑扩展融合成大的黑色枯斑。发生严重时，病叶焦枯、破裂，下部叶片大量脱落，仅残留上部数片叶和葵盘，影响种子成熟度。

葵盘背面初为黑褐色斑点，扩展成圆形至梭形，病斑具褐色至灰褐色同心轮纹。花托、花瓣上初为褐色斑点，后扩展成圆形病斑。

3）发生规律

真菌性病害，病菌在病株残体、带菌种子和病落叶上越冬。华北地区6月下旬开始发病，生长期内可重复侵染，至秋季病情加重。多雨的湿热天气，有利于病菌传播流行。

1 叶面病斑

2 叶片被害状

3 葵盘上病斑

4）传播途径

病原菌借风雨、昆虫传播，自气孔、伤口侵染危害。

5）综合防治

（1）合理控制种植密度。连续种植 3 ~ 4 年后，尽量实行轮作。

（2）葵盘采收后，彻底清除地上茎叶、空盘，集中销毁，清除越冬菌源。

（3）发病初期，及时剪去重病叶。叶面喷洒 160 倍等量式波尔多液，或 50% 福美双可湿性粉剂 500 ~ 800 倍液，或 70% 代森锰锌可湿性粉剂 600 倍液，或 75% 百菌清可湿性粉剂 800 倍液，10 天喷洒 1 次，连续 2 ~ 3 次。

345 向日葵褐斑病

褐斑病是多种食用、药用和观赏向日葵的一种常见病害。

1）发病诱因

栽植过密、光照不足、通风不良，易发病。地势低洼，雨后排水不及时，环境潮湿；多年重茬种植、冬季清园不彻底、病虫害防治不及时等，发病严重。

2）表现症状

主要发生在叶片上，也侵染叶柄和茎秆。近地面叶片先发病，叶面初现褐色斑点，扩展为近圆形或不规则形褐色病斑，边缘暗褐色，病健组织界限清晰。老叶病斑为多角形或不规则形，外缘均有黄色晕圈，潮湿环境下病斑上出现黑色粒点。发病严重时，叶面布满病斑，病斑融合成大斑，病斑干枯易破损。

叶柄和茎秆上出现条状，或梭形褐色病斑，叶柄枯萎下垂，叶片干枯。葵盘近成熟时，茎秆易折伤。

3）发生规律

真菌性病害，病菌在病残体、病落叶上越冬。5月下旬开始侵染发病，生长期内可重复侵染。大暴雨、持续阴雨后，病斑扩展迅速，发病严重。

4）传播途径

病原菌借风雨、灌溉水飞溅等传播，自气孔、皮孔侵染危害。

5）综合防治

（1）葵盘采收后，及时清除残株、落叶、空盘，集中销毁，消灭越冬菌源。

（2）葵田尽量实行4年期轮作。大雨过后及时排涝，锄草松土。

（3）发病初期，及时剪去重病叶，集中销毁。交替喷洒160倍等量式波尔多液，或70％代森锰锌可湿性粉剂600倍液，或75％百菌清可湿性粉剂800倍液。

1 叶面病斑

2 叶背表现症状

3 叶柄上病斑

346 向日葵叶枯病

叶枯病是多种食用、药用和观赏向日葵的一种常见病害。

1）发病诱因

向日葵喜阳光充足、通风良好环境，适排水良好土壤。土壤黏重，地势低洼，雨后排水不及时，栽植过密，环境郁闭、潮湿等，易发病。过量施用氮肥，苗木徒长，多年重茬种植、管理粗放、清园不彻底、病虫害防治不及时等，该病发生严重。

2）表现症状

多发生在叶片上，也侵染叶柄。从下部叶片的先端及边缘开始发病，初为圆形、半圆形褐色病斑，边缘深褐色，周边有黄色晕圈，病斑扩展融合成大的斑块。潮湿环境条件下，病斑上出现灰褐色霉状物，干燥天气病叶焦枯。发病严重时，病叶大量脱落，仅剩顶部数叶和葵盘，影响葵盘发育，降低种子品质和产量。

3）发生规律

真菌性病害，病菌在病株残体和病落叶上越冬。7月上旬开始发病，生长期内可重复侵染。低温高湿、夏季持续阴雨、多大雾的湿热天气，病害发害严重。

4）传播途径

病原菌借风雨传播，从气孔、皮孔侵染危害。

5）综合防治

（1）葵盘采收后，拔除茎秆，彻底清除落叶，集中销毁。

（2）避免多年重茬栽植。干旱时适时补水。

（3）大田种植时，雨季来临前清理沟渠，雨后及时排水、松土，散湿、保墒。

（4）避免阴天或无风傍晚喷水，尽量减少叶面持水。

（5）发病初期，及时剪去重病叶，集中销毁。交替喷洒70%甲基托布津可湿性粉剂1000倍液，或50%福美双可湿性粉剂500～800倍液，或120倍等量式波尔多液，或50%多菌灵可湿性粉剂800倍液，7～10天喷洒1次。

1 叶缘病斑

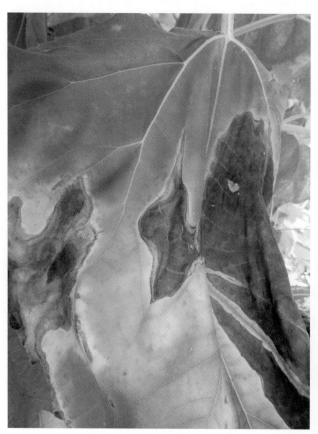

2 叶片被害状

347 向日葵盘腐型菌核病

盘腐型菌核病俗称烂盘病，又叫白腐病，是各种向日葵的常见病害。

1）发病诱因

地势低洼、雨后排水不及时、栽植过密、环境潮湿等，易发病。多年重茬连作、管理粗放、冬季清园不彻底、病虫害防治不及时等，发病严重。

2）表现症状

发生在葵盘上，花托或苞片上初为淡黄褐色、圆形微凹斑点，向周边及深层扩展成不规则形褐色病斑，并延伸到葵盘正面，造成海绵组织褐色软腐。潮湿天气，腐烂组织上滋生白色菌丝。葵盘及种子迅速腐烂，严重影响种子成熟度和产量。

3）发生规律

真菌性病害，病菌在病株残体、带菌种子、落地病葵盘上，或随残体在土壤中越冬。花蕾显现时开始侵染，生长期内可重复侵染，7～8为病害高发期。花期多阴雨，有利于病菌侵染。高温季节遇大暴雨及持续阴雨天气，加速病斑扩展和葵盘腐烂。

4）传播途径

病原菌借风雨、昆虫传播。带菌种子和带菌苗木是重要的传播途径。

1 病斑初期症状

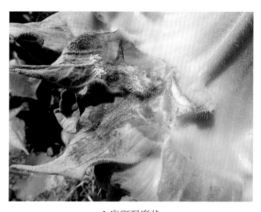

2 病斑湿腐状

5）综合防治

（1）葵盘采收后，彻底清除地上残体，集中销毁。从无病葵盘上选留饱满种子。

（2）显蕾及花期，交替喷洒50%速克灵可湿性粉剂1000～1500倍液，或50%甲基托布津可湿性粉剂1000倍液，或40%菌核净可湿性粉剂1000倍液。

（3）葵田宜3～4年一轮作，控制合理栽植密度。及时剪去感病葵盘，雨后及时排涝，松土散湿。

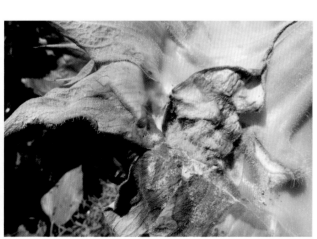

3 海绵组织被害状

4 葵盘腐烂状

348 向日葵白粉病

白粉病是各种向日葵的一种常见病害。

1）发病诱因

地势低洼，土壤黏重、板结，雨后排水不及时，造成环境潮湿；栽植过密、环境郁闭、光照不足，偏施氯肥、苗木徒长、通风不良等，易发病。连续多年重茬栽植、病虫害防治不及时、冬季清园不彻底等，病害发生严重。

2）表现症状

发生在叶片及叶柄上。下部叶片沿叶脉开始出现褪绿黄斑，并逐渐向叶脉两侧扩展，其上覆盖灰白色粉状物。病斑扩展相连成片，布满霉层，病叶逐渐成褐色焦枯，脱

1 叶面表现症状

落。发病严重株，株型较矮，茎秆细，下部秃裸，葵盘小或不能结盘，严重影响景观效果，降低种子饱满度和产量。

3）发生规律

真菌性病害，病菌在病残体、病落叶上越冬。5月下旬开始初侵染，生长期内可重复侵染。6月、8 ~ 9月病害发生严重。春季低温多雨、田间湿度大，幼苗发病尤为严重。

4）传播途径

病原菌借风雨、灌溉水喷溅、昆虫传播，自皮孔、伤口侵染危害。

5）综合防治

（1）葵盘采收后，彻底清除残体、落叶，集中销毁。

（2）控制栽植密度，及时清除田间杂草。避免多年重茬栽植，宜3 ~ 5年轮作。

（3）注意防治白粉虱等。大雨过后及时排涝，松土散湿。

（4）发病初期，交替喷洒160倍等量式波尔多液，或15%粉锈宁可湿性粉剂1000倍液，或50%多菌灵可湿性粉剂1000液，7 ~ 10天喷洒1次，连续2 ~ 3次。

349　向日葵茎腐病

茎腐病是向日葵的主要病害之一。

1）发病诱因

栽植过密，通风不良；地势低洼、雨后排水不及时，造成环境和土壤湿度过大，易发病。管理粗放，用带菌种子播种育苗，多年连作的葵田，该病发生严重。

2）表现症状

多发生在茎秆上，也危害叶柄和葵盘，严重时全株枯亡。茎部症状有两种类型：

（1）褐腐型：早期发病多为此种类型。茎秆上初为褐色斑点，扩展成长条形湿腐状，病菌侵入髓部，髓部褐色软腐成糊状，后病部萎缩中空，易折断。

（2）黑腐型：后期发病多为此种类型。茎秆上初为失绿水浸状浅斑，扩展成长条形黑色病斑，髓部软腐，病斑后期呈条状开裂，病茎易折损。

1 茎秆初发病状

葵盘上初为圆形、褐色或黑褐色、水浸状略凹陷病斑，后黑色或褐色腐烂。

被侵染叶柄水渍状软腐，叶片下垂、萎蔫，褐色干枯。

3）发生规律

细菌性病害，病菌随病残体在土壤中越冬。生长期内均可侵染发病，7～9月为病害高发期。夏季多雨、降雨量大、持续阴雨，发病严重。

4）传播途径

病原菌借风雨、灌溉水等传播，自皮孔、伤口侵染危害。

5）综合防治

（1）葵盘采收后，彻底清除地上残体，集中销毁。

（2）初发病时，交替喷洒50%退菌特可湿性粉剂600倍液，或14%络氨铜水剂400倍液，或72%农用链霉素4000倍液，或50%多菌灵可湿性粉剂800倍液。

（3）合理控制栽植密度。及时剪去病叶，拔除重病株。雨后及时排涝散湿。

2 葵盘上病斑

3 茎秆黑腐型危害状

4 茎秆褐腐型危害状

350 菊花花腐病

菊花花腐病又叫花枯病、菊花疫病，是多种菊花的主要病害之一。

1）发病诱因

菊花喜光照充足、通风良好环境，适疏松、排水良好土壤，忌水涝。土壤黏重，地势低洼，栽植过密，环境郁闭、阴湿，花、叶持水等，易发病。

2）表现症状

主要发生在花蕾和花瓣上，也侵染幼芽、花梗、叶片和嫩茎。花蕾初现褐色斑点，很快扩展至整个花蕾，花蕾腐烂枯萎。已开花的，多从个别花瓣或花冠一侧发病，逐渐扩展到整朵花，花瓣褐色、黑褐色腐烂，失水干枯。

被侵染花梗黑色腐烂，造成花冠下垂、枯萎，严重影响鲜切花品质和产量。

感病叶片初为圆形黑色斑点，扩展成不规则状黑褐色病斑，病叶枯萎、脱落，落地的病斑上易显现黑色粒状物。

3）发生规律

真菌性病害，病菌在病落叶和病株残体上越冬。该病有潜伏侵染现象，生长期内可重复侵染。蕾期、花期多雨、多雾、多露，持续阴雨，该病发生严重。

4）传播途径

病原菌借风雨、灌溉水喷溅、昆虫传播。从皮孔、气孔和花的柱头侵染危害。

5）综合防治

（1）及时摘除病花蕾、病花、病叶，剪去发病嫩茎，交替喷洒50%苯菌灵可湿性粉剂1000倍液，或70%代森锰锌可湿性粉剂500倍液，或75%百菌清可湿性粉剂600倍液，5~7天喷洒1次，连续2~3次。

（2）加强养护管理，及时清除重病株，集中销毁。不在阴天或傍晚灌水，避免在花和叶片上喷水，雨后及时排水散湿。观赏期过后，彻底清除残株和落叶。

1 菊花发病症状

2 花腐烂状

3 花序被害状

351　菊花斑枯病

斑枯病又叫黑斑病，是菊花、旱小菊等菊科花卉的常见病害。

1）发病诱因

栽植过密，株丛拥挤，通风不良，环境郁闭、潮湿等，易发病。管理粗放，土壤过旱、过湿、秋季清园不彻底、重茬连作、多年老株等，发病较重。

2）表现症状

发生在叶片上，多从下部叶片开始侵染。初为黄褐色斑点，扩展成近圆形或不规则状病斑，边缘黑褐色，中央转灰褐色。相邻病斑扩展融合成大斑，病斑干枯，病叶萎黄卷缩，提前脱落或干缩在茎上。

3）发生规律

真菌性病害，病菌在病落叶上或随病残体在土壤中越冬。北方地区5月中旬开始初侵染，生长期内可重复再侵染。8～9月为病害高发期，多雨、持续阴雨、雨量大的高湿环境，该病发生严重。

4）传播途径

病原菌借风雨、灌溉水飞溅、昆虫、病健叶接触摩擦等传播，从气孔侵染发病。

5）综合防治

（1）茎叶枯萎后，彻底清除地上残体，集中销毁。

（2）苗木栽植和盆花摆放不可过密。早春对多年生株丛进行分株更新，保持良好的通透性。

（3）上年发病严重地块，幼苗出土时，地面喷洒0.6波美度石硫合剂，或160倍等量式波尔多液，10天喷洒1次，连续2次。

（4）发病初期，喷洒100倍等量式波尔多液，或50%苯菌灵可湿性粉剂500倍液，或70%代森锰锌可湿性粉剂500倍液，10～15天喷洒1次，连续2～3次。

（5）及时清除基部老叶、病叶、重病株残体，集中深埋，减少再侵染。

1　叶面病斑

2　后期症状

352 万寿菊花腐病

花腐病是万寿菊、孔雀草等菊科一、二年生草本花卉的常见病害。

1）发病诱因

万寿菊喜光照充足、通风环境，适排水良好土壤，怕涝。土壤黏重、灌水过勤，雨后排水不及时，环境潮湿；栽植过密、通风不良、花器持水等，易发病。

2）表现症状

主要发生在花蕾和花上，也侵染茎、叶。染病花蕾不能开放或不能完全开放，深褐色腐烂枯萎。个别花瓣初为褐色斑点，扩展后呈长圆形或不规则形病斑褐色干腐。潮湿环境下很快扩展至整朵花，病花失水干枯。

3）发生规律

真菌性病害，病菌在病株残体上越冬。初花时遇雨开始侵染，生长期内可重复侵染，7～9月为病害高发期。花期多雨、雨量大、持续阴雨天气，发病严重。

4）传播途径

病原菌借风雨、灌溉水溅射等传播，从气孔侵染危害。

5）综合防治

（1）花坛地面要平整，保持一定坡降度，有利于排水。

（2）及时拔去重病株，清除病残体，集中销毁。

（3）发病初期，及时摘去病花。交替喷洒75%百菌清可湿性粉剂600倍液，或64%杀毒矾可湿性粉剂400～500倍液，或25%苯菌灵乳油800倍液。

（4）适当控制灌水量，大雨过后及时排水。避免喷灌，禁止无风傍晚灌水，尽量减少花器持水，避免夜间环境湿度过大。

1 花瓣腐烂状

2 整朵花腐烂

3 病花瓣失水干枯

353　鸡冠花枯萎病

枯萎病是鸡冠花的毁灭性病害。

1）发病诱因

鸡冠花喜排水良好土壤，耐旱、忌湿。土壤黏重、透水性差、灌水过勤，易发病。种植地地面不平整、雨后排水不及时、局部积水、圃地连作等，该病发生严重。

2）表现症状

全株性病害，由根部侵染，向地上茎叶扩展。茎基初为水渍状褐色斑点，扩展成椭圆形至不规则形暗褐色病斑，病部腐烂。下部叶片转黄，萎蔫下垂，并向上扩散蔓延。部分或全部根系黑褐色腐烂，病株易倒伏，常成片枯萎死亡。

3）发生规律

真菌性土传病害，病菌随病残体在土壤中越冬。幼苗长出时即开始侵染，7～10月为病害高发期。高温季节多雨、雨量大、持续阴雨，发病严重。

4）传播途径

病原菌借风雨、灌溉水，随带菌苗木、带菌土壤、带菌种子传播，自根部伤口侵染危害。

5）综合防治

（1）播种前，种子进行消毒处理。尽量避免重茬栽植，栽植前土壤浇灌50％多菌灵可湿性粉剂600倍液，或50％代森铵水剂1000倍液，进行消毒处理。

（2）土壤干旱时适时补水，雨后及时排水，锄草，松土散湿。

（3）发病初期，用30％甲霜恶霉灵水剂600～800倍液，或23％络氨铜水剂300倍液，或2％农抗120水剂150倍液灌根，7天灌根1次，连续2～3次。

（4）观赏期过后，彻底清除地上残体，集中销毁，土壤翻晒消毒。

1 茎部发病症状

2 病茎腐烂

3 根系腐烂

4 植株成片枯萎

354 一串红黑斑病

黑斑病是一串红、一串白、一串紫的常见病害。

1）发病诱因

栽植过密，通风条件差，灌水过勤，环境潮湿；重茬栽植，种植地不平整，雨后排水不通畅造成局部积水；不正确的灌水方式造成叶面持水等，易发病。

2）表现症状

主要发生在叶片上，也侵染叶柄和嫩梢。叶面初为黑色圆形斑点，扩展成近圆形或不规则形黑褐色略凹陷病斑，中央转为灰褐色。病斑干枯脱落，形成穿孔。发病严重时，病叶黄枯脱落，仅残留茎秆和顶端花序，失去观赏价值。

3）发生规律

真菌性病害，病菌在病落叶或随病株残体在土壤中越冬。北方地区多于6月上旬开始发病，生长期内可重复侵染，8~9月为发病高峰期。高温季节多雨、持续阴雨过后的湿热环境条件下，病害发生严重。

4）传播途径

病原菌借风雨、灌溉水喷溅、昆虫等传播，从气孔侵染危害。带菌苗木调运，是异地传播的重要途径。

5）综合防治

（1）观赏期过后，及时将残株连根拔除，彻底清除残枝、落叶，集中销毁。

（2）花坛地面要平整，保持一定的坡降度，有利于排水。合理控制灌水量和灌水次数，避免晴天中午或无风的傍晚喷水或灌水，防止夜间环境潮湿。

（3）合理控制栽植密度，盆花不可摆放拥挤，保持株间良好的通透性。注意防治蚜虫、蚧虫、红蜘蛛等刺吸害虫，消灭传播媒介，减少病害发生。

（4）发病初期，交替喷洒200倍等量式波尔多液，或75%百菌清可湿性粉剂800倍液，或65%福美锌可湿性粉剂400~600倍液，7~10天喷洒1次。

1 叶面病斑

2 病斑中期症状

3 后期危害状

355 一串红疫霉病

疫霉病又叫疫腐病，是一串红、一串白、一串紫的毁灭性病害。

1）发病诱因

一串红喜阳光充足、通风良好环境，怕积水。土壤黏重，栽植过密或盆花摆放拥挤，易发病。喷灌叶片持水、雨后排水不通畅、环境潮湿等，发病严重。

2）表现症状

发生在茎上，也侵染叶片。茎节及分杈处初为暗绿色、不规则形水渍状斑，向茎枝两端扩展成褐色斑块，很快黑褐色腐烂，茎上叶片黑褐色枯萎。严重时仅残留黑色茎秆和顶端少量花、叶，病株枯萎，周边苗木也相继死亡。

3）发生规律

真菌性病害，病菌在病株残体和土壤中越冬，在土壤中可存活多年。栽植后即可发病，生长期内可重复侵染，北方地区7~8月为病害高发期。少雨年份，病害发生较少。夏季多雨、持续降雨，有利于病害传播蔓延，该发病生较重。

4）传播途径

病原菌借风雨、灌溉水飞溅等传播，从皮孔侵染危害，也可由土壤传播，从根系处侵染危害。

5）综合防治

（1）大型花坛栽植地要平整，保持一定坡降度，有利于排水。合理控制栽植密度和盆花摆放密度，保持株间良好的通透性。

（2）避免阴天或无风傍晚喷水，避免将泥水喷溅到茎叶上。雨后排水散湿。

（3）发病初期，交替喷洒58%甲霜灵锰锌可湿性粉剂600倍，或25%瑞毒霉可湿性粉剂500~800倍液，或65%代森锰锌可湿性粉剂600~800倍液。

（4）及时剪去病茎，拔去重病株，集中销毁。土壤用70%五氯硝基苯粉剂5~10g/m²，或40%根腐宁可湿性粉剂，10~15g/m²消毒。

1 初发病状　　　　　　　　　　2 茎枝被害状　　　　　　　　　　3 整株枯亡

356 百日草黑斑病

黑斑病又叫褐斑病，是百日草的主要病害之一。

1）发病诱因

百日草喜光照充足，通风、排水良好环境。栽植过密，环境郁闭、潮湿，通风不良等，易发病。管理粗放、病害防治不及时，发病严重。

2）表现症状

主要发生在叶片和花上，也侵染嫩茎。叶面初为黑褐色斑点，扩展成圆形或不规则形、中央淡褐色、边缘暗褐色或紫褐色病斑，潮湿环境下病斑上产生黑色霉层。花瓣上出现暗褐色斑点，扩展成近圆形病斑，花瓣皱缩干枯，失去观赏价值。幼苗茎部常形成条状、暗褐色凹陷溃疡斑，病株枯死。

3）发生规律

真菌性病害，病菌在病株残体及带菌种子上越冬。苗期即可发病，生长期内可重复侵染，高温季节多雨、雨量大、持续阴雨，有利于病菌侵染蔓延，发病严重。

4）传播途径

病原菌借风雨、灌溉水、带菌种子繁殖等传播，从气孔、伤口侵染危害。

5）综合防治

（1）播种前种子放入50％多菌灵可湿性粉剂1000倍液中浸种10分钟，进行消毒处理，晾干后播种。

（2）病害发生时，交替喷洒160倍等量式波尔多液，或65％代森锰锌可湿性粉剂500倍液，或50％代森铵水剂800倍液，10天喷洒1次。

（3）观赏期过后，彻底清除地上残株、落叶，集中销毁。

1 花瓣病斑症状

2 叶面病斑

3 叶片被害状

357　百日草炭疽病

炭疽病是百日草的主要病害之一。

1）发病诱因

栽植过密，通风不良；雨后排水不及时，环境郁闭、潮湿；过量施用氮肥、苗木徒长等，易发病。阴天或无风的傍晚灌水，田间湿度大，加重病害发生。

2）表现症状

多发生在老叶或成叶上，并由下部叶片逐渐向上部蔓延。初为暗绿色水渍状斑点，扩展成近圆形或不规则形病斑，中央淡褐色，边缘暗褐色，外缘有暗紫褐色晕圈。病斑扩展融合在一起，形成大的枯斑，后期病斑上出现黑色小粒点。病斑常破裂形成穿孔，病叶易早落。

3）发生规律

真菌性病害，病菌在病落叶、病株残体或带菌种子上越冬。生长期内可多次再侵染，7～9月为病害高发期。高温季节多雨、持续降雨、雨量大，发病严重。

4）传播途径

病原菌借风雨、灌溉水喷溅传播，从气孔、伤口侵染危害。

5）综合防治

（1）观赏期过后，将地上部分拔除，彻底清除残枝、落叶，集中销毁。

（2）栽植不可过密，宜 12 ～ 16 株 /m²。避免阴天或无风的傍晚灌水，大雨过后及时排水，松土散湿，控制田间湿度。

1 叶面病斑

2 叶片危害状

（3）病害发生期，及时剪去病叶、病花，拔除重病株，集中销毁。交替喷洒 160 倍等量式波尔多液，或 65％代森锌可湿性粉剂 600 倍液，或 70％甲基托布津可湿性粉剂 800 ～ 1000 倍液，或 50％炭疽福美可湿性粉剂 500 倍液，10 天喷洒 1 次，连续 2 ～ 4 次。

358 百日草白粉病

白粉病是百日草、宿根天人菊、福禄考、松果菊、黑心菊、紫菀、荷兰菊等一、二年生草本花卉和宿根花卉的一种常见病害。

1）发病诱因

栽植过密，环境郁闭，通风不良；雨后排水不及时、田间湿度大等，易发病。

2）表现症状

叶片、花蕾、花瓣、花梗上初为零星白色粉点或粉斑，随病情发展，病斑扩展，粉层增厚。发病严重时，叶片、花蕾、花瓣、花梗上布满粉层。花蕾停止发育，不能开放，叶片、花瓣褐色枯萎，花梗肿胀变粗，造成花枯株亡。

3）发生规律

真菌性病害，病菌在病株残体和病落叶上越冬。5月下旬开始发病，生长期内可多次侵染。7～8月多雨、雨量大、持续阴雨后，常会出现一个发病小高峰。

4）传播途径

病原菌借风雨传播，自气孔、皮孔侵染危害。随带菌苗木调运，异地传播。

1 花瓣上白色粉斑

2 叶及叶柄上的白色粉斑

5）综合防治

（1）花坛地面平整，保持一定坡降度，利于排水。合理控制栽植密度。

（2）不在无风傍晚喷灌水，尽量减少花、叶持水。大雨过后及时排水，降低环境湿度。

（3）及时清除重病株、枯死株、病落叶，集中销毁，减少侵染源。

（4）发病初期，交替喷洒200倍等量式波尔多液，或25%粉锈宁可湿性粉剂1500～2000倍液，或70%甲基托布津可湿性粉剂1000倍液，7～10天喷洒1次。

3 叶枯萎

4 被害花梗肿胀变形

5 群体发病状

359 百日草花腐病

花腐病是百日草的主要病害之一。

1）发病诱因

栽植过密，通风不良，环境郁闭、潮湿，光照不足等，易发病。不适宜的灌水方式，花部持水、持露时间长等，病害发生严重。

2）表现症状

发生在花蕾和花瓣上。个别花瓣先发病，初为褐色斑点，病部褐色腐烂，后黄褐色枯萎，可扩展至整个花蕾和整朵花。潮湿天气，其上滋生白色菌丝。病害发生严重时，花蕾不能开放，花朵腐烂枯萎，失去观赏价值。

3）发生规律

真菌性病害，病菌在病株残体上越冬。花蕾显现时即可侵染发病，生长期内可重复侵染，7～9为病害高发期。高温季节多阴雨、多大雾天气，发病严重。

4）传播途径

病原菌借雨水、灌溉水溅射、昆虫等传播，自气孔侵染危害。

5）综合防治

（1）茎叶枯萎后，彻底清除残株，搂净地上枯茎、落叶，集中销毁。

（2）花坛栽植地整地时，地面要平整，保持一定坡降度。合理控制栽植密度，保持株间良好的通透性。

（3）避免在阴天或无风傍晚喷水。雨后及时排水，松土散湿，控制田间湿度。

（4）及时剪去病花，集中销毁。交替喷洒50％退菌特可湿性粉剂1500倍液，或75％百菌清可湿性粉剂800倍液，或70％甲基托布津可湿性粉剂800～1000倍液，50％苯菌灵可湿性粉剂1000～1500倍液，7～10天喷洒1次，连续2～3次。

（5）注意防治蚜虫、绿盲蝽、蝽象等传播媒介，减少病害发生。

1 病花表现症状　　　　　　　　　　　　2 病花雨后干爽时表现症状

360 百日草茎腐病

茎腐病是百日草、万寿菊等露地草本花卉的毁灭性病害。

1）发病诱因

土壤黏重、板结，透水、透气性差；栽植过密，灌水过勤，土壤过湿，雨后排水不及时、局部积水等，易发病。育苗地连作，遭受日灼伤害等，发病严重。

2）表现症状

发生在茎上。嫩茎上初为灰黄色圆形斑点，纵向扩展后呈褐色至灰褐色条形病斑，其上叶片变黄，花茎萎垂。病部皮层组织腐烂，失水溢缩，逐渐灰褐色枯萎。其上花蕾、花、叶片全部枯死，但不脱落，后期病茎上出现黑色小粒点。发病严重时，茎部折损或倒伏，整株死亡。

3）发生规律

真菌性病害，病菌在病残体上和随病残体在土壤中越冬。生长期内可重复再侵染，7～8月为病害高发期。久雨骤停、阳光暴晒、高温持续时间长、苗木遭受日灼伤害，发病严重。高温多雨的湿热天气，病斑扩展迅速。

1 茎秆发病状

4）传播途径

病原菌借风雨、灌溉水喷溅传播，从皮孔侵染危害。

5）综合防治

（1）茎叶枯萎后，及时清除地上残株，集中销毁，消灭越冬菌源。

（2）阴天和无风傍晚不灌水，避免湿气滞留。雨后及时排水，降低环境湿度。

（3）发病初期，喷洒50%速克灵可湿性粉剂1500倍液，或50%福美双可湿性粉剂500～800倍液，或30%甲霜恶霉灵水剂800倍液。

（4）及时修剪病枝，彻底清除重病株、病死株，集中销毁，减少再侵染。

2 茎秆枯萎

3 病茎上出现灰黑色霉斑

4 后期病部显黑色小点

361 牵牛花白锈病

白锈病是牵牛花的常见病害。

1）发病诱因

土壤黏重、栽植过密、通透性差等，易发病。环境郁闭、潮湿，光照不足；冬季病组织及重病株清理不彻底、病害防治不及时等，发病严重。

2）表现症状

发生在嫩茎、幼叶、叶柄、花梗、花萼及花瓣上。叶面散生浅绿色近圆形斑点，扩展为不规则形黄绿色病斑，呈疱状鼓起，病斑中央渐成褐色坏死。叶背散生白色粒点，渐成隆起的白色粒状物，后期散出白色粉状物，病叶焦枯、脱落。叶柄、花梗、嫩茎等幼嫩组织肿胀，其上密布白色粒状物，逐渐枯萎，失去观赏性。

3）发生规律

真菌性病害，病菌在病落叶、病株残体和带菌种子上越冬。6月下旬开始发病，8～9月为病害高发期，多雨、持续阴雨的湿热天气，有利病菌侵染和扩展蔓延。

4）传播途径

病原菌借风雨、灌溉水、昆虫，及带菌种子播种或落地自育繁殖等传播。

1 叶面病斑呈疱状鼓起

2 叶背白色粒状物

3 花梗及花萼的上粒状物

4 叶柄上粒状物

5 花序被害后期症状

6 叶片被害状

5）综合防治

（1）落叶后，彻底清除地上枯萎茎叶，集中销毁，减少越冬菌源。

（2）4月地面喷洒50%甲基托布津可湿性粉剂800倍液，杀灭越冬菌。

（3）及时剪除病组织，集中销毁。交替喷洒64%杀毒矾可湿性粉剂800倍液，或160倍等量式波尔多液，或25%粉锈宁可湿性粉剂800倍液，或58%甲霜灵锰锌可湿性粉剂600倍液。

362 沿阶草炭疽病

炭疽病是沿阶草、麦冬的常见病害。

1）发病诱因

沿阶草、麦冬耐阴，喜湿润、排水良好的砂质土壤。地势低洼，土壤黏重，环境郁闭；栽植过密，建植多年未分株更新，株丛拥挤，通透性差；管理粗放、病残体清理不及时，雨后排水不通畅导致土壤过湿等，易发病。

2）表现症状

多从叶先端或叶片边缘发病，初为枯黄色至褐色圆形斑点，扩展成圆形、半圆形或不规则形褐色病斑，边缘沿叶脉向外略有延伸，外缘有黄色晕，中央渐转灰褐色至灰白色。后期病斑黑色坏死，其上散生黑色小粒点，病叶提前变黄枯萎。

3）发生规律

真菌性病害，病菌在病叶和病株残体上越冬。4月遇雨开始侵染发病，7～8月为病害高发期。多雨年份、高温多雨、持续阴雨、雨量大，发病严重。

4）传播途径

病原菌借风雨、灌溉水喷溅等传播，自气孔、伤口侵染发病。

5）综合防治

（1）地面叶片近郁闭时，选择无病母株进行分株移栽，防止株丛过密。

（2）早春及时清理病枯叶，集中销毁，喷洒 0.5波美度石硫合剂。

（3）土壤干旱时适时补水，避免喷溅到叶片上。雨后及时排水防涝。

（4）发病初期，交替喷洒 120 倍等量式波尔多液，或 75% 百菌清可湿性粉剂 800 倍液，或 25% 炭特灵可湿性粉剂 600 倍液。

1 叶面病斑

2 病斑显黑色小粒点

3 发病后期症状

363 蛇莓黑粉病

黑粉病是蛇莓、连钱草的常见病害。

1）发病诱因

蛇莓喜阴凉、通风良好湿润环境，不耐水湿，也不耐干旱。土壤黏重，盐碱偏重，透水性差；栽植过密、灌水过勤、雨后排水不通畅、局部积水，造成环境潮湿等，易发病。管理粗放，病株清理不及时、不彻底，落叶后地面枯草未搂除干净，该病发生严重。

2）表现症状

主要发生在叶片和叶柄上。多沿叶缘开始发病，初为大小不一的黄褐色或灰黑色斑点，逐渐向内、向叶柄扩展成黑色小粒点，后期出现突起的黑色粒状物（子实体）。粒状物顶端破裂，散出大量灰白色至灰褐色霉粉，并迅速向周边扩展蔓延。叶片两面及叶柄上布满黑色粒点或粉状物，茎叶枯萎。发病严重时，茎叶成片枯亡。

3）发生规律

真菌性病害，病菌在病株残体、病落叶上和土壤中越冬。生长季节可常年发病，春、秋季节多雨，持续阴雨，有利于病害传播蔓延，该病发生严重。

4）传播途径

病原菌借风雨、灌溉水、人员活动等传播，从气孔、伤口侵染危害。

5）综合防治

（1）大面积栽植时，整地要保持一定坡降度，地面应平整，防止雨后积水。

（2）秋末搂净地上枯萎茎叶，集中销毁。

（3）发芽时，地面喷洒200倍等量式波尔多液，消灭越冬菌源。

（4）及时摘去病叶，彻底清除病株，集中深埋。交替喷洒25%丙环唑乳油2000倍液，或25%粉锈宁可湿性粉剂2000倍液，7～10天喷洒1次，连续2～3次。

1 发病初期症状　　　　　　　　　　2 叶片被害状

364 草坪黑粉病

黑粉病是草地早熟禾、匍匐剪股颖、黑麦草等禾草的毁灭性病害。

1）发病诱因

播种过深、肥力不足、土壤过于干旱、枯草层太厚等，易发病。管理粗放，病虫害防治不及时，修剪机械交叉使用，草屑清理不及时、不彻底等，发病严重。

2）表现症状

主要危害叶片。叶片上可见与叶脉平行的黄褐色、长短不一的条形斑。病部皮层内产生黑色孢子堆，表皮破裂后散出黑色粉状物。病害发生严重时，病株上布满了黑色粉状物，病叶黄枯，并从上向下细丝状碎裂。禾草成片死亡，造成大面积斑秃，杂草大量侵入。

3）发生规律

真菌性病害，病菌在种子、病株残体上、土壤中越冬，在土壤中可存活多年。该病多发生在晚春或初秋的冷、湿天气，以生长多年的老草坪发生严重。

4）传播途径

病原菌借风雨、昆虫、灌溉水飞溅、人员活动、剪草机具等进行传播，由气孔或伤口侵染危害。随带菌种子、种苗，带菌土壤等，异地传播。

5）综合防治

（1）种子用 25% 粉锈宁拌种，播种不宜过深。不铺栽带病草卷或草块。

（2）灌水时灌则灌透。避免晴天的中午或无风傍晚灌水。

（3）及时清除病株残体，交替喷洒 25% 粉锈宁可湿性粉剂 2000 倍液，或 20% 丙环唑乳油 4000 倍液，或 70% 甲基托布津可湿性粉剂 800 倍液，7 ~ 10 天喷洒 1 次，连续 2 ~ 3 次。

（4）病害发生期，先剪无病害区，剪草后搂净枯草和草屑，及时喷洒杀菌剂，防止伤口侵染。剪草机械刀具进行消毒处理。

1 初期症状　　　　　　　　　　　　　　　　2 后期症状

365　草坪白粉病

白粉病是北方地区高羊毛、多年生黑麦草、草地早熟禾、匍匐剪股颖等草坪禾草的常见病害。

1）发病诱因

土壤干旱、肥力不足，禾草过密，枯草层太厚；过量施用氮肥，环境阴湿，通风不良；草叶有水、有露时进行修剪，剪草机械交叉使用，草屑清理不及时，病虫害防治不到位等，易发病。

2）表现症状

发生在叶片和叶鞘上，也侵染茎秆。病菌只侵染表层，致营养丧失，枯萎死亡。叶面初为白色霉点，扩展成近圆形或椭圆形、灰白色霉斑，扩展增厚成霉层，后期出现黑色小粒点。严重时，造成生长势衰弱，草叶萎黄，成片枯亡。

3）发生规律

真菌性病害，病菌在病株残体上越冬。北方地区5～7月开始侵染发病，生长期内可重复侵染。多雨的凉爽潮湿天气，有利于病害发生。5～6月，8～10月为病害高发期。

4）传播途径

病原菌借风雨、灌溉水、剪草机具、生物活动等传播，从气孔、伤口侵染危害。

5）综合防治

（1）不过量施用氮肥。适时进行剪草、疏草，提高通透性。

（2）干旱时及时补水，灌则灌透。避免无风傍晚灌水，防止湿气滞留。雨后及时排水防涝。

（3）发病初期，交替喷洒25％粉锈宁可湿性粉剂2000倍液，或50％多菌灵可湿性粉剂500倍液，或75％百菌清可湿性粉剂600倍液，7～10天喷洒1次。

（4）避免草叶有水、有露时进行修剪。病害发生期，先剪无病害区。剪草后搂净枯草和草屑，及时清运。喷洒杀菌剂，防止伤口侵染，剪草机械刀具进行消毒处理。

1 发病初期症状

2 草叶布满白色粉层

366 草坪锈病

锈病是结缕草、草地早熟禾、高羊毛、多年生黑麦草等北方禾草的常见病害。

1）发病诱因

土壤黏重、板结，枯草层过厚，偏施氮肥或夏季使用氮肥等，易发病。雨天或有露水时剪草、剪草工具交叉使用、病残体清理不及时，发病严重。

2）表现症状

多发生在叶片、叶鞘上，也侵染茎秆。初为散生或成排排列针点状浅黄色斑，扩展成梭状或条状疱斑，表皮破裂散出橙黄色、锈黄色粉状物（夏孢子堆），或黑色粉状物（冬孢子堆）。该病扩展迅速，常造成草坪大面积枯萎，失去观赏性。

1 初期症状

3）发生规律

真菌性病害，病菌为转主寄生菌，在中间寄主小蘗、紫叶小蘗、鼠李叶片上越冬。生长期产生锈孢子和夏孢子，多次侵染禾草。北方地区 5 月开始发病，多雨年份、春秋季节多雨的高湿环境下，发病严重，9～10 月为病害高发期。

4）传播途径

病原菌借风雨、灌溉水、人员活动、园林机械等传播，从剪口、伤口侵染危害。

5）综合防治

（1）草坪返青后进行低修剪，用钉耙搂净草屑和枯草，集中销毁。

（2）不可过量施用氮肥，不宜傍晚灌水，控制土壤湿度，避免草叶持水。

（3）发病初期，交替喷洒 20％粉锈宁乳油 1200 倍液，或 12％腈菌唑可湿性粉剂 2000 倍液，或 75％代森锰锌可湿性粉剂 400 倍液，同时喷洒周边小蘗等。

（4）草叶干爽时，先剪无病害区，搂净枯草和草屑，集中清走。及时喷洒杀菌剂，防止病菌从伤口侵染。剪草机械刀具必须进行消毒处理。

2 散发锈粉状物

3 禾草被害状

367　草坪腐霉枯萎病

腐霉枯萎病是早熟禾、高羊毛、匍匐剪股颖、多年生黑麦草的毁灭性病害。

1）发病诱因

土壤盐碱、黏重，坪地不平整，雨后造成局部积水；栽植过密、枯草层过厚等，易发病。偏施氮肥、雨天或有露水时剪草、剪草工具交叉使用等，发病严重。

2）表现症状

发生在禾草各个部位，造成芽腐、叶腐、根腐。草叶先端或近叶鞘处呈暗绿色水浸状湿腐，触摸有油腻感，雨后或有露水的清晨及傍晚，茎叶上可见白色絮状菌丝层。病株根部腐烂，禾草茎叶黄褐色枯萎倒伏，形成近圆形枯草斑圈。

3）发生规律

真菌性病害，病菌为土壤习居菌，在病株和随病残体在土壤中越冬。北方地区6月下旬至9月中旬为发病高峰期。雨量大、持续阴雨的高温高湿天气，该病常普遍发生。

4）传播途径

病原菌随雨水、露水、灌溉水、剪草机具等传播，自剪口、伤口侵染危害。

5）综合防治

（1）草坪建植时，地面要平整，保持一定坡降度，防止雨后局部出现积水。

（2）加强养护管理，控制灌水次数，灌则灌透，雨后及时排水。病害发生期，严禁雨天或有露水时剪草。不偏施氮肥，冷季型草夏季尽量不施用氮肥。

（3）病害发生期，先修剪无病害区，将草屑和枯草搂净及时运出，机械进行消毒处理。及时喷洒64%杀毒矾可湿性粉剂800倍液，或25%甲霜灵可湿性粉剂600～800倍液，或25%腐霉·福美双可湿性粉剂1000～1200倍液。

（4）彻底清除病株及枯草圈内残草，土壤消毒处理后，再行补播或补栽。

1 发病症状

2 草坪被害状

3 被害草坪形成枯草斑圈

368 草坪镰刀菌枯萎病

镰刀菌枯萎病是剪股颖、草地早熟禾等禾草破坏性最严重的病害。

1）发病诱因

碱性土、土壤黏重、雨后局部积水、环境潮湿等，易发病。枯草层过厚、灌水过勤、病害防治不及时、剪草机械交叉使用、病残体清理不到位等，发病严重。

2）表现症状

该病造成叶腐、茎腐、根腐、芽腐。初为不明显淡绿色斑，从叶先端向下或叶鞘基部向上蔓延，腐烂。潮湿环境下，茎基和叶鞘上有白色至粉红色絮状物（菌丝体）。高温干旱时，禾草很快枯黄，在草坪上形成近圆形直径约 20cm ~ 100cm 的环带状枯草圈，中央禾草仍正常生长，草圈呈现"蛙眼状"，为该病典型特征。

3）发生规律

真菌性病害，病菌在病残株、土壤和枯草中越冬，在干燥土壤中可以存活 2 年以上，是主要初侵染源。冷凉多湿、高温高湿，有利于该病蔓延，发病严重。

4）传播途径

病原菌借风雨、灌溉水、剪草机具、土壤中线虫等传播，从气孔、剪口、伤口侵染危害。随带菌土壤、带菌草种和带菌草卷、草块，异地传播。

5）综合防治

（1）不偏施氮肥。夏季土壤不旱不灌水，灌则灌透。雨后及时排水散湿。

（2）清理过厚枯草层，不给病原菌提供越冬及越夏场所。病害发生时，先剪无病害区，及时喷洒杀菌剂。将草屑和枯草搂净及时运出，剪草机械刀具经消毒处理。

（3）发病初期，及时喷洒 30% 恶霉灵水剂 1200 ~ 1500 倍液，或 70% 甲基托布津可湿性粉剂 800 ~ 1000 倍液，或 95% 地菌净水分散粒剂 500 倍液喷施或灌根。

（4）清除病株，病区及周边土壤浇灌上述药液，药液量不少于 200ml/m²。

1 发病初期症状

2 草圈呈现"蛙眼状"

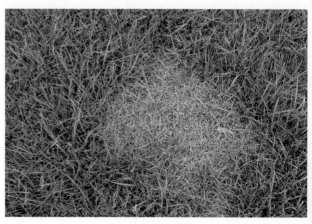

3 染病禾草枯死

369 荷花黑斑病

黑斑病是荷花、睡莲、碗莲、王莲等水生植物的常见病害。

1）发病诱因

过量施用氮肥，苗木徒长，生长势弱；夏季池塘或盆（缸）内未及时补水、水温过高，雨后水位和水温变化过大等，易发病。池塘或盆栽多年连作、栽植过密、病虫危害等，发病严重。

2）表现症状

叶面初为散生淡黄色斑点，扩展成近圆形或不规则形、大小不一、分布不均匀的暗褐色病斑。病健组织界限清晰，外缘有黄绿色晕圈，常具同心环纹，后期病斑上出现黑色霉状物。相邻病斑扩展融合成片，叶片焦枯。

3）发生规律

真菌性病害，病菌在病株残体上越冬。华北地区6月开始发病，生长期内可重复侵染，7～9月为病害高发期。高温季节遇暴雨、持续阴雨天气，病害加重。

4）传播途径

病原菌借风雨、昆虫传播，从气孔、伤口侵染危害。

5）综合防治

（1）荷花、睡莲等原地栽植不宜超过3年。容器种植宜每年分株定植。

（2）及时清除病叶、病残体，集中销毁。重病株应更换容器新土，重新栽植。

（3）池内放养鱼类的，发病不严重时，尽量不喷药。发病严重时，交替喷洒65%福美锌可湿性粉剂800倍液，或50%多菌灵可湿性粉剂500倍液，或75%百菌清可湿性粉剂800倍液等低毒农药。7～10天喷洒1次，连续3～4次。

（4）不施用未经腐熟的有机肥。不同季节，根据气温变化，降雨量大小，及时补水、放水，合理控制水位。水质不好时，及时换水，保证水质达标。

1 荷花叶面病斑

2 病斑具同心环纹

3 碗莲叶面病斑及被害状

370 荷花褐斑病

褐斑病是荷花、睡莲、碗莲、凤眼莲、王莲、芡实等水生植物的一种常见病害。

1）发病诱因

管理粗放，夏季补水、放水不及时，水温过高，易发病。栽植过密，多年连作，茎叶拥挤，通风不良；水中盐碱含量高、生长势弱、病害危害等，发病严重。

2）表现症状

主要发生在叶片上。叶面初为褪绿黄色斑点，扩展成褐色、圆形或椭圆形病斑，病健组织界限清晰。病斑常连接成片，干枯、破裂。发病严重时，叶片变褐焦枯，其上出现黑色霉点。

3）发生规律

真菌性病害，病菌在病落叶或病株残体上越冬。华北地区多于6月下旬开始发病，生长期内可重复再侵染，7～8月为病害高发期。高温季节多大暴雨、持续阴雨，该病发生严重。

4）传播途径

病原菌借风雨传播，从气孔侵染危害。随带菌苗木调运，异地传播。

5）综合防治

（1）加强苗木检疫，不采购带菌苗木。

（2）入冬前，彻底清除水面残枝败叶，集中销毁，消灭越冬菌源。

（3）合理密植。盆栽养殖的，原株栽植宜每年结合分株进行定植。池养原地栽植不宜超过3年，4月分株种植。

（4）生长季节，注意及时放水、补水，以免水位过低或过高。避免水温和盐碱含量过高，通过补水调节，水温不宜超过25℃。

（5）发病初期，交替喷洒80%代森锌可湿性粉剂600倍液，或50%多锰锌可湿性粉剂600倍液，或75%百菌清可湿性粉剂800倍液，7～10天喷洒1次。

1 发病初期症状　　　　　　　　　　　2 叶片被害状

371 荷花腐烂病

腐烂病是荷花、睡莲、碗莲、凤眼莲的主要病害之一。

1）发病诱因

阴雨天光照不足，暴雨后水位迅速升高，叶片漫没水面；施用未腐熟的有机肥、施肥过量、水质污染等，易发病。夏季池塘或盆（缸）内水位过低，导致水温过高、水中盐碱含量升高；土壤贫瘠、多年连作、病株清理不彻底等，发病严重。

1 荷花叶缘病斑

2）表现症状

发生在全株，由种根开始发病，显现褐色斑点，扩展至藕节，形成褐色腐烂。水面以上幼嫩组织逐渐发病。叶缘为青枯色水渍状斑，向内扩展，叶缘青枯、内卷。感病叶柄、花梗、花和果实，相继成褐色干腐，花梗上有纵向凹线。严重时全株枯亡，并向周边蔓延。

3）发生规律

真菌性病害，病菌在病株根状茎和泥土中越冬。生长期内均可侵染发病，7～9月为该病高发期，高温季节多暴雨、雨量大，持续阴雨，病害发生严重。

4）传播途径

病原菌借灌溉水传播，带菌土壤、带菌种根是重要初侵染源，从伤口侵染危害。

5）综合防治

（1）种植前，种根茎在石灰液中浸泡10分钟，进行消毒处理。重病田宜2～3年轮作，盆栽养殖的，每年结合分株进行定植。

（2）雨后及时放水，水位低时及时补水，避免水温和盐碱含量过高。普遍发病时，连同种根茎彻底清除病株。

（3）初发病时，及时剪除病叶，病花蕾，病果，喷洒50％疫霉净可湿性粉剂500倍液，或30％恶霉灵水剂1200～1500倍液。

2 病斑青枯

3 碗莲花瓣、幼果干腐

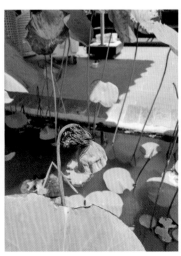

4 碗莲果实被害状

372　碗莲斑腐病

斑腐病是碗莲的一种常见病害。

1）发病诱因

碗莲喜光照充足、通风良好环境，适淡肥、水质清洁的静水。水位过低，盐碱含量高，水温过高；多年连作、株丛拥挤、通风不良等，易发病；灌溉水水质不达标、施肥过量，造成水质污染等，该病发生严重。

2）表现症状

发生在叶片上。多从叶片边缘开始侵染，初为黑色水渍状斑点，扩展成半圆形、近圆形或不规则形黑褐色病斑。病健组织界限清晰，边缘黑色，外缘有黄色晕圈，内显灰褐色和黑色交错不规则轮纹状波纹。病斑扩展融合成大斑，干枯破裂，部分脱落，造成叶面、叶缘残缺，有时病斑上可见灰褐色霉层。

3）发生规律

真菌性病害，病菌在病株残体上越冬。北方地区6月中下旬开始发病，生长期内可重复再侵染，7月下旬至9月下旬为侵染高峰期。

4）传播途径

病原菌借风雨传播，从气孔侵染危害，带菌种苗是异地传播的主要途径。

5）综合防治

（1）入冬前，彻底清除水面残枝败叶，集中销毁，消灭越冬菌源。

（2）保持水质清洁，及时捞净水面杂物、腐叶等。夏季注意及时补水、放水，水温控制在25℃以下。

（3）普遍发病时，交替喷洒50%苯菌灵可湿性粉剂1500倍液，或80%炭疽福美可湿性粉剂800倍液，或75%百菌清可湿性粉剂800倍液，10天喷洒1次。

1 叶面病斑

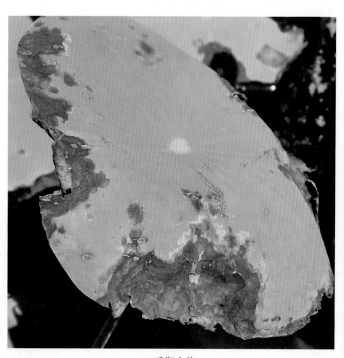

2 后期症状

373 凤眼莲黑斑病

黑斑病是凤眼莲、大花凤眼莲、黄花凤眼莲的主要病害之一。

1）发病诱因

池塘或盆栽连作，株丛拥挤，通风不良，光照不足，偏施氮肥；生长期注水、排水不及时，池水过浅，水温过高，导致池水、容器水盐碱含量升高等，易发病。

2）表现症状

发生在叶片上。叶面或叶缘初为散生、褪绿黄色近圆形斑点。扩展成近圆形或不规则形褐色病斑，逐渐转为黑褐色，病健组织界限清晰，外缘有黄色晕圈。相邻病斑扩展融合成黑褐色大斑，病叶腐烂。

3）发生规律

真菌性病害，病菌在病株残体、病落叶上越冬。北方地区多于6月下旬开始发病，生长期内可重复再侵染，7月中旬至9月上旬为侵染高峰期。多阴雨、降雨量大、光照不足、水温变化快，有利于病害侵染，发病严重。

4）传播途径

病原菌借风雨、昆虫、病健叶接触传播，从气孔侵染危害，带菌种苗是重要的传播途径。

5）综合防治

（1）随植物不同生长时期和天气变化及时调整水位，适时补水、放水，以水位保持在30cm为宜。

（2）及时清除重病株，普遍发病时，交替喷洒75%百菌清可湿性粉剂500～800倍液，或65%代森锌可湿性粉剂800倍液，或50%多菌灵可湿性粉剂500倍液，7～10天喷洒1次，连续3～4次。

1 初期症状

2 叶面病斑

3 叶片被害状

374　香蒲炭疽病

炭疽病是香蒲的主要病害之一。

1）发病诱因

香蒲适水位较稳定，通风、向阳的岸边浅水之地，忌土壤干旱或持水过深。环境郁闭、多年连作、株丛拥挤、通风不良等，易发病。水质污染、池水水位过高或过低、夏季水温或池水盐碱含量过高等，该病发生严重。

2）表现症状

多从嫩茎中下部和下部叶片开始侵染。叶面初为红褐色近圆形病斑，病健组织界限不明显，外缘有黄色晕圈。病斑扩展融合成中央转浅褐色、边缘暗褐色、不规则形大斑。病斑干枯，密集处易风折。嫩茎上为近圆形红褐色溃疡斑，边缘暗红褐色，外缘有淡黄绿色晕圈，中央转为灰白色。病斑干枯、纵裂，出现黑色粒点，病斑处易折裂。

3）发生规律

真菌性病害，病菌在病株残体上或随病残体在土壤中越冬。北方地区6月下旬开始发病，8月至9月上旬为侵染高峰期，多阴雨的闷热天气，该病发生严重。

4）传播途径

病原菌通过刺吸式昆虫、病健叶接触等进行传播，从气孔、伤口侵染危害。

5）综合防治

（1）地上茎叶枯萎后，及时进行刈割，将残茎叶清理干净，集中销毁。

（2）池塘原地栽植，宜3～5年分株更新1次，清除腐烂枯死根茎。

（3）发病严重时，及时剪去病茎叶，集中销毁。交替喷洒160倍等量式波尔多液，或25%炭特灵可湿性粉剂500倍液，或65%代森锌可湿性粉剂600倍液。

（4）池水盐碱含量高、池水水位过低时，及时换水、补水，大雨后迅速排水。

1 茎秆病斑

2 茎叶危害状

375 香蒲茎枯病

茎枯病是香蒲的主要病害之一。

1）发病诱因

栽植过密，株丛拥挤，通透性差；多年连作，土壤中腐烂的根状茎过多造成水质污染等，易发病。土壤干旱、夏季池塘水温过高、盐碱含量升高、雨后短期内水位过高等，该病发生较重。

2）表现症状

发生在嫩茎和叶片上，多从茎基和叶鞘边缘开始侵染，逐渐向上部扩展蔓延。初为黄褐色水渍状斑点，扩展成不规则形褐色斑，病健组织界限不明显，边缘黄色。病斑扩展，颜色加深，病部组织腐烂，病叶下垂，茎叶失水呈浅褐色干枯。

3）发生规律

真菌性病害，病菌随病株残体在土壤中越冬。北方地区6月中下旬开始发病，生长期内可重复再侵染，7～9月为病害高发期，10月病情逐渐减缓。

4）传播途径

病原菌借风雨传播，从气孔、皮孔、伤口侵染危害。

5）综合防治

（1）地上茎叶枯萎后，及时进行刈割，清除残茎叶，集中销毁。

（2）过于拥挤的株丛，适当进行间伐或翻蔸另栽。连作3～5年宜分株更新，分株时清除老根、枯死根、病根茎。控制栽植密度，保留一定生长空间。

（3）及时剪去病茎、病叶，清除重病株，集中销毁。交替喷洒25%多菌灵可湿性粉剂400倍液，或50%福美双可湿性粉剂600倍液，或50%速克灵可湿性粉剂1000倍液，或3%甲基多抗霉素水剂500倍液，重点喷洒嫩茎、叶基、心叶。

（4）池水盐碱含量高、水质严重污染时，及时排污、换水，保持水质清洁。水位过低时及时补水，大雨后迅速排水，水位以不淹没蒲苇的假茎为宜。

1 嫩茎上病斑

2 病茎后期症状

376 香蒲褐斑病

褐斑病是香蒲的主要病害。

1）发病诱因

栽植过密，环境郁闭，通风不良；多年原地连作、株丛拥挤、通透性差等，易发病。池水盐碱含量高、水温过高、水质污染、雨后水位持续高位等，病害发生严重。

2）表现症状

主要发生在嫩茎和叶片上。初为褐色圆形斑点，扩展成近圆形或不规则形黄褐色病斑，病健组织界限欠清晰，边缘有淡黄色晕圈，病部组织逐渐腐烂坏死。病斑扩展融合成片或抱茎，后失水凹陷，茎、叶干枯，严重时整株枯死。

3）发生规律

真菌性病害，病菌在病株残体上越冬。北方地区6月下旬开始发病，生长期内可重复侵染，7～9月为病害高发期。多雨的闷热天气，病害发生严重。

4）传播途径

病原菌借风雨、灌溉水飞溅、昆虫等传播，从气孔、伤口侵染危害。

5）综合防治

（1）地上茎叶枯萎后，及时进行刈割，并清理干净，集中销毁。

（2）株丛拥挤的老株，进行分株定植，株行距宜40cm×30cm。

（3）及时剪去病茎，彻底清除重病株，集中销毁。交替喷洒70%代森锰锌可湿性粉剂500倍液，或64%杀毒矾可湿性粉剂800倍液，或50%苯菌灵可湿性粉剂1000倍液，7～10天喷洒1次，连续2～4次。

（4）大雨后及时排水，避免池水水位过高。池水水位过低时，及时补水。

1 茎秆危害状

2 后期病斑干缩凹陷

377　菖蒲灰斑病

灰斑病是菖蒲的主要病害之一。

1）发病诱因

菖蒲喜凉爽环境，适近水湿润之地，不耐盐碱，忌土壤干旱。多年原地连作，株丛拥挤，通透性差；在大气和土壤持续干旱情况下，遭受太阳暴晒等，易发病。

2）表现症状

从基部叶片开始侵染。叶面和叶缘散生褐色斑点，扩展成近圆形、椭圆形或不规形病斑，边缘深褐色。受叶脉影响，病健组织界限不明显，外缘有黄绿色晕圈。病斑中央逐渐转为灰白色，潮湿环境下，其上覆盖灰色霉层，病叶灰白色干枯。

3）发生规律

真菌性病害，病菌在病株残体上越冬。北方地区 6 月下旬开始发病，7 ~ 9 月为病害高发期。高温干旱、暴雨、持续阴雨后突然转晴，病害发生严重。

4）传播途径

病原菌借风雨、灌溉水喷溅、昆虫等传播，从气孔、伤口侵染危害。

5）综合防治

（1）地上茎叶枯萎后，及时刈割，将残茎叶清除干净，集中销毁。

（2）连作不宜超过 3 年，株丛拥挤时，于清明前后进行分株定植。每丛 3 ~ 5 个健康分蘖，株行距宜 40cm×30cm。

（3）生长季节保持土壤潮湿或浅水，干旱时及时补水，防止土壤过于干旱。

（4）及时摘除病叶，集中销毁。交替喷洒 160 倍等量式波尔多液，或 50% 多菌灵可湿性粉剂 800 倍液，或 65% 代森锌可湿性粉剂 600 ~ 800 倍液。

1 叶面病斑

2 叶片被害状

3 后期病斑上产生灰色霉层

378 荇菜斑点病

斑点病是荇菜的常见病害之一。

1）发病诱因

荇菜为浅水植物，喜光照充足，水流、水位、水温较稳定水域。夏季补水、排水不及时，水位及水温变化大等，易发病。水质污染严重水域，该病发生严重。

2）表现症状

发生在叶片上，病斑小，通常数量较多。初为散生黑褐色斑点，扩展为近圆形褐色病斑，病健组织界限清晰，边缘色深，中央渐成褐色。病斑扩展融合成黑色大斑，病斑坏死，失去观赏价值。

3）发生规律

真菌性病害，病菌在病株残体上越冬。北方地区6月下旬开始侵染发病，生长期内可重复侵染，7月下旬至9月发病严重。高温多雨、降雨量大、持续阴雨的湿热天气，有利于病菌繁殖和快速扩展蔓延。

4）传播途径

病原菌借风雨、昆虫等传播，自气孔及伤口侵染危害。随带菌苗木异地传播。

5）综合防治

（1）定期观察池、盆水位，低位时适时补水，防止水温过高、盐碱含量上升。雨后及时排水，以水位不超过30cm为宜，保持水位、水温基本稳定。

（2）病害高发区域，发芽前，喷洒75％百菌清可湿性粉剂600倍液，或100倍等量式波尔多液，消灭越冬菌源。

（3）发病严重时，交替喷洒75％百菌清可湿性粉剂800～1000倍液，或70％甲基托布津可湿性粉剂1000倍液，或50％多菌灵可湿性粉剂500倍液。

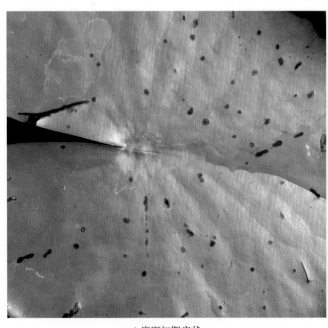 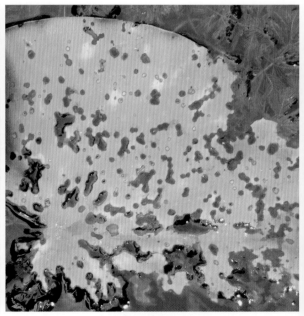

1 病斑初期症状   2 叶面病斑及被害状

379 树木煤污病

煤污病又叫锅烟病、烟霉病，是雪松、油松、杨树、柳树、槐树、梧桐、皂荚、合欢、苹果树、梨树、李树、碧桃、桃树、樱桃树、枣树、石榴、花椒、月季、紫薇、牡丹、芍药、大叶黄杨、木槿、葡萄、早园竹等多种植物的常见病害。

1 朴树枝叶被害状

2 槐树花序、花蕾、叶片被害状

1）发病诱因

刺吸害虫排泄物，给病菌提供适宜的营养环境。植物遭受刺吸害虫危害，是诱发该病的主要原因。栽植过密，通透性差，环境郁闭、潮湿等，易于发病。

2）表现症状

该病污染枝条、芽、叶片、花序、花蕾和果实，初

3 桃树芽、叶、果实被害状

4 石榴被害状

为黑色霉点，扩展增厚，形成煤烟状黑色霉层覆盖在表面，但不具侵染性。严重时，树体上布满了黑色霉层，严重影响植物生长发育，造成叶片早落、小枝枯死、果实发育受阻，树势衰弱，甚至整株枯亡。

3）发生规律

腐生真菌性病害，病菌在病枝、病芽上越冬。生长期内可多次发病，6～9月为盛发期。刺吸害虫危害猖獗，病害加重。

4）传播途径

病原菌在刺吸式害虫的排泄物、分泌物上腐生、繁殖危害，借气流和昆虫传播。

5）综合防治

（1）发芽前，全株喷洒5波美度石硫合剂，或97%机油乳剂50～60倍液。

（2）重点防治蚜虫、蚧虫、草履蚧、斑衣蜡蝉、木虱、红蜘蛛等刺吸式害虫。

（3）用加入少量中性洗衣粉的清水（可加入少量杀虫、广谱性杀菌剂）冲刷后，喷洒50%多菌灵可湿性粉剂800倍液，或50%多霉灵可湿性粉剂1500倍液。

380 树木裂果病

裂果病是石榴树、苹果树、桃树、杏树、梨树、李树、枣树、山里红、樱桃、葡萄等果树的一种常见病害。

1）发病诱因

生理性病害，由短期内土壤水分和天气剧烈变化、水肥失调等而引发。遭受日灼伤害，果皮韧性降低；前期土壤干旱，着色至近成熟期突遇暴雨，果肉组织快速膨胀；暴雨后突然转晴，果肉组织膨大和果皮收缩不同步，导致果皮开裂。偏施氮肥、钾肥施用过量、钙元素缺乏等养分失衡，也会发生裂果现象。

2）表现症状

果面或梗洼处出现裂纹，随着果实膨大，裂纹不断向纵深扩展，呈深浅不一、不规则环状横裂或放射状纵裂或龟裂，使果肉组织及籽粒外露，导致果实腐烂。

3）发生规律

多发生在二次膨大期至近成熟期，一般果皮较薄，肉质脆的晚熟品种发生严重。

4）综合防治

（1）土壤干旱时适时补水，大雨后及时排水散湿、保墒，避免土壤水分剧烈变化。果实着色后，适当控制灌水量，缓解果实发育速度，防止裂果发生。

（2）幼果适时套袋，可有效预防裂果发生。不套袋的落花后 20 ~ 50 天、果实二次膨大期，各追施 1 次 0.3% ~ 0.5% 氯化钙，或糖醇钙 1000 ~ 1500 倍叶肥。

1 枣果开裂处附生霉菌

2 石榴果皮开裂状

3 梨果开裂状

4 苹果开裂状

5 桃果开裂状

381　树干日灼病

多发生在杨树、楸树、悬铃木、马褂木、合欢、玉兰、梧桐、红枫等树上。

1）发病诱因

干皮较薄植物，经截干处理苗木，林下生长的山苗，裸露树干在盛夏持续高温干旱天气，遭受强光照射，阴雨后突然晴天阳光暴晒，导致干皮灼伤，易发该病。

2）表现症状

发生在南向和西南向的树干上。干皮纵向条状泛白、泛黄，灼伤处干皮和皮层坏死，出现裂缝。随着树干增粗生长，裂缝逐渐加宽，木质部外露。病斑停止扩展后，形成干疤，边缘产生愈伤组织，病部停止扩展。

3）发生规律

生理性病害，该病不传播，可自愈。多发生在5月下旬至9月下旬，干旱、炎热的晴天发生严重。

4）综合防治

（1）控制氮肥施用量，秋季控水控肥，防止苗木徒长。

（2）干皮较薄及截干苗木，栽植后树干涂白或草绳缠干，减少日灼伤害。涂白时，树干南向和西南向应多涂1～2遍，预防效果会更好。

（3）初发时，刮去病部坏死组织，至新鲜皮层处，用100mg/L生根粉液，或赤霉素50倍液和成泥，涂抹于伤口处，再用塑料薄膜裹严，促进伤口尽快愈合。

1 被害部产生裂缝

2 速生法桐树干被害状

3 病部树皮剥落

4 木质部裸露腐烂

5 树干保护

382 菟丝子

菟丝子又叫无根草、金丝藤，是1年生寄生性种子植物。特点是蔓茎上无叶，缠绕在植物枝干或嫩茎上，在与植物接触处生出吸器，靠吸器吸取寄主植物体内的养分和水分，供其不断生长发育，完成整个生命周期和自身持续营养繁殖。

菟丝子是一些病毒的重要传播媒介，携带病毒随菟丝子不断延伸，向周边扩展。常见有中国菟丝子和日本菟丝子，两类略有区别：

（1）中国菟丝子。又叫小菟丝子、蔓茎较细。主要危害菊花、白三叶、彩叶草、荷兰菊、一串红等草本花卉，及金叶女贞、水蜡、连翘、月季、玫瑰等低矮花灌木。

（2）日本菟丝子。蔓茎较粗，分枝多，绞杀能力强，枝条被缠绕处可见缢痕。主要危害紫叶李、紫叶矮樱、丁香、连翘、金叶女贞、大叶黄杨、木槿、红瑞木、葡萄等观赏植物，及杨树、国槐、栾树、苹果树、枣树等多种乔木和果树的幼苗。

1 中国菟丝子花序

1）危害状

菟丝子吸取被缠绕植物的养分，影响植物正常生长发育，常导致生长势衰弱。严重时，草坪局部秃裸，禾草、草本花卉枯萎，树木幼苗及幼树枝枯树亡。

2）发生规律

菟丝子以种子在土壤或杂草中越冬。5～6月种子陆续萌发，6～8月是菟丝子旺盛生长期。8月中下旬菟丝子开花，种子成熟后落入土中越冬。

3）传播途径

依靠种子随风繁殖传播，可随苗木、种子客土调运，或随蔓茎伸展，扩展危害。

4）综合防治

（1）苗木栽植前，深翻土地，使菟丝子种子不能萌发。

（2）种子萌发前，锄草松土，阻止种子萌发。

（3）剪断茎蔓造成伤口，仔细喷洒48%菟丝灵可湿性粉剂，或鲁保1号，或48%仲丁灵乳油200倍液，重点喷洒伤口处，喷湿为止。

（4）及时清除蔓茎，将残茎全部清离现场，集中销毁。

2 中国菟丝子在白三叶上危害状

3 日本菟丝子花序

4 日本菟丝子危害状

第二部分　园林植物虫害

一、食叶害虫

001 油松毛虫

主要危害油松、日本黑松、白皮松、华山松、樟子松、赤松、红松、华北落叶松等，是多种松林的毁灭性害虫。

1）生活习性

幼虫取食针叶。初孵幼虫群集在卵块附近的针叶上取食危害，2龄后开始分散取食，受惊扰时有吐丝下垂、随风飘移扩散习性。5龄幼虫具暴食性，食料不足时，常群体迁移危害，老熟幼虫在针叶间结茧化蛹。成虫有趋光性，迁飞能力较强，将卵产于枝梢的针叶上。

2）危害状

初孵幼虫啃食针叶成缺刻状，导致针叶枯黄，大龄幼虫可将针叶吃光。虫口密度大时，幼虫暴发成灾，可将成片松林的针叶全部吃光。在疏于管理的纯林中，该虫年年发生，针叶年年被吃光，导致生长势衰弱，造成林木大量枯死。

3）发生规律

京、津及以北地区1年发生1代，以3～4龄幼虫在翘皮、枯枝落叶下、杂草中、石块下及浅土层越冬。4月上中旬越冬幼虫上树危害，6月中下旬幼虫老熟陆续结茧化蛹，7月上中旬成虫开始羽化。8月末幼虫孵化，幼虫共8龄，危害至10月中下旬，幼虫下树越冬。纯林中常呈周期性暴发式发生。

1幼虫

4）综合防治

（1）春季幼虫上树前和秋季下树越冬前，将树干1.2～1.5m高度处粗皮刮平，用宽塑料条绕干缠紧，不留缝隙，或树干绑扎毒环，阻杀上树及下树幼虫。

（2）幼虫期，交替喷洒25%灭幼脲3号悬浮剂1500倍液，或90%晶体敌百虫1000倍液，或2.5%溴氰菊酯乳油2500倍液，或50%辛硫磷乳油1500倍液防治，7天喷洒1次，连续2～3次。

（3）成虫羽化期，利用黑光灯诱杀成虫。

（4）林区和风景区，该虫大发生年份，适时释放松毛虫赤眼蜂进行防治。

2幼虫

002 赤松毛虫

主要危害赤松、油松、日本黑松、樟子松、华山松、雪松等。

1）生活习性

初孵幼虫群集在针叶上取食危害，有吐丝下垂、借风力扩散习性。3龄后分散取食当年新生针叶，以末龄幼虫食量最大。食料不足时，常群体迁移危害。成虫有趋光性，迁飞能力较强，白天静伏，黄昏及夜间交尾、产卵，将卵产于枝梢的松针上，成念珠状或块状。

2）危害状

初孵幼虫取食针叶叶缘成缺刻状，大龄幼虫可把叶片吃光。虫口密度大时，可将大面积松林的叶片全部吃光，导致树势衰弱。同一地区，该虫连年大量发生，可使林木成片枯亡。

3）发生规律

北方地区1年发生1代，多以4、5龄幼虫在翘皮下、杂草中、枯枝落叶及石块下越冬。京、津及以北地区，3月下旬越冬幼虫陆续上树危害，6月为危害高峰期。7月上中旬幼虫老熟结茧化蛹，7月中旬始见成虫。8月上中旬幼虫开始孵化危害，10月中旬幼虫陆续下树寻找场所越冬。该虫在纯针叶林区易暴发成灾。

4）综合防治

（1）风景区虫口密度大的年份，适时释放松毛虫赤眼蜂、平腹小蜂，或喷洒赤松毛虫病毒（NPV）制剂等，进行生物防治。

（2）7月注意摘去叶丛中的茧蛹，及时灭杀。

（3）其他防治，可参照油松毛虫防治方法。

1 幼虫

003 落叶松毛虫

危害华北落叶松、油松、日本黑松、樟子松、红松、云杉、红皮云杉、冷杉等。

1）生活习性

幼虫取食芽苞和针叶。初孵幼虫群集在枝梢顶端的芽苞上危害，有吐丝下垂、随风飘散危害习性，2龄后分散蚕食针叶。幼虫有假死性，受惊后坠地蜷缩不动，3龄后具暴食性。成虫趋光性强，黄昏及夜晚活动，迁飞能力较强，将卵产于枝梢及梢部的针叶上，多成块状。

2）危害状

被食芽苞残缺，不能正常开放，影响幼苗生长和树形培养。针叶叶缘被啃食成缺刻状，严重时叶片被全部吃光。该虫连续数年发生，则造成树势逐年衰弱，导致松林成片枯亡。

3）发生规律

河北北部及辽宁地区1年发生1代，以3、4龄幼虫在枯枝落叶下、杂草中越冬。4月中下旬越冬幼虫开始上树危害，6月中下旬幼虫老熟陆续结茧化蛹。7月上中旬成虫羽化、产卵，7月下旬幼虫开始孵化，危害至10月上旬下树越冬。该虫多发生在背风向阳的纯林，在连续2~3年大气干旱后，虫口密度迅速增加，常呈周期性暴发式发生。

4）综合防治

（1）春季幼虫上树前和秋季下树越冬前，在树干1.2~1.5m高度处，缠宽塑料条，或树干绑扎毒环，阻杀上、下树幼虫。

（2）成虫羽化期，利用黑光灯、频振式杀虫灯，诱杀成虫。

（3）园区内少量发生时，人工捕杀幼虫。普遍发生时，交替喷洒0.36%苦参碱水剂1500倍液，或3%高效氯氰菊酯乳油800倍液，或Bt乳剂400~600倍液，或50%辛硫磷乳油1500倍液，兼治赤松毛虫、松毛虫等。

（4）片林虫口密度大时，卵期释放松毛虫赤眼蜂、跳小蜂、黑卵蜂等寄生蜂，幼虫期释放松毛虫埃姬蜂等，进行生物防治。

1 成虫展翅状   2 成虫静伏状

004　华竹毒蛾

华竹毒蛾是早园竹、刚竹、箬竹、芦苇等植物的主要害虫之一。

1）生活习性

幼虫取食嫩叶。1～2龄幼虫有吐丝下垂，随风飘移，转株、转叶危害习性。成虫有较强的趋光性，有一定的迁飞能力，将卵产于竹杆中下部，卵灰白色，近扁圆形，顶部较平，中央略凹陷，呈单行或双行排列。

2）危害状

幼虫取食竹叶成缺刻、孔洞。虫口密度大时，可将成片竹叶全部吃光，仅残留叶柄。严重影响竹笋和幼竹发育，造成来年新竹量减少。

3）发生规律

华北地区偶见发生，1年发生2～3代，以老熟幼虫在枯枝落叶、杂草下、竹中下部的杆壁上，地面竹箨或土石块下结薄茧越冬。4～5月成虫陆续羽化，该虫世代重叠，5月中旬至10月为幼虫危害期，10月下旬老熟幼虫下树结茧越冬。

4）综合防治

（1）冬季进行彻底清园，清除枯枝落叶及周边杂草，消灭幼虫越冬场所。

（2）少量发生时，人工摘除茧蛹，捕杀幼虫。

（3）利用黑光灯或频振式杀虫灯，诱杀成虫。

（4）幼虫3龄前，交替喷洒90%晶体敌百虫1000倍液，或20%杀灭菊酯乳油3000倍液，或2.5%溴氰菊酯乳油3000倍液，或50%马拉硫磷乳剂1500倍液防治。

（5）虫口密度大时，竹林适时释放绒茧蜂、内茧蜂等寄生蜂进行防治。

1 幼虫

2 幼虫

3 茧

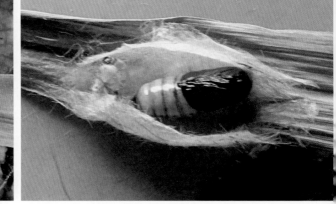

4 蛹

005　银杏大蚕蛾

银杏大蚕蛾又叫核桃大蚕蛾、核桃楸大蚕蛾、栗大蚕蛾，主要危害银杏、核桃、核桃楸、板栗、栓皮栎、蒙古栎、榆树、柳树、楸树、梓树、桦树、枫杨、柿树、樱花、樱桃树、苹果树、桃树、梨树、李树、紫薇等。

1) 生活习性

幼虫蚕食叶片，3龄前群集叶背取食嫩叶，4龄开始分散取食，5龄具暴食性。中午最为活跃，食料不足时，常群体迁移转枝、转株危害，老熟幼虫在树冠下部枝叶间缀叶，或在附近低矮灌木及杂草上结茧化蛹。成虫有一定趋光性，迁飞能力不强。卵多产于树干下部1～3m处的树皮缝隙中，卵椭圆形，顶部有黑色小点，初为鲜绿色，后变灰白色，有黄色花纹，排列成块状。

2) 危害状

幼虫蚕食叶片成缺刻状，虫口密度大时，可将叶片全部吃光，残留主脉和叶柄。导致生长势衰弱，幼果不能正常发育或提前脱落，造成果实大量减产。

3) 发生规律

京、津及以北地区1年发生1代，以卵在树皮缝隙中越冬。5月上旬越冬卵开始孵化，幼虫共6龄，6月上中旬老熟幼虫陆续结茧化蛹，进入夏眠。8月中下旬出现成虫，9月交配产卵，以卵越冬。干旱少雨天气，不利于成虫羽化。

4) 综合防治

（1）发芽前，树干喷洒3～5波美度石硫合剂，消灭越冬卵。

（2）人工捕杀幼虫，摘除茧蛹，集中销毁。

（3）成虫羽化期，利用黑光灯、频振式杀虫灯等，诱杀成虫，压低虫口基数。树干涂白，防止产卵。

（4）幼虫3龄前，是防治的关键时期，交替喷洒90%晶体敌百虫1500倍液，或25%灭幼脲3号悬浮剂2000倍液，或20%杀灭菊酯乳油3000倍液，或2.5%溴氰菊酯乳油2500倍液防治，7～10天喷洒1次。

（5）果园、片林和景区，适时释放柞蚕绒茧蜂、赤眼蜂等寄生蜂，进行生物防治。

1 雌成虫

2 雄成虫

006 美国白蛾

美国白蛾又叫网幕毛虫，危害杨树、柳树、桑树、榆树、白蜡、悬铃木、臭椿、核桃、葡萄、苹果树、梨树、李树、桃树、山里红、海棠类、金银木等多种植物。

1）生活习性

初孵幼虫吐丝拉网，3龄前群集网幕中取食，4龄破网分散危害，5龄进入暴食期，常迁移危害。成虫有趋光性，白天静伏，卵多产于叶片上，呈密集块状。

2）危害状

树冠上可见小型或大型密织网幕，网幕中被害叶片成半透明纱网状。树冠局部枝条上叶片残缺不全或仅剩叶脉，严重时可将整株，或成片植物叶片全部吃光。

3）发生规律

京、津及河北地区1年发生3代，以蛹在树干翘皮、砖石、枯枝落叶下越冬。4月中旬成虫开始羽化，4月下旬至6月下旬、7月下旬至8月下旬、8月下旬至10月中旬，分别为各代幼虫危害期。幼虫共7龄，8月出现世代重叠现象，可见各种虫态，10月下旬末代幼虫老熟，陆续化蛹越冬。

4）综合防治

（1）及时剪除树冠上有虫网幕，就地灭杀。交替喷洒25%灭幼脲3号悬浮剂2000倍液，或1.2%烟参碱乳油1000倍液，或5%氯氰菊酯乳油1500倍液。

（2）白天捕杀栖息成虫。利用黑光灯、频振式杀虫灯、性诱捕器，诱杀成虫。

（3）公园及片林，适时释放白蛾周氏啮小蜂。

1 雌雄成虫　　　　　　　　2 雌成虫产卵状　　　　　　　　3 卵块

4 低龄幼虫及危害状　　　　5 幼虫破网危害状　　　　　　6 越冬蛹

007　杨白潜叶蛾

主要危害毛白杨、加杨、山杨、小青杨、唐柳等。

1）生活习性

幼虫孵化后即咬破叶片表皮，潜入叶内，在上、下表皮间蚕食叶肉组织，并将粪屑排泄其内，在叶面形成大小不一的黑色虫斑。非越冬代老熟幼虫出孔，在叶背"H"形白色薄丝茧中化蛹。成虫有趋光性，将卵产于叶片主脉和侧脉附近，卵扁圆形，暗灰色，多排列成条状。

1 叶面虫斑

2）危害状

叶面可见褐色虫斑，斑内常有数条幼虫取食。虫斑内叶肉组织被蚕食一空，仅残留上、下表皮，其内堆积大量黑色虫粪。数个虫斑融合成黑褐色大型枯斑，有时可达全叶 1/2 以上，叶片焦枯。后期斑块表皮破裂，叶片提前脱落。

3）发生规律

京、津及以北地区 1 年发生 3 代，以老熟幼虫在干皮缝隙、伤疤处及落叶上结茧化蛹越冬。4 月中下旬杨树展叶时成虫开始羽化，5 月上旬 1 代幼虫孵化进入危害盛期。该虫世代区分不明显，有时 4 种虫态同时出现。幼虫共 5 龄，10 月中旬末代幼虫老熟结茧化蛹越冬。该虫在幼苗、幼龄树及树干萌蘖枝嫩叶上，发生较为普遍。

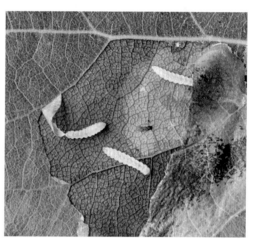

2 虫斑内幼虫

4）综合防治

（1）冬季彻底清除枯枝落叶，集中销毁。

（2）成虫羽化期，利用黑光灯诱杀成虫。

（3）及时摘除有虫叶，消灭叶内幼虫和叶背茧蛹。

（4）大面积发生时，成虫羽化盛期和幼虫孵化期，交替喷洒 50％杀螟松乳油 1500 倍液，或 2.5％溴氰菊酯乳油 2500 倍液，或 50％马拉硫磷乳剂 1000 倍液。

3 叶片危害状

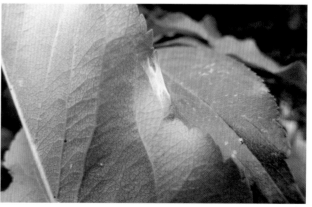

4 茧

008 白杨叶甲

白杨叶甲又叫白杨金花虫，主要危害毛白杨、胡杨、加杨、速生杨、唐柳、旱柳、垂柳、馒头柳、美国竹柳等。

1）生活习性

成、幼虫取食新梢嫩芽和叶片。幼虫孵化后，咬食叶片上表皮和叶肉组织，残留下表皮，黑色粪便黏附在叶片上。幼虫3龄后分散取食，受惊扰时从体背突起中溢出乳白色、具恶臭味黏液，老熟后在叶片或小枝上悬垂化蛹。成虫有一定迁飞能力，有假死性，受惊后坠地装死，将卵产于叶背或叶柄上，排列成块状。

2）危害状

该虫有趋嫩性，以幼树和幼苗受害严重。被害嫩芽变黑，逐渐枯萎。叶片被取食成透明网状，叶缘成缺刻，叶片出现枯斑，或残缺不全。虫口密度大时，可将叶片吃光，仅残留中脉和叶柄。

3）发生规律

河北及辽宁地区1年发生2代，以成虫在枯枝落叶下，或浅土中越冬。4月上中旬杨树展叶时，越冬成虫开始上树取食危害，4月中下旬陆续产卵。5月上旬1代幼虫孵化危害，7月上旬出现2代幼虫，幼虫共4龄，该虫世代重叠。7月下旬2代成虫陆续羽化，9月下旬成虫开始下树，陆续越冬。

4）综合防治

（1）冬季彻底清除园内枯枝落叶、杂草，集中销毁，减少越冬虫源。

（2）成、幼虫发生期，交替喷洒1.2%苦烟乳油1000倍液，或90%晶体敌百虫800～1000倍液，或50%杀螟松乳油1000倍液，或50%马拉硫磷乳油1000倍液防治，7天喷洒1次，兼治其他食叶害虫。

1 蛹

2 幼虫及危害状

3 幼虫受惊扰后表现症状

009　杨扇舟蛾

杨扇舟蛾又叫白杨天社蛾，危害各种杨树、柳树等。

1）生活习性

初孵幼虫群居嫩梢取食叶片，2龄后吐丝缀叶在网幕内取食危害，3龄幼虫破网分散取食。具暴食性，食料不足时，吐丝随风飘移转枝危害。成虫具趋光性，善飞翔，昼伏夜出。卵多产于叶背或叶面，橙红色，单层平铺，成整齐块状。

2）危害状

树冠上可见网幕和被幼虫取食成筛网状叶片，危害严重时，可在短时间内将叶肉组织全部吃光，仅残留下表皮，叶片呈白色膜状枯萎。大龄幼虫可将叶片吃光，仅残留叶柄。

1 成虫交尾状

3）发生规律

京、津及河北地区1年发生4～5代，以蛹在树干裂缝及翘皮下、杂草中、落叶下结茧越冬。4月上中旬成虫开始羽化，中下旬1代幼虫孵化危害。幼虫共5龄，除第一代较为整齐外，其余各代世代重叠，5～8月为危害盛期。

4）综合防治

（1）摘除带卵叶片，集中销毁。及时剪除网幕，消灭网幕内幼虫。

（2）危害严重时，用高压喷雾器交替喷洒20％灭幼脲1号悬浮剂8000倍液，或1.2％烟参碱乳油1000倍液，或Bt乳剂500～600倍液，毒杀幼虫。

（3）利用黑光灯诱杀成虫。片林适时释放舟蛾赤眼蜂、黑卵蜂等进行防治。

2 成虫正在产卵

3 卵块

4 低龄幼虫群集危害状

5 大龄幼虫

6 老熟幼虫

7 越冬茧蛹

8 幼虫危害状

010　杨二尾舟蛾

杨二尾舟蛾又叫杨双尾舟蛾、杨双尾天社蛾，危害多种杨树、柳树。

1）生活习性

初孵幼虫群集取食叶片，4龄进入暴食期。老熟幼虫咬破树干背阴面树皮，紧贴树干吐丝，将碎屑粘连成与树皮颜色相近的灰褐色硬茧，在茧内化蛹。成虫有趋光性，将卵单产于叶背。

2）危害状

叶片被取食成缺刻，残缺不全。严重时可将叶片吃光，仅残留主脉和叶柄。秋后和早春，在树干背阴面可见与树皮颜色相近、质地坚硬的虫茧。

3）发生规律

京、津及以北地区1年发生2代，以蛹在树干、枝干分叉背阴面的硬茧内越冬。5月上中旬成虫陆续羽化，6月上旬至7月上旬、8月上旬至9月上旬，分别为各代幼虫危害期。幼虫共5龄，9月中旬老熟幼虫陆续结茧化蛹越冬。

4）综合防治

（1）冬季或初春，仔细检查树干背阴面，用硬器敲击虫茧，消灭越冬蛹。

（2）成虫羽化期，利用黑光灯、频振式杀虫灯，诱杀成虫。

（3）成虫产卵盛期，林区释放舟蛾赤眼蜂，可有效压低虫口基数。

（4）幼虫期，交替喷洒25%灭幼脲3号悬浮剂2000倍液，或2.5%溴氰菊酯乳油3000倍液，或1.2%烟参碱乳油1000倍液，7~10天喷洒1次。

1 成虫

2 卵

3 大龄幼虫

4 老熟幼虫

5 茧

6 蛹

011　杨小舟蛾

杨小舟蛾又叫杨褐天社蛾，危害各种杨树、柳树。

1）生活习性

幼虫孵化后，群集取食嫩芽及叶片上表皮和叶肉组织，3 龄后进入暴食期，白天潜伏，夜间分散蚕食叶片，具迁移危害习性。幼虫固着性差，易震落。非越冬代老熟幼虫吐丝缀叶，在缀叶内结薄茧化蛹。成虫有趋光性，白天躲藏在枝叶等隐蔽处，夜间交尾，将卵产于叶片上，卵黄褐色，半球形，成块状排列。

2）危害状

叶片被食成透明网膜状、孔洞或缺刻。虫口密度大时，可将成片林木叶片全部吃光，残留主脉和叶柄，严重影响树木生长势。

3）发生规律

华北地区 1 年发生 3 ~ 4 代，以末代老熟幼虫在树皮缝隙、树洞、落叶、杂草中结茧化蛹越冬。4 月中下旬开始出现越冬代成虫，5 月上中旬，6 月中旬至 7 月上旬，7 月中旬至 8 月上旬，9 月至 10 月上旬，分别为各代幼虫危害期，幼虫共 5 龄，7 ~ 8 月为危害高峰期，在有的年份常暴发成灾。10 月中旬末代老熟幼虫下树结茧化蛹越冬。

4）综合防治

（1）冬季彻底清除枯枝落叶，林内及周边杂草，集中销毁。

（2）成虫羽化期，人工捕杀成虫。利用黑光灯、频振式杀虫灯，诱杀成虫。

（3）成虫产卵盛期，林区释放赤眼蜂、黑卵蜂等寄生蜂，兼治杨扇舟蛾等。

（4）用木棍击打树干，捕杀振落幼虫。摘除幼虫群集的虫叶，捕捉大龄幼虫，及时灭杀。

（5）幼虫期，交替喷洒 1.2％苦参碱乳油 1000 倍液，或 2.5％溴氰菊酯乳油 3000 倍液，或 20％杀灭菊酯乳油 2500 倍液防治。

1 成虫栖息状

2 低龄幼虫

3 大龄幼虫

012 杨枯叶蛾

杨枯叶蛾又叫杨柳枯叶蛾、白杨枯叶蛾，主要危害杨树、柳树、苹果树、梨树、桃树、杏树、李树、紫叶李、樱花、梅花、海棠类等。

1）生活习性

初孵幼虫群集取食嫩芽和叶肉组织，有吐丝下垂习性。3龄后分散蚕食叶片，5龄具暴食性，白天静伏，夜晚取食，老熟幼虫在卷叶内化蛹。成虫有趋光性，白天静伏在树干及枝条上，酷似一片枯叶，将卵产于枝干或叶片上。

2）危害状

叶片被蚕食成孔洞或缺刻，虫口密度大时，可在几天内将成片林木的叶片全部吃光，失去观赏价值，严重影响果实发育，可造成果实大量减产。

3）发生规律

东北及华北地区1年发生1代，以2、3龄幼虫在干皮裂缝、树洞或落叶中结薄茧越冬。京、津地区4月上中旬，越冬幼虫上树危害，幼虫共6龄，6月老熟幼虫陆续结茧化蛹，6月下旬成虫开始羽化。7月幼虫孵化危害，10月越冬。

4）综合防治

（1）冬季彻底清除枯枝落叶，集中销毁，消灭越冬幼虫。

（2）利用黑光灯诱杀成虫，人工捕杀在树干上静伏的成虫，防止交尾产卵。

（3）幼虫期，傍晚喷洒1.2%烟参碱乳油1000倍液，或2.5%溴氰菊酯乳油2500倍液，或50%马拉硫磷乳油1000倍液，或50%杀螟松乳油1000倍液防治。

1 白天在树干上静伏的成虫

2 成虫及卵

3 大龄幼虫

4 老熟幼虫

5 杨树枯叶蛾茧

6 蛹

013 绿尾大蚕蛾

绿尾大蚕蛾又叫长尾水青蛾、燕尾蛾，危害杨树、柳树、杜仲、核桃树、枫杨、玉兰、山茱萸、苹果树、梨树、杏树、枣树、樱桃树、芍药、紫薇、葡萄等。

1）生活习性

初孵幼虫群集叶背昼夜取食叶肉，3龄后食量大增，分散取食。非越冬代老熟幼虫，在枝上贴叶吐丝结茧化蛹。成虫有趋光性，飞翔能力强，卵多产于叶背。

2）危害状

叶片被食成缺刻、孔洞，严重时可将叶片吃光，仅残留主脉和叶柄。

3）发生规律

华北地区1年发生2代，以老熟幼虫在大枝分杈处，或杂草上结茧化蛹越冬。5月中旬成虫羽化，5月下旬1代幼虫开始孵化危害，幼虫共5龄，6月中旬老熟幼虫结茧化蛹。7月中旬始见2代幼虫，9月下旬幼虫老熟陆续结茧越冬。

4）综合防治

（1）冬季结合修剪，彻底清除园内枯枝落叶、杂草，集中销毁。

（2）少量发生时，人工捕杀幼虫。及时摘除茧蛹，集中灭杀。

（3）利用黑光灯、频振式杀虫灯等，诱杀成虫。

（4）普遍发生时，交替喷洒50%杀螟松乳油800倍液，或Bt乳剂400～600倍液，或90%晶体敌百虫800～1000倍液防治，7～10天喷洒1次。

1 成虫

2 卵

3 幼虫取食状

4 老熟幼虫

5 茧

6 蛹

014 杨柳小卷蛾

杨柳小卷蛾又叫杨树卷叶蛾，主要危害各种杨树、柳树、美国竹柳等。

1）生活习性

幼虫孵化后吐丝将 2 ～ 3 片叶缀连在一起，在其内取食顶芽和先端幼嫩叶片，有转叶危害习性。非越冬代老熟幼虫，在缀叶内吐丝结灰白色薄茧化蛹。成虫有趋光性，夜晚活动，卵多散产于叶面。

2）危害状

幼虫将数个嫩叶粘贴在一起，或成扭曲状，在卷叶内取食叶肉组织，残留下表皮呈箩网状，留下残叶和枯斑，虫叶提前脱落。

1 卷叶状

3）发生规律

京、津地区 1 年发生 3 ～ 4 代，以幼虫在树皮缝隙处结茧越冬。4 月上旬杨树发芽、展叶时，越冬幼虫开始活动危害，4 月下旬幼虫老熟化蛹，5 月成虫陆续羽化，6 月 1 代幼虫孵化危害，以此代幼虫危害最为严重，以后世代重叠，10 月下旬老熟幼虫结茧越冬。

4）综合防治

（1）发芽前，清除在干皮缝隙中的越冬茧，集中销毁。

（2）利用黑光灯诱杀成虫。

（3）少量发生时，及时摘除缀叶，消灭缀叶内幼虫或蛹。

（4）普遍发生时，交替喷洒 25% 灭幼脲 3 号悬浮剂 2000 倍液，或 1.2% 烟参碱乳油 1000 倍液，或 20% 杀灭菊酯乳油 2500 倍液，或 50% 杀螟松乳油 1000 倍液防治。

2 幼虫及危害状

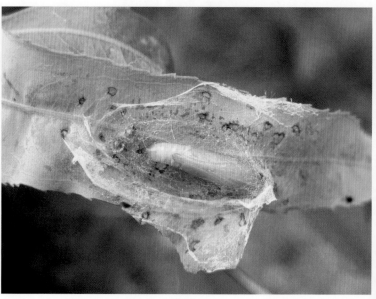

3 蛹

015　杨扁角叶蜂

危害各种杨树。

1）生活习性

初孵幼虫群集叶背啃食叶肉组织，后沿孔洞、叶缘蚕食叶片。3龄后食量大增，分散取食，有转枝、转株危害习性。成虫有短距离迁飞能力，吸食嫩芽、枝梢、幼叶上的黏液和花蜜补充营养，卵多产于叶背主脉及两侧的表皮下。

2）危害状

叶片被取食成孔洞，或残缺不全。虫口密度大时，可将全株甚至成片林木叶片全部吃光，仅残留主脉和叶柄。疏于管理的片林，连年遭受该虫危害，常造成树势衰弱，甚至成片死亡。尤以幼苗、幼树和根际萌蘖枝受害严重。

3）发生规律

东北及西北地区1年发生5代，以老熟幼虫在树基周围土中、枯枝落叶下结茧越冬。4月上旬开始化蛹，4月中下旬成虫羽化，5月上旬1代幼虫孵化，幼虫共5龄，世代重叠严重，10月中下旬末代老熟幼虫下树，入土结茧越冬。

4）综合防治

（1）少量发生时，剪去虫叶，及时灭杀幼虫。

（2）发生严重时，交替喷洒50%杀螟松乳油1000倍液，或2.5%溴氰菊酯乳油3000倍液，或1.8%阿维菌素乳油3000倍液，或50%马拉硫磷乳油1000倍液，兼治其他食叶害虫，7天喷洒1次，连续3～4次。

1 成虫

2 低龄幼虫取食状

3 大龄幼虫群集危害状

4 幼虫歇息状

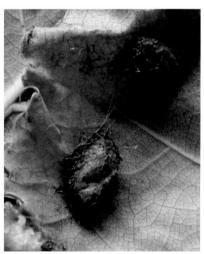

5 蛹

016 舞毒蛾

舞毒蛾又叫秋千毛虫、毒毛虫、苹果毒蛾，主要危害杨树、柳树、榆树、油松、樟子松、椴树、桦树、蒙古栎、辽东栎、板栗、五角枫、桑树、核桃树、柿树、桃树、苹果树、梨树、杏树、李树、稠李、山楂、山里红、梅花、樱花、樱桃、火炬树、紫薇、紫荆、月季等。

1）生活习性

幼虫畏光，白天潜伏，傍晚上树取食危害。初孵幼虫群集取食嫩芽和幼叶，2 龄后分散取食，低龄幼虫受惊时常吐丝下垂，借风力飘散，大龄幼虫有群体迁移危害习性。成虫有趋光性，雄成虫有一定迁飞能力，有较强的趋化性。雌成虫不善飞翔，释放性外激素引诱雄成虫。将卵产于主干、主枝的背阴面，或树洞内，卵多成块状。

2）危害状

幼虫取食叶片成孔洞、缺刻，虫口密度大时，可将整株叶片全部吃光。导致生长势衰弱，果树出现 2 次开花现象，大大降低果实品质和产量。

3）发生规律

1 年发生 1 代，以卵在枝干上越冬。华北地区 4 月中旬幼虫开始孵化，幼虫共 6 龄。7 月上旬老熟幼虫化蛹，下旬成虫羽化，交配产卵后，以卵越夏、越冬。

4）综合防治

（1）人工刮除或用硬物敲击树干上毛毡状卵块，消灭越冬卵。

（2）利用黑光灯、性诱信息素等，诱杀雄成虫，防止交配产卵。

（3）普遍发生时，傍晚喷洒 50％杀螟松乳油 1000 倍液，或 20％灭幼脲 1 号悬浮剂 8000 倍液，或 90％晶体敌百虫 1000 倍液，毒杀上树取食的幼虫。

1 雌成虫

2 幼虫

3 幼虫

017 盗毒蛾

盗毒蛾又叫黄尾毒蛾、桑毒蛾、金毛虫，主要危害杨树、柳树、榆树、桑树、构树、槐树、石榴、山楂、山里红、梨树、苹果树、桃树、碧桃、山桃、樱桃、樱花、山杏、杏树、枣树、紫叶李、枸杞等。

1 成虫

1）生活习性

幼虫取食嫩芽、叶片和花。初孵幼虫群集取食，3龄分散取食，有假死性。成虫有趋光性和一定迁飞能力，昼伏夜出，将卵产于叶背或枝干上。

2）危害状

被害芽枯萎，花残缺不全，提前脱落。叶片被食呈透明网斑、孔洞或缺刻，严重时可将叶片吃光，仅残留主脉和叶柄，影响果实发育。

3）发生规律

华北及辽宁地区1年发生2代，以3龄幼虫在树皮缝隙、树洞或落叶中结茧越冬。4月下旬越冬幼虫开始上树危害，6月中旬老熟幼虫陆续结茧化蛹。6月下旬成虫开始羽化，7月、8月中旬至9月下旬，分别为各代幼虫危害期，10月上旬幼虫陆续结茧越冬。

4）综合防治

（1）落叶后刮去树干翘皮，彻底清除枯枝落叶，集中销毁，减少越冬虫源。

（2）摘除带卵叶片，剪去虫体密集虫枝，捕杀卵和低龄幼虫。

（3）普遍发生时，交替喷洒25%灭幼脲3号悬浮剂2000倍液，或10%吡虫啉可湿性粉剂2000倍液，或1.2%烟参碱乳油1000倍液，或Bt乳剂400～600倍液，兼治其他食叶害虫。

（4）利用黑光灯诱杀成虫。

2 成虫展翅状

3 幼虫

4 蛹

018 柳雪毒蛾

柳雪毒蛾又叫柳毒蛾、杨雪毒蛾，主要危害柳树、杨树、榆树、白蜡、泡桐、榛树、元宝枫、五角枫、火炬树等。

1）生活习性

初孵幼虫群集叶背取食危害，受惊后吐丝下垂，随风飘移。3龄后具暴食性，分散取食。成虫趋光性强，飞翔能力不强，白天栖息在枝干上、杂草中，将卵产于叶片和枝干上，成块状。

2）危害状

初孵幼虫取食叶肉，叶片残留白色网状斑痕。大龄幼虫将叶片吃成缺刻，或将叶片吃光，仅残留主脉及叶柄。虫口密度大时，可在短时间内将整株叶片吃光。

3）发生规律

华北地区1年发生2代，以2龄幼虫在树皮缝隙、疤痕处及枯枝落叶下结茧越冬。4月上中旬越冬幼虫上树危害，6月上中旬幼虫老熟陆续化蛹，7月可见成虫。7月至8月上旬，9月，分别为1、2代幼虫危害期，幼虫共6龄，5～6月危害盛期，10月上旬幼虫结茧越冬。

4）综合防治

（1）成虫羽化期，利用黑光灯、频振式杀虫灯，诱杀成虫。

（2）及时刮除或用硬器敲击枝干上卵块，降低虫口基数。

（3）普遍发生时，交替喷洒20%灭幼脲1号悬浮剂8000倍液，或50%马拉硫磷乳油1000倍液，或1.2%烟参碱乳油1000倍液，兼治舞毒蛾、盗毒蛾等。

（4）虫口密度大的片林，化蛹高峰期，释放周氏啮小蜂，周蛾赤眼蜂等防治。

1 幼虫

2 蛹

3 成虫

4 成虫白天栖息状

019　柳丽细蛾

主要危害旱柳、垂柳、馒头柳、河柳、美国竹柳等多种柳树。

1）生活习性

幼虫取食嫩叶，将柳叶先端向叶背卷起折叠成苞，1 个苞叶内多为 1 虫，转移它叶时，重新卷苞危害。幼虫在苞叶内取食下表皮和叶肉组织，将粪屑存留在苞叶内，在苞叶内化蛹。成虫有趋光性，有近距离迁飞能力，白天静伏在叶背及隐蔽处，夜间活动、交配产卵。

2）危害状

多发生在树冠下部枝条的幼嫩叶片上，以幼苗、幼树受害严重。幼虫在卷叠呈粽子状苞叶内取食，将下表皮及叶肉组织吃光，仅残留筛网状上表皮，逐渐形成枯死斑，后期虫苞干枯。

1 叶先端呈粽子状卷叶

3）发生规律

京、津地区年发生代数不详，以老熟幼虫在树干翘皮、杂草上、落叶下吐丝结茧越冬。京、津地区 6 月上中旬幼虫开始卷叶取食危害，该虫虫态不整齐，7 月同时可见成虫、蛹及各龄期幼虫，以后各代重叠，幼虫持续危害至 9 月。

4）综合防治

（1）少量发生时，人工摘除有虫苞叶，杀死幼虫或蛹。

（2）虫口密度大时，幼虫孵化期，于傍晚交替喷洒 50％杀螟松乳油 1000 倍液，或 1.8％阿维菌素乳油 3000 倍液，或 20％杀灭菊酯乳油 3000 倍液，或 50％辛硫磷乳油 1500 倍液防治，兼治其他食叶害虫。

2 幼虫和粪屑

3 茧

020 柳细蛾

主要危害垂柳、旱柳、馒头柳、美国竹柳、金丝垂柳等多种柳树和杨树。

1）生活习性

幼虫孵化后即分散潜入叶背下表皮，在上、下表皮间取食叶肉组织，将粪屑存留在潜斑内，每个潜斑内只有一虫，无转移危害现象，老熟后在其内化蛹。成虫有近距离迁飞能力，可随风飘移扩散繁殖。将卵单产于叶背，每处 1 粒。

2）危害状

被害叶面成略隆起的椭圆形潜斑，潜斑内上、下表皮剥离，外缘为透明灰白色网状，透过表皮可见斑内黑色粪屑。虫口密度大时，一片叶上出现数个潜斑。

3）发生规律

华北地区 1 年发生 3 代，以成虫在树干翘皮、枯枝落叶下，或墙石及土壤缝隙中越冬。柳树展叶时，成虫开始交配产卵，4 月中下旬幼虫陆续孵化危害。4 月中旬至 6 月中旬、6 月中旬至 7 月、8 月至 9 月中旬，分别为各代幼虫危害期。

4）综合防治

（1）落叶后，彻底清除枯枝落叶、杂草，集中销毁。

（2）人工摘除虫叶，集中灭杀潜斑内幼虫或蛹。

（3）普遍发生时，交替喷洒 10% 吡虫啉可湿性粉剂 2000 倍液，或 50% 杀螟松乳油 1000 倍液，或 1.8% 阿维菌素乳油 3000 倍液，或 2.5% 三氟氯氰菊酯乳油 3000 倍液防治。

（4）片林设置黑光灯，或释放姬蜂、跳小蜂、胡蜂等寄生蜂，进行生物防治。

1 叶面潜叶斑块

2 羽化尚未出孔的成虫

3 幼虫

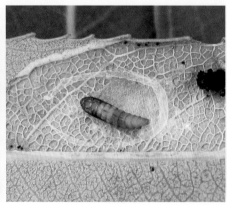

4 蛹

5 幼虫及危害状

021　蓝目天蛾

蓝目天蛾又叫柳天蛾，危害柳树、杨树、榆树、核桃树、苹果树、桃树、碧桃、杏树、李树、紫叶李、樱花、樱桃树、海棠类、梅树、丁香等。

1）生活习性

低龄幼虫取食嫩芽、幼叶，5龄幼虫爬行缓慢，具暴食性，受惊扰或枝条振动时易掉落。栖息时头部常昂起呈"乙"字形，老熟后下树入土化蛹。成虫有趋光性，迁飞能力强，昼伏夜出，卵多单产于叶背和枝条上，以叶片上为多，卵量多达百粒以上。卵椭圆形，初为鲜绿色，后转黄绿色。

1 成虫展翅状

2）危害状

叶片被取食成缺刻，大龄幼虫可将大量叶片吃光，残留叶柄，或仅剩光腿枝。

3）发生规律

三北地区1年发生2代，以蛹在土壤中越冬。5月上旬成虫开始羽化，6月1代幼虫孵化，幼虫共5龄。7月幼虫老熟化蛹，中旬成虫开始羽化，羽化期持续至8月中旬。8月2代幼虫孵化危害，9月下旬幼虫老熟，陆续入土化蛹越冬。

4）综合防治

（1）利用黑光灯、频振式杀虫灯，诱杀成虫。

（2）树下出现新鲜大粒虫粪时，用力摇晃或敲打枝干，振落捕杀幼虫。

（3）幼虫期，交替喷洒1.2%烟参碱乳油1000倍液，或20%灭幼脲1号悬浮剂3000倍液，或50%杀螟松乳油1000倍液，或2.5%溴氰菊酯乳油2500倍液。

（4）虫口密度大时，林带和果园适时释放小茧蜂、胡蜂等寄生蜂。

2 大龄幼虫　　　　　　　　　　3 老熟幼虫　　　　　　　　　　4 蛹

022 霜天蛾

霜天蛾又叫灰翅天蛾，主要危害柳树、杨树、白蜡、梧桐、泡桐、悬铃木、黄金树、梓树、楸树、樱花、梅树、桂花、丁香、金银木、女贞、金叶女贞、凌霄、五叶地锦等。

1）生活习性

初孵幼虫在叶背啃食下表皮和叶肉，稍大分散取食。4龄具暴食性，白天潜伏，多在清晨取食，有迁移危害习性。成虫趋光性强，有较强迁飞能力，白天静伏在草丛中、枝干上，傍晚活动，将卵产于叶背。

2）危害状

叶片被食成孔洞、缺刻，大龄幼虫常将叶片吃光，仅残留叶柄。

3）发生规律

京、津及以北地区1年发生1～2代，以蛹在土壤中越冬。5月下旬成虫开始羽化，6月中旬1代幼虫孵化危害，幼虫共5龄。7月下旬成虫陆续羽化，8月中下旬2代幼虫开始孵化，危害至10月，幼虫老熟陆续入土化蛹越冬。

4）综合防治

（1）利用黑光灯、频振式杀虫灯，诱杀成虫。

（2）人工捕杀幼虫。普遍发生时，交替喷洒25%灭幼脲3号悬浮剂2000倍液，或2.5%溴氰菊酯乳油2500倍液，或1.2%烟参碱乳油1000倍液，或Bt乳剂400～600倍液，兼治蓝目天蛾、豆天蛾、柳裳夜蛾等食叶害虫。

1 成虫

2 两侧有白色斜纹型幼虫

3 两侧有褐色斑块纹型幼虫

4 老熟幼虫

5 老熟幼虫蜕皮化蛹

023　豆天蛾

豆天蛾俗称豆虫，主要危害柳树、榆树、槐树、刺槐、泡桐、金叶女贞、紫藤、葛藤、大花楸葵等。

1）生活习性

幼虫取食嫩叶。初孵幼虫畏光，白天在叶背潜伏，夜间和阴天取食，有吐丝下垂、随风飘散习性。3龄幼虫开始转株危害，4龄具暴食性。成虫有较强趋光性，迁飞能力强，白天栖息，夜晚活动，喜食花蜜，将卵散产于叶背。

2）危害状

低龄幼虫将叶片取食成筛网、孔洞或缺刻，大龄幼虫将叶片吃光，残留叶柄。

3）发生规律

华北及以北地区1年发生1代，以老熟幼虫在土壤中越冬。6月上旬越冬幼虫开始化蛹，6月中下旬成虫陆续羽化，交尾产卵。7月上旬至9月为幼虫危害期，幼虫共5龄，9月下旬幼虫陆续入土越冬。干旱天气，不利于该虫发生。

4）综合防治

（1）人工捕杀成虫。利用黑光灯、频振式杀虫灯，诱杀成虫。

（2）在有新鲜虫粪的树冠上方，仔细寻找，捕杀幼虫。

（3）虫量较多时，傍晚前后喷洒Bt乳剂400～600倍液，或2.5%溴氰菊酯乳油3000倍液，或50%马拉硫磷乳油1000～1500倍液，兼治其他食叶害虫。

（4）片林适时释放赤眼蜂、小茧蜂等寄生蜂，兼治蓝目天蛾等。

1 成虫

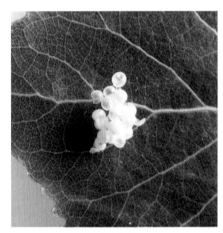

2 卵和卵壳

3 幼虫将叶片吃光

4 幼虫

5 蛹

024 柳裳夜蛾

主要危害柳树、杨树、榆树、元宝枫、五角枫、茶条槭、油松、日本黑松、樟子松等。

1）生活习性

幼虫取食嫩叶。大龄幼虫具暴食性，食料不足时，常迁移转枝、转株危害。非越冬代老熟幼虫吐丝缀叶，在缀叶内结薄茧化蛹。成虫有较强趋光性，白天在枝干荫蔽处静伏，夜间活动，迁飞能力强。对糖醋液有一定趋性，喜食苹果的汁液补充营养。

2）危害状

叶片被取食成孔洞、缺刻，大龄幼虫常将叶片吃光，仅残留主脉和叶柄。

3）发生规律

京、津，东北及西北地区1年发生1～2代，以蛹在土壤中越冬。6月中下旬成虫陆续羽化，羽化期可持续至8月下旬，7～8月为幼虫期，以8月危害最为严重。10月老熟幼虫下树，入土化蛹越冬。

4）综合防治

（1）利用黑光灯、频振式杀虫灯、糖醋液等，诱杀成虫。

（2）少量发生时，人工捕杀幼虫。

（3）低龄幼虫期，交替喷洒Bt乳剂500倍液，或25%灭幼脲3号悬浮剂1500倍液，或90%晶体敌百虫1000倍液，或2.5%溴氰菊酯乳油2000倍液，兼治其他食叶害虫。

1 成虫停息状

2 成虫展翅状

3 幼虫

4 幼虫

5 蛹

025 柳蓝叶甲

柳蓝叶甲又叫柳圆叶甲、柳蓝金花虫，主要危害旱柳、垂柳、馒头柳、金丝垂柳、美国竹柳、杞柳、杨树、泡桐、桑树、夹竹桃、葡萄等。

1）生活习性

成、幼虫取食嫩芽和幼叶。初孵幼虫群集叶背取食下表皮和叶肉组织，2龄分散取食，老熟幼虫以最后一次蜕皮粘连于叶片上化蛹。成虫有近距离迁飞能力，有假死性，白天取食，高温时潜入土中。卵多产于嫩叶叶背，橙黄色，直立排列成整齐的块状。

2）危害状

幼虫取食叶片仅剩上表皮，成灰白色透明网状，叶片上残留褐色枯斑。成虫啃食叶片成孔洞、缺刻，以幼苗、幼龄树受害严重。

3）发生规律

河北及以北地区1年发生3～4代，以成虫群集在枯枝落叶下、杂草中及树干基部土壤缝隙中越冬。柳树发芽时越冬成虫上树取食危害，4月上旬开始产卵，4月中旬1代幼虫孵化危害，幼虫共4龄。各代虫期发生不整齐，自2代起世代重叠，有时在同一叶片上可见各种虫态，7月至9月中旬危害最严重，10月中下旬成虫陆续下树越冬。

4）综合防治

（1）冬季彻底清除园内杂草、枯枝落叶，集中销毁，消灭越冬成虫。

（2）重点防治越冬成虫和1代幼虫，喷洒10%吡虫啉可湿性粉剂2000倍液，或1.2%烟参碱乳油1000倍液，或1.8%阿维菌素乳油8000倍液，或Bt乳剂500倍液，7～10天喷洒1次，连续2～3次，兼治其他食叶害虫。

1 成虫在柳树上的危害状

2 卵块

3 不同龄期幼虫

4 幼虫及危害状

026 柳十八斑叶甲

主要危害旱柳、垂柳、馒头柳、龙爪柳、美国竹柳、小青杨、小叶杨等。

1）生活习性

成、幼虫取食嫩芽和叶片。初孵幼虫群集叶面啃食上表皮和叶肉，将粪屑粘连在叶片上。3龄后分散取食，4～5龄进入暴食期，老熟幼虫在粘合的叶片中化蛹。成虫有一定迁飞能力，有假死性。白天取食嫩芽和幼叶补充营养，将卵产于叶片上，呈鲜黄色至橙黄色，排列成块状。

1 成虫及危害状

2）危害状

低龄幼虫取食叶片成透明刻点，或苍白色网状。大龄幼虫和成虫，蚕食叶片成孔洞或缺刻，严重时可将叶片全部吃光，残留主脉和叶柄。

3）发生规律

河北及以北地区1年发生1～2代，以成虫在树皮翘缝、枯枝落叶下越冬。杨柳树展叶时，越冬成虫开始活动危害，5月上旬成虫陆续产卵，5月中下旬幼虫孵化危害。该虫发生期不整齐，6月可见各种虫态。7月上中旬为危害高峰期，7月下旬成虫开始羽化，10月下旬成虫陆续下树寻找场所越冬。以幼苗、幼龄树受害严重。

4）综合防治

（1）冬季彻底清除枯枝落叶，集中销毁，消灭越冬成虫。

（2）春季越冬成虫上树危害和1代幼虫孵化期，是全年防治的关键时期，交替喷洒5%高效氯氰菊酯乳油1500倍液，或50%马拉硫磷乳油1000倍液，或2.5%溴氰菊酯乳油3000倍液防治，7～10天喷洒1次，连续2～3次。

（3）及时摘除带卵叶片，集中灭杀。利用成虫假死性，振落捕杀。

2 柳十八斑叶甲卵块

3 成虫及遗留粪屑

027 柳厚壁叶蜂

柳厚壁叶蜂又叫柳瘿叶蜂，危害各种柳树。

1）生活习性

幼虫孵化后潜食叶背中脉附近叶肉，刺激受害组织增生肿起，逐渐膨大成球形虫瘿，每个虫瘿内只有1虫。幼虫在虫瘿内取食内壁，虫瘿逐渐增大、增厚，形成坚硬虫瘿。成虫有一定迁飞能力，卵多产于叶背中脉表皮下叶肉组织内，1处只产1粒，每片叶产卵1~3粒。

2）危害状

叶背中脉及附近，初见单个或成串，肾形或近豌豆形绿色虫瘿，虫瘿逐渐转黄色至红褐色，带瘿叶片提前变黄、早落。

3）发生规律

京、津及以北地区1年发生1代，以老熟幼虫在树干基部土壤中结茧越冬。3月下旬越冬幼虫在茧内化蛹，4月中下旬成虫陆续羽化出土。4月下旬幼虫开始孵化危害，幼虫共7龄，10月老熟幼虫在虫瘿上咬孔，脱孔下树，或随叶片落地后离瘿，钻入土中结茧越冬。

4）综合防治

（1）秋后及时清除树下落叶，集中销毁，消灭未出瘿老熟幼虫。

（2）随时摘除有虫瘿叶片，集中深埋。

（3）成虫羽化盛期、幼虫孵化期，交替喷洒10%吡虫啉可湿性粉剂2000倍液，或50%杀螟松乳油1000倍液，或2.5%溴氰菊酯乳油3000倍液，或20%杀灭菊酯乳油3000倍液防治。

（4）苗圃和林区虫口密度大时，适时释放啮小蜂、宽唇姬蜂等寄生蜂防治。

1 虫瘿	2 幼虫及危害状

028 柳紫闪蛱蝶

柳紫闪蛱蝶又叫紫蛱蝶，主要危害各种柳树、杨树、榆树，皂荚、月季、红花檵木等。

1）生活习性

幼虫取食嫩芽、幼叶和花絮，大龄幼虫具暴食性，有转移危害习性。老熟幼虫将尾足悬挂在枝干上，头部朝下吐丝结悬蛹。成虫迁飞能力强，飞行速度快，喜食树木汁液、花蜜补充营养，将卵产于叶面，每叶1粒，卵初为绿色。

2）危害状

幼虫将嫩芽吃光，咬食花序残缺。蚕食叶片成缺刻状，大龄幼虫可将叶片全部吃光，仅残留叶柄。

3）发生规律

河北及以北地区1年发生1~2代，多以3龄幼虫在树皮缝隙、翘皮下结茧越冬。1代区4月越冬幼虫开始活动危害，6月下旬幼虫老熟陆续化蛹，7月上中旬成虫开始羽化。8月上旬成虫产卵，8月中旬幼虫孵化危害，幼虫共5龄。

4）综合防治

（1）少量发生时，人工捕杀成虫及幼虫，摘除枝叶上白色茧蛹，集中灭杀。

（2）虫口密度大时，交替喷洒1.2%烟参碱乳油1000倍液，或2.5%溴氰菊酯乳油2500倍液，或20%杀灭菊酯乳油2500倍液，或Bt乳剂400倍液防治，兼治蚜虫及其他食叶害虫。

1 成虫翅腹面

2 成虫展翅状

3 幼虫

4 老熟幼虫

5 蛹

029　大红蛱蝶

主要危害各种榆树、榉树、牡丹、绣线菊、菊花、一串红、八宝景天、万寿菊、宿根天人菊等。

1）生活习性

幼虫取食嫩芽、幼叶。初孵幼虫在叶间吐丝结网成苞，在苞叶内群集危害，3龄后分散取食，受惊时常吐丝下垂，转枝危害。老熟幼虫将尾端倒悬，吐丝缀于枝叶上化蛹。成虫迁飞能力强，中午活跃，喜食花蜜，将卵散产于叶片上。

2）危害状

幼虫取食嫩芽，使其不能抽生新枝。叶片被蚕食成白色网状，或取食成缺刻。虫口密度大时，可将叶片吃光。

3）发生规律

京、津及河北地区1年发生2代，以成虫在杂草和落叶中越冬。榆树展叶时幼虫开始孵化，幼虫共5龄，7月1代幼虫陆续化蛹。该虫世代重叠，5~9月均可见幼虫，8月为危害高峰期。9月2代老熟幼虫蜕皮化蛹，10月成虫羽化，寻找越冬场所陆续越冬。

4）综合防治

（1）落叶后，彻底清除树下落叶、周边杂草，集中销毁，消灭越冬成虫。

（2）人工捕捉成虫及幼虫，及时摘除悬蛹、苞叶，集中灭杀。

（3）普遍发生时，交替喷洒1.2%烟参碱乳油1000倍液，或50%杀螟松乳油1000倍液，或90%晶体敌百虫1000倍液，兼治其他食叶害虫。

1 成虫翅腹面

2 成虫和蛹

3 幼虫

4 老熟幼虫

5 不同龄期幼虫

030 白钩蛱蝶

白钩蛱蝶又叫榆蛱蝶、银钩蛱蝶，危害各种榆树、榉树、朴树、柳树等。

1）生活习性

幼虫取食叶片。初孵幼虫吐丝结网，群集危害，3龄后分散取食，老熟幼虫吐丝在小枝上结悬蛹。成虫飞翔迅速，白天活动，取食花蜜和树木汁液补充营养，将卵散产于嫩叶上。

2）危害状

叶片被蚕食成缺刻、孔洞。虫口密度大时，可将整株甚至成片幼林的叶片全部吃光，仅残留叶柄。

3）发生规律

1年发生2代，以秋型成虫在树洞、杂草中、绿篱枝叶等隐蔽处越冬。4月越冬成虫开始活动、产卵，5月中下旬1代幼虫孵化危害，幼虫共5龄，6月下旬幼虫老熟化蛹。7月上旬、8月下旬分别为春型和秋型成虫羽化始期，秋末秋型成虫开始寻找越冬场所陆续越冬。

4）综合防治

（1）冬季彻底清除树下落叶、周边杂草，集中销毁。

（2）少量发生时，人工捕杀幼虫。摘除新鲜缀叶及小枝上的虫蛹，集中灭杀。

（3）普遍发生时，交替喷洒50%杀螟松乳油1000倍液，或1.2%烟参碱乳油1000倍液，或90%晶体敌百虫1000倍液，或20%灭幼脲1号悬浮剂8000倍液防治。

1 成虫

2 大龄幼虫

3 老龄幼虫

4 蛹

031　白星花金龟

　　白星花金龟成虫又叫铜壳螂，其幼虫俗称蛴螬。主要危害白榆、杨树、柳树、枣树、苹果树、桃树、梨树、李树、樱桃、无花果、葡萄、月季、菊花等。

1）生活习性

　　成虫喜群集危害，取食嫩皮、花蕾、花蕊、花瓣和嫩叶，也啃食果实。成虫迁飞能力强，白天活跃。对果汁、腐烂果实和糖醋液有较强的趋化性，喜食枝干伤口及腐烂处的汁液。将卵产于腐殖质较多的土壤中。幼虫终年生活在土壤中，喜群集危害。有趋肥性，以取食腐殖质为主，一般对植物根系的危害不大。

2）危害状

　　被害花冠残缺，花蕾、花朵枯萎凋落，影响果实产量和葡萄果穗整齐度。果实被食成孔洞、疤痕，使品质下降，易造成果实腐烂，可加重葡萄酸腐病的发生。

3）发生规律

　　1年发生1代，以中龄或近老熟幼虫在土壤中，或未经腐熟的厩肥中越冬。京、津地区5月中下旬成虫陆续羽化出土，7月发生数量最多，6月成虫交尾后潜入土中产卵。幼虫共3龄，孵化后在土壤中取食，10月潜入土壤深层越冬。

4）综合防治

　　（1）不使用未充分腐熟的有机肥，减少幼虫滋生场所。

　　（2）花蕾含苞待放时，喷洒5%高效氯氰菊酯乳油2000倍液，或20%杀灭菊酯乳油2500倍液，或90%晶体敌百虫1000倍液，毒杀成虫。

　　（3）利用腐烂果实和糖醋液诱杀成虫，或早、晚摇动枝干，振落捕杀。

1 成虫　　　　　　　　　　　　　　　　2 吸食树木汁液

3 群集取食无花果　　　　　　　4 无花果果实被取食状　　　　　　5 幼虫

032　黑绒鳃金龟

黑绒鳃金龟又叫黑豆虫，危害榆树、杨树、柳树、桑树、枣树、柿树、樱桃树、樱花、苹果树、梨树、杏树、李树、山里红、葡萄，草本花卉和草坪草等。

1）生活习性

成虫喜群集取食植物嫩芽、心叶、叶片、花和幼果，有趋光性和假死性，对糖醋液有较强趋化性，迁飞能力强。白天潜伏在浅土层，傍晚和夜间出土上树危害。将卵产于根际附近的浅层土壤中。幼虫终生不出土，在土壤中以腐殖质及少量新鲜植物的幼嫩根系为食，对木本植物危害不大。

2）危害状

被食顶芽不能抽发新枝，花芽不能正常开放，花蕾凋落，造成果实减产。被食嫩叶残缺不全，或被吃光。虫口密度大时，可将生长点、叶、花吃光，对果树造成危害，以葡萄受害最为严重，同时影响幼苗和禾草的正常发育。

幼虫取食萌发的种子，降低出苗率。啃食幼嫩根系，造成苗木萎蔫，切断根茎，导致幼苗和禾草成片倒伏、枯亡。

3）发生规律

1年发生1代，以成虫在土壤中越冬。京、津及河北地区，4月上中旬越冬成虫陆续出土，5月为危害盛期。6月中旬幼虫开始孵化，幼虫共3龄。8月上旬幼虫老熟化蛹，9月中下旬成虫陆续羽化，羽化后当年不出土，在土壤中越冬。

4）综合防治

（1）不使用未充分腐熟的有机肥，减少该虫滋生场所。

（2）大量发生时，利用黑光灯、糖醋液诱杀成虫。于无风的傍晚摇晃枝干，捕杀振落成虫。傍晚地面喷洒50％杀螟松乳油1000倍液，或1.2％烟参碱乳油1000倍液，或90％晶体敌百虫1000倍液，或50％辛硫磷乳油1000倍液，消灭上树取食、交配的成虫。用上述药液灌根，药液渗透到根部，毒杀幼虫。

1 成虫

033　榆绿叶甲

榆绿叶甲又叫榆蓝叶甲、榆绿金花虫，危害各种榆树、榉树等。

1）生活习性

成、幼虫取食嫩芽和幼叶。初孵幼虫在叶背取食叶肉，残留上表皮，2龄后蚕食叶片，老熟幼虫喜在树干伤疤、树皮缝隙、枝杈处群集化蛹。成虫趋光性较弱，飞翔能力强，有假死性，将卵粒产于叶背，卵土黄色，成双行排列。

2）危害状

嫩芽残缺或被吃光，叶片成灰白色筛网状，或成孔洞、缺刻。虫口密度大时，叶面筛网连接成片，甚至叶片被全部吃光。

3）发生规律

北方地区多1年发生2代，以成虫在树皮缝隙、落叶及砖石下越冬。4月上旬越冬成虫上树危害，4月下旬1代幼虫孵化，幼虫共3龄。5月下旬出现1代成虫，6月上旬2代幼虫孵化。7月上旬可见2代成虫，8月成虫下树越冬。

4）综合防治

（1）冬季清除在树皮缝隙越冬的成虫，彻底清除枯枝落叶、杂草，集中销毁。

（2）成、幼虫发生期，喷洒1.2%烟参碱乳油1000倍液，或50%杀螟松乳油1000倍液防治，或2.5%溴氰菊酯乳油2500倍液。

（3）摘除带卵块叶片。人工捕杀或喷药毒杀群集树干的老熟幼虫、蛹及刚羽化的成虫。

1 成虫

2 蛹和羽化成虫

3 卵

4 幼虫及危害状

5 老熟幼虫群集化蛹

6 成虫群集危害状

034 榆黄叶甲

榆黄叶甲又叫榆黄毛萤叶甲、榆黄金花虫，危害各种榆树、榉树、苹果树、梨树、核桃树、沙枣等。

1）生活习性

成、幼虫均取食嫩芽和叶片，具暴食性、迁移危害习性。初孵幼虫取食叶肉，大龄幼虫蚕食叶片，老熟幼虫常数十头聚集在树干缝隙、分叉处、伤疤处、土石块下化蛹。成虫趋光性较弱，有一定迁飞能力，有假死性，早晚取食，将卵粒产于叶背，卵黄色成双行排列。

2）危害状

叶片被食成灰白色或灰褐色箩网状，或成孔洞、缺刻，叶片孔洞相连，千疮百孔。虫口密度大时，可将叶片吃光。

3）发生规律

华北及以北地区1年发生2代，以成虫在树皮缝隙、杂草、枯枝落叶及砖石下越冬。榆树发芽时越冬成虫开始活动，5月上旬1代幼虫孵化危害，幼虫共3龄。6月中旬1代成虫羽化，7月2代幼虫孵化，该虫世代重叠，7月同时可见成虫和幼虫，5月、7月为危害高峰期。9月幼虫老熟化蛹，10月成虫下树越冬。

4）综合防治

参照榆绿叶甲防治方法。

1 成虫

2 成虫交尾状

3 成虫及危害状

4 卵

5 幼虫

6 叶片被取食状

035　榆锐卷叶象虫

榆锐卷叶象虫又叫榆卷叶象，主要危害各种榆树、木槿、大花楸葵等。

1）生活习性

幼虫取食嫩叶，孵化后一直在卷叶内昼夜取食，无转叶危害现象，老熟后脱叶入土化蛹。成虫不善飞翔，白天取食小枝嫩皮和叶柄，可多次交尾，在同一株树上多次产卵。将卵产于叶背，每叶1粒，产卵后将叶卷折成紧密的圆筒形。

2）危害状

幼虫在卷叶内取食叶片成孔洞、缺刻，被害叶片呈黑褐色干枯，提前脱落。成虫咬食叶柄，叶片失水下垂枯萎，虫口密度大时，树上挂满了筒状卷叶和枯叶。

1 成虫及危害状

3）发生规律

1年发生1代，以成虫在落叶、石块下，或表土中越冬。京、津及以北地区5月上中旬，越冬成虫陆续出土上树危害。6月上中旬幼虫孵化，危害至7月中旬。7月上旬幼虫陆续老熟，脱叶入土化蛹。7月中旬成虫羽化，危害至8月，陆续入土越冬。

4）综合防治

（1）冬季彻底清除落叶、土石块，消灭越冬成虫。

（2）少量发生时，人工捕捉成虫，及时摘除卷叶，消灭卷叶内幼虫。

（3）成虫卷叶前，交替喷洒10%吡虫啉可湿性粉剂1500倍液，或50%杀螟松乳油1000倍液，或50%马拉硫磷乳油1000倍液，兼治其他食叶害虫。

2 幼虫卷叶状

3 幼虫卷叶危害

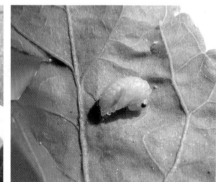

4 裸蛹

036 榆三节叶蜂

危害白榆、金叶榆、大叶榆、垂榆、黑榆等各种榆树。

1）生活习性

幼虫孵化后群集在嫩叶上昼夜取食，大龄幼虫具暴食性，也取食老叶。早晨或傍晚为取食高峰期，有假死性。非越冬代老熟幼虫在叶背、枯枝落叶下、表土中结茧化蛹。成虫迁飞能力较弱，白天交尾，将卵散产于叶缘上、下表皮间，每处产卵1粒。

2）危害状

幼虫沿叶缘取食叶片成缺刻状，大龄幼虫将叶片吃光，仅残留叶柄。绿篱及幼苗受害最为严重，常造成枝条光秃、枯萎，失去观赏性。

3）发生规律

华北及辽宁地区1年发生2代，以老熟幼虫在落叶下、表土中结茧越冬。5月中下旬越冬幼虫开始化蛹，6月上旬成虫陆续羽化，6月下旬1代幼虫孵化危害，幼虫共5龄，7月上中旬幼虫老熟化蛹。8月初出现2代幼虫，危害至8月下旬，幼虫老熟，陆续入土结茧越冬。

4）综合防治

（1）幼虫少量发生时，人工捕杀叶片上取食幼虫及地面即将入土化蛹的老熟幼虫。

（2）虫口密度较大时，交替喷洒25%灭幼脲3号胶悬剂1500倍液，或1.2%烟参碱乳油1000倍液，或50%杀螟松乳油1000～1500倍液，或50%辛硫磷乳油1500倍液防治，兼治其他食叶害虫。

1 成虫

2 成虫交尾状

3 幼虫

037 榆毒蛾

榆毒蛾又叫榆黄足毒蛾，危害多种榆树及柳树、碧桃、月季、海棠类等。

1）生活习性

越冬幼虫取食新芽和嫩叶。初孵幼虫取食叶肉组织，稍大蚕食叶片，有迁移危害习性，非越冬代老熟幼虫在叶片，或杂草上吐丝结茧化蛹。成虫趋光性强，将卵产于枝干上或叶背。

2）危害状

低龄幼虫取食叶肉成灰白色纱网状、孔洞，大龄幼虫将叶片食成缺刻，严重时可将叶片吃光，仅残留叶柄。

3）发生规律

京、津及华北、山西地区1年发生2代，多以2龄幼虫在树干翘缝、疤痕处及树洞内结薄茧越冬。4月中旬初现榆钱时，越冬幼虫开始活动危害，6月中下旬幼虫老熟化蛹，7月上旬1代成虫陆续羽化、产卵。7月中下旬至8月中旬，9月中下旬至10月，分别为各代幼虫危害期，以越冬代幼虫危害最为严重，10月中旬末代幼虫寻找适宜场所陆续越冬。

4）综合防治

（1）利用黑光灯、频振式杀虫灯，诱杀成虫，降低虫口基数。

（2）幼虫期，交替喷洒25%灭幼脲3号悬浮剂1500倍液，或1.2%烟参碱乳油1000倍液，或0.3%苦参碱水剂1500倍液防治，兼治其他食叶害虫。

1 成虫

2 幼虫

3 幼虫

4 末龄幼虫蜕皮化蛹

5 初蛹

6 蛹

038 　榆绿天蛾

榆绿天蛾又叫榆天蛾、云纹天蛾，主要危害多种榆树及杨树、柳树、桑树、构树、槐树、枫杨等。

1）生活习性

幼虫分散取食叶片，大龄幼虫具暴食性，行动缓慢，受惊扰时易掉落。食料不足时，转枝、转株迁移危害。成虫有较强趋光性，迁飞能力强，昼伏夜出，将卵散产于叶背。

2）危害状

叶片被食成孔洞或缺刻，大龄幼虫常将叶片吃光，仅残留叶柄，地面可见大粒新鲜粪便。虫口密度大时，整株叶片被全部吃光，失去观赏价值。

3）发生规律

京、津及东北、西北地区1年发生1代，以蛹在土壤中越冬。5月上旬成虫开始羽化，羽化期可持续至7月。6月幼虫陆续孵化危害，10月幼虫老熟，开始下树化蛹越冬。

4）综合防治

（1）利用黑光灯、频振式杀虫灯，诱杀成虫。

（2）少量发生时，根据地面新鲜虫粪的方位，仔细查找树上幼虫，敲打或摇晃树干，将其振落后灭杀。

（3）虫口密度大时，交替喷洒25%灭幼脲3号悬浮剂2000倍液，或2.5%溴氰菊酯乳油2500倍液，或50%辛硫磷乳油1500倍液，或20%杀灭菊酯乳油2500倍液毒杀幼虫，7～10天喷洒1次。

1 幼虫及危害状

2 幼虫

039　榆剑纹夜蛾

该虫是榆树、金叶榆、垂榆、大叶垂榆等多种榆树的主要害虫之一。

1）生活习性

幼虫昼夜蚕食嫩芽、叶片。初孵幼虫群集取食叶肉组织，稍大分散蚕食叶片。大龄幼虫具暴食性，食料不足时，爬行迁移危害。成虫趋光性强，昼伏夜出，有一定迁飞能力，将卵单产于叶面。

2）危害状

叶片被食成筛网状、孔洞或缺刻，大龄幼虫可把叶片吃光，仅残留叶柄。虫口密度大时，可将整株，甚至成片树木叶片全部吃光。尤以幼苗、幼龄树、片林受害严重。

3）发生规律

河北、东北及西北地区1年发生1代，以老熟幼虫在树洞内、翘皮下、干皮缝隙处吐丝结茧化蛹越冬。6～7月成虫陆续羽化，7月中旬至9月上旬为幼虫危害期，9月下旬幼虫陆续老熟，下树结茧越冬。

4）综合防治

（1）人工捕杀幼虫。

（2）利用黑光灯、频振式杀虫灯，诱杀成虫。

（3）幼虫孵化期是防治的关键时期，交替喷洒20%灭幼脲1号悬浮剂8000倍液，或20%杀灭菊酯乳油2000倍液，或2.5%溴氰菊酯乳油2500倍液，或90%晶体敌百虫1000倍液防治。

1 幼虫

2 幼虫

040 大造桥虫

主要危害榆树、柳树、悬铃木、银杏、泡桐、香椿、樱花、樱桃树、苹果树、沙果、梨树、木槿、大花秋葵、大叶黄杨、月季、千屈菜、万寿菊、菊花、百日草、彩叶草、一串红等。

1）生活习性

幼虫取食嫩芽、叶片和花冠，低龄幼虫受惊扰时吐丝下垂，随风飘散，5龄幼虫具暴食性。成虫趋光性强，白天静伏在枝干上、树丛中，将卵产于叶背或枝杈处。

2）危害状

叶片被取食成筛网状、孔洞或缺刻。严重时叶片被吃光，仅残留主脉和叶柄。花芽被蚕食，花卉失去观赏价值。

3）发生规律

京、津及华北地区1年发生3代，以老熟幼虫在树皮翘缝、土壤中化蛹越冬。4月下旬成虫开始羽化，该虫世代重叠，5～9月均可见到成虫。5～10月为幼虫危害期，10月下旬末代幼虫老熟陆续下树，化蛹越冬。

4）综合防治

（1）利用黑光灯、频振式杀虫灯，诱杀成虫。

（2）少量发生时，人工捕杀幼虫，及时刮除卵块，摘除带卵叶片，集中销毁。

（3）虫口密度大时，交替喷洒1.2%烟参碱乳油1000倍液，或50%马拉硫磷乳油1500倍液，或50%辛硫磷乳油1500倍液防治。

1 成虫

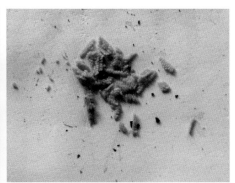

2 卵

3 幼虫及危害状

4 大龄幼虫

5 老熟幼虫及蛹

041　春尺蛾

春尺蛾又叫榆尺蛾、柳尺蛾、杨尺蛾、桑灰尺蛾、沙枣尺蛾，主要危害榆树、柳树、杨树、槐树、桑树、沙枣、沙棘、苹果树、沙果、梨树、核桃树、樱花、樱桃树、海棠类等。

1）生活习性

初孵幼虫群集取食嫩芽、花蕾，常吐丝借风力飘移扩散危害。幼虫有假死性，稍大蚕食叶片，4龄幼虫具暴食性。雄成虫有趋光性，白天潜伏在杂草中、树干上。雌成虫无翅，爬行至树干上交尾，将卵产于树皮缝隙处，卵成块状。

2）危害状

叶片被取食成缺刻或残缺。虫口密度大时，可将成片林木的叶片吃光，导致树势衰弱，果树出现2次开花现象。

3）发生规律

1年发生1代，以蛹在树干基部的土壤中越冬。2月中旬成虫羽化陆续出土，3月中下旬开始产卵，4月初幼虫孵化危害，幼虫共5龄。5月上旬幼虫陆续老熟，下树入土化蛹，越夏、越冬。

4）综合防治

（1）利用黑光灯、性诱剂诱捕器、糖醋液等，诱杀雄成虫。

（2）无风早、晚，交替喷洒90%晶体敌百虫1000倍液，或4.5%氯氰菊酯乳油2500倍液，或50%辛硫磷乳油1000倍液，或2.5%溴氰菊酯乳油3000倍液。

（3）树干1m处缠绕宽10cm胶带，或涂刷机油乳剂，阻隔早春上树成、幼虫，阻止5月老熟幼虫下树入土化蛹。

1 雌成虫

2 幼虫在核桃树上危害状

3 春尺蛾幼虫危害榆树

4 幼虫迁移状

5 蛹

042　国槐尺蛾

国槐尺蛾又叫槐尺蛾，俗称"吊死鬼"，主要危害槐树、金枝槐、金叶槐、龙爪槐、蝴蝶槐、刺槐等。

1）生活习性

初孵幼虫群聚取食叶肉组织，3龄后分散蚕食叶片，5～6龄具暴食性，幼虫有吐丝下垂习性，可随风扩散，受惊扰时吐丝落地爬行迁移。成虫有趋光性，白天在墙壁、枝叶隐蔽处栖息，喜食花蜜，将卵产于叶面或叶柄上。

2）危害状

叶片被食成透明网状、缺刻或孔洞。虫量大时，可在短时间内将整株，甚至周边树木叶片全部吃光，树冠仅剩光腿枝和叶柄，严重影响城市景观。

3）发生规律

华北地区1年发生3～4代，以蛹在墙际、浅层土中越冬。4月中下旬出现成虫，5月上旬至6月下旬、6月中旬至7月中旬、7月中旬至8月下旬、8月中旬至9月下旬，分别为4代区各代幼虫危害期。幼虫共6龄，世代重叠，以1～2代幼虫危害严重，10月上旬幼虫老熟陆续下树，入土化蛹越冬。

4）综合防治

（1）成虫羽化期，利用黑光灯诱杀成虫。

（2）重点防治1、2代幼虫，交替喷洒25%灭幼脲3号胶悬剂2000倍液，或1.2%苦烟乳油1000倍液，或Bt乳剂600倍液，喷药后及时灭杀落地幼虫。

（3）10月上旬，扫集下树寻找化蛹场所的老熟幼虫及蛹，就地灭杀。

1 成虫

2 春型幼虫

3 秋型幼虫

4 老熟幼虫及蛹

5 蛹

043　槐羽舟蛾

槐羽舟蛾又叫槐天社蛾，主要危害槐树、龙爪槐、蝴蝶槐、金叶槐、金枝槐、刺槐、江南槐、朝鲜槐、紫藤、紫薇等。

1）生活习性

幼虫活动迟缓，分散取食叶片，食量大，食料不足时，常转枝、转株危害。成虫有趋光性，有一定迁飞能力，将卵散产于叶片上。

2）危害状

叶片被取食成缺刻，或被吃光，仅残留主脉和叶柄。虫口密度大时，可将全株叶片吃光。

3）发生规律

京、津及以北地区1年发生2代，以蛹在墙际、枯枝落叶下、杂草中越冬。5月上旬成虫开始羽化，5月中下旬至7月中旬，7月中旬至9月上旬分别为各代幼虫危害期，9月下旬幼虫老熟陆续下树，作茧化蛹越冬。该虫常与国槐尺蛾同期发生。

4）综合防治

（1）落叶后，彻底清除枯枝落叶、杂草等，集中销毁，减少越冬蛹。

（2）成虫羽化期，利用黑光灯、频振式杀虫灯，诱杀成虫。

（3）零星发生时，人工捕杀幼虫。

（4）虫口密度大时，交替喷洒20%灭幼脲1号悬浮剂8000倍液，或Bt乳剂500倍液，或50%杀螟松乳油1000倍液，或20%菊杀乳油2000倍液防治，7天喷洒1次，兼治其他食叶害虫。

（5）发生严重的苗圃、片林，可利用白僵菌、赤眼蜂等，进行生物防治。

1 成虫

2 幼虫

3 幼虫

4 蛹

044　大蓑蛾

大蓑蛾又叫大袋蛾，危害悬铃木、泡桐、榆树、板栗、核桃树、枫杨、桑树、苹果树、梨树、杏树、紫叶李、樱花、梅花、丁香、月季、葡萄、五叶地锦等。

1）生活习性

幼虫取食叶片、嫩梢表皮。孵化后爬出护囊，吐丝下垂随风扩散。吐丝将咬碎的叶片和枝梗缀连在一起，营造新的护囊，吐丝将护囊系于枝叶上，隐藏在囊中。取食时头、胸部伸出护囊，负囊移动危害，在护囊内化蛹。雄成虫有趋光性，有一定迁飞能力。雌成虫无翅，散发性信息素引诱雄虫交配，将卵产在护囊内。

2）危害状

幼虫蚕食叶片成孔洞或缺刻，严重时可将叶片吃光。

3）发生规律

京、津及以北地区 1 年发生 1 代，以老熟幼虫在枝干上悬挂的护囊内越冬。5 月上旬越冬幼虫陆续化蛹，下旬成虫开始羽化。6 月中旬幼虫孵化危害，幼虫共 6 龄，10 月上旬幼虫老熟，封闭囊口在囊内越冬。

4）综合防治

（1）及时摘除护囊，消灭护囊内幼虫或蛹。

（2）利用黑光灯诱杀雄成虫，防止交配产卵。

（3）幼虫孵化期及低龄幼虫期，喷洒 50% 杀螟松乳油 800 倍液，或 1.2% 烟参碱乳剂 1000 倍液，或 2.5% 溴氰菊酯乳油 2500 倍液防治，7 ～ 10 天喷 1 次。

1 成虫

2 护囊

3 幼虫负囊迁移状

4 幼虫及护囊剖面

5 雌蛹

6 雄蛹

045　樗蚕蛾

樗蚕蛾又叫樗蚕，主要危害臭椿、银杏、白蜡、柳树、梧桐、泡桐、悬铃木、马褂木、玉兰、板栗、核桃树、枣树、梨树、石榴树、花椒、樱花、合欢等。

1）生活习性

初孵幼虫群集叶背危害，3龄后分散取食，大龄幼虫具暴食性。非越冬代老熟幼虫在叶柄上，或缀叶吐丝结茧化蛹。成虫有趋光性，迁飞能力强，产卵于叶背，成行或块状排列。

2）危害状

叶片被食成缺刻或孔洞，虫口密度大时，可将整株叶片吃光，仅剩叶柄。

1 成虫

3）发生规律

华北地区1年发生2代，以幼虫在枝条上作茧化蛹越冬。5月上中旬成虫羽化，5月下旬至6月上旬产卵。幼虫共5龄，6～7月、9～10月分别为各代幼虫危害期，10月下旬幼虫老熟，结茧化蛹越冬。

4）综合防治

（1）利用黑光灯诱杀成虫。剪去虫茧，摘除卵叶，捕杀幼虫。

（2）虫量大时，交替喷洒高效Bt乳剂500倍液，或1.2%烟参碱乳油1000倍液，或50%杀螟松乳油1000倍液，或20%灭幼脲1号悬浮剂6000倍液防治。

2 卵

3 低龄幼虫及危害状

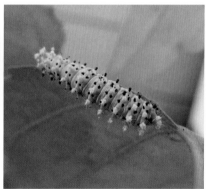

4 大龄幼虫

5 老龄幼虫

6 茧

7 蛹

046 臭椿皮蛾

臭椿皮蛾又叫椿皮灯蛾，危害臭椿、千头椿、红叶椿、香椿、桃树、李树等。

1）生活习性

初孵幼虫群集幼芽、嫩叶叶背取食下表皮和叶肉，4龄后分散蚕食叶片，老熟幼虫在树干背阴面，紧贴树干吐丝粘连啃咬的树皮碎屑作茧化蛹。成虫有一定迁飞能力，有趋光性，白天在树干背阴处、叶下及杂草等处静伏，将卵产于叶背。

2）危害状

叶片被取食成筛网状、孔洞或缺刻。严重时，可将叶片吃光，残留主脉和叶柄。

3）发生规律

华北地区1年发生2代，以蛹在树干上及疤痕处的薄茧内越冬。4月中旬臭椿展叶时越冬成虫陆续羽化，5月幼虫孵化，5~6月、8~9月分别为各代幼虫危害期，9月下旬老熟幼虫在枝干上作茧化蛹越冬。全年以1代幼虫危害严重。

4）综合防治

（1）刮除或用硬器敲击枝干上的丝质虫茧，杀死茧内越冬蛹。

（2）成虫羽化期，利用黑光灯、频振式杀虫灯，诱杀成虫。

（3）大面积发生时，交替喷洒20%灭幼脲1号悬浮剂8000倍液，或2.5%溴氰菊酯乳油2500倍液，或1.2%烟参碱乳油1000倍液，或Bt乳剂500倍液防治，10天喷洒1次。苗圃、林带适时释放胡蜂等寄生蜂，进行生物防治。

1 茧

2 蛹

3 姬蜂寄生蜂成虫

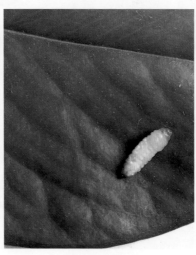

4 姬蜂寄生蜂幼虫

5 姬蜂寄生蜂蛹

047　黄栌胫跳甲

黄栌胫跳甲又叫黄点直缘跳甲、黄斑直缘跳甲，主要危害黄栌、毛黄栌、金叶黄栌、美国红栌。

1）生活习性

成、幼虫取食嫩芽、叶片、花蕾，成虫取食量较小，以幼虫危害严重。幼虫只有三对胸足，且胸足又短又细，在植物上的附着能力和爬行能力极差，易坠落。幼虫4龄后食量大增，老熟幼虫坠地入土作茧化蛹。成虫行动敏捷，善于跳跃，可多次交尾，将卵产于干皮缝隙或枝杈上。

2）危害状

被害芽、花蕾残缺，萎蔫、干枯脱落。叶片被食成缺刻或孔洞，叶面可见残留的黑色条状或粒状粪屑。虫口密度大时，可将幼芽、花蕾吃光，叶片残缺不全，尤以幼苗受害严重。

3）发生规律

1年发生1代，以卵在干皮缝隙或枝杈上越冬。4月黄栌芽开放时，越冬卵开始孵化危害，5月4~5龄期为危害盛期，下旬老熟幼虫开始落地入土作茧。6月成虫陆续羽化，6月中旬进入暴食期，成虫期较长，至10月下旬均可见成虫。

4）综合防治

（1）幼虫发生期，摇晃树干，或由上而下，逐株、逐枝敲打枝梢，将幼虫震落，就地灭杀。

（2）黄栌芽开放时，是防治初孵幼虫的最佳时期，及时喷洒1.2%苦参碱乳油1000~1500倍液，或20%灭幼脲1号悬浮剂8000倍液，或Bt乳剂600倍液，或2.5%溴氰菊酯乳油3000倍液防治。

（3）发生严重的景区，卵期释放赤眼蜂、跳小蜂等寄生蜂，进行防治。

1 成虫

048 含羞草雕蛾

含羞草雕蛾又叫合欢雕蛾、合欢巢蛾，主要危害合欢、皂荚、山皂荚、日本皂荚、含羞草等。

1）生活习性

幼虫取食叶片，有吐丝下垂习性。初孵幼虫取食小叶上表皮和叶肉，3龄后吐丝将小枝和数片复叶连缀在一起，结网成巢。在巢中取食，非越冬代幼虫老熟后，在巢中吐丝结茧化蛹。成虫白天活跃，有一定迁飞能力，将卵块产于叶片上。

2）危害状

树冠上可见缀叶结网的虫巢，被害叶仅剩下表皮，巢中散布许多小颗粒粪屑。虫口密度大时，树冠上呈现一片片网状枯叶，严重影响园林景观。

3）发生规律

河北、山东地区1年发生2代，以蛹在树干缝隙、树洞、枯枝落叶、砖石块下越冬。6月中下旬合欢盛花时，成虫陆续羽化。7月、8月中旬至9月中旬，分别为各代幼虫危害期，以2代危害严重。9月下旬幼虫下树结茧化蛹越冬。

4）综合防治

（1）落叶后，彻底清除园内枯枝落叶，刷除树干裂缝上的蛹茧，集中深埋。

（2）及时剪除树上有虫虫巢，集中销毁。交替喷洒10%吡虫啉可湿性粉剂2000倍液，或50%杀螟松乳油1000倍液，或1.2%烟参碱乳油1000倍液。

1 成虫

2 成虫展翅状

3 幼虫及在皂荚上的危害状

4 老熟幼虫吐丝作茧

5 茧和蛹

6 叶片被害状

049　桑褶翅尺蛾

　　桑褶翅尺蛾又叫桑刺尺蛾，主要危害桑树、龙桑、杨树、柳树、白蜡、刺槐、槐树、榆树、栾树、皂荚、元宝枫、核桃树、山里红、枣树、梨树、苹果树、丁香、月季、金银木、沙棘、海棠类、金叶女贞、紫叶小檗等。

1）生活习性

　　幼虫取食嫩芽、花和幼叶。低龄幼虫有吐丝下垂、飘移危害习性，3龄后食量大增，昼夜取食。白天在小枝或叶柄上栖息时，头部向腹部卷曲呈"？"形。成虫飞翔力不强，有趋光性、假死性，白天潜伏，夜晚活动，将卵产于枝梢上。卵椭圆形，有光泽，初为深灰色，后变深褐色至灰黑色。

2）危害状

　　叶片被蚕食成缺刻，虫口密度大时，可将叶片、枣芽、枣花全部吃光。

3）发生规律

　　1年发生1代，以老熟幼虫在根茎处土表下作茧化蛹越冬。河北、山东地区，3月中下旬山桃花芽露红、露白时成虫羽化，4月上旬幼虫孵化危害，幼虫共4龄。5月上中旬老熟幼虫陆续下树，入土作茧化蛹，越夏、越冬。

4）综合防治

　　（1）利用黑光灯、频振式杀虫灯，诱杀成虫。

　　（2）少量发生时，人工捕杀幼虫。

　　（3）虫口密度大时，喷洒1.2%烟参碱乳油800～1000倍液，或20%杀灭菊酯乳油2500倍液，或50%辛硫磷乳油1000倍液，7～10天喷洒1次。

1 成虫

2 幼虫栖息状

3 幼虫

4 茧

5 蛹

050 桑螟

桑螟又叫桑绢野螟、青虫、卷叶虫，主要危害多种桑树、扁担杆子等。

1）生活习性

幼虫孵化后在叶背取食下表皮和叶肉组织，3龄幼虫吐丝缀叶成卷，在卷叶内取食，排泄粪便。有转叶危害习性，老熟后在卷叶内吐丝结茧化蛹。成虫有趋光性，迁飞能力强，白天静伏，将卵产于枝梢叶背的叶脉处，每处2～3粒。

2）危害状

卷叶内叶片被食成透明薄膜状，薄膜状上表皮干枯破裂，形成孔洞，叶片残缺枯黄，影响桑叶质量和产量，失去观赏性。

3）发生规律

京、津及河北地区1年发生3代，以末代老熟幼虫在树皮缝隙、树洞内结茧化蛹越冬。该虫世代重叠，6月下旬、7月下旬、8月下旬，分别为3代区各代幼虫盛发期，以末代幼虫危害严重。10上旬幼虫老熟，寻找越冬场所结茧化蛹。

4）综合防治

（1）利用黑光灯、频振式杀虫灯、桑螟性信息素诱捕器等，诱杀成虫。

（2）未卷叶前，喷洒90%晶体敌百虫1000倍液，或33%桑宝清乳油1000～1500倍液，或50%辛硫磷乳油1000倍液，药液残效期内不得采摘桑叶。

（3）及时摘除新鲜卷叶，消灭卷叶内幼虫及蛹。

（4）桑园适时释放桑螟绒茧蜂、广大腿小蜂等寄生蜂，进行生物防治。

1 成虫

2 卷叶状

3 幼虫及叶片被害状

4 蛹

051　人文污灯蛾

人文污灯蛾又叫红腹白灯蛾、人字纹灯蛾，危害桑树、榆树、柳树、杨树、桃树、碧桃、木槿、月季、野蔷薇、菊花、金盏菊、宿根天人菊、芍药、鸢尾等。

1）生活习性

初孵幼虫群集叶背啃食下表皮和叶肉组织，3龄分散取食叶片、顶芽和嫩梢，具暴食性，假死性。成虫趋光性强，将卵产于叶背，卵浅绿色，多成块状，单层排列。

2）危害状

叶片被蚕食成纱网状透明斑、孔洞或缺刻，大龄幼虫可将成片叶片吃光。

3）发生规律

北方地区1年发生2代，以蛹在土壤浅层或枯枝落叶下越冬。5月成虫羽化，持续至6月中旬。5月下旬至7月中旬、7月下旬至9月中旬分别为各代幼虫危害期，以2代幼虫危害严重。幼虫共6龄，9月下旬幼虫陆续老熟，下树越冬。

4）综合防治

（1）冬季彻底清除园内枯枝落叶、周边杂草、蔬菜残株残叶，集中销毁。

（2）利用黑光灯、频振式杀虫灯，诱杀成虫。人工捕杀大龄幼虫。

（3）普遍发生时，交替喷洒20%灭幼脲1号悬浮剂8000倍液，或50%杀螟松乳油1000倍液，或2.5%溴氰菊酯乳油2500倍液，7～10天喷洒1次。

1 成虫

2 低龄幼虫群集危害状

3 大龄幼虫

4 老熟幼虫

5 蛹

052 木橑尺蛾

　　木橑尺蛾主要危害核桃树、核桃楸、黄连木、刺槐、杨树、柳树、榆树、臭椿、合欢、元宝枫、柿树、苹果树、桃树、碧桃、梨树、杏树、山楂、山里红、李树、紫叶李、石榴、木槿、月季、珍珠梅、葡萄等。

1）生活习性

　　初孵幼虫白天群集取食叶肉，2龄分散取食，常吐丝下垂，借风力飘移扩散转移危害，3龄后具暴食性。成虫有趋光性，昼伏夜出，卵多产在干皮缝隙，可达上千粒，多呈块状，其上覆盖棕黄色绒毛。

2）危害状

　　叶片被食成筛网状、孔洞或缺刻。虫口密度大时，可将叶片全部吃光，仅残留叶柄。幼苗受害严重，多成光腿枝。

3）发生规律

　　山东、河北及以北地区1年发生1代，以蛹在浅土层、土石下越冬。5月上旬成虫开始羽化，羽化期可持续至8月，6月产卵。6月下旬出现幼虫，幼虫共6龄，7～8月为危害高峰期，9月幼虫陆续老熟，坠地化蛹越冬。在有些年份，该虫常暴发成灾。

4）综合防治

　　（1）人工捕捉成虫，利用黑光灯、频振式杀虫灯，诱杀成虫。

　　（2）普遍发生时，交替喷洒Bt乳剂500倍液，或25%灭幼脲3号悬浮剂2000倍液，或20%甲氰菊酯乳油3000倍液，或50%辛硫磷乳油2000倍液防治。

1 幼虫迁移状

2 老熟幼虫

053　白眉刺蛾

白眉刺蛾又叫黑纹白刺蛾、龟形小刺蛾，主要危害核桃树、核桃楸、桑树、板栗、柿树、君迁子、枣树、樱桃树、樱花、梅树、山楂、山里红、杏树、李树、紫叶李、稠李、郁李、太阳李、石榴树、紫荆、月季等。

1）生活习性

幼虫取食嫩芽和叶片。初孵幼虫群集在叶背啃食下表皮和叶肉，大龄幼虫分散蚕食叶片。非越冬代老熟幼虫在叶柄或小枝上结茧化蛹。成虫有趋光性，白天静伏在叶背、枝干背阴处、草丛中，夜间活跃，卵多散产于叶背或嫩芽上。

2）危害状

被食嫩芽残缺、枯萎。幼虫啃食叶肉和下表皮，残留半透明网状枯斑。叶片被大龄幼虫蚕食成孔洞或缺刻。虫量大时，叶片被吃光，仅残留主脉和叶柄。

3）发生规律

华北地区1年发生2代，以老熟幼虫在枝干上结茧越冬。5月成虫开始羽化，羽化期可持续至6月。幼虫共6龄，5月下旬至7月上旬、8月上旬至10月上旬，分别为各代幼虫危害期，以第1代幼虫危害最为严重。10月幼虫老熟，陆续下树结茧越冬。

4）综合防治

（1）利用黑光灯、频振式杀虫灯，诱杀成虫。

（2）剥除枝干上的虫茧，剪去带虫叶片，及时灭杀。

（3）虫量大时，交替喷洒20%灭幼脲1号悬浮剂6000～8000倍液，或1.2%烟参碱乳油1000倍液，或Bt乳剂500倍液，或50%马拉硫磷乳油1000倍液防治，7～10天喷洒1次，连续2～3次。

1 大龄幼虫及危害状

2 不同龄期幼虫叶片危害状

3 非越冬代虫茧

4 冬茧

054 丝棉木金星尺蛾

丝棉木金星尺蛾又叫卫矛尺蛾、大叶黄杨尺蛾，主要危害丝棉木、女贞、大叶黄杨、胶东卫矛、扶芳藤等。

1）生活习性

幼虫取食叶片，也啃食嫩茎皮层。初孵幼虫群集危害，昼夜取食，3龄后分散危害，4、5龄幼虫具暴食性。幼虫有吐丝下垂、分散迁移危害习性。成虫趋光性弱，飞翔能力不强，产卵于叶背、叶柄或枝干上。

2）危害状

幼虫取食叶肉组织，残留表皮，或将叶片取食呈缺刻状，大龄幼虫可将叶片吃光，仅残留叶柄。虫口密度大时暴发成灾，可在两三天内将整株，甚至成片绿篱叶片全部吃光，仅剩光腿枝，使树木失去观赏性。

1 成虫

3）发生规律

华北地区1年发生3代。以老熟幼虫在浅土中化蛹越冬，5月上中旬成虫开始羽化，5月下旬至6月中旬、7月中旬至8月上旬、8月中旬至10月，分别为各代幼虫危害期。幼虫共5龄，6月为暴食期，10月幼虫陆续老熟，在树干基部入土化蛹越冬。

4）综合防治

（1）利用黑光灯诱杀成虫。

（2）幼虫危害期，交替喷洒Bt乳剂500倍液，或90%晶体敌百虫1000～1500倍液，或20%灭幼脲1号悬浮剂8000倍液，或2.5%溴氰菊酯乳油2500倍液防治。幼虫有假死性，喷洒绿篱时，需将喷头伸入株丛内喷湿地面，提高防治效果。

（3）虫口密度大时，用木棍或竹竿敲打小枝，捕杀振落幼虫。

2 幼虫及在大叶黄杨上的危害状

3 幼虫取食状

4 在丝棉木上危害状

055 茶蓑蛾

　　茶蓑蛾又叫茶袋蛾、小袋蛾，主要危害山茶、雪松、丝棉木、悬铃木、银杏、梓树、朴树、板栗、枫杨、苹果树、梨树、杏树、桃树、海棠果、李树、紫叶李、稠李、紫叶矮樱、石榴树、牡丹、芍药、葡萄等多种植物。

1）生活习性

　　幼虫主要取食叶片，也危害嫩梢和果皮。幼虫孵化后自护囊内爬出，吐丝随风飘散至附近枝叶上，很快吐丝将咬食碎屑粘缀在一起，营造新的护囊，悬挂于枝叶上。随着虫龄增大，扩建护囊。取食时将头部和上部身体伸出护囊，负囊行走迁移危害。雄成虫有趋光性，喜清晨或傍晚活动，雌成虫将卵产于护囊内。

2）危害状

　　枝干上可见纺锤形护囊，叶片被食成透明网状、孔洞或缺刻，大龄幼虫可将叶片吃光。

3）发生规律

　　河北及以北地区 1 年发生 1 代，以 3、4 龄幼虫在护囊内越冬。4 月上中旬越冬幼虫开始活动危害，5 月中下旬陆续化蛹。6 月上中旬始见幼虫，幼虫共 6 龄，10 月上旬幼虫停止取食，吐丝将囊口封闭开始越冬。

4）综合防治

　　（1）及时摘除护囊，消灭护囊内幼虫或蛹。

　　（2）利用黑光灯诱杀雄成虫，防止交配产卵。

　　（3）幼虫初孵期，傍晚喷洒 10％吡虫啉可湿性粉剂 1500 倍液，或 90％晶体敌百虫 1000 倍液，或 1.2％苦烟乳油 1000 倍液，或 50％杀螟松乳油 1000 倍液。

1 在梨树上的护囊

2 在稠李上的护囊

3 护囊及幼虫

056 大灰象甲

大灰象甲又叫大灰象鼻虫，主要危害板栗、核桃树、核桃楸、桑树、苹果树、梨树、沙枣、沙棘等，是枣树的主要害虫之一。

1）生活习性

幼虫孵化后先在卷叶内取食，很快钻入土中食根危害，在土中化蛹。成虫有假死性，行动迟缓，主要靠爬行迁移，有时发生有翅迁移。清晨、傍晚至夜间活跃，群集咬食嫩梢、新芽、幼叶和幼果果皮等幼嫩组织。中午高温时潜入浅土中，或躲藏在土石缝隙间。卵多产于叶片上，成块状，长椭圆形，初为乳白色，渐转黄褐色。

2）危害状

新芽、幼叶被食残缺或吃光。嫩梢上外皮破损，残留不规则黑色疤痕，危害严重时，嫩梢萎蔫枯死。幼果果面被咬食处残留疤痕，影响果实品质。幼虫对苗木危害不大，成虫对枣树和幼苗危害最为严重，常造成缺苗断垄。

3）发生规律

华北及辽宁地区2年发生1代，以幼虫和成虫在土壤中越冬。第二年4月上旬越冬成虫开始出土，取食新鲜杂草。枣树发芽时陆续上树取食，5月为危害高峰期。5月下旬成虫开始产卵，6月中旬幼虫孵化，幼虫共5龄。10月上旬幼虫陆续下移至土壤深层，筑土室开始越冬。第三年幼虫继续取食至6月，幼虫老熟化蛹，成虫羽化后在土壤中越冬。

4）综合防治

（1）人工捕杀成虫。

（2）危害严重的枣园，越冬成虫出土期，树冠下地面喷洒48%乐斯本乳油500倍液，或50%辛硫磷乳油300倍液，封杀出土成虫。

（3）摇晃枝干捕杀振落成虫。

（4）成虫虫口密度大时，上午10时前或傍晚，喷洒Bt乳剂500倍液，或50%辛硫磷乳油1000倍液，或20%杀灭菊酯乳油2000倍液，毒杀成虫。

1 雌成虫

2 雄成虫啃食小枝嫩皮

057　枣黏虫

　　枣黏虫又叫枣镰翅小卷蛾、粘叶虫，是各种枣树、酸枣树的主要害虫。

1）生活习性

　　幼虫取食嫩芽，啃食花蕾，吐丝将叶片和果实粘连在一起，在其内取食叶片，啃食果皮。幼虫有吐丝下垂习性，随风飘移危害，非越冬代老熟幼虫在缀叶内作茧化蛹。成虫有趋光性，白天潜伏叶背或杂草中，将卵产于嫩梢、叶片或果实上。

2）危害状

　　叶片被蚕食成网膜状、孔洞或缺刻，危害严重时叶片被吃光，仅残留叶

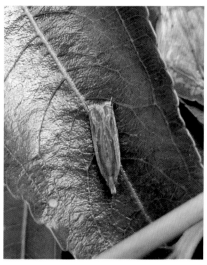

1 成虫

2 幼虫吐丝缀叶成包

柄。咬食花梗，致花蕾黑色枯萎。啃食幼果，果实提前脱落。钻蛀果内蛀食果肉，形成虫果，严重影响果实品质和产量。

3）发生规律

　　京、津及河北地区1年发生3代，以蛹在树皮缝隙、翘皮下、树洞里，或树干周围的土、石块下越冬。4月上旬成虫陆续羽化，枣树发芽至6月下旬、6月中旬至7月下旬、7月下旬至9月下旬，分别为各代幼虫危害期。幼虫共5龄，世代重叠，9月下旬末代幼虫老熟，下树寻找越冬场所结茧化蛹。

4）综合防治

　　（1）落叶后结合修剪，刮去主干上的粗皮、翘皮，将皮屑集中销毁。封堵树洞，树干涂白，消灭越冬蛹。

　　（2）幼虫孵化盛期，交替喷洒25%灭幼脲3号悬浮剂2000倍液，或20%杀灭菊酯乳油3000倍液，或2.5%溴氰菊酯乳油3000倍液防治，15天喷洒1次。

　　（3）枣园利用黑光灯、枣黏虫性诱剂诱杀成虫。及时摘除有虫苞叶，消灭叶内幼虫或蛹。

3 幼虫

4 蛹

5 非越冬代老熟幼虫在卷叶内做茧化蛹

058 枣尺蛾

枣尺蛾又叫枣步曲、枣尺蠖，危害各种枣树、紫叶李、梨树、苹果树、沙果等。

1）生活习性

幼虫危害幼芽、嫩叶、花蕾。初孵幼虫群集危害，稍大分散取食，4龄具暴食性。幼虫爬行时身体呈"弓"形，故称"步曲虫"。受惊扰后吐丝下垂，随风飘散扩展危害，食料不足时，爬行迁移危害。成虫有趋光性，雄成虫有一定迁飞能力，雌成虫无翅，白天潜伏在表土中，傍晚上树交尾，将卵产于树皮缝隙或枝杈处。卵扁圆形，初为淡绿色，有光泽，常数十粒或上百粒聚集成块状。

2）危害状

叶片被食成孔洞、缺刻。花蕾残缺，不能正常开放。严重时可将芽、叶片、花蕾吃光，造成果实大量减产，甚至绝收，以枣树受害最为严重。

3）发生规律

北方地区1年发生1代，以蛹在树干基部周围土壤中越冬。3月下旬至4月下旬成虫陆续羽化出土，5月上中旬为羽化末期。枣树发芽时幼虫开始孵化危害，幼虫共5龄，以5月上中旬危害严重。5月下旬幼虫陆续老熟，6月中下旬全部入土化蛹越夏、越冬。

4）综合防治

（1）利用黑光灯诱杀雄成虫。

（2）成虫出土前，树干涂抹粘虫胶环，或将树干基部粗皮刮净，其上缠宽15～20cm的塑料薄膜，阻止雌成虫上树交尾、产卵，下树越夏、越冬。

（3）幼虫期，交替喷洒10%吡虫啉可湿性粉剂2000倍液，或90%晶体敌百虫1000倍液，或1.2%烟参碱乳油1000倍液，或2.5%溴氰菊酯乳油3000倍液防治，兼治枣黏虫、绿盲蝽等。

（4）1~2龄幼虫有假死性，敲打小枝，捕杀振落幼虫。

（5）虫害发生严重的果园，适时释放枣步曲轭姬蜂进行生物防治。结合休眠期施肥，深翻树干周边土壤灭蛹。

1 幼虫取食状

2 幼虫迁移状

059　黄刺蛾

幼虫俗称洋辣子，危害枣树、柿树、核桃树、苹果树、梨树、杏树、桃树、山里红、石榴树、紫叶李、樱花、海棠、月季、黄刺玫、杨树、柳树、榆树等。

1）生活习性

初孵幼虫群集叶背取食下表皮和叶肉组织，3龄后分散取食叶片，5龄具暴食性。老熟幼虫在小枝上作硬茧，在其内化蛹。成虫有趋光性，将卵产于叶背。

2）危害状

叶片被食成白色、不规则半透明筛网状斑，或成缺刻。虫口密度大时，可将叶片吃光，仅残留主脉和叶柄。

3）发生规律

京、津及河北地区1年发生2代，以老熟幼虫在小枝上结硬茧越冬。5月中下旬越冬幼虫化蛹，6月上旬成虫开始羽化。6月中下旬至7月下旬，8月中旬至9月下旬，分别为各代幼虫危害期，幼虫共7龄，10月幼虫老熟结茧越冬。

4）综合防治

（1）摘除虫茧，消灭茧内蛹。剪除幼虫群集虫叶，及时灭杀。

（2）成虫羽化期，利用黑光灯、频振式杀虫灯，诱杀成虫。

（3）虫口密度大时，交替喷洒25%灭幼脲3号悬浮剂2000倍液，或1.2%烟参碱乳油1000倍液，或50%马拉硫磷乳油1000倍液防治，重点喷洒叶背。

1 成虫

2 低龄幼虫

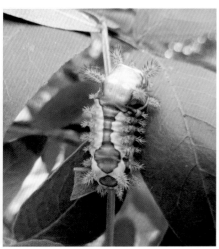

3 老熟幼虫

4 茧

5 蛹

060 褐边绿刺蛾

褐边绿刺蛾又叫绿刺蛾、青刺蛾，幼虫也称洋辣子，危害枣树、核桃树、桑树、五角枫、元宝枫、苹果树、桃树、杏树、山里红、石榴树、樱桃树、樱花、李树、紫叶李、太阳李、紫叶矮樱、海棠果、牡丹、芍药、紫荆、枫杨、白蜡等。

1）生活习性

低龄幼虫群集叶背取食叶片下表皮和叶肉组织，3龄食量大增，分散取食叶片，并转移危害。成虫有趋光性，夜间活动，将卵产于叶背近主脉处，成鱼鳞状排列。

2）危害状

叶片被食成筛网状、孔洞或缺刻。虫口密度大时，可将叶片吃光，仅残留主脉和叶柄，常造成二次发芽和二次开花现象。

3）发生规律

东北及西北地区1年发生1代，以老熟幼虫在树干基部的浅土中结茧越冬。5月中下旬越冬幼虫陆续化蛹，6月上旬成虫开始羽化。6月下旬幼虫孵化危害，幼虫共8龄，7～8月为危害高峰期，9月下旬老熟幼虫陆续下树，结茧越冬。

4）综合防治

（1）利用黑光灯、频振式杀虫灯，诱杀成虫。

（2）普遍发生时，交替喷洒1.2%烟参碱乳油1000倍液，或90%晶体敌百虫1000倍液，或Bt乳剂500倍液，或50%马拉硫磷乳油1000倍液防治。

1 成虫

2 幼虫

3 大龄幼虫在柳树上取食状

4 老熟幼虫及在柿叶上危害状

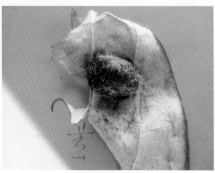

5 茧

6 蛹

061 双齿绿刺蛾

双齿绿刺蛾俗称棕边青刺蛾，危害五角枫、元宝枫、白蜡、核桃树、柿树、苹果树、桃树、杏树、山里红、樱桃树、樱花、珍珠梅、紫荆、紫叶李、太阳李等。

1）生活习性

初孵幼虫群集叶背取食下表皮和叶肉组织，3龄后分散蚕食叶片，常迁移危害。成虫有趋光性，昼伏夜出，夜间交尾，产卵于叶背主脉周围，成块状。

2）危害状

叶片被取食成半透明网斑、缺刻或孔洞，严重时可将叶片全部吃光，仅剩主脉和叶柄。

3）发生规律

河北、山东及陕西地区1年发生2代，以老熟幼虫在枝干上、枝杈处结硬茧越冬。5月下旬成虫开始羽化，6月上中旬至8月上旬、8月中旬至9月下旬，分别为各代幼虫危害期。10月老熟幼虫陆续转移到枝干上结茧越冬。

4）综合防治

（1）剪除有茧虫枝、幼虫群集叶片，及时灭杀。

（2）利用黑光灯、频振式杀虫灯，诱杀成虫。

（3）普遍发生时，喷洒1.2%烟参碱乳油1000倍液，或20%甲氰菊酯乳油1500倍液，或20%杀灭菊酯乳油3000倍液防治，重点喷洒叶背。

1 成虫交尾状

2 初孵幼虫及危害状

3 低龄幼虫群集危害

4 大龄幼虫危害状

5 老熟幼虫吐丝做茧

6 在茧内化蛹

7 茧

062　扁刺蛾

　　扁刺蛾幼虫也俗称洋辣子，主要危害元宝枫、五角枫、杨树、柳树、榆树、白蜡、悬铃木、核桃树、枫杨、女贞、白玉兰、樱花、樱桃树、西府海棠、苹果树、梨树、桃树、杏树、李树、紫叶李、紫叶矮樱、紫薇、月季、牡丹、芍药等。

1）生活习性

　　低龄幼虫群集叶背取食下表皮和叶肉组织，残留上表皮，稍大分散取食叶片，4龄进入暴食期，昼夜取食。成虫有趋光性，昼伏夜出，将卵散产于叶片上。卵扁平、椭圆形、光滑，初为淡黄绿色，后为灰褐色。

2）危害状

　　叶片被食成透明网状、孔洞或缺刻状。虫口密度大时，可将整株叶片吃光，仅残留叶柄和顶端少数嫩叶，植物失去观赏性。以幼苗和下部叶片受害严重。

3）发生规律

　　河北、辽宁及陕西地区1年发生1代，以老熟幼虫在树干基部附近浅土中结茧越冬。5月上中旬越冬幼虫化蛹，6月上旬成虫陆续羽化，6月中下旬幼虫孵化危害，幼虫共8龄，该虫发生不整齐，8月下旬幼虫陆续老熟，入土结茧越冬。

4）综合防治

　　（1）及时摘除虫叶，杀死幼虫。

　　（2）普遍发生时，交替喷洒Bt乳剂600倍液，或50%马拉硫磷乳油1500～2000倍液，或50%杀螟松乳油1000倍液，7～10天喷洒1次，连续2～3次。

　　（3）利用黑光灯、频振式杀虫灯，诱杀成虫。

　　（4）老熟幼虫下树前，树干基部涂抹宽度10cm的粘虫胶，阻杀幼虫。

1 幼虫

2 低龄幼虫叶背危害状

3 蛹

063　折带黄毒蛾

折带黄毒蛾又叫黄毒蛾、柿黄毒蛾，危害柿树、苹果树、梨树、李树、杏梅、海棠果、桃树、樱桃树、山里红、板栗等果树，及五角枫、元宝枫、榆树、紫叶李、樱花、山茶、月季、玫瑰等观赏树种。

1）生活习性

初孵幼虫群集，昼夜取食幼芽及嫩叶，在小枝上吐丝结网危害。3龄幼虫分散取食，5龄后具暴食性，食料不足时，常转枝危害，也蚕食老叶、花蕾，啃食枝干嫩皮。成虫有趋光性，昼伏夜出，卵多产于叶背，成块状。

2）危害状

幼虫将叶片食成半透明膜网状、孔洞或缺刻。虫口密度大时，可将叶片全部吃光，仅残留叶柄。常造成树势衰弱，出现二次发芽和二次开花现象。

3）发生规律

华北地区1年发生2代，黑龙江地区1年发生1代，以3、4龄幼虫在干皮缝隙、树洞、断枝茬口处、杂草中、枯枝落叶下群集结网越冬。树木发芽时越冬幼虫上树取食危害，幼虫共12龄，5月下旬老熟幼虫结茧化蛹。7月至8月、9月中旬至11月中旬，分别为各代幼虫危害期。

4）综合防治

（1）冬季刮去树干翘皮，清理树洞，清除杂草及枯枝落叶，消灭越冬幼虫。

（2）及时剪除虫叶，捕杀群集幼虫。

（3）普遍发生时，交替喷洒25%灭幼脲3号悬浮剂1000倍液，或Bt乳剂400倍液，或48%乐斯本乳油2000倍液防治。

（4）利用黑光灯、频振式杀虫灯，诱杀成虫。

1 低龄幼虫在榆树上危害状　　　　　　2 大龄幼虫

3 在元宝枫上危害状

064 柿星尺蛾

柿星尺蛾又叫柿豹尺蛾、大斑尺蛾，幼虫俗称大头虫，危害柿树、君迁子、杏树、李树、苹果树、梨树、枣树、山里红、核桃树等多种果树，及各种槐树、榆树、杨树、柳树等。

1）生活习性

幼虫昼夜取食幼芽、嫩叶和花蕾，受惊扰时即吐丝下垂，扩散危害。初孵幼虫群集在叶背啃食下表皮和叶肉组织，大龄幼虫具暴食性，分散蚕食叶片，昼夜取食。成虫有趋光性，善飞翔，白天静伏在枝叶上、草丛中，夜晚活跃，将卵产在叶背，成块状，可多达数十粒。卵粒初为翠绿色，后变黑褐色。

2）危害状

叶片被食成半透明膜网状、孔洞或缺刻。虫口密度大时，可将幼芽、花蕾、叶片吃光，出现二次发芽和开花现象，影响当年及来年果实产量。

3）发生规律

华北地区1年发生2代，以蛹在土壤中越冬。5月下旬成虫开始羽化，羽化期持续至7月下旬。6月中旬1代幼虫陆续孵化危害，7月中旬为危害高峰期。8月上旬至9月上旬为2代幼虫危害期，9月上旬老熟幼虫陆续吐丝下垂，多在树干基部背阴处，入土结茧化蛹越冬。

4）综合防治

（1）零星发生时，人工捕杀成、幼虫。利用黑光灯诱杀成虫。

（2）普遍发生时，交替喷洒90%晶体敌百虫1000倍液，或50%杀螟松乳油1000倍液，或50%马拉硫磷乳油1500倍液，或Bt乳剂600倍液防治。

1 成虫

065 黄褐天幕毛虫

黄褐天幕毛虫又叫顶针虫，危害苹果树、梨树、桃树、杏树、紫叶李、李树、海棠、山里红、樱花、樱桃树、核桃树、杨树、柳树、榆树、月季、玫瑰等。

1）生活习性

初孵幼虫群集嫩芽、幼叶吐丝作巢，在巢内取食危害，稍大在小枝或枝杈处吐丝结成网幕，白天在网幕中群栖，夜间出巢取食。5龄幼虫破网分散活动，具暴食性，迁移危害习性。成虫有趋光性，将卵产在小枝梢部，绕枝紧密排列，酷似"顶针状"。

2）危害状

树冠上可见网幕，叶片被食成筛网状、孔洞或缺刻。虫口密度大时，可将整株叶片全部吃光，残留主脉和叶柄，常造成树势衰弱和二次开花现象。

3）发生规律

三北地区1年发生1代，以卵在小枝枝梢上越冬。4月上旬梨花开放时，幼虫开始孵化危害，幼虫共5龄，5月下旬至6月中旬幼虫陆续结茧化蛹，6月上中旬成虫开始羽化、产卵，以卵在小枝上越夏、越冬。

4）综合防治

（1）冬季剪去卵枝，集中销毁。幼虫破网前剪除网幕，捕杀网幕中幼虫。

（2）普遍发生时，傍晚喷洒50％杀螟松乳油1000倍液，或1.2％烟参碱乳油1000倍液，或2.5％溴氰菊酯乳油2500倍液防治，7～10天喷洒1次。

1 成虫

2 卵枝

3 网幕和幼虫

4 大龄幼虫

5 茧和蛹

6 成虫和蛹

066　苹毛丽金龟

苹毛丽金龟又叫金克螂，主要危害苹果树、海棠花、海棠果、沙果、梨树、桃树、杏树、李树、山楂树、山里红、樱桃树、葡萄、板栗、核桃树等多种果树，及杨树、柳树、榆树、五角枫、元宝枫、樱花、牡丹、月季等。

1）生活习性

成虫常群集取食植物嫩芽、花蕾、花瓣、花蕊、柱头和幼叶补充营养，喜食花蜜。成虫有趋光性、假死性，有一定迁飞能力，以晴朗无风天气的中午前后最为活跃，夜晚躲藏在树上，或入土潜伏。将卵产于表层土中。幼虫不出土，取食新鲜植物细根和土壤中的腐殖质，在土壤中化蛹。

2）危害状

被害花蕾、花瓣、嫩叶出现孔洞、缺刻，虫口密度大时，可将花蕾、花蕊、花瓣吃光，造成落花、落蕾和果实大量减产。

3）发生规律

1年发生1代，以成虫在深层土壤中越冬。京、津地区4月初梨树显蕾时，越冬成虫开始出土上树危害，4月末苹果树谢花后为产卵盛期。5月中下旬幼虫陆续孵化，在土壤中取食危害，幼虫共3龄，8月幼虫老熟化蛹。9月上旬成虫开始羽化，当年不出土，逐渐向土壤深层转移越冬。以幼苗和果树受害严重。

4）综合防治

（1）发生严重的果园，早春结合园土深翻，地面撒施5%辛硫磷颗粒剂，消灭土壤中即将出土的成虫。

（2）成虫羽化盛期，于清晨或傍晚敲打枝干，将其振落捕杀。

（3）花蕾露红、露白时，喷洒1.2%烟参碱乳油1000倍液，或5%高效氯氰菊酯乳油2000倍液，或50%马拉硫磷乳油1500倍液，或2.5%溴氰菊酯乳油2500倍液防治，毒杀成虫，保花、保果。

1 成虫

067　苹掌舟蛾

苹掌舟蛾又叫苹果舟形毛虫，俗称秋黏虫，危害苹果树、沙果、海棠果、海棠花、梨树、李树、桃树、杏树、樱花、樱桃树、山里红、核桃树、板栗等。

1）生活习性

初孵幼虫群集叶片，取食叶肉和下表皮。不取食时，头尾翘起形似小舟，故名舟形毛虫。3 ~ 4 龄早晚分散取食，4 龄具暴食性。幼虫有假死性、吐丝下垂群体迁移转株危害习性。成虫趋光性强，昼伏夜出，将卵产于叶背，卵粒球形，初为淡绿色，渐变灰色。成块状，排列整齐。

2）危害状

叶片被取食成半透明筛网状或缺刻。虫口密度大时，整株叶片被全部吃光，导致树势衰弱，出现二次开花现象，影响果实发育，造成大量减产。

3）发生规律

1 年发生 1 代，以蛹在根际附近的表土中越冬。京、津及以北地区 7 月中旬至 8 月上旬成虫陆续羽化出土，8 月上旬幼虫孵化危害，幼虫共 5 龄，8 月中下旬为危害盛期，9 月中下旬老熟幼虫开始下树，入土化蛹越冬。

4）综合防治

（1）利用黑光灯诱杀成虫。用竹竿敲打虫枝，灭杀落地幼虫。

（2）普遍发生时，交替喷洒 50％杀螟松乳油 1000 倍液，或 Bt 乳剂 500 倍液，或 48％乐斯本乳油 1500 倍液，或 2.5％溴氰菊酯乳油 2500 倍液防治。

1 成虫

2 幼虫群集危害

3 不同龄期幼虫

4 大龄幼虫

5 危害状

6 蛹

068 棉褐带卷蛾

棉褐带卷蛾又叫苹小卷叶蛾，危害苹果树、海棠果、沙果、梨树、桃树、杏树、山里红、樱桃树、李树、梅树等多种果树，及太阳李、紫叶矮樱、榆叶梅等。

1）生活习性

幼虫主要取食嫩芽、花蕾和幼叶，也危害果实。初孵幼虫群集危害，3龄后缀叶成苞，在苞叶内蚕食叶片。吐丝粘连叶片、果实，在贴叶下啃食果皮或浅层果肉。成虫趋光性弱，对糖醋液有较强趋性，将卵产于叶背或果面。

2）危害状

被食花蕾残缺，或枯萎脱落。叶被食成筛网状、孔洞或缺刻。严重时可将叶片吃光，仅剩主脉。被害果面残留不规则凹陷疤痕，影响果实品质和产量。

3）发生规律

华北及辽宁地区1年发生3代，以2龄幼虫在树皮缝隙、伤疤处结茧越冬。花蕾露红时，越冬幼虫开始取食。5月下旬至7月上旬、7月中旬至8月下旬、8月中旬至9月下旬，分别为各代幼虫期，该虫世代重叠，9月下旬幼虫结茧越冬。

4）综合防治

（1）利用糖醋液诱杀成虫。及时摘除缀叶，消灭缀叶内幼虫或蛹。

（2）苹果开花盛期、麦收前后，交替喷洒20%灭幼脲1号悬浮剂8000倍液，或50%杀螟松乳油1000倍液，或1.8%阿维菌素乳油2500倍液防治。

1 成虫

2 缀叶

3 老熟幼虫

4 危害状

5 蛹

069　苹顶梢卷叶蛾

苹顶梢卷叶蛾又叫顶芽卷叶蛾，危害苹果树、沙果、海棠果、梨树、山里红等。

1）生活习性

初孵幼虫啃食顶端幼叶，2龄吐丝将顶梢和数叶缀粘成团，在内取食嫩芽、嫩梢和幼叶，老熟后在缀叶内作茧化蛹。成虫对糖醋液有较强趋性，将卵产于叶背。

2）危害状

顶梢先端扭曲，梢叶被粘连卷缩呈疙瘩状。缀叶内顶芽、叶芽和嫩叶残缺不全，后变褐色干枯，但不脱落。危害严重时，混合芽干枯，当年不能开花。叶芽不能抽生新枝，影响花芽形成，造成当年和来年果实减产。

3）发生规律

华北及西北地区1年发生2～3代，以2、3龄幼虫在枝顶端的缀叶内结茧越冬。苹果花芽露红时，越冬幼虫开始取食危害，幼虫共5龄。5月下旬至6月上旬、7月中旬至7月下旬、9月上旬至10月初，分别为各代幼虫危害期。

4）综合防治

（1）发芽前剪去枯梢，集中销毁，消灭越冬幼虫。

（2）幼虫孵化期，交替喷洒1.2%烟参碱乳油1000倍液，或1.8%阿维菌素乳油2000～3000倍液，或50%杀螟松乳油1000倍液防治。

（3）及时剪去虫梢，消灭缀叶内幼虫和蛹。

（4）利用黑光灯、糖醋液诱杀成虫。卵期果园适时释放赤眼蜂。

1 顶梢缀叶状

2 幼虫在缀叶内危害状

3 老熟幼虫和蛹

4 枝梢被害状

5 顶梢生长停滞、枯萎

070　茸毒蛾

茸毒蛾又叫苹毒蛾、大茸毒蛾，主要危害苹果树、沙果、海棠果、贴梗海棠、木瓜海棠、李树、梨树、梅树、杏树、石榴树、山楂、山里红、柿树、枇杷、板栗等多种果树，及栓皮栎、辽东栎、蒙古栎等。

1）生活习性

1～2龄幼虫群集取食叶肉组织，3龄幼虫分散危害，有假死性，5龄具暴食性。非越冬代老熟幼虫，在卷叶内吐丝作茧化蛹。成虫迁飞能力强，有趋光性，白天静伏在叶背及隐蔽处，夜间活动。将卵产于叶片或干皮上，排列成块状。

2）危害状

低龄幼虫取食叶肉组织，残留上表皮成透明枯斑。大龄幼虫将叶片取食成缺刻、孔洞，甚至将叶片吃光，仅残留叶柄。

3）发生规律

北方地区1年发生1～2代，以幼虫在树皮缝隙、杂草中及枯枝落叶下越冬。树木萌芽时越冬幼虫上树取食，5月下旬幼虫老熟结茧化蛹。6月上旬成虫开始羽化，6月中旬1代幼虫孵化危害，8月出现2代幼虫，幼虫期共5龄，10月幼虫越冬。

4）综合防治

（1）结合冬季修剪进行彻底清园，清除枯枝落叶，集中销毁。

（2）利用黑光灯、频振式杀虫灯诱杀成虫。

（3）及时摘除带卵叶片，集中灭杀，降低虫口基数。

（4）零星发生时，人工捕捉灭杀。普遍发生时，交替喷洒50%杀螟松乳油1000倍液，或90%晶体敌百虫1000倍液，或25%灭幼脲3号悬浮剂2000倍液防治。

1 幼虫

2 幼虫爬行迁移

3 老熟幼虫作茧化蛹

071　旋纹潜叶蛾

旋纹潜叶蛾又叫苹果潜蛾，危害苹果树、沙果、海棠果、梨树、杜梨、山楂、山里红、板栗等多种果树，及海棠花、垂丝海棠、贴梗海棠等。

1）生活习性

幼虫潜叶危害。幼虫孵化后咬破下表皮潜入叶内，螺旋状窜食叶肉组织，使上、下表皮分离，边取食边排泄粪便于虫斑潜道内。非越冬代老熟幼虫从虫斑内钻出，吐丝下垂，随风飘移，在叶背结丝茧化蛹。成虫白天活动，善跳，迁飞能力稍差，将卵散产于老叶叶背的主、侧脉两侧，每处 1 ~ 2 粒。

2）危害状

叶面被害处出现近圆形，褐色虫斑，后期虫斑仅残留上、下表皮，透过上表皮可见斑内呈同心螺旋状排列的黑色粪屑。虫斑颜色逐渐加深，后转为黑褐色。危害严重时，1 片叶上有数个虫斑，造成叶片大量提前脱落。

3）发生规律

河北及辽宁地区 1 年发生 3 代，以老熟幼虫在干皮缝隙、翘皮下，或枯叶下化蛹结茧越冬。4 月中下旬出现越冬代成虫，5 月上旬至 6 月上旬、6 月中旬至 7 月下旬、8 月中旬至 9 月上旬，分别为各代幼虫危害期，6 ~ 8 月为全年危害高峰期。

4）综合防治

（1）成虫羽化盛期、幼虫孵化期，交替喷洒 25% 灭幼脲 3 号悬浮剂 1500 倍液，或 50% 辛硫磷乳油 1000 倍液，或 2.5% 溴氰菊酯乳油 2000 倍液防治。

（2）及时摘除虫叶，集中深埋。果园适时释放梨潜皮蛾姬小蜂等。

1 苹果树叶面虫斑

2 海棠叶面虫斑

3 后期危害状

4 幼虫

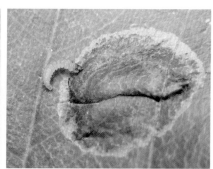

5 幼虫及危害状

072 金纹细蛾

金纹细蛾又叫苹果细蛾、苹果潜叶蛾，主要危害苹果树、沙果、海棠果、海棠花、山荆子、梨树、杜梨、李树、樱桃、杨树等。

1）生活习性

幼虫孵化后即从叶背潜入下表皮，在上下表皮间取食叶肉组织，将粪便排泄在虫斑内，老熟幼虫在虫斑内化蛹。成虫有趋光性，白天多潜伏在叶背等隐蔽处，清晨和傍晚活跃，可近距离飞翔，将卵散产于幼叶叶背。

2）危害状

叶面可见1个或数个近椭圆形或长椭圆形，略隆起的泡囊状失绿虫斑，其上散布白色斑点，边缘呈白色半透明网斑，中间可见黑色粪屑。被害处仅残留上、下表皮，虫斑后期干枯、破裂。严重时，叶面布满虫斑，叶片焦枯、早落。

3）发生规律

山东及河北地区1年发生5~6代，以蛹在被害落叶虫斑中越冬。4月上中旬苹果树展叶时，越冬成虫开始羽化。5月上旬幼虫陆续孵化危害，各代世代重叠，以8月危害严重，11月上旬幼虫老熟，在虫斑内化蛹越冬。

4）综合防治

（1）冬季彻底清除枯枝落叶，集中销毁，消灭越冬蛹。

（2）及时摘除虫叶，消灭虫斑内幼虫或蛹。

（3）果园悬挂性诱剂诱捕器，诱杀成虫。适时释放姬小蜂等天敌防治。

（4）落花70%~80%、落花后40天，喷洒25%灭幼脲3号悬浮剂2000倍，或1.8%阿维菌素乳油3000倍液，或50%杀螟松乳油1500倍液防治。

1 蛹和成虫羽化初始状

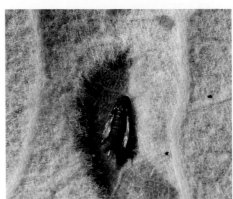

2 正在羽化的成虫

3 幼虫

4 海棠叶面虫斑

073 角斑古毒蛾

角斑古毒蛾又叫赤纹毒蛾，危害苹果树、海棠果、梨树、杏树、杏梅、樱花、樱桃树、李树、紫叶李、山楂树、核桃树、月季、玫瑰、野蔷薇等。

1）生活习性

幼虫取食嫩芽、幼叶和花。初孵幼虫群集取食叶肉，2龄分散蚕害叶片，有吐丝下垂、借风力飘散转移危害习性，非越冬代老熟幼虫，在被害叶片、枝干上吐丝结茧化蛹。雄成虫善飞翔，雌成虫无翅，释放性外激素，引诱雄成虫交配。

2）危害状

花蕾、花冠残缺或被吃光，影响坐果率。叶片被蚕食呈透明网斑，或成缺刻、孔洞。严重时可将叶片吃光，仅残留主脉和叶柄。

3）发生规律

华北地区1年发生2代，以幼虫在树洞、树皮翘缝、落叶下、杂草中越冬。4月初树木发芽后越冬幼虫上树危害，5月化蛹。6月中旬1代幼虫开始孵化，该虫世代重叠，9月中旬2代幼虫老熟，陆续下树越冬。

4）综合防治

（1）冬季彻底清除枯枝落叶，封堵树洞，消灭越冬幼虫。

（2）利用黑光灯、性信息素诱杀雄成虫，阻止交配、产卵。人工捕杀幼虫。

（3）低龄幼虫期，交替喷洒25%灭幼脲3号悬浮剂2000倍液，或1.2%烟参碱乳油1000倍液，或20%杀灭菊酯乳油3000倍液，7～10天喷洒1次。

1 雌成虫

2 雌成虫和卵

3 幼虫

4 蛹

074 梨叶斑蛾

梨叶斑蛾又叫梨星毛虫、饺子虫，主要危害梨树、杜梨、苹果树、海棠花、海棠果、八棱海棠、山楂、山里红、杏树等。

1）生活习性

越冬幼虫取食嫩芽、幼叶和花蕾，落花后分散转叶危害。初孵幼虫吐丝折叶成苞，在苞叶内取食、结薄茧化蛹。成虫有趋光性，迁飞能力不强，将卵产于叶背。

2）危害状

被食混合芽不能抽生花序。树冠上可见"饺子"状苞叶，苞叶内呈筛网状枯斑，虫叶残缺呈褐色焦枯。虫口密度大时，树冠上一片枯黄，影响果实发育，造成果实减产。

3）发生规律

1年发生1代，以2～3龄幼虫在树干翘皮下及缝隙中结茧越冬。京、津地区3月下旬芽展开时，越冬幼虫上树危害，5月上中旬幼虫陆续老熟，在苞叶内化蛹。6月上旬成虫产卵，6月下旬幼虫开始孵化，7月下旬幼虫下树结茧，越夏、越冬。

4）综合防治

（1）梨芽膨大至幼虫尚未卷叶前，交替喷洒20%灭幼脲1号悬浮剂6000～8000倍液，或50%杀螟松乳油1000倍液，或Bt乳剂600倍液防治。

（2）及时摘除有虫苞叶，消灭叶内幼虫及蛹。捕杀树干上下树的老熟幼虫。

（3）利用黑光灯诱杀成虫。

1 成虫

2 "饺子状"缀叶

3 幼虫在缀叶内取食

4 白色丝茧

5 蛹

6 被害叶片焦枯

075　梨剑纹夜蛾

主要危害梨树、苹果树、沙果、桃树、碧桃、杏树、山里红、李树、紫叶李、石榴树、榆叶梅、梅花、月季、玫瑰、紫薇、海棠花、榆树、杨树、马蔺等。

1 成虫

1）生活习性

幼虫主要取食花蕾、花瓣和嫩叶。初孵幼虫白天群集叶片取食表皮和叶肉，3 龄分散蚕食叶片，啃食幼果果皮，4 龄幼虫具暴食性，非越冬代老熟幼虫在叶片上吐丝结薄茧化蛹。成虫有趋光性，昼伏夜出，对糖醋液有一定趋性，喜食果实汁液补充营养，卵多产于叶背，呈不规则块状排列。

2）危害状

叶片及花瓣被食成缺刻，严重时，花冠、叶片被全部吃光，造成果实减产。

2 低龄幼虫

3）发生规律

华北及以北地区 1 年发生 2 代，以蛹在树基周围的土壤中越冬。4 月中下旬成虫开始羽化出土，可持续至 8 月上旬。6 ~ 7 月、8 月下旬至 9 月中旬，分别为各代幼虫危害期。幼虫共 6 龄，10 月上旬幼虫老熟，陆续入土结茧化蛹越冬。

4）综合防治

（1）利用黑光灯、频振式杀虫灯、糖醋液，诱杀成虫，降低虫口基数。

（2）零星发生时，人工捕杀幼虫。

（3）普遍发生时，交替喷洒 50％杀螟松乳油 1500 倍液，或 20％杀灭菊酯乳油 3000 倍液，或 2.5％溴氰菊酯乳油 2500 倍液防治，7 ~ 10 天喷洒 1 次。

3 大龄幼虫

4 蛹

076 果剑纹夜蛾

果剑纹夜蛾又叫樱桃剑纹夜蛾，危害各种樱桃树、苹果树、梨树、桃树、李树、杏树，及沙果、海棠果、山楂树、杏梅等多种果树。

1）生活习性

幼虫主要取食叶片，也啃食幼果。初孵幼虫群集叶背取食叶片下表皮和叶肉组织，仅残留上表皮，3龄幼虫分散取食叶片和幼果果皮。成虫有趋光性，昼伏夜出，对糖醋液有一定趋性，将卵产于叶背近主脉两侧。

2）危害状

低龄幼虫取食叶片成纱网状，在叶片上留下透明网状枯斑。大龄幼虫将叶片食成孔洞或缺刻。啃食幼果果皮，在果面形成不规则、略凹陷的浅疤。虫口密度大时，可将叶片吃光，仅残留主脉和叶柄。

3）发生规律

北方地区1年发生2～3代，以茧蛹在干皮缝隙、树基周围的土壤中越冬。4月下旬成虫开始羽化，5月中旬至6月中旬、7月中旬至8月上旬、9月，分别为各代幼虫危害期。幼虫共5龄，10月上旬幼虫老熟，陆续下树化蛹越冬。

4）综合防治

（1）冬季刮去老树粗皮、翘皮，将皮屑集中销毁。结合施肥深翻树盘，消灭越冬蛹。

（2）幼虫期，交替喷洒50%杀螟松乳油1500倍液，或20%杀灭菊酯乳油3000倍液，或2.5%溴氰菊酯乳油2500倍液，或20%甲氰菊酯乳油2000倍液防治。

（3）利用黑光灯、频振式杀虫灯、糖醋液等，诱杀成虫。

（4）危害严重的果园，适时释放夜蛾绒茧蜂等。

1 成虫

2 幼虫

077 桃潜叶蛾

桃潜叶蛾又叫桃线潜叶蛾，危害桃树、碧桃、山桃、苹果树、梨树、杏树、樱桃树、樱花、紫叶李、太阳李、李树、稠李、紫叶稠李、紫叶矮樱等。

1）生活习性

初孵幼虫潜入叶内，在上、下表皮间蚕食叶肉组织，窜食危害，形成不规则虫道。成虫对黑光灯和糖醋液有较强趋性，可近距离迁飞，将卵产于叶下表皮内。

2）危害状

叶片被窜食成不规则、弯曲的白色线状虫道。被害处仅残留上、下表皮，后期潜道褐色干枯。虫口密度大时，叶面布满虫道，虫叶焦枯，提前脱落。

3）发生规律

京、津及河北地区1年发生4~5代，以成虫在落叶、杂草或树皮缝隙中越冬。桃树展叶时越冬成虫开始产卵，4月下旬1代幼虫孵化危害。5月中旬出现1代成虫，5月下旬至6月中旬2代幼虫孵化，以后每月发生1代，自第3代后世代重叠，10月成虫陆续越冬。

4）综合防治

（1）利用黑光灯、频振式杀虫灯、糖醋液等，诱杀成虫。

（2）落花后，喷洒25%灭幼脲3号悬浮剂1500~2000倍液+助杀1000倍液，1月喷洒1次，全年3~4次，控制该虫发生。

（3）及时摘除虫叶，交替喷洒45%荣锐微乳5000倍+助杀1000倍液，或35%硕丹乳油2000倍+助杀1000倍液，兼治食心虫、卷叶蛾等。

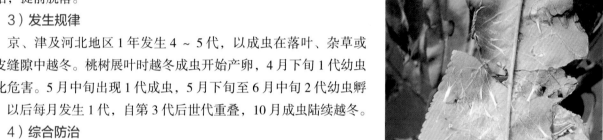

1 成虫

2 茧

3 桃叶上的潜道

4 桃叶被害状

078 桃卷叶蛾

危害各种桃树、苹果树、梨树、李树、杏树，山楂、山里红等果树，及碧桃、寿星桃、山桃、紫叶李、太阳李、稠李、紫叶稠李，紫叶矮樱等观赏树种。

1）生活习性

初孵幼虫取食叶片下表皮和叶肉组织，稍大吐丝缀叶成巢，在巢内群集取食危害。食料不足或受惊扰时，有吐丝下垂随风飘移、转枝危害习性。成虫有趋光性，对糖醋液有较强趋性，昼伏夜出，将卵散产于叶背主脉基部两侧。

2）危害状

叶片被蚕食成透明网状、孔洞或缺刻，残叶枯萎，严重时可将整枝或整株叶片吃光。造成生长势衰弱，常出现二次开花现象，严重影响果实发育，导致果实大量减产。

3）发生规律

河北及山西地区1年发生2代，以茧蛹在树基周围的土壤中、疤痕处及树洞内越冬。5月中下旬1代幼虫开始孵化危害，6月下旬幼虫陆续老熟，入土结茧化蛹。7月中旬2代幼虫孵化，危害至8月中下旬，末代幼虫老熟，陆续下树入土结茧化蛹越冬。

4）综合防治

（1）落叶后彻底清除枯枝落叶、杂草等，集中销毁。

（2）利用黑光灯、频振式杀虫灯、糖醋液等，诱杀成虫。

（3）卷叶前，交替喷洒25%灭幼脲3号悬浮剂1500~2000倍液，或1.8%阿维菌素乳油4000倍液，或2.5%溴氰菊酯乳油2500倍液，或4.5%高效氯氰菊酯2000倍液+助杀1000倍液防治。

（4）虫害严重的果园，适时释放茧蜂、赤眼蜂等进行防治。

1 幼虫

2 中龄幼虫及危害状

3 蛹

079 黄斑卷叶蛾

黄斑卷叶蛾又叫桃黄斑卷蛾，危害各种桃树、苹果树、梨树、杏树、李树、沙果、海棠果、八棱海棠、山楂树等多种果树，及碧桃、寿星桃、山桃、榆叶梅、海棠花、西府海棠、垂丝海棠、紫叶李、太阳李、紫叶矮樱等观赏树种。

1）生活习性

幼虫取食幼芽和嫩叶，也危害贴叶果实。幼虫孵化后先咬食叶芽、花芽，后吐丝沿主脉纵向叠叶，在叠叶内取食上表皮和叶肉组织。3龄后蚕食叶片，老熟幼虫转叶，在新的叠叶内化蛹。成虫有趋光性，对糖醋液有较强趋性。越冬代成虫多将卵散产于小枝上，有时也产在芽的两侧，其他各代均产在叶面上。卵扁椭圆形，淡黄色，半透明状。

2）危害状

叠叶被蚕食成筛网状、孔洞或缺刻，虫口密度大时，可将叶片吃光，残留主脉和叶柄。被蚕食花芽不能开放，造成果实减产。啃食果皮，在果面形成干疤。

3）发生规律

京、津及河北地区1年发生4代，以冬型成虫在树洞、杂草或落叶中越冬。桃芽萌动时越冬成虫开始产卵，4月下旬出现1代幼虫。幼虫共5龄，该虫除1代发生比较整齐外，世代重叠，10月成虫陆续越冬。管理粗放，杂草丛生，病虫害防治不及时，果树混植的果园发生严重。

4）综合防治

（1）冬季彻底清除杂草、枯枝落叶，集中销毁，消灭越冬成虫。

（2）低龄幼虫期，喷洒Bt乳剂400～600倍液，或1.2%烟参碱乳油1000倍液，或25%灭幼脲3号悬浮剂2000倍液防治。及时摘去虫叶，杀死幼虫或蛹。

（3）利用黑光灯、糖醋液、黄斑卷叶蛾信息素诱捕器等，诱杀成虫。

1 夏型成虫

2 冬型成虫

3 幼虫在叶内危害状

4 蛹

080 石榴巾夜蛾

危害果石榴、花石榴、月季、玫瑰、野蔷薇、桃树、梨树、李树、合欢、迎春、紫薇、紫荆、女贞等。

1）生活习性

幼虫主要取食嫩芽和幼叶，白天静伏于枝条上，夜间取食，移动时腹部常弯曲成拱形，有吐丝下垂迁移危害习性。非越冬代老熟幼虫，多在枝干交叉处或叶上吐丝结茧化蛹。成虫迁飞能力强，有趋光性，白天潜伏在背阴处，夜间吸食近成熟或成熟伤果、腐烂果的汁液，将卵散产于叶片上和枝干粗皮缝隙处。卵馒头形，灰色，表面有纵棱和横道。

2）危害状

叶片被吃成孔洞或缺刻，虫口密度大时，可将叶片吃光，仅残留叶柄。

3）发生规律

华北地区1年发生2代，以蛹在土壤中越冬。石榴展叶时成虫开始羽化，该虫世代重叠。5～10月为幼虫危害期，10月下旬末代幼虫下树，入土化蛹越冬。

4）综合防治

（1）成虫羽化期，利用黑光灯、频振式杀灯虫、糖醋液等，诱杀成虫。

（2）幼虫体色与枝条颜色相近，白天静伏时不易被发现，应在有新鲜缺刻叶片附近仔细查找，人工捕杀。

（3）交替喷洒1.2％烟参碱乳油1000倍液，或50％杀螟松乳油1000倍液，或20％灭幼脲1号悬浮剂8000倍液，7天喷洒1次，近果实成熟期应停止喷药。

1 成虫

2 幼虫静伏状

3 幼虫迁移状

4 蛹

5 叶片被害状

081 柑橘凤蝶

柑橘凤蝶又叫花椒凤蝶，北方地区主要危害花椒、女贞、黄檗、吴茱萸等。

1）生活习性

初孵幼虫啃食嫩芽和叶肉，稍大取食叶片。幼虫行动迟缓，5龄具暴食性，老熟幼虫吐丝悬于叶柄、叶面或枝上化蛹。成虫飞翔能力强，中午至傍晚前最为活跃，喜食花蜜补充营养，将黄白色圆球形卵单产于叶面或叶背。

2）危害状

叶面可见虫卵及各龄期幼虫，叶片被取食成网眼状、孔洞或缺刻。虫口密度大时，叶片被全部吃光，仅剩枝杆，严重影响花椒的果实品质和产量。

3）发生规律

京、津及河北地区1年发生3代，以蛹在枝干上越冬。4月中下旬成虫开始羽化，下旬产卵。5月、6月中旬至7月中旬、8～9月，分别为各代幼虫危害盛期。幼虫共5龄，世代重叠，10月幼虫老熟，陆续化蛹越冬。

4）综合防治

（1）摘除枝干上虫蛹，及时灭杀。捻杀叶片上卵粒，捕杀在叶面取食的幼虫。

（2）虫量大时，交替喷洒20%灭幼脲1号悬浮剂6000～8000倍液，或90%晶体敌百虫800倍液，或Bt乳剂500倍液，或2.5%溴氰菊酯乳油2500倍液防治。药液残效期，禁止采摘花椒嫩梢、嫩叶。

1 成虫

2 成虫交尾状

3 卵

4 低龄幼虫

5 大龄幼虫

6 幼虫世代重叠

7 蛹

082 棉大卷叶螟

棉大卷叶螟又叫棉卷叶野螟，主要危害木槿、大花秋葵、蜀葵、绣球、女贞、泡桐、悬铃木、梧桐、朴树、苹果树、沙果、海棠果、八棱海棠等。

1）生活习性

初孵幼虫群集叶背取食下表皮和叶肉，3龄后分散取食，吐丝将叶片卷成"喇叭"筒状，在卷叶内蚕食。常转叶危害，非越冬代老熟幼虫在卷叶内化蛹。成虫趋光性强，白天在叶丛中静伏，将卵产于叶背叶脉基部。

2）危害状

枝上可见卷成筒状叶片，叶被取食仅剩表皮，或残缺不全，被害叶片枯萎、早落。危害严重时，叶片被吃光，仅残留叶柄和枝干。

3）发生规律

华北及辽宁地区1年发生3～4代，以末代老熟幼虫在树皮缝隙、翘皮下、杂草及落叶中越冬。4月下旬始见成虫，幼虫共6龄，该虫世代重叠，5～10月为幼虫危害期，8月中旬同时可见各种虫态。8月危害严重，10月幼虫下树越冬。

4）综合防治

（1）落叶后，彻底清除杂草和枯枝落叶，集中销毁，减少越冬虫源。

（2）幼虫卷叶前，交替喷洒50%杀螟松乳油1000倍液，或1.2%烟参碱乳油1000倍液，或20%杀灭菊酯乳油3000倍液，或20%灭多威乳油1500倍液防治。

（3）利用黑光灯、频振式杀虫灯，诱杀成虫。摘除有虫卷叶，消灭幼虫或蛹。

1 成虫

2 在蜀葵上卷叶状

3 低龄幼虫

4 大龄幼虫

5 蛹壳及幼虫危害状

6 在蜀葵上的危害状

083　玫瑰三节叶蜂

玫瑰三节叶蜂又叫月季叶蜂、蔷薇叶蜂，危害玫瑰、月季、野蔷薇、木香、黄刺玫等。

1）生活习性

初孵幼虫群集叶缘危害，栖息时常将腹尾翘起，3 龄后分散昼夜取食，迁移危害。成虫有一定迁飞能力，中午前后最为活跃，有假死性，将卵产于半木质化枝梢上刺出的纵向刻槽内。卵多达数十粒，排列成"八"字形。

2）危害状

被害叶缘成缺刻状，严重时可将叶片全部吃光，仅残留主脉和叶柄。嫩茎产卵处枝梢干枯，易折断，严重影响鲜切花产量。

3）发生规律

华北及以北地区 1 年发生 2 代，以老熟幼虫在被害株附近的表土中结茧越冬。4 月越冬代幼虫开始化蛹，5 月上旬成虫陆续羽化，羽化期可持续至 6 月上旬。6 月 1 代幼虫孵化危害，7 月为危害高峰期。2 代幼虫发生在 8 ~ 9 月，10 月上旬幼虫老熟，陆续下树入土结茧越冬。

4）综合防治

（1）少量发生时，及时捕杀幼虫。

（2）普遍发生时，交替喷洒 50%杀螟松乳油 1000 倍液，或 90%晶体敌百虫 1000 倍液，或 2.5%溴氰菊酯乳油 2500 ~ 3000 倍液防治，7 天喷洒 1 次。

1 成虫

2 幼虫取食状

3 幼虫栖息状

4 茧

5 叶片被害状

084 烟青虫

烟青虫俗称青虫，主要危害月季、牡丹、芍药、彩叶草、大丽花、曼陀萝、酸浆等，也危害园区内种植的番茄、辣椒等。

1）生活习性

初孵幼虫取食嫩芽、幼叶和花，2龄蛀果危害。幼虫有假死性，转株、转果危害习性。成虫有趋光性，白天潜伏，夜间及阴天活动。对糖醋液有较强趋性，有一定迁飞能力。卵多产于叶背的叶脉、花萼、花瓣或果实上，每处1粒。

2）危害状

叶片被食成孔洞或缺刻，大龄幼虫可将叶片吃光，仅残留主脉和叶柄。

被食花芽、花蕾残缺，不能正常开放。啃食花瓣，影响鲜切花品质和产量。

啃咬幼果果皮，残留干疤。蛀果危害，造成酸浆果实腐烂和落果。

3）发生规律

东北及华北地区1年发生2代，以老熟幼虫在土中结茧化蛹越冬。京、津地区4月下旬成虫开始羽化，5月中旬幼虫孵化危害，幼虫共5龄，6月上中旬、8月中下旬分别为各代幼虫危害盛期。

4）综合防治

（1）利用黑光灯、糖醋液诱杀成虫，压低虫口基数。

（2）人工捕捉幼虫，摘除虫果，集中灭杀，防止转株、转果危害。

（3）普遍发生时，交替喷洒20%灭幼脲1号悬浮剂8000倍液，或10%吡虫啉可湿性粉剂1500倍液，或20%灭多威乳油1500倍液，或50%杀螟松乳油1000倍液防治，7天喷洒1次。

1 成虫

2 幼虫

3 大龄幼虫

085　棉铃虫

棉铃虫又称棉桃虫，危害月季、玫瑰、木槿、蜀葵、大花秋葵、向日葵、美人蕉、宿根天人菊、大丽花、彩叶草、苹果树、山里红、枣树、金银花等。

1）生活习性

初孵幼虫群集危害，2龄蚕食嫩叶、幼果果肉，钻蛀花蕾，5龄进入暴食期。成虫有趋光性，迁飞能力强，喜食花蜜，将卵产于嫩叶、花蕾或果实上。

2）危害状

嫩叶被取食成孔洞或缺刻。钻蛀花蕾，导致花不能正常开放。幼果被食成孔洞，影响果实品质。危害严重时，花瓣残缺或被吃光，失去观赏价值。

3）发生规律

西北及华北地区1年发生2～3代，以老熟幼虫在土壤中化蛹越冬。4月下旬成虫羽化，枣树展叶时幼虫孵化，幼虫共6龄，世代重叠明显，5～9月均可见幼虫，以7～9月危害严重，10月上旬老熟幼虫陆续入土结茧化蛹越冬。

4）综合防治

（1）幼虫孵化期至2龄前，交替喷洒10％吡虫啉可湿性粉剂1000倍液，或20％灭多威乳油1500倍液，或1.2％烟参碱乳油1000倍液防治，7～10天喷1次。

（2）利用黑光灯，诱杀成虫。剪除带虫花蕾、幼果，人工捕杀幼虫。

1 成虫静伏状

2 不同龄期幼虫及危害状

3 幼虫钻蛀花蕾

4 蛀食幼果

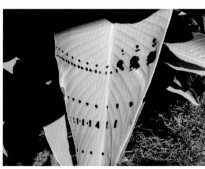

5 美人蕉被害芽展叶后危害状

6 蛹

086 枸杞负泥虫

枸杞负泥虫又叫肉蛋虫、背粪虫。该虫食性单一，是枸杞的主要害虫。

1）生活习性

成、幼虫取食叶片和嫩梢，以幼虫危害严重。因幼虫背负泥浆状排泄物而得名。初孵幼虫群集叶背蚕食叶肉，2龄分散取食，3龄具暴食性，老熟幼虫在表土中结茧化蛹。成虫可近距离飞翔，将卵产于叶背或叶面，卵块排列呈"人"字形。

2）危害状

叶片被取食成筛网状、孔洞或缺刻。虫口密度大时，可将整株叶片全部吃光。常出现再次发芽现象，严重影响果实发育，造成果实脱落，降低果实品质和产量。

3）发生规律

西北及华北地区1年发生4～5代，以成虫在土壤中越冬。枸杞展叶时越冬成虫出土危害，4月中旬始见幼虫，幼虫共3龄，该虫世代重叠现象明显。9月下旬末代成虫羽化，危害至10月下旬，下树入土越冬。5月至10月上旬危害严重。

4）综合防治

（1）越冬成虫出土前翻松园土，消灭越冬虫源。

（2）少量发生时，摘除卵叶和有虫叶片，及时灭杀。

（3）普遍发生时，交替喷洒1.2%苦烟乳油1000倍液，或1.8%阿维菌素乳油1000倍液，或10%吡虫啉可湿性粉剂1000倍液防治。7天喷洒1次，连续3～4次，重点喷洒叶背，果实采摘前20天停止喷药。

1 成虫

2 成虫交尾状

3 卵

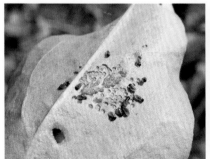

4 初孵幼虫及危害状

5 幼虫取食状

6 叶片被食成孔洞

087　二十八星瓢虫

二十八星瓢虫又叫酸浆瓢虫，主要危害枸杞、曼陀罗、酸浆等。

1）生活习性

成、幼虫昼夜取食叶片，也啃食果面。初孵幼虫群集叶背危害，2龄后分散取食，4龄具暴食性。成虫畏强光，白天多在叶背取食，有假死性。将卵产于叶背。

2）危害状

叶片被蚕食成不规则、半透明平行条网状细凹纹枯斑、孔洞或缺刻。虫口密度大时，可将叶片吃光，仅残留主脉，严重影响果实品质和产量。

3）发生规律

华北及以北地区1年发生2代，以成虫在枯枝落叶、树洞及树皮缝隙中群集越冬。5月上旬至9月上旬均可见成虫，6月上旬为产卵盛期。6月下旬至7月上旬1代幼虫孵化危害，8月为2代幼虫危害盛期，幼虫共4龄。8月下旬幼虫开始化蛹，10月上旬末代成虫羽化，陆续越冬。

4）综合防治

（1）人工捕捉成虫，利用成虫的假死性，振落后捕杀。

（2）摘除带卵及有虫叶片，及时灭杀。

（3）成、幼虫危害期，交替喷洒1.8%阿维菌素乳油1000倍液，或50%马拉硫磷乳油1000倍液，或2.5%溴氰菊酯乳油2500倍液防治，重点喷洒叶背，7～10天喷1次。

1 成虫及取食状

2 卵

3 幼虫及危害状

4 幼虫群集叶背危害状

5 残留上表皮

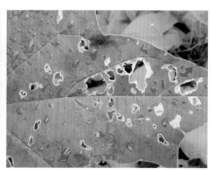

6 叶片被食成孔洞

088 枯叶夜蛾

枯叶夜蛾又叫通草木夜蛾，主要危害紫叶小檗、无花果、枇杷、苹果树、梨树、桃树、杏树、李树、紫叶李、柿树、木槿、葡萄、猕猴桃、三叶木通等。

1）生活习性

成、幼虫白天静伏于枝条上，夜间取食危害，有转株、转果危害习性。初孵幼虫吐丝缀叶，在缀叶内取食危害，稍大分散取食。不取食时在枝上呈"U"形，或"?"形，非越冬代老熟幼虫在缀叶内结茧化蛹。成虫有趋光性，对糖醋液有较强趋性。夜晚吸食近成熟或已成熟果实的汁液，卵多产于叶背。

2）危害状

叶片被食成孔洞或缺刻，食量大时可将叶片吃光，仅剩主脉和叶柄。果面可见针状小孔，被害部位变色、凹陷，有胶液流出。严重时，造成果实腐烂、脱落。

3）发生规律

1 成虫

华北地区1年发生2代，多以成虫在树洞中、翘皮下、断枝茬口处、杂草和落叶中越冬。树木发芽时越冬幼虫开始上枝食芽危害，该虫发生不整齐，世代重叠明显，5月下旬至10月均可见到成虫，6~7月为幼虫危害高峰期。

4）综合防治

（1）利用黑光灯、频振式杀虫灯、糖醋液等，诱杀成虫。

（2）卵期、低龄幼虫期，喷洒Bt乳剂500倍液，或90%晶体敌百虫1000倍液，或2.5%溴氰菊酯乳油3000倍液，或50%马拉硫磷乳油1000倍液防治。

（3）发生严重的果园，成虫产卵期，适时释放赤眼蜂、卵跳小蜂等。

2 幼虫停息状

3 幼虫迁移状

089 黄杨绢野螟

主要危害小叶黄杨、大叶黄杨、锦熟黄杨、雀舌黄杨、瓜子黄杨、朝鲜黄杨等。

1）生活习性

初孵幼虫取食嫩芽和叶肉，2龄吐丝缀连枝叶成巢，在巢内取食危害。幼虫受惊扰时落地装死，大龄幼虫具暴食性，昼夜取食，老熟幼虫在缀叶内化蛹。成虫有趋光性和一定迁飞能力，白天多栖息于枝干等荫蔽处，将卵产于叶背。

2）危害状

枝端可见缀连的虫巢，叶片被食成缺刻状，或残留部分叶缘，枝叶枯萎。虫口密度大时，可在几天内将成片嫩叶吃光，绿篱面一片枯黄，失去观赏性。

1 越冬茧

3）发生规律

京、津及河北地区1年发生2代，以幼虫在缀叶内结薄茧越冬。4月上旬越冬幼虫开始活动危害，5月下旬老熟幼虫在缀叶中化蛹，6月上旬成虫开始羽化。6月中旬至7月下旬、7月下旬至9月上旬，分别为各代幼虫危害期。幼虫共6龄，以2代幼虫危害最为严重，9月下旬末代幼虫在缀叶内结茧越冬。

4）综合防治

（1）及时剪除缀叶虫巢，消灭幼虫及蛹。

（2）利用黑光灯、频振式杀虫灯诱杀成虫。

（3）幼虫期，交替喷洒25%灭幼脲3号悬浮剂2500倍液，或Bt乳剂500倍液，或2.5%溴氰菊酯乳油3000倍液防治。幼虫受惊缀地，虫体不能着药。喷药时也需将喷头伸入篱下，喷湿地面，毒杀落地幼虫，7天喷洒1次，连续2～3次。

2 成虫

3 幼虫

4 蛹

090 咖啡透翅天蛾

咖啡透翅天蛾又叫咖啡透翅蛾、栀子大透翅天蛾，主要危害大叶黄杨、金银木、醉鱼草、福禄考、矮牵牛等。

1）生活习性

幼虫昼夜取食，2龄前取食叶肉，3龄后蚕食叶片，具暴食性，有时也危害嫩枝和花蕾，有转移危害习性。成虫善飞翔，白天活跃，飞行速度快，喜食花蜜补充营养。白天交尾，将卵单产于嫩叶或嫩茎上，每处1粒。

2）危害状

幼虫取食叶片成孔洞、缺刻，蚕食花蕾、花瓣，造成残缺不全，或枯萎脱落。大龄幼虫将叶片吃光，仅残留小枝茎干。

3）发生规律

北方地区1年发生1~2代，以蛹在根际周围浅土中、落叶下越冬。7月上旬始见成虫，8~9月为成虫羽化盛期。7月中下旬至10月上旬为幼虫危害期，10月中旬老熟幼虫陆续下树，入土化蛹越冬。

4）综合防治

（1）少量发生时，人工捕杀幼虫。

（2）普遍发生时，交替喷洒90%晶体敌百虫1000倍液，或Bt乳剂400倍液，或20%杀灭菊酯乳油2000倍液防治，7~10天喷洒1次，连续2~3次。

1 成虫交尾状

2 成虫和卵

3 老熟幼虫

4 蛹

091 小红蛱蝶

小红蛱蝶又叫花蛱蝶、赤蛱蝶，主要危害八仙花、荆条、木槿、大花秋葵、月季、艾草、大丽花、百日草、黑心菊、宿根天人菊、白三叶、牛蒡等。

1）生活习性

初孵幼虫卷叶成苞，在苞叶内群集取食危害，3龄后分散取食，老熟幼虫吐丝将身体末端固着在叶背结悬蛹。成虫善飞翔，有远距离迁飞能力，白天活跃，吸食花蜜及柳大蚜排泄的蜜露，以及腐烂果实汁液补充营养。多将卵产于嫩芽和叶片上，卵薄荷绿色，馒头形或半圆球形。

2）危害状

叶片被取食成白色网状、孔洞或缺刻，造成叶片残缺不全。大龄幼虫可把叶片吃光。

3）发生规律

京、津地区1年发生2代，以蛹在枯枝落叶下、杂草中越冬。该虫多零星发生，6月可见第一代成虫，9月至10月中旬，为第二代成虫发生期。幼虫共5龄，8～9月幼虫危害高峰期，10月中下旬末代幼虫老熟，下树化蛹越冬。

4）综合防治

（1）摘除虫蛹、带卵叶片和苞叶，杀死蛹和苞叶内幼虫。

（2）幼虫3龄期，于早上7～8时喷洒25％灭幼脲3号悬浮剂1500倍液，或1.2％烟参碱乳油1000倍液，或Bt乳剂400倍液，或2.5％溴氰菊酯乳油2500倍液，或50％杀螟松乳油1000倍液，或90％晶体敌百虫1000倍液，毒杀爬出苞叶取食的幼虫。

（3）大龄幼虫分散取食时，人工捕杀。

1 成虫展翅状

2 成虫吸食花蜜状

092 小蓑蛾

小蓑蛾又叫小袋蛾，危害紫藤、葡萄、五叶地锦、桂花、杏梅、月季、玫瑰、牡丹、芍药、石榴、山里红、紫叶李、海棠、榆叶梅、红瑞木、紫薇、白蜡、悬铃木、臭椿、梓树、核桃树、五角枫、丝棉木等。

1）生活习性

幼虫主要取食叶片，有时也啃食嫩梢和幼果果皮。幼虫孵化后爬出护囊，吐丝下垂随风飘散，用咬碎的叶片营造新护囊。白天负囊隐蔽在叶背，傍晚至清晨将头部伸出护囊取食，并负囊迁移危害，老熟幼虫在护囊内化蛹。雄成虫有趋光性，雌成虫无翅，释放性信息素引诱雄成虫进行交配，在护囊内产卵。

2）危害状

幼虫取食叶肉残留表皮，叶面形成不规则枯斑，或成孔洞、缺刻。严重时可将叶片吃光，仅残留主脉和叶柄。啃食果皮，果面残留浅疤，影响果实品质。

3）发生规律

京、津及河北地区1年发生1代，以幼虫在护囊内越冬。5月越冬幼虫化蛹，6～10月为幼虫期，以6月下旬至7月中旬危害严重，10月幼虫封闭囊口，在护囊内越冬。

4）综合防治

（1）及时剪除护囊，消灭护囊内幼虫或蛹。

（2）利用黑光灯、性信息素等诱杀雄成虫，减少产卵。

（3）幼虫孵化期，于傍晚喷洒90%晶体敌百虫1500倍液，或2.5%溴氰菊酯乳油3000倍液，或1.2%烟参碱乳剂1000倍液防治，7～10天喷洒1次。

1 紫藤上护囊

2 护囊及幼虫

3 护囊及幼虫在红瑞木上危害状

4 护囊和蛹

093 葡萄天蛾

葡萄天蛾俗称豆虫，主要危害葡萄、五叶地锦、爬山虎、丁香、金叶女贞等。

1）生活习性

幼虫白天躲藏在叶背等荫蔽处，夜间分散取食。3龄幼虫具暴食性，将叶片食光后，转枝继续取食危害。成虫有趋光性，夜间活动，卵多单产于叶背或嫩梢上。

2）危害状

幼虫蚕食叶片成孔洞、缺刻，大龄幼虫可将整个枝条叶片吃光，仅残留叶柄。

3）发生规律

京、津及河北地区1年发生2代，以蛹在表土中越冬。5月下旬成虫陆续羽化，6月中旬至7月下旬、8月中旬至9月下旬，分别为各代幼虫危害期。

4）综合防治

（1）葡萄园结合冬春两季施肥，对土壤进行翻耕，消灭越冬蛹。

（2）成虫羽化期，利用黑光灯、频振式杀虫灯诱杀成虫。

（3）发现地面有大粒新鲜虫粪时，在叶片被害处仔细寻找，捕杀幼虫。

（4）幼虫期，喷头伸入新鲜残缺叶下，喷洒2.5%溴氰菊酯乳油2500倍液，或20%杀灭菊酯乳油3000倍液，或50%辛硫磷乳油1500倍液防治，毒杀静伏幼虫。

1 成虫和蛹皮

2 卵

3 大龄幼虫

4 老熟幼虫

5 蛹

6 幼虫危害状

094 红天蛾

红天蛾又叫葡萄小天蛾，主要危害葡萄、爬山虎、五叶地锦、锦带花、金叶接骨木、千屈菜、菊花等。

1）生活习性

幼虫取食叶片，昼伏夜出，清晨和傍晚最为活跃。大龄幼虫具暴食性，食料不足时，常迁移危害。成虫飞翔速度快，有趋光性，白天在枝叶荫蔽处，或杂草中静伏，傍晚出来活动，将卵产于嫩梢及叶背。

2）危害状

叶片被食成孔洞或缺刻。虫口密度大时，可将整株叶片吃光，残留主脉和叶柄。

3）发生规律

京、津及河北地区1年发生2代，以蛹在浅土中越冬。5月下旬成虫陆续羽化，6月上中旬1代幼虫开始孵化危害，8月上旬可见2代幼虫。该虫世代重叠，6～9月为幼虫危害期，9月下旬幼虫老熟，陆续入土结茧化蛹越冬。

4）综合防治

（1）利用黑光灯、频振式杀虫灯诱杀成虫。虫量不多时，人工捕杀幼虫。

（2）清晨或傍晚，交替喷洒50%杀螟松乳油1000倍液，或Bt乳剂500倍液，或20%甲氰菊酯乳油3000倍液，或2.5%溴氰菊酯乳油3000倍液防治，7～10天喷洒1次，连续2～3次，兼治其他食叶害虫。

1 成虫　　　　　　　　　　　　　　　　2 低龄幼虫

3 大龄幼虫　　　　　　　　4 老熟幼虫　　　　　　　　5 蛹

095 十星瓢萤叶甲

十星瓢萤叶甲又叫葡萄十星叶甲、葡萄金花虫，主要危害各种葡萄、蛇白蔹、乌头叶蛇葡萄、爬山虎、五叶地锦等。

1）生活习性

成虫和低龄幼虫多群集取食嫩芽、叶片，幼虫3龄后白天潜伏，阴天及清晨和傍晚在叶面分散取食。成虫寿命长达2～3个月，有假死性，白天取食、交配，卵多产于草丛中、枯枝落叶上，或根际表土中。

2）危害状

叶片被食成孔洞或缺刻。虫口密度大时，叶片被蚕食得千疮百孔，甚至被全部吃光，仅残留主脉和叶柄，严重影响园林景观和果实发育。

3）发生规律

三北地区1年发生1代，以卵在枯枝落叶下及表土中越冬。5月下旬越冬卵开始孵化，幼虫共3龄，6月下旬老熟幼虫陆续入土作茧化蛹，7月上旬成虫开始羽化，8月上旬至9月上旬为产卵盛期，9月下旬以卵越冬。

4）综合防治

（1）冬季彻底清除园内杂草及枯枝落叶，集中销毁。

（2）少量发生时，人工捕杀成虫和幼虫。

（3）虫口密度大时，交替喷洒90%晶体敌百虫1000倍液，或50%马拉硫磷乳油1000倍液，或20%杀灭菊酯乳油3000倍液，或5%氯氰菊酯乳油3000倍液防治，7～10天喷洒1次，连续2～3次，葡萄果穗采摘前30天停止喷药。

1 成虫

2 成虫群集危害状

3 五叶地锦被害状

096　玄灰蝶

　　玄灰蝶又叫点玄灰蝶、密点玄灰蝶，幼虫俗称小青虫，主要危害费菜、红曲景天、乡巴佬景天等景天类植物，以八宝景天受害最为严重。

　　1）生活习性

　　幼虫孵化后即潜入顶芽及叶下表皮，在上、下表皮间取食叶肉。待取食一空时，即转叶或向下潜入茎内继续危害，可转移数次。老熟幼虫转移到隐蔽处，分泌黏液将臀足固定，吐丝将虫体系牢后化蛹。成虫白天活跃，将卵产于叶背。

1 成虫

　　2）危害状

　　叶肉被蚕食一空，仅残留半透明白色膜状上、下表皮。被食嫩茎枯萎，不能开花，失去观赏价值。虫口密度大时，叶片被吃光，仅剩茎秆。嫩茎被蛀空，易风折。被食伤口易腐烂，危害严重时，整株枯亡。

　　3）发生规律

　　华北地区1年发生2代，以老熟幼虫在茎秆蛀道内，或浅土中化蛹越冬。5月下旬开始出现成虫，6～8月为幼虫危害高峰期，10月下旬幼虫老熟化蛹越冬。

　　4）综合防治

　　（1）秋末茎叶枯萎后，及时剪去地上枯萎部分，集中销毁，减少越冬蛹。

　　（2）及时摘除虫叶，剪去有虫嫩茎，杀死其内幼虫或蛹。

　　（3）虫口密度大时，成虫发生期至卵孵化期，交替喷洒1.2%烟参碱乳油1000倍液，或2.5%溴氰菊酯乳油3000倍液，或50%辛硫磷乳油1000倍液防治。

2 成虫展翅状

3 幼虫取食嫩茎

4 幼虫及茎、叶被害状

5 顶端茎叶枯萎

6 老熟幼虫及嫩茎被害状

7 蛹

097　直纹稻弄蝶

直纹稻弄蝶又叫稻弄蝶、稻苞虫，是水稻的主要害虫，园林中主要危害万寿菊、百日草、观赏谷子、狗尾草、芦苇、竹子、禾本科草坪草等。

1）生活习性

幼虫食叶危害，各龄幼虫均有吐丝缀叶结苞、转叶危害习性。幼虫孵化后，先在叶缘或叶先端吐丝缀卷成苞。4龄后具暴食性，常将数叶缀连成苞，白天在缀叶内蚕食，阴天或晴天的清晨或傍晚爬至苞外。非越冬代老熟幼虫，在苞叶内吐丝结薄茧化蛹。成虫有趋光性，对紫色有较强趋性，迁飞能力强，昼伏夜出，喜食花蜜。将卵散产于叶背，卵半球形，初为淡绿色，卵壳表面有玫瑰色斑纹，后渐转褐色。

2）危害状

叶常纵向卷成纺锤状，被食叶片残缺，形成枯斑，或将叶片吃光。

3）发生规律

北方地区多零星发生，1年发生2～3代，以蛹在枯枝落叶或杂草中越冬。小满后成虫陆续羽化，卵期约15天。幼虫共5龄，6～8月为幼虫危害高峰期。高温干燥天气，不利于该虫发生。多雨年份、高温多雨季节发生量大。

4）综合防治

（1）冬季彻底清除枯枝落叶和杂草，集中销毁，减少越冬虫源。

（2）及时摘除有虫苞叶，捕杀叶内幼虫和蛹。

（3）利用黑光灯、紫色粘虫板诱杀成虫。

（4）低龄幼虫期，交替喷洒50%杀螟松乳油1000倍液，或10%吡虫啉可湿性粉剂1500倍液，或90%晶体敌百虫1000倍液，或2.5%溴氰菊酯乳油3000倍液防治，7～10天喷洒1次。

1 成虫吸食花蜜

2 成虫栖息状

098 云斑粉蝶

云斑粉蝶又叫斑粉蝶、朝鲜粉蝶，主要危害二月蓝、白三叶、紫花苜蓿、白花苜蓿、红薯、金叶薯、紫叶薯等观赏植物，也危害园区内种植的白菜、油菜、萝卜等十字花科蔬菜。

1）生活习性

幼虫 2 龄前啃食嫩叶叶肉组织，3 龄后蚕食叶片，5 龄进入暴食期。有假死性，受惊扰后蜷缩躯体坠地装死。老熟幼虫分泌黏液，将臀足粘着在叶片、枝干或栏杆上，再吐丝将躯体缠住，固定化蛹。成虫善飞翔，白天活跃，喜食花蜜补充营养，将卵单产于叶面。

2）危害状

叶片被食成不规则透明枯斑、孔洞或缺刻，叶面可见残留的大粒粪便。大龄幼虫可将叶片吃光，仅残留主脉和叶柄。

3）发生规律

华北地区 1 年发生 3 ~ 4 代，以蛹在杂草中、树木枝干、棚架、栏杆上越冬。4 月成虫开始羽化，5 ~ 10 月为幼虫危害期，该虫常与菜粉蝶混杂发生。

4）综合防治

（1）零星发生时，人工捕杀幼虫，及时摘蛹灭杀。

（2）普遍发生时，交替喷洒 25% 灭幼脲 3 号悬浮剂 2000 倍液，或 Bt 乳剂 500 倍液，或 50% 辛硫磷乳油 1000 倍液，或 90% 晶体敌百虫 1000 倍液防治，兼治菜粉蝶等食叶害虫。

1 成虫展翅状

2 成虫吸食花蜜

3 幼虫及危害状

4 幼虫假死状

5 蛹

099　菜粉蝶

菜粉蝶成虫又叫菜白蝶，幼虫也叫菜青虫，主要危害二月蓝、大丽花、醉蝶花、羽衣甘蓝、八宝景天等，也危害园内种植的小白菜、萝卜、苋菜等。

1）生活习性

幼虫取食嫩芽、叶片和花。1 ~ 2龄幼虫在叶背取食叶肉组织，有吐丝下垂习性。3龄后食量大增，蚕食叶片，食料不足时，常转移危害。大龄幼虫受惊扰时，常坠地假死。老熟时，分泌黏液将臀足粘着在叶片、枝干或栏杆上，再吐丝将躯体缠住固定化蛹。成虫善飞翔，白天活动，晴天中午最为活跃，喜食花蜜，卵多散产于叶背，每处1粒。

2）危害状

被害叶片只残留一层透明上表皮枯斑，或取食成孔洞、缺刻，叶面可见残留的大粒粪便。大龄幼虫可将叶片吃光，仅残留主脉和叶柄。

3）发生规律

京、津及以北地区1年发生3 ~ 4代，以蛹在枝干、杂草或棚架上越冬。4月中旬越冬蛹开始羽化，可持续至5月中旬。该虫发生不整齐，世代重叠现象严重，幼虫共5龄，5 ~ 6月、8 ~ 9月为两个危害高峰期，尤以5 ~ 6月危害严重。

4）综合防治

（1）冬季剪去地上枯萎部分，彻底清除落叶、周边杂草，集中消毁。

（2）零星发生时，及时摘蛹灭杀，人工捕杀幼虫。

（3）普遍发生时，交替喷洒25%灭幼脲3号悬浮剂2000倍液，或20%杀灭菊酯乳油3000倍液，或1.8%阿维菌素乳油3000倍液，或Bt乳剂500倍液防治。

1 成虫

2 幼虫及危害状

3 幼虫假死状

4 蛹

100 斑缘豆粉蝶

斑缘豆粉蝶又叫黄纹粉蝶、黄粉蝶、豆粉蝶，主要危害白三叶、紫花苜蓿、白花苜蓿、百脉根等。

1）生活习性

初孵幼虫取食上表皮和叶肉组织，3龄后食量大增，啃食叶片，非越冬代老熟幼虫在枝或叶柄处化蛹。成虫白天活跃，低空飞行，飞行速度快，喜食花蜜补充营养，将卵单产于叶面。卵纺锤形，有光泽，初为乳白色，逐渐变为乳黄色至橙黄色，近孵化前成银灰色。

2）危害状

叶片被蚕食成不规则网状枯斑、孔洞或缺刻。虫口密度大时，叶片被全部吃光，仅残留叶柄和茎秆。

3）发生规律

河北北部、辽宁及吉林地区1年发生2代，以蛹在土壤中越冬。5月越冬代成虫陆续羽化，6月中下旬至7月中下旬1代成虫羽化，9月可见2代成虫。幼虫共5龄，5月下旬至7月上旬、9月中旬至10月中旬分别为各代幼虫危害高峰期，10月下旬末代幼虫老熟，陆续入土化蛹越冬。

4）综合防治

（1）人工捕捉幼虫，捕杀成虫。

（2）普遍发生时，交替喷洒25%灭幼脲3号悬浮剂2000倍液，或20%杀灭菊酯乳油3000倍液，或0.36%苦参碱水剂1500倍液，或90%晶体敌百虫1000倍液防治，7～10天喷洒1次，牧草采收前20天停止喷药。

1 雌成虫取食状

2 雄成虫展翅状

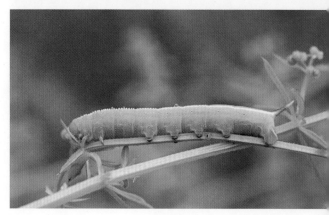

3 幼虫

101　中华豆芫菁

成虫主要危害白三叶、紫花苜蓿、白花苜蓿、地肤、小冠花、金叶薯、紫叶薯、曼陀罗、胡枝子、锦鸡儿、金雀儿、柠条、刺槐、紫穗槐等。

1）生活习性

成虫迁飞能力不强，善爬行，有趋嫩性、假死性和迁移危害性。多群集嫩芽、嫩茎、幼叶和花上取食危害，每天蚕食 4 ~ 6 片叶。成虫畏高温，上、下午活跃，中午躲藏在叶下及灌、草丛中栖息，将卵产于表土土穴中，每穴产卵数十粒至上百粒。幼虫以蝗虫卵为食，对植物不造成危害。以 4 龄食量最大，当无食可取时，便很快死亡。5 龄时不再取食，在土壤中蜕皮成假蛹。

2）危害状

花瓣及叶片被成虫蚕食成白色麻点、孔洞或缺刻。虫口密度大时，花蕾、花瓣及叶片被吃光，仅残留网状叶脉或茎秆。

3）发生规律

三北地区 1 年发生 1 代，以 5 龄幼虫（假蛹）在土壤中越冬。春季越冬幼虫蜕皮发育为 6 龄，6 月中旬幼虫开始化蛹。6 月下旬成虫陆续羽化，羽化期持续至 8 月，7 月下旬幼虫陆续孵化，幼虫共 6 龄，10 月 5 龄幼虫在土壤中以假蛹越冬。该虫多发生在地势低洼、潮湿，栽植过密，杂草丛生之处。

4）综合防治

（1）人工捕杀成虫。

（2）虫口密度大时，于清晨或傍晚，交替喷洒 10% 吡虫啉可湿性粉剂 2000 倍液，或 2.5% 溴氰菊酯乳油 2500 倍液，或 50% 辛硫磷乳油 1000 倍液，或 90% 晶体敌百虫 1000 倍液防治，7 ~ 10 天喷洒 1 次，牧草采收前 20 天停止喷药。

1 成虫

2 成虫在地肤上危害状

102 绿芫菁

绿芫菁又叫芫菁、菁虫，成虫主要危害白三叶、紫花苜蓿、白花苜蓿、小冠花、地肤、锦鸡儿、金雀儿、紫穗槐，及国槐、刺槐、柳树、水曲柳、黄檗等幼树和幼苗，也危害园区内种植的花生等豆科植物。

1）生活习性

成虫迁飞能力不强，善爬行，有假死性。清晨多群集取食嫩芽、花和幼叶，每虫每天可食 4 ~ 6 片叶。食料不足时，常群体迁移，转株或转移他地继续繁殖危害，将卵产于表土土穴中。幼虫生活在土壤中，以蝗虫卵为食，是蝗虫的重要天敌，多分散取食。5 龄时不再取食，在土壤中蜕皮成假蛹。

2）危害状

叶片被蚕食成密密麻麻刻点、孔洞或缺刻，花瓣残缺不全。虫口密度大时，可将叶片、花蕾吃光，仅残留网状叶脉，失去观赏性。严重影响幼苗生长发育，常导致幼苗枯亡。

3）发生规律

三北地区 1 年发生 1 代，以 5 龄幼虫（假蛹）在土壤中越冬。春季越冬幼虫蜕皮成 6 龄，6 月中旬幼虫陆续化蛹，6 月下旬成虫开始羽化，至 8 月下旬均可见成虫，8 月为成虫危害严重时期。7 月中旬成虫开始交尾产卵，幼虫共 6 龄，10 月 5 龄幼虫在土壤中以假蛹越冬。

4）综合防治

参照中华豆芫菁防治方法。

1 成虫

2 成虫交尾状

3 成虫及卵

103 甜菜白带野螟

园林中主要危害鸡冠花、四季海棠、甘薯、金叶薯、紫叶薯、向日葵、观赏谷子、白三叶、彩叶草，及园区内生长的苋菜、藜等。

1）生活习性

1～2龄幼虫群集叶背，昼夜取食叶肉组织。3龄后吐丝叠叶成苞，在苞叶内取食危害，有迁移危害习性。稍受惊扰即坠地，迅速逃离，老熟幼虫吐丝拉网结茧化蛹。成虫有趋光性，白天在叶背或杂草中栖息，傍晚至夜间活动。有近距离迁飞能力，喜食花蜜补充营养，将卵散产于叶背主脉两侧。卵扁圆形，透明状，淡黄色，表面有不规则网纹。

2）危害状

叶片被食成筛网状、孔洞或缺刻。危害严重时，将叶片吃光，残留主脉和叶柄。

3）发生规律

华北地区1年发生3代，以老熟幼虫在表土中，或落叶下、杂草中结茧化蛹越冬。6月中下旬成虫开始羽化，该虫世代重叠，至10月均可见到成虫。7月中旬至9月上旬、8月下旬至9月中旬、9月下旬至10月上旬，分别为各代幼虫危害期，幼虫共5龄，10月上旬幼虫老熟，陆续下树吐丝结茧化蛹越冬。

4）综合防治

（1）冬季彻底清除杂草及枯枝落叶，集中销毁，减少越冬虫源。

（2）利用黑光灯、频振式杀虫灯，诱杀成虫。

（3）少量发生时，及时摘除卷叶，杀死幼虫及蛹。

（4）普遍发生时，交替喷洒50%杀螟松乳油1000倍液，或2.5%溴氰菊酯乳油2500倍液，或20%杀灭菊酯乳油2500倍液，或90%晶体敌百虫1000倍液防治，7～10天喷洒1次。

1 成虫

2 幼虫

3 老龄幼虫

4 幼虫及危害状

104　大猿叶甲

大猿叶甲又叫呵罗虫、乌壳虫，危害二月蓝、草茉莉等草本和宿根花卉，及园区内栽植的油菜等多种蔬菜。

1）生活习性

成、幼虫有趋嫩性，群集在顶芽、心叶和顶端幼叶上昼夜取食。有假死性，受惊扰时即落地装死。成虫有近距离迁飞能力，多爬行迁移，转叶或转株危害。夏季潜入土中休眠，休眠期长达3个月之久。将卵产于土石缝隙或心叶内，每雌虫产卵多达上百粒，卵长椭圆形，鲜黄色。

2）危害状

被食嫩芽残缺，或被吃光，不能抽生新枝。叶片被食成刻点、网状、孔洞或缺刻。对幼苗危害最大，虫口密度大时，叶片被吃光，常造成缺苗断垄。

3）发生规律

北方地区1年发生2代，以成虫在表土中，或杂草、枯枝落叶下越冬。4月上旬越冬成虫开始活动，5月幼虫孵化危害，幼虫共4龄。成虫潜入表土中，或在草丛中越夏，9月气温凉爽时陆续出土继续危害。4～5月、9～10月为全年危害高峰期，10月下旬成虫开始越冬。栽植过密通透性差；干旱年份、少雨季节，施用未经充分腐熟有机肥等，有利于该虫发生。

4）综合防治

（1）不施用未经充分腐熟的有机肥。

（2）冬季彻底清除园内杂草、枯枝落叶，集中销毁，减少越冬虫源。

（3）少量发生时，人工捕杀成、幼虫。

（4）普遍发生时，交替喷洒2.5%溴氰菊酯乳油2500倍液，或20杀灭菊酯乳油2000倍液，或48%乐斯本乳油1000倍液防治，7天喷洒1次，连续2～3次。

1 成虫

2 叶片危害状

105　甘薯麦蛾

甘薯麦蛾又叫甘薯卷叶蛾，危害甘薯、金叶薯、紫叶薯、彩叶草、牵牛花等。

1）生活习性

幼虫主要取食叶片，也危害幼芽和嫩茎。初孵幼虫蚕食叶肉组织，2龄吐丝将叶缘先端折起，在折叶内取食危害，并将粪便排泄在内。3龄后食量增大，常转移蚕食数张叶片，非越冬代老熟幼虫在卷叶内化蛹。成虫迁飞能力不强，可近距离飞翔。有较强趋光性，白天潜伏在叶丛中，将卵产于叶背或嫩茎上。

2）危害状

叶片被取食处仅残留下表皮，成白色薄膜状枯斑。虫口密度大时，叶面呈现一片片枯斑、孔洞或缺刻，甚至将叶片吃光，仅残留叶柄及枯萎茎梢，失去观赏性。

3）发生规律

京、津及河北地区1年发生3代，以老熟幼虫在枯枝落叶、杂草或土石缝间化蛹越冬。6月上中旬成虫开始羽化，6月下旬可见1代幼虫，幼虫共4龄，世代重叠现象明显。7～9月危害严重，10月中旬末代幼虫老熟，陆续化蛹越冬。

4）综合防治

（1）秋季彻底清除地上枯茎、残叶、杂草，集中销毁。

（2）摘除新鲜卷叶，捕杀幼虫或蛹。

（3）利用黑光灯、频振式杀虫灯诱杀成虫。

（4）幼虫尚未卷叶前，下午5时前后，交替喷洒20%灭幼脲1号悬浮剂8000倍液，或90%晶体敌百虫1000倍液防治，采叶及甘薯收获前10天停止喷药。

1 吐丝折叶状

2 低龄幼虫

3 低龄幼虫及危害状

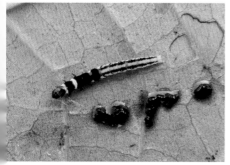

4 幼虫及遗留粪便

5 大龄幼虫叶片危害状

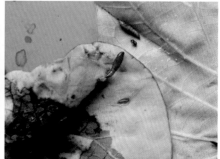

6 蛹

106 甘薯天蛾

甘薯天蛾又叫旋花天蛾，危害甘薯、金叶薯、紫叶薯、牵牛花、彩叶草、葡萄等。

1）生活习性

幼虫取食嫩茎、叶片。初孵幼虫在叶背取食下表皮和叶肉，2龄后蚕食叶片，5龄具暴食性，食料不足时，常群体迁移危害。成虫趋光性强，傍晚活跃，可远距离迁飞。对糖醋液有较强趋性，喜食花蜜和浆果汁液，卵多产在叶背或叶柄上。

2）危害状

叶片被食成筛网状、孔洞或缺刻。虫口密度大时，大龄幼虫可将叶片、嫩茎全部吃光，仅残留老茎，失去观赏价值。

3）发生规律

京、津，河北及辽宁地区1年发生2代，以老熟幼虫在土壤中作土茧化蛹越冬。5月越冬代成虫陆续羽化，5月下旬始见幼虫，该虫世代重叠现象明显。幼虫共5龄，8~9月危害严重，10月中旬幼虫老熟，陆续入土化蛹越冬。

4）综合防治

（1）利用黑光灯、糖醋液诱杀成虫。

（2）在有新鲜孔洞或缺刻叶片附近仔细查找，人工捕杀幼虫。

（3）虫口密度大时，傍晚交替喷洒Bt乳剂600倍液，或90%晶体敌百虫1000倍液，或50%马拉硫磷乳油1000倍液防治，7~10天喷洒1次，连续2~4次。

1 成虫静伏状

2 幼虫

3 不同体色幼虫1

4 不同体色幼虫2

5 老熟幼虫

6 蛹

107 甘薯绮夜蛾

甘薯绮夜蛾又叫谐夜蛾、白薯绮夜蛾，主要危害甘薯、金叶薯、紫叶薯、田旋花，及园区内种植的花生等。

1）生活习性

幼虫较活跃，取食嫩茎、幼叶。初孵幼虫群集卵块附近啃食叶片下表皮和叶肉组织，2龄后分散取食。3龄幼虫蚕食叶片，有假死性，食料不足时，群体迁移转株危害。成虫有趋光性，迁飞能力强。白天在叶片荫蔽处静伏栖息，傍晚活跃，卵多产于嫩茎叶片背面。卵污黄色、馒头形。

2）危害状

叶片被食处残留上表皮，成薄膜状枯斑，大龄幼虫将叶片食成孔洞或缺刻。虫口密度大时，叶丛上布满枯斑和残缺叶片，严重时可将叶片吃光。

3）发生规律

1年发生2代，以蛹在土室中越冬，7月越冬蛹陆续羽化为成虫，大雨过后，成虫大量出土。幼虫共3龄。

4）综合防治

（1）零星发生时，人工捕杀成、幼虫。

（2）园区利用性引诱剂，诱杀雄成虫，阻止交尾产卵。

（3）虫口密度大时，成虫产卵期、低龄幼虫期，交替喷洒5%氯氰菊酯乳油2000倍液，或48%乐斯本乳油1000～2000倍液，或0.6%苦参烟碱水剂1000倍液，或50%辛硫磷乳油1000倍液。喷药时也需将喷头深入到叶丛下，杀死落地装死的大龄幼虫，提高防治效果，采叶前7天停止喷药。

1 成虫

2 幼虫危害状

108 腹黄污灯蛾

主要危害八宝景天、费菜、红曲景天、大花秋葵、假龙头等宿根花卉，及苹果树、梨树、桃树、杏树、杏梅、樱桃树等多种果树。

1）生活习性

初孵幼虫群集叶背啃食下表皮和叶肉组织，3龄后分散蚕食叶片和嫩茎。5龄具暴食性，食料不足时迁移危害。成虫趋光性强，昼伏夜出，夜间活动交配，将卵产于叶背，成块状。

2）危害状

被食叶片仅剩上表皮，叶片上留下筛网状枯斑。大龄幼虫取食叶片成缺刻，或将叶片吃光，残留主脉和叶柄。被食嫩茎枯萎，不能开花，大大降低宿根花卉和草本花卉观赏价值。

3）发生规律

华北地区1年发生2代，以蛹在浅土中、杂草中，或枯枝落叶下越冬。4月成虫陆续羽化，羽化期长达1个多月，因产卵期不整齐，故世代重叠现象严重。幼虫共6龄，5月下旬至10月均可见幼虫危害，10月中下旬老熟幼虫开始寻找越冬场所，陆续化蛹越冬。

4）综合防治

（1）结合秋冬施肥进行深翻。彻底清除枯枝落叶、周边杂草，集中销毁。

（2）少量发生时，人工捕杀幼虫。

（3）利用黑光灯、频振式杀虫灯诱杀成虫。

（4）虫量多时，交替喷洒20%灭幼脲1号悬浮剂6000～8000倍液，或90%晶体敌百虫1000倍液，或2.5%溴氰菊酯乳油2500倍液防治，7～10天喷洒1次。

1 低龄幼虫

2 不同龄期幼虫

3 大龄幼虫

109　甜菜夜蛾

　　甜菜夜蛾主要危害八宝景天、红曲景天、白三叶、紫花苜蓿、马蔺、木槿、大花秋葵、菊花、大丽花、彩叶草、禾本科草坪草及多种蔬菜类。

1）生活习性

　　幼虫主要危害叶片，也啃食花瓣、嫩茎皮层。2龄前群集叶背取食下表皮和叶肉组织，3龄后分散蚕食叶片。4龄具暴食性，昼伏夜出，常群体转株危害。成虫有远距离迁飞能力，喜食花蜜，对糖醋液有较强趋性。趋光性强，白天潜伏，清晨和傍晚取食、交尾，将卵产于叶背或杂草上，卵白色、圆馒头形，多时可达数十粒至上百粒，在叶片上单层排列，在叶炳或叶脉上常成2～3层块状重叠。卵块覆盖灰白色鳞毛。

2）危害状

　　被食花瓣残缺，嫩茎折损。取食叶片成透明小孔，或半透明薄膜状枯斑。大龄幼虫蚕食叶片成孔洞、缺刻。危害严重时，可将叶片吃光。

3）发生规律

　　北方地区1年发生4～5代，以蛹在土壤中越冬。5月出现1代幼虫，6月中旬2代幼虫孵化危害，幼虫共5龄，自3代开始世代重叠，7～9月为危害高峰期。

4）综合防治

　　（1）利用黑光灯、频振式杀虫灯、糖醋液等，诱杀成虫。

　　（2）及时清除周边杂草，铲除产卵场所。清晨或傍晚人工捕杀幼虫。

　　（3）3龄前，于清晨或傍晚幼虫取食时，交替喷洒25％灭幼脲3号悬浮剂2000倍液，或Bt乳剂400～500倍液，或20％杀灭菊酯乳油2500倍液，或10%夜蛾净1000～1500倍液防治，10天喷洒1次，重点喷叶背。

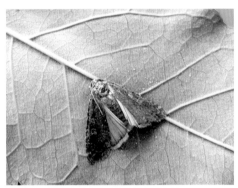

1 成虫

2 幼虫

3 八宝景天叶片被害状

4 蛹

110 银纹夜蛾

主要危害八宝景天、大丽花、白三叶、紫花苜蓿、菊花、翠菊、美人蕉、观赏向日葵、彩叶草、一串红、香石竹等，是草本花卉的主要害虫之一。

1）生活习性

初孵幼虫群集叶背取食叶肉组织，3龄后分散蚕食叶片、花蕾、茎尖。非越冬代老熟幼虫，在叶背吐丝结茧化蛹。成虫有趋光性，喜食花蜜，将卵单产于叶背。

2）危害状

叶片被食成筛网状，或成孔洞、缺刻。严重时，叶片、花蕾和花被全部吃光。

3）发生规律

京、津及河北地区1年发生3代，以蛹在土壤、枯枝落叶中越冬。5月开始出现成虫，6月、8月、9月中旬至10月上旬，分别为各代幼虫危害期，幼虫共5龄，10月上旬幼虫老熟，陆续入土化蛹越冬。

4）综合防治

（1）发现新残缺叶片和新鲜虫粪时，叶丛中仔细查找，人工捕杀幼虫。

（2）利用黑光灯、频振式杀虫灯，诱杀成虫。

（3）普遍发生时，傍晚前交替喷洒10%吡虫啉可湿性粉剂2000倍液，或1.2%烟参碱乳油1000倍液，或Bt乳剂400~600倍液，或50%辛硫磷乳油1000倍液防治，10~15天喷1次。

1 成虫取食状

2 成虫栖息状

3 幼虫

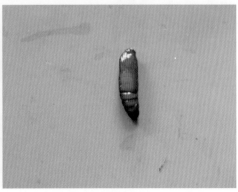

4 蛹

111　甘蓝夜蛾

甘蓝夜蛾又叫甘蓝夜盗虫、菜夜蛾，主要危害羽衣甘蓝、蜀葵、曼陀罗、千屈菜、鸢尾、马蔺、金叶薯、紫叶薯、红瑞木、枸杞等观赏植物和多种蔬菜。

1）生活习性

幼虫取食叶片，也危害果实。初孵幼虫群集叶背啃食叶肉，3龄后分散蚕食叶片。5龄具暴食性，白天潜伏在心叶、叶背，夜晚取食，常群体迁移危害。成虫趋光性弱，喜食花蜜，对糖醋液有较强趋性。卵多产于叶背，成单层块状。

2）危害状

叶片被啃食成纱网状、孔洞或缺刻，严重时可将叶片吃光，仅残留主脉。

3）发生规律

华北及以北地区1年发生2～3代，以蛹在土壤、杂草中越冬。5月中旬成虫开始羽化，羽化期可持续至6月上中旬。幼虫共6龄，6月中旬至7月上中旬、8月下旬至10月上旬，为危害高峰期，以1代幼虫危害严重。

4）综合防治

（1）利用黑光灯、频振式杀虫灯、糖醋液等，诱杀成虫。

（2）零星发生时，摘除卵叶，仔细查找茎叶上幼虫，人工捕杀。

（3）3龄前，交替喷洒Bt乳剂500倍液，或20%杀灭菊酯乳油2500倍液，90%晶体敌百虫1000倍液防治，10天喷洒1次，兼治其他食叶害虫。

1 成虫

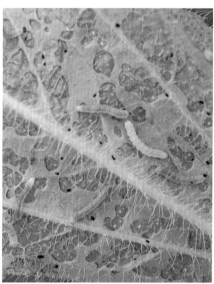

2 初孵幼虫及危害状

3 大龄期幼虫

4 不同龄期龄幼虫

5 老熟幼虫

112 斜纹夜蛾

斜纹夜蛾又叫莲纹夜蛾、夜盗蛾。主要危害彩叶草、美人蕉、马蔺、蜀葵、万寿菊、菊花、大丽花、香石竹、观赏向日葵、金叶薯、紫叶薯、月季、木槿、草莓、荷花、睡莲等多种植物，及早熟禾、黑麦草、结缕草等草坪草。

1）生活习性

幼虫主要取食叶片，也蚕食花蕾和果实。初孵幼虫群集叶背取食下表皮和叶肉组织，有吐丝下垂随风飘散习性。2龄分散取食，4龄进入暴食期。成虫迁飞能力强，有趋光性。喜食花蜜，对糖醋液和腐烂果有较强趋性，将卵产于叶背。

2）危害状

叶片被食成白纱网状、孔洞或缺刻，花蕾残缺不能正常开放。虫口密度大时，花蕾、叶片被吃光，仅剩花梗、叶柄或茎秆，植物成片枯黄，影响草莓坐果率。

3）发生规律

华北及以北地区1年发生3～4代，以蛹在土壤中、枯枝落叶中越冬。京、津地区6月始见1代幼虫，该虫世代重叠明显。幼虫共6龄，至10月上旬均可见幼虫危害，以第2、第3代幼虫危害最为严重。

4）综合防治

（1）利用黑光灯、频振式杀虫灯、糖醋液等，诱杀成虫。

（2）成虫产卵期，及时修剪草坪草，搂净草屑，集中销毁，降低虫口基数。

（3）普遍发生时，交替喷洒90%晶体敌百虫1000倍液，或Bt乳剂600倍液，或2.5%溴氰菊酯乳油2500～3000倍液防治，7天喷洒1次，连续2～3次。

3 幼虫及叶片被害状

1 成虫　　　　　　　　　　　2 成虫栖息状　　　　　　　　　　　4 蛹

113　蚀夜蛾

蚀夜蛾又叫环斑蚀夜蛾，危害鸢尾、马蔺、射干、大花萱草、玫瑰、野蔷薇等。

1）生活习性

初孵幼虫取食叶肉，后钻蛀花蕾、心叶、叶鞘取食，至茎基部。白天潜伏，夜间取食，4龄具暴食性，常转叶、转株危害。成虫有趋光性和趋粪性，白天静伏。

2）危害状

被食花蕾枯萎，茎叶上出现孔洞、缺刻，或啃食成丝麻状。大龄幼虫把叶鞘、花茎咬断，常引起茎倒伏，地下根状茎腐烂。虫口密度大时，株丛成片枯亡。

3）发生规律

1年发生1代，以卵在茎基部越冬。京、津地区4月中旬幼虫孵化，6~8月危害严重。幼虫共6龄，9月下旬潜入土中结茧化蛹。10月成虫羽化、产卵，以卵越冬。

4）综合防治

（1）不使用未经充分腐熟的有机肥，避免提供成虫产卵适宜场所。

（2）人工捕杀幼虫和静伏在茎叶上的成虫，利用黑光灯诱杀成虫。

（3）幼虫孵化期，喷洒Bt乳剂600倍液，或1.2%苦烟乳油1000倍液防治。

（4）虫量大时，根部浇灌90%晶体敌百虫1000倍液，或50%辛硫磷乳油1000倍液，或50%马拉硫磷乳油1000倍液防治，灭杀幼虫。

1 成虫

2 鸢尾花蕾被害状

3 幼虫取食叶片

4 咬断茎叶

5 茎基危害状

114 四星尺蛾

危害天人菊、彩叶草、观赏蓖麻、枣树、梨树、李树、紫叶李、太阳李、苹果树、沙果、海棠果、核桃树等多种植物。

1）生活习性

幼虫孵化后，分散蚕食下表皮和叶肉组织，低龄幼虫受惊扰时即吐丝下垂，扩散危害。成虫有趋光性，白天在枝干、叶片隐蔽处静伏，将卵产于叶背或枝梢上，每处多达数十粒。

2）危害状

叶片被食成透明白纱网状、孔洞或缺刻。危害严重时，可将叶片全部吃光，仅残留叶柄。

3）发生规律

华北地区发生代数不详，以蛹在土壤中越冬。6月可见成虫，7月至9月上旬为幼虫危害期，9月中旬幼虫老熟，陆续入土化蛹越冬。

4）综合防治

（1）利用黑光灯、频振式杀虫灯诱杀成虫。人工捕杀成、幼虫。

（2）普遍发生时，交替喷洒90%晶体敌百虫1000倍液，或5%啶虫脒乳油2000～3000倍液，或2.5%溴氰菊酯乳油2500倍液，或20%杀灭菊酯乳油2500倍液防治。

（3）虫害严重的果园，卵孵化盛期释放赤眼蜂，进行生物防治。

1 成虫

2 幼虫

3 蛹

金翅夜蛾

金翅夜蛾又叫青虫，危害大花萱草、鸢尾、马蔺、三棱草、草坪禾草等。

1）生活习性

幼虫取食叶片。初孵幼虫群集危害，1～3龄有吐丝下垂、随风飘散危害习性，5～6龄食量大增，老熟幼虫在叶背吐丝结茧化蛹。成虫有趋光性，将卵产于叶两面，或叶鞘上，常数十粒排成稀疏块状。

2）危害状

叶片上可见白色丝茧和幼虫，幼虫将叶片食成缺刻。虫口密度大时，叶片残缺，甚至株丛局部被吃光。

3）发生规律

华北地区1年发生3代，以幼虫在茎基部枯萎茎叶下越冬。4月越冬幼虫开始活动危害，5月始见成虫。幼虫共6～7龄，幼虫期长达1个月，以越冬代和1代幼虫危害严重。夏季凉爽，有利于该虫发生。

4）综合防治

（1）冬季彻底清除枯枝落叶，集中销毁，消灭越冬幼虫。

（2）利用黑光灯、频振式杀虫灯诱杀成虫。

（3）零星发生时，及时摘除带卵虫叶和虫茧，人工捕杀幼虫，降低虫口基数。

（4）普遍发生时，喷洒90%晶体敌百虫1000倍液，或20%甲氰菊酯乳油3000倍液，或1.2%烟参碱乳油1000倍液，或50%马拉硫磷乳油1000倍液防治。

1 刚羽化的成虫

2 成虫展翅状

3 老熟幼虫吐丝作茧

4 成虫及茧蛹

5 蛹

116　莴苣冬夜蛾

主要危害大蓟、刺儿菜、多裂翅果菊，及园区内种植的莴苣、生菜等蔬菜。

1）生活习性

幼虫取食幼芽、叶片、花序、花蕾。初孵幼虫群集危害，大龄幼虫具暴食性，食料不足时也啃食茎秆，常群体迁移危害。幼虫有假死性，受惊扰时落地装死。成虫有趋光性，白天静伏在枝干上、杂草中，夜间活动，对糖醋液有较强的趋性。

2）危害状

叶片被取食成孔洞、缺刻，花序、花蕾残缺不全。虫口密度大时，可将花蕾、叶片全部吃光，仅剩茎秆。茎秆上残留不规则黑褐色疤痕，食料不足时，啃食茎秆残缺，甚至咬断嫩茎。

3）发生规律

京、津、辽宁及吉林地区 1 年发生 2 代，以蛹在土壤中越冬。6 月下旬至 9 月下旬可见幼虫取食危害，10 月老熟幼虫陆续入土，作土茧化蛹越冬。

4）综合防治

（1）利用黑光灯、频振式杀虫灯、糖醋液等，诱杀成虫。

（2）零星发生时，人工捕杀幼虫。

（3）虫口密度较大时，卵期、孵化盛期，交替喷洒 Bt 乳剂 400～600 倍液，或 50% 杀螟松乳油 800 倍液，或 90% 晶体敌百虫 1000 倍液，或 50% 辛硫磷乳油 1000 倍液防治。同时注意喷洒地面，灭杀落地装死的幼虫，7 天喷洒 1 次。

1 成虫静伏状

2 幼虫啃食嫩茎

3 幼虫蚕食叶片

4 幼虫群集危害

5 蛹

117　黄曲条跳甲

黄曲条跳甲又叫蹦蹦虫、土蹦子、黄跳蚤，主要危害二月兰、羽衣甘蓝，及园区内种植的多种十字花科蔬菜。

1）生活习性

成虫有趋光性，对黄色有较强的趋性，行动敏捷，能飞、善跳跃，稍受惊扰即迅速跳离，或落地装死。早晚取食，中午高温时静伏在叶背、杂草中或潜入土中。常群集咬食嫩茎、幼芽、叶片、花蕾、幼果等幼嫩组织补充营养，将卵产于潮湿土壤中。幼虫不出土，在地下啃食苗木须根和根皮。

2）危害状

叶片被食成白色薄膜状或圆形孔洞，嫩茎和荚果被咬食成凹陷疤痕。虫口密度大时，叶片被吃光，仅残留茎秆。幼虫啃食根皮，造成幼苗枯亡、缺苗断垄。

3）发生规律

北方地区 1 年发生 3 ~ 4 代，以蛹在枯枝落叶下、杂草或土缝隙中越冬。5 月幼虫孵化危害，幼虫共 3 龄。成虫寿命极长，有的可长达数月，故该虫世代重叠现象严重，春、秋两季为危害高峰期，10 月下旬幼虫老熟，陆续在浅土中化蛹。

4）综合防治

（1）落叶后，彻底清除地上残茎败叶、周边杂草、蔬菜残株，集中销毁。

（2）利用黑光灯、频振式杀虫灯、黄色粘虫板等，诱杀成虫。

（3）普遍发生时，于上午 9 时前、下午 5 时后，交替喷洒 10% 吡虫啉可湿性粉剂 800 倍液，或 0.36% 苦参碱水剂 1500 倍液，或 50% 马拉硫磷乳油 800 倍液，或 2.5% 溴氰菊酯乳油 2500 倍液防治，注意同时喷洒地面。

（4）危害严重时，用 50% 辛硫磷乳油 1000 倍液，或 90% 晶体敌百虫 1000 倍液，或 25% 杀虫双水剂 1000 倍液灌根。

1 成虫及叶片被害状

2 嫩茎被害状

118 美洲斑潜蝇

美洲斑潜蝇又叫蛇形斑潜蝇、苜蓿斑潜蝇，主要危害红花苜蓿、白花苜蓿、白三叶、薄荷、蜀葵、大丽花、小丽花、菊花、非洲菊、百日草、牵牛花等。

1）生活习性

幼虫危害叶片，孵化后即潜入叶片表皮内，在上、下表皮间取食叶肉组织，边穿行边蛀食危害，逐渐形成各自的虫道。成虫白天活动，吸食叶片汁液，喜食花蜜，对黄色有较强趋性，将卵单产于表皮下。

2）危害状

幼虫潜叶取食，在叶面形成先细后宽、曲折迂回的白色线形虫道。成虫在叶面刺成黄白色小刻点，及圆形产卵小孔。虫口密度大时，叶面布满虫道和产卵刻点，虫叶枯萎脱落。

3）发生规律

华北地区1年发生10余代，以蛹在土壤中、残叶下越冬。幼虫共3龄，该虫世代重叠严重，6～10月同时可见各种虫态。6月、9月为全年危害高峰期。

4）综合防治

（1）落叶后，及时清除地上枯萎残茎、落叶，及周边蔬菜残株，集中销毁。

（2）利用黄色粘虫板、性信息素等，诱杀成虫。

（3）零星发生时，人工摘除虫叶，集中灭杀。

（4）幼虫孵化期，交替喷洒25%灭幼脲3号悬浮剂1000倍液，或75%灭蝇胺可湿性粉剂3000～5000倍液防治，牧草收割前10天，停止喷药。

1 薄荷叶面虫斑及危害状

2 蜀葵叶面虫斑及危害状

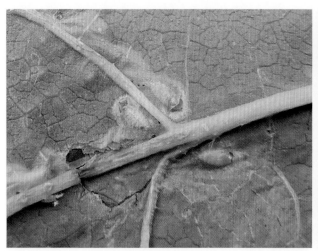

3 虫道末端的虫体

4 蛹

119　蔬菜斑潜蝇

蔬菜斑潜蝇又叫蔬菜潜叶蝇，危害二月兰、红花苜蓿、白花苜蓿、白三叶、羽衣甘蓝，及园区内种植的萝卜、油菜等多种蔬菜。

1）生活习性

幼虫孵化后即潜入表皮内，在上、下表皮间蛀食叶肉，边穿行边蛀食延伸危害，形成各自不规则虫道。成虫善飞，会爬行，白天刺吸叶片汁液，对黄色有较强趋性，卵多产于叶背边缘表皮下，每处 1 粒。

2）危害状

成虫吸食汁液，产卵处叶面残留黄白色刻点。幼虫潜叶形成灰白色，曲折线形虫道，有时虫道交错、重叠。与美洲斑潜蝇不同的是，虫道的终端无明显变宽。虫口密度大时，叶面布满虫道，叶片焦枯脱落。

3）发生规律

山东及河北地区 1 年发生 5 代。幼虫共 3 龄，该虫世代重叠，5 月中旬至 7 月上旬、9 月上旬至 10 月中旬，分别为幼虫危害高峰期。

4）综合防治

（1）落叶后，彻底清除宿根地被植物地上枯萎茎叶、蔬菜残株，集中销毁。

（2）利用黄色粘虫板等，诱杀成虫。

（3）人工摘除虫叶，集中灭杀幼虫及蛹。

（4）成虫羽化盛期、卵期，早晚交替喷洒 2.5% 菜蝇杀乳油 1500 ~ 2000 倍液，或 50% 潜蝇灵可湿性粉剂 2000 倍液，或 25% 灭幼脲 3 号悬浮剂 1000 倍液防治，7 ~ 10 天喷洒 1 次，兼治美洲斑潜蝇。

1 二月蓝叶面虫道及危害状

2 虫道内幼虫

3 预蛹

120 小菜蛾

小菜蛾也叫小青虫，危害二月兰、紫罗兰、香雪球、羽衣甘蓝、秋葵，及园区内种植的萝卜、油菜等多种十字花科蔬菜。

1）生活习性

幼虫主要取食嫩茎和幼叶，有吐丝下垂迁移危害习性。幼虫孵化后在叶背啃食下表皮和叶肉组织，2龄幼虫群集取食心叶，3龄开始蚕食叶片。成虫主要取食植物嫩茎，趋光性强，白天潜伏在株丛中，夜间交尾。可近距离飞翔，对糖醋液有一定趋性。卵多散产于叶背脉腋间，卵扁平，椭圆形，有光泽，初为乳白色，后变淡黄色。该虫繁殖力强，产卵量大，多时可达上百粒。

2）危害状

幼苗心叶被食光，被害叶仅残留上表皮，呈半透明膜状枯斑，或将叶片食成孔洞、缺刻。虫口密度大时，可将叶片吃光，仅残留叶柄和主脉。

3）发生规律

北方地区1年发生4～5代，以蛹在寄主残株上、落叶及杂草中越冬。4月下旬越冬代成虫开始羽化，越冬代成虫产卵期长，可持续至7月，故该虫世代重叠严重，幼虫共4龄，5～6月、8～9月为危害高峰期，以秋季危害严重。

4）综合防治

（1）落叶后，及时清除地上枯萎残枝、落叶，周边杂草，及园区内种植的十字花科蔬菜残株，集中销毁。

（2）利用黑光灯、糖醋液等，诱杀成虫。少量发生时，人工捕杀幼虫。

（3）普遍发生时，卵期至低龄幼虫期，傍晚交替喷洒25%灭幼脲3号悬浮剂2000倍液，或Bt乳剂600倍液，或1.2%烟参碱乳油1000倍液防治，7～10天喷洒1次，重点喷洒叶背和心叶。

1 成虫

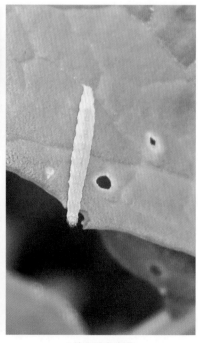

2 幼虫

3 幼虫及危害状

121 淡剑夜蛾

　　淡剑夜蛾主要危害高羊茅、草地早熟禾、多年生黑麦草等冷季型禾草。

1）生活习性

　　初孵幼虫群集取食叶肉，2龄后分散取食。3龄幼虫白天多潜伏在草丛根茎部及贴近地表处，早晚或夜间取食，5龄具暴食性。幼虫有假死性，群体迁移危害习性。成虫可近距离飞翔，对糖醋液有一定趋性。趋光性强，白天潜伏在草丛中，夜间交尾，卵多产于草叶先端，成块状，形似棉团。

2）危害状

　　初孵幼虫取食叶肉仅剩表皮，呈白色透明枯斑。大龄幼虫啃食叶片和根茎，可在几天内将地上茎叶全部吃光。虫口密度大时，造成草坪成片斑秃，失去观赏性。

3）发生规律

　　北方地区1年发生3～4代，以老熟幼虫在坪草、杂草草根附近浅土中化蛹越冬。6月成虫羽化，幼虫共6龄，世代重叠，5～10月均可见幼虫危害。7～9月为危害高峰期，10月中旬幼虫老熟陆续越冬。高温干旱天气，有利于该虫发生。

4）综合防治

　　（1）利用黑光灯、频振式杀虫灯、糖醋液等，诱杀成虫。

　　（2）及时摘除带卵虫叶，卵叶数量较多时，适时剪草，将草屑搂净，及时清离现场，集中销毁。

　　（3）虫害发生时，在草根处捕捉幼虫。傍晚近地面喷洒25%灭幼脲3号悬浮剂2000倍液，或Bt乳剂500倍液，或2.5%溴氰菊酯乳油2000倍液防治。

1 成虫

2 卵块

3 幼虫

4 草叶被取食状

122 黏虫

黏虫又叫行军虫、剃枝虫，危害高羊毛、早熟禾、黑麦草、结缕草、剪股颖、观赏谷子等多种禾本科观赏植物和农作物，及八仙花、大丽花、黑心菊等。

1）生活习性

幼虫取食嫩茎和叶片，食料不足时，有群体迁移危害习性。2龄前白天潜伏在心叶或叶鞘中，早晨和傍晚取食叶肉，受惊扰时即坠地卷缩假死。5龄进入暴食期，昼夜取食。成虫有较强的趋光性，昼伏夜出，迁飞能力非常强，根据季节，随季风南北远距离迁飞，故又称"行军虫"。喜食花蜜，对糖醋液有较强趋性，繁殖力强，多将卵产于枯黄叶片上。卵粒半球形，初为乳白色，渐变黄色，有光泽，成单层不整齐排列。

2）危害状

叶片被食成条形半透明斑、孔洞或缺刻。大龄幼虫可在短时间内将草叶和嫩茎吃光，仅残留基部茎秆。虫口密度大时，成片禾草被全部吃光。

3）发生规律

河北及东北地区1年发生2~3代，成虫南迁产卵越冬。5月中下旬始见由南向北迁飞来的成虫，6月中旬1代幼虫开始孵化，7月下旬2代幼虫孵化危害，幼虫共6龄，8月下旬成虫开始陆续南迁越冬。凉爽、潮湿天气有利于该虫繁殖，可在短时间内暴发成灾。

4）综合防治

（1）利用黑光灯、频振式杀虫灯、糖醋液等，诱杀成虫。

（2）成虫产卵期及时剪草，并将剪下的草屑搂净，集中沤制绿肥。

（3）清晨草丛中捕杀幼虫。傍晚前喷洒90%晶体敌百虫1000倍液，或2.5%溴氰菊酯乳油2000倍液，或1.2%烟参碱乳油1000倍液防治，注意同时喷洒地面。

1 成虫

2 幼虫取食禾草

3 幼虫群体迁移状

123　草地螟

草地螟幼虫又叫草皮网虫，是多种禾草的毁灭性害虫，也取食白三叶、紫花苜蓿、鸢尾、小蓟、观赏向日葵等。

1）生活习性

初孵幼虫群集枝梢、茎叶间，吐丝结网取食叶肉。3龄开始分散危害，白天躲藏在草垫或表土中，傍晚取食。4龄后具暴食性，常群体转移危害。成虫趋光性强，白天潜伏在草丛等隐蔽处，夜晚活跃。喜食花蜜，可随气流群体远距离迁移，将卵产在菊科、黎科植物或草叶叶背及叶柄等处。

2）危害状

叶片被食成不规则网状、孔洞或缺刻。啃食根茎、草根，造成禾草枯萎、倒伏。虫口密度大时，可在短时间内将成片植物茎叶全部吃光，导致草坪出现大面积斑秃，严重影响草坪整齐度和观赏性。

3）发生规律

河北北部及东北、内蒙古地区1年发生2代，以老熟幼虫在土壤中作土茧越冬。5月中下旬越冬代成虫开始羽化，6月上中旬可见1代幼虫，8月初2代幼虫孵化，幼虫共5龄，以1代危害最为严重。高温多雨年份有利于该虫发生，常间歇性暴发成灾。

4）综合防治

（1）傍晚喷洒50%杀螟松乳油1500倍液，或20%杀灭菊酯乳油2500倍液，或5%高效氯氰菊酯乳油1500倍液防治，毒杀幼虫，7天喷洒1次。

（2）成虫产卵盛期，及时铲除周边杂草，修剪草坪，搂净草屑，集中销毁。

（3）利用黑光灯、频振式杀虫灯、草地螟性诱剂诱捕器等，诱杀成虫。

1 成虫

2 不同龄期幼虫

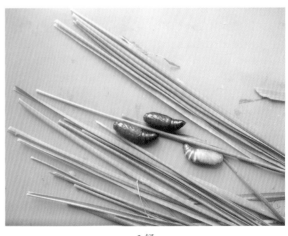

3 蛹

124 稀点雪灯蛾

稀点雪灯蛾又叫黄毛虫，主要危害白三叶、紫花苜蓿、薄荷、甘薯、紫叶薯、金叶薯、观赏蓖麻、观赏谷子、向日葵、桑树、桃树、李树、紫穗槐等。

1）生活习性

初孵幼虫啃食叶肉，3龄蚕食叶片，4龄具暴食性。幼虫多在午后取食，傍晚最为活跃，食料不足时转枝、转株危害。成虫趋光性强，白天潜伏在叶丛中，夜间活动，将卵产于叶背，多成块状。卵圆球形，初为白色，后变淡黄色。

2）危害状

叶片被食成不规则网状斑、孔洞或缺刻。虫口密度大时，可将叶片吃光，仅残留叶柄和主脉，使植物失去观赏价值。

3）发生规律

山东及河北地区1年发生3代，以末龄幼虫在枯枝落叶下、杂草中、石隙间吐丝结薄茧化蛹越冬。京、津地区4月中下旬始见成虫，幼虫共6龄，5月上旬至6月中旬、6月中旬至8月上旬、8月中旬至9月中旬，分别为各代幼虫危害期，10月幼虫老熟，寻找适宜场所陆续越冬。

4）综合防治

（1）落叶后及时清除地上枯枝落叶、周边杂草，集中销毁。

（2）利用黑光灯、频振式杀虫灯诱杀成虫。

（3）普遍发生时，傍晚喷洒50%杀螟松乳油1500倍液，或48%乐斯本乳油1000倍液，或50%辛硫磷乳油1000倍液，或2.5%溴氰菊酯乳油2500倍液防治，7～10天喷洒1次。

1 大龄幼虫

2 老龄幼虫

125　同型巴蜗牛

主要危害马蔺、鸢尾、玉簪、美人蕉、白三叶、二月蓝、菊花、一串红、大丽花、小丽花、花椒树、无花果、葡萄、五叶地锦、草莓、蛇莓等多种植物。

1）生活习性

成、幼贝畏热，喜阴暗、多腐殖质的潮湿环境，喜食树木汁液。白天群集潜伏在株丛下或根际处，夜间和阴雨天取食危害。幼贝群集取食叶肉，成贝主要取食嫩芽、叶片，也危害嫩枝皮层、幼果表皮。卵多产在枯枝落叶下、根际表土中。

2）危害状

被食果面残留疤痕。叶片被食成透明枯斑，或成孔洞、缺刻。发生严重时，叶片残缺不全、嫩茎被咬断，造成缺苗断垄。

3）发生规律

北方地区 1 年发生 1 代，以成、幼贝在枯枝落叶下、杂草中、砖石下或表土中越冬。京、津地区 4 月上旬越冬贝开始活动危害，7～8 月为危害高峰期。

4）综合防治

（1）清晨及阴雨天，人工捕杀在枝干、叶片、果实上取食的成、幼贝，晴天捕杀躲藏在株丛根际和潜伏在地表的成、幼贝。

（2）发生严重区域，傍晚在蜗牛经常活动的地方，喷洒 70％贝螺杀可湿性粉剂 1000 倍液，或 90％晶体敌百虫 1000 倍液，或 50％辛硫磷乳油 1000 倍液防治。根际撒施 8％灭蜗灵颗粒剂、或 6％密达颗粒剂、或生石灰粉等。

1 成贝

2 成贝啃食果实皮层

3 成、幼贝吸食树木汁液

4 白天潜伏背阴、潮湿的地表处

5 阴雨天上树活动状

126 灰巴蜗牛

主要危害马蔺、鸢尾、玉簪、八宝景天、垂盆草、佛甲草、大丽花、一串红、鸡冠花、八仙花、观赏篦麻、假龙头、红花酢浆草、紫叶酢浆草、白三叶、红三叶、紫花苜蓿、牡丹、芍药等观赏植物。

1）生活习性

成、幼贝畏光、怕热，白天多潜伏在枝干背阴处、叶背或株丛郁闭下的潮湿地面。晴天的傍晚和清晨活动取食，阴天及雨后全天取食幼芽、嫩叶、花和果皮。初孵幼贝群集取食，稍大分散危害。随虫龄增加贝壳逐渐增大，螺层数增加，5个螺层后进入暴食期。成贝将数十粒卵成堆产在株丛根茎部、落叶和石块下，或潮湿的浅土中。

2）危害状

叶片被食成不规则透明枯斑、孔洞或缺刻。取食果皮，果面留下干疤痕。虫口密度大时，花蕾、花瓣、茎叶残缺不全。嫩茎被咬断，造成缺苗断垄。

3）发生规律

1年发生1代，以成、幼贝在枯枝落叶下、土石缝隙或浅土中越冬。京、津地区4月上旬越冬贝开始活动，5月成贝交配，年内可多次产卵。5月中下旬幼贝孵化，高温季节休眠越夏，部分幼贝死亡。9月上旬继续活动危害，多雨季节是危害高峰期。9月中旬成贝开始产卵，10月下旬成、幼贝陆续越冬。

4）综合防治

参照同型巴蜗牛防治方法。

1 成贝

2 鸢尾叶片被害状

3 取食花瓣

4 景天叶片被害状

127　蛞蝓

蛞蝓又叫鼻涕虫，常见有双线嗜黏液蛞蝓、黄蛞蝓、野蛞蝓，主要危害白三叶、鸢尾、玉簪、菊花、一串红、蛇莓、草莓、月季、菖蒲等。

1）生活习性

成、幼体畏光、忌热，喜阴暗潮湿环境，取食幼芽、嫩叶。白天躲藏在草丛、花卉根基等潮湿阴暗处，傍晚和夜间出来取食，阴雨天及有露水时最为活跃。成、幼体爬行迁移危害，因体表经常分泌大量黏液，爬过的茎叶上留下一条发亮的黏液痕迹。成体在适宜环境下可存活 1 ~ 3 年，将卵产于隐蔽处湿润的土壤中。

2）危害状

叶片被取食成孔洞或缺刻，芽、花蕾、花瓣被啃食残缺不全，影响植物生长和开花。危害严重时，可将幼苗吃光。

3）发生规律

1 年发生 1 代，以成、幼体在植物根部土壤中越冬。京、津及河北地区，4 月越冬成、幼体出土活动。5 ~ 6 月成体交配产卵，卵期 15 ~ 20 天，11 月上旬成、幼体陆续越冬。大气和土壤长期干旱，卵粒不能孵化，不利于该虫繁殖。

4）综合防治

（1）生长空间拥挤的宿根地被植物，适时进行分株更新。及时清除近地面枯枝落叶、病残株和周边杂草，提高通透性，避免提供阴暗潮湿的适生环境。

（2）零星发生时，于傍晚及阴雨天，人工捕杀成、幼体。

（3）虫口密度大时，在有新鲜缺刻的叶丛根基处，傍晚喷洒 3% 生石灰水，或氨水 100 倍液防治。地面撒施生石灰粉，或 6% 密达颗粒剂，每隔 2 ~ 3 天撒施 1 次，毒杀成、幼体。

1 幼体　　　　　　　　　　　　　　　　2 成体

二、刺吸害虫

128 松大蚜

松大蚜又叫油松大蚜，主要危害油松、日本黑松、红松、白皮松、华山松、樟子松等松科常绿针叶树种。

1）生活习性

成、若蚜群集在嫩梢和树皮光滑的枝干上，昼夜刺吸汁液危害，同时排泄无色透明蜜露。若蚜爬行速度快，迁移危害。有翅蚜迁飞扩散繁殖危害，将卵产于针叶上，每叶产卵多为8粒，卵黑色，长椭圆形，成单行整齐排列。

2）危害状

小枝上可见群集的虫体，蚜虫密集的小枝上，针叶先端呈微红色干枯。危害严重时，针叶枯黄脱落，嫩梢枯萎，导致幼苗树势衰弱。排泄蜜露在针叶上汇集成滴，飘落后污染下部枝干、针叶和地面，易诱发煤污病和枝枯病等。

3）发生规律

华北地区1年发生10余代，以卵在针叶上越冬。3月下旬越冬卵孵化，若虫共4龄，世代重叠现象严重。4月下旬至10月，成蚜和各龄期若蚜同时出现。5~6月、10月为危害高峰期，以秋季危害严重。11月初性蚜交尾产卵，以卵越冬。

4）综合防治

（1）少量发生时，摘去卵叶。用高压水枪喷射清水，反复冲刷枝梢，冲落虫体。

（2）发生严重时，喷淋式交替喷洒10%吡虫啉可湿性粉剂2000倍液，或1.2%烟参碱乳油1000倍液，或50%杀螟松乳油1000倍液防治，枝条密集处应喷洒到位。10天喷洒1次，连续2~3次。

1 越冬卵

2 危害嫩梢

3 在枝干上危害状

129 油松球蚜

主要危害油松、日本黑松、樟子松、赤松等。

1）生活习性

若蚜孵化后，群集固着在嫩梢、当年松针基部、幼果等幼嫩组织上刺吸汁液，常在同一株上爬行迁移危害，分泌白色蜡质物覆于体背。有翅蚜可随风迁飞扩散，繁殖危害，将卵产于针叶基部、幼果等幼嫩组织上。

2）危害状

初期个别幼嫩组织上可见体覆白色蜡丝的群集虫体，危害严重时，幼嫩组织上爬满了虫体，严重影响新梢生长和幼果发育。被害枝梢上针叶发黄、枯萎早落，小枝萎蔫、干枯，树势衰弱，甚至造成幼苗整株死亡。

3）发生规律

该蚜发生代数多，世代重叠现象严重，以无翅蚜在干皮缝隙、翘皮下越冬。北方地区4月中下旬针叶伸出叶鞘时，越冬无翅蚜开始转移到幼嫩组织上刺吸危害，5月交配产卵，危害至10月，产生无翅蚜陆续越冬。

4）综合防治

（1）发芽前，树干喷洒5波美度石硫合剂，毒杀在枝干缝隙中的越冬蚜。

（2）虫量不大时，用高压水枪喷射清水，反复冲刷树体。

（3）普遍发生时，喷淋式交替喷洒10％吡虫啉可湿性粉剂3000倍液，或50％抗蚜威可湿性粉剂3000倍液，或70％灭蚜松可湿性粉剂1200倍液，或1.2％烟参碱乳油1000倍液防治，7～10天喷洒1次，连续2～3次，兼治松大蚜。

（4）片林和林区，可释放红缘瓢虫等捕食性天敌昆虫进行防治。

1 覆白色蜡丝的无翅蚜

2 危害嫩茎

3 在球果上的危害状

130 雪松长足大蚜

长足大蚜是雪松的主要害虫之一。

1）生活习性

成、若蚜群集嫩梢、径粗 2 ~ 4cm 的枝干上刺吸汁液，同时排泄大量蜜露。爬行速度快，常群体迁移危害。性蚜产卵于枝梢的针叶上，2 ~ 8 粒成竖行排列。

2）危害状

小枝上可见群集的成、若蚜，被害针叶先端呈红褐色，后干枯脱落。严重时排泄大量蜜露，呈透明黏稠的油滴状，顺着枝干和针叶向下滴淌，地面飘落一层黏液，同时污染下部枝干、针叶和地被植物，易诱发煤污病、灰霉病和枝枯病。被害小枝上针叶萎黄，大量脱落，枝条生长势衰弱，甚至枯死，幼苗受害最为严重。

3）发生规律

京、津及山东、河北地区 1 年发生数代，以卵在松针上越冬。若蚜共 4 龄，世代重叠严重。3 月中下旬越冬卵开始孵化，7 月虫量有所减少，9 月虫口数量开始回升，11 月雌蚜开始产卵，以卵越冬。该蚜春秋季节发生量大，以春季危害尤为严重。

4）综合防治

（1）零星发生时，用高压水枪喷射清水，冲刷枝干上虫体。

（2）虫口密度大时，喷淋式喷洒 10％吡虫啉可湿性粉剂 1000 倍液，或 50％啶虫脒水分散粒剂 3000 倍液，或 1.2％烟参碱乳油 1000 倍液防治，7 ~ 10 喷洒 1 次。雪松下部枝叶浓密，喷药时需将喷头伸入枝丛中，防治效果更佳。

1 有翅蚜与无翅成蚜

2 排泄蜜露

3 排泄蜜露污染地面

131 柏大蚜

柏大蚜又叫侧柏大蚜，主要危害侧柏、千头柏、龙柏、铅笔柏、洒金柏等。

1）生活习性

成、若蚜喜群集在嫩梢、2 年生小枝上，或树皮光滑的枝干背阴处吸食汁液，爬行迁移危害，同时排泄大量蜜露。有翅蚜有近距离迁飞能力，可随风扩散，繁殖危害，卵多产在小枝鳞叶上。

2）危害状

虫口密度大时，嫩梢上成、若蚜密集成层，被害处表皮颜色变浅、变软，略凹陷。危害严重时，被害株生长缓慢，树势衰弱。常造成幼苗、幼树枝梢枯萎，甚至整株枯亡。排泄大量蜜露污染枝叶和地面，易诱发煤污病。

3）发生规律

河北、山东地区 1 年发生 10 代左右，以卵在小枝鳞叶上越冬。4 月上旬越冬卵陆续孵化，该蚜繁殖能力强，繁殖速度快，世代重叠。5 ~ 6 月、9 ~ 10 月分别为全年危害高峰期，以秋季危害严重。雌性蚜 10 月下旬至 11 月上旬陆续产卵，以卵越冬。绿篱和幼苗受害尤为严重，高温多雨季节，虫口密度明显下降。

4）综合防治

（1）零星发生时，用高压水枪喷射清水，反复冲刷小枝上的虫体。

（2）虫口密度大时，喷淋式喷洒 10％吡虫啉可湿性粉剂 1500 倍液，或 25％阿克泰水分散粒剂 8000 倍液，或 50％抗蚜威可湿性粉剂 8000 倍液，或 4.5％高效氯氰菊酯乳油 2000 倍液防治，10 ~ 15 天喷洒 1 次。绿篱枝条密集处，应反复喷洒到位。

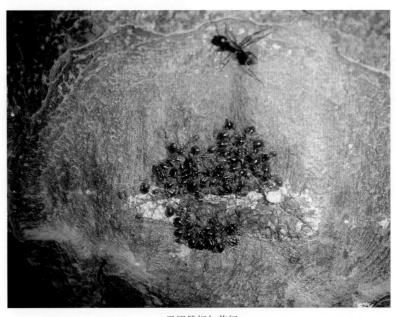

1 无翅雌蚜与若蚜

132　日本单蜕盾蚧

日本单蜕盾蚧又叫松针蚧，北方地区主要危害雪松、油松、日本黑松、白皮松、华山松、红松、樟子松、赤松、云杉、冷杉等。

1) 生活习性

成、若虫群集嫩芽、幼果，分散在松针上刺吸汁液危害，并分泌白色粉状蜡质物。若虫耐寒性差，越冬期死亡率较高。

2) 危害状

针上布满了体覆白色蜡质物的虫体，被害针叶枯黄，提前脱落，以当年生针叶受害严重。危害严重时，松针大量脱落，顶芽枯萎，不能抽生新枝，影响幼苗和林木生长，常造成生长势衰弱，形成小老树。

3) 发生规律

京、津地区 1 年发生 2 代，多以受精雌成虫或 2 龄若虫在叶鞘处越冬。4 月上旬芽苞开放时越冬成虫开始活动危害，4 月下旬至 5 月下旬陆续产卵。该虫产卵期长，若虫孵化不整齐，世代重叠严重。6 月中旬为 1 代若虫孵化盛期，8 ~ 9 月为 2 代若虫危害期，10 月成虫或若虫陆续越冬。

4) 综合防治

（1）芽萌动前，喷洒 3 ~ 5 波美度石硫合剂，杀死越冬成、若虫。

（2）零星发生时，用高压水枪喷射清水，反复冲刷若虫虫体。

（3）若虫孵化至未蜡质化前，交替喷洒 40% 速扑杀乳油 1500 倍液，或花保 100 倍液，或 50% 马拉硫磷乳油 1500 倍液防治，7 ~ 10 天喷洒 1 次。

（4）片林适时释放红点唇瓢虫等捕食性天敌昆虫，进行生物防治。

1 在针叶基部越冬的成、若虫

2 针叶被害状

3 危害幼果

133 竹蚜

竹蚜俗称腻虫，北方地区主要危害早园竹、刚竹、紫竹、金镶玉竹、箬竹等。

1）生活习性

成、若蚜群集在当年出土的幼竹嫩梢、低龄竹新梢和幼叶叶背吸食汁液危害，有群体爬行迁移危害习性，并排泄蜜露。有翅蚜有一定迁飞能力，可随风扩散繁殖危害，卵多产于叶背。

2）危害状

虫口密度大时，嫩梢及叶背挤满了成蚜和若蚜。造成梢枯、叶枯，生长势减弱，幼竹生长停滞，不能发育成成竹。茎、叶上飘洒一层蜜露，污染环境，易诱发煤污病。

3）发生规律

京、津地区1年发生多代，以卵在叶背越冬。4月上旬越冬卵开始孵化，5月竹笋拔节展叶时危害严重，高温季节多转移至竹丛荫蔽处继续繁殖危害。秋季天气凉爽时，虫口密度有所增加，9～10月又会出现一个危害高峰。栽植过密，环境郁闭，通透性差，该蚜发生严重。

4）综合防治

（1）合理密植，连兜伐除枯死株、多年生老株，保持竹丛良好的通透性。

（2）发生初期，用高压水枪喷射清水，反复冲刷嫩茎和叶背上的虫体。

（3）虫口密度大时，喷淋式交替喷洒10%吡虫啉可湿性粉剂2000～3000倍液，或70%灭蚜松可湿性粉剂1000～1500倍液，或1.2%烟参碱乳油1000倍液防治。

1 成蚜与若蚜

2 危害嫩茎和幼叶

3 排泄蜜露

4 诱发煤污病

134　日本壶链蚧

日本壶链蚧又叫日本盾壶蚧，因介壳酷似藤条编制的茶壶，其上有壶嘴状突起，故而得名。主要危害广玉兰、玉兰、木兰、杂交玉兰、山茶、枇杷、核桃树、枫杨、元宝枫、五角枫、三角枫、栾树、夹竹桃、葡萄、火棘等。

1）生活习性

成、若虫群集嫩梢和幼叶主脉两侧刺吸汁液。初孵若虫从介壳壶嘴口爬出，先在幼芽和嫩叶上刺吸危害，1龄若虫爬行或随风飘散，逐渐转移到1～2年生枝上固着危害，2龄若虫不断分泌蜡丝覆盖于体上，逐渐硬化形成介壳。

2）危害状

枝叶上可见虫体，虫口密度大时，被害嫩梢表皮皱缩，逐渐失水干枯，叶片萎黄脱落。排泄蜜露诱发煤污病，枝、叶上覆盖黑色霉层，常造成生长势衰弱，枝枯、叶枯。影响花芽形成，花小，开花少，降低观赏性。

3）发生规律

华北及西北地区1年发生1代，以受精雌成虫在枝干上越冬。4月越冬雌成虫开始产卵，卵期长达3个月。5月中下旬为若虫孵化盛期。10月开始出现成虫，受精雌成虫陆续转移到枝干上越冬。

4）综合防治

（1）加强苗木检疫，不采购有虫株。

（2）发芽前，刮除枝干上的虫体，剪去枯死枝、蚧虫密集的虫枝，集中销毁。枝干喷洒95%蚧螨灵乳油150倍液防治。

（3）若虫孵化期，交替喷洒25%噻虫嗪水分散粒剂4000倍液，或40%速扑杀乳油1500倍液，或10%吡虫啉可湿性粉剂2000倍液，或1.2%烟参碱乳油1000倍液防治，7天喷洒1次，连续2～3次。

1 雌成虫群集危害状

135 白蜡卷叶绵蚜

1 叶片被害状

主要危害绒毛白蜡、美国白蜡、对节白蜡、小叶白蜡、金叶白蜡等。

1）生活习性

成、若蚜群集幼芽和嫩叶叶背刺吸汁液，在卷叶内繁殖、取食危害。若蚜分泌大量绵毛状蜡丝，同时排泄蜜露，虫体被蜡质物覆盖。低龄若蚜可随风飘散，大龄若蚜爬行迁移危害。有翅蚜有近距离迁飞能力，对黄色有较强趋性。

2）危害状

被害小叶向叶背呈反向螺旋状卷缩成团，卷叶内可见虫体和大量蜡丝。危害严重时，复叶上的小叶皱缩在一起成团簇状，叶柄扭曲，小枝下垂，叶片逐渐枯黄。排泄蜜露成油污状，易诱发煤污病。尤以幼苗及根际萌蘖枝受害严重。

3）发生规律

华北地区1年发生多代，多以卵在树皮翘缝、伤疤处越冬。4月上旬越冬卵孵化，白蜡展叶时上树危害。5月上旬出现1代蚜，5月中下旬至7月为繁殖危害盛期，秋季有翅性蚜由夏寄主植物上飞回，产卵越冬。

4）综合防治

（1）芽萌动前，树干喷洒5波美度石硫合剂，消灭越冬卵。

（2）4月中旬，若蚜沿枝干爬行上树时，及时喷洒10%吡虫啉可湿性粉剂1500倍液，或20%甲氰菊酯乳油1500倍液，或50%马拉硫磷乳油2000倍液，或0.3%苦参碱水剂1000倍液防治。

（3）上叶危害初期，及时剪去虫枝、虫叶，集中销毁。喷洒上述药剂，重点喷洒叶背，7天喷洒1次，连续2～3次。

（4）悬挂黄色粘虫板，诱杀有翅蚜，降低虫口基数。

2 成、若蚜迁移危害

3 卷叶内若蚜及分泌蜡丝

136　白蜡绵粉蚧

危害各种白蜡，复叶槭、臭椿、悬铃木、柿树、核桃树、海棠类等。

1）生活习性

成、若虫刺吸幼芽、嫩枝和叶片汁液。若虫孵化后群集嫩梢枝端或叶背主脉两侧固定刺吸危害。成虫迁飞能力不强，雄若虫老熟后分泌蜡丝结白茧化蛹，雌虫排泄蜜露，交尾后在叶背或枝干上，分泌白色蜡丝形成卵囊，在囊内产卵。

2）危害状

叶背及枝条上可见灰白色蜡囊，虫口密度大时，似覆盖一层白色棉絮，造成叶片萎黄、早落，枝条枯死。排泄蜜露呈油渍状，诱发煤污病，导致叶片萎黄、早落，枝条枯死，生长势衰弱。

1 卵囊及卵

3）发生规律

华北地区 1 年发生 1 代，以若虫在芽鳞间、树皮缝隙、翘皮下结囊越冬。京、津地区 3 月中下旬树液流动时，越冬若虫出囊活动危害。4 月中下旬雌成虫开始产卵，5 月上旬至下旬为若虫孵化期。10 月中旬若虫陆续向枝干转移，11 月中旬结囊越冬。

4）综合防治

（1）发芽前，刮除枝干上虫体，将碎屑集中销毁。喷洒 5 波美度石硫合剂。

（2）5 月上旬若虫结蜡前，喷洒 10%高渗吡虫啉可湿性粉剂 1500 倍，或 48%乐斯本乳油 1500 倍液，或 40%速扑杀乳油 1500 倍液防治，重点喷洒叶背、虫枝。

（3）初结蜡时，淋洗式喷洒 30%蜡蚧灵乳剂 800 ～ 1000 倍液，或 20%融杀蚧螨粉剂 100 倍液防治。

2 卵囊及若虫

3 在小枝上危害状

137 白蜡蚧

白蜡蚧又叫白蜡虫，主要危害白蜡、女贞、金叶女贞、小叶女贞、水蜡等。

1）生活习性

成、若虫固着在小枝上刺吸危害。若虫孵化后爬到叶片上吸取汁液，2 龄后转到 1 ～ 3 年生枝条上固着危害。雄若虫群集危害，2 龄期大量分泌白色蜡质物，覆盖在枝条上。雌虫分散活动，排泄蜜露，2 龄分泌微量蜡丝，将卵产于卵囊内。

2）危害状

初期枝上可见零星球形雌虫蚧壳，和白色柱状蜡质物。虫口密度大时，枝干上被大量白色、厚实疏松蜡质物紧密包裹，形成柱状或棒状，俗称"蜡棒"。该虫在金叶女贞色块或绿篱上发生尤为严重，常造成被害株枝叶枯萎，成片死亡。

3）发生规律

1 年发生 1 代，以受精雌成虫在枝条上越冬。华北地区 4 月中旬开始陆续产卵，5 月中旬若虫开始孵化，6 月中下旬至 7 月上旬为孵化盛期，雌雄若虫均为 2 龄。9 月出现成虫，11 月上旬受精雌成虫开始越冬。

4）综合防治

（1）加强苗木检疫，严禁采购带虫苗木。

（2）若虫孵化期，交替喷洒 10％吡虫啉可湿性粉剂 1000 倍液，或 3％啶虫脒乳油 2000 倍液，或 25％噻虫嗪水分散粒剂 5000 倍液，或 40％速扑杀乳剂 1500 倍液防治，7 天喷洒 1 次。女贞、水蜡绿篱必须喷洒到位，不留死角。

（3）及时剪去虫枝，拔除危害严重的虫株，集中销毁。

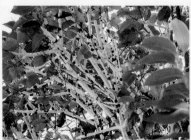

2 雄虫分泌蜡质物

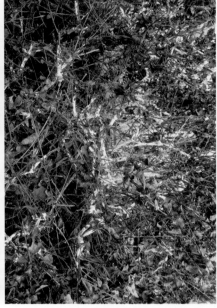

1 雌虫　　　　　　　3 金叶女贞被害状　　　　　　　4 枝叶枯死

138　草履蚧

危害白蜡、柳树、杨树、槐树、刺槐、榆树、臭椿、毛泡桐、枣树、柿树、核桃树、樱花、紫叶李、苹果树、梨树、桃树、海棠花、金银木等多种植物。

1）生活习性

成、若虫群集危害，吸食枝干、幼芽、嫩梢汁液，有群体迁移危害习性，分泌蜡粉并排泄密露。雄成虫飞翔能力弱，有趋光性，雌成虫将卵产于白色卵囊中。

2）危害状

枝干上可见群集的虫体，严重时树干、墙壁、地面爬满虫体，排泄物顺枝干向下流淌，污染环境，诱发煤污病。导致芽枯，叶片早落，枝条枯死，树势衰弱。

3）发生规律

京、津及河北地区 1 年发生 1 代，以卵和初孵若虫在树洞内、树干翘皮及落叶下、土缝中越冬。2 月上旬越冬卵开始孵化，2 月中旬若虫上树危害，5 月上旬发育为成虫。6 月中下旬受精雌成虫下树在卵囊内产卵，部分孵化若虫下树，潜入土中越夏、越冬。5 月为危害严重时期。

4）综合防治

（1）发生严重地区，若虫出土上树前，在树干基部 15 ~ 20cm 处，刮去宽 20cm 老皮、翘皮，涂刷粘虫胶或缠胶带纸，粘杀或阻隔上树若虫。及时清除胶环上粘附及胶环下堆积的虫体，1 月后及 5 月下旬受精雌成虫下树前，再涂刷一遍。

（2）危害期，喷淋式喷洒 10％吡虫啉可湿性粉剂2000 倍液，或 50％杀螟松乳油 1000 倍液防治，7 天喷洒1 次。周边植物、地面、墙体等同时喷药，全面灭杀。

1 成虫

2 若虫及排泄物

3 若虫蜕皮

4 群集危害状

139 白杨毛蚜

白杨毛蚜也俗称腻虫，主要危害毛白杨、北京杨、河北杨、银白杨、新疆杨、箭杆杨等多种杨树。

1）生活习性

成、若蚜多群集在幼叶叶背刺吸汁液，分泌蜜露，爬行迁移危害。有翅蚜对黄色有较强趋性，有一定迁飞能力，常随风迁飞扩散繁殖、危害。该蚜繁殖能力强，非越冬代性蚜将卵产于叶背，有时转叶繁殖。

2）危害状

叶背爬满虫体，排泄蜜露污染枝叶，诱发煤污病，叶面密布黑色霉层，造成苗木生长势衰弱。大量蜜露飘落地面，形成一层褐色黏液，污染地面。

3）发生规律

京、津及河北地区 1 年发生 10 多代，以卵在干皮缝隙、枝干疤痕、芽腋，或土壤缝隙等处越冬。4 月上旬叶芽开放时越冬卵开始孵化，该蚜世代重叠。7 月数量有所减少，9 月虫口密度明显增加，又出现一次危害高峰，11 月开始产卵越冬。以幼树、大树根际和树干萌蘖枝受害严重。

1 若蚜

4）综合防治

（1）发芽前，喷洒 3～5 波美度石硫合剂，消灭越冬卵。

（2）初发时，用高压水枪喷射清水冲刷虫体，降低虫口基数。

（3）虫口密度大时，喷洒 10% 吡虫啉可湿性粉剂 2000 倍液，或 25% 灭蚜威乳油 1000 倍液，或 1.2% 烟参碱乳油 1000 倍液防治。

（4）悬挂黄色粘虫板，诱杀有翅成蚜。

2 有翅蚜

3 成、若蚜叶背群集危害状

140　杨花毛蚜

危害毛白杨、北京杨、河北杨、银白杨、小叶杨、箭杆杨、唐柳等多种杨树。

1）生活习性

成、若蚜群集幼芽、嫩梢、叶柄、幼叶叶背吸食汁液，并排泄蜜露。有翅蚜有趋光性，对黄色有较强趋性。有近距离迁飞能力，转移扩散繁殖、危害习性，将卵产于当年生新枝的芽腋处。

2）危害状

幼嫩组织上爬满虫体，常造成嫩梢、幼叶生长不良。虫口密度大时，引起叶片早期大量枯萎脱落。被害嫩梢萎蔫，变黑褐色干枯。排泄大量蜜露，污染枝叶及下部地被植物，易诱发煤污病，飘落地面污染环境。

3）发生规律

北方地区 1 年发生 10 多代，以卵在芽腋、干皮缝隙等处越冬。春季芽萌动时越冬卵开始孵化危害，该蚜世代重叠，全年出现春、秋两个危害高峰，尤以秋季危害严重。10 月下旬性蚜陆续产卵，以卵越冬。以幼苗、幼林及毛白杨受害严重。

4）综合防治

（1）发芽前，喷洒 3 ~ 5 波美度石硫合剂，消灭越冬卵。

（2）及时剪去根际和树干上的萌蘖枝。虫口密度大时，喷淋式喷洒 10％吡虫啉可湿性粉剂 2000 倍液，或 4.5％高效氯氰菊酯乳油 2000 倍液，或 48％乐斯本乳油 1500 倍液防治，兼治蚜虫和其他食叶害虫。

（3）悬挂黄色粘虫板，诱杀有翅成蚜。

1 无翅成蚜和若蚜

2 各种虫态

3 叶背、叶柄危害状

4 嫩梢、幼叶危害状

141　柳倭蚜

危害垂柳、旱柳、馒头柳、龙爪柳、美国竹柳、杞柳等。

1）生活习性

成、若蚜群集幼芽、嫩枝和树干缝隙处，吸食汁液危害。若蚜孵化后爬行迁移，分泌蜡丝覆盖虫体，形成蜡被后固着危害。1、2代在越冬枝干处刺吸危害，后逐渐向新梢幼嫩组织转移。成蚜分泌白色蜡丝形成蜡被，将卵产于厚蜡被下。

2）危害状

被害芽枯萎，不能抽发新枝。危害严重时，枝干缝隙处密布白色蜡丝和蜡被，嫩枝皮层坏死，形成不规则黑色干疤，柳条易折断、枯死。

3）发生规律

山东及河北地区1年发生10代左右，以卵在柳枝基部、树皮缝隙间的蜡被下越冬。柳芽开放时越冬卵陆续孵化，该蚜世代重叠严重，5月下旬为繁殖盛期。全年以6月中旬至7月危害严重，9月下旬成蚜开始分泌蜡丝产卵越冬。

4）综合防治

（1）柳芽开放前，喷洒5波美度石硫合剂，消灭越冬卵。

（2）卵孵化盛期，交替喷洒1.2%烟参碱乳油2000倍液，或0.36%苦参碱水剂1200倍液，或2.5%高效吡虫啉乳油1000倍液，或50%马拉硫磷乳油1000倍液防治。

（3）10月，用高压水枪向树干喷淋式喷洒500~600倍洗衣粉液，冲刷越冬卵的蜡被，使越冬卵裸露，不能越冬。

1 越冬卵

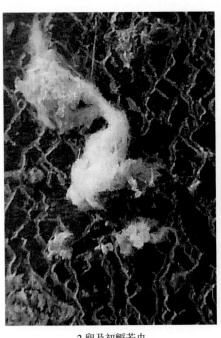

2 卵及初孵若虫

3 树干危害状

4 枝条被害状

142　柳黑毛蚜

危害垂柳、旱柳、馒头柳、龙爪柳、杞柳、美国竹柳、河柳、金丝柳等。

1）生活习性

成、若蚜群集叶背、叶面、嫩梢刺吸汁液，有群体迁移危害习性，并排泄大量蜜露。有翅蚜对黄色有较强趋性，有近距离迁飞能力，扩散繁殖危害。

2）危害状

叶片两面、嫩梢上可见群集的黑色虫体，被害叶片黄枯。排泄蜜露，常诱发煤污病。虫口密度大时，枝叶上布满黑色霉层，导致叶片大量脱落，小枝枯死。蜜露飘落，造成树下地被植物和地面严重污染。

3）发生规律

华北及辽宁地区 1 年发生 10 多代，以卵在枝干缝隙、芽腋处越冬。柳芽膨大时越冬卵开始孵化危害，该虫繁殖力强，世代重叠。5 ~ 10 月均可见危害，以 5 ~ 6 月危害最为严重，常间歇暴发性发生。10 月下旬性蚜产卵，以卵越冬。

4）综合防治

（1）芽萌动前，喷洒 5 波美度石硫合剂，消灭越冬卵。

（2）初发期，用高压水枪喷射清水冲刷虫体，降低虫口基数。

（3）大量发生时，喷淋式喷洒 1.2％烟参碱乳油 1000 倍液，或 50％灭蚜松可湿性粉剂 1500 倍液，或 10％吡虫啉可湿性粉剂 2000 倍液，或 2.5％溴氰菊酯乳油 3000 倍液防治，兼治其他蚜虫。

（4）利用黄色粘虫板，诱杀有翅蚜。

（5）纯林区可适时释放瓢虫、蚜茧蜂等捕食性天敌昆虫，进行生物防治。

1 成、若蚜

2 嫩梢及叶背危害状

3 排泄蜜露

143 柳瘤大蚜

柳瘤大蚜又叫柳大蚜，危害各种柳树。

1）生活习性

成、若蚜群集嫩梢、小枝枝杈处、叶背基部刺吸汁液，并排泄蜜露，有群体爬行迁移危害习性。有翅蚜对黄色有一定趋性，有近距离迁飞能力。

2）危害状

枝条分叉处或嫩梢上可见群集危害的黑色虫体，被害枝叶片枯黄，提前脱落。枝叶上散布大量蜜露，易诱发煤污病。虫口密度大时，枝叶上布满黑色霉层。飘落地面成一层褐色黏液，污染环境，常造成树木生长势衰弱。

3）发生规律

河北、山西地区1年发生10多代，以成蚜在树干下部的树皮缝隙、树洞内越冬。3月中旬柳芽萌动时，越冬成蚜开始上树活动危害，4～5月、9～10月为全年繁殖、危害高峰期，11月上旬成蚜陆续转移越冬。高温多雨季节，虫口密度明显下降。

4）综合防治

（1）利用黄色粘虫板诱杀有翅蚜，降低虫口基数。

（2）零星发生时，用高压水枪喷射清水，反复冲刷树冠。

（3）普遍发生时，喷淋式喷洒10%吡虫啉可湿性粉剂2000倍液，或1.2%烟参碱乳油1000倍液，或5%啶虫脒乳油1500～2000倍液，或50%灭蚜松可湿性粉剂1500倍液防治，7天喷洒1次，连续2～3次。

1 在小枝上危害状

144 柳刺皮瘿螨

危害垂柳、旱柳、馒头柳、美国竹柳等多种柳树。

1）生活习性

成、若螨喜阴湿环境，多群集叶背刺吸嫩叶汁液。迁移能力差，脱瘿后爬行或借风力传播，逐渐向新芽和嫩叶上转移危害，形成新的叶瘿，并在叶瘿内继续危害。成螨将卵产在叶肉组织内，每叶可多达数十粒。

2）危害状

叶背螨虫刺激处产生组织增生，形成淡绿色珠状叶瘿，叶瘿逐渐增大、增厚，渐转紫红色，后期叶瘿成褐色干枯。危害严重时，同一个叶片上数十个叶瘿密集成片，幼芽皱缩，叶片扭曲、黄枯，提前脱落，严重影响幼苗的正常生长。

3）发生规律

华北地区1年发生数代，以成螨在芽鳞间，或干皮缝隙中越冬。芽开放时，越冬成螨开始上芽危害，4月下旬至5月中旬为成螨产卵高峰期，6～7月是危害盛期，雨季虫螨数量明显下降。

4）综合防治

（1）发生严重地区，芽前喷洒3～5波美度石硫合剂，或45%晶体石硫合剂50倍液，消灭越冬成螨，兼治蚜虫等。发芽后，喷洒0.3～0.5波美度石硫合剂。

（2）普遍发生时，成螨产卵期，交替喷洒1.8%阿维菌素乳油3000倍液，或15%速螨酮可湿性粉剂2000倍液，或73%克螨特乳油2000倍液，或5%霸螨灵悬浮剂2000倍液防治，7～10天喷洒1次，连续3～4次。

1 初形成叶瘿

2 被害叶片初期症状

3 被害叶片后期症状

4 叶瘿干枯

5 被害叶片枯萎

145 膜肩网蝽

膜肩网蝽又叫柳网蝽，主要危害各种柳树、杨树等。

1）生活习性

成、若虫喜阴暗潮湿、隐蔽环境，多群集在树冠中下部的嫩芽、幼叶叶背刺吸汁液，并排泄黏液。若虫行动敏捷，爬行迅速，由下部逐渐向树冠上部扩展危害。成虫可近距离迁飞，扩散繁殖，将卵单产于叶背主、侧脉两侧的叶肉组织内。

2）危害状

被害叶面出现许多黄白色小斑点，叶背可见虫体及黑褐色排泄物。发生严重时，叶面呈苍白色，大量排泄物易诱发煤污病，造成叶片枯萎，提前脱落。

3）发生规律

河北及山东地区 1 年发生 4 代，以成虫在树皮缝隙、树洞、附近的杂草及枯枝落叶中越冬。京、津地区 4 月中下旬越冬成虫开始活动危害，5 月中下旬出现 1 代若虫，若虫共 4 龄。6 月中旬可见 1 代成虫，之后世代重叠，10 月上旬成虫陆续下树越冬。

4）综合防治

（1）落叶后，彻底清除杂草、枯枝落叶，集中销毁，消灭越冬成虫。

（2）虫口密度大时，喷洒 10％吡虫啉可湿性粉剂 1500 倍液，或 3％啶虫脒乳油 2000 倍液，或 1.2％烟参碱乳油 1000 倍液，或 50％杀螟松乳油 1000 ~ 1500 倍液防治，重点喷洒叶背。

1 成虫

2 若虫

3 若虫及排泄物

4 叶面表现症状

146　桦树绵蚧

主要危害桦树、柳树、杨树等。

1）生活习性

初孵若虫群集固着在嫩枝、幼叶上刺吸危害，分泌蜡丝覆于体背，逐渐形成介壳。成虫在枝干上刺吸汁液，受精雌成虫分泌白色蜡丝营造卵囊，将卵产于体下。

2）危害状

枝干、叶片上爬满虫体，被害叶片枯黄，提前脱落。小枝生长势衰弱，逐渐枯萎，严重时大枝枯死。

3）发生规律

京、津及以北地区1年发生1代，以受精雌成虫在枝干上越冬。5月越冬雌成虫分泌蜡丝，陆续产卵，6月为产卵盛期。6月若虫开始孵化，危害至9月上旬，陆续由叶片转移到枝条上，继续固着危害，逐渐发育为成虫，交配后受精雌成虫陆续在枝干上越冬。

4）综合防治

（1）冬季结合修剪，彻底清除枝干上白色虫体，集中灭杀。

（2）若虫孵化盛期，交替喷洒10%吡虫啉可湿性粉剂2000倍液，或40%速扑杀乳油1500倍液，或50%杀螟松乳油800倍液，或20%甲氰菊酯乳油2500倍液防治，7天喷洒1次，连续2～3次。

（3）初结蜡时，枝干虫体密集处，反复涂刷10倍机油乳剂，10%高渗吡虫啉可湿性粉剂1500倍液防治。

（4）发生严重的林区，适时释放红点唇瓢虫等天敌昆虫，进行防治。

1 雌成虫及卵囊　　　　　　　　　2 在柳树上的危害状　　　　　　　　3 在杨树上的危害状

147 悬铃木方翅网蝽

方翅网蝽是一球悬铃木（美国梧桐）、二球悬铃木（英国梧桐）、三球悬铃木（法国梧桐）和速生法桐的一种常见害虫，也危害梧桐、毛白杨、构树、白蜡等。

1）生活习性

成、若虫群集叶背主、侧脉两侧刺吸汁液，移动迅速，多由树冠中下部向上部逐渐蔓延。成虫多随风飘散，扩展危害。繁殖能力强，产卵于叶背主、侧脉上，产卵后分泌黑褐色黏液覆盖。

2）危害状

被害叶面出现黄白色针状小点，以主脉两侧为多，逐渐向外扩展。叶背出现锈色斑，可见成、若虫及黑褐色排泄物。虫口密度大时，整个叶片失绿成苍白色，提前脱落，导致树势衰弱。该虫是炭疽病的重要传播媒介。

3）发生规律

山东、河北地区1年发生4代，以成虫群集在树干翘皮下、干皮缝隙、落叶及杂草中越冬。4月下旬芽萌动时，越冬成虫上树危害。若虫共5龄，该虫世代重叠，5月下旬各种虫态同时出现，全年以8～9月危害严重。10月中下旬，末代成虫离叶下树越冬。夏季持续干旱、高温，有利于该虫繁殖。

4）综合防治

（1）冬季彻底清除枯枝落叶，集中销毁，压低越冬基数。

（2）5月是防治的最佳时期，用高压水枪喷洒10%吡虫啉可湿性粉剂1500倍液，或1.8%阿维菌素乳油3000～5000倍液，或1.2%烟参碱乳油1000倍液，或20%杀灭菊酯乳油2500倍液防治，7天喷洒1次，连续2～3次，重点喷洒叶背。

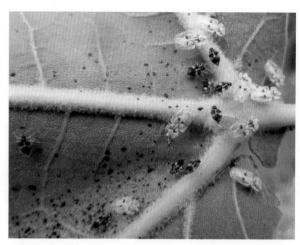

1 成、若虫

2 成、若虫及排泄物

3 被害叶片失绿

148　康氏粉蚧

康氏粉蚧又叫梨粉蚧、李粉蚧，主要危害悬铃木、栓皮栎、核桃树、柿树、板栗、桑树、苹果树、桃树、杏树、梨树、李树、梅树、枣树、山楂树、山里红、石榴树、樱桃树、樱花、葡萄、夹竹桃等。

1）生活习性

该虫畏光，喜阴暗环境。若虫和雌成虫群集在嫩芽、嫩梢、果穗、幼叶、果实，及根部刺吸汁液，爬行迁移危害，常钻入果袋内继续取食。分泌白色蜡粉，排泄蜜露。雌成虫固着在果实的萼洼或梗洼、干皮缝隙、枝杈处，分泌蜡粉形成卵囊，将卵产于囊内。

2）危害状

果实被害处果肉组织坏死，果面出现褐色、黑色斑点或黑斑，被害组织停止发育，导致果实畸形。嫩梢被害处肿胀，易纵裂，小枝逐渐枯死。排泄蜜露诱发煤污病，污染果面。危害严重时，造成树木生长势衰弱，影响果实品质。

3）发生规律

京、津及河北地区 1 年发生 3 代，以卵在干皮缝隙、伤疤处、断枝茬口，或树干基部的土、石块缝隙间的卵囊内越冬。梨树发芽时，越冬卵开始孵化，5 月中下旬，7 月中下旬，8 月中下旬，分别为各代若虫孵化盛期，该虫世代重叠，以末代卵越冬。1 代若虫危害枝干，2、3 代主要危害果实。

4）综合防治

（1）结合冬季修剪，刮去树干、枝蔓上的粗皮，将刮下的皮屑、卵囊集中销毁。彻底清除落果、套果纸袋、落叶等，消灭越冬卵。

（2）发芽前，喷洒 3 ~ 5 波美度石硫合剂，或 45% 晶体石硫合剂 50 倍液防治。

（3）若虫孵化期至结蜡前，交替喷洒 95% 蚧螨灵乳剂 100 倍液，或 48% 乐斯本乳油 1500 倍液，或 1.2% 烟参碱乳油 1000 倍液防治。

（4）果实套袋前，果面喷洒 1 遍杀虫剂。套袋时袋口要扎紧，袋口喷洒 1 遍杀虫剂，防止若虫入袋危害。

1 成虫及若虫　　　　　　　　　　　　　　　　　　2 危害状

149　蚱蝉

蚱蝉又叫黑蝉，俗称知了，危害悬铃木、杨树、柳树、榆树、槐树、樱花、梅树、桃树、碧桃、紫叶李、柿树、杏树、梨树、李树、枣树、山里红、葡萄等。

1）生活习性

若虫在土壤中刺吸根部汁液，可危害多年，多在初夏雨后傍晚出土蜕皮羽化。成虫迁飞能力强，雌成虫用产卵器刺破嫩枝皮层至木质部，形成刻槽，将卵产于小枝髓心处，同一小枝上可多达十多个刻槽，每处产卵十多粒。

2）危害状

小枝上可见数道纵斜排列的爪状刻痕，刻痕以上叶片枯黄，小枝干枯易风折。危害严重时，树冠上散布大量枯枝、黄叶，影响观赏，造成果实减产。

3）发生规律

华北地区4～6年发生1代，以卵在小枝刻槽内和若虫在土壤中越冬。6月下旬越冬若虫老熟，多于雨后的夜晚陆续出土蜕皮羽化，成虫期7～9月。8月成虫开始产卵，卵当年不孵化。第2年6月越冬卵开始孵化，

1 若虫蜕皮羽化为成虫

孵化若虫很快落地潜入土中越冬，若虫期3年。

4）综合防治

（1）傍晚和清晨捕杀地面、树干、杂草茎秆上刚出土的若虫和刚羽化的成虫。

（2）自刻槽下方剪除产卵枝，集中销毁。

（3）发生严重果园，利用黑光灯诱杀成虫。若虫入土期，树盘浇灌50%辛硫磷乳油800倍液，毒杀落地或浅土中若虫。

2 蝉蜕

3 成虫

4 土壤中老熟若虫

5 产卵刻痕

6 刻槽内虫卵

7 在悬铃木上的危害状

150　蟪蛄

蟪蛄又叫小熟了，危害杨树、柳树、悬铃木、核桃树、柿树、桑树、栾树、樱花、樱桃树、苹果树、沙果、海棠果、梨树、杏树、桃树、山里红、李树、枇杷树等。

1）生活习性

该虫种类多，按颜色区分，有绿色、黄色、黄绿色、黄褐色等。若虫孵化后钻入松软的土中，多年生活在地下，刺吸树木根系汁液。老熟后多在雨后的夜晚、凌晨或阴天出土，爬到树干或杂草上蜕皮羽化。成虫多白天活动，有一定的趋光性，喜栖息在枝干上，吸取汁液补充营养，可近距离飞翔。雄成虫常发出鸣叫声，雌成虫产卵前在 1 年生枝条上刺成斜形刻槽，深达木质部，每个枝条上刻槽多达十多个，将卵产于刻槽内，每孔数粒。

2）危害状

小枝上可见斜形刻痕，被害小枝失水干枯，刻槽处开裂易风折。成虫对果树危害最大，被害枝幼果停止发育，危害严重时，常造成果树减产。

3）发生规律

该虫数年完成 1 代，多以若虫在土壤深层，或卵在枝梢产卵刻槽的木质部越冬。若虫共 5 龄，北方地区 5 月老熟若虫陆续出土，蜕皮羽化为成虫，羽化期可持续至 8 月。6 月成虫陆续开始产卵，7 ~ 8 月为产卵盛期，早期的卵当年孵化，多数第二年 4 月孵化。若虫孵化后很快落地钻入土中，在地下取食危害，随着天气转冷，逐渐移入土壤深层越冬。

4）综合防治

参照蚱蝉防治方法。

1 蝉蜕

2 刚羽化的成虫

3 成虫

151 秋四脉绵蚜

秋四脉绵蚜又叫榆瘿蚜，危害多种榆树、榉树等。

1）生活习性

成、若蚜危害嫩芽和幼叶。若蚜孵化后爬到嫩芽、幼叶叶背固着危害，刺激植物组织产生增生，在叶面形成虫瘿，若蚜在虫瘿内产生雌蚜，繁殖几代，产生有翅蚜。有翅蚜有一定迁飞能力，从虫瘿内飞出，转主继续繁殖危害。

2）危害状

叶面初为红色斑点，局部组织增生凸起，形成大小不一的绿色直立袋状虫瘿，虫瘿逐渐转为红色，在新鲜无孔的虫瘿内可见成蚜和若蚜。虫瘿多时每叶数个，后期虫瘿褐色干枯，虫叶大量脱落。

3）发生规律

1 年发生 10 多代，以卵在枝干缝隙中越冬。京、津地区 4 月中旬越冬卵开始孵化危害，5 月上中旬叶面初见虫瘿。5 月下旬有翅蚜从虫瘿孔口陆续飞出，迁移到禾本科植物根部繁殖危害。9 月中下旬有翅蚜又陆续飞回榆树上，产生性蚜后交尾产卵，以卵越冬。

4）综合防治

（1）发芽前，树干喷洒 3 ~ 5 波美度石硫合剂，消灭越冬卵。

（2）有翅蚜迁离榆树前，清除周边杂草，不给转主迁移蚜提供繁殖场所。

（3）越冬卵孵化期，交替喷洒 1.2% 烟参碱乳油 1000 倍液，或 10% 吡虫啉可湿性粉剂 2000 倍液，或 50% 吡蚜铜可湿性粉剂 3000 倍液防治。

1 叶面虫瘿

2 叶片危害状

3 虫瘿内蚜虫

4 后期虫瘿干枯

152　槐蚜

槐蚜也俗称腻虫，危害槐树、龙爪槐、蝴蝶槐、江南槐、刺槐、金叶槐、金枝槐、金叶刺槐、紫穗槐、锦鸡儿、胡枝子、紫藤、紫花苜蓿、小冠花等豆科植物。

1）生活习性

成、若蚜群集幼芽、嫩梢、幼叶、花序上刺吸汁液，并排泄大量油状蜜露。有翅蚜对黄色有较强趋性，有一定迁飞能力，有转主繁殖危害习性。

2）危害状

幼嫩组织上爬满黑色虫体，其上散布油状蜜露，常诱发煤污病，飘落地面污染环境。虫口密度大时，嫩梢萎缩，叶片早落，花蕾不能开放或脱落。

3）发生规律

华北地区1年发生20余代。以雌蚜或卵在杂草心叶或根茎等处越冬。该虫世代重叠，3月中旬越冬卵开始孵化，在杂草上繁殖危害，4月下旬有翅蚜转移到槐树上。6月中旬出现第2次迁飞高峰，迁移到刺槐等植物上继续繁殖，虫口密度迅速增加。8月有翅蚜再迁回槐树上继续繁殖危害，10月以卵越冬。

4）综合防治

（1）冬季彻底清除园内枯枝落叶及杂草，集中销毁，消灭越冬卵和雌蚜。

（2）虫量不大时，用高压水枪喷射清水，反复冲刷树体。

（3）剪去虫体密集嫩梢、花序，及时灭杀。喷淋式喷洒10%吡虫啉可湿性粉剂2000倍液，或1.2%烟参碱乳油1000倍液，或50%马拉硫磷乳油1500倍液防治。

（4）悬挂黄色粘虫板，诱杀有翅蚜。

1 成、若蚜

3 花序被害状

2 嫩梢及幼叶被害状

4 序轴被害状

153 槐坚蚧

槐坚蚧又叫扁平球坚蚧、水木坚蚧，主要危害槐树、龙爪槐、蝴蝶槐、金叶槐、金枝槐、刺槐、金叶刺槐、江南槐、白蜡、悬铃木、泡桐、梧桐、榆树、桑树、苹果树、桃树、杏树、山杏、山里红、葡萄、紫叶李、太阳李等。

1）生活习性

雌成虫和若虫刺吸嫩枝、幼叶和果穗汁液。初孵若虫爬行到叶背或叶柄上刺吸危害，并分泌蜡丝，排泄蜜露。2龄若虫开始转移到枝条、穗轴、果面上继续危害。雌成虫将卵产于介壳下，多时可达数百粒。

2）危害状

危害严重时，树干上布满蚧虫虫体，叶片枯黄，小枝枯萎，树势衰弱。排泄蜜露诱发煤污病，影响果实发育，常造成果实品质下降，果树减产。

3）发生规律

华北地区1年多发生1代，在葡萄上1年发生2代，以2龄若虫在枝干上、翘皮下、干皮缝隙中越冬。4月上旬越冬若虫转移到1~2年生枝上固着危害，5月上旬雌成虫开始产卵。5月下旬至6月上旬为1代若虫孵化盛期、7月下旬2代若虫开始孵化，10月下旬末代若虫转移到枝干上陆续越冬。

4）综合防治

（1）冬季刮去枝干上越冬虫体、树干粗皮、翘皮，将残枝、皮屑集中销毁。喷洒5波美度石硫合剂，消灭越冬若虫，减少越冬虫源。

（2）若虫孵化期，喷洒95%蚧螨灵乳剂100倍液，或花保100倍液，或1.2%烟参碱乳油1000倍液，或40%速扑杀乳油2000倍液防治，7~10天喷洒1次，连续2~3次。

1 雌成虫　　　　　　　　　　　　　　　　　　　2 危害小枝

154 槐花球蚧

槐花球蚧又叫皱大球蚧，主要危害槐树、龙爪槐、蝴蝶槐、江南槐、刺槐、金叶槐、金枝槐、金叶刺槐、紫穗槐、悬铃木、杨树、柳树、榆树、玉兰、复叶槭、苹果树、桃树、杏树、丁香等。

1）生活习性

成、若虫刺吸幼嫩组织汁液。若虫孵化后，爬行至幼叶叶背主脉两侧，或嫩梢上刺吸危害，体表分泌蜡被。雌虫排泄蜜露，将卵产于半球形蚧壳下，每头雌虫产卵可达上千粒。

2）危害状

危害严重时，枝条上布满蚧虫虫体，枝叶上飘洒蜜露，诱发煤污病，造成树势衰弱，小枝枯死，果实发育不良，影响果实品质和产量。以榆树、槐树受害严重。

3）发生规律

1年发生1代，以2龄若虫群集在当年生小枝基部、芽腋处越冬。京、津地区槐树发芽时，越冬若虫开始转移到2～3年生枝上固着危害，4月中下旬若虫开始雌雄分化，5月中旬雌虫开始产卵。5月下旬若虫陆续孵化，10月上旬2龄若虫转移到小枝上越冬。

4）综合防治

（1）树木发芽前，人工刮除枝干上虫体，将刮下的碎屑集中销毁。喷洒5波美度石硫合剂，或45%晶体石硫合剂30倍液防治，消灭越冬若虫。

（2）若虫孵化期，喷淋式喷洒40%速扑杀乳油1500倍液，或1.2%烟参碱乳油1000倍液，或50%马拉硫磷乳油800倍液，或50%杀螟松乳油1000倍液防治。

1 雌虫

155 瘤坚大球蚧

瘤坚大球蚧又叫瘤大球蚧、枣大球蚧、梨大球蚧，主要危害槐树、龙爪槐、金叶槐、金枝槐、刺槐、金叶刺槐、杨树、柳树、榆树、栾树、悬铃木、华北五角枫、枣树、苹果树、梨树、李树、杏树、樱桃树、核桃树、沙枣等。

1）生活习性

雌虫和若虫多集中固着在 1 ~ 2 年生枝上，刺吸汁液危害，并排泄蜜露。若虫孵化后，爬行到嫩叶主脉两侧、嫩梢及果实上危害，可借风力扩散，分泌蜡质物形成介壳。雌虫只危害枝条，将卵产于蚧壳下，多可达数百粒至上千粒。

2）危害状

小枝上可见虫体，被害枣树落花、落果。危害严重时，树势衰弱，被害枝叶萎黄，小枝枯死。排泄蜜露污染枝叶，诱发煤污病，影响果实品质和产量。

3）发生规律

1 年发生 1 代，以 2 龄若虫群集在 1 ~ 3 年生小枝上越冬。河北地区 3 月下旬越冬若虫向枝梢移动，固着危害，4 月中旬虫体逐渐膨大，5 月上旬雌虫产卵。5 月下旬若虫孵化危害，11 月上旬若虫转移到枝条下方，或枝杈处固定越冬。

4）综合防治

（1）加强苗木检疫，不采购有虫株，防止异地扩散。

（2）冬季剪去虫体密集的虫枝，刮除蚧虫虫体，喷洒 3 ~ 5 波美度石硫合剂。

（3）若虫尚未形成介壳前，交替喷洒花保 100 倍液，或 10% 吡虫啉可湿性粉剂 2000 倍液，或 40% 速扑杀乳油 1500 倍液，或 95% 蚧螨灵乳剂 80 ~ 100 倍液防治。

（4）林区和果园，可释放球蚧翘跳小蜂等天敌昆虫，进行生物防治。

1 雌成虫　　　　　　　　　　　　　　　　　　　2 在槐树上的危害状

156　斑衣蜡蝉

斑衣蜡蝉主要危害臭椿、香椿、槐树、刺槐、柳树、榆树、白蜡、悬铃木、楝树、核桃树、桃树、杏树、李树、紫叶李、樱花、樱桃树、葡萄、猕猴桃等。

1）生活习性

成、若虫常数十头群集嫩枝、幼叶、果实上刺吸汁液，并排泄蜜露。若虫弹跳力强，受惊时迅速跳跃逃离。成虫有近距离迁飞能力，受惊后即快速飞离，将卵产于背风面的枝干上，成整齐块状排列，其上覆盖灰褐色泥巴状蜡质物。

2）危害状

叶面被害处出现淡黄色斑点，或成孔洞。虫口密度大时，叶片枯黄，易破裂，常造成幼树枯亡，排泄蜜露诱发煤污病。该虫是病毒病及多种病害重要的传播媒介。

3）发生规律

1年发生1代，以卵在树干、枝蔓、葡萄架材上越冬。臭椿芽开放时，若虫孵化，若虫共4龄。6月中旬成虫羽化，7月下旬成虫陆续交尾产卵，以卵越冬。

4）综合防治

（1）果园附近尽量避免栽植臭椿、楝树等斑衣蜡蝉喜食植物。

（2）用木锤敲击或刮除树干上、枝蔓上、葡萄架材上的卵块，减少虫源。

（3）虫口密度大时，交替喷洒10%吡虫啉可湿性粉剂2000倍液，或50%马拉硫磷乳油1000倍液，或2.5%溴氰菊酯乳油3000倍液，或1.2%烟参碱乳油1000倍液防治。

1 成虫展翅状　　　　　　　　　　2 雌成虫及初产卵块　　　　　　　3 卵块

4 若虫蜕变　　　　　　　　　　5 不同龄期若虫　　　　　　　　6 排泄蜜露

157 青桐木虱

青桐木虱又叫梧桐木虱，是梧桐的常见害虫。

1）生活习性

成、若虫常数十头群集叶背、嫩梢、花序、幼果上吸食汁液。若虫分泌白色棉絮状蜡质物，并隐藏在絮状物下吸食危害，爬行或随絮状物飘散扩展危害。成虫飞翔能力差，善跳跃，非越冬代卵多产于叶背。

2）危害状

被害处可见白色絮状物和成、若虫。虫口密度大时，嫩梢、枝杈、叶背、花序、果实上布满絮状物，造成嫩梢枯萎、叶片萎黄早落、种子萎缩、脱落。蜡絮飘落污染枝叶和地面，易诱发煤污病。

3）发生规律

北方地区1年发生2代，以卵在枝条基部、树皮缝隙中越冬。5月上旬越冬卵开始孵化，若虫共3龄。6月中旬1代成虫陆续羽化，7月上旬2代若虫孵化危害。8月上中旬2代成虫羽化，9月下旬成虫陆续在枝干上产卵，以卵越冬。该虫发生不整齐，不同虫态可同时发生。

4）综合防治

（1）虫害初发期，用高压水枪喷射清水反复冲刷，冲落白色絮状物和虫体。

（2）发生严重时，先用清水喷淋式冲刷树冠，然后喷洒10%吡虫啉可湿性粉剂2000倍液，或25%扑虱灵可湿性粉剂1000倍液，或3%啶虫脒乳油1500倍液，或3%高渗苯氧威乳油3000倍液防治。

1 成虫

2 若虫

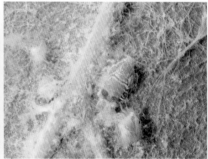
3 龄若虫及分泌的蜡丝

4 花絮被害状

5 果实被害状

6 诱发煤污病

158 皂荚瘿木虱

皂荚瘿木虱主要危害皂荚、山皂荚、金叶皂荚、日本皂荚等。

1）生活习性

成、若虫群集在嫩梢、花序、叶柄、小叶叶背吸食汁液，若虫分泌大量白色蜡丝和絮状物，藏于其中刺吸危害。成虫有趋光性，行动敏捷，善跳跃，将卵产于复叶叶柄的沟槽内，或小叶主脉旁。

1 成虫及卵

2 若虫

2）危害状

嫩梢、复叶叶柄及小叶叶背散布白色蜡丝和絮状物，危害严重时，小叶沿复叶叶柄相向缀合，粘连在一起。叶柄及小叶枯黄，大量提前脱落。嫩梢枯萎，花不能开放，幼果停止发育，早期脱落。白色蜡丝和絮状物随风飘落，污染地面和环境，易诱发煤污病。

3）发生规律

京、津及以北地区1年发生4代，以成虫在树皮缝隙、枝干疤痕处越冬。芽开放时，越冬成虫开始上树危害，4月中旬产卵。5月上旬1代若虫孵化危害，若虫共5龄。该虫发育不整齐，世代重叠明显，不同虫态可同时发生。5月下旬、7月上旬、8月中旬、9月下旬分别为各代成虫羽化始期，10月末代成虫陆续越冬。干旱年份，干旱少雨的5~6月、9~10月，发生尤为严重。

4）综合防治

参照青桐木虱防治方法。

3 若虫及分泌蜡丝

4 叶片危害状

159 合欢羞木虱

合欢羞木虱又叫合欢木虱，主要危害合欢、金合欢、山槐等。

1）生活习性

成、若虫群集嫩梢、花蕾、叶柄及小叶刺吸汁液，若虫分泌白色蜡丝，排泄蜜露。成虫行动敏捷，善跳跃，将卵散产于叶片、芽基部或枝梢上。

2）危害状

幼嫩组织上可见蜡丝和虫体，危害严重时，嫩芽枯萎，花蕾不能正常开放。复叶萎黄脱落，仅剩小枝。排泄蜜露诱发煤污病，造成枝叶枯萎，树势衰弱。

3）发生规律

北京、天津、河北、山东及以北地区1年发生2代，以成虫在树皮缝隙、树洞及落叶下越冬。合欢芽萌动时，越冬成虫开始活动，5月上旬成虫产卵，5月中下旬若虫孵化危害，若虫共5龄，世代重叠。6月至7月上旬为危害高峰期，11月成虫陆续越冬。

4）综合防治

（1）越冬成虫开始活动时，喷洒2.5%溴氰菊酯乳油3000倍液，或20%杀灭菊酯乳油3000倍液，抑制虫害发生。

（2）1代若虫孵化时，用高压水枪喷射清水，反复冲刷树冠。

（3）普遍发生时，喷淋式喷洒10%吡虫啉可湿性粉剂2000倍液，或3%高渗苯氧威乳油2000～3000倍液，或48%乐斯本乳油1500倍液防治。

1 成虫

2 若虫分泌蜡丝

3 花蕾被害状

4 复叶脱落

5 瓢虫捕食若虫

160 桑木虱

桑木虱又叫白丝虫，主要危害桑树、龙爪桑、山桑、鸡桑等多种桑树。

1）生活习性

成、若虫群集幼芽、嫩梢、叶柄和幼叶叶背刺吸危害，分泌白色蜡质丝状物。成虫有一定迁飞能力，主要危害桑树，食料不足时，转移到柏树上取食。

2）危害状

幼嫩组织上布满了白色蜡丝和虫体，被害芽不能萌发，叶面出现褪绿黄斑。严重时叶片枯黄，大量脱落。枝条枯萎，分泌物诱发煤污病，造成树势衰弱。

3）发生规律

河北北部及辽宁地区1年发生1代，以成虫在树皮缝隙、翘皮下越冬。桑树发芽时越冬成虫开始危害，5月上旬成虫产卵，卵期持续1个月。5月下旬至6月下旬为若虫孵化盛期，若虫共5龄，7月可见成虫，10月成虫转移越冬。

4）综合防治

（1）柏树是桑木虱中间寄主，建植桑园要远离柏树，禁止桑树和柏树混栽。

（2）零星发生时，及时摘除有虫叶片，剪去危害严重虫枝，集中销毁。

（3）若虫孵化期，交替喷洒10％吡虫啉可湿性粉剂2000倍液，或25％扑虱灵可湿性粉剂1500倍液，或1.2％苦烟乳油1000倍液，或50％马拉硫磷乳油1000倍液防治，桑叶及桑葚采摘前15天停止喷药。

1 初羽化成虫

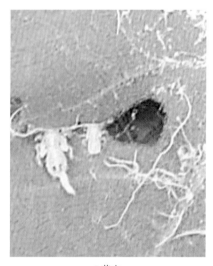

2 若虫

3 蜕皮为末龄若虫

4 若虫分泌蜡丝

5 嫩梢危害状

161 珀蝽

珀蝽又叫朱绿蝽，主要危害各种桑树、苹果树、桃树、柿树、梨树、李树、泡桐、葡萄、月季等。

1）生活习性

成、若虫吸食嫩梢、幼叶和果实汁液。初孵若虫群集危害，3龄后分散取食，易震落。成虫中午最为活跃，有一定迁飞能力。卵多产于叶背，呈双行紧凑排列。

2）危害状

叶面被害处出现黄绿色斑，虫口密度大时，叶片枯黄，提前脱落。被害嫩梢生长缓慢。

被害幼果提前早落，膨大期果实被害部位停止发育，形成黄斑，果肉组织逐渐硬化坏死，发育成果面凹凸的"疙瘩果"，造成果实品质下降。

3）发生规律

京、津及以北地区1年发生1代，以成虫在树干翘皮下、杂草中、枯枝落叶下越冬。4月中旬越冬成虫上树取食危害，4月下旬至6月上旬陆续产卵，7~8月为危害高峰期。遇大雨，虫口密度明显减少。

4）综合防治

（1）冬季拔净杂草，彻底清除枯枝落叶，集中销毁。

（2）利用黑灯光、频振式杀虫灯，诱杀成虫。成虫大量产卵前，果实适时进行套袋，减少对果实危害。

（3）零星发生时，人工捕杀成、若虫。

（4）低龄若虫未分散前，交替喷洒5%啶虫脒乳油6000倍液，或1.2%烟参碱乳油1000倍液，或6%吡虫啉乳油3000倍液防治，7天喷洒1次，连续2~3次。

1 成虫

2 危害桑树

162 温室白粉虱

白粉虱俗称小白蛾子，危害桑树、苹果树、柿树、石榴、木槿、大花秋葵、牡丹、芍药、月季、枸杞、葡萄、金银花、一串红、大理花、彩叶草等多种植物。

1）生活习性

成、若虫有趋嫩性，群集嫩叶叶背刺吸汁液，并排泄蜜露，末龄若虫附着在叶背化蛹。成虫有趋光性，对黄色有较强趋性，行动敏捷，可近距离飞翔，受惊扰时即刻飞离，将卵散产于嫩叶叶背。

2）危害状

被害叶面初为褪绿黄色斑点，斑点汇集成黄色斑块，叶背可见成、若虫和蛹。受害严重时，叶片卷曲，褐色枯焦，提前脱落，造成幼树生长势衰弱。排泄蜜露诱发煤污病，该虫还是花叶病等病毒病的重要传播媒介。

3）发生规律

京、津地区室外1年发生3～4代，该虫在北方不能露地越冬，室内成虫是露地植物的重要虫源。春季温度适宜时开窗飞出，转移到露地植物上繁殖危害。若虫共4龄，该虫繁殖力强，世代重叠明显，有时同时可见各种虫态。

4）综合防治

（1）成、若虫发生时，交替喷洒10％吡虫啉可湿性粉剂1000倍液，或1.2％烟参碱乳油1000倍液，或25％扑虱灵可湿性粉剂1500倍液防治，重点喷洒叶背。

（2）及时摘除虫体密集的虫叶，清扫落叶，集中销毁，消灭虫源。

（3）虫口密度大时，园内悬挂黄色粘虫板，诱杀白粉虱及蚜虫的成虫。

1 成虫及叶背危害状

2 蛹及初孵若虫

3 被害叶卷缩、焦枯

163 桑白盾蚧

桑白盾蚧又叫桑白蚧，主要危害桑树、无花果、杨树、柳树、榆树、白蜡、槐树、悬铃木、梧桐、皂荚、苹果树、海棠花、海棠果、李树、紫叶李、杏树、桃树、山桃、碧桃、樱花、樱桃树、梅树、紫薇、丁香、木槿等。

1）生活习性

该虫喜阴暗潮湿环境，成、若虫多群集刺吸主干和小枝汁液，偶有危害果实和叶片。若虫孵化后爬行迁移，群集在 2 ~ 5 年生枝条背阴面固着危害，并分泌绵毛状白色蜡粉履于体上，逐渐形成介壳。雌成虫将卵产于蚧壳下。

2）危害状

枝干上可见白色虫体，严重时虫体密集重叠，堆积成厚厚的灰白色絮状，导致被害株生长势衰弱，2 ~ 3 年生枝枯萎死亡，影响桑叶和果树产量。

3）发生规律

河北、辽宁及西北地区 1 年发生 2 代，以受精雌成虫在 2 年生枝条上越冬。4 月下旬越冬雌成虫开始产卵，5 月中下旬，8 月分别为各代若虫孵化盛期。9 月若虫发育为成虫，9 月下旬末代受精雌成虫陆续越冬。

4）综合防治

（1）树木发芽前，用木棍或硬毛刷清除枝干上虫体，将刮下碎屑集中销毁。

（2）芽膨大期，枝干喷洒 5 波美度石硫合剂，或蚧螨灵 50 ~ 80 倍液防治，灭杀越冬雌成虫。

（3）若虫孵化期，交替喷洒 95％蚧螨灵乳剂 100 倍液，或 25％扑虱灵可湿性粉剂 1000 倍液，或 40％速扑杀乳油 800 倍液防治，连续喷洒 2 ~ 3 次。

1 雌成虫　　　　　　　　　　　　　　　　　　2 枝条被害状

164 械树绵粉蚧

械树绵粉蚧又叫械树白粉蚧，危害鸡爪械、五角枫、元宝枫、日本红枫、玉兰、木兰、榆树、桑树、柿树、苹果树、梨树、核桃树、杏树、桃树、花椒树等。

1) 生活习性

雌成虫、若虫群集嫩枝、幼叶和果实刺吸汁液。若虫孵化后爬到幼叶叶背固着危害，逐渐向嫩梢及果实上转移取食。雌成虫将卵产于白色卵囊内，可多达数百粒。

2) 危害状

虫口密度大时，幼嫩组织上密布虫体，被害叶片逐渐萎蔫、褐色焦枯，提前脱落。被害嫩枝失水枯萎，树冠上留下许多枯死枝，甚至造成幼苗死亡。果面被害处呈褐色或黑褐色凹陷，组织坏死，形成干疤，或提前软化脱落。

3) 发生规律

东北及西北地区1年发生1代，以末龄若虫在树干缝隙、翘皮下、枝条上越冬。树木发芽时越冬若虫开始上树危害，4月下旬成虫羽化。5月上旬若虫开始孵化，5月下旬至6月为若虫孵化盛期，若虫共3龄，10月末龄若虫陆续转移越冬。

4) 综合防治

（1）结合冬季修剪，刮去树干上的粗皮、翘皮。用木棍刮去枝条上的虫体，将刮下的碎屑、虫体集中销毁，消灭越冬若虫。

（2）发芽前，枝干喷洒5波美度石硫合剂，减少越冬虫源。

（3）及时摘除虫叶，剪去虫体密集虫枝，集中销毁。

（4）若虫孵化期，交替喷洒10%吡虫啉可湿性粉剂2000倍液，或2.5%溴氰菊酯乳油3000倍液，或1.8%阿维菌素乳油1000倍液，或花保乳剂100倍液防治。

1 雌成虫及卵囊　　　　　　　　　　　　　　　　2 叶背危害状

165 红叶石楠蚜虫

是红叶石楠和石楠的主要害虫之一。

1）生活习性

成、若蚜有趋嫩性，群集幼芽、嫩梢、幼叶、叶柄上刺吸汁液危害。若蚜孵化后先在幼芽、叶背取食，后扩散到嫩梢、叶面和叶柄危害，并排泄蜜露。有翅成蚜有一定迁飞能力，对黄色有较强趋性，卵多产于芽腋及叶背。

2）危害状

被害芽黑褐色枯萎，不能抽生新枝。幼叶卷曲萎缩、黄化、早落。危害严重时，幼嫩组织上爬满虫体，组织发育缓慢。排泄物污染叶面，易诱发煤污病。该虫还是病毒的重要传播媒介。

3）发生规律

北方地区 1 年发生 10 余代，以卵在芽腋、树皮缝隙处越冬。3 月下旬芽萌动时，越冬卵开始孵化，该蚜繁殖力强，繁殖量大，世代重叠严重，4 ~ 10 月均有发生。干旱天气有利于该蚜繁殖，以夏、秋季节发生严重。栽植环境郁闭，密植的色块、绿篱及幼苗，受害最为严重。

4）综合防治

（1）初发生时，用清水反复冲刷树冠。

（2）危害严重时，及时对色块、绿篱进行修剪，将残枝落叶搂净，集中销毁。交替喷洒 10％吡虫啉可湿性粉剂 2000 倍液，或 50％抗蚜威可湿性粉剂 1500 倍液，或 1.2％烟参碱乳油 1000 倍液，或 25％吡蚜铜可湿性粉剂 2000 倍液防治，7 天喷洒 1 次，连续 2 ~ 3 次，重点喷洒嫩梢和叶背。

1 有翅成蚜和若蚜

2 茎、叶危害状

166　柿绒蚧

柿绒蚧又叫柿绵蚧、柿毡蚧，俗称柿虱子，是柿树、君迁子的主要害虫。

1）生活习性

成、若虫喜群集危害。1～2代若虫在芽、嫩梢、叶柄及叶背吸食汁液，3～4代若虫在嫩枝、果面、果实与柿蒂接合缝隙处固着危害，同时分泌蜡质物，在体表形成蜡被。雌成虫交尾后，将卵产于白色卵囊内。

2）危害状

被害叶片黄化、早落，果实被害处凹陷，后扩大成黑色虫疤。受害严重时，叶片脱落，嫩梢枯死。果实提前变黄，软化脱落，影响果实品质，造成果实减产。

3）发生规律

华北地区1年发生4代，以若虫在2～3年生枝条、芽腋、树干缝隙、翘皮下、挂树残留柿蒂上越冬。4月中下旬越冬若虫开始活动危害，6月中旬、7月中旬、8月中旬、9月中旬，分别为各代若虫孵化盛期，以7～8月危害严重，10月中旬末代若虫转移到越冬场所，陆续越冬。

4）综合防治

（1）冬季彻底清除枯枝落叶、落地残果、挂树柿蒂，集中销毁。

（2）发芽前，喷洒5波美度石硫合剂，或5%柴油乳剂，杀灭越冬若虫。

（3）及时摘除虫体密集的虫果、虫叶，剪去虫枝，捡拾落地果，集中销毁。

（4）若虫孵化盛期，喷洒40%速扑杀乳油1000倍液，或95%蚧螨灵乳剂100倍液，或25%扑虱灵可湿性粉剂1500倍液，或30%蜡蚧灵水剂800倍液防治。

1 树干翘皮下越冬的若虫

2 初孵及初结蜡若虫

3 被害处变黑色

4 无花果嫩枝危害状

5 被害果软化

167 柿斑叶蝉

柿斑叶蝉又叫柿小叶蝉、柿血斑小叶蝉，主要危害柿树、君迁子、桑树、枣树、桃树、碧桃、李树等。

1）生活习性

成、若虫在叶背吸食汁液。初孵若虫先群集危害，后分散活动，善爬行。成虫有近距离迁飞能力，受惊扰后迅速飞离，非越冬代成虫将卵产于叶背近中脉处。

2）危害状

被害叶面出现褪绿斑点，虫口密度大时，斑点密集成片，叶面成苍白色，叶背中脉附近组织变为褐色。叶片逐渐枯黄，提前脱落。影响果实发育，降低果实品质，常造成果实减产。

3）发生规律

山东、河北地区1年发生3代，以卵在当年生枝的皮层内或以成虫在树皮缝隙、杂草及枯树落叶下越冬。柿树展叶时，越冬卵开始孵化，若虫共5龄，该虫发生期不整齐，6月中旬2代若虫孵化危害，以后世代重叠。高温多雨有利于该虫繁殖，7～8月危害最为严重。

4）综合防治

（1）结合冬季修剪，彻底清除枯枝落叶及园内杂草，减少越冬虫源。

（2）发生严重时，交替喷洒10%吡虫啉可湿性粉剂2000倍液，或20%叶蝉散乳油800倍液，或50%马拉硫磷乳油1500倍液，或5%高效氯氰菊酯乳油2000倍液防治，重点喷洒叶背。

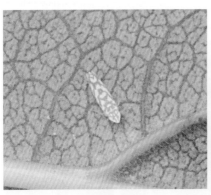

1 成虫

2 成虫交尾状

3 初孵若虫

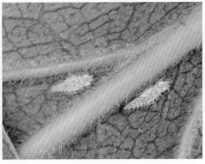

4 末龄若虫

5 叶面危害状

168 柿广翅蜡蝉

主要危害柿树、君迁子、板栗、枣树、桃树、杏树、梨树、李树、樱桃树、山楂、山里红、石榴树、女贞、玉兰、木兰、广玉兰、石楠、猕猴桃、葡萄树、金银花、大叶黄杨、月季、紫荆、枸杞、花椒、芍药等。

1）生活习性

成、若虫有趋嫩性，多集中在嫩芽、嫩梢、花蕾、果柄、叶柄和幼叶刺吸汁液，并排泄蜜露。初孵若虫群集叶背刺吸危害，孵化数小时后，腹末分泌棉絮状白色蜡丝，3龄后分散至嫩梢和叶片吸食危害。成虫有趋光性，白天静伏，迁飞能力强，对黄色有较强趋性，将卵产于当年生小枝的刻槽内。

2）危害状

该虫常造成落花、落叶、落果，产卵刻槽以上枝梢易枯死。排泄蜜露污染环境，易诱发煤污病。

3）发生规律

华北地区1年发生1～2代，多以卵在小枝内越冬。4月下旬1代若虫陆续孵化，7月下旬2代若虫孵化危害。若虫共4龄，4龄期为危害高峰期。9月下旬成虫开始陆续产卵，至10月仍可见少量成虫。

4）综合防治

（1）冬季剪去枯死小枝，消灭枝内越冬卵。

（2）利用黄色粘虫板，诱杀成虫。

（3）若虫孵化盛期至低龄若虫期，交替喷洒10%吡虫啉可湿性粉剂1500倍液，或2.5%溴氰菊酯乳油3000倍液，或20%杀灭菊酯乳油3000倍液，或40%速扑杀乳油1000倍液，药液中加入0.3%柴油乳剂，提高防治效果。

1 成虫

169 栗绛蚧

栗绛蚧又叫栗红蚧，是板栗、油栗、麻栎、蒙古栎、辽东栎、栓皮栎、槲栎等壳斗科植物的主要害虫。

1）生活习性

雌成虫和若虫在1~2年生枝梢上刺吸汁液。初孵若虫从母体内钻出，爬行迁移，固定嫩梢危害，2龄期分泌白色蜡粉覆盖虫体，逐渐形成介壳。雄虫多爬行与雌成虫交配，受精雌虫介壳逐渐膨大，排泄蜜露，将卵产于介壳内，产卵量可达上千粒。

2）危害状

小枝上可见成、若虫虫体，被害枝花序、花蕾枯萎，不能开花结实。危害严重时，树冠上出现大量枯梢，常造成果实减产，甚至幼苗死亡。

3）发生规律

1年发生1代，多以2龄若虫在树干缝隙、疤痕、芽腋等处越冬。栗芽开放时越冬若虫开始活动危害，若虫共3龄。3月下旬雄虫结茧化蛹，部分若虫蜕皮发育为雌成虫。5月上旬雌成虫产卵，5月中下旬孵化若虫陆续从母体中爬出，以2龄若虫和雌成虫危害严重。

4）综合防治

（1）发芽前，刮掉越冬虫体，剪去虫体密集枝条，将残体、虫枝集中销毁。危害严重的虫株，枝干涂刷10倍机油乳剂。

（2）越冬若虫活动期、若虫孵化期，交替喷洒10%高渗吡虫啉可湿性粉剂1000倍液，或40%速扑杀乳油1000倍液，或25%噻虫嗪水分散粒剂4000倍液，或20%杀灭菊酯乳油2500倍液防治，10天喷洒1次，连续2~3次。

（3）板栗种植区，利用绛蚧跳小蜂、黑缘红瓢虫等天敌昆虫，控制该虫发生。

1 雄成虫

2 雌成虫

170　栗大蚜

栗大蚜又叫栗大黑蚜、黑大蚜、栗枝大蚜，危害板栗、栓皮栎等壳斗科植物。

1）生活习性

成、若蚜群集新梢、小枝、幼芽、花序、叶背、栗苞果梗处，和栗蓬上吸食汁液。若蚜孵化后，常群体爬行迁移到幼嫩组织上刺吸危害，行动敏捷，并排泄蜜露。有翅蚜对黄色有较强趋性，可随风飘散，转主繁殖危害。非越冬代卵多产于枝干背阴处及大枝基部，常数百粒成单层密集排列。

2）危害状

小枝、叶背、栗苞果梗处可见群集的黑色有翅和无翅蚜。虫口密度大时，被害嫩梢生长缓慢或枯萎。被害果实微黄，发育不充实，导致品质下降，或提前脱落。排泄蜜露污染枝叶，常诱发煤污病，导致树势衰弱。

3）发生规律

京、津及河北地区 1 年发生 10 代左右，以卵在芽腋、干皮缝隙及枝干疤痕处越冬。板栗发芽时越冬卵开始孵化，5 月上中旬产生有翅雌蚜，转株或继续繁殖危害，该蚜世代重叠明显。10 月下旬有性蚜产卵，以卵越冬。

4）综合防治

（1）结合冬季修剪，刮除枝干上粗皮，喷洒 5 波美度石硫合剂，消灭越冬卵。

（2）及时刮除卵块，栗园悬挂黄色粘虫板，诱杀有翅蚜。

（3）越冬卵孵化期，喷洒 10％吡虫啉可湿性粉剂2000 倍液，或 50％抗蚜威可湿性粉剂 1500 ~ 2000 倍液，或 5％啶虫脒乳油 2500 倍液，或 1.2％烟参碱乳油 1000 倍液防治。

1 低龄若蚜

2 成、若蚜群集嫩梢危害状

3 群集 2 年生小枝危害

171 硕蝽

硕蝽又叫栗大蝽、大臭蝽、臭板虫，主要危害板栗、栓皮栎、槲栎、玉兰、木兰、山楂、梨树、猕猴桃等。

1）生活习性

成、若虫刺吸幼芽、嫩茎和果实汁液，同时排泄褐色蜜露。若虫孵化后爬行到嫩梢危害，3龄若虫在叶背主脉处吸食汁液，4～5龄对植物危害最大，可转移危害多个嫩梢。5龄老熟若虫爬行到老叶、附近杂草叶背静伏羽化。成虫寻偶时，常发出"叽、叽"的叫声，多将卵产于草叶叶背。

2）危害状

被害芽枯死，导致被害枝不能开花结果。发生严重时，枝梢枯死，影响坐果率，常造成果树大量减产。

3）发生规律

1年发生1代，以4龄若虫在枯枝落叶下、周边杂草、灌丛中越冬。山东及河北地区4月下旬，越冬若虫开始上树活动危害，6月上旬始见成虫，6月中旬为成虫羽化盛期，产卵期长达50天左右。7月中旬为若虫孵化盛期，若虫共5龄，10月中旬4龄若虫陆续下树越冬。

4）综合防治

（1）避免果树与栓皮栎、槲栎等混植。

（2）发芽前，彻底清除园内枯枝落叶和杂草，集中销毁，消灭越冬若虫。

（3）人工捕杀成、若虫，降低虫口基数。

（4）若虫孵化期，交替喷洒10%吡虫啉可湿性粉剂2000倍液，或2.5%溴氰菊酯乳油3000倍液，或50%马拉硫磷乳油1000倍液，或40%啶虫脒水分散粒剂3500倍液防治。

1 成虫

172　角蜡蚧

主要危害玉兰、木兰、杂交玉兰、广玉兰、山茶、桑树、栾树、苹果树、梨树、梅树、杏树、桃树、柿树、樱花、樱桃树、石榴树、无花果、桂花、月季、珍珠梅、红瑞木、常春藤等。

1）生活习性

雌成虫、若虫固着在枝条上，雄成虫多固着在叶片主脉两侧刺吸汁液。若虫孵化后缓慢爬行，固着在嫩梢上刺吸危害，同时分泌蜡质物，在2龄若虫体背逐渐形成蜡壳，3龄若虫蜡壳明显增厚。雌成虫交尾后虫体迅速增大，将卵产于体下。

2）危害状

多发生在树冠下部枝条上，枝叶上可见灰白色蜡壳，被害小枝叶片变小、萎黄，提前脱落。危害严重时，小枝枯死。排泄大量蜜露，常诱发煤污病，造成生长势衰弱，飘落地面污染环境。

3）发生规律

1年发生1代，以受精雌虫在小枝上越冬。华北地区越冬雌虫4月下旬继续危害，5月下旬开始产卵，6月下旬若虫陆续孵化，8月下旬3龄若虫老熟蜕变成成虫。9月中下旬受精雌虫危害至11月开始越冬。栽植过密，环境郁闭，通透性差，管理粗放，该虫发生严重。

4）综合防治

（1）冬季结合修剪，刮掉枝干上虫体，剪去无用枝、虫体密集枝，集中销毁。

（2）虫口密度大时，在若虫尚未形成蜡质层前，交替喷洒95%蚧螨灵乳剂100倍液，或40%速扑杀乳油1500倍液，或5%啶虫脒乳油2500倍液防治，10天喷洒1次，连续2～3次，兼治其他蚧虫。

1 雌蜡壳及卵粒

2 危害玉兰

3 栾树被害嫩梢枯死

4 排泄蜜露

173　金绿宽盾蝽

金绿宽盾蝽又叫异色花龟蝽，主要危害构树、五角枫、元宝枫、侧柏、臭椿、荆条等。

1）生活习性

成、若虫吸食嫩芽、幼叶、幼果汁液，有转主危害习性。1~2龄若虫群集侧柏上刺吸危害，3龄后转移到其他寄主上分散取食。成虫迁飞能力强，卵多产在侧柏小枝先端的枝叶上，卵乳白色，近球形，常排列成块状。

2）危害状

该虫常造成芽枯、枝枯，近侧柏栽植的构树、荆条等受害严重。

3）发生规律

京、津及河北地区1年发生1代，以5龄若虫在侧柏树下的杂草中、枯枝落叶下、砖石缝隙处群集越冬。4月上中旬越冬若虫上树危害，5月上中旬转移到其他寄主上继续取食，并陆续羽化，羽化期持续至6月下旬。5月中旬至8月为成虫危害期，7月下旬成虫开始产卵。若虫共5龄，8~10月为若虫危害期，11月初末龄若虫陆续转移到越冬场所开始越冬。

4）综合防治

（1）冬季彻底清除枯枝落叶和杂草，集中销毁，消灭越冬若虫。

（2）人工捕杀成、若虫。

（3）虫口密度大时，交替喷洒10%吡虫啉可湿性粉剂2000倍液，或2.5%溴氰菊酯乳油3000倍液，或50%辛硫磷乳油800倍液防治。

1 成虫

2 大龄若虫

3 若虫在侧柏上取食状

174 栾多态毛蚜

主要危害栾树、黄山栾、七叶树等。

1）生活习性

成、若蚜群集顶芽、嫩梢、幼叶叶柄、叶背、花序刺吸汁液，同时排泄蜜露，常转移危害。有翅蚜有近距离迁飞能力，对黄色有较强趋性。

2）危害状

危害严重时，幼嫩组织上爬满虫体。被害花蕾不能开放，叶片卷缩，枯黄脱落。嫩梢停滞生长，逐渐萎蔫枯死。排泄大量蜜露，顺着枝干向下流淌，污染环境，易诱发煤污病。以幼苗及根际萌蘖枝受害严重。

3）发生规律

1年发生数代，以卵在芽鳞、树皮缝隙及伤疤处越冬。京、津地区栾树芽开放时越冬卵孵化。6月中旬有翅蚜迁飞扩散危害，虫口密度有所减少，10月又迁回栾树继续危害，以4月下旬至5月危害严重，10月性蚜交尾产卵，以卵越冬。

1 有翅成蚜

4）综合防治

（1）发芽前，疏去根际和树干上萌蘖枝，喷洒3～5波美度石硫合剂。

（2）悬挂黄色粘虫板，诱杀有翅蚜。

（3）4月上中旬越冬卵孵化时，是全年防治的关键时期，零星发生时，用清水喷淋式反复冲刷树冠。

（4）虫口密度大时，交替喷洒10%吡虫啉可湿性粉剂2000倍液，或48%乐斯本乳油1000～1500倍液，或1.2%苦烟乳油1000倍液防治。

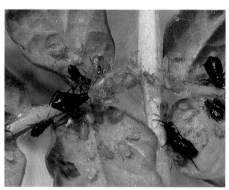

2 干贝与若蚜

3 嫩梢、叶柄危害状

4 叶片被害状

5 排泄物污染枝干、叶片

175 日本龟蜡蚧

日本龟蜡蚧又叫枣龟蜡蚧，危害枣树、白蜡、悬铃木、柿树、苹果树、梨树、杜梨、桂花、玉兰、木瓜、山茶、桃树、樱花、蜡梅、梅花、石榴树、月季、玫瑰、野蔷薇、大叶黄杨、无花果等。

1）生活习性

雌成虫、若虫群集 1～2 年生枝条上及叶面刺吸汁液，排泄蜜露。若虫孵化 6 小时后，开始分泌蜡质物，逐渐在体背形成蜡壳，固着危害。雄成虫有趋光性，喜在叶柄及叶背的叶脉处吸食危害。

2）危害状

叶片及枝条上可见白色虫体，排泄物易诱发煤污病。虫口密度大时，叶片及枝条上布满虫体和黑色霉层，叶片脱落，枝条干枯，造成树势衰弱和果树减产。

3）发生规律

1 年发生 1 代，受精雌成虫多在 1～2 年生枝条上越冬。树木发芽时越冬雌成虫开始继续发育，虫体迅速膨大，5 月下旬陆续产卵。6 月下旬若虫开始孵化危害，7 月下旬雌、雄性分化，8 月中下旬羽化为成虫。9 月中下旬受精雌成虫转移到枝条上继续危害，10 月下旬开始越冬。

4）综合防治

（1）发芽前，刮掉枝干上虫体，喷洒 3～5 波美度石硫合剂，消灭越冬雌成虫。

（2）摘去虫叶，剪去虫体密集小枝，集中销毁。

（3）若虫尚未结蜡前，是防治的最佳时期，交替喷洒 10% 吡虫啉可湿性粉剂 2000 倍液，或 25% 扑虱灵可湿性粉剂 1500 倍液，或 95% 蚧螨灵 100 倍液，或 40% 速扑杀乳油 1500 倍液，或 95% 蚧螨灵乳油 1000 倍液防治，7 天喷洒 1 次。

1 越冬雌成虫

2 结蜡若虫在枣叶上危害状

3 若虫在枝干上危害状

176　榄珠蜡蚧

榄珠蜡蚧又叫黑介壳虫，主要危害无花果、苹果树、夹竹桃、月季等。

1）生活习性

成、若虫刺吸枝干、嫩叶汁液。若虫怕强光直射，多群集叶背、枝干背阴面吸食危害。初孵若虫可随风飘移扩散。2龄若虫迁移到枝条、树干上固着危害，分泌蜡物形成介壳。雌成虫产卵可多达上千粒。

2）危害状

被害叶片黄化枯萎，提前脱落。虫口密度大时，叶片大量脱落，果实发育不良，小枝干枯死亡。严重影响果实品质，降低月季鲜切花和果实产量。

3）发生规律

1年发生1～2代，以雌成虫和2～3龄若虫在树干、枝条上越冬。4月越冬雌成虫开始产卵，越冬若虫发育为成虫。5月若虫孵化危害，6月下旬至8月若虫陆续发育为成虫，10月成、若虫开始固着在树干、枝条上越冬。高温干旱季节，大部分卵死亡，不能孵化，初孵若虫部分也出现死亡。大雨和高湿天气，也不利于该虫发生。

4）综合防治

（1）冬季结合修剪，刮掉枝干上的虫体，将刮下的碎屑集中深埋。喷洒5波美度石硫合剂。

（2）若虫孵化期，是防治的关键时期，喷洒20％速蚧克乳油1000倍液，或1.5％氰戊·苦参碱乳油800～1000倍液，或20％杀灭菊酯乳油2000倍液，或2.5％溴氰菊酯乳油3000倍液防治。

（3）初结蜡时，若虫群集处，反复涂刷松碱合剂20～30倍液防治。

1 雌成虫　　　　　　　　　　　2 树干上群集危害　　　　　　　　　3 卵干枯死亡

177 斑须蝽

斑须蝽又叫臭大姐，主要危害苹果树、梨树、桃树、山楂树、枸杞、石榴树、香椿、牡丹、芍药、八仙花、菊花、大丽花、萱草、草莓等多种植物。

1）生活习性

成、若虫刺吸植物嫩茎、幼叶、果实汁液，受惊吓时立即释放臭液。初孵若虫群集危害，2龄后分散取食。成虫有趋光性，有一定的迁飞能力，有假死性，卵多产在叶面，有时也产在花萼或果面上。卵筒状，初为浅黄色，后变灰黄色，卵壳表面有网纹，多成整齐块状排列。

2）危害状

叶面或果面被害处出现黄褐色斑点，危害严重时，叶片萎蔫下垂，嫩茎枯萎，花、幼果提前脱落。果膨大期，果面被害处果肉组织木栓化，果实发育畸形。

3）发生规律

京、津及辽宁、内蒙古地区1年发生2代，以成虫在杂草、墙缝、砖石块下越冬。4月上旬越冬成虫开始活动，4月中旬陆续产卵，5月上旬1代若虫开始孵化危害，若虫共5龄。6月上旬1代成虫开始羽化，6月中下旬始见2代幼虫。8月上中旬2代成虫陆续羽化，10月中旬开始寻找适合场所越冬。

4）综合防治

（1）落叶后，彻底清除枯枝落叶、杂草，集中销毁，消灭越冬成虫。

（2）发生严重的果园，5月中旬喷洒50%杀螟松乳油1500倍液，或2.5%溴氰菊酯乳油3000倍液，或90%晶体敌百虫1000倍液，或20%甲氰菊醋乳油2000倍液防治，7～10天喷洒1次，果实采摘前15～20天停止喷药。

（3）成虫产卵前，果实适时套袋。

1 成虫

2 成虫交尾状

3 卵壳及初孵若虫

178 麻皮蝽

麻皮蝽又叫黄斑蝽，也叫臭大姐，主要危害苹果树、沙果、海棠果、八棱海棠、梨树、李树、桃树、杏树、樱桃树、山里红、石榴树、柿树、枣树、板栗、桑树、葡萄、猕猴桃等果树，及樱花、海棠花、大丽花、丁香、一串红等观赏植物。

1）生活习性

成、若虫喜白天吸食嫩梢、芽、幼叶和果实汁液。初孵若虫多群集叶背，2龄后分散取食。成虫有弱趋光性，迁飞能力强。多将卵产于叶背，卵短筒状，初为灰白色，后变黑褐色，周边环生短刺毛，单层紧密排列。

2）危害状

被害嫩梢、叶片上出现黄褐色斑点。果实被害组织生长缓慢，果面形成青色硬化凹陷僵斑，果面凹凸不平，发育成"疙瘩果"。该虫携带病菌、病毒，可传播多种病害，是枣树丛枝病，苹果、樱桃、海棠果花叶病等病毒病的重要传播媒介。

3）发生规律

北方地区1年发生1代，以成虫群集在阳面树皮翘缝、树洞、墙壁缝隙、枯枝落叶及杂草中越冬。4月下旬越冬成虫上树危害，5月下旬开始产卵，6月上中旬若虫孵化，若虫共5龄。8月成虫陆续羽化，危害至10月开始越冬。

4）综合防治

（1）落叶后，清除枯枝落叶、杂草，集中销毁。封堵树洞，消灭越冬成虫。

（2）若虫孵化期，交替喷洒48%乐斯本乳油1500倍液，或2.5%溴氰菊酯乳油2000倍液，或50%杀螟松乳油1500倍液防治，7～10天喷洒1次，连续2～3次，果实采收前15～20天停止喷药。

（3）成虫产卵前果实进行套袋。果园释放蝽象黑卵蜂等，进行生物防治。

1 成虫　　　　　　　　　　　　2 初孵若虫及卵壳

3 若虫　　　　　　　　　　　　4 果实被害处木栓化

179 茶翅蝽

茶翅蝽也叫臭蝽象，危害苹果树、沙果、海棠果、梨树、李树、桃树、杏树、柿树、枣树、樱桃树、核桃树、山楂树、石榴树、葡萄、猕猴桃、无花果等多种果树。

1）生活习性

成、若虫刺吸嫩梢、叶片和果实汁液，受惊时分泌臭液。初孵若虫群集危害，2龄末期分散取食。成虫善飞翔，将卵产于叶背，卵短圆筒形，初为灰白色，后变黑褐色，周边环生短刺毛。成不规则的三角形块状。

2）危害状

被害幼果早期脱落，果实膨大期，果面被害部位呈深绿色凹陷，果肉组织停止发育并木栓化，果实畸形，发育成"疙瘩梨""疙瘩桃"等。果实近成熟期受害，果实不变形，但被害处果肉组织木栓化，影响果实品质，尤以桃树、梨树受害最重。该虫也是多种病菌、病毒的重要传播媒介。

3）发生规律

北方地区1年发生1代，以成虫在树洞、砖石缝隙、草丛、落叶中越冬。京、津地区5月上旬越冬成虫活动危害，6月中旬开始产卵，产卵期持续至8月。7月上旬若虫陆续孵化，若虫共5龄。8月中下旬成虫开始羽化，10月上旬成虫潜伏越冬，以8月危害最为严重。

4）综合防治

参照麻皮蝽防治方法。

1 成虫

2 卵

3 若虫

4 大龄若虫

5 桃果被害状

180 梨冠网蝽

梨冠网蝽又叫梨网蝽、梨花网蝽、军配虫，主要危害梨树、杜梨、李树、苹果树、沙果、桃树、碧桃、杏树、山楂树、樱花、樱桃树、梅花、木瓜、海棠花、海棠果、八棱海棠、贴梗海棠、杜鹃等。

1）生活习性

成、若虫群集嫩叶叶背刺吸汁液，并排泄黑褐色油污状黏液。成虫行动敏捷，受惊吓时迅速逃离，可随风扩散，将卵产于叶背主脉两侧的叶肉组织内。

2）危害状

被害叶面初现黄白色针状小点，虫口密度大时，斑点密集成片，叶面呈苍白色，渐转黄褐色。叶背可见虫体和大量排泄物，易诱发煤污病，叶片提前脱落。

3）发生规律

京、津，河北及山西地区1年发生4代，以成虫在杂草、落叶、树干缝隙、翘皮及根际土块下越冬。梨树展叶时越冬成虫开始活动危害，4月下旬陆续产卵。5月中旬幼虫开始孵化，此代较整齐，以后世代重叠，6月上旬同时可见各种虫态。10月下旬末代成虫陆续下树越冬，全年以6月下旬至7月危害严重。

4）综合防治

（1）萌芽前，刮去树干上的翘皮，彻底清除园内杂草、枯枝落叶，集中销毁，消灭越冬虫源。

（2）重点防治1代若虫，5月中下旬，交替喷洒1.2%烟参碱乳油1000倍液，或10%吡虫啉可湿性粉剂2000～3000倍液，或2.5%溴氰菊酯乳油3000倍液防治，兼治蚜虫、食叶害虫等。7天喷洒1次，连续2～4次，重点喷洒叶背。

1 成虫

2 若虫及排泄物

3 山里红叶面被害状

181 梨圆蚧

梨圆蚧又叫梨笠圆盾蚧，俗称树虱子，危害梨树、杜梨、苹果树、海棠果、樱花、桃树、杏树、李树、紫叶李、山楂树、核桃树、板栗、枣树、红瑞木等。

1）生活习性

成、若虫群集危害。初孵若虫爬行到枝干、叶片、果面、果实萼洼或梗洼处固着危害，分泌白色絮状蜡质物，逐渐形成介壳。雌成虫无翅，多在枝干和分杈处固着危害，雄成虫可飞翔，固着在叶片主脉两侧吸食汁液。

2）危害状

被害叶片萎黄，脱落。梨果果面出现黑褐色斑点，苹果果面为紫红色斑点，或红色晕斑，被害处果肉组织坏死。危害严重时，树势衰弱，枝条干枯，幼苗死亡。

3）发生规律

河北、山西和山东地区1年发生3代，以末代2龄若虫在2年生枝芽腋、枝杈处群集越冬。梨树展叶时越冬若虫开始危害。5月上中旬出现1代成虫，6月上旬产卵，6月下旬、8月上旬、9月中旬分别为各代若虫盛发期。

4）综合防治

（1）加强苗木检疫，不采购带虫苗木，防止远距离传播。

（2）发芽前，用硬物刮去枝干上虫体，剪去虫体密集虫枝，将残枝、碎屑集中销毁。喷洒5波美度石硫合剂，或95%蚧螨灵乳剂80倍液防治，消灭越冬若虫。

（3）若虫孵化期，交替喷洒40%速蚧克乳油1500倍液，或2.5%溴氰菊酯乳油3000倍液，或48%乐斯本乳油1500倍液防治。

1 雌成虫介壳　　　　　2 雄成虫介壳

3 在红瑞木上的危害状　　　　　4 在紫叶矮樱上的危害状

182 梨大蚜

主要危害各种梨树和杜梨。

1）生活习性

成、若蚜群集在 2 ~ 3 年生小枝或短果枝上刺吸汁液，并排泄褐色黏稠蜜露。若蚜近距离爬行，向周边迁移扩散，并重新组成多个新的群体继续危害。有翅蚜借风力，在越冬寄主和夏寄主间迁飞，繁殖危害。将卵产于枝杈下方，卵长椭圆形，初为淡黄褐色，后变黑褐色，有光泽。多达数十粒至上百粒，密集成层。

2）危害状

枝条上可见群集的虫体，虫口密度大时，枝条被害处呈黑色湿润状。排泄大量蜜露，污染枝叶、果实和地面，易诱发煤污病，影响果实品质和产量。虫口密度大时，常造成树势衰弱，枝条枯死，甚至幼苗死亡。该蚜还是花叶病毒病的重要传播媒介。

3）发生规律

华北地区 1 年发生 2 代，以卵在枝条上越冬。4 月花芽萌动时，越冬卵开始孵化危害，若蚜共 4 龄。5 月出现有翅蚜，有翅蚜迁飞至夏寄主植物上，继续繁殖危害。9 月越夏的有翅蚜又陆续迁回梨树上，10 月性蚜交配，在枝上产卵，以卵越冬。夏季多雨的高温高湿天气，不利于该蚜繁殖。

4）综合防治

（1）冬季剪去有卵虫枝，集中销毁，减少越冬虫源。

（2）零星发生时，可点喷式喷洒杀虫药剂。大量发生时，交替喷淋式喷洒 1.2% 烟参碱乳油 1000 倍液，或 10% 吡虫啉可湿性粉剂 2000 倍液，或 40% 乐斯本乳油 2000 倍液，或 2.5% 溴氰菊酯乳油 2000 倍液防治，7 ~ 10 天喷洒 1 次，连续 2 ~ 3 次，兼治其他蚜虫和食叶害虫。

1 群集危害状

183 梨二叉蚜

梨二叉蚜简称梨蚜，主要危害各种梨树、杜梨及狗尾草等禾本科植物。

1）生活习性

成、若蚜有趋嫩性，群集嫩梢、嫩芽、花蕾和幼叶上刺吸汁液。若蚜孵化后开始危害，初展叶时在叶面取食，卷叶危害，并排泄蜜露。有翅蚜在梨树和夏寄主植物间迁飞，繁殖危害。

2）危害状

被害叶片自叶缘两侧向叶面纵向卷缩，多呈筒状，卷叶内可见群集的虫体和排泄物。危害严重时，叶片枯萎，大量叶片提前脱落。

3）发生规律

北方地区1年发生10多代，以卵在芽腋、枝干缝隙处越冬。花芽萌动时，越冬卵开始孵化危害。5月中下旬出现有翅蚜，6月上旬陆续迁飞至夏寄主狗尾草等植物上，6月梨树上已少有踪迹。有翅蚜继续在禾本科植物上繁殖数代，9～10月又陆续迁回，在梨树上继续取食繁殖，产生性蚜，雌蚜产卵后以卵越冬。全年以4～5月危害最为严重，花后大量出现卷叶。

4）综合防治

（1）发芽前，喷洒3～5波美度石硫合剂，消灭越冬卵。

（2）梨花露白时和落花后10～20天是防治关键时期，交替喷洒1.2%烟参碱乳油1000倍液，或10%吡虫啉可湿性粉剂2000倍液，或3%啶虫脒乳油1500倍液，或50%灭蚜松可湿性粉剂1000倍液防治。

（3）及时摘除虫叶，杀灭卷叶内蚜虫。

1 不同龄期若蚜

2 群集危害状

3 卷叶危害

4 在卷叶内危害状

184　中国梨木虱

主要危害各种梨树和杜梨。

1）生活习性

成、若虫喜阴暗环境，群集刺吸嫩梢、幼芽、嫩叶、果实汁液，并分泌淡黄色黏液。若虫异常活跃，稍有惊扰即刻跳离。成虫善飞翔，将卵产于叶面，卵粒小，黄白色，成块堆状。

2）危害状

被害叶面初为密集的黄色褪绿针状芒点，后出现褐色枯斑，虫口密度大时，叶片变黑色脱落。被害果面出现黑色小点，或不规则的黑色斑块。分泌黏液污染叶片，易诱发煤污病。

3）发生规律

京、津及河北地区 1 年发生 4 ～ 5 代，以冬型成虫在树皮缝隙、杂草中、落叶下越冬。花芽萌动时，越冬成虫开始上芽危害。4 月梨花花蕾露白时，成虫大量产卵。4 月下旬 1 代若虫开始孵化，该虫世代重叠，5 ～ 7 月为危害盛期。9 月下旬，末代成虫开始下树陆续越冬。干旱年份，该虫发生严重。

4）综合防治

（1）结合冬季修剪，刮去树干粗皮、翘皮，彻底清除残枝、枯枝落叶及周边杂草，集中销毁。喷洒 5 波美度石硫合剂，消灭越冬成虫。

（2）梨花露白至开花末期，是防治越冬成虫、1 代卵和 1 代若虫的最佳时期，交替喷洒 1.2% 烟参碱乳油 1000 倍液，或 10% 吡虫啉可湿性粉剂 2000 倍液，或 2.5% 溴氰菊酯乳油 3000 倍液防治，兼治蚜虫等。

1 成虫

2 卵

3 卵壳及初孵若虫

4 叶面被害状

185 花壮异蝽

花壮异蝽又叫梨蝽、梨蝽象、臭板虫，主要危害各种梨树、苹果树，沙果、海棠果、樱桃树、桃树、杏树、李树、枣树、山楂树、猕猴桃等。

1）生活习性

成、若虫畏光、怕热，喜阴暗环境，刺吸嫩芽、花蕾、新梢和幼果汁液，有假死性。炎热高温时在背阴处静伏。初孵若虫喜群集危害，2龄后分散取食，行动敏捷，排泄黏液。成虫多分散活动，有一定迁飞能力，卵多产于干皮缝隙，或叶背、果实萼洼等处。

2）危害状

被食花芽萎蔫，干枯脱落。幼果被刺吸处果皮和果肉组织木栓化，停止发育，导致果实畸形。排泄黏液，污染果实，易诱发煤污病。

1 若虫

3）发生规律

河北及山东地区1年发生1代，以2龄若虫在干皮缝隙、翘皮下、杂草中、树洞及断枝疤痕等处越冬。梨树发芽时，越冬若虫开始上树活动危害，若虫共5龄。6月中下旬发育为成虫，9月上旬产卵。9月中下旬若虫陆续孵化，危害至10月，以2龄若虫越冬。

4）综合防治

（1）冬季封堵树洞，刮除树干上粗皮。清除枯枝落叶、周边杂草，集中销毁。

（2）越冬若虫开始上树和若虫孵化期，交替喷洒10%吡虫啉可湿性粉剂1500～2000倍液，或2.5%溴氰菊酯乳油3000倍液，或10%高效氯氰菊酯乳油1500倍液，或20%杀灭菊酯乳油3000倍液防治，兼治其他食叶及刺吸害虫。

2 若虫危害枣果

3 梨果被害状

186　红足壮异蝽

红足壮异蝽又叫四点尾蝽，危害各种梨树、杜梨、榆树、金叶榆、大叶榆、大叶垂榆、春榆、黑榆等。

1）生活习性

成、若虫在嫩芽、新梢、幼叶和果实上刺吸汁液，常转移危害。若虫孵化后群集危害，行动敏捷。成虫多分散活动，偶有群集现象，爬行快，善飞翔，多在树干或树干基部多次交配，多次产卵。卵多产于叶背。卵长椭圆形，初为淡黄色，后变黑褐色，每处 20 ~ 30 粒，排列成块状。

2）危害状

被食叶芽、混合芽枯萎，虫口密度大时，叶片枯黄、脱落。果面被害处出现褐色斑点，逐渐木栓化，发育成"疙瘩梨"。尤以幼树、幼果受害严重。危害猖獗时，常造成榆树幼苗嫩梢大量枯死，甚至发生毁苗现象。

3）发生规律

京、津及辽宁、吉林地区 1 年发生 1 代，以成虫在杂草中，落叶、砖石下越冬。梨树发芽时越冬成虫活动危害，5 月上中旬至 6 月下旬，成虫陆续交配产卵，6 月上中旬若虫开始孵化危害，若虫共 5 龄。8 月上中旬开始出现成虫，10 月下旬成虫寻找越冬场所，陆续越冬。

4）综合防治

（1）冬季彻底清除残枝、枯枝落叶、周边杂草，集中销毁，消灭越冬成虫。

（2）少量发生时，人工捕杀成、若虫。

（3）虫口密度较大时，交替喷洒 50％杀螟松乳油 1500 倍液，或 10％吡虫啉可湿性粉剂 2000 倍液，或 1.2％苦参碱乳油 1000 倍液，或 3％啶虫脒乳油 1000 倍液防治。

1 成虫

187 绣线菊蚜

绣线菊蚜又叫苹果黄蚜，主要危害苹果树、沙果、海棠果、梨树、李树、杏树、贴梗海棠、木瓜、枇杷、石楠、樱花、樱桃树、山楂树、榆叶梅、绣线菊等。

1）生活习性

成、若蚜群集嫩芽、新梢、幼叶、叶柄上刺吸汁液，常转移危害。有翅蚜有近距离迁飞能力，随风飘移扩散。对黄色有较强趋性，卵多产于芽腋或树皮缝隙处。

2）危害状

幼嫩组织上布满虫体，被害叶片向叶背横向卷曲、皱缩，枯黄脱落。嫩梢生长缓慢，甚至枯萎。该蚜是苹果花叶病、茎沟病毒病的重要传播媒介。

3）发生规律

京、津地区1年发生10余代，以卵在芽腋、树皮缝隙、疤痕处越冬。京、津地区4月初苹果树芽萌动时，越冬卵开始孵化危害。5月中旬至6月上旬为危害盛期。6月上旬有翅蚜开始迁飞扩散，在绣线菊等花卉及杂草上快速繁殖。9月中下旬有翅蚜陆续迁回越冬寄主植物上，继续繁殖危害，又出现一个危害小高峰。10月有性蚜交配产卵，以卵越冬。夏季干旱、少雨，虫口密度有所增加，多雨时虫量明显减少。

4）综合防治

（1）发芽前，喷洒3～5波美度石硫合剂，消灭越冬卵。

（2）剪去蚜虫密集嫩梢，交替喷洒10%吡虫啉可湿性粉剂2000倍液，或1.2%烟参碱乳油2000倍液，或3%啶虫脒乳油2000倍液防治，7～10天喷洒1次。

（3）果园和苗圃悬挂黄色粘虫板，诱杀有翅蚜，可有效降低虫口密度。

1 若蚜

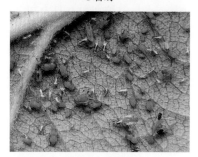

2 有翅、无翅蚜

3 绣线菊嫩梢危害状

4 梨叶被害状

5 山里红茎叶被害状

188　苹果绵蚜

苹果绵蚜又叫白毛蚜、赤蚜，主要危害苹果树、沙果、海棠果、山丁子、梨树、李树、紫叶李、山楂树、榆树等。

1）生活习性

成、若蚜群集新梢、幼芽，果实梗洼、萼洼，环剥伤口、根际或近地表根部等处吸食危害，分泌白色绵絮状蜡质物，覆盖于虫体表面，并排泄蜜露。初孵若蚜、有翅蚜，可随风飘散扩展危害。

2）危害状

枝干被害处植物组织增生，肿胀成光滑的瘤状突起，其上可见白色绵絮状物。危害严重时，瘤体破裂，遇雨易腐烂。被害叶片早落，造成果实品质下降。

根部被害处干皮粗糙，黑色腐烂，造成树势衰弱。严重时导致幼苗枯死。

3）发生规律

河北、辽宁地区1年发生15代左右，以1~2龄若蚜在树皮翘缝、疤痕、枝干断裂茬口、环剥伤口、树干基部等处群集越冬。4月上旬越冬若蚜开始活动，5月上旬成长为成蚜，5月中旬出现1代若蚜，若蚜共4龄，世代重叠现象严重。5月下旬至6月、9月，分别为全年2个繁殖高峰，11月上旬末代若蚜开始越冬。

4）综合防治

（1）该虫可随苗木调运远距离传播，加强苗木检疫，不采购有虫苗。

（2）冬季剪去根际萌蘖枝，刮去粗皮、翘皮，清理疤痕，将残枝、皮屑集中销毁。喷洒5波美度石硫合剂，或5%石油乳剂30倍液，消灭越冬虫源。

（3）及时刮净枝干上虫体，剪去虫体密集虫枝，果实适时套袋。交替喷洒3%啶虫脒乳油2000倍液，或10%吡虫啉可湿性粉剂1500倍液，或48%乐斯本乳油1500倍液，或涂刷3%啶虫脒乳油20倍液，或10%吡虫啉可湿性粉剂25倍液防治。

（4）早春扒开树干基部，铲去20cm表土，刮除虫体。用龙丽乐乳油1500倍液，或50%抗蚜威可湿性粉剂3000倍液灌根，然后覆土，消灭根部越冬蚜。

1　虫体覆被白色蜡质绵状物

2　危害处呈瘤状突起

189 桃瘤蚜

桃瘤蚜又叫桃瘤头蚜，主要危害桃树、碧桃、杏树、李树、紫叶李、太阳李、樱桃树、樱花、榆叶梅等。

1）生活习性

成、若蚜群集幼叶叶背边缘刺吸汁液，在卷叶内继续取食、繁殖危害。成蚜对黄色有较强趋性，有翅蚜有一定迁飞能力，具迁移危害特性。

2）危害状

叶片自叶边缘向叶背纵向卷缩，被害处组织肿胀增厚，扭曲成绳状，其内可见虫体。肿胀部位逐渐由淡绿色转为红色至紫红色，后变黄褐色，逐渐枯萎脱落。

3）发生规律

北方地区1年发生10余代，以卵在芽腋或树皮缝隙处越冬。桃芽开放时，越冬卵开始孵化，该虫世代重叠。8月有翅蚜迁移到艾蒿等植物上繁殖危害，10月有翅蚜又迁回越冬寄主植物上产生有性蚜，交尾产卵，以卵越冬。全年以5～6月危害最为严重。

4）综合防治

（1）发芽前，喷洒3～5波美度石硫合剂，杀灭越冬卵。

（2）未卷叶前，交替喷洒10%吡虫啉可湿性粉剂2000倍液，或1.2%烟参碱乳油1000倍液，或2.5%扑虱蚜可湿性粉剂2000倍液，或48%乐斯本乳油1500倍液防治，重点喷洒叶背，7～10天喷洒1次，发生严重时，连续喷洒3～4次。

（3）虫害严重的果园，彻底清除周边杂草，集中销毁，铲除有翅蚜繁场所。

（4）利用黄色粘虫板，诱杀有翅蚜，可有效降低虫口基数。

1 若蚜及叶缘被害状

2 无翅胎生雌蚜

3 叶缘肿胀扭曲

4 桃叶被害状

190 桃蚜

桃蚜又叫桃赤蚜，也俗称腻虫，主要危害桃树、碧桃、杏树、梨树、李树、紫叶矮樱、紫叶李、太阳李、樱花、樱桃树、梅树、榆叶梅等多种植物。

1）生活习性

成、若蚜群集新梢先端、嫩芽、幼叶叶背等幼嫩组织上刺吸汁液，并排泄蜜露。有翅蚜有一定迁飞能力，可随风飘移扩散危害，对黄色有一定趋向性。

2）危害状

嫩梢、花蕾、叶背上可见虫体，叶片向叶背卷曲，皱缩畸形。严重时，嫩梢不能正常伸展，顶端数叶卷缩成团，逐渐枯萎脱落。排泄蜜露污染叶片、枝梢、果实，诱发煤污病。桃蚜还是病毒的主要传播媒介。

3）发生规律

华北地区1年发生10多代，在桃树上多发生3代，以卵在芽腋、枝条缝隙中越冬。花芽萌动时，越冬卵开始孵化。该蚜世代重叠严重，同时可见各种虫态和不同龄期若蚜，5月中下旬危害最为严重。6月中下旬部分有翅蚜迁飞到十字花科等夏寄主蔬菜上继续危害，繁殖数代，10月中旬迁回到核果类果树上，产生性蚜，交配产卵越冬。

4）综合防治

（1）果园内尽量不种植十字花科蔬菜，及时清除杂草，不提供繁殖场所。

（2）发芽前，喷洒5波美度石硫合剂，杀灭越冬卵。

（3）花芽露红、露白时及花后，喷洒10%吡虫啉可湿性粉剂2000倍液，或50%抗蚜威可湿性粉剂1000倍液，或1.2%烟参碱乳油1000倍液防治。

（4）少量发生时，及时摘去虫叶，剪去虫体密集的嫩梢，集中灭杀。普遍发生时，用高压水枪反复冲刷树体，然后喷洒上述药剂。

（5）果园和苗圃悬挂黄色粘虫板，诱杀有翅蚜，降低虫口密度。

1 不同龄期若蚜

2 危害紫叶矮樱

3 桃树被害状

4 榆叶梅被害状

191 桃粉大尾蚜

桃粉大尾蚜又叫桃粉蚜、桃粉绿蚜，主要危害桃树、碧桃、山桃、梨树、杏树、李树、紫叶李、梅树、樱桃树、樱花、榆叶梅及芦苇等禾本科植物。

1) 生活习性

成、若蚜群集嫩梢、幼芽、花蕾及嫩叶叶背刺吸汁液。若蚜孵化后，先群集芽上危害，展叶后转移叶背取食，分泌薄薄的一层白色粉状蜡质物，覆于虫体上，并排泄蜜露。若蚜群体爬行迁移，有翅蚜迁飞转主扩散繁殖危害。

2) 危害状

危害严重时，幼嫩组织上挤满虫体，叶片卷缩、早落。嫩梢停止生长，果实停止发育，造成果实减产。排泄蜜露诱发煤污病，污染环境。

3) 发生规律

华北地区1年发生10余代，以卵在芽腋、干皮缝隙、疤痕等处越冬。花芽开放时越冬卵开始孵化，4月下旬至5月下旬危害最为严重。6月上旬有翅蚜迁移到禾本科杂草，或芦苇夏寄主植物上大量繁殖危害，9月有翅蚜又迁回继续危害，11月性蚜产卵，以卵越冬。

4) 综合防治

（1）发芽前，喷洒5波美度石硫合剂，消灭越冬卵。

（2）谢花后，交替喷洒10%吡虫啉可湿性粉剂2000倍液，或3%啶虫脒乳油1500倍液，或1.2%烟参碱乳油1000倍液，或50%灭蚜松可湿性粉剂1000倍液防治，7天喷洒1次。药液中加入0.2%洗衣粉，可提高防治效果。

1 成、若蚜

2 嫩梢危害状

3 叶背危害状

4 桃叶被害状

5 若蚜群体迁移危害

192 小绿叶蝉

小绿叶蝉又叫一点叶蝉、桃小叶蝉，主要危害桃树、碧桃、杏树、李树、苹果树、沙果、海棠果、山楂树、樱花、樱桃树、榆叶梅、葡萄、桑树等。

1）生活习性

成、若虫喜白天活动，吸食花、嫩梢和叶片汁液。若虫孵化后，常群集叶背危害。成虫善跳跃，受惊扰后迅速逃离，有一定迁飞能力，对黄色及性诱剂有一定趋向性，将卵产于嫩梢先端或叶背主脉内。

2）危害状

被害叶面初为黄白色针芒状小点，随着斑点密度不断增加扩大成片。严重时整个叶面呈苍白色，叶片枯萎，提前脱落。

3）发生规律

华北地区1年发生多代，以成虫在杂草、枯枝落叶、树皮缝隙等处越冬。3月上中旬杂草返青时，越冬成虫开始活动，桃树展叶时上树危害，5月中下旬1代若虫开始孵化，7月下旬至8月上旬为2代幼虫孵化盛期。自2代开始世代重叠。8～9月是全年危害最严重时期，10月末代成虫开始越冬。高温多雨，持续阴雨天气，不利于该虫发生，虫口密度将有所下降。

4）综合防治

（1）落叶后，彻底清除枯枝落叶、杂草，集中销毁，减少越冬虫源。

（2）成虫羽化盛期，悬挂黄色粘虫板，诱杀成虫。

（3）发生严重时，交替喷洒3％啶虫脒乳油2000倍液，或10％吡虫啉可湿性粉剂2000倍液，或20％叶蝉散乳油800倍液，或0.5％苦参碱水剂500倍液防治，重点喷洒叶背。

1 成虫及末龄若虫蜕皮

2 雌雄成虫及叶面危害状

3 若虫及蜕皮

193   大青叶蝉

大青叶蝉又叫大绿叶蝉，主要危害桃树、碧桃、山桃、樱花、樱桃树、苹果树、沙果、海棠果、梨树、李树、杏树、枣树、柿树、核桃树、桑树、梧桐、鹅掌楸、杨树、柳树及芦苇等禾本科植物。

1）生活习性

成、若虫善跳跃，中午活跃，吸食嫩梢和叶片汁液。初孵若虫群集嫩梢和叶片危害，2 ~ 3龄后分散活动。成虫喜潮湿背风环境。有趋光性，有近距离迁飞能力，受惊扰后迅速飞离，非越冬代成虫多将卵产于叶柄、叶背主脉及禾本科植物的叶鞘或茎秆上，末代成虫将卵产于1年生小枝皮层内。

2）危害状

被害叶面出现褪绿斑点，虫口密度大时，叶片失绿，逐渐干枯。产卵小枝皮层翘起，失水萎蔫干枯，对幼树及幼苗危害最大。成、若虫是丛枝病、花叶病等多种病毒病重要的传播媒介。

3）发生规律

河北、山东地区1年发生3代，以卵在枝干皮层内越冬。4月中旬越冬卵开始孵化，若虫共5龄。5月中下旬出现1代成虫，该虫发生不整齐，世代重叠，4 ~ 9月为成、若虫危害期。1 ~ 2代主要危害蔬菜、禾草及杂草，3代以后主要危害木本植物。10月中下旬末代成虫产卵，以卵越冬。

4）综合防治

（1）结合冬季修剪，剪去枯枝、产卵枝，集中销毁，减少越冬虫源。

（2）成虫羽化期，及时清除周边及果园内杂草，避免提供适宜的繁殖场所。设置黑光灯、频振式杀虫灯，诱杀成虫。

（3）药物防治参照小绿叶蝉。

| 1 成虫 | 2 成虫在芦苇上取食状 |

194 朝鲜球坚蚧

朝鲜球坚蚧又叫桃球坚蚧、杏球坚蚧。主要危害桃树、碧桃、山桃、杏树、山杏、梨树、苹果树、沙果、海棠果、贴梗海棠、李树、紫叶李、太阳李、紫叶矮樱、樱花、樱桃树、梅树等。

1）生活习性

成、若虫群集固着枝条、叶背刺吸汁液。若虫孵化后爬行移动，固定后分泌白色丝状蜡质物，逐渐形成蚧壳，并排泄蜜露。雌虫交配后，介壳逐渐膨大增厚成球形。

2）危害状

小枝、叶背可见虫体介壳或若虫，受害叶片提前脱落，枝条枯萎。排泄蜜露诱发煤污病，造成树势衰弱，果树减产。

3）发生规律

华北和西北地区1年发生1代，以2龄若虫在2年生枝基部越冬。3月下旬越冬若虫从越冬处爬出固着危害，4月中下旬雌雄虫分化，5月上中旬雌成虫产卵。5月中旬若虫孵化，以4～6月危害严重，10月中旬若虫转移到枝上越冬。

4）综合防治

（1）刮除枝干上的虫体，将刮下的碎屑集中销毁。喷洒5波美度石硫合剂。

（2）若虫尚未形成蚧壳前，及时喷洒40%速扑杀乳油1000倍液，或25%扑虱灵可湿性粉剂1000倍液，或48%乐斯本乳油1500倍+助杀1000倍液防治。

1 雌成虫

2 雌成虫及初孵若虫

3 若虫分泌蜡质物

4 排泄蜜露

195　沙里院褐球蚧

　　沙里院褐球蚧又叫沙里院球蚧、苹果球蚧，危害苹果树、沙果、海棠果、梨树、杜梨、山楂树、李树、紫叶李、樱花、樱桃树、桃树等。

1）生活习性

　　成、若虫吸食枝干、叶片汁液。若虫孵化后移动到嫩枝、叶背，分散固着取食，分泌湿蜡形成薄蜡层，并逐渐增厚成介壳。介壳随着虫体膨大，开始排泄油状蜜露。受精雌成虫介壳逐渐膨大，硬化成球形，将卵产于介壳下。

2）危害状

　　枝条上可见突起的介壳球体，排泄蜜露易诱发煤污病。虫口密度大时，常导致树势衰弱，枝条干枯，甚至幼树死亡。

3）发生规律

　　京、津及河北地区1年发生1代，以2龄若虫固着在1～2年生枝及芽腋处越冬。3月下旬越冬若虫开始活动危害，4月下旬发育为成虫，5月上中旬产卵。5月下旬若虫开始孵化，10月下旬2龄若虫开始向枝条上转移，固着越冬。

4）综合防治

　　（1）发芽前，刮去枝条上越冬虫体，喷洒5波美度石硫合剂，或45%晶体石硫合剂20倍液防治。

　　（2）若虫未结蜡前，喷洒1.2%烟参碱乳油1000倍液，或20%杀灭菊酯乳油2000倍液，或48%乐斯本乳油1500倍液防治，7天喷1次，连续2～3次。

　　（3）结蜡初期，喷洒3%高渗苯氧威乳油2000倍液，或20%速蚧克乳油2000倍液，或20%融杀蚧螨粉剂100～150倍液防治。

1 雌成虫

2 初孵若虫

3 若虫分泌湿蜡形成薄蜡层

4 天敌瓢虫捕食状

196 山楂叶螨

山楂叶螨又叫山楂红蜘蛛，俗称火龙，危害山楂树、苹果树、梨树、桃树、碧桃、山桃、杏树、李树、紫叶李、太阳李、樱桃树、樱花、石榴树、核桃树、木瓜、杨树、柳树、槐树、悬铃木、泡桐、榆叶梅、海棠果、贴梗海棠等。

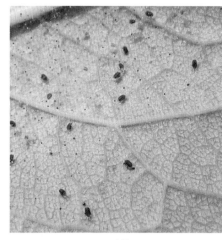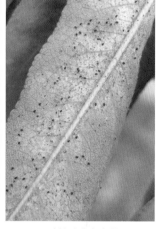

1 叶螨　　　　　　　　　　2 碧桃叶背危害状

1）生活习性

成、幼螨喜群集幼芽、花蕾、嫩叶叶背刺吸汁液，成螨有吐丝拉网习性，可随风飘移，扩散繁殖危害。成螨不善活动，多将卵产于叶背主脉两侧或丝网上。

2）危害状

受害叶面初为零星苍白色芒点，抖动枝叶，其下白色纸片上可见红色活体爬行。虫口密度大时，花蕾萎蔫，花朵早落不能结实。叶片黄枯，提前大量脱落，造成生长势衰弱，果实减产，常出现二次开花现象。

3）发生规律

华北地区1年发生10代左右，以受精雌成螨在树皮缝隙、疤痕处、杂草中、枯枝落叶下、树基土壤缝隙中越冬。4月山楂显蕾时，越冬螨开始活动，4月下旬、5月中旬，1、2代幼螨开始孵化，以后世代重叠。高温干旱天气有利于该虫繁殖，以麦收期危害最为严重。

4）综合防治

（1）落叶后，彻底清除枯枝落叶、杂草等，集中销毁。

（2）发芽前，刮除粗皮、翘皮。喷洒3～5波美度石硫合剂，消灭越冬螨。

（3）花前和落花后10～15天，交替喷洒73%克螨特乳油2000～3000倍液，或1.8%齐螨素乳油6000～8000倍液，或15%哒螨灵乳油2000倍液防治，重点喷洒叶背。麦收前后是全年防治重点时期。

3 樱桃叶面危害状　　　　　　　　　　4 吐丝结网状

197　褐软蚧

褐软蚧主要危害山楂树、苹果树、梨树、杏树、枣树、樱桃、无花果、葡萄等多种果树，及玉兰、广玉兰、樱花、桂花、夹竹桃等观赏植物。

1）生活习性

雌成虫、若虫群集在嫩梢、幼叶、果实，及果梗、叶柄上刺吸汁液，并排泄蜜露。若虫孵化后在叶和小枝上取食、坐果后上果危害，雌成虫固着后不再转移。

2）危害状

多发生在个别枝条上。虫口密度大时，幼嫩组织上爬满虫体。叶片枯黄，大量提前脱落，仅剩果实，严重影响果实发育。小枝萎蔫枯死，排泄物诱发煤污病，造成生长势衰弱，果实减产。

1 成、若虫

3）发生规律

北方地区1年发生2代，以雌成虫、2龄若虫在枝条上、枯枝落叶下越冬。4月越冬雌成虫、若虫开始活动，5月下旬1代若虫孵化危害，该虫世代重叠严重，7～9月同时可见各种虫态。

4）综合防治

（1）冬季刮掉枝条上虫体，将碎屑集中深埋。喷洒5波美度石硫合剂。

（2）连同叶柄摘除虫叶，摘除虫果，剪去虫体密集虫枝，集中灭杀。

（3）若虫孵化期，交替喷洒50%杀螟松乳油1000倍液，或50%马拉硫磷乳油1000倍液，或20%杀灭菊酯乳油2500倍液防治，7～10天喷洒1次。

（4）果园适时释放红点唇瓢虫、软蚧扁角跳小蜂等进行防治。

2 危害果实

3 在小枝、果梗上的危害状

198　棉蚜

棉蚜也俗称腻虫，主要危害石榴树、梨树、李树、紫叶李、枇杷、梅树、无花果、花椒、木槿、大花秋葵、大叶黄杨、胶东卫矛、夹竹桃、蜀葵、菊花等。

1）生活习性

成、若蚜群集嫩梢、花蕾、花冠、叶背及果实上吸取汁液，排泄蜜露。有翅蚜对黄色有较强的趋性，常迁飞繁殖，扩散危害。

2）危害状

虫口密度大时，幼嫩组织上爬满虫体。花蕾不能开放，被害叶片卷曲皱缩，枯萎早落。嫩梢停止发育，萎蔫枯死。排泄蜜露诱发煤污病，导致生长势衰弱。

3）发生规律

华北地区1年发生20余代，以卵在枝干缝隙、芽鳞等处越冬。3月中下旬梨芽开放时，越冬卵开始孵化，4月中旬上芽危害。该蚜世代重叠，5月为危害高峰期，6月有翅蚜迁飞到菊花、杂草等夏寄主植物上繁殖危害。10月迁回越冬寄主植物上产生性蚜，交配产卵，以卵越冬。多雨年份、多雨季节，不利于该虫发生。

4）综合防治

（1）发芽前，枝干喷洒45％晶体石硫合剂100倍液，消灭越冬卵。

（2）有翅蚜迁飞至夏寄主植物前，彻底清除周边杂草，集中销毁，防止繁殖产卵。

（3）悬挂黄色粘虫板，诱杀有翅蚜。

（4）剪去虫体集中的嫩梢，交替喷洒50％灭蚜松乳油1000倍液，或10％吡虫啉可湿性粉剂2000倍液，或0.3％苦参碱水剂400倍液防治。

1 各种虫态蚜虫

2 危害花萼和花瓣

3 危害果实

4 花椒茎、叶被害状

199 紫薇绒蚧

紫薇绒蚧又叫石榴绒蚧、石榴囊毡蚧，主要危害紫薇、银薇、翠薇、美国红叶紫薇、美国红花紫薇、果石榴、花石榴、女贞、木瓜等。

1）生活习性

雌成虫及若虫群集嫩芽、嫩梢、幼叶和枝干上刺吸汁液，并排泄蜜露。初孵若虫在嫩芽和幼叶上取食，后转移到枝条上固着危害。2龄开始分泌白色蜡粉和蜡丝，逐渐形成蜡壳。雌成虫分泌蜡丝形成蜡囊，将卵产于体下。

2）危害状

发生严重时，枝条上布满白色蜡囊，叶片早落，枝条干枯。排泄物诱发煤污病，枝叶及果面布满黑色霉层，影响果实品质，导致树势衰弱，甚至整株枯亡。

3）发生规律

京、津及以北地区1年发生2代，以2龄若虫在枝干翘皮下、芽鳞等处，及空蜡囊内越冬。4月初越冬若虫活动危害，5月下旬成虫开始产卵，6月上旬至7月中旬、8月上旬至9月，分别为各代若虫危害期。

1 雌虫蜡囊及卵粒

4）综合防治

（1）加强苗木检疫，不采购有虫苗木。

（2）萌芽前，剪去虫体密集虫枝，刮去枝干上虫体，将残枝和刮下的虫体碎屑集中销毁。喷洒3～5波美度石硫合剂，消灭越冬若虫。

（3）若虫孵化盛期，喷洒40%速扑杀乳油1500倍液，或50%杀螟松乳油800倍液，或48%乐斯本乳油1500倍液，或30%蜡蚧灵乳剂800倍液防治。

2 紫薇枝条被害状

3 诱发煤污病

200　紫薇长斑蚜

紫薇长斑蚜又叫紫薇棘尾蚜，危害紫薇、银薇、翠薇、美国红花紫薇等。

1）生活习性

成、若蚜群集嫩梢、叶背、花序、花蕾上刺吸汁液，并排泄蜜露。有翅蚜迁飞扩散繁殖危害，对黄色有趋向性。多将卵产于新梢芽腋处。

2）危害状

虫口密度大时，幼嫩组织上布满虫体。嫩梢扭曲，叶片皱缩，叶面失绿。排泄蜜露诱发煤污病，树冠上布满黑色霉层，叶片黄化早落，花序短，花蕾稀疏，不能正常开放，失去观赏性。该蚜是花叶病毒的重要传播媒介。

3）发生规律

京、津及河北地区 1 年发生 10 余代，以卵在当年生小枝的芽腋，或翘皮缝隙处越冬。4 月中下旬芽开放时，越冬卵开始孵化危害，全年以 6 ~ 8 月危害严重，10 月下旬产生性蚜，产卵后以卵越冬。干旱天气，有利于该蚜繁殖。

4）综合防治

（1）芽膨大期，除去老树翘皮，喷洒 5 波美度石硫合剂，消灭越冬卵。

（2）利用黄色粘虫板，诱杀有翅蚜。

（3）少量发生时，用清水冲刷树冠。虫口密度大时，交替喷洒 10％吡虫啉可湿性粉剂 2000 倍液，或 50％灭蚜松乳油 1500 倍液，或 50％杀螟松乳油 1000 倍液防治。药液中加入 70％甲基托布津可湿性粉剂 800 倍液，兼治煤污病。

1 成蚜和若蚜

2 被害叶面失绿

3 诱发煤污病

4 传播花叶病毒病

5 瓢虫捕食蚜虫

201 女贞饰棍蓟马

女贞饰棍蓟马又叫丁香蓟马，主要危害小叶女贞、金叶女贞、丁香、核桃树、核桃楸、山核桃等。

1）生活习性

成、若虫吸食幼芽、花蕾、花瓣、花蕊、幼叶汁液，有迁移危害习性。若虫群集在叶背活动，成虫在叶片两面取食危害，行动敏捷，受惊扰时即迅速跳跃逃离，对蓝色有一定趋性。雌成虫将卵产入叶肉组织内，每处1粒。

2）危害状

被害叶片皱缩，叶面出现灰白色小点。虫口密度大时，花蕾萎蔫，不能开放。叶面成灰白色，叶片质地变脆、枯焦，排泄物污染叶片，失去观赏价值。

3）发生规律

京、津，河北及山东地区1年发生6～7代，以雌成虫在树皮缝隙、杂草中、枯枝落叶下或表土中越冬。3月下旬丁香芽膨大时，越冬雌成虫开始上芽危害。5月中旬开始产卵，5月下旬若虫陆续孵化。若虫共4龄，自3代开始世代重叠，4龄期若虫危害严重。9月温湿度适宜时，虫口密度又有所增加，10月雌成虫陆续越冬。干旱天气有利于该虫繁殖，虫害发生严重。

4）综合防治

（1）落叶后，彻底清除枯枝落叶、周边杂草，集中销毁，减少越冬虫源。

（2）1代若虫孵化期，是全年防治关键时期，交替喷洒10%吡虫啉可湿性粉剂1500倍液，或1.2%烟参碱乳油800倍液，或1.8%阿维菌素乳油2000～3000倍液，或50%马拉硫磷乳油1000倍液，或80%烯啶吡蚜铜水分散粒剂4000倍液防治。10天喷洒1次，重点喷洒叶背。

（3）利用蓝色粘虫板，诱杀成虫，降低虫口基数。

1 成虫

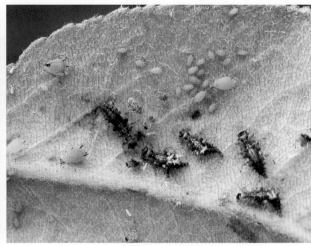

2 成、若虫，蚜虫群集危害状

202　扶桑绵粉蚧

危害木槿、大花秋葵、扶桑、向日葵、观赏蓖麻、酸浆、曼陀罗等。

1）生活习性

雌成虫、若虫多群集嫩梢、短枝、花蕾、幼叶叶柄、叶背刺吸危害。初孵若虫分泌白色绵状物覆盖体背，2龄后固着危害，成虫体被覆盖白色蜡状分泌物。

2）危害状

虫口密度大时，幼嫩组织上挤满了虫体。花蕾停止发育，枯萎不能开放。小枝萎蔫，叶片枯黄，大量脱落，仅剩光腿枝。排泄蜜露诱发煤污病，造成生长缓慢，嫩梢干枯，甚至整株死亡。以木槿花篱受害最为严重。

3）发生规律

北方地区1年发生10多代，以低龄若虫或卵在枝条、杂草、土石缝隙中越冬。若虫共3龄，世代重叠，各种虫态并存，5月、8～10月为危害高峰期。环境郁闭，栽植过密，通透性差，该虫危害严重。

4）综合防治

（1）加强苗木检疫，严禁调运有虫苗木，防止远距离扩散。

（2）落叶后，彻底清除枯枝落叶和周边杂草，集中销毁，减少越冬虫源。

（3）若虫孵化期，喷淋式喷洒48%乐斯本乳油1000倍液，或2.5%高效氯氰菊酯乳油1500倍液，或20%啶虫脒乳油1500倍液防治，连续3～4次。

（4）危害严重时，剪去虫枝，用25%噻虫嗪水分散粒剂2000倍液灌根。

1 成虫

2 若虫及叶背被害状

3 花梗、花蕾被害状

4 小枝被害状

5 排泄蜜露诱发煤污病

203 金银木蚜

金银木蚜又叫菜缢管蚜、胡萝卜微管蚜，主要危害金银木、金银花，及园区内种植的白菜、萝卜、芹菜等蔬菜。

1）生活习性

成、若蚜群集小枝、嫩梢、叶片、花蕾吸食汁液危害，分泌灰白色稀薄蜡粉，覆盖体上，排泄蜜露。有翅蚜对黄色有一定趋性，迁飞转主扩散繁殖危害。

2）危害状

嫩枝上可见虫体。虫口密度大时，枝干、叶背布满虫体和灰白色蜡粉，嫩梢萎蔫、干枯。幼叶卷曲、枯黄，花蕾不能开放。排泄蜜露诱发煤污病，造成树势衰弱。该蚜还是多种病毒的主要传播媒介。

3）发生规律

京、津及河北地区1年发生10多代，以卵在枝条上越冬。3月中下旬越冬卵开始孵化，该蚜世代重叠严重。5～7月有翅蚜迁飞至其他寄主植物上繁殖危害，10月有翅性蚜又迁回木本植物，在枝条上产卵越冬，全年以秋季危害严重。

4）综合防治

（1）落叶后，被害株喷洒3～5波美度石硫合剂，消灭越冬卵。

（2）成、若蚜危害时，交替喷洒10％吡虫啉可湿性粉剂1500倍液，或50％抗蚜威可湿性粉剂2000倍液，或10％氯氰菊酯乳油2500倍液，或1.2％苦烟乳油1000倍液防治，同时喷洒周边杂草、蔬菜，防止扩散危害。

（3）危害集中区域，悬挂黄色粘虫板，诱杀有翅蚜。

| 1 若蚜及群集危害状 | 2 在金银木上的危害状 |

204 卫矛矢尖盾蚧

危害大叶黄杨、胶东卫矛、金边黄杨、银边黄杨、瓜子黄杨、雀舌黄杨、红叶石楠、桂花、丁香、木槿、紫薇等。

1）生活习性

雌成虫、若虫群集嫩枝和叶片固着刺吸危害，雄成虫主要危害叶片。初孵若虫爬行缓慢，分泌蜡质物形成介壳。雌成虫将卵产于介壳下，多达近百粒。

2）危害状

虫口密度大时，枝、叶上布满虫体，叶片萎黄、早落。严重时枝条枯死，甚至整株死亡。尤以绿篱受害严重，排泄物诱发煤污病，失去观赏性。

3）发生规律

京、津及华北地区1年发生2～3代，以受精雌成虫在枝条或叶片上越冬。3月中旬越冬雌成虫活动危害，4月中旬陆续产卵，4月下旬1代若虫开始孵化。该虫世代重叠严重，7月上旬2代幼虫开始孵化危害，10月上旬受精雌虫在寄主上越冬。全年以7～8月危害严重。

4）综合防治

（1）加强苗木检疫，不采购、不栽植有虫苗木。

（2）发芽前，全株喷洒45％晶体石硫合剂50倍液，消灭越冬雌成虫。

（3）零星发生时，及时剪去虫体密集的虫枝，摘去虫叶，集中销毁。

（4）若虫孵化期，交替喷洒40％速扑杀乳油1200倍液，或1.2％烟参碱乳油1000倍液，或95％蚧螨灵乳剂100倍液，或10％吡虫啉可湿性粉剂2000倍液防治。

1 雌成虫和若虫

2 雌成虫叶面危害状

4 被害枝干枯死

3 绿篱被害状

205 月季长管蚜

危害各种月季、野蔷薇、木香、玫瑰等。

1）生活习性

成、若蚜群集嫩梢、幼叶、花梗、花蕾、花瓣等幼嫩组织上刺吸汁液，繁殖危害，并排泄油状蜜露。有翅蚜常迁飞扩散危害，对黄色有较强趋性。

2）危害状

幼嫩组织上可见群集虫体，虫口密度大时，被害嫩梢生长缓慢，叶片不能正常伸展，花朵变小或花蕾不能正常开放，严重影响鲜切花品质和产量。排泄蜜露诱发煤污病，小枝及叶面布满黑色霉层，叶片大量脱落，造成生长势衰弱。该蚜是花叶病毒的重要传播媒介。

1 成、若蚜

3）发生规律

北方地区 1 年发生 10 代左右，以成蚜在芽鳞、落叶及杂草中越冬。月季叶芽开放时，越冬成蚜开始上芽危害，5 ~ 6 月、9 ~ 10 月为全年危害高峰期。干旱少雨天气，有利于该蚜繁殖。

4）综合防治

（1）冬季彻底清除园内杂草和落叶，集中销毁。

（2）发芽前，喷洒 3 ~ 5 波美度石硫合剂，消灭越冬蚜。

（3）悬挂黄色粘虫板，诱杀有翅蚜。

（4）虫量不多时，用清水反复冲刷虫体。普遍发生时，交替喷洒 10％吡虫啉可湿性粉剂 2000 倍液，或 48％乐斯本乳油 1500 倍液，或 1.2％烟参碱乳油 2000 倍液，或 50％马拉硫磷乳油 1500 倍液防治，7 天喷洒 1 次，连续 2 ~ 3 次。

2 危害嫩茎和花蕾

3 刺吸花瓣汁液

206 紫藤蚜虫

该蚜是紫藤、白花紫藤、多花紫藤的主要害虫。

1）生活习性

成、若蚜有趋嫩性，喜群集在嫩梢、花序、幼叶叶背、叶柄等处刺吸汁液，并排泄蜜露。有群体爬行迁移危害习性，枝蔓稍有触动即可落地，迅速爬行逃离。有翅蚜有一定的迁飞能力，有较强趋光性，对糖醋液和黄色有较强趋性。

2）危害状

虫口密度大时，幼嫩组织上爬满虫体，枝蔓、嫩梢萎缩扭曲，停滞生长，逐渐枯死。复叶叶柄卷曲，小叶向叶背卷缩，不能开展。花蕾枯萎，花提前脱落。

3）发生规律

西北地区1年发生7～8代，以卵在芽鳞间、枝蔓缠绕的缝隙间越冬。紫藤花芽萌动时，若蚜开始孵化，5月中旬至6月中旬为危害高峰期。7月虫口密度有所下降，秋季又开始逐渐增多。干旱天气，有利该蚜繁殖。栽植环境郁闭，枝条密集，通透性差的环境条件下，该蚜发生严重。

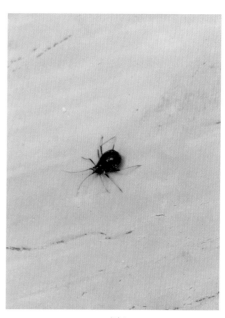

1 成蚜

4）综合防治

（1）冬季和花后，适时进行修剪，保持株丛良好的通透性。

（2）剪去虫体密集的嫩梢、虫叶，集中灭杀。交替喷洒10%吡虫啉可湿性粉剂2000倍液，或1.2%烟参碱乳油1000倍液，或70%灭蚜松可湿性粉剂1000～1500倍液防治，7天喷洒1次，连续2～3次。同时喷洒地面，消灭落地成、若蚜。

（3）利用黑光灯、糖醋液、黄色粘胶板等，诱杀有翅蚜，降低虫口基数。

2 若蚜

3 嫩茎、幼叶被害状

4 幼叶、叶柄卷缩

207　紫藤灰粉蚧

　　紫藤灰粉蚧又叫紫藤粉蚧，主要危害紫藤、白花紫藤、多花紫藤、山里红、苹果树、梨树、樱花、樱桃树、金叶女贞、小叶女贞、水蜡、大叶黄杨、紫杉、矮紫杉、元宝枫、五角枫等。

1）生活习性

　　成、若虫喜荫蔽环境，多群集嫩芽、小枝、叶背、花蕾及果实刺吸汁液，迁移危害。分泌白色絮状蜡丝覆盖虫体，排泄蜜露。受精后雌成虫不再爬行转移，开始固着产卵。

2）危害状

　　小枝及叶背可见虫体，被害叶片变黄，逐渐枯萎。危害严重时，叶片大量脱落，小枝枯死，甚至整株枯亡。排泄蜜露诱发煤污病，尤以灌丛和绿篱受害严重。

3）发生规律

　　京、津及以北地区1年发生1代，以2龄若虫群集在树干缝隙、枝蔓间、疤痕处、断枝茬口、落叶下越冬。3月上旬越冬若虫开始上树危害，若虫共3龄，4月中下旬3龄若虫发育成成虫。5月上中旬至6月中旬为成虫产卵期，5中旬若虫陆续孵化，7月中下旬2龄若虫转移至树干缝隙、枝蔓间等处开始越夏。9月中旬2龄若虫爬回嫩枝上继续危害，10月下旬向下转移寻找越冬场所，陆续开始越冬。

4）综合防治

　　（1）及时摘除带卵叶片，剪去虫体密集小枝，集中灭杀。

　　（2）若虫孵化期至2龄期，交替喷洒3％高渗苯氧威乳油3000倍液，或40％速扑杀乳油1500倍液，或20％速蚧克乳油1000倍液，或48％乐斯本乳油2000倍液防治。

1龄若虫

2龄若虫

3若虫分泌白色蜡质絮状物

4枝干被害状

5诱发煤污病

208　葡萄斑叶蝉

葡萄斑叶蝉又叫葡萄小叶蝉、葡萄二星叶蝉，主要危害各种葡萄、草莓、苹果树、梨树、桃树、山里红、樱桃树、猕猴桃等。

1）生活习性

成、若虫喜荫蔽环境，群集于叶背刺吸汁液危害，多从下部叶片向上部扩展蔓延。成虫在叶背交尾、活动危害，对黄色有较强趋性。行动敏捷，受惊时即迅速蹦离、飞走，常转株危害。将卵散产于叶背主脉表皮下。

2）危害状

叶面刺吸之处呈现失绿白色细点，叶背可见成、若虫。被害严重时，叶面斑点密集，呈现一片苍白，叶片提前枯萎，早落。

3）发生规律

河北、山西及以北地区 1 年发生 2～3 代，以成虫在杂草、枯枝落叶下或老皮翘缝中越冬。4 月下旬越冬成虫开始产卵，5 月中旬至 6 月上旬、7 月上旬至 8 月上旬、8 月下旬至 9 月中旬，分别为 3 代区各代若虫盛发期，9 月下旬成虫陆续下树越冬。干旱年份，夏季酷热天气，有利于该虫繁殖。

4）综合防治

（1）落叶后或葡萄下架时，彻底清除园内残枝、落叶，集中销毁。

（2）悬挂黄色粘虫板，诱杀成虫。

（3）普遍发生时，交替喷洒 10％ 吡虫啉可湿性粉剂 2000 倍液，或 20％ 叶蝉散乳油 800～1000 倍液，或 3％ 啶虫脒乳油 1500 倍液防治，重点喷洒叶背。

1 成虫

2 若虫

3 葡萄叶片被害状

209 烟蓟马

烟蓟马又叫葡萄蓟马、棉蓟马、葱蓟马，主要危害葡萄树、苹果树、李树、石榴树、紫薇、芍药、大花秋葵、景天、向日葵、大丽花、菊花、草莓等。

1）生活习性

成、若虫畏光，有趋嫩性，迁移危害习性，刺吸顶芽、心叶、嫩茎、幼叶、花蕾和幼果汁液。成虫能飞，善跳跃，白天多在卷叶内、叶背等处静伏，对蓝色光有较强趋性，将卵散产于嫩茎、叶柄、叶背主脉表皮下。

2）危害状

被害幼叶沿叶缘向叶面纵卷，边缘肿胀，叶肉组织增厚、变脆，易破裂。已展开叶面布满灰白色细小斑点，常导致嫩茎萎蔫，叶片提前脱落。

被害花蕾枯萎、脱落，果面出现锈色粗糙斑块，严重时果皮开裂。该虫还是多种花卉花叶病、葡萄扇叶病等病毒的重要传播媒介。

3）发生规律

京、津及以北地区1年发生3～4代，多以成虫在枯枝落叶下、杂草中或土石缝间越冬。3月下旬越冬成虫开始活动，若虫共4龄，7～8月可见各种虫态，10月成虫陆续寻找越冬场所越冬。温暖干旱天气，有利于该虫繁殖。

4）综合防治

（1）落叶后彻底清除杂草、枯枝落叶，集中销毁，消灭越冬虫源。

（2）及时摘除虫叶，杀死成、若虫。

（3）普遍发生时，清晨或傍晚，交替喷洒10%吡虫啉可湿性粉剂2000倍液，或50%马拉硫磷乳油800倍液，或10%氯氰菊酯乳油3000倍液防治，7～10天喷洒1次，连续2～3次。

（4）危害严重的果园，果实适时套袋。

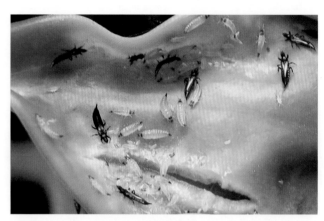

1 成虫和若虫

2 若虫及叶片被害状

3 葡萄果实被害处产生的愈伤组织

210　金银花蚜虫

危害金银花、四季金银花、红色金银花、金花三号、大毛花、金红久忍冬等。

1）生活习性

成、若蚜群集嫩茎、幼叶、花蕾刺吸汁液，并排泄蜜露。成蚜对黄色有较强趋性，有翅蚜迁飞扩散，转株繁殖危害。

2）危害状

幼嫩组织上密布虫体，被害叶片向叶背卷曲皱缩，萎黄早落。嫩茎萎缩不能正常伸展，花蕾停止发育。虫口密度大时，受害嫩茎萎蔫枯死，花蕾及花枯萎，甚至造成绝收。排泄蜜露诱发煤污病，造成生长势衰弱。

3）发生规律

该蚜繁殖快，发生代数多，世代重叠严重，以卵在枝蔓翘皮缝隙中越冬。京、津及河北地区，金银花初展叶时若蚜上树危害，5月至6月上旬为成、若蚜危害高峰期。干旱少雨有利于该蚜繁殖，虫量迅速增大。大雨后，虫口数量明显减少。

4）综合防治

（1）发芽前，修剪枯死枝、过密枝，保持良好的通透性。全株喷洒0.2波美度石硫合剂。

（2）萌芽前、清明、谷雨、立夏，各喷1次0.2波美度石硫合剂。

（3）虫口密度大时，剪去虫体密集的嫩茎，喷淋式交替喷洒10%吡虫啉可湿性粉剂2000倍液，或20%啶虫脒可湿性粉剂3000倍液，或50%抗蚜威可湿性粉剂2000倍液，7天喷洒1次。花蕾采摘前10～15天停止喷药，采摘期可用1kg酒精加入100kg清水喷洒防治。

（4）花蕾生产基地及苗木繁育基地悬挂黄色粘虫板，诱杀有翅蚜。

1 若蚜

2 成、若蚜及花蕾被害状

3 花、叶被害状

211 赤条蝽

危害白三叶、紫花苜蓿、防风、柴胡、黄菠萝和园区内种植的白菜、萝卜等十字花科及伞形花科蔬菜。

1）生活习性

成、若虫刺吸幼叶、花蕾汁液。若虫孵化后群集危害，2龄分散取食。成虫不善飞翔，多爬行迁移，白天取食、交尾，将卵产于花梗或幼果背阴面，卵柱形，初为乳白色，后变浅黄褐色，多排列呈整齐的块状，其上覆盖白色绒毛。

2）危害状

被食花部出现褐色斑点、斑块，或枯萎。虫口密度大时，严重影响果实发育和种子成熟度。

3）发生规律

1年发生1代，以成虫在枯枝落叶下、杂草中或砖石缝间越冬。4月中旬越冬成虫开始活动危害，5月上旬成虫陆续产卵，产卵期持续至7月中下旬。5月中旬若虫开始孵化，若虫共5龄，7月上旬若虫陆续羽化为成虫，6～7月同时可见成、若虫两种虫态。成虫危害至10月中旬，开始寻找适宜场所陆续越冬。

4）综合防治

（1）冬季彻底清除周边杂草，枯枝落叶，蔬菜残茎、残叶，集中销毁。

（2）人工捕杀成、若虫。

（3）普遍发生时，交替喷洒10%吡虫啉可湿性粉剂1500倍液，或20%杀灭菊酯乳油2500倍液，或2.5%溴氰菊酯乳油2000倍液，或50%杀螟松乳油1000倍液防治，7～10天喷洒1次，连续2～3次。

1 成虫

2 成虫交尾状

212 菊小长管蚜

菊小长管蚜又叫菊姬长管蚜，危害菊花、早小菊、夏菊、波斯菊、天人菊、翠菊、万寿菊、银叶菊、野菊、艾草、白术等多种菊科植物。

1）生活习性

成、若蚜群集新芽、嫩茎、幼叶及叶柄、花梗、花蕾和花瓣等幼嫩组织上刺吸危害，并排泄蜜露。有翅蚜可随风飘散，扩展危害，对黄色有较强趋性。

2）危害状

幼嫩组织上可见密集虫体，叶片卷曲、皱缩，枯黄早落。嫩茎、花梗生长缓慢。危害严重时，影响花蕾发育和开放，花头变小，花梗细短，大大降低鲜切花品质和产量。排泄蜜露诱发煤污病，该蚜还是花叶病毒的重要传播媒介。

3）发生规律

北方地区1年发生10多代，以雌蚜在根际枯枝落叶下、留种株的芽及叶腋处越冬。菊花发芽时开始活动危害，4～5月、9～10月为危害高峰期，秋季对花梗、花蕾和花瓣危害最为严重，11月雌蚜陆续越冬。夏季多雨，虫口密度明显下降。

4）综合防治

（1）悬挂黄色粘虫板，诱杀有翅蚜。

（2）虫量不多时，用清水喷淋式反复冲刷虫体密集处。

（3）普遍发生时，交替喷洒50%抗蚜威可湿性粉剂1500倍液，或10%吡虫啉可湿性粉剂2000倍液，或1.2%烟参碱乳油1000倍液，或50%灭蚜松乳油1000～1500倍液防治。

1 无翅孤雌蚜

2 在嫩茎和叶背危害状

3 危害花梗

213 牛蒡长管蚜

牛蒡长管蚜又叫红花指管蚜，是牛蒡、红花、白术、大蓟、菊花等菊科植物的常见害虫。

1）生活习性

成、若蚜群集嫩茎、心叶、幼叶叶背、花序轴、花蕾和幼果上刺吸危害，并排泄蜜露。爬行速度快，常群体迁移扩展危害。

2）危害状

幼嫩组织上可见群集虫体，被害处失绿，出现黄褐色斑点。虫口密度大时，全株爬满虫体，造成植物生长缓慢，分枝量少，茎短、叶小。花蕾数量减少，花不能正常开放。果实发育受阻，直接影响果实品质和产量。

3）发生规律

京、津及以北地区每年发生10代以上，以卵在菊科植物茎基、周边杂草、十字花科蔬菜残体中越冬。牛蒡2～3叶期可见有翅蚜，5～6月为危害高峰期。部分有翅蚜迁移到其他寄主植物上繁殖危害，8月下旬有翅蚜又陆续迁回栽培植物上，产生性蚜交配产卵，以卵越冬。尤以显蕾至花期受害严重，多雨年份、多雨季节，该蚜数量明显减少。栽植过密、通风不良，有利于该蚜发生。

4）综合防治

（1）控制合理栽植密度，保持良好通透性。温室或大棚注意适当通风。

（2）露地栽植时，及时清除周边杂草，特别是大蓟、苍术等寄主植物，集中销毁，降低虫口基数。

（3）孕蕾期是防治的关键时期，交替喷洒50%灭蚜松乳油1000～1500倍液，或10%吡虫啉可湿性粉剂2000倍液，或50%抗蚜威可湿性粉剂1500倍液，或0.36%苦参碱水分散粒剂1500～2000倍液防治。

1 成、若蚜

2 茎、叶、花梗被害状

214　绿盲蝽

危害百日草、大丽花、向日葵、白三叶、紫花苜蓿，及苹果树、梨树、李树、桃树、杏树、柿树、樱桃树、石榴树、枣树、葡萄树等多种果树。

1）生活习性

成、若虫白天潜伏，多于清晨和傍晚活动。刺吸嫩梢、幼芽、幼叶、花蕊、花瓣、幼果汁液。成虫喜温暖潮湿环境，有趋光性，行动敏捷，能飞善跳跃，喜食花蜜、幼果汁液。

2）危害状

被害嫩梢弯曲或枯死。展出的幼叶皱缩畸形，或叶面出现褐色斑点，斑点破裂形成孔洞。被害花蕾停止发育，枯萎脱落。幼果果面残留黑色或褐色木栓化小疤痕，影响果实品质，常造成果实减产。该虫是花叶病等病毒的重要传播媒介。

3）发生规律

京、津，河北及山东地区 1 年发生 4 ~ 5 代，以卵在芽鳞、树皮缝隙、断枝茬口、蚱蝉产卵刻槽，或附近杂草及枯枝落叶下越冬。3 月下旬开始孵化，桃花露红、露白时上芽危害，若虫共 5 龄。除 1 代发生相对整齐外，其他各代世代重叠。5 月至 7 月上旬为危害高峰期，9 月下旬末代成虫，从周边杂草迁回栽培植物上开始产卵，以卵越冬。

4）综合防治

（1）果树发芽前，喷洒 3 ~ 5 波美度石硫合剂，消灭越冬卵。

（2）及时拔除周边杂草，集中销毁，清除成虫繁殖场所。

（3）花露红、露白时，葡萄花序分离和苹果谢花 70％时，下午 5 点后喷洒 10％吡虫啉可湿性粉剂 2000 倍液，或 4.5％氯氰菊酯乳油 2000 倍液，或 48％乐斯本乳油 1000 ~ 1500 倍液防治，同时喷洒周围杂草，消灭躲藏在杂草中的成虫。

1 若虫

215 点蜂缘蝽

点蜂缘蝽又叫豆缘蝽象，是大豆及多种豆类的主要害虫，园林中主要危害白三叶、田菁、金叶薯、紫叶薯、山楂树、葡萄等。

1）生活习性

成、若虫刺吸嫩茎、芽、幼叶、花蕾及果实汁液，行动敏捷，白天异常活跃。若虫孵化后群集取食，后分散危害，爬行速度快，常迁移危害。成虫迁飞能力强，光照充足时，多在叶背栖息，卵散产于叶背、叶柄或嫩茎上。

2）危害状

被害嫩茎上可见黑色针状刺孔，被害幼叶黄枯，花蕾、花凋落。虫口密度大时，常造成嫩茎枯萎，幼苗整株死亡。该虫是花叶病等病毒的重要传播媒介。

3）发生规律

华北地区1年发生2～3代，以成虫在枯枝落叶及杂草中越冬。4月上旬越冬成虫开始活动危害，5月上旬至6月中旬、6月下旬至8月下旬、8月上旬至10月，分别为3代若虫孵化期。若虫共5龄，10月下旬末代成虫陆续越冬。

4）综合防治

（1）冬季彻底清除枯枝落叶及杂草，集中销毁，消灭越冬成虫。

（2）零星发生时，人工捕杀成、若虫。

（3）危害严重时，交替喷洒10％吡虫啉可湿性粉剂1500倍液，或5％啶虫脒乳油3000倍液，或48％乐斯本乳油1500倍液，或2.5％溴氰菊酯乳油2500倍液防治，7天喷洒1次，连续2～3次，同时兼治斑须蝽、绿盲蝽等。

1 成虫

2 若虫

3 若虫群集危害

216　红脊长蝽

红脊长蝽又叫黑斑红长蝽，主要危害牵牛花、大丽花、二月兰、一串红、翠菊、鼠尾草、彩叶草、曼陀萝、刺槐、紫穗槐、杠柳、海州常山等。

1）生活习性

成、若虫群集嫩茎、幼叶上刺吸汁液，行动敏捷，受惊扰时群体迅速分散逃离。成虫畏强光，晴天的中午躲在茎叶下，上午 10 时前和下午 5 时后取食活跃，有近距离迁飞能力。

2）危害状

嫩茎、幼叶被害处出现褐色斑点，虫口密度大时，常导致嫩茎枯萎，叶片黄枯，提前脱落。

3）发生规律

京、津及河北地区 1 年发生 2 代，以成虫群集在树洞内、枯枝落叶或砖石下越冬。4 月中下旬越冬成虫开始活动，6 月上旬始见 1 代若虫。7 ~ 8 月成虫陆续羽化，8 月上中旬至 9 月中旬为 2 代若虫孵化期，若虫共 5 龄，该虫世代重叠，同时可见各种虫态。9 月中旬 2 代成虫陆续羽化，10 月下旬成虫开始越冬。6 ~ 7 月、9 ~ 10 月是全年危害高峰期。

4）综合防治

（1）落叶后，彻底清除枯枝落叶、杂草，集中销毁。

（2）成、若虫普遍发生时，交替喷洒 50％杀螟松乳油 1000 倍液，或 2.5％溴氰菊酯乳油 3000 倍液，或 10％吡虫啉可湿性粉剂 2000 倍液，或 48％乐斯本乳油 2000 倍液防治。注意同时喷洒周边植物和地面，毒杀逃离及落地的成、若虫。

1 成虫及若虫

2 若虫群集危害状

217 莲缢管蚜

莲缢管蚜又叫荷缢管蚜、睡莲缢管蚜，危害睡莲、凤眼莲、荷花、芡实、梭鱼草、雨久花、慈姑等水生植物，及桃树、碧桃、山桃、樱桃树、杏树、梅树、李树、紫叶李、太阳李、樱花、金银木、榆叶梅等观赏树木。

1）生活习性

成、若蚜喜阴湿天气，群集在幼芽、嫩茎，幼叶叶柄、叶背主脉两侧和花蕾上刺吸汁液，排泄蜜露。有翅蚜具迁飞性，转主繁殖危害习性。

2）危害状

幼嫩组织上可见群集的虫体，虫口密度大时，对幼苗及刚出水的水生植物危害最大。被害嫩茎生长缓慢，幼叶卷曲。花蕾停止发育，萎蔫不能正常开放。茎叶枯萎，严重影响果实发育和成熟度，也影响莲藕和慈姑等地下茎的生长。

3）发生规律

北方地区1年发生20代左右，以卵在木本寄主植物芽腋间、树皮缝隙中越冬。4月桃树花芽露红、露白时幼虫开始孵化繁殖危害。若蚜共4龄，世代重叠，5月下旬产生有翅蚜，陆续迁飞至水生植物上继续繁殖危害，10月上旬有翅蚜迁回越冬场所产卵、越冬。

4）综合防治

（1）合理密植，保持株间良好的通透性。水生植物尽量避免混栽。

（2）木本寄主植物发芽前，喷洒40%晶体石硫合剂50倍液。

（3）桃花露红、露白时，交替喷洒10%吡虫啉可湿性粉剂2000倍液，或50%抗蚜威可湿性粉剂2000倍液，或50%灭蚜松可湿性粉剂1000倍液防治。

（4）水生植物有蚜株率达到15%以上时，交替喷洒上述药剂。

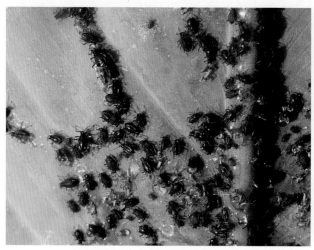

1 在梭鱼草上的危害状　　　　　　　　　　　　　　2 若蚜在慈姑上的危害状

三、钻蛀害虫

218　松梢斑螟

松梢斑螟又叫松梢螟、云杉球果螟，北方地区主要危害油松、日本黑松、红松、樟子松、华山松、赤松、五针松、雪松、云杉等。

1）生活习性

幼虫主要蛀食嫩梢，也危害球果。幼虫孵化后，蛀入新梢韧皮部、球果内取食危害，后进入髓心蛀食形成虫道。3龄幼虫有转枝、转果危害习性，老熟幼虫在蛀道中、球果内化蛹。成虫有趋光性，迁飞能力强，将卵产于嫩梢针叶或球果鳞脐上。

2）危害状

被蛀食嫩梢上针叶萎黄，蛀孔处有松脂凝结和虫粪及蛀屑堆积，嫩梢干枯易风折。常造成被害枝侧梢丛生，影响幼树树形。蛀食球果，影响球果和种子发育。

3）发生规律

华北地区1年发生2代，以幼虫在被害枝梢或球果内越冬。3月下旬越冬幼虫开始钻蛀到2年生枝内继续危害，或转移新梢蛀食。5月上旬老熟幼虫化蛹，5月下旬1代成虫开始羽化。幼虫共5龄，6～8月、9～10月，分别为各代幼虫危害期，11月幼虫开始越冬。

4）综合防治

（1）及时剪去被害有虫枝梢、虫果，集中销毁，减少虫源。

（2）成虫羽化期和幼虫孵化期，树冠喷洒10％吡虫啉可湿性粉剂2000倍液，或50％杀螟松乳油800～1000倍液，或50％辛硫磷乳油1500倍液防治。

（3）发生严重的片林或天然林区，卵期释放赤眼蜂，河北地区宜5月上中旬，越冬幼虫期释放中华甲虫蒲螨。进行生物防治。

1 成虫

2 幼虫及枝梢危害状

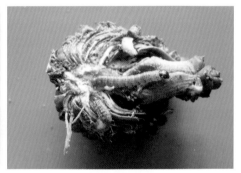

3 幼虫钻蛀球果

4 蛹

5 球果被害状

219 松六齿小蠹

六齿小蠹是油松、日本黑松、樟子松、红松、华北落叶松、华山松、赤松、云杉、冷杉等松科植物的毁灭性害虫。

1）生活习性

幼虫孵化后在韧皮层和木质部边材间取食危害，钻筑子坑道，老熟幼虫在子坑道末端化蛹。成虫有一定迁飞能力，喜枯立木、衰弱木。雌、雄成虫在侵入孔内交配，雌成虫将卵产在母坑道内。

2）危害状

以幼龄树树干和大树主干皮层受害最为严重，枝干上可见圆形侵入孔。被害枝针叶萎黄，生长势衰弱。危害严重时，韧皮层被蛀食一空，造成干皮与木质部分离，大枝枯死，幼龄树成片枯亡。

3）发生规律

京、津及以北地区 1 年发生 1 代，以成虫在枝干皮层、木质部边材母坑道内越冬。5 月上中旬越冬成虫开始出孔产卵，持续至 8 月。该虫成虫期及产卵期长，5～8 月可见各种虫态。7 月中旬成虫陆续羽化，9 月下旬开始越冬。

1 羽化孔

4）综合防治

（1）加强苗木检疫，不从疫区采购苗木，不栽植有虫株。

（2）使用的支撑杆需刮净树皮，经杀菌、熏蒸，确保无虫后方可使用。

（3）及时清除园内衰弱株、枯死株，及危害严重的虫株，集中销毁。

（4）成虫羽化期，是防治的最佳时期，喷洒 1.2％苦烟乳油 1000 倍液，或 50％杀螟松乳油 800 倍液，或 2.5％溴氰菊酯乳油 2500 倍液防治，毒杀成虫。

2 越冬成虫

3 危害状

220　柏肤小蠹

危害侧柏、圆柏、龙柏、砂地柏、河南桧、蜀桧等。

1）生活习性

孵化幼虫在韧皮部和木质部间，向坑道两侧呈放射状蛀食，由侵入孔将木屑推出。老熟幼虫在蛀道末端化蛹。成虫有一定迁飞能力，常转梢危害，雌成虫喜在生长势衰弱株上沿坑道两侧咬筑卵室，在其内产卵。

2）危害状

枝干上可见圆形侵入孔，被害小枝叶片枯黄。虫口密度大时，干皮缝隙和地面堆积大量细碎木屑，韧皮层被蛀食一空，待蛀道充满树干一周时，枝枯树亡。

3）发生规律

华北及以北地区1年发生1代，多以成虫或幼虫在蛀道内越冬。3月下旬至4月中旬，越冬成虫陆续出孔。4月中下旬幼虫开始孵化，5月中下旬老熟幼虫化蛹，6～8月为成虫期。9月下旬成虫及孵化幼虫在坑道内越冬。

4）综合防治

（1）严禁从疫区采购苗木，不使用未经刮皮、杀虫处理的柏木做支撑杆。

（2）成虫出孔前，剪去枝叶萎黄的虫枝，清除枯死株、危害严重的虫株，集中销毁，消灭虫源。树干涂白，阻止成虫交配产卵。

（3）成虫出孔期，枝干喷洒2.5%溴氰菊酯乳油2500倍液，20%杀灭菊酯乳油2500倍液，10天喷洒1次，或30天喷洒1次绿色威雷200～300倍液防治。

（4）树干侵入孔涂刷16%虫线清乳油100倍液，或5%吡虫啉乳油100ml＋树木渗透剂（1∶5）150倍液，或使用蛀虫清插瓶，或用蛀虫清100倍液灌根。

（5）片林、经济林区，适时释放管氏肿腿蜂等寄生蜂，进行生物防治。

1 羽化孔

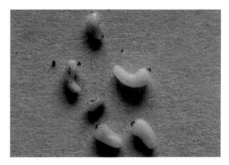

2 幼虫与蛹

3 排出的木屑

4 树干被害状

221 双条杉天牛

危害侧柏、圆柏、龙柏、河南桧、蜀桧等，是柏树类植物的毁灭性害虫。

1）生活习性

幼虫孵化后蛀入枝干皮下，在韧皮部窜食危害，稍大蛀入木质部。成虫飞翔能力较强，白天躲藏在阴暗处，夜间活动，喜在衰弱株及枯立木的树皮缝隙处产卵。

2）危害状

被害株枝叶由上向下逐渐萎黄，以上主干枯死，严重时整株枯亡。

3）发生规律

京、津及以北地区1年发生1代，多以成虫在蛀道内越冬。3月上旬至5月上旬越冬成虫陆续出孔，交配产卵，4月上中旬幼虫孵化危害，6～7月危害严重。8月下旬幼虫老熟化蛹，9～10月成虫羽化，羽化后不出孔，在蛀道内越冬。

4）综合防治

（1）自枯枝下方剪去虫枝，杀死蛀道内幼虫。清除危害严重的虫株、枯死株，集中销毁。

（2）幼虫和卵期，纯林适时释放管氏肿腿蜂、花绒寄甲成虫、中华甲虫蒲螨等寄生性天敌。

（3）成虫出孔前，树干涂白阻止成虫产卵。成虫出孔期，树冠喷洒2.5%溴氰菊酯乳油2500倍液，或50%辛硫磷乳油800倍液，毒杀成虫。

1 被害枝干上部枯死

2 成虫及幼虫

3 韧皮部被害状

4 木质部被害状

5 枝干被害状

6 蛹和天敌——肿腿蜂

222 竹笋夜蛾

竹笋夜蛾又叫笋蛀虫，北方地区主要危害早园竹、淡竹、紫竹、刚竹、若竹等竹类植物及禾本科、莎草科禾草。

1）生活习性

幼虫孵化后钻入禾草心叶取食，竹笋出土时爬行转移，咬破笋箨蛀入笋内窜食，常转株、转笋危害。成虫有趋光性，白天静伏，夜间活动，有一定的迁飞能力，将卵产于竹林下及周边的禾草枯叶上。

2）危害状

被害竹笋及幼竹茎秆上可见圆形蛀孔，被蛀笋不能发育成竹。危害严重时，蛀食处易折损，甚至整株死亡。咬食禾草心叶，造成生长点枯死。

3）发生规律

京、津及河北地区 1 年发生 1 代，以卵在杂草、草坪禾草下越冬。3 月禾草返青时卵开始孵化，4 月下旬至 5 月初，竹笋出土时，幼虫由禾草上转移到笋芽上蛀入危害，5 月中下旬老熟幼虫在竹内或钻入土中结薄茧化蛹，6 月上中旬成虫羽化，产卵后以卵越冬。

4）综合防治

（1）成虫羽化前，彻底清除竹林内落叶及周边杂草，防止产卵。

（2）利用黑光灯、频振式杀虫灯，诱杀成虫。

（3）及时挖除被害竹笋，消灭钻蛀幼虫。向茎秆新鲜蛀孔内注入 50% 辛硫磷乳油 50 倍液，或 1.2% 苦烟乳油 50 倍液，裹薄膜熏杀。

（4）虫口密度较大时，笋出土前，竹林地面及周边禾草，交替喷洒 50% 杀螟松乳油 1000 倍液，或 20% 杀灭菊酯乳油 3000 倍液防治，消灭初孵幼虫。

1 幼虫

2 老熟幼虫及危害状

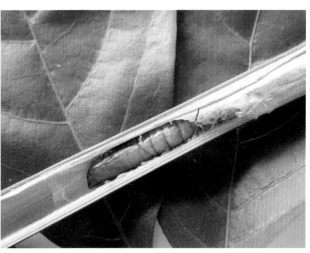

3 蛹

223 白蜡哈氏茎蜂

该虫食性单一，危害各种白蜡。

1）生活习性

幼虫只蛀食1年生枝，孵化后从复叶叶柄基部蛀入新生枝髓部，并在枝内串食危害，每一对复叶处只有1头幼虫，无转移危害习性，幼虫老熟后在其内化蛹。成虫飞翔能力强，白天活跃，多在叶片上交尾、产卵，对黄色有一定趋性。

2）危害状

小枝被蛀食一空，仅剩皮层，虫道内充满排泄物。被害处复叶萎蔫、青枯。危害严重时，同一枝条上可见数片枯萎复叶。

3）发生规律

京、津及华北地区1年发生1代，以老熟幼虫在当年生枝条髓部蛀道内越冬。3月中下旬白蜡芽萌动前后，越冬幼虫陆续化蛹，4月下旬成虫羽化。5月幼虫孵化蛀入危害，5月中旬出现枯叶，幼虫危害至10月，在被害髓部越冬。

4）综合防治

（1）零星发生时，自枯叶下端剪除虫枝，消灭枝条髓部蛀道内幼虫或蛹。

（2）悬挂黄色粘虫板，诱杀成虫。发生严重林区，成虫羽化期至幼虫孵化期，交替喷洒10%吡虫啉可湿性粉剂2000倍液，或50%辛硫磷乳油1000倍液防治。

1 成虫

2 幼虫

3 幼虫及危害状

4 蛹

5 复叶被害状

224 白蜡窄吉丁

白蜡窄吉丁又叫花曲柳窄吉丁，危害绒毛白蜡、河北白蜡、小叶白蜡、水曲柳、花曲柳、枫杨等。

1）生活习性

初孵幼虫蛀食韧皮部，稍大钻蛀到形成层蛀食危害，在木质部边材形成"S"形蛀道，用致密粪屑堵塞蛀道，老熟后在蛀道内化蛹。成虫喜光，对黄色有一定趋性，常迁飞扩散繁殖危害，将卵产于阳面树干上。

2）危害状

树干上可见半圆形羽化孔。被害株生长势衰弱，枝条生长量小，叶片小而黄。严重时，导致被害处树皮翘裂，苗木成片死亡，尤以纯林受害最为严重。

3）发生规律

京、津及以北地区1年发生1代，以不同龄期幼虫在韧皮部与木质部间，木质部边材蛀道内越冬。5月上旬成虫羽化，羽化期持续至7月上旬。5月下旬成虫产卵，6月中旬幼虫孵化危害，10月上旬幼虫老熟越冬。

4）综合防治

（1）严禁从疫区调运苗木。及时清除受害严重的虫株和死株，集中销毁。

（2）成虫羽化期，树干涂白防止产卵。悬挂黄色粘虫板诱杀成虫。交替喷洒10%吡虫啉可湿性粉剂2000倍液，或4.5%高效氯氰菊酯乳油1500倍液，封杀出孔补充营养的成虫。

（3）树干喷刷50%辛硫磷乳油600倍液，或40%氧化乐果乳油50倍液，裹薄膜7～10天进行熏杀。防治效果不佳时，再喷药裹膜熏杀1次。也可直接喷刷透翠杀虫套装，或秀剑套餐。

（4）片林和林区，虫口密度大时，适时释放寄生性天敌白蜡吉丁肿腿蜂、白蜡吉丁柄腹茧蜂、啮小蜂等封杀。

1 成虫

2 幼虫

3 幼虫及蛀道

4 幼虫危害状

225 咖啡虎天牛

北方地区主要危害绒毛白蜡、圆蜡等多种白蜡、金银花等。

1）生活习性

幼虫孵化后在树干形成层与木质部间盘旋蛀食，稍大纵向蛀食木质部，老熟后在蛀道内化蛹。成虫有趋光性，对糖醋液有一定趋性，产卵于树干缝隙或皮下。

2）危害状

被害树干无明显蛀孔，故不宜被发现。被害株发芽晚，生长量小，树势衰弱。危害较重株迟迟不发芽，全株枯死。木质部可见纵横交错、迂回曲折的弯曲蛀道。

3）发生规律

华北地区1年发生1代，以幼虫和成虫在树干蛀道内越冬。越冬成虫第二年4月下旬出孔补充营养，5月中下旬交配产卵。幼虫孵化后在枝干内蛀食，当年成虫羽化后在蛀道内越冬。以幼虫越冬的，第二年5月上中旬陆续化蛹，5月下旬成虫开始羽化，6月上中旬产卵，幼虫孵化危害，并在蛀道内越冬。

4）综合防治

（1）成虫羽化期，利用频振式杀虫灯、糖醋液等，诱杀成虫。

（2）及时修剪突然枯萎虫枝，伐除被害严重的虫株、枯死株，集中销毁。

（3）该虫发生严重的白蜡片林及金银花产区，适时释放天牛肿腿蜂进行防治，或树干涂刷透翠杀虫套装。

1 成虫

2 幼虫

3 虫道横截面

4 蛹室

5 成虫及危害状

226 小线角木蠹蛾

危害白蜡、银杏、槐树、柳树、榆树、栾树、构树、马褂木、悬铃木、五角枫、元宝枫、苹果树、杏树、山里红、樱花、樱桃树、金银木、海棠类等多种植物。

1）生活习性

初孵幼虫群集取食皮层及韧皮部，大龄幼虫蛀食木质部。成虫迁飞能力强，趋光性强，昼伏夜出。羽化时将半个蛹壳留在羽化孔内。

2）危害状

排粪孔外粘挂着棉絮状粪屑，树干被蛀食千疮百孔，造成树势衰弱。虫量大时，枝干枯死，甚至整株死亡。近年该虫呈泛滥趋势，在多种观赏植物上危害严重。

3）发生规律

京、津地区2年发生1代，以幼虫在蛀道内越冬。5月下旬成虫陆续羽化，7月幼虫孵化危害，幼虫共12龄，11月幼虫开始越冬。转年继续危害1年，第三年5月幼虫陆续老熟化蛹。

4）综合防治

（1）及时清除受害严重的虫株，集中销毁，减少虫源。

（2）成虫羽化期，利用黑光灯、性信息素诱捕器等，诱杀成虫，阻止产卵。

（3）清空排粪孔新鲜粪屑，向孔内注入50%辛硫磷乳油30倍液，或1.2%苦烟乳油50倍液，用泥封堵孔口熏杀。或树干涂刷国光秀剑套餐防治。

1 成虫

2 白蜡蛀孔外粪屑

3 低龄幼虫

4 老熟幼虫及危害状

5 蛹

227 六星黑点豹蠹蛾

危害白蜡、杨树、柳树、榆树、刺槐、槐树、悬铃木、泡桐、栾树、构树、苹果树、梨树、枣树、石榴树、碧桃、海棠花、樱花、梅花、金银木、月季、珍珠梅、绣线菊、女贞、丁香、紫荆、紫藤、小檗、大叶黄杨、无花果等。

1）生活习性

幼虫自叶柄基部蛀入枝内，在韧皮部与木质部间取食，后蛀入 2 年生枝，将木屑排出孔外。成虫有趋光性，白天潜伏，羽化时半截蛹壳外露，卵多产于树皮缝隙处。

2）危害状

枝干上排粪孔外有少量粪屑，地面堆积大量颗粒状木屑。被害枝叶片萎蔫、枯黄，枝梢失水干枯，易折断。危害严重时，可导致花灌木整株死亡。

3）发生规律

北方地区 1 年发生 1 代，以老熟幼虫在 2 年生枝蛀道内越冬。4 月越冬幼虫活动危害，6 月中旬成虫陆续羽化。7 月上旬幼虫孵化危害，10 月幼虫陆续越冬。

4）综合防治

（1）利用黑光灯诱杀成虫。剪除虫枝，消灭蛀道内钻蛀幼虫及蛹。

（2）成虫始盛期、幼虫孵化期，喷洒 20％杀灭菊酯乳油 2500 倍液，或 10％吡虫啉可湿性粉剂 2000 倍液，或 2.5％溴氰菊酯乳油 3000 倍液防治，7 天喷洒 1 次。

（3）及时剪去虫枝，向行道树虫孔内注入白僵菌，片林和林区，适时释放中华甲虫蒲螨。进行生物防治。

1 成虫、卵及蛹皮

2 幼虫及蛀道

3 碧桃蛀孔排出的粪屑

4 紫叶小檗蛀孔排出的粪屑

5 蛹

228 云斑天牛

云斑天牛又叫白条天牛、核桃大天牛，危害白蜡、柳树、榆树、桑树、蒙古栎、楝树、核桃树、枫杨、苹果树、梨树、枇杷树、无花果、紫荆、紫薇等。

1）生活习性

初孵幼虫蛀食枝干皮层，后蛀入木质部，逐渐向枝端、大枝、主干蛀食，直达髓心。每隔一定距离向外蛀一排粪孔。成虫多爬行，有趋光性，取食嫩枝皮层、叶柄或果梗补充营养，将卵产于距地面 1.5 ～ 2m 树干刻槽内。

2）危害状

蛀孔处有褐色树液流出，木屑及虫粪排出。后期产卵处树皮向外翘裂，形似刀砍状疤痕，枝干上可见圆形羽化孔。被害株树势衰弱，甚至整株死亡。

3）发生规律

华北地区 2 年发生 1 代，以幼虫和成虫在蛀道内越冬。5 月下旬越冬成虫陆续出孔，6 ～ 7 月交尾产卵，7 月中旬幼虫孵化后蛀入危害，10 月在蛀道内越冬。第三年幼虫继续危害，8 月在蛹室内化蛹，9 月成虫羽化、越冬。

4）综合防治

（1）成虫羽化前，树干涂白，阻止产卵。

（2）成虫出孔期，灯光诱杀，人工捕杀成虫。树干喷洒绿色威雷 200 ～ 300 倍液，或 5% 吡·高氯微胶囊水悬浮剂 1800 倍液，喷湿为止，毒杀出孔成虫。

（3）清除排粪孔木屑，向孔内注射 50% 杀螟松乳油 30 倍液，或 50% 马拉硫磷乳油 30 倍液，用泥封堵熏杀。片林悬挂花绒坚甲卵卡和释放成虫进行防治。

1 羽化孔

2 成虫

3 被害处形成疤痕

4 危害状

229 白杨透翅蛾

危害毛白杨、银白杨、新疆杨、北京杨等多种杨树及柳树。

1）生活习性

幼虫蛀食枝干、嫩梢和顶芽。孵化后钻蛀韧皮部，4龄后在木质部与韧皮部间环状横向蛀食。成虫喜光，迁飞力强，产卵于叶腋、叶柄基部、树皮缝隙等处。

2）危害状

被蛀食处组织肿胀，小枝上可见瘤状虫瘿，孔口有细碎粪屑排出，或可见外露蛹壳。枝干上被害处皮层翘裂，形成横向疤痕。被害枝易从虫瘿处、疤痕处风折。

3）发生规律

京、津及以北地区1年发生1代，以幼虫在枝干蛀道内越冬。4月中旬越冬幼虫活动危害，5月上中旬幼虫老熟化蛹。6月上旬成虫陆续羽化，6月中旬幼虫孵化后蛀入危害，幼虫共8龄，9月下旬幼虫停止取食，在蛀道内作茧越冬。

4）综合防治

（1）及时剪去无孔虫瘿枝条，集中销毁，消灭虫瘿内幼虫或蛹。

（2）人工捕杀成虫。悬挂白杨透翅蛾性信息素诱捕器，诱杀成虫。

（3）幼虫初蛀入处，用50%杀螟松乳油40倍液，50%辛硫磷乳油40倍液进行点涂，或涂刷环状药带。清除疤痕处粪屑，涂抹上述药泥，毒杀幼虫。

（4）片林及防护林，适时释放透翅蛾黑姬小蜂等，进行生物防治。

1 成虫正在产卵　　　　　　　　　　2 枝干被害处外部症状

3 幼虫在嫩枝上危害状　　　　　4 幼虫在树干上危害状　　　　　5 大龄幼虫

230 杨干透翅蛾

杨干透翅蛾是多种杨树、柳树、槐树的主要害虫之一。

1）生活习性

幼虫孵化后蛀入皮下，逐渐向内蛀食皮层和木质部，将木屑排出孔外。成虫飞翔能力强，白天活动，羽化时蛹壳一半留在孔内，将卵产于干皮缝隙或皮孔处。

2）危害状

多发生在7年以上干龄或枝龄的枝干分叉处，蛀孔处有新鲜木屑排出，被害处皮层翘裂。危害严重时，木质部至髓心被蛀食一空，枝条干枯，大枝折裂，大树倒伏枯亡。该虫有逐年加重发展趋势，对管理粗放的防护林带危害尤为严重，常造成大面积毁林现象。

3）发生规律

华北地区2年发生1代，以幼虫在皮层下或木质部蛀道内越冬。幼虫共8龄，4月越冬幼虫开始活动，持续危害至10月。第三年7月下旬幼虫老熟陆续化蛹，8月中旬始见成虫，8月下旬幼虫孵化危害，10月开始在蛀道内越冬。

4）综合防治

（1）人工捕杀成虫。悬挂杨干透翅蛾性信息素诱捕器，捕杀成虫。

（2）清除排粪孔新鲜木屑，向孔内注射50%马拉硫磷乳油40倍液，或50%杀螟松乳油40倍液，或50%辛硫磷乳油30倍液，用泥封堵孔口，熏杀幼虫。

（3）经济林及防护林带，利用透翅蛾黑姬小蜂、透翅蛾绒茧蜂、白僵菌等，进行生物防治。

1 成虫　　　　　　　　　　　2 成虫交尾状　　　　　　　　　3 蛀孔处排出的木屑

231 杨干象

杨干象又叫杨干象鼻虫、杨干隐喙象，是多种杨树的毁灭性害虫。

1）生活习性

主要危害 5 年生以下幼树和大树枝干。初孵幼虫蛀食皮层，后环绕树干在韧皮部和木质部间横向环食，蛀道逐渐深入木质部。成虫善爬行，早晚或阴天活动，取食嫩梢和叶片补充营养，多将卵单产于叶痕，或 3 年生以上枝条皮孔等处。

1 成虫

2）危害状

排粪孔口堆积丝状排泄物，有红褐色汁液渗出。被害处干皮凹陷，失水形成干疤，横向开裂似刀砍状。蛀道绕枝干近一周时，上部枯死，易风折。

3）发生规律

1 年发生 1 代，以卵及初孵幼虫在枝干上、蛀道内越冬。京、津及辽宁地区 4 月中旬越冬卵孵化，幼虫共 6 龄，5 月中下旬幼虫老熟化蛹。6 月上中旬始见成虫，7 月下旬成虫陆续交尾产卵，先期产的卵当年孵化，后期产的卵在枝干上越冬。

4）综合防治

（1）幼虫孵化期，用 50% 辛硫磷乳油 40 倍液，或 40% 氧化乐果乳油 30 倍液，或 50% 杀螟松乳油 40 倍液，反复涂抹侵入孔，毒杀初孵和低龄幼虫。

（2）树干基部 20cm 处，呈 45° 斜向打孔，插入树大夫药瓶，毒杀幼虫。

（3）发生严重的林带，适时释放中华甲虫蒲螨等寄生性天敌，进行生物防治。

2 排粪孔排出的粪屑

3 被害处渗出树液

4 树干横断面危害状

232 光肩星天牛

光肩星天牛又叫白星天牛，主要危害杨树、柳树、榆树、桑树、构树、栾树、七叶树、悬铃木、糖槭、元宝枫、五角枫、樱花、苹果树、李树、海棠类等。

1）生活习性

初孵幼虫取食韧皮部，后在韧皮部、木质部间串食，3龄蛀入木质部危害。成虫飞翔能力不强，白天取食嫩皮、叶片补充营养，卵多产于树干产卵刻槽内。

2）危害状

树干一侧可见数个纵向排列的椭圆形刻槽，产卵孔外可见褐色粪便或黄白色木丝。虫道集中处内部中空，枝条干枯、易风折，严重时大树枯亡。

3）发生规律

河北及山东地区1年发生1代，以不同龄期幼虫在蛀道内越冬。3月下旬越冬幼虫开始取食，4月下旬化蛹。6月至8月下旬为成虫羽化期。7月上旬幼虫陆续孵化危害，幼虫共5龄，10月下旬幼虫开始越冬。

4）综合防治

（1）成虫羽化前树干涂白，阻止产卵。

（2）人工捕杀成虫。用硬器敲击新鲜产卵槽，挤杀卵及初孵幼虫。

（3）危害严重时，用高压注射器向树干注射50%杀螟松乳油40倍液，或50%马拉硫磷乳油30倍液，用泥封堵孔口熏杀，或树干插入天牛一插灵插瓶。

（4）林区适时释放花绒寄甲、管氏肿腿蜂等天敌防治。

1 成虫羽化孔

2 成虫

3 产卵刻槽

4 幼虫及蛀道

5 产卵孔排出的木屑

6 幼虫及危害状

233 星天牛

危害杨树、柳树、榆树、桑树、楸树、栾树、枫杨、悬铃木、椴树、楝树、苹果树、梨树、桃树、杏树、枣树、核桃树、板栗、樱花、紫薇、无花果等。

1）生活习性

幼虫孵化后即蛀入皮下，在表皮和韧皮部窜食危害，后蛀入木质部，向下可达根部，将部分粪屑排出蛀孔外。成虫有近距离迁飞能力，白天啃食枝梢嫩皮补充营养，晴天中午交配，卵多单产于主干 2.5cm 以下的"T"形刻槽内。

2）危害状

树干上可见数个纵向排列的产卵刻槽，有白色粗糙木丝和粪屑从排粪孔中推出，堆集在树干基部。危害严重时，枝干虫道贯通，易风折，甚至整株枯亡。

3）发生规律

华北地区 1 ~ 2 年发生 1 代，以幼虫在枝干蛀道内越冬。3月中下旬越冬幼虫开始活动，5 月中旬陆续化蛹，6 月成虫羽化，羽化期持续至 9 月上旬。7 月幼虫孵化，危害至 10 月，在蛀道内越冬。幼虫共 6 龄，2 年 1 代区幼虫第三年春化蛹。

4）综合防治

（1）成虫羽化前，树干涂白，阻止产卵。成虫出孔期，人工捕杀成虫。

（2）用硬器敲击新鲜产卵糟，挤杀卵及初孵幼虫。

（3）剪去小枝上的虫瘿，集中灭杀。用铁丝伸入虫道，刺杀初蛀入幼虫。

（4）向排粪孔内注射 50% 辛硫磷乳油 30 倍液，用泥封堵孔口熏杀。片林适时释放管氏肿腿蜂，悬挂花绒寄甲卵卡等进行防治。

1 雌成虫

2 枝条被害状

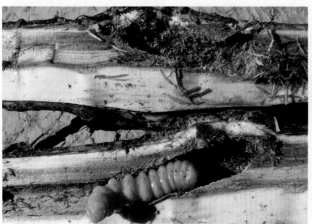

3 幼虫及危害状

4 蛹

234　青杨楔天牛

主要危害多种杨树及柳树，是防护林的主要害虫之一。

1）生活习性

幼虫多蛀食2生枝梢，孵化后先绕枝环食边材和韧皮部，后蛀入木质部直达髓心，被害处肿大成瘿瘤状，幼虫在瘿瘤内蛀食、化蛹。成虫有一定迁飞能力，白天取食嫩梢、幼芽、叶片补充营养。将卵单产于嫩枝的马蹄形刻槽内。

2）危害状

被害小枝上可见纺锤形瘿瘤，有时1个枝条上可见数个，受害处中空，易风折。危害严重时，被害株长势衰弱，多成小老树，甚至整株枯亡。

3）发生规律

华北及以北地区1年发生1代，以老熟幼虫在瘿瘤内越冬。3月下旬越冬幼虫开始化蛹，柳树大量吐絮至5月中旬成虫陆续羽化。5月中下旬幼虫孵化，危害至10月上旬，开始在瘿瘤内作蛹室越冬。管理粗放的片林受害严重。

4）综合防治

（1）加强苗木检疫，杜绝有虫株进入施工现场。

（2）及时剪去带瘿瘤的有虫枝，集中灭杀。

（3）成虫羽化期，交替喷洒1.2%烟参碱乳油1000倍液，或5%高效氯氟氰菊酯乳油3000倍液，或50%杀螟松乳油1000倍液，毒杀成虫。

（4）6～9月，林内释放管氏肿腿蜂、青杨天牛赤腹姬蜂、天牛蛀姬蜂等寄生蜂。

1 雄成虫

2 雌成虫

3 瘿瘤内越冬幼虫

4 蛹

235 中华薄翅锯天牛

危害杨树、柳树、榆树、桑树、银杏、白蜡、悬铃木、梧桐、山楂树、枣树、苹果树、柿树、核桃树、枫杨、板栗、楝树、栎树、松树、云杉、冷杉等。

1）生活习性

幼虫孵化后即蛀入皮层取食危害，后钻蛀木质部窜食，蛀道内充满粪屑。成虫具趋光性，啃食树皮补充营养，卵多产于衰弱株距地面20cm树干基部的伤疤处。

2）危害状

被害枝叶片萎蔫、枯黄。虫口密度大时，树干木质部被蛀食成蜂窝状孔洞，树势衰弱，果实发育受阻，或提前脱落。枝干易风折，甚至枝枯、树亡。

3）发生规律

北方地区1~2年发生1代，以幼虫在蛀道内越冬。芽萌动时越冬幼虫开始活动，6月下旬成虫羽化，羽化期持续至8月。7月中下旬成虫产卵，幼虫孵化后在蛀道内蛀食危害，10月下旬开始越冬。翌春幼虫继续危害，5月老熟化蛹。

4）综合防治

（1）及时伐除危害严重的虫株、死株，集中销毁，消灭虫源。

（2）成虫羽化前，用泥封堵树干上洞孔、疤痕，树干涂白，阻止产卵。

（3）成虫羽化期，人工捕杀。利用黑光灯诱杀成虫，阻止交配、产卵。

（4）危害严重时，用高压注射器向树干内注射50%杀螟松乳油40倍液，或50%马拉硫磷乳油40倍液，或1.2%烟参碱乳油100倍液，用泥封堵孔口熏杀。或芽萌动时，树孔插入天牛一插灵，毒杀越冬幼虫。

1 雌成虫

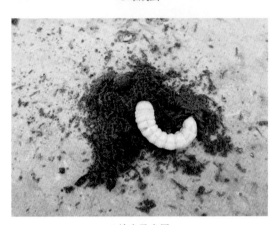

2 幼虫及木屑

3 老熟幼虫

4 天牛一插灵插瓶

236 六星吉丁

六星吉丁又叫串皮虫，危害杨树、柳树、榆树、悬铃木、刺槐、元宝枫、五角枫、栾树、核桃树、枫杨、苹果树、梨树、枣树、杏树、李树、樱花、樱桃树等。

1）生活习性

幼虫孵化后即蛀入皮层危害，后在皮层和木质部间窜食，虫道内充满虫粪和蛀屑，幼虫老熟后蛀入木质部作蛹室化蛹。成虫迁飞能力强，有假死性，啃食嫩枝皮层补充营养，卵多散产于衰弱株树干下部干皮缝隙处。

2）危害状

枝干上无排粪孔，被害处出现稍隆起的愈伤组织。危害严重时，枝干被蛀食一空，仅剩表皮，枝条枯死。常造成树势衰弱，幼树整株死亡。

3）发生规律

京、津及华北地区1年发生1代，以不同龄期幼虫在蛀道内越冬。4月下旬越冬幼虫开始化蛹，蛹期发生不整齐。5月成虫陆续羽化，羽化期持续至7月上旬，羽化后暂不出孔。6月上旬可见成虫，幼虫孵化危害至10月，在蛀道内越冬。

4）综合防治

（1）结合冬季修剪，剪去枯死枝和虫枝，清除危害较重的虫株，集中销毁。

（2）树干涂白，阻止成虫产卵。

（3）成虫出孔期，喷洒90%晶体敌百虫1000倍液，或20%甲氰菊酯乳油1500倍液，或2.5%溴氰菊酯乳油2500倍液，封杀即将出孔及出孔成虫。

（4）危害较严重的，用50%辛硫磷乳油50倍液，或40%氧化乐果乳油30倍液涂干，缠薄膜，封杀即将出孔的成虫和初孵幼虫；或树干喷刷透翠杀虫套装防治。

1 成虫

2 幼虫

3 危害状

237　芳香木蠹蛾东方亚种

危害杨树、柳树、榆树、白蜡、槐树、桂香柳、沙棘、苹果树、海棠果、梨树、李树、稠李、紫叶稠李、核桃树、香椿、蒙古栎、丁香等。

1）生活习性

初孵幼虫群集韧皮部危害，后在韧皮部和形成层间蛀食，第二年蛀入木质部。成虫有趋光性，飞翔能力强，卵多产于距地面 1 ~ 1.5cm 的干皮缝隙内。

2）危害状

排粪孔可见新鲜虫粪排出，或堆积在树下。幼虫在枝干内蛀成不规则、相互贯通的蛀道，并与排粪孔相通。危害严重时，枯条枯死，甚至树木死亡。

3）发生规律

华北及辽宁地区 2 年发生 1 代，以低龄幼虫在蛀道内越冬。第二年 4 月上旬越冬幼虫开始取食，9 月下旬幼虫从排粪孔爬出，钻入浅土层结茧越冬。第三年 5 月幼虫老熟在土茧内化蛹，6 月成虫陆续羽化，幼虫孵化后取食至 11 月越冬。

4）综合防治

（1）成虫羽化前，树干涂白，防止产卵。

（2）成虫羽化期，利用黑光灯、性信息素诱捕器，诱杀成虫。

（3）向新鲜排粪孔内注射 50% 杀螟松乳油 30 倍液，或 50% 马拉硫磷乳油 30 倍液，或白僵菌液，用泥封堵孔口，杀灭幼虫；或喷刷透翠杀虫套装防治。

1 成虫栖息状

2 排出的粪屑

3 低龄幼虫

4 老熟幼虫

5 幼虫及危害状

238　黄胸木蠹蛾

危害杨树、柳树、刺槐、江南槐、朝鲜槐、柿树、君迁子等。

1 低龄幼虫

1）生活习性

幼虫危害树干和大枝。初孵幼虫群集取食韧皮组织，逐渐蛀入木质部取食危害，老熟后在蛀道内结茧化蛹。成虫有趋光性，昼伏夜出，有一定迁飞能力。

2）危害状

树干木质部被蛀食成纵横交错的蛀道，被害处树皮龟状开裂、剥离，形成溃疡，造成生长势衰弱。虫口密度大时，枝干被蛀食一空，枝叶逐渐枯萎，常出现大量枯梢现象，虫枝、树干易风折，严重时整株枯亡。

3）发生规律

2年发生1代，以老熟幼虫在树干蛀道内结茧越冬。3月中旬越冬幼虫开始化蛹，4月上旬成虫羽化，羽化期持续至5月下旬。4月中下旬幼虫孵化危害至11月下旬，开始在蛀道内越冬。第三年幼虫继续蛀食危害，11月幼虫老熟结茧越冬。

4）综合防治

（1）伐除危害严重的虫株，集中销毁，减少虫源。

（2）成虫羽化前，树干涂白。利用黑光灯、频振式杀虫灯等，诱杀成虫。

（3）成虫产卵期至幼虫孵化期，交替喷洒50%杀螟松乳油1000倍液，或2.5%溴氰菊酯乳油2500倍液，或20%杀灭菊酯乳油3000倍液。

（4）将浸透50%杀螟松乳油50倍液，或50%辛硫磷乳油50倍液药液的棉球塞入蛀孔，或向孔内注入上述杀虫剂，孔口用泥封堵，熏杀幼虫。

（5）被害处涂刷国光秀剑套餐，检查虫株如仍有木屑推出，需继续涂药防治。

2 老龄幼虫

3 幼虫及危害状

239 榆木蠹蛾

榆木蠹蛾又叫柳干木蠹蛾,危害各种榆树、榉树、柳树、杨树、刺槐、银杏、核桃树、稠李、紫叶稠李、苹果树等。

1）生活习性

幼虫危害枝干及根颈部。初孵幼虫群集取食皮层组织,3龄后分散取食木质部,逐渐蛀入髓心,5龄幼虫在根颈部固着危害。成虫趋光性较强,白天静伏。

2）危害状

树干被蛀食成蜂窝状,蛀道贯通,常造成枝条干枯、大树死亡。

3）发生规律

河北、山东及辽宁地区2年发生1代,以幼虫在根颈部蛀道内越冬。4月上旬越冬幼虫开始蛀食至10月中旬,末龄幼虫出孔下树,在浅土作茧越冬。第三年5月中旬至8月下旬为成虫期,6月幼虫孵化,幼虫共18龄,危害至10月,幼虫在蛀道内越冬。

4）综合防治

（1）及时锯除被害严重的虫枝、枯死枝,伐除危害严重的虫株,集中销毁。

（2）利用黑光灯、频振式杀虫灯、性诱剂诱捕器,诱杀多种木蠹蛾成虫。

（3）成虫产卵及幼虫未蛀入皮层前,交替喷洒50%杀螟松乳油1000倍液,或20%杀灭菊酯乳油3000倍液,或2.5%溴氰菊酯乳油3000倍液防治。

（4）幼虫期,向排粪孔内灌注50%杀螟松乳油40倍液,或20%杀灭菊酯乳油100倍液,或50%马拉硫磷乳油50倍液,注口用泥封堵,熏杀幼虫。

（5）树干基部打孔,插入蛀虫清插瓶,或注入白僵菌等,毒杀幼虫。

1 低龄和大龄幼虫

2 老熟幼虫

3 幼虫及蛀道

240　红缘天牛

红缘天牛又叫红条天牛，危害各种榆树、柳树、臭椿、刺槐、枣树、沙枣、苹果树、梨树、山楂、山里红、枸杞、榆叶梅、文冠果、葡萄树等。

1）生活习性

幼虫主要蛀食 1～3 年生枝条，孵化后蛀入皮下，沿韧皮部向下蛀食，3 龄后蛀入木质部及髓心取食危害。成虫迁飞能力强，卵多散产在径粗 3cm 以下枝条上。

2）危害状

成虫咬食花蕾和花，造成残缺、落花、落蕾，或将花蕾、花吃光，影响坐果率。虫口密度大时，枝内虫道纵横，常造成枝枯，树势衰弱，幼苗死亡。

3）发生规律

1 年发生 1 代，以幼虫在蛀道内越冬。华北地区 4 月上旬越冬幼虫开始取食，4 月下旬老熟化蛹，5 月中旬至 6 月上旬成虫陆续羽化。6 月初幼虫孵化危害，幼虫共 5 龄，危害至 10 月下旬，幼虫在木质部或枝干髓部越冬。

4）综合防治

（1）及时剪去枯死枝，彻底清除危害严重的虫株，集中销毁。

（2）人工捕杀成虫，树冠喷洒 50% 杀螟松乳油 1000 倍液，或 2.5% 溴氰菊酯乳油 3000 倍液，毒杀成虫，10 天喷洒 1 次。

（3）枣园、沙枣林适时释放管氏肿腿蜂、赤腹茧蜂等，进行生物防治。

1 成虫

4 大龄幼虫及危害状

2 成虫交尾状

3 低龄幼虫及蛀道

5 蛀孔

241 桑天牛

桑天牛又叫桑粒肩天牛、黄褐天牛，危害桑树、构树、柳树、榆树、女贞、核桃树、枫杨、苹果树、梨树、樱花、樱桃、枇杷、无花果、紫薇、紫荆等。

1）生活习性

初孵幼虫在韧皮部和木质部间蛀食，后蛀入木质部和髓部，向下可直达根部。每隔一段距离向外咬一个排粪孔，将粪屑推出。成虫有假死性，取食桑树、构树、柘树、无花果等桑科植物的幼嫩组织补充营养，卵多产于2～4年生枝的"U"形刻槽内。

2）危害状

成虫取食嫩枝树皮，残留不规则疤痕。树干同一侧可见数个排粪孔，有红褐色细绳状粪屑，或粗锯木状碎屑排出。严重时造成树势衰弱，甚至整株死亡。

3）发生规律

华北及辽宁地区2～3年发生1代，以幼虫在枝干蛀道内越冬。4月开始出现"倒沫"现象，6月老熟幼虫陆续化蛹。6月下旬至8月中旬成虫羽化，7月上旬开始产卵，7月中下旬幼虫孵化后蛀入危害，幼虫期长达2年。

4）综合防治

（1）伐除果园1000m范围内的其他桑科植物，减少对果树危害。

（2）成虫羽化出孔前，树干涂白，阻止成虫产卵。人工捕捉成虫，成虫羽化期，枝干喷洒绿色威雷200倍液，30天后再喷一次。

（3）将树干下边的排粪孔用泥封堵，向上边孔内注入50%辛硫磷乳油40倍液，或50%杀螟松乳油30倍液，用泥封堵熏杀幼虫。桑园适时释放长尾啮小蜂、管氏肿腿蜂、花绒寄甲等进行生物防治。

1 成虫啃食小枝嫩皮

2 幼虫及蛀道

3 在海棠上排出的粪屑

4 被害枝风折

242 槐黑星瘤虎天牛

槐黑星瘤虎天牛又叫槐黑星虎天牛，危害槐树、龙爪槐、金枝槐、金叶槐、杨树、榆树、桑树、枣树、臭椿、千头椿、红叶椿等。

1）生活习性

幼虫孵化后沿韧皮部蛀入形成层，夏季蛀入木质部，由上向下蛀食危害，将大量虫粪和木屑填充在蛀道内，仅有少量排出。成虫喜衰弱木，不善飞翔，多爬行迁移。雄成虫可多次交尾，雌成虫将卵产于衰弱木的树皮缝隙内。

2）危害状

被害干皮缝隙外可见少量粪屑，幼虫在形成层和木质部间蛀成弯曲不规则形蛀道。虫口密度大时，树干内蛀道纵横交错，被蛀食一空。树木生长势逐渐衰弱，被害处树皮易剥离、脱落，甚至整株死亡。幼树、新植苗木缓苗期生长势衰弱株，受害严重。

3）发生规律

京、津及辽宁地区1年发生1代，以蛹在树干蛀道内越冬。4月上旬始见成虫，卵期7~9天，幼虫共5龄，10月老熟幼虫在蛀道内化蛹越冬。

4）综合防治

（1）及时伐除危害严重的虫株，集中销毁，减少虫源。

（2）成虫羽化前，树干涂白，阻止成虫产卵。

（3）少量发生时，人工捕捉成虫。虫口密度大时，喷洒绿色威雷200倍液，或2.5%溴氰菊酯乳油3000倍液，或20%杀灭菊酯乳油3000倍液，或1.2%烟参碱乳油1000倍液，毒杀成虫。

（4）向新鲜排粪孔内注射50%辛硫磷乳油30~50倍液，或50%杀螟松乳油40倍液，或90%晶体敌百虫50倍液，用泥封堵孔口，熏杀幼虫。

1 成虫

243 锈色粒肩天牛

锈色粒肩天牛是国槐、金枝国槐、金叶槐、龙爪槐、蝴蝶槐、香花槐、柳树、悬铃木、银杏、栾树等树种的毁灭性害虫。

1）生活习性

幼虫危害树干和大枝，孵化后即蛀入皮层下取食危害，后钻蛀木质部上下窜食，大龄幼虫多在蛀孔附近的边材部分，横向蛀成宽10cm的环状虫道。成虫不善飞翔，取食枝梢嫩皮补充营养。卵多产于树干的刻槽内，成块状。

2）危害状

枝干上可见圆形羽化孔。边材和木质部被蛀食成不规则横向环状虫道，干皮开裂、腐烂，逐渐形成大型干疤。严重时，上部枝干枯死，易折断，甚至整株枯亡。

3）发生规律

北方地区2年发生1代，以幼虫在树干内越冬。树木发芽时越冬幼虫开始活动，5月上中旬幼虫老熟化蛹，6月上旬成虫羽化出孔，羽化期延续至9月中旬。7月幼虫孵化，危害至10月下旬，在蛀道内越冬。

4）综合防治

（1）及时剪去虫枝，伐除受害严重的虫株、枯死株，集中销毁。

（2）成虫羽化前，树干涂白，阻止产卵。

（3）成虫羽化盛期，交替喷洒20%杀灭菊酯乳油2000倍液，或50%杀螟松乳油1000倍液防治，15天喷1次，毒杀成虫，兼治其他食叶害虫。

（4）幼虫期树干打孔，注射50%辛硫磷乳油50倍液，或1.2%苦烟乳油100倍液，用泥封堵熏杀。适时悬挂花绒寄甲卵卡，或释放成虫等，进行生物防治。

1 雄成虫

2 蛹

3 树干被害状

244 国槐小卷蛾

国槐小卷蛾又叫叶柄小蛾，危害槐树、金叶槐、金枝槐、龙爪槐、蝴蝶槐等。

1）生活习性

幼虫孵化后自叶柄基部蛀入危害，有转叶危害习性，可危害数片复叶。老熟幼虫在蛀孔、荚果内作茧化蛹。成虫趋光性强，将卵产于叶背、叶柄或小枝上。

2）危害状

被害复叶萎蔫失绿，叶柄基部可见黑色粪屑。复叶干枯下垂，后期脱落，被蛀食荚果由绿变为黑色。虫口密度大时，被害复叶大量脱落，仅剩光腿枝。

3）发生规律

华北及西北地区1年发生2代，以幼虫在荚果内、翘皮下、粗糙干皮上结茧越冬。5月上旬成虫羽化，6月上旬至7月下旬、7月中旬至9月，分别为各代幼虫危害期，以2代危害严重。9月部分幼虫蛀入荚果中，10月幼虫开始越冬。

4）综合防治

（1）结合冬季修剪，将荚果剪打干净，集中深埋。

（2）利用黑光灯、频振式杀虫灯、国槐小卷蛾性诱捕器等，诱杀成虫。

（3）成虫羽化期及幼虫孵化期，交替喷洒1.8%阿维菌素乳油5000倍液，或2.5%溴氰菊酯乳油300倍液，或20%杀灭菊酯乳油3000倍液防治，10天喷洒1次。

1 成虫

2 荚果内越冬幼虫

3 在树干上结薄茧越冬的幼虫

4 在翘皮下越冬的幼虫

5 被害状

245 日本双齿长蠹

日本双齿长蠹又叫双棘长蠹、二齿茎长蠹，危害国槐、金叶槐、金枝槐、刺槐、白蜡、合欢、枣树、柿树、君迁子、栾树、葡萄树、紫藤、紫薇、紫荆等。

1）生活习性

成、幼虫均蛀食小枝。幼虫孵化后即蛀入枝内，沿枝条纵向蛀食危害，以 3 ~ 5 龄食量最大。成虫有趋光性，有一定迁飞能力。在枝内紧贴韧皮部横向环形蛀食，可转枝危害 2 ~ 3 个枝条，将卵产于小枝韧皮层内。

2）危害状

小枝木质部被幼虫蛀成白色碎末状，成虫在皮层和木质部边材间蛀成环形坑道，上部小枝失绿、枯萎，易从被害处整齐折断，严重影响幼苗和幼树生长。

1 成虫

3）发生规律

华北地区 1 年发生 1 代，以成虫在小枝韧皮部越冬。3 月下旬越冬成虫开始取食危害，4 月下旬成虫出孔交尾产卵。幼虫孵化不整齐，5 ~ 6 月为幼虫危害期，幼虫共 6 龄，5 月下旬老熟幼虫陆续化蛹。6 月下旬成虫羽化后不出孔，在蛀道内继续取食，7 月上旬陆续从蛀道内飞出，8 月中下旬又进入蛀道内继续危害，10 月转移到直径 1 ~ 3cm 粗的新枝蛀食，11 月上旬在虫道内越冬。

4）综合防治

（1）冬季剪去带虫枝和风折枝。葡萄最后 1 次采果后，将剪下的枝蔓捡拾干净，集中销毁，消灭越冬虫源。

（2）成虫外出期，交替喷洒 1.2% 烟参碱乳油 1000 倍液，或 20% 杀灭菊酯乳油 3000 倍液，或 50% 辛硫磷乳油 1000 倍液杀灭，防止产卵。

2 羽化孔

3 横向环形蛀道

246　庶扁蛾

危害刺槐、金叶刺槐等。

1）生活习性

幼虫孵化后，蛀入皮下群集窜食危害，后取食韧皮层和木质部边材，不断向上扩展可至分枝处，将部分粪屑推出孔外。初孵幼虫有吐丝下垂、随风飘散习性，老熟幼虫在蛀食处化蛹。成虫有近距离迁飞能力，将卵产在树干基部缝隙处。

2）危害状

树干基部有细粒状粪屑堆积，皮层被蛀食贯通，树皮与木质部极易分离，揭开树皮可见幼虫和粪屑。被害株叶片萎蔫、青枯，生长势逐渐衰弱。待窜皮危害一周时，被害部以上枝干枯亡。严重时，造成林木大片死亡。

3）发生规律

该虫是近年新入侵害虫，随疫区苗木调运扩展，有快速蔓延趋势。目前天津地区年发生代数不详，以幼虫在树干内越冬。3月中下旬越冬幼虫开始危害，5月上中旬老熟幼虫在被害处结茧化蛹，蛹期约15天。6月成虫陆续羽化，持续至7月。幼虫龄期不整齐，世代重叠严重，11月上旬幼虫在树干内越冬。尤以纯林受害严重。

4）综合防治

（1）加强苗木检疫，不采购有虫苗木，防止远距离扩散。

（2）幼虫期，用20%甲氰菊酯乳油1500倍液，或50%辛硫磷乳油300倍液，或40%氧化乐果乳油200倍液喷湿树干，用塑料薄膜裹严熏杀。用50%辛硫磷乳油1000倍液或果树宝灌根，15天灌根1次，连续2~3次。

（3）及时清除危害严重的虫株、枯死株，集中销毁。

1 蛹皮及粪屑

2 低龄幼虫及危害状

3 大龄幼虫及危害状

4 茧蛹

247 臭椿沟眶象

臭椿沟眶象又叫椿小象，危害臭椿、千头椿、红叶椿。

1）生活习性

幼虫蛀食树干和主枝。初孵幼虫啃食皮层，稍大在韧皮部和木质部间蛀食，后蛀入木质部危害。成虫爬行缓慢，有假死性，卵多产于树干和干枝分杈处。

2）危害状

危害严重时，树干被蛀食千疮百孔，干皮分离，常造成树势衰弱，整株死亡。

3）发生规律

华北地区1年发生1代，以幼虫在树干内和成虫在树干基部周围的浅土中越冬。4月上旬，越冬成虫陆续出土，5月下旬幼虫孵化危害。干内越冬幼虫5月开始化蛹，6月成虫陆续羽化，至10月仍可见少量成虫，8月下旬幼虫孵化危害。

4）综合防治

（1）人工捕杀成虫。大量发生时，树干喷洒绿色威蕾200倍液，1月喷1次。

（2）用硬器敲击新鲜流液点、木屑处，挤杀卵和初孵幼虫，或用铁丝刺杀。

（3）树干注射50%辛硫磷乳油50倍液，或用800倍液灌根。

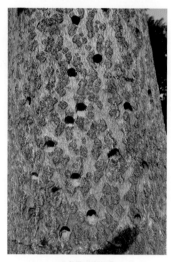

1 成虫羽化孔

2 臭椿沟框象成虫

3 臭椿沟框象幼虫

4 沟框象成虫

5 沟框象幼虫

6 产卵孔流出的胶液

7 幼虫排出的粪屑

248 绿窄吉丁

危害臭椿、千头椿、红叶椿。

1）生活习性

幼虫孵化后，蛀入皮下在皮层取食危害，逐渐向内在韧皮部和木质部表层间窜食，蛀食成不规则、弯曲封闭虫道，将排泄物和木碎屑堆积在蛀道内，在木质部筑成蛹室化蛹。成虫喜光，善飞翔，取食叶片补充营养，白天交配，将卵产于干皮缝隙处。

2）危害状

树干上可见卵圆形羽化小孔，被害枝叶片枯黄，早落。枝干被取食的千疮百孔，常造成树木生长势衰弱，枝条枯死，甚至整株死亡。危害严重时，造成毁林现象，尤以幼林受害严重。

3）发生规律

1年发生1代，以幼虫在树干蛀道内越冬。3月下旬越冬幼虫活动危害，6月上旬幼虫老熟陆续化蛹，6月下旬成虫开始羽化出孔。7月幼虫孵化后蛀入危害，10月下旬幼虫停止取食，在蛀道内越冬。

4）综合防治

（1）加强苗木检疫，严禁采购和栽植带虫苗木。

（2）成虫羽化前，树干涂白，阻止产卵。

（3）成虫羽化期，危害严重的虫株或片林，交替喷洒90%晶体敌百虫1000倍液，或20%杀灭菊酯乳油2000倍液，或20%甲氰菊酯乳油1500倍液，或2.5%溴氰菊酯乳油2500倍液，封杀出孔和上树取食的成虫，兼治斑衣蜡蝉、臭椿皮蛾、樗蚕蛾、美国白蛾等。

（4）向树干内注射50%杀螟松乳油50倍液，或50%辛硫磷乳油50倍液，或1.2%烟参碱乳油50倍液，用泥封堵，熏杀蛀道内幼虫。

1 成虫

249 楸蠹野螟

楸蠹野螟又叫楸螟、梓野螟蛾，危害楸树、梓树、黄金树等。

1）生活习性

幼虫蛀食嫩梢和幼苗枝干。孵化后多从叶柄基部蛀入皮层，危害直达髓心，在枝上形成瘤状虫瘿。幼虫在虫瘿内取食危害、化蛹。成虫迁飞能力强，有趋光性，白天静伏，夜间出来活动。将卵产于嫩梢枝端下5～15cm处腋芽上，或叶柄基部。

2）危害状

嫩梢被蛀食处植物组织增生肿胀，枝条上可见一至数个长圆形虫瘿，蛀孔处有黄白色虫粪和蛀屑排出。被害处木质部及髓心被蛀食一空，导致上部小枝萎蔫、干枯，易风折。虫口密度大时，树冠上出现多个枯死梢，尤以幼龄树和幼苗受害最为严重，严重影响苗木出圃率。

3）发生规律

华北地区1年发生2代，以老熟幼虫在枝梢蛀道内越冬。3月下旬越冬幼虫开始取食危害，4月中旬陆续化蛹，5月上旬成虫羽化出孔。5月中旬1代幼虫开始孵化，幼虫共5龄。7月下旬2代幼虫陆续孵化危害，常出现世代重叠现象。10月下旬幼虫老熟陆续在蛀道内越冬。

4）综合防治

（1）加强苗木检疫，不采购有虫苗木（虫瘿上无孔洞，为有虫虫瘿）。

（2）及时剪除虫枝，消灭虫瘿内幼虫和蛹。

（3）利用黑光灯、频振式杀虫灯，诱杀成虫。

（4）成虫产卵期至幼虫孵化期，喷洒10%吡虫啉可湿性粉剂1000倍液，或20%杀灭菊酯乳油3000倍液，或50%杀螟松乳油1000倍液，或50%马拉硫磷乳油1000倍液，10天后再喷1次。

| 1 成虫 | 2 虫瘿和羽化孔 |

250 北京枝瘿象虫

北京枝瘿象虫是小叶朴和朴树的一种常见害虫。

1）生活习性

幼虫孵化后，先在顶芽内危害，后蛀入梢内取食，刺激植物组织逐渐增生肿大，壁层加厚，幼虫不断取食内壁组织，形成绿色瘤状虫瘿。幼虫老熟后在其内化蛹，每个虫瘿内只有1虫，无转枝、转芽危害习性。成虫羽化出孔时，在虫瘿上留有圆形羽化孔。成虫迁飞能力较弱，取食嫩叶和幼芽补充营养，将卵单产于顶芽或腋芽芽内。

2）危害状

枝条上可见坚硬的绿色或褐色瘤状虫瘿，剥开虫瘿可见幼虫。虫瘿逐渐转为深棕色，干缩在枝条上，长久不脱落。危害严重时，小枝上布满了成串、大小不一的新旧虫瘿，树木生长受阻，易长成小老树。

3）发生规律

京、津及河北地区1年发生1代，以成虫在枝端的虫瘿内越冬。3月上中旬越冬成虫陆续出孔取食、交尾产卵，4月上中旬卵开始孵化。幼虫共3龄，8月中旬3龄幼虫停止取食，在瘿内陆续化蛹。9月上旬成虫开始羽化，但不出孔，在虫瘿内越冬。生长势衰弱株、幼龄株，受害较重。

4）综合防治

（1）冬季剪去虫瘿枝，集中销毁，减少虫源。

（2）成虫出孔期，交替喷洒90%晶体敌百虫1000倍液，或40%氧化乐果乳油1500倍液，或2.5%溴氰菊酯乳油2500倍液，或20%杀灭菊酯乳油3000倍液防治。

（3）该虫发生严重时，林区释放寄生性天敌瘿孔象刻腹小蜂，进行生物防治。

1 瘤状虫瘿　　　　　　　　　　　　　　　　　　　　　　2 虫瘿内幼虫

251 栗瘿蜂

栗瘿蜂又叫栗瘤蜂，危害板栗、毛栗、锥栗、槲栎、栓皮栎等。

1）生活习性

幼虫危害嫩芽、嫩梢和叶柄，被害处肿胀成瘤状虫瘿。幼虫孵化后在芽内生长点、叶柄皮下取食危害，老熟后在虫瘿内化蛹。成虫可随风扩散，将卵产于先端饱满芽内。

2）危害状

小枝顶端、叶柄处，均可见圆形或椭圆形、肥厚的绿色虫瘿，虫瘿逐渐转为红色。被害芽不能抽生新枝，不能开花。在短果枝顶端形成的虫瘿，称之为枝瘿，虽能长出数片畸形细小叶片，抽生细弱枝，但发育不充实，不仅当年不能开花结实，还会影响次年的结实量。危害严重时，小枝枯死，造成果实大量减产。

3）发生规律

1年发生1代，以低龄幼虫在被害芽内越冬。京、津及河北地区4月上旬芽萌动时，越冬幼虫开始取食危害，新梢长至1.5～3cm时，被害处形成虫瘿，5月下旬至6月下旬幼虫老熟陆续化蛹。6～7月成虫羽化，15天后出瘿。7月中旬幼虫陆续孵化危害，9月中下旬停止取食，开始越冬。

4）综合防治

（1）成虫羽化前，剪去瘿虫枝，集中销毁，压低虫口基数。

（2）成虫出瘿期，交替喷洒10%吡虫啉可湿性粉剂2000倍液，或50%杀螟松乳油1500倍液，或1.2%烟参碱乳油1000倍液防治，7天喷洒1次。

（3）板栗种植区，适时释放中华长尾小蜂等寄生蜂，控制危害。

1 瘤状虫瘿

2 枝瘿

3 幼虫及危害状

4 小枝被害状

252　柿蒂虫

柿蒂虫又称柿实心虫、柿烘虫，是各种柿树及君迁子的主要害虫之一。

1）生活习性

幼虫蛀果危害。孵化后从柿蒂蛀入果内取食，将虫粪排于孔外。有转果危害习性，可蛀食3～5个果。非越冬代老熟幼虫，在果内或树皮缝隙处结茧化蛹。成虫有趋光性，白天多静伏，夜间活动，飞翔能力弱，卵多产于果柄与果蒂缝隙处。

2）危害状

被害幼果由绿色变为灰褐色至黑色，俗称"小黑柿"，干枯早落。7月果实膨大期，被害果实由绿色变为黄色，并软化，北方俗称"柿烘"。柿蒂蛀孔外可见以丝缀结的褐色粪屑，虫果很快脱落。虫口密度大时，常造成果实大量减产。

3）发生规律

京、津及河北地区1年发生2代，以老熟幼虫在树皮裂缝、翘皮下、根际土壤中，结丝质白茧越冬。4月中旬至5月上旬越冬幼虫陆续化蛹，4月下旬至5月下旬成虫羽化，5月下旬至7月上旬，7月中下旬至8月下旬，分别为各代幼虫危害期，8月下旬幼虫老熟，陆续脱果越冬。

4）综合防治

（1）落叶后结合修剪，刮去老干上的粗皮，将皮屑集中销毁，减少虫源。

（2）成虫期、幼虫初孵期，交替喷洒25％灭幼脲3号悬浮剂1500倍液，或20％甲氰菊酯乳油2500倍液，或90％晶体敌百虫1000倍液，10天喷洒1次。

（3）连同柿蒂摘除变色虫果，捡拾落地残果，集中深埋。

（4）发生严重的果园，适时释放柿蒂虫缺沟姬蜂等，或喷洒日僵菌液进行防治。

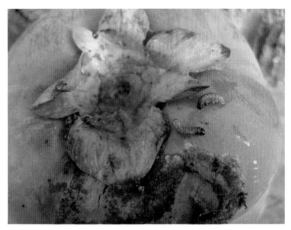

1 幼虫

2 君迁子幼果被害状

3 蛀孔外堆积的粪屑

253 四点象天牛

四点象天牛又叫四眼象天牛，危害合欢、白蜡、杨树、柳树、榆树、椴树、栎树、桦树、柞树、桂香柳、苹果树、杏树、梨树、核桃树、核桃楸、丁香等。

1) 生活习性

幼虫孵化后取食枝干嫩皮，后蛀入皮下，向上在韧皮部和木质部边材间蛀食危害，将部分虫粪和木屑排出。成虫有假死性，喜枯枝和枯木，晴天取食枝干嫩皮补充营养，在地面 2.5m 范围的树干，或粗枝刻槽内产卵。

2) 危害状

树干上可见圆形羽化孔，被食树皮破损、残缺。幼虫在韧皮部与木质部间蛀成纵向不规则虫道，危害严重时，蛀道内充满虫粪和木屑，树皮易剥离。被害株生长势逐渐衰弱，枝干枯死。

3) 发生规律

北方地区 2 年发生 1 代，以成虫在干皮缝隙、落叶下，和以幼虫在蛀道内越冬。以成虫越冬的，第二年 5 月上旬陆续活动危害，交尾产卵，5 月中下旬幼虫孵化，危害至 10 月中旬越冬。第三年 7 月上中旬幼虫老熟化蛹。7 月中旬至 8 月上旬成虫陆续羽化，危害至 10 上旬下树越冬。

4) 综合防治

（1）清除园内枯枝落叶和严重被害木，集中销毁，消灭越冬成、幼虫。

（2）成虫羽化前，树干涂白，阻止产卵。在距地面 2.5m 树干上捕杀成虫。

（3）成虫羽化期至幼虫孵化期，树干喷洒 50％杀螟松乳油 1000 倍液，或 2.5％溴氰菊酯乳油 2500 倍液，或 20％杀灭菊酯乳油 3000 倍液防治，10 天喷洒 1 次。

（4）幼虫期，孔口注入 50％杀螟松乳油 30 倍液，或 50％辛硫磷乳油 50 倍液，或 40％氧化乐果乳油 40 倍液，用泥封堵孔口，毒杀幼虫。

1 成虫

2 合欢干皮被成虫啃食状

254 合欢吉丁

合欢吉丁是合欢、山槐的主要害虫之一。

1）生活习性

幼虫孵化后潜入皮下取食韧皮层，后在韧皮部与木质部边材间审食危害，粪屑很少向外排出。成虫多在枝干上爬行移动，取食嫩叶补充营养，将卵产于枝干上。

2）危害状

被害枝干上可见半圆形羽化小孔。产卵处有少量胶液流出，用刀划开皮层可见幼虫。危害严重时，枝干上堆满凝结成黑褐色的胶块，韧皮层被蛀食一空，树皮易剥离。被害株叶片萎黄，枝条干枯，树势衰弱，甚至整株死亡。

1 成虫羽化孔　　　　　　　　2 羽化出孔的成虫

3）发生规律

京、津及以北地区1年发生1代，以幼虫在树干内越冬。5月下旬越冬幼虫在蛀道内化蛹，合欢显蕾时成虫开始羽化，幼虫危害至10月下旬，在蛀道内越冬。

4）综合防治

（1）及时拔除被害严重虫株，集中销毁。

（2）成虫出孔前，树干涂白至分枝处，阻止成虫产卵。

（3）成虫出孔期，喷洒90%晶体敌百虫1500倍液，或20%杀灭菊酯乳油3000倍液，或10%氯氰菊酯乳油2000倍液，封杀出孔成虫。

（4）用硬物敲击树干新鲜流液处，挤杀或用铁丝刺杀卵和初孵幼虫。

（5）幼虫孵化期，树干涂刷煤油溴氰菊酯1：1混合液，或40%氧化乐果乳油30倍液，或50%辛硫磷乳油30～50倍液，缠薄膜熏杀。

3 幼虫　　　　　　　　　4 树干危害状　　　　　　　　　5 蛹

255 梨金缘吉丁

梨金缘吉丁又叫金缘吉丁虫、梨吉丁虫、串皮虫，主要危害梨树、杜梨、苹果树、海棠果、桃树、杏树、山楂树、榆树、枣树、樱花、樱桃树等。

1）生活习性

幼虫孵化后即蛀入主干和大枝皮下，取食韧皮层，后在形成层和木质部间纵横窜食，逐渐进入木质部越冬。成虫羽化后暂不出孔，有一定迁飞能力、有假死性，取食叶片补充营养，卵多产于向阳面干皮缝隙和伤疤处。

2）危害状

枝干上可见扁圆形羽化孔。幼树树干被害处皮层松软、凹陷变黑。危害严重时，造成树木生长势衰弱。枝干被横向环蛀一周时，其上部枝干枯死。

3）发生规律

华北地区1年发生1代，以不同龄期幼虫在被害枝干蛀道内越冬。芽开放时，越冬幼虫开始取食危害。4月下旬幼虫陆续老熟化蛹，5月中下旬成虫开始羽化，6月中旬至7月下旬成虫出孔。该虫发育不整齐，成虫6月下旬开始产卵，7月中旬幼虫陆续孵化，危害至10月，开始在蛀道内越冬。

4）综合防治

（1）成虫出孔前，树干涂白，阻止成虫产卵。

（2）虫口密度大时，成虫出孔期，喷洒90%晶体敌百虫800倍液，或50%杀螟松乳油1000倍液，或50%马拉硫磷乳油1000倍液，10天喷洒1次，连续2～3次。

（3）在树干凹陷发黑部位，反复涂刷50%杀螟松乳油40倍液，或50%辛硫磷乳油50倍液，10天涂刷1次，连续2～3次，毒杀初孵幼虫。

1 羽化孔

2 正在出孔的成虫

3 成虫取食叶片

256　果树小蠹

果树小蠹又叫串皮虫，是各种梨树、苹果树、海棠果、桃树、杏树、李树、樱桃树等核果类果树毁灭性害虫，也危害樱花、山桃、山杏、榆叶梅、榆树等。

1）生活习性

成、幼虫群集蛀食主干和枝条，在韧皮部与木质部间，向主坑道两侧呈放射状蛀食危害。成虫飞翔能力不强，有假死性，喜衰弱木，将卵产于主坑道两侧。

1 成虫和蛹

2）危害状

枝干蛀孔处有新鲜胶液流出。虫口密度大时，布满圆形羽化孔，韧皮层被蛀食一空，易剥离。被害株生长势衰弱，叶片青枯，枝干枯死，很快整株死亡。

3）发生规律

北方地区1年发生1代，以幼虫在翘皮下、枝干坑道内越冬。京、津地区3月下旬果树萌芽时，越冬幼虫活动危害。该虫发育不整齐，5月零星化蛹，6～8月为化蛹高峰期。5月下旬成虫羽化，持续至10月，幼虫蛀食至11月越冬。

2 在坑道内越冬的幼虫

4）综合防治

（1）加强植物检疫，严禁采购有虫株。

（2）及时剪去虫枝，清除危害严重虫株、死株，集中销毁，减少虫源。

（3）成虫羽化初期，果树及周边榆树，喷洒1.2%苦烟乳油1000倍液，或2.5%溴氰菊酯乳油2500倍液，或50%辛硫磷乳油1000倍液，10天喷洒1次。

（4）虫口密度较大时，枝干均匀涂刷50%杀螟松乳油40倍液，或90%晶体敌百虫80倍液，用薄膜裹干，熏杀钻蛀幼虫，7～10天后撤膜。防治效果不理想时，继续涂药熏杀。

3 树干被害状

4 木质部蛀道

257　梨小食心虫

梨小食心虫又叫梨小蛀果蛾，简称梨小，危害梨树、苹果树、李树、碧桃、桃树、杏树、梅树、樱桃树、山楂树、山里红、枇杷等多种果树。

1）生活习性

幼虫危害嫩梢和果实。孵化后即从叶柄基部蛀入皮下取食，直至髓部，有转梢危害现象。从萼洼处注入果皮，取食果肉直达果心。成虫有趋光性和较强的迁飞能力，夜晚活动，对性诱剂和糖醋液有较强趋性，卵多散产于叶背和嫩枝上。

2）危害状

被食嫩梢萎蔫下垂，蛀孔处有粪屑堆积，嫩梢逐渐萎蔫干枯，垂挂在枝上。被害果实蛀孔处有胶液流出，晚熟品种蛀孔处黑色腐烂，形成干疤，虫果易脱落。

3）发生规律

华北地区1年发生3~4代，以老熟幼虫在树干翘皮、落叶下或根茎处表土中结茧越冬。4月中下旬成虫羽化，5月、6月下旬至7月、8月中旬至9月中旬，分别为各代幼虫危害期，3、4代蛀果危害，9月下旬幼虫老熟下树越冬。果树混植区，桃树受害重。

4）综合防治

（1）避免苹果树、梨树、桃树等多种果树混栽，防止在株间转移危害。

（2）及时剪去新鲜萎蔫嫩梢，摘除树上和捡拾落地虫果，集中深埋。

（3）利用黑光灯、频振式杀虫灯、性诱捕器或糖醋液，诱杀成虫。

（4）果实适时套袋，防止蛀果危害。不套袋的，交替喷洒25%桃小一次净1200倍液，或52.25%农地乐2000倍液，或2.5%溴氰菊酯乳油2500倍液防治。

1 幼虫及嫩梢危害状

2 嫩梢被害状

3 被害嫩梢枯萎

4 幼虫及梨果被害状

258　桃小食心虫

桃小食心虫又叫钻心虫，简称桃小，危害桃树、苹果树、梨树、李树、杏树、枣树、山楂树、山里红等多种果树。

1）生活习性

幼虫蛀果危害，孵化后蛀入果内窜食，无转果危害习性，将粒状粪屑堆积在果内。成虫有近距离迁飞能力，对糖醋液有较强的趋性，雄成虫对性信息素有较强趋性，卵多产于果实萼洼、梗洼处或果柄基部。

2）危害状

果实蛀孔处有水滴状果胶流出，干枯成透明膜状，孔口堆积红褐色粪屑。幼果蛀孔果面略凹陷，果肉组织硬化，导致果实畸形。近成熟期，被害果实果形不变，但提前转色，虫果易脱落。

1 蛀孔处堆积的粪屑

3）发生规律

河北、山东地区1年发生2代，以老熟幼虫在树下浅土中结茧越冬。5月中旬越冬幼虫陆续出土，至7月下旬，出土后在土石块下、杂草处结茧化蛹。6月上旬成虫开始羽化，持续至7月中旬。6月中旬、8月中旬分别为各代幼虫孵化始期。该虫世代重叠，8月下旬末代幼虫脱果入土结茧越冬。

4）综合防治

（1）秋末结合施肥，深翻树穴周边土壤，冻死部分越冬幼虫。

（2）越冬幼虫出土前，树穴地面覆盖薄膜，或出土时喷洒杀虫剂，阻止出土。

（3）利用糖醋液、桃小性诱剂等，诱杀成虫。果实适时套袋，防止蛀果危害。

（4）幼虫孵化期，交替喷洒48%乐斯本乳油1500倍液，或10.5%甲维虫酰肼乳油1000倍液，或2.5%溴氰菊酯乳油2500倍液防治。

（5）及时摘除虫果，捡拾落地果，集中深埋。

（6）果园适时释放齿腿姬蜂、桃小寄生蜂等进行防治。

2 幼虫

3 蛹

259 桃蛀螟

桃蛀螟又叫桃蛀野螟，幼虫俗称蛀心虫，危害桃树、杏树、李树、石榴树、山楂树、板栗、柿树、无花果等多种果树，以及向日葵等。

1）生活习性

幼虫蛀果危害，有转果蛀食习性。成虫有趋光性，喜食花蜜，对糖醋液有一定趋性，将卵产在果面、梗洼、石榴萼筒、果叶及两果相贴处。

2）危害状

幼虫蛀食果肉，并将大量虫粪堆积在果内。果实蛀孔处可见胶液及粘着的颗粒状粪屑，虫果腐烂易脱落，或干缩成僵果。造成果实减产和向日葵种子残缺等。

3）发生规律

河北及辽宁地区 1 年发生 2 代，以老熟幼虫在树洞、树干翘皮、僵果内、向日葵茎秆中结茧越冬。5 月下旬成虫陆续羽化，6 月上旬始见幼虫，8 月中旬第 2 代幼虫孵化危害，幼虫共 5 龄，10 月上旬幼虫结茧越冬。

4）综合防治

（1）冬季打净树上僵果，拾净落地果、落地栗空蓬、向日葵葵盘，清除向日葵茎秆等，集中销毁。

（2）利用黑光灯、糖醋液等，诱杀成虫。果实适时套袋，防止蛀果危害。

（3）幼虫孵化期，交替喷洒 4.5% 高效氯氰菊酯乳油 2000 倍液，或 48% 乐斯本乳油 1500 倍液，或 50% 辛硫磷乳油 1000 倍液防治，兼治桃小、梨小食心虫等。

（4）及时摘除树上虫果，捡净落地果，集中深埋。

1 成虫

2 幼虫及蛀孔外的粪屑

3 在桃果上的危害状

4 僵果中的老熟幼虫

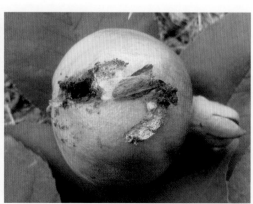

5 蛹

260　桃红颈天牛

主要危害桃树、碧树、山桃、杏树、山杏、梨树、李树、紫叶李、太阳李、稠李、郁李、紫叶矮樱、樱花、樱桃树、苹果树、海棠果、榆叶梅、梅花等核果类植物。

1）生活习性

幼虫孵化后，蛀入主干和大枝皮下取食，稍大蛀入木质部上下蛀食危害，将粪屑、木屑排出孔外。成虫有一定迁飞能力，有假死性，晴天的中午至傍晚在树干下部交尾，卵多产于距地面30～50cm主干，或主枝基部的树皮缝隙中。

2）危害状

树干上可见红褐色锯末状粪屑粘着在排粪孔处，在地面有大量堆积，被害枝叶片萎黄。危害严重时，树干被蛀食千疮百孔，大枝枯死，甚至整株枯亡。

3）发生规律

京、津及河北地区2年发生1代，以低龄幼虫和老熟幼虫在枝干内越冬。第二年4月越冬低龄幼虫继续蛀食，危害一年，以老熟幼虫越冬。第三年6月下旬成虫陆续羽化，幼虫孵化后在皮层内蛀食、越冬。5～6月为幼虫危害猖獗时期。

4）综合防治

（1）树干涂白，阻止成虫产卵。捕杀在树干上栖息、交配、产卵的成虫。

（2）少量木屑排出处，用铁丝插入孔内刺杀初孵幼虫。或点涂40%氧化乐果乳油50倍液，或50%辛硫磷乳油50倍液，毒杀刚蛀入表皮的初孵幼虫。

（3）清除孔口排泄物，向孔内注入50%辛硫磷乳油50倍液，或20%杀灭菊酯乳油50倍液，用泥封堵孔口，熏杀幼虫。

1 成虫

2 成虫交尾状

3 地面堆积的粪屑

4 幼虫及树干基部危害状

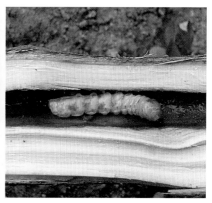

5 幼虫及在枝条上的虫道

261 顶斑筒天牛

顶斑筒天牛又叫苹果枝天牛、苹果筒天牛，危害苹果树、沙果、海棠果、八棱海棠、梨树、杜梨、桃树、碧桃、山桃、李树、紫叶李、太阳李、紫叶矮樱、杏树、山杏、梅树、樱花、樱桃树等。

1）生活习性

幼虫蛀食嫩梢及小枝，孵化后由当年枝梢及 2 年生枝皮层蛀入木质部，沿髓部向下蛀食危害，粪屑由排粪孔推出。成虫取食枝梢嫩皮、叶片补充营养，将卵产于嫩梢皮层咬食的环沟内。

2）危害状

成虫取食叶片成缺刻或孔洞。枝条被幼虫蛀食成中空圆筒状，相隔一定距离可见 1 个圆形排粪孔，由孔口排出淡黄色至黄褐色颗粒状粪屑。被害枝上端叶片萎蔫、枯黄，枝梢逐渐枯死。危害严重时，影响苗木正常生长，常造成果树减产。

3）发生规律

华北地区 1 年发生 1 代，以老熟幼虫在被害枝蛀道端部越冬。4 月至 5 月中旬越冬幼虫陆续化蛹，5 月上旬至 6 月下旬为成虫羽化期。5 月下旬成虫开始产卵，卵期 10 ~ 13 天。幼虫孵化后蛀食危害至 10 月，幼虫老熟在蛀道内越冬。

4）综合防治

（1）结合冬季修剪，剪除枯死枝，集中销毁，减少越冬虫源。

（2）成虫羽化期，人工捕杀成虫。树冠喷洒 50％辛硫磷乳油 1000 倍液，或 2.5％溴氰菊酯乳油 2500 倍液，或 50％杀螟松乳油 1000 倍液，毒杀成虫。

（3）幼虫发生期，及时剪去萎蔫虫枝，集中灭杀。用泥将枝条下方排粪孔封堵，从上方排粪孔向内注入 50％杀螟松乳油 40 倍液，或 90％晶体敌百虫 80 倍液，或 50％辛硫磷乳油 50 倍液，然后用泥将注口封严熏杀。

1 幼虫

2 蛀道

262 杏仁蜂

杏仁蜂也叫杏核蜂，是各种杏树和桃树的主要害虫之一。

1）生活习性

幼虫危害果核内杏仁，孵化后即蛀入幼果果内，在杏核尚未硬化前咬破杏核，蛀入核内取食危害，将粪屑填充在核内，幼虫在核内化蛹。无转移危害习性。成虫有趋光性，可近距离飞翔，中午前后最为活跃，交尾后将卵产于幼果向阳面的核皮与杏仁之间，每果只产1粒，每虫产卵达20多粒。

2）危害状

幼果果面产卵处，初为不明显灰绿色凹陷，后成黑色疤点，有时有胶液流出。核仁被蛀食残缺或将核仁吃光，被害果实提前脱落，或干缩在树上。虫口密度大时，严重影响杏果和杏仁产量。

3）发生规律

京、津及河北地区1年发生1代，以幼虫在挂树僵果、落地及留种的有虫杏核内越冬。3月下旬越冬幼虫开始化蛹，杏树落花后成虫开始羽化，但暂不出孔。待幼果长至指头肚大小时，成虫从核内破孔飞出，交配产卵。5月中旬幼虫孵化危害，6月上旬幼虫老熟在核内越夏、越冬。

4）综合防治

（1）落叶后，打净树上残留僵果，彻底清除落地残果、杏核、桃核，集中深埋。

（2）果园结合秋季施肥，深翻园土，将残果、僵果、杏核翻入土中，阻止成虫羽化出土。

（3）成虫出孔期，喷洒90%晶体敌百虫1000倍液，或50%辛硫磷乳油1000倍液，或2.5%溴氰菊酯乳油2500倍液，或20%杀灭菊酯乳油2500倍液，7天再喷1次，毒杀成虫，防止产卵。

（4）及时摘除虫果，捡拾落地果、杏核，集中深埋，消灭老熟幼虫。

1 幼虫及杏仁被害状

263 李实蜂

李实蜂是多种李树的主要蛀果害虫。

1）生活习性

幼虫孵化后，蛀入幼果内取食果肉和果核，无转果危害现象。幼虫老熟后咬一出孔，脱果入土结茧。成虫喜食花蜜，中午活跃，将卵产于花托、花萼，或果面上。

2）危害状

果面可见针头状略凹陷的褐色小点，被害幼果停止发育。果肉、核仁被蛀食一空，仅剩一层薄薄的果壳，果壳内堆积大量虫粪。当果面出现黑色圆形孔洞时，虫果很快脱落。虫口密度大时，幼果大量脱落，造成果树减产，甚至绝收。

3）发生规律

1年发生1代，多以老熟幼虫在土壤中结茧越冬。3月李树萌芽时，越冬幼虫开始化蛹，花蕾露白时成虫开始羽化出土。李树落花时幼虫孵化危害，幼虫期30天左右，5月中旬老熟幼虫陆续脱果，或随果落地，入土结茧越夏、越冬。

4）综合防治

（1）李树花蕾期，正值成虫出土始期，地面喷洒20%杀灭菊酯乳油2000倍液，或2.5%溴氰菊酯乳油2000倍液。或用黑色薄膜覆盖树穴，阻止成虫出土。

（2）李花露白和落花80%、落花后7~10天，喷洒48%锐杀乳油1500倍液+助杀1000倍液，或50%杀螟松乳油1500倍液，防止成虫产卵和幼虫蛀果危害。

（3）及时摘掉虫果。虫果初现孔洞时，地面喷洒50%辛硫磷乳油1000倍液，或20%杀灭菊酯乳油3000倍液。喷湿后浅锄松土，毒杀刚入土幼虫，阻止化蛹。

1 成虫

2 幼果蛀孔

3 幼虫蛀果危害

4 幼虫及幼果被害状

5 老熟幼虫脱果出孔口

6 裸蛹

264　紫荆扁齿长蠹

扁齿长蠹是紫荆、白花紫荆、加拿大紫荆、紫叶紫荆的主要害虫之一。

1）生活习性

成、幼虫蛀食枝干，以成虫危害最为严重。幼虫仅在韧皮层取食，并形成虫道，老熟后在虫道内化蛹。成虫有弱趋光性，食量大，啃食木质部，将粪便、木屑推出孔外。有一定迁飞能力，中午飞出孔外进行交配，雌成虫将卵产于韧皮层内。

2）危害状

初期外部症状不明显，随着食量增大，自皮层向内深达木质部，被蛀食成横向环形蛀道，圆形排粪孔外可见虫粪及白色碎木屑。被害枝叶片萎蔫，枝条逐渐干枯。危害严重时，枝干仅残留外部一层树皮，被害枝常从蛀道处折断，影响树木成形。

3）发生规律

华北地区1年发生1代，以成虫在枝干蛀道内越冬。5月上旬开始产卵，5～6月为幼虫危害期。6月上中旬成虫羽化后暂不出孔，在原虫道内蚕食木质部。7月出孔活动，8月进入原蛀道继续危害，10月下旬成虫陆续越冬。

4）综合防治

（1）剪去枯死枝、新鲜枯萎枝，消灭钻蛀成虫、幼虫，或蛹。

（2）成虫出孔期，利用频振式杀虫灯，诱杀成虫。枝干喷洒1.2%烟参碱乳油1000倍液，或20%杀灭菊酯乳油2500倍液，毒杀出孔成虫。

（3）寻找新鲜排粪孔，掏净虫粪及木屑，向内注入50%辛硫磷乳油30倍液，或50%杀螟松乳油50倍液，或20%杀灭菊酯乳油50倍液，用泥封堵熏杀。

（4）苗圃虫口密度大时，适时释放管氏肿腿蜂进行防治。

1 成虫及环形蛀道

2 成虫交尾状

265 双斑锦天牛

危害大叶黄杨、胶东卫矛、冬青、桑树、榆树等。

1）生活习性

幼虫多在距地面 20cm 以下、4 年生以上的枝干内蛀食危害。初孵幼虫取食刻槽周围皮层，2 龄后蛀食木质部，向下直达根部。成虫畏强光，飞翔力不强，爬行速度快。咬食嫩梢皮层或叶脉补充营养，有假死性，晴天的早上或傍晚，多在向阳枝梢上进行交配，将卵产于 20cm 以下枝干近长方形刻槽内。

2）危害状

成虫啃食嫩梢皮层，造成嫩梢及上部叶片枯萎。幼虫蛀食木质部成不规则弯曲虫道，被害根茎部外有白色木屑和粪屑堆积。被害枝叶片枯萎，枝干枯。大枝易风折或倒伏，严重时整株死亡。

3）发生规律

山东及河北地区 1 年发生 1 代，以幼虫在根茎部蛀道内越冬。3 月中旬越冬幼虫开始取食危害，5 月中下旬化蛹，6 月上旬成虫陆续羽化，6 月下旬幼虫开始孵化，危害至 11 月上旬停止取食，在蛀道内越冬。

4）综合防治

（1）及时清除危害严重的虫株，集中销毁，减少虫源。

（2）中午在向阳枝梢上，捕捉正在交配的成虫。

（3）成虫羽化期、幼虫孵化期，交替喷洒 50% 杀螟松乳油 1000 倍液，或 2.5% 溴氰菊酯乳油 2500 倍液，或 20% 杀灭菊酯乳油 2500 倍液，或 50% 马拉硫磷乳油 1000 倍液，重点喷洒枝干下部。10 天喷洒 1 次，连续 2 ~ 3 次，毒杀成虫和正在孵化及刚蛀入皮层的幼虫。

（4）发现根茎部有新鲜排泄物时，将孔口木屑掏净，向孔内注射 50% 杀螟松乳油 50 倍液，或 50% 辛硫磷乳油 30 倍液，用泥封堵，熏杀幼虫。

1 尚未完全羽化的成虫　　　　　　　　2 成虫　　　　　　　　3 树干基部危害状

266 麻竖毛天牛

麻竖毛天牛又叫麻天牛，园林中主要危害大花秋葵、桑树、蓟等。

1）生活习性

幼虫蛀食茎秆上部幼嫩处，孵化后即蛀入皮下横向环形取食，后钻蛀韧皮层与木质部间蛀食危害，向下可达根部，有转移危害习性。成虫体色变异较大，迁飞扩散能力不强，有假死性。白天活跃，取食皮层和叶柄补充营养，将卵产于茎秆或嫩枝皮下，每处多为1粒。

2）危害状

成虫啃咬嫩皮层，被害处可见黑褐色食痕，叶柄咬食处缢缩，叶片由叶缘向内逐渐青枯。幼虫蛀食处，有白色细木屑及粪便排出，枝条萎蔫青枯，易折裂。造成生长势衰弱，甚至整株死亡。以大花秋葵及桑树幼苗受害严重。

1 雄成虫

3）发生规律

1年发生1代，以幼虫在根际被害蛀道内越冬。华北地区4月上旬越冬幼虫开始活动取食，5月下旬至6月上旬陆续化蛹，6月中下旬开始出现成虫。7月上旬幼虫孵化危害，8月中下旬幼虫开始向根部蛀食新的蛀道，10月下旬在蛀道内陆续越冬。

4）综合防治

（1）落叶后，剪去地上枯萎茎叶，集中销毁。

（2）及时自萎蔫枝、折裂枝下方，剪去青枯枝，消灭茎秆内钻蛀幼虫。

（3）成虫羽化期，人工捕杀成虫。喷洒50％杀螟松乳油1500倍液，或90％晶体敌百虫1000倍液，或50％马拉硫磷乳油1000倍液，毒杀成虫。

2 成虫交配状

3 幼虫及危害状

267 大丽花螟蛾

大丽花螟蛾又叫玉米螟、玉米钻心虫，园林中主要危害大丽花、小丽花、美人蕉、向日葵、菊花等。

1）生活习性

幼虫孵化后群集心叶、嫩芽取食危害，有吐丝下垂、随风飘散，或爬行迁移，转枝、转株危害习性。3龄分散取食，从花芽、叶柄基部或嫩茎分枝处蛀入茎秆内取食，多在茎秆内化蛹。成虫有趋光性，白天在叶背或草丛中静伏，夜间活跃，迁飞能力强，多将卵产于叶背或花芽上，卵块呈鱼鳞状。

2）危害状

被害心叶展开后，叶片呈现横向排列的孔洞。茎秆蛀孔处可见黏成团状的黑色粪屑。蛀孔上部茎叶萎蔫、枯黄，花蕾不能开放，蛀孔处易折断，影响观赏。

3）发生规律

华北及辽宁地区1年发生2代，以老熟幼虫在被害茎秆内越冬。5月中旬越冬幼虫开始化蛹，5月下旬始见成虫。6月上旬至7月中旬、8月中旬至9月分别为2代区各代幼虫危害期。幼虫共5龄，以2代幼虫危害严重，10月下旬末代幼虫陆续越冬。玉米危害严重的年份，城市绿地中虫口密度明显增多。

4）综合防治

（1）落叶后清除地上茎叶，集中销毁。挑选茎基无虫块根、根状茎贮藏。

（2）利用黑光灯、频振式杀虫灯等，诱杀成虫，降低虫口基数。

（3）卵期和幼虫孵化期，及时摘除卵叶，集中灭杀。交替喷洒Bt乳剂400～600倍液，或20%杀灭菊酯乳油3000倍液，或2.5%溴氰菊酯乳油3000倍液防治。

（4）蛀孔处点涂或注射20%菊氧合剂100倍液，或50%辛硫磷乳油50倍液防治。

1 成虫　　　　　　　　　　　　　　　　　　　2 幼虫

268　菊天牛

菊天牛又叫菊虎、菊小筒天牛，危害菊花、滁菊、紫菀、艾蒿、小菊、一枝黄花等菊科植物，是菊花的主要害虫之一。

1）生活习性

成、幼虫均对植物造成危害。幼虫孵化后蛀入茎内，沿茎秆向下取食危害，直达根部。成虫白天活动，迁飞能力不强，有假死性，产卵前在顶芽下 10 ～ 20cm 嫩梢处，咬一半环形刻槽，将卵产于其内，每处 1 粒。

2）危害状

成虫产卵处很快变成黑色，下方可见圆形微小蛀孔。危害严重时，茎秆被幼虫取食一空，被害部位以上茎叶萎蔫下垂，花蕾不能开放，茎折、花枯，造成鲜切花产量大幅下降，甚至整株枯亡。

3）发生规律

1 年发生 1 代，以幼虫、刚羽化的成虫和蛹在植物根部越冬。京、津及河北地区 4 月越冬成虫开始活动，至 6 月仍可见部分成虫。5 月上旬幼虫孵化危害，9 月逐渐向根部蛀食转移，在蛀道内化蛹，10 月成虫羽化后不出孔，在蛀道内越冬。

4）综合防治

（1）落叶前拔除虫株，彻底清除地上枯萎茎叶，集中销毁，减少越冬虫源。

（2）春季进行分根繁殖时，清除有虫老根，杀死越冬虫体。

（3）成虫羽化期，清晨人工捕捉成虫。虫量较大时，喷洒 90% 晶体敌百虫 1000 倍液，或 1.2% 烟参碱乳油 1000 倍液，或 20% 菊杀乳油 2000 倍液，10 天喷洒 1 次，连续 2 ～ 3 次。

（4）自萎蔫茎秆及断茎下 6cm 处短截，灭杀钻蛀幼虫。

（5）鲜切花生产基地，适时释放管氏肿腿蜂、姬蜂等寄生蜂，进行生物防治。

1 成虫

四、土壤害虫

269　华北蝼蛄

华北蝼蛄俗称拉拉蛄、土狗子，是世界性地下害虫，危害草坪草、观赏谷子、地被花卉、树木和草本花卉幼苗。

1）生活习性

成、若虫在近地面土壤中咬食发芽种子、植物幼嫩根茎，随气温和土壤温度变化，上下移动取食，越夏、越冬。白天潜伏在土壤中，晚上在表土层或地面取食危害。在土壤表层窜行，边窜行开掘隧道，边咬食、拱倒植物。成虫有较强的趋光性、趋湿性和趋肥性，可近距离迁飞，将卵产在干燥、向阳疏松的土壤中。

2）危害状

被食种子丧失发芽力。窜行时地表出现蓬松隆起的虚土隧道，拱倒幼苗，啃咬根茎，断裂面呈丝缕状撕裂。被害幼苗根茎断离悬空，导致成片萎蔫、倒伏，造成缺苗断垄。

3）发生规律

华北及西北地区 3 年发生 1 代，以成虫和 8 ~ 9 龄若虫在土壤深层越冬。第二年 4 月越冬若虫开始取食危害，至秋季达 12 ~ 13 龄时潜入土壤深层越冬。若虫共 13 龄，第三年 8 月陆续蜕皮变为成虫，11 月以成虫越冬。第四年 6 月下旬幼虫陆续孵化，7 ~ 8 月下潜至土壤深层越夏，9 月若虫继续取食危害。4 ~ 5 月、9 月分别为全年危害高峰期。

4）综合防治

（1）不使用未充分腐熟的有机肥，减少该虫滋生场所。

（2）利用黑光灯、糖醋液，诱杀成虫。

（3）用炒香的麦麸 10 份和 90% 晶体敌百虫 1 份配制成毒饵，诱杀成、若虫。

（4）根际周围扎孔，用 50% 辛硫磷乳油 1000 倍液灌根，兼治蛴螬、地老虎。

1 成虫

2 成虫及隆起的虚土隧道

270　曲牙锯天牛

　　曲牙锯天牛成虫又叫曲牙土天牛、土居天牛，幼虫又叫哈虫、水牛，主要危害芦苇、野牛草、结缕草等禾本科植物，多种花卉、农作物，及水杉、枫杨、杨树、柳树等树种的幼苗。

1）生活习性

　　幼虫终生不出土，在土壤中取食植物的根和地下茎，大龄幼虫食量大，食料不足时，转移危害。老熟幼虫在表土下筑蛹室化蛹。成虫多在夏至前后，雷雨天或雨后闷热天气大量出土。成虫爬行缓慢，有时发出似水牛的哞叫声，有较强的趋光性。齿牙锐利，白天取食嫩枝树皮、嫩叶补充营养，夜间交配，将卵产于杂草上，或湿润疏松的浅土中。

2）危害状

　　幼虫咬食植物地下根茎，造成植物萎蔫、枯萎，草坪、花卉成片枯亡。成虫啃食树皮，常导致小枝及幼苗枯死。

3）发生规律

　　华北地区 2 年发生 1 代，以老熟幼虫在土壤中越冬。第 2 年 4 月上中旬，越冬幼虫开始活动危害，4 月下旬陆续在土室中化蛹，5 月中旬成虫开始羽化，6 月大量出土交尾，以雨后出土最多。6 月下旬幼虫孵化盛期，危害至 10 月下旬陆续越冬。第 3 年幼虫继续取食危害至 10 月，幼虫老熟在土壤中越冬。

4）综合防治

　　（1）5 月下旬成虫出土期，地面喷洒 50% 杀螟松乳油 1000 倍液，或 50% 辛硫磷乳油 1000 倍液。草坪撒施 5% 辛硫磷颗粒剂，3 ~ 6g/m^2。

　　（2）成虫出土期，雨后地面捕杀出土成虫。

　　（3）幼虫危害严重时，用 50% 辛硫磷乳油 1000 倍液灌根，7 天再灌 1 次。

1 成虫

271　东北大黑鳃金龟

成、幼虫是苹果树、梨树、杏树、核桃树、樱桃树、山楂树、李树、杨树、榆树、桑树等幼苗，金叶薯、紫叶薯及草坪草的主要害虫。

1）生活习性

幼虫俗称蛴螬、白地蚕，喜疏松、肥沃、湿润土壤，生活在土壤中取食发芽种子、根茎、块茎、根系和土壤中腐殖质，3龄幼虫具暴食性。成虫有趋光性、假死性，迁飞能力不强，可短距离飞翔。取食叶片补充营养，对未腐熟的有机肥有较强的趋性。多在傍晚时出土活动，凌晨2时入土潜伏，将卵散产于表土中。

2）危害状

以幼虫对植物幼苗、草坪草危害最为严重。幼虫啃食植物种子，影响出苗率。咬食植物根茎、根系，导致植物萎蔫、倒伏、枯死。危害严重时，造成缺苗断垄，金叶薯、紫叶薯块茎伤口腐烂。成虫取食叶片成孔洞或缺刻，虫口密度大时，可将幼苗叶片吃光。

3）发生规律

京、津地区2年发生1代，以成虫和幼虫隔年在土壤中越冬。5月上旬，越冬成虫陆续出土，出土期可持续至8月中旬，仍可见少量成虫。5月下旬成虫产卵，6月上中旬幼虫开始孵化，7月为孵化盛期。幼虫共3龄，10月下旬幼虫移至土壤深层越冬。上一年以幼虫越冬的，成虫羽化后当年不出土，直接越冬。以幼虫越冬为主的年份，夏、秋季节危害严重。以成虫越冬为主的年份，秋季幼虫危害严重。

4）综合防治

（1）不使用未经腐熟的有机肥。

（2）设置黑光灯，诱杀成虫。成虫大量发生时，树冠喷洒50%杀螟松乳油1000倍液，或20%甲氰菊酯乳油2000倍液，或2.5%溴氰菊酯乳油2500倍液，或20%杀灭菊酯乳油2000倍液，毒杀成虫。傍晚摇晃树干，震落捕杀。

（3）少量发生时，在受害植物根部附近仔细查找，人工捕杀幼虫。虫口密度大时，用50%辛硫磷乳油800～1000倍液，或2.5%高效氯氟氰菊酯乳油2000倍液灌根，药液必须湿润到植物根部，5～7天再灌1次。

1 成虫

272 小黄鳃金龟

主要危害苹果树、沙果、海棠果、梨树、桃树、山楂树、核桃等果树，丁香等多种花灌木、宿根地被植物及草坪草。

1）生活习性

幼虫俗称蛴螬，生活在土壤中，于清晨和傍晚爬到土壤表层，取食近地面植物的根和根茎，高温时转移至土层深处。成虫常群集取食花蕾、花蕊、花瓣和叶片补充营养，有趋光性和假死性，善飞翔。白天潜伏在浅层土壤中，傍晚前后出土危害。尤以核桃树受害严重。

2）危害状

幼虫取食根和根茎，造成幼苗倒伏、枯萎、死亡。成虫取食叶片成孔洞、缺刻，花蕾枯萎，花蕊残缺，影响坐果率。啃咬果皮成干疤，导致果实品质下降。大量发生时，可将整株叶片吃光，仅残留主脉和叶柄，造成生长势衰弱，果实大量减产。

3）发生规律

京、津及以北地区 1 年发生 1 代，以 3 龄幼虫在土壤深层越冬。4 月中旬越冬幼虫移至土壤上层，开始活动危害，5 月下旬老熟幼虫陆续化蛹。6 月下旬大雨后晴天的夜晚，成虫大量羽化出土，7 月上旬交配产卵。7 月下旬幼虫孵化，幼虫共 3 龄，危害至 10 月上中旬，幼虫开始向土壤深层转移越冬。

4）综合防治

（1）利用黑光灯、糖醋液，诱杀成虫。傍晚摇晃树干，振落捕杀成虫。

（2）虫口密度大时，傍晚喷洒 50% 杀螟松乳油 1000 倍液，或 20% 杀灭菊酯乳油 2500 倍液，或 2.5% 溴氰菊酯乳油 2000 倍液，或 50% 辛硫磷乳油 1000 倍液。

（3）用 50% 辛硫磷乳油 800 倍液灌根，毒杀成、幼虫。

1 成虫　　　　　　　　　　　　　　　　　　　　　　2 打药后

273　大云鳃金龟

　　大云鳃金龟成虫又叫云斑鳃金龟，幼虫也称蛴螬。主要危害油松、日本黑松、樟子松、云杉、苹果树、梨树、李树、杏树、桃树、樱桃树幼苗，宿根草本花卉等。

1）生活习性

　　幼虫多群集，终生生活在土壤中，对未经充分腐熟有机肥，有较强趋向性。幼虫孵化后，在土壤中先取食杂草须根和腐殖质，稍大啃食幼苗细根，粗根皮层及木质部，老熟幼虫在土壤中化蛹。成虫趋光性较弱，白天潜伏在树丛荫蔽处，夜晚取食嫩芽和幼叶补充营养。有假死性，对未经腐熟厩肥有较强的趋性。雌成虫潜入土壤中产卵。

2）危害状

　　成虫取食嫩芽，残缺或凋落，不能抽生新枝，花芽不能开放，幼叶被咬食成孔洞、缺刻。根茎被幼虫咬断，或啃食残缺不全，常造成生长势衰弱，果实减产。幼苗萎蔫、倒伏，甚至成片死亡。

3）发生规律

　　北方地区 3 ~ 4 年发生 1 代，每年以幼虫在土壤中越冬。4 月中下旬越冬幼虫移动到浅土层取食危害，每年 10 月上旬转移至土壤深层越冬。最后一次越冬的老熟幼虫 5 月中下旬开始化蛹，6 月中下旬成虫陆续羽化。

4）综合防治

　　（1）不使用未充分腐熟的有机肥，减少该虫滋生场所。
　　（2）药物防治参照小黄鳃金龟防治方法。

1 幼虫

274 棕色鳃金龟

成虫又叫棕金龟子，危害葡萄、桑树、杏树、桃树、苹果树、梨树、樱桃树等果树。幼虫也俗称蛴螬，是鸢尾、萱草、草坪草等草本植物的主要地下害虫。

1）生活习性

幼虫终生不出土，喜疏松湿润土壤，随四季土温变化在土壤中作上下垂直移动，在浅土层取食发芽种子、植物的根茎、幼根，在深土层中化蛹、越冬。成虫有趋光性，白天潜入土中，傍晚出土活动，取食嫩芽、花蕾、幼叶、果实补充营养，可短距离低空飞翔，雌成虫活动性弱，交尾后入土产卵。

2）危害状

成虫和幼虫均能对植物造成危害，以幼虫对植物危害最为严重。成虫取食叶片成孔洞或缺刻，花蕾残缺不全，提前脱落，被啃食果面残留干疤。幼虫取食植物种子、幼芽，使植物丧失发芽能力。啃食根茎，咬断根系，造成植株萎蔫、倒伏、死亡。常造成幼苗缺苗断垄，草坪成片枯亡。

3）发生规律

河北、山东及辽宁地区2年发生1代，以成虫和幼虫隔年在土壤中越冬。4月上中旬越冬成虫陆续出土取食危害，危害至5月下旬，5月在土壤中产卵。6月上旬幼虫开始孵化，幼虫共3龄，10月中下旬潜入深层土中越冬。第二年4月越冬幼虫移动到土壤表层活动危害，7月中下旬老熟幼虫潜入深层土壤中化蛹。8月中下旬成虫羽化，当年不出土，直接在土壤中越冬。使用未腐熟有机肥、地势低洼、土壤潮湿有利于该虫繁殖危害。

4）综合防治

（1）不使用未经充分腐熟的有机肥。

（2）利用黑光灯、糖醋液，诱杀成虫。

（3）扒开被害株表土，捕杀幼虫。

（4）傍晚地面喷洒90%晶体敌百虫800倍液，或50%辛硫磷乳油1500倍液，或20%杀灭菊酯乳油3000倍液，封杀出土成虫。

（5）用50%辛硫磷乳油800倍液灌根，毒杀成、幼虫。

1 成虫

2 幼虫

3 幼虫及草坪被害状

275 铜绿异丽金龟

成虫又叫铜绿丽金龟、铜克郎，危害月季、玫瑰、苹果树、梨树、李树、紫叶李、桃树、杏树、樱桃树、海棠果、沙果、山里红、核桃树、葡萄、杨树、柳树、榆树、柿树等，幼虫也俗称蛴螬，危害草莓、美人蕉等花卉和草坪草。

1 成虫

1）生活习性

幼虫生活在土壤中，傍晚或清晨移至土壤表层，啃食近地面幼嫩根茎的皮层和根系，3 龄食量最大。成虫迁飞能力强，有趋光性、趋肥性和假死性，白天潜伏在浅土或杂草中，傍晚出土活动。常群集取食嫩芽、叶片和花，午夜返回土中。

2）危害状

幼虫咬食根茎和细根，造成幼苗枯萎，缺苗断垄，草坪成片枯亡。成虫取食叶片成筛网、缺刻或全部吃光。花瓣残缺，花蕾不能正常开放，降低坐果率。

3）发生规律

1 年发生 1 代，多以末龄幼虫在土壤深层越冬。土壤解冻后，越冬幼虫移向浅土层取食危害。北方地区 5 月下旬开始陆续化蛹，6 月中旬至 8 月下旬为成虫羽化危害期。7 月中旬始见幼虫，幼虫共 3 龄，10 月下旬幼虫逐渐向土壤深层转移越冬。幼虫以春秋两季危害最为严重。

4）综合防治

（1）不使用未经充分腐熟的有机肥，不提供该虫滋生场所。

（2）重点防治成虫，利用黑光灯、频振式杀虫灯，诱杀成虫。傍晚用力摇晃枝干，振落捕杀。

（3）傍晚，地面或树冠喷洒 2.5% 溴氰菊酯乳油 2500 倍液，或 20% 杀灭菊酯乳油 2500 倍液，或 50% 杀螟松乳油 1500 倍液，毒杀出土或上树的成虫。

（4）危害严重时，用 50% 辛硫磷乳油 1000 倍液灌根，5 ～ 7 天后再灌 1 次。

2 幼虫

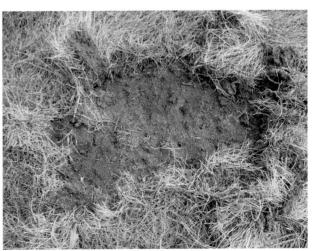

3 幼虫危害状

276　小青花金龟

成虫又叫小青花潜，主要危害玫瑰、月季、牡丹、苹果树、沙果、梨树、杏树、桃树、李树、山里红、樱桃树、板栗树、葡萄树、无花果等。幼虫也俗称蛴螬，是草莓、美人蕉、秋葵、大丽花、翠菊、金盏菊、万寿菊、波斯菊、假龙头、大花萱草等草本花卉的常见地下害虫。

1）生活习性

幼虫取食土壤中腐殖质、发芽种子、幼苗和草本植物的地下根茎。成虫迁飞能力强，有假死性。雨天、阴天、夜间潜伏，白天常数头群集取食幼芽、嫩叶、花瓣、花蕊。成虫喜食腐烂果、伤果果汁和果肉，将卵散产于土壤中或杂草上。

2）危害状

叶片被啃食成缺刻或残缺不全。虫口密度大时，雌、雄蕊被吃光，降低坐果率。花蕾被咬食成孔洞，不能正常开放。幼虫取食幼苗根系、发芽种子，影响出苗率。

3）发生规律

1年发生1代，华北地区以成虫在土壤中越冬。4月果树开花时，越冬成虫出土危害，以雨后出土为多，5～6月为危害盛期。6月幼虫开始孵化，危害至9月，幼虫老熟移至土壤深层化蛹，成虫在土中羽化后就地越冬。

4）综合防治

（1）不使用未经充分腐熟的有机肥，减少虫源。

（2）早晨或傍晚，人工捕杀成虫。

（3）果树花蕾露红、露白时，喷洒1.2%烟参碱乳油1000倍液，或90%晶体敌百虫1000倍液，或20%杀灭菊酯乳油3000倍液，毒杀成虫，保花、保果。

（4）地面喷洒50%辛硫磷乳剂500倍液，毒杀潜土成虫。地面打孔，用50%辛硫磷乳油800倍液灌根，或撒施50%辛硫磷颗粒剂，毒杀成虫和地下幼虫。

1 成虫

2 成虫将花蕊全部吃光

3 成虫取食花瓣

277 无斑弧丽金龟

危害玫瑰、月季、木槿、大花秋葵、蜀葵、大丽花、菊花、金盏菊、苹果树、山里红、葡萄树、猕猴桃、草莓、禾草等。

1）生活习性

幼虫也叫蛴螬，生活在土壤中，取食植物的细根、根部皮层和腐殖质，在土壤中化蛹。成虫飞翔能力强，有假死性。上午和傍晚活跃，多群集花蕾、花瓣、花蕊和嫩叶危害。成虫对未腐熟厩肥有较强趋性，将卵产于肥沃土壤中。

2）危害状

成虫取食叶片成缺刻状，花蕾、花瓣残缺，导致花蕾凋谢或不能开放。严重时可将花丝、柱头吃光，造成果实减产。幼虫啃食地下根系，造成苗木缺苗断垄。

3）发生规律

1年发生1代，以末龄幼虫在土壤中越冬。4月越冬幼虫移至浅土层活动危害，5月中旬化蛹。6月上旬成虫羽化出土，6~7月为成虫危害盛期。7~8月成虫陆续产卵，8月幼虫开始孵化，危害至11月上旬，幼虫开始越冬。

4）综合防治

（1）不使用未经充分腐熟的有机肥，减少幼虫滋生场所。

（2）成虫大量发生时，清晨或傍晚摇晃枝干，捕杀振落成虫，中午捕捉躲藏在花冠内的成虫。树冠喷洒1.2%烟参碱乳油1000倍液，或50%辛硫磷乳油1500倍液，或2.5%溴氰菊酯乳油2000倍液，毒杀成虫。

（3）在被害株根部寻找捕杀幼虫。虫口密度大时，用50%辛硫磷乳油800倍液，或90%晶体敌百虫800倍液灌根，药液需渗透至根部，7天再灌1次。

1 成虫

2 成虫群集取食花瓣、花蕊

3 花冠被害状

4 取食枣花

278 四纹丽金龟

成虫主要危害玫瑰、月季、木槿、大花秋葵、向日葵、苹果树、梨树、桃树、杏树、李树、山楂树、山里红、葡萄等地上幼嫩组织。幼虫也叫蛴螬，是草本花卉、早熟禾、多年生黑麦草、剪股颖等冷季型草坪草的重要地下害虫。

1）生活习性

幼虫终生不出土，多群集在土壤中取食、化蛹、越冬。初孵幼虫取食腐殖质，稍大咬食萌芽种子、植物根茎。成虫有假死性，迁飞能力强，白天活动，常群集在花蕾、花瓣、嫩叶上取食。夜晚入土潜伏，将卵散产于疏松肥沃的表土中。

2）危害状

幼虫取食刚萌芽种子，影响出苗率。啃食或咬断植物根茎，导致幼苗、宿根及草本花卉茎叶萎蔫、枯黄，易倒伏。被害草坪容易用手成片揭起，造成草坪成片枯死，严重破坏草坪整齐度和园林景观。

成虫将叶片啃食成透明网状、孔洞或缺刻，被害花蕾枯萎脱落。虫口密度大时，花蕊残缺或被吃光，花瓣成孔洞或缺刻，常造成果实减产。

3）发生规律

1年发生1代，多以3龄幼虫在土壤中越冬。4月上中旬越冬幼虫开始取食危害，5月下旬幼虫老熟陆续化蛹，6月中旬成虫开始羽化，羽化期持续至8月下旬。幼虫共3龄，7~8月为幼虫危害盛期，10月幼虫下移至土壤深层越冬。

4）综合防治

参照无斑弧丽金龟防治方法。

1 成虫交尾状

2 取食花瓣

3 大花秋葵花瓣被取食状

4 美人蕉叶片被取食状

279 杨波纹象虫

主要危害各种杨树、柳树。

1）生活习性

幼虫生活在土壤中，孵化后移动至苗木根茎、细根处取食危害。成虫有趋嫩性，啃食树木嫩芽、幼叶补充营养。善爬行，移动速度快，将卵产于表土中。

2）危害状

被食嫩芽枯萎，蚕食叶片成缺刻。虫口密度大时，可把叶片吃光，仅残留主脉。幼虫啃食植物根系，以幼苗受害严重。将根茎部、根部咬断，造成苗木死亡，常导致缺苗断垅。

3）发生规律

1年发生1代，以成虫及幼龄幼虫在土壤中越冬。4月越冬成虫开始出土危害，5月中旬为活动盛期，5月上旬成虫陆续产卵。5月中下旬出现幼虫，6月为幼虫危害高峰期，当年以成虫在土壤中越冬。以幼虫越冬的，土壤化冻后，逐渐上移至土壤表层继续取食危害，8月成虫陆续羽化，幼虫孵化后危害至10月，开始移至土壤深层越冬。

4）综合防治

（1）人工捕杀成虫。

（2）苗圃虫害发生严重时，春季成虫出土前和幼虫开始活动时，用90%晶体敌百虫800倍液，或50%杀螟松乳油800倍液，或50%辛硫磷乳油800倍液灌根，7天灌根1次。

1 成虫

2 成虫及叶片被害状

280 沟金针虫

成虫又叫叩头虫，幼虫俗称金丝虫，危害观赏向日葵、大丽花、小丽花、菊花、桔梗、郁金香、金叶薯、紫叶薯、草莓等草本植物，草坪禾草及树木幼苗。

1）生活习性

幼虫生活在土壤中，有趋肥性，喜潮湿疏松土壤。啃食萌芽种子、植物地下根茎，或蛀入幼苗根茎部、块根、块茎内危害。成虫取食植物嫩芽、花和果实，雄成虫有趋光性，迁飞能力强，雌成虫不能飞翔，将卵产于根系附近的土壤中。

2）危害状

成虫啃咬草莓花和果实，易造成果实残缺或腐烂，影响果实品质和坐果率。幼虫蚕食种子丧失发芽力，笋芽残缺不能发育成竹。虫口密度大时，常造成花苗缺苗断垄，草坪成片枯亡。啃食块根、块茎，形成疤痕或腐烂。

3）发生规律

北方地区3年发生1代，该虫发育不整齐，以成虫或各龄期幼虫在土壤中越冬。第二年3月下旬至5月下旬，为越冬幼虫危害高峰期，幼虫继续在土壤中越冬。第三年幼虫危害至8月中下旬，老熟后在土中化蛹，成虫羽化当年不出土。第四年4月成虫出土交配产卵，5月上旬幼虫陆续孵化，以幼虫越冬。

4）综合防治

（1）成虫出土期，利用黑灯光、频振式杀虫灯，诱杀雄成虫，阻止交配产卵。

（2）危害严重时，用90%晶体敌百虫800倍液，或50%杀螟松乳油800倍液，或50%辛硫磷乳油1000倍液灌根，7～10天灌根1次。

1 雌成虫

2 幼虫

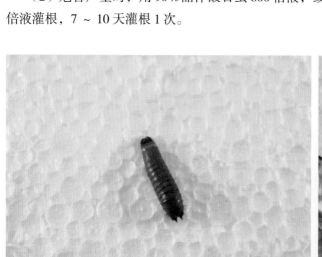

3 蛹

4 成虫叶片危害状

281　小地老虎

小地老虎幼虫又叫土蚕、地蚕、切根虫，是月季、金叶女贞、假龙头、萱草、鸢尾、菊花、石竹、金叶薯等地被植物，草坪禾草及树木幼苗的主要害虫。

1）生活习性

幼虫喜肥沃潮湿之地。取食苗木嫩芽、新鲜根茎、嫩根、块茎、块根。白天潜伏在根际土表2cm处，夜间出土取食危害，清晨露水多时最为活跃。2龄前多群集昼夜取食，3龄后分散危害，5龄进入暴食期。成虫有趋光性，昼伏夜出，具远距离迁飞能力，对糖醋液有较强趋性。将卵产于杂草或植物近地面的茎叶上。

2）危害状

低龄幼虫咬食幼苗心叶，稍大取食叶片成缺刻、孔洞。大龄幼虫将根茎部咬断，啃食块茎、块根残缺，导致苗木倒伏、缺苗断垄、草坪斑秃或成片枯亡。

3）发生规律

华北地区1年发生3代，以蛹或老熟幼虫在土壤中越冬。4～5月越冬蛹陆续羽化，5～6月、8月、9～10月分别为各代幼虫危害期，以1代幼虫危害最为严重。幼虫共6龄，10月中下旬末龄幼虫在土壤中化蛹越冬，未能化蛹的则以老熟幼虫越冬。潮湿、疏松、覆殖质多的土壤有利于该虫繁殖危害。

4）综合防治

（1）不施用未经充分腐熟的有机肥，减少虫源。

（2）成虫羽化期，及时清除杂草，减少产卵场所。卵期及时剪草，搂净草屑，集中销毁。

（3）利用黑光灯、频振式杀虫灯、糖醋液等，诱杀成虫，减少虫源。

（4）零星发生时，清晨或傍晚，扒开被害株根际表土仔细查找，捕杀幼虫。

（5）发生严重地方，傍晚用50%杀螟松乳剂1000倍液，或20%杀灭菊酯乳油2500倍液，喷湿植株基部地面，毒杀出土幼虫，兼治蝼蛄、蛴螬、金针虫等。

（6）用90%晶体敌百虫800倍液，苜蓿、灰菜新鲜碎叶，加少量糖和醋，制成毒饵，诱杀幼虫。均匀撒施地害平颗粒剂，或50%辛硫磷颗粒剂，灌水毒杀。

1 幼虫

2 成虫

282 大地老虎

大地老虎幼虫俗称黑蚕、切根虫，是菊花、大丽花、小丽花、石竹、假龙头、金叶薯、紫叶薯等草本植物，草坪草及林木幼苗的主要地下害虫。

1）生活习性

幼虫有假死性，大龄幼虫具暴食性。2龄前在地上取食嫩芽、心叶、幼叶叶肉等幼嫩组织，3龄后钻入表土中，白天在土中静伏，夜晚在地表蚕食幼嫩根茎、块茎、细根、果实和种子。成虫有弱趋光性，白天潜伏在杂草间、花卉等隐蔽处，夜晚活动。喜食花蜜，对糖醋液有较强趋性，将卵产于表土中，或根际茎叶上。

2）危害状

低龄幼虫取食叶肉组织，成半透明白色枯斑，或残缺。被食嫩芽枯萎或被吃光。大龄幼虫啃食根茎残缺或咬断，造成苗木萎蔫、倒伏、枯死。严重时苗木成片死亡，草坪斑秃，失去观赏价值。

啃食块茎成或深、或浅的大小孔洞，导致块茎残缺，腐烂坏死。蚕食花生果实和种子，影响果实发育和种子成熟度，造成大量减产。

3）发生规律

1年发生1代，以低龄幼虫在杂草根际，或表土层越冬。华北地区土壤解冻后越冬幼虫开始活动危害，幼虫共7龄，6月末龄老熟幼虫下移至土壤深处，筑土室开始夏眠，9月中旬幼虫陆续化蛹。10月中下旬成虫开始羽化，下旬幼虫孵化危害，11月幼虫潜入深层土中越冬。该虫常与小地老虎混合发生。

4）综合防治

参照小地老虎防治方法。

1 幼虫

283　黄地老虎

　　黄地老虎幼虫俗称切根虫、土蚕，是金叶薯、紫叶薯、白三叶、紫花苜蓿等地被植物，草坪禾草及树木幼苗的重要地下害虫。

　　1）生活习性

　　幼虫2龄前食量小，孵化后昼夜取食地上嫩芽、心叶等幼嫩组织。3龄后白天潜入表土中，夜晚出土分散取食危害，4龄后食量大增。成虫趋光性强，白天潜伏，夜晚活跃，对糖醋液有较强趋性。将卵产于近地面茎叶上或枯草根际处。

　　2）危害状

　　幼虫取食叶片成筛网、孔洞。啃食和咬断嫩茎，造成苗木倒伏，缺苗断垄。

　　3）发生规律

　　北方地区1年发生2～3代，以大龄及老熟幼虫在土壤中越冬。3月中旬越冬幼虫开始活动，4月中下旬陆续化蛹。5月上旬始见1代幼虫，2代幼虫7月中旬开始孵化危害，8月中下旬末代幼虫孵化，11月上旬末代幼虫下移至土壤深层越冬。幼虫共6龄，以1代幼虫危害严重。

　　4）综合防治

　　（1）杂草是低龄幼虫重要的食料和成虫产卵场所，及时清除杂草，消灭虫源。

　　（2）利用黑光灯、频振式杀虫灯、信息素诱捕器、糖醋液等，诱杀成虫。

　　（3）少量发生时，仔细检查被害心叶，扒开根际松土，捕杀幼虫。

　　（4）抓住3龄前幼虫抗药性差的最佳防治时期，喷洒或用50%辛硫磷乳油800倍液，或90%晶体敌百虫800倍液灌根。

　　（5）用90%晶体敌百虫与新鲜碎草混合，配制成毒饵，于傍晚堆放在幼虫出没处，毒杀幼虫。

1 幼虫

2 蛹

参考文献

[1]　徐公天 . 园林植物病虫害防治原色图谱 [M]. 北京：中国农业出版社，2003.

[2]　邸济民 . 林果花药病虫害防治 [M]. 石家庄：河北人民出版社，2005.

[3]　夏希纳，等 . 园林观赏树木病虫害无公害防治 [M]. 北京：中国农业出版社，2004.

[4]　孙小茹，等 . 观赏植物病害识别与防治 [M]. 北京：中国农业大学出版社，2017.

[5]　任小莲 . 北方果树病虫害防治新技术 [M]. 北京：中国农业出版社，2017.

[6]　王江柱，等 . 葡萄高效栽培与病虫害看图防治 [M]. 北京：化学工业出版社，2018.

[7]　曹克强，等 . 苹果病虫害绿色防控彩色图谱 [M]. 北京：中国农业大学出版社，2018.

[8]　王江柱，等 . 苹果主要病虫草害防治实用技术指南 [M]. 长沙：湖南科学技术出版社，2010.

[9]　王岁英 . 园林绿化高级技师培训教材 [M]. 北京：中国建筑工业出版社，2008.

[10]　张连生 . 常见病虫害防治手册 [M]. 北京：中国林业出版社，2007.

[11]　吕佩珂，等 . 板栗核桃病虫害诊断与防治原色图鉴 [M]. 北京：化学工业出版社，2014.

[12]　张世权 . 华北天牛及其防治 [M]. 北京：中国林业出版社，1994.

[13]　丁梦然，等 . 园林花卉病虫害防治彩色图谱 [M]. 北京：中国农业出版社，2002.

[14]　卿贵华，等 . 石榴病虫害及防治原色图册 [M]. 北京：金盾出版社，2008.

[15]　张炳炎 . 核桃病虫害及防治原色图册 [M]. 北京：金盾出版社，2008.

[16]　冯玉增 . 山楂病虫害及防治原色图册 [M]. 北京：金盾出版社，2010.

[17]　王久兴 . 花卉虫害防治 [M]. 天津：天津科技出版社，2005.